全国高职高专规划教材

大气监测

主编　蔡慧华　庄延娟

中国环境出版集团·北京

图书在版编目（CIP）数据

大气监测/蔡慧华，庄延娟主编．—北京：中国环境出版集团，2017.8（2023.7 重印）

全国高职高专规划教材

ISBN 978-7-5111-3218-5

Ⅰ．①大…　Ⅱ．①蔡…②庄…　Ⅲ．①大气监测—高等职业教育—教材　Ⅳ．①X831

中国版本图书馆 CIP 数据核字（2017）第 129522 号

出 版 人　武德凯
责任编辑　黄晓燕
责任校对　尹　芳
封面设计　宋　瑞

更多信息，请关注
中国环境出版社
第一分社

出版发行　中国环境出版集团
（100062　北京市东城区广渠门内大街 16 号）
网　　址：http://www.cesp.com.cn
电子邮箱：bjgl@cesp.com.cn
联系电话：010-67112765（编辑管理部）
010-67112735（第一分社）
发行热线：010-67125803，010-67113405（传真）

印　　刷　北京中科印刷有限公司
经　　销　各地新华书店
版　　次　2017 年 8 月第 1 版
印　　次　2023 年 7 月第 2 次印刷
开　　本　787×960　1/16
印　　张　32.75
字　　数　680 千字
定　　价　81.00 元

《大气监测》编写人员

主　编　蔡慧华　庄延娟

副主编　刘玲英　周　咪　黄江荣

参　编　余宇帆　柯钊跃　刘　莎

前言

随着我国社会经济的快速发展，以煤炭为主的能源消耗大幅攀升，机动车保有量急剧增加，经济发达地区氮氧化物（NO_x）和挥发性有机物（VOCs）排放量显著增长，臭氧（O_3）和细颗粒物（$PM_{2.5}$）污染加剧，灰霾现象频繁发生，能见度降低，大气氧化性增强。2012 年有报道显示全国 80%城市空气不达标，雾霾光化学污染严重。旧的大气环境问题还未得到控制，新的环境问题又摆在我们面前，严重制约社会经济的可持续发展，威胁人民群众身体健康。通过对大气中各种污染因子及主要污染源进行监测，可以了解大气中各种污染物的浓度及其分布状况，掌握大气环境质量、大气污染现状及其变化趋势，是进行环境管理、环境规划、环境评价以及大气污染控制与治理工作的基础。

根据教育部有关高职高专教材建设的文件精神，适应目前高职高专课程项目化教学改革的要求，结合目前高等院校环境类专业对大气环境监测教材的需求，编者根据多年教授《大气监测》课程及从事环境监测第三方服务所积累的经验，在行业企业专家的协助下，参考目前出版的相关教材及标准规范等资料，结合第三方环境监测机构的实际岗位需求，编写了本书。本书采用项目教学与任务驱动相结合的方式进行教材的编写，编写过程中力求体现实用性、专业性和科学性。在课程内容的选取上，本着“够用、实用”原则，结合职业的要求，总共选取了七个项目教学内容，主要包括环境空气质量监测、固定污染源监测、道路移动污染源监测、室内空气污染监测、环境空气自动监测、综合能力训练六大模块。此外，配套编写了《大气监测实训指导》教材，力求通过两本教材的有机结合，让教师通过任务实施很好地将理论知识及实践技能传授给学生。环境保护技术快速发展，为了拓展学生学习内容，随时更新相关标准，提高学生学习参与度，本书设置了学习二维码，学生可通过扫码进一步学习。

本书由广东环境保护工程职业学院蔡慧华、庄延娟担任主编，蔡慧华负责教材整体构思、审核以及项目一的编写工作。庄延娟负责项目二的编写工作，并负责全书的统稿。广东环境保护工程职业学院刘玲英、周咪和广东省环境监测中心黄江荣副总工担任副主编。刘玲英负责项目三和项目五的编写工作，周咪负责项目四的编写工作，黄江荣负责项目七任务7.2 的编写工作。广东环境保护工程职业学院余宇帆、广东省环境监测中心柯钊跃和刘莎为编者，余宇帆负责项目六的编写工作，柯钊跃负责项目七任务 7.1 的编写工作，刘莎负责项目七任务 7.3 和任务 7.4 的编写工作。通标标准技术服务有限公司广州分公司余奕东、何晓燕、胡静对全书的编写提出了专业、实用的建议，教材在编写过程中得到了广东省环境监测中心和 SGS 通标标准技术服务有限公司及广东环境保护工程职业学院分析测试中心的关心和支持，中国环境出版社李兰兰等同志对本书的编写和出版给予了大力的支持和帮助，在此一并致以深深的谢意。

由于水平有限和时间仓促，书中难免存在一些错误和不足，敬请各位教师和学习者不吝赐教，以便修订时采纳。

编 者

2017 年 6 月

目　录

项目一　大气监测基础知识

导读：大气污染是对人类生存影响最大的环境问题之一，也是粗放型的经济发展方式所带来的必然结果。大气环境的污染不仅影响每个人的身心健康，更影响社会经济健康可持续发展。世界卫生组织（WHO）2014 年的调查统计数据显示，仅 2012 年，全球因大气污染而导致死亡的人数占当年总死亡人数的 1.25%。行业调查数据显示，2013 年，中国大气污染现象表现为雾霾天气频发，全国平均雾霾天数达到 29.9 天，波及 25 个省份中的 100 多个大中型城市，是 1961 年以来大气污染最严重的一年。近十几年来，我国以京津冀、长三角、珠三角为代表的经济快速发展重点地区大气污染问题的报道已屡见不鲜，尤其是以细颗粒物为首要污染物的重污染天气频发，大气污染已严重威胁生态安全和人民群众的身体健康，成为社会各界高度关注和亟须解决的重大环境问题。

采用科学的布点、采样和分析测量方法等对空气中各种污染因子或空气环境行为进行长时间定期或连续的有效监测，获取大量的环境数据和信息，了解污染物的产生过程和原因，掌握污染物的数量和变化规律，可以为环境管理部门实现科学决策提供重要技术支持，促进大气环境质量适合于人类的生存与发展。因此，对大气环境进行监测是执行环境保护法规的依据，是进行大气污染治理及大气环境科学研究、规划和管理的重要手段。

学习目标

1. 理解大气污染现象，了解大气污染的危害，知道主要的大气污染物和污染源。
2. 掌握主要气象条件与大气污染的关系，能熟练测定主要的气象参数。
3. 了解大气监测的产生和发展，了解大气监测的特点和监测技术概况。

项目任务

任务 1.1　大气污染概述

任务 1.2　主要气象条件与大气污染的关系

任务 1.3　大气监测技术

任务 1.1 大气污染概述

1.1.1 大气与大气污染

1.1.1.1 大气和空气

从广义上讲，大气和空气所指内容相同，二者常作为同义词使用，从狭义上讲，两者之间存在一些差异。大气是一种广义的空间地理概念，根据国际标准化组织（ISO）的定义，大气是指环绕地球的全部空气的总和。空气也称环境空气，是一种物质定义，特指地球表面附近的气态物质，是多种气体的混合物。在环境保护行业，对特定场所或区域供人或动植物生存的气体称为“空气”；而以大区域或全球型的气流为研究对象时，则采用“大气”一词。

1.1.1.2 大气的组成

地球周围大气的总重量约为 5.136×10^{15} t，相当于地球的 0.000 1%。大气是由多种物质组成的混合物，其组成可以分为：干燥清洁的空气、水蒸气和各种杂质。干洁空气的主要化学成分是氮、氧、氩和二氧化碳气体，其含量占全部干洁空气的 99.996%（体积比）；氖、氦、氪、甲烷等次要成分只占 0.004%左右。在自然界大气的温度和气压条件下，干洁空气的所有成分都处于气态，不可能液化，因此可以看成是理想气体。大气中的水蒸气含量虽然很少，平均不到 0.5%，但却导致大气中热能的输送和交换，而且随时间、地点和气象条件等的不同而有较大变化，其变化范围可达 0.01%～4%。大气中的各种杂质是由自然过程和人类活动排到大气中的各种悬浮颗粒和气态、蒸汽态物质。

按照组成物质的浓度不同，大气的物质成分还可以分为三类，即主要物质成分、微量物质成分和痕量物质成分。主要物质成分包括氮（N_2）、氧（O_2）和氩（Ar），其浓度在百分之几到百分之几十的数量级，约占空气体积的 99.94%；微量物质成分包括二氧化碳（CO_2）、甲烷（CH_4）、氦（He）、氖（Ne）、氪（Kr）等，其浓度在 1×10^{-6}（体积分数）～1%；痕量物质成分中包括氢（H_2）、臭氧（O_3）、氙（Xe）、一氧化二氮（N_2O）、氧化氮（NO）、二氧化氮（NO_2）、氨（NH_3）、二氧化硫（SO_2）、一氧化碳（CO）等，其浓度在 1×10^{-6}（体积分数）以下。

按照大气成分的寿命也可以将大气分为三类：①基本不变成分或稳定成分，如氮、氧以及某些惰性气体，它们在大气中的寿命大于 1 000 年；②可变成分，如二氧化碳、甲烷、氢、一氧化二氮和臭氧等，它们的寿命为几年到十几年；③短寿命成分，如一氧化碳、一氧化氮、二氧化氮、氨、二氧化硫、硫化氢等，它们在大气中滞留时间不长于一年。

随着人们在利用和改造自然的各种活动行为，释放出大量的有害新物质进入空气中。如二氧化硫、硫化氢、碳氢化合物、一氧化碳、氮氧化物、光化学氧化剂等有害气体。同时，还有烟、尘及重金属等，这些物质虽不能改变大气的固定组分（N_2、O_2、Ar）的含量，却能引起微量组分的含量发生变化，正是这微量组分含量的变化就足以造成大气污染。也就是说，大气污染是相对于大气组成的本底而言的。通常被称为“空气污染物”的一些成分，如 SO_2、CO_2、CO、NO_x、碳氢化合物及颗粒物质等，它们在自然状态下和在污染空气中的浓度对比见表 1.1-1。

表 1.1-1　空气污染物在清洁与污染空气中的浓度比较

成分	清洁空气/10^{-6}（体积分数）	污染空气/10^{-6}（体积分数）
SO_2	0.001～0.1	0.02～2
CO_2	310～330	350～700
CO	＜1	5～200
NO_2	0.001～0.01	0.01～0.5
碳氢化合物	1	1～20
颗粒物	10～20 μg/m^3	70～700 μg/m^3

1.1.1.3　大气的垂直分层及其特征

从地面到高空，大气的成分、密度、温度等物理性质都有明显的变化。世界气象组织根据气温的垂直分布，将大气分为对流层、平流层、中间层、暖层和逃逸层，如图 1.1-1 所示。

（1）对流层

其下界是地面，上界因纬度和季节而不同。根据观测，对流层的平均厚度为：低纬度为 17～18 km，中纬度 10～12 km，高纬度 8～9 km。夏季对流层的厚度大于冬季，如南京夏季对流层厚度可达 17 km，冬季只有 11 km。

对流层集中了整个大气质量的 3/4 和几乎全部水汽，它具有以下三个基本特征：

① 在一般情况下，对流层中气温随高度增加而降低。因为，对流层空气主要依靠地面长波辐射增热，越近地面，空气受热越多，反之越少。因此，高度越大，气温越低。平均每升高 100 m 气温约降低 0.6℃。

② 空气对流运动显著。对流层的温度垂直变化明显，水平分布不均，越近地面气温越高，纬度越高气温越低。这种状况有利于空气的垂直对流和水平运动。空气的对流运动，使高低层空气得到交换，近地面的热量、水汽和杂质通过对流向上空输送，导致一系列的天气现象的形成。

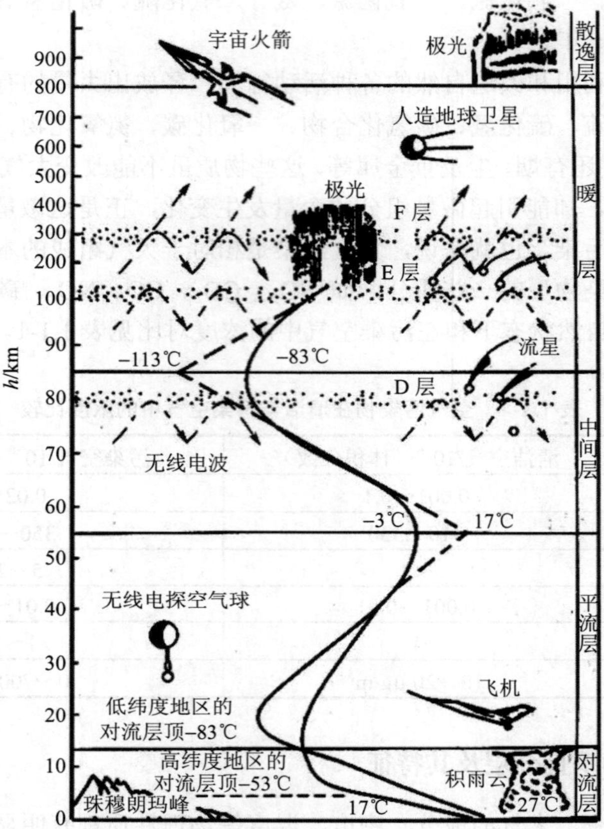

图 1.1-1 大气垂直分层

③ 天气现象复杂多变。由于空气有垂直对流与水平运动，水汽和杂质含量均多，随着气温变化，可产生一系列物理过程，形成复杂的天气现象。因此，对流层与地表自然界和人类关系最为密切。

对流层内部根据温度、湿度和气流运动，以及天气状况诸方面的差异，通常划分为三层：① 下层：底部和地表接触，上界为 1～2 km，有季节和昼夜等的变化，一般夏季高于冬季，白天高于夜间。下层的特点是水汽、杂质含量最多，气温日变化大，气流运动受地表摩擦作用强烈，空气的垂直对流、乱流明显，故下层通常也叫摩擦层或边界层。边界层内大气的变化过程和状况，对气候的稳定和变迁，对污染物的扩散和清除，对人类的日常生活和经济生产活动，有着极为重要的影响。② 中层：下界为摩擦层顶，上部界限在 6 km 左右。中层受地面影响很小，空气运动代表整个对流层的一般趋势，大气中发生的云和降水现象，多数出现在这一层。此层的上部，气压只有地面的一半。③ 上层：范围从 6 km 高度伸展到对流层顶部。这一层的水汽含量极少，气温经常保持在 0℃以下，云都由冰晶或过冷水滴所组成，在中纬度和热带地区，这一层中常出现风速等于或大于 30 m/s 的强风带，即所谓的急流。

在对流层和平流层之间，还存在一个厚度数百米至 1～2 km 的过渡层，称为对流层顶。其气温随高度增加变化很小，甚至没有变化，它抑制着对流层内的对流作用进一步发展。

（2）平流层

从对流层顶部（8～18 km）到 55 km 高度范围内的气层，称为平流层（stratosphere）。平流层过去被叫作同温层。平流层的主要特征是本层内气体运动处于稳定的水平流动状态。在 25 km 以上气温开始升高，在层顶部达到−3℃。平流层内水汽、杂质很少，云、雨现象少见。平流层气流平稳，能见度高，有利于飞机的安全飞行。平流层的另一个特征是，在层内存在着薄薄的一层臭氧气体。臭氧成分主要分布在 20～40 km 高度，人们把它叫作臭氧层。由于臭氧对太阳紫外线辐射有强烈的吸收能力，因此不但使平流层温度升高，而且形成了一个阻挡太阳紫外线的天然屏障，保护了地球上的生物，使它们免受过量紫外线的伤害。

（3）中间层

中间层（mesosphere）的高度范围在 55～85 km。中间层的主要特征是气温随高度递减，层顶部气温可降到−113～−83℃（160～190 K），几乎是大气圈中温度最低的区域。由于温度梯度的出现，又形成了自下而上的空气对流过程，因此中间层也可以被叫作上对流层。中间层内水汽极少，几乎没有云层出现，仅在高纬度地区的黄昏时刻可以观测到一种薄而带银白色的夜光云现象，但出现的机会很少，它实际上是水汽的凝结雾。

（4）暖层（热成层）

暖层（thermosphere）的高度在 85～800 km。暖层的主要特征是气温随高度迅速递增，在层顶气温可达到 1 000℃以上。在暖层里，波长小于 0.15 μm 的紫外线辐射能量，几乎全部被吸收，所以气温急剧升高。暖层的空气质量约占大气总质量的 5%。在 120 km 的高空，空气密度已经降到几亿分之一；在 300 km 高度降到百亿分之一。由于空气密度很低，太阳紫外线辐射强度很高，NO_2、O_2、O_3 等几乎都处于完全电离状态，因此，暖层又被称为电离层（ionosphere）。电离层内的粒子密度基本上随高度递减。按照带电粒子的分布特征，电离层自下而上可以被分为三个区，即 D 区、E 区和 F 区。D 区在 85～90 km 高度，白天离子密度为 1×10^3 个/cm^3；E 区在 90～140 km 高度，白天离子密度为 1×10^4 个/cm^3；F 区在 140～800 km 高度，它又分为 F1 和 F2 两个亚区。F1 亚区在离地面为 130～210 km 高度，F2 亚区在离地面为 210 km 以上。电离层实际上是地球上空的一个等离子体系。在这个体系中存在大量的自由电子。因此，电离层相当于一个流动的导体，十分有利于电磁波的传输，对于地球上的远距离通信具有重要意义。

（5）逃逸层

800 km 以上的大气层称为逃逸层（escape layer）。逃逸层的上界约在 3 000 km 高度上。逃逸层是地球大气圈的最外层，也是从地球大气层进入宇宙太空的过渡区域。逃逸层的主要特征是气温随高度递增，空气密度极小，具有逃逸速度的粒子可以克服地球引力，不断地逃往太空。但是根据目前卫星观测资料分析，在 22 000 km 的高度上，离子密度仍可以达到 10 个/m^3。可见地球大气圈和星际太空之间，并没有明显的分界。

1.1.1.4 大气污染的定义

大气污染是相对于大气组成的本底而言的。

世界卫生组织（WHO）把空气污染定义为：“大气受到污染是指室外空气中出现一种或几种污染物，其含量和存在时间达到一定程度以致对人类、动植物和物品有害，所造成的损失或对安宁的破坏以及对物品使用的影响达到可测的程度”。

国际标准化组织（ISO）做出的定义，空气污染“通常系指由于人类活动和自然过程引起某种物质进入大气中，呈现出足够的浓度，达到足够的时间，并因此而危害了人体健康，舒适感或环境”。

也就是说，大气污染是指由于自然过程或人类的生产（如炼油、金属冶炼、化工生产、农药喷洒等）、交通运输（如汽车、火车，飞机等）和生活活动（如取暖、炉灶等）所释放出各种污染物（烟气、有害气体）进入大气中，当污染物达到一定量，超过了大气环境的自净能力时，并持续一定时间，从而对人体健康或对生物体以及其他物品等造成直接或间接危害和影响的状况。

1.1.1.5 大气污染的形成

构成大气污染必须具备污染源（这是污染的主体），大气的作用以及受体三个环节，缺一不可。

污染源是构成大气污染的主要环节，大气作用是重要的外在环节。显然，如果无污染源存在，大气也就不存在污染问题。反之，仅有污染物质排入大气，也不一定构成大气污染，还要取决于污染物质在某种气象条件下存在的浓度水平和持续时间，及其对人的影响程度等。

污染物质的浓度不一定很大，一般来说，当污染物的浓度很高，即使持续时间很短，也能产生急性危害；毒性强的污染物质，即使浓度很低，持续时间不长仍能对人产生明显的危害。受害对象除人外还有物，如生物、器皿、用品、建筑物等，这些因素受害的结果无疑都直接或间接给人造成不利或危害。污染物质在大气中受到气象因素、地理条件或与其他污染物质作用，而发生某种物理或化学变化，产生二次污染。因此，无论一次污染还是二次污染，抑或是两者同时作用，均会危害人类。

整个大气污染过程是：污染物进入大气后（一次污染），首先，随气流做整体的飘移，并不断地扩散稀释；其次，在扩散过程中，还会发生各种各样的化学反应而造成二次污染；最后，受各种自然过程，如降水冲洗、重力沉降、植物吸收等作用而从大气中消除。

1.1.1.6　大气污染的类型

按主要污染物的化学性质，大气污染可分为两种类型：还原型（即煤炭型，又称伦敦浓雾型）和氧化型（即汽车尾气型，又称洛杉矶化学烟雾）两种。

（1）还原型（即煤炭型，又称伦敦浓雾型）

1952 年 12 月 5—8 日的伦敦，正处于逆温的泰晤士河流域在浓雾覆盖之下，连续四天，风尘不动，黑云压城，出现了逆温，使燃煤排放的烟尘、二氧化硫等酸性物质积聚在近地面，像一个锅盖笼罩在城市上空很难扩散出去，导致近地空气中污染物浓度不断增加，烟尘浓度达到平时的 10 倍，二氧化硫浓度达到平时的 6 倍，四天内死亡 4 000 多人。1962 年 12 月 3—7 日又发生一次类似的烟雾事件，死亡 750 人。发生此类烟雾事件，主要是因为当时使用的燃料主要是煤炭，时间刚好是冬天取暖季节，用煤量较大，排放到环境空气中的 SO_2 较多，SO_2 具有还原性，可发生光化学氧化、催化氧化转化为 SO_3，而燃煤烟尘中的金属（Fe^{3+}、Mn^{2+}盐）充当了促进 SO_2 氧化的催化剂，使转化为 SO_3 的速度加快，进一步和水结合为硫酸雾。SO_2 一旦形成硫酸雾，毒性增加几十倍。加上高湿度、低温度、小风或静风天气以及存在逆温天气，使一次污染物难以扩散而积聚在低空中形成浓雾型污染，当浓雾时间持续较长时，就发生了污染事件。伦敦烟雾事件因主要污染物 SO_2 具有还原性，故属于还原性污染类型。

（2）氧化型（即汽车尾气型，又称洛杉矶化学烟雾）

这一类型的烟雾主要由于采用石油或石油制品为燃料，排放出的一次污染物氮氧化物、一氧化碳和碳氢化合物在太阳辐射下，发生一系列的光化学反应，而产生二次污染物 O_3、PAN、醛类等强氧化剂。美国洛杉矶市三面环山，常年阳光充足，大量汽车排放出的氮氧化物和石油烃，为光化学烟雾的产生创造了适宜条件，因此，夏季和早秋不断有光化学烟雾产生。澳大利亚的悉尼、意大利的热那亚、印度的孟买也出现过此类烟雾事件。

从燃料的种类和污染物来源看，大气污染又可分燃煤型、石油型、混合型三种类型。燃煤型即伦敦烟雾型。石油型可分为排气型（即伦敦浓雾型）和联合企业型。联合企业型污染是由于石油联合企业的出现而产生的环境空气问题。石油城日本四日市的“四日市哮喘病”和石油产地科威特发生的“科威特哮喘病”曾轰动世界。混合型的污染除了来自煤炭和石油燃料燃烧产生的污染物外，还有从企业排出的各种化学物质。日本横滨、川崎和美国多诺拉等地区发生过的污染事件均属这种类型。

1.1.2 大气污染源

1.1.2.1 大气污染源

大气污染源是指向大气环境排放有害物质或对大气环境产生有害影响的场所、设备和装置。在环境意义上的污染源，通常是指在某一特定的环境里，向大气排放的污染物数量和排放持续时间，能够对人体或动植物构成伤害的排放源。如果某种排放源排放的污染物数量和浓度低于环境质量规定的标准，或者不超过环境的自净化能力，或在大气中滞留的时间很短，不会对人类和动植物造成危害，那么就不能将它们视为环境意义上的污染源。

1.1.2.2 大气污染源的分类

造成大气污染的原因，既有自然因素又有人为因素，尤其是人为因素，如工业废气、燃烧、汽车尾气和核爆炸等。随着人类经济活动和生产的迅速发展，在大量消耗能源的同时，也将大量的废气、颗粒物等排入大气，严重影响了大气环境的质量，特别是在人口稠密的城市和工业区域环境问题更加突出。按照污染源的性质和特征，大气污染源可分为很多类型。

天然源排放的污染物主要是自然界的大风从地面吹起的扬尘，火山爆发产生的气体和烟灰，天然森林火灾产生的大量氮氧化物、二氧化硫以及碳氢化合物，天然放射性污染物，以及在洼地和沼泽地带由于有机物缺氧腐败所产生的甲烷、自然逸出的煤气和天然气等。此外，还有植物的挥发、花粉、霉菌孢子等。

由于自然环境有一定的自净能力，所以由自然源产生的污染物，通常由各种自然现象自动协调生态系统的动态平衡。天然大气污染源只占大气污染源的一部分。对于自然污染源，人类也经常无法控制。因此，我们主要是研究人为污染源。污染源的排放强度和排放量，是判定排放源污染程度的重要因子。它们与源作业的规模、源内烟气温度、源的排放口径、排放速度等密切关系。

人为污染源又可概括为四个方面：

（1）燃料燃烧

燃料（煤、石油、天然气等）的燃烧过程是向大气输送污染物的重要发生源。

①工业用煤。火力发电厂、钢铁厂、焦化厂、石油化工厂及其他有大型锅炉的工矿企业。

煤是主要的工业和民用燃料，它的主要成分是碳，并含有氢、氧及少量的氮、硫及金属化合物，在燃烧过程中主要形成 SO_2、CO、CO_2、NO_x、烟尘、有机化合物等污染物。据统计，每燃烧 1 t 煤，产废气和粉尘 100 kg，而按我国传统的火力发电的水平，有效利用燃料只占 1/3，能源浪费大，污染严重。

②家庭日常生活污染源。由于居民区分布广泛，密度大，污染物排放高度很低，一般无任何处理设施，对大气环境影响较大，有些地方甚至比锅炉严重。

据沈阳市调查证明，采暖季节的污染物排放量比其他季节高一倍左右。再加上居民和饮食服务业的小炉灶比较均匀地分布在居民区内，烟雾弥漫，空气质量差。

（2）工业生产过程排放

工业生产过程中排放到大气中的污染物种类多、数量大，而且其污染物组成与工业企业的性质有密切关系，是城市或工业区大气的主要污染源。

（3）交通运输过程中排放

火车、轮船、汽车、飞机等现代交通工具均以煤或石油等为能源，在运输过程中产生大量废气污染大气，其中特别引起注意的是机动车排放的废气。

这种废气是大气中 CO、NO_x、HC、Pb 等的重要来源，在“大气光化学污染”的形成中担当着重要的角色。汽车在空挡行驶或减速行驶时，产生的 CO 量最大，因此繁忙的交叉路口和交通拥挤的要道上，CO 浓度高，NO_x、HC 排放量则随着车速增加而增加。

汽油抗爆剂四乙基铅是汽车排放含铅微粒的来源，它在燃烧过程中转化成氧化铅微粒随废气一起排出。随着汽车废气排放控制及保护环境的需要，国际上已经限制向汽油内加烷基铅，并逐步实现汽油低铅化和无铅化。从 2000 年开始，我国在全国范围内推广无铅汽油，实现了汽油无铅化，从根本上解决了汽车尾气中的铅污染问题。

（4）农业活动排放

农药和化肥的使用，对提高农业产量起着重要的作用，但也带来了大气污染物质。

据统计，施农药时，附在作物上的农药仅 10%，90%落入土中、飞散于大气，溶于地表水或雨水，污染水、气、土。

（5）根据不同的目的，还可以对污染源进行不同的分类

1）按人类活动功能划分

根据人类活动功能可划分为工业污染源、生活污染源、交通污染源和能源污染源。

2）按污染物排放时间分（适用于分析污染物排放的时间规律）

① 连续源。污染物的排放是连续的（火电厂等）。

② 间断源。污染源的排放是间歇性或定期的。

③ 瞬时源。污染物的排放是瞬时的（事故排放）。

3）按污染源的存在形式分

① 固定污染源。指位置或地点不变的污染源，主要是工业、家庭炉灶与取暖设备的烟囱。

② 移动污染源。指地点和位置变动的污染源，主要是行驶的交通工具。

4）按污染物排放空间分

① 点源。指有固定排放点的污染源，如燃煤发电厂的烟囱和城市的供暖锅炉烟囱。

② 线源。指污染呈条状，如行驶的汽车、火车和飞机等移动污染源。

③ 面源。指没有固定污染排放点，而是在一定范围内污染物排放高度较低，排放点密集的区域性污染源，如石油化工区和有众多小炉灶的居民区。

1.1.3 大气污染物

1.1.3.1 大气污染物的分类

人类活动所产生的某些有害颗粒物和气体进入大气环境，给大气增添了外来组分，并引起大气污染现象，这些物质称为大气污染物。按照污染物的来源、组成、结构、形态、性质、变化特征以及它们的危害程度，可以将大气污染物分为很多种。

（1）按大气污染物存在的状态分

1）气体状态污染物

以分子状态存在的污染物，简称气态污染物。气态污染物的种类很多，总体上可以分为五大类：以二氧化硫为主的含硫化合物、以一氧化氮和二氧化氮为主的含氮化合物、碳氧化合物、有机化合物及卤素化合物等。常见的气态污染物有二氧化硫、一氧化碳、氮氧化物、氯气、氯化氢、氟化氢和臭氧等。

2）粒子状态污染物

指沉降速度可以忽略的固体粒子、液体粒子或固体和液体粒子在气体介质中的悬浮体，如总悬浮颗粒物、可吸入颗粒物、细颗粒物等。

（2）按污染物在大气中的物理特征和化学性质的变化分

1）一次污染物

由污染源直接排入大气的、物理和化学性状未发生任何变化的污染物，称为一次性污染物（primary pollutants），也称作原发性污染物。大气中的烟尘、粉尘、飘尘、降尘、石棉、一氧化碳、硫氧化物、氮氧化物和碳氢化合物等以及某些金属和非金属微粒等，都属于一次性污染物。

2）二次污染物

环境中已经存在的污染物（原始污染物），在各种因素作用下，经过一系列物理或化学变化后形成的新污染物称为二次污染物（secondary pollutants）或称继发性污染物。例如，环境中的一次污染物 SO_2，在大气中经历化学变化和物理转化后，形成的硫酸盐气溶胶；汽车燃油排放的氮氧化物、碳氢化合物等在阳光照射下，发生光化学反应，生成臭氧、甲醛、酮以及过氧乙酰硝酸酯（PAN）等。如表 1.1-2 所示。

表 1.1-2　气态污染物的类型

污染物	一次污染物	二次污染物
含硫化合物	SO_2、H_2S	SO_3、H_2SO_4、M_2SO_4
碳的氧化物	CO、CO_2	无
含氮化合物	NO、NH_3	NO_2、HNO_2、MNO_3
碳氢化合物	C_1～C_{10} 化合物	醛、酮、过氧乙酰硝酸酯、O_3
卤素化合物	HF、HCl	无

（3）其他分类

按照污染物的来源的不同，可分为自然源污染物和人为源污染物。

按照污染物的化学组成和内部结构的不同可分为单质和化合物污染物。

按照污染物的毒性和致病效应可分为毒性物、剧毒物、致癌物、遗传诱变物等。

1.1.3.2　大气污染物的特性

大气污染物种类较多，我们只能选择对人体、生物体和环境本身影响最大的主要污染物的特性加以研究。在本节中，仅从识别污染的角度去认识污染物的特性。

（1）自然属性

所谓自然属性，就是物质存在于自然界的原始状态的客观性，也就是说任何物质都或多或少地存在于自然界，但过量或缺少都会影响人类的生存。如平常所说的“水土不服”，就可能是因为人体中某种元素种类或数量发生变化，失去平衡而引起人体的不适感。同样道理，所谓污染也是相对于大气组成本底而言，一般来讲是因为过量了而强迫人体接受，就会影响人体健康，导致环境质量下降、生态破坏、器物受损等。

在环境监测中，有些污染物质监测不出来，甚至还会出现负值，我们不能说此污染物不存在。既然污染物具有客观存在的自然属性，我们不能随意地否定，因此出现此情况时，用“0”来描述监测结果是不妥当的。造成“0”或“负”的结果，其原因有以下两种：

① 污染物含量极低，而分析方法的灵敏度也低，故检测不出来。

② 因为在空气中存在的污染物质是多种多样的，所采用的采样、分析方法中，往往产生干扰作用，如果是一种负干扰，就使本来含量很低的某种污染物对方法无响应或负响应。

出现成“0”或“负”的结果，从其自然属性角度考虑，正确的描述方法不是“0”而应用“未检出”较为合适。在进行数据处理统计时，为了不失其真实性，国家标准规范中规定：“以 1/2 最低检出浓度极限值”来代替“0”或“负”值参与计算统计，即凡是检测低于“最低检出浓度极限值”者以其 1/2 最低检出浓度数值参与统计。

例如，用盐酸副玫瑰苯胺比色法测定 SO_2 时，采样体积为 30 L 时，其最低检出浓度值为 0.007 mg/m^3，则凡是低于此值者，如 0.005、0.006 或 0.000、−0.001 等，实际上均以 0.003 5 mg/m^3 参与日均值的计算统计。

了解污染物的自然属性有助于我们判断监测对象及所测数据的合理性。比如，在环境监测报告中，我们不用“0”而是用“低于最低检出浓度”来表示监测结果。因为到目前为止，大部分元素和化合物已经判定在自然界中是普遍存在的，有一定的背景值，显然用“0”来描述数据是不妥当的。

另外，在环境监测时，如经初步分析应出现较高浓度，如在特定环境条件下，自然界中某些污染物在环境中背景值本身就很高，如某些高氟区、高砷区，火山地区的二氧化硫，沙漠区的颗粒物等，但实际监测数据却出乎意料的低，甚至为负值，那么应从采样方法、分析方法以及操作过程等方面入手，检查是否有其他污染物产生的负干扰作用，并采取措施及时纠正错误，以便于获取可靠的监测结果。

（2）扩散性

各种污染物根据它们在环境中的状态不同、性质不同，扩散的速度和影响的范围也有较大的差异。扩散性强的污染物，有可能造成大范围的甚至全球性污染。

污染物的扩散性定性地说并不困难，但要定量的描述就十分困难了。一般污染物扩散的速度，在大气中是由众多因素所决定的，如污染物存在状态及其本身性质、污染物排放方式、气象条件、下垫面条件等。

比如，高烟囱排出的污染物，以气体形态排出后，随风一起向下风向移动，由于湍流的作用向四周扩散。污染物浓度离污染源越近越高，离轴线越近越高，达到一定距离之后，污染物浓度随距排放源的距离、距轴线距离的差异就不存在了（高架点源污染物的分布情况参照图 1.1-2）。而对尘粒的问题就比气体更复杂了，同样是由高烟囱排出的颗粒物，其中大颗粒（一般来说要大于 50 μm）就很难飘走，很快在烟囱附近就沉降下来；而 10～20 μm 的颗粒物可一边沉降一边扩散，在一定范围内造成影响；小于 10 μm 的颗粒物可近似地看成气体污染物一样扩散。

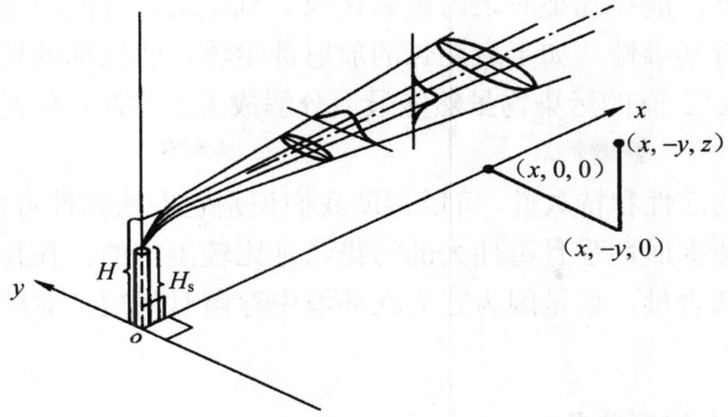

图 1.1-2　高斯模式的坐标系

（3）毒性

污染物的毒性是指它侵入人体或生物体后与体液组织发生物理或化学作用，在达到一定程度时所产生的功能障碍或病理改变。污染物毒性可从以下几方面定性地进行判断：

1）污染物的化学结构

一般而言，低价化合物的毒性要比高价化合物大。如一氧化碳的毒性就大于二氧化碳，三价砷比五价砷毒性大。但也有相反情况，如六价铬就比三价铬的毒性大。对于有机物质，直链碳氢化合物随碳原子数的增加而毒性增大；在同分异构体中，有支链的物质毒性小；有机化合物中氢原子被卤素取代后毒性增大，且取代数目越多其毒性越大；芳香族化合物中的氢被硝基和氨基取代后毒性明显增大，而被羧基取代后毒性反而减小。

2）污染物的理化性质（仅指分散度、溶解度和挥发性）

污染物的分散度、溶解度、挥发性越大，一般来说其毒性越大。如三氧化二砷比三硫化二砷溶解度大三万倍；四乙基铅、苯、汞的挥发性大，即使在水中溶解度不大，在有机体体液中也可以溶解，故进入人体后就易引起中毒。

3）污染物浓度和作用时间

在环境相同的条件下，浓度越高毒作用越强；而当浓度相同时，则作用时间越长，危害就越大。

4）外界环境条件

如在高温条件下，污染物蒸发量大，在空气中浓度增高。同时，生物体或人体的新陈代谢旺盛，就增加了对污染物的吸收，也会使污染物的毒作用增强。

（4）持久性和活性

污染物的活性和持久性是指它在环境中的稳定性和持续时间。有的污染物活性很强，排出后在环境中不能久留，或被环境净化，或生成其他物质，如硫化氢在有臭氧存在的条件下，能在几小时之内被氧化成二氧化硫。有的污染物在环境中却几乎能无限期地保持其毒性，如半衰期长的放射性尘埃可随地球的转动长期存留在大气中，称为“死灰”。有的污染物虽然能最后分解成无毒物质，但是分解过程保持很长一段时间。

了解污染物的活性和持久性，可以帮助我们识别它们的急性毒作用和潜在危害。在大气监测中，捕捉活性强且毒性大的污染物是比较困难的，往往是已被感官接受了，但却测不出其含量，这是因为它们在环境中存留时间短，对监测手段要求高的缘故。

1.1.3.3　主要的大气污染物

（1）固体颗粒状态污染物

1）颗粒物的粒径

空气中的颗粒呈不规则形状，研究中多采用较为简单的等效直径办法来度量颗粒物的大小。将颗粒物假设成几何球体，根据不同的测量方法和研究目的，通过物理、光学或动力学性质的等效可以将颗粒物的粒径分为以下三种。

① 光学等效直径。若不规则形状粒子与直径为 D_p 的球形粒子具有相同的光散射能力，则定义 D_p 为所研究粒子的光学等效直径。此定义只适用于粒子群的统计特征，粒子的光散射能力与光波波长有关，一般以 0.55 μm 的绿光为标准定义光学等效直径。

② 体积等效直径或几何直径。如果所研究的不规则形状粒子的体积与直径为 D_p 的球形粒子体积相同，则定义 D_p 为所研究粒子的体积等效直径。

③ 空气动力学等效（当量）直径。所研究的不规则形状粒子与单位密度直径为 D_p 的球形粒子具有相同的空气动力学效应，则定义 D_p 为该粒子的空气动力学当量直径，即指密度为 1 g/cm^3 的球体在静止空气中做低雷诺数运动时，达到与所研究粒子相同的最终沉降速度时的直径。由于空气动力学直径直接反映了颗粒物大小与沉降速率的关系，可以直接决定粒子颗粒物在空气中的性质和行为。无论颗粒物的物理形状、大小、密度或组成如何，空气动力学直径相同的颗粒物都会表现出相同的气动性质。因此，空气动力学直径是颗粒物粒径测量的重要参数，是最常用的颗粒物粒径表达方式。

2）颗粒物的分类

可以根据不同的分类标准将空气颗粒物进行分类，如颗粒物的粒径、在人体呼吸道的尘降部位、来源和形成方式等。

按照颗粒物的粒径大小，空气颗粒物可分为粗颗粒物和细颗粒物。对空气颗粒物进行粗颗粒物和细颗粒物的划分和研究的原因在于空气颗粒物的粒径是颗粒物最重要的性质，粗颗粒物和细颗粒物在化学组成、来源和形成方式、传输和去除机制等方面存在一些根本的区别。怀特比（Whitby）提出的空气颗粒物三模态模型中对粗颗粒物和细颗粒物进行了划分，在该模型中他将粒径＞2 μm 的颗粒物称为粗颗粒物，粒径在 2 μm 以下的颗粒物称为细颗粒物。但是在文献中有关粗颗粒物和细颗粒物的粒径分界线略有不同，如有的认为粒径＜2.5 μm 的颗粒物为细颗粒物，也有的将粒径＜3 μm 定为细颗粒物，因此目前粗颗粒物和细颗粒物的粒径分界线还没有统一的规定，有待进一步的研究确定。

根据各种研究的需要，依据颗粒物的粒径大小，空气颗粒物也可以被分为如下几种。

① 降尘（自然降尘）。指空气中自然降落于地面上的颗粒物，其粒径在 10 μm 以上。自然降尘的能力虽主要取决于自身重量及粒度大小，但风力、降水、地形等自然因素也起着一定的作用，把自然降尘与非自然降尘区分开是很困难的。降尘是空气污染的参考性指标。

② 总悬浮颗粒物（Toral Suspended Particulates，TSP）。指飘浮在空气中的固态和液态颗粒物的总称，其粒径大小一般小于 100 μm。曾是中国唯一的环境空气中颗粒物的监测指标，现仍用作环境监测指标，并且主要用于作业场所粉尘的检测。

③ PM_{10} 颗粒物（PM_{10}）。指粒径在 10 μm 以下的颗粒物，它可以通过呼吸进入人体的上、下呼吸道，故又名可吸入颗粒物（Inhalable Particles，IP）。

④ $PM_{2.5}$ 颗粒物（$PM_{2.5}$）。指粒径在 2.5 μm 以下的颗粒物。大部分 $PM_{2.5}$ 能沉降于呼吸道中，同时由于许多致癌和有毒物质如苯并[*a*]芘等多富集在 $PM_{2.5}$ 颗粒物上，因此 $PM_{2.5}$ 颗粒物对人体健康的危害非常大，越来越受到人们的重视。美国在 1996 年制定了 $PM_{2.5}$ 颗粒物的环境空气质量标准，我国 2012 年新修订的环境空气质量标准中也已制定了相应的 $PM_{2.5}$ 颗粒物的浓度限值。

⑤ 呼吸性颗粒物（Respirable Particulates）。在职业卫生领域和空气颗粒物的毒理学研究中，依据颗粒物在人体呼吸道的沉降部位，将空气颗粒物分为可吸入颗粒物和呼吸性颗粒物。其中的呼吸性颗粒物是指能够沉降于深部呼吸道部位的颗粒物，反映了能够深入肺部（直至肺泡）并造成肺部组织纤维化病变而导致尘肺病的那部分颗粒物，这类颗粒物的粒径一般小于 4 μm。

按照颗粒物的来源，空气颗粒物可以分为天然来源颗粒物和人为来源颗粒物。按照颗粒物的形成方式，空气颗粒物可以分为一次颗粒物（primary particulates）和二次颗粒物（secondary particulates）。一次颗粒物是指天然或人为过程直接排放形成的颗粒物。二次颗粒物是指空气中的一次颗粒物或由天然、人为过程排放的 SO_2、NO_x、H_2S、NH_3 和碳氢化合物等气体相互发生物理、化学、光化学反应所产生的颗粒物。天然和人为过程均可形成一次颗粒物和二次颗粒物。

3）大气颗粒物的源与汇

① 大气颗粒物的来源。天然来源颗粒物是指天然产生的空气颗粒物，如地球表面岩石和土壤的风化产物、自然火灾（森林及农田火灾）排放物、土壤尘、火山灰、

海盐粒子、植物花粉和真菌类孢子等，这类颗粒物的粒径一般大于 10 μm。人为来源颗粒物是指由人类各种活动产生的空气颗粒物，如由化石燃料的燃烧、机动车尾气、工业粉尘、废弃物焚烧等产生的颗粒物，这类颗粒物的粒径一般小于 10 μm。表 1.1-3 列出了一次颗粒物和二次颗粒物各成分的来源。

表 1.1-3　颗粒物的来源

成分	一次颗粒物（PM＜2.5 μm）		一次颗粒物（PM＞2.5 μm）		二次颗粒物	
	自然源	人为源	自然源	人为源	自然源	人为源
硫酸盐（SO_4^{2-}）	海盐飞沫	化石燃料燃烧	海盐飞沫	—	海洋或湿地排放的还原性含硫气体以及火山活动、森林大火排放 SO_2 和 H_2S 的氧化	化石燃料燃烧排放的 SO_2 的氧化
硝酸盐（NO_3^-）	—	—	—	—	土壤、森林大火及闪电产生的 NO_x 的氧化	化石燃料燃烧和机动车尾气排放的 NO_x 的氧化
矿物质	侵蚀和二次夹带	道路、林业、农业、建筑业等扬尘	侵蚀和二次夹带	道路、林业、农业、建筑业等扬尘		
铵盐（NH_4^+）	—	—	—	—	野生动物、原始土壤排放的 NH_3	畜牧业、垃圾及施肥土地排放的 NH_3
有机碳（OC）	野火	燃烧、机动车尾气及做饭	土壤腐殖质	轮胎和沥青磨损及道路扬尘	植物和野火排放的碳氢化合物氧化	燃烧和机动车排放的碳氢化合物氧化
元素碳（EC）	野火	机动车排放、木柴燃烧及做饭	—	轮胎和沥青磨损及道路扬尘	—	—
金属	火山活动	化石燃料燃烧、熔炼及制动器磨损	侵蚀、二次夹带及有机碎片	—	—	—
生物气溶胶	细菌和病毒	—	植物和昆虫残片、花粉、孢子及细菌菌团	—	—	—

据估算，对于粒径小于 20 μm 的颗粒物，每年全球由自然过程产生的约为 2×10^9 t，而人为产生的约为 3×10^8 t。因此就全球范围而言，自然过程产生的颗粒物

量远大于人为产生的颗粒物量，但是对于人群密集的城市而言，情况就完全不同，人为产生的颗粒物可能比自然产生的浓度大几个数量级。

② 大气颗粒物的去除与汇。颗粒物一旦进入大气后，它的去除主要有两种途径：干沉降和湿沉降。

干沉降是指颗粒物在重力作用下或与地面其他物体碰撞后，发生沉降而被去除。干沉降对于粗颗粒来说是一个相对有效的去除途径，但对于 $PM_{2.5}$ 之类的细颗粒物，这一去除方式的效果不理想。

湿沉降是指颗粒物与云滴或雨滴结合后沉降，从大气圈中去除。湿沉降又分为雨除（rain out）和冲刷（wash out）两种途径。雨除是指气溶胶粒子中的部分细粒子，尤其是粒径小于 0.1 μm 的粒子，可以作为云的凝结核，这些凝结核成为云滴的中心，通过凝结过程和碰并过程，云滴不断成长为雨滴，一旦形成雨滴后，在适当的气象条件下雨滴进一步长大成雨降落到地面上，颗粒物也随之去除。当大气层温度低于 0℃时，云中的冰、水和水蒸气也可能生成雪晶，雪晶长大形成雪降落至地面，也可作为雨除的方式去除颗粒物。冲刷的去除方式是指在降雨（或降雪）过程中，雨滴（或雪晶、雪片）不断地将大气中的颗粒物挟带、溶解或冲刷下来，这种方式的颗粒物去除效率随着粒子直径的增大而增大，同时也会改变大气中粗、细粒子的含量。

颗粒物在大气中停留的时间主要取决于粒子的沉降速度与去除方式。表 1.1-4 列出了不同粒径段颗粒物的汇机制及其在大气中的存在寿命。可以看出，大粒径的粗颗粒受雨除和干沉降的作用较明显，粒径越大在大气中的停留时间越短。粒径小的颗粒，由于碰撞而凝聚成较大的粒子，虽然不能直接从大气中被清除掉，却可以通过改变颗粒的大小和形态，通过其他机制去除，因此存活时间也较短。而与 $PM_{2.5}$ 粒径相近的细颗粒，其去除效应不如上述两种粒子，因此在空气中能够存在较长时间。

表 1.1-4　气溶胶粒子的汇与大气寿命

<table>
<tr><td rowspan="2">颗粒物</td><td colspan="2">细颗粒</td><td colspan="2">粗颗粒物</td></tr>
<tr><td>D_p＜0.05 μm</td><td>0.05 μm＜D_p＜2 μm</td><td>D_p＜10 μm</td><td>D_p＞10 μm</td></tr>
<tr><td>汇</td><td colspan="4">核凝聚 ←→（D_p＜0.05 μm 至 0.05～2 μm 段前部）
雨冲刷 ←→（0.05～2 μm 段后部至 D_p＞10 μm）
云滴俘获 ←→（D_p＜0.05 μm 至 0.05～2 μm 段中部）
干沉降 ←→（0.05～2 μm 段中部至 D_p＞10 μm）</td></tr>
<tr><td>寿命</td><td>在污染空气中及云中短于 1 h</td><td>3～5 d</td><td>几小时至几天</td><td>几分钟至几小时</td></tr>
</table>

4）空气中颗粒物的危害

颗粒物对环境及人体健康产生多方面的影响，已酿成了全球性的环境问题，引起了全世界的重视。因此，颗粒物已成为大气污染物中的主要控制对象之一。

① 颗粒物对环境的危害。颗粒物对植物和自然生态系统的完整性、空气能见度、人造材料以及气候等有直接和间接的影响。美国 1997 年颁布的 $PM_{2.5}$ 二级标准就旨在对公共财产（包括土壤、材料等）和能见度提供适当的保护。

a）对植物和生态系统的影响。

颗粒物对植物影响表现在直接影响和间接影响两个方面。沉降在叶子表面上的颗粒物会对植物产生直接影响。间接影响则是通过改变土壤化学性质（如土壤的盐度）或改变到达地表的辐射量、气候条件等，其影响常常比直接影响更为显著，因为它能改变营养循环和植物的营养摄取。其中最为显著的是颗粒物中硝酸盐和硫酸盐沉降在土壤中对环境产生的间接效应。当颗粒物进入土壤环境，它们能改变生态能量流、营养循环，抑制营养吸收，改变生态结构，影响生物多样性。例如，土壤中的氮含量升高会对生态系统产生选择性的影响，一些耐氮的植物会逐渐取代只能适应低氮环境的植物。酸沉降是造成环境负荷的一个关键因素，它会造成土壤酸化并引起营养缺乏。氮沉降过量还会造成水体的富营养化。

沉降的粗颗粒物会在叶片表面形成一层膜而影响植物对光线的吸收，并且改变叶子的温度，阻塞气孔。叶子温度的升高会灼伤叶片，降低光合作用，使叶子产生枯黄、坏死和脱落。随颗粒物沉降的硝酸盐、硫酸盐和酸性金属及重金属，对叶子也产生直接影响。对植物产生影响的主要是颗粒物中所含的化学物质。碱度是灰尘产生植物毒性的主要化学因素。由于叶片上空气盐颗粒的积聚可能导致叶片受损，所以盐度也是粗颗粒物对沿海地区植物产生损害的一种因素。半挥发性物质在粗颗粒物表面的富集也可能对其沉降产生很大的影响并产生潜在的生物效应。颗粒物还可能成为挥发性有机物等其他植物毒性物质的载体。DDT、多氯联苯（PCBs）和多环芳烃（PAHs）会随着颗粒物而沉降在地面，对植物产生不利影响。这些物质能通过根进入植物体，或者通过颗粒物沉降在叶面的蜡皮层，通过气孔被植物摄取。颗粒物中硫酸盐的沉降一般不会达到对植物产生损害的程度，但在污染严重的点源附近可以观察到 SO_2 对植物产生的直接损害。

b）对空气能见度的影响。

空气中的颗粒物，特别是细颗粒物能造成大气能见度的下降，给交通和城市景观带来不利的影响。自 20 世纪 70 年代以来，颗粒物对能见度的影响就一直是环境保护领域所关注的问题之一。美国在 1977 年制定的《清洁空气法》就有专门条款即保护“联邦一类区”的能见度，使其免受人为大气污染源的影响。

颗粒物对光的散射效应是使能见度降低的最主要因素。由于部分入射辐射受颗粒物散射的影响会反射到宇宙空间，从而使入射辐射的强度减弱。通常认为散射效应主要同细颗粒有关。颗粒物对光的吸收效应通常是使能见度降低的第二大因素。颗粒物对光的吸收几乎全部都是由元素碳和含有元素碳的颗粒物引起的，这些光吸收颗粒物可能会使某些地方的能见度降低一半以上，还可形成烟雾而使城市呈褐色。

在某些情况下，细颗粒物质量浓度可作为能见度的指示物。细颗粒物能散射和吸收太阳光线，它对能见度的损害与气溶胶颗粒物的性质有很大关系，例如，粒径的分布和气溶胶化学组成；还与空气的相对湿度有关。在相对湿度升高时，颗粒物吸附湿气后粒径和体积增大，因而颗粒物对光的散射一般也随之增加。颗粒物中的硝酸盐、硫酸盐、炭黑、土壤尘、有机气溶胶等都会散射光线造成能见度范围的改变。

c）对建筑材料的损害。

建筑材料（金属、石料、水泥、油漆）暴露于环境中，受自然天气的影响，如风吹、潮湿、温度波动、阳光照射等。金属在表面形成一层氧化膜，可以延缓环境的侵蚀。但人类活动产生的污染物，特别是 SO_2，会对金属氧化膜产生破坏，从而加速自然环境对金属的锈蚀过程。干沉降的 SO_2 能使碳酸钙转化为硫酸钙，从而加快自然环境对石灰质材料（石灰石、大理石、水泥等）所产生的侵蚀。还会腐蚀水泥建筑；使油漆褪色、削弱油漆层的厚度，使油漆的使用寿命缩短。

d）对全球变暖和紫外线传输的影响。

由于颗粒物的化学组成复杂、具有不同的粒度谱分布，因此颗粒物对太阳光具有不同的效应，如吸收、散射、反射作用，从而对气候产生直接或间接的效应。其直接效应是吸收或反射太阳的辐射，使地球的热平衡受到影响，其间接效应是颗粒物在云层中成为凝结核从而影响云层量和垂直分布。这些直接和间接的影响对因温室气体造成的全球变暖的影响产生作用。

颗粒物对紫外线传输的影响很大，大气浑浊时，紫外线占阳光总量会上升至37%。颗粒物还会影响到大气中的光化学反应，如对 O_3 的形成起催化作用。空气颗粒物对紫外线的影响因颗粒物的粒径、组成不同，在不同的地区、不同的时间也就会有差异。

② 颗粒物对人体健康的危害。空气是人类生存最重要的环境因素之一，正常人每天要呼吸 10～15 m^3 的洁净空气，儿童呼吸的空气量大于他们的体重，工作和运动量大的人呼吸的空气量更大。但是，现在人们呼吸时吸入的不是纯净清洁的空气而是增加了某些不定组分的非洁净空气，其中就有大气颗粒物。粒径越小的细颗粒物对人体健康的影响甚于粗颗粒物，这与不同粒径的颗粒物在呼吸系统中的沉积部位不同有较大关系。粒径大于 10 μm 的颗粒物大部分会被阻挡在呼吸道以外，少量能进入鼻腔；2.5～10 μm 的颗粒物能够进入人体的上呼吸道，而粒径小于 2.5 μm 的 $PM_{2.5}$ 细颗粒物却能进入肺部，甚至直达肺泡内。$PM_{2.5}$ 对人体的最直接危害是作用于呼吸道系统，还会对心血管疾病产生影响。美国癌症协会（ACS）在美国 50 个城市开展的长期跟踪评估研究显示，$PM_{2.5}$ 浓度每升高 10 μg/m^3，暴露人群的非意外死

亡风险上升 4%，而心肺疾病死亡风险和肺癌死亡风险分别上升 6%和 8%。

（2）无机污染物

无机物包括除去碳氢化合物及其衍生物以外的所有单质和化合物；对环境构成污染的无机物称为无机污染物。大气中的无机污染物一部分来自火山爆发、岩石风化、地壳变迁、海啸等自然过程；另一部分来自人类的生产和消费活动过程。现代的采矿、冶炼、机械制造、建筑施工、化工生产等过程以及矿物燃料的燃烧过程，都可能排放硫、氮、碳的化合物，以及其他多种金属和非金属元素，构成对大气环境的污染。大气环境中典型的无机污染物有含硫化合物、氮氧化物、碳的氧化物、氟、氯、镉、铬、汞、铅、砷、氰化物等，各种污染物的特点如下：

1）含硫化合物

大气中的硫化物主要是硫化氢（H_2S）、二氧化硫（SO_2）、三氧化硫（SO_3）、硫酸（H_2SO_4）和硫酸盐及其气溶胶。其中构成大气污染物的主要硫化物是 SO_2 和 SO_3，合称为硫氧化物，以 SO_x 表示。人为排放的 SO_2 主要来源于含硫煤和石油的燃烧、有色金属冶炼、石油加工以及硫酸生产等。SO_x 是形成酸雨的主要因素。

① H_2S。大气中的硫化氢主要来自天然源中的微生物活动的土壤和沉积物。其次是来自人为源，如皮革加工、染料制造、石油炼制、黄铁矿冶炼、硫酸和硫化物的制造加工、人造纤维等工业生产活动过程。

硫化氢是有臭鸡蛋味的气体，其性质较活泼，在大气中的寿命很短，仅数小时，易溶于水中，故反应很快。

反应式：

$$H_2S+O_2 \longrightarrow SO_2+H_2O$$

② 二氧化硫（SO_2）。大气中二氧化硫来自地面的自然源和人为源。自然源包括有机体的腐烂分解过程、火山爆发以及硫化氢在大气中的氧化过程；人为源主要是矿物燃料的燃烧过程。每年还原态硫化物氧化过程、地表火山爆发、植物体排放等自然源、化石燃料燃烧这三种源的 SO_2 排放，以纯硫计总排放量约为 9×10^7 t。

不同的矿物燃料含硫量差别很大，1 t 煤中含 5～50 kg 可燃硫，1 t 石油中含 5～30 kg 可燃硫。一个发电厂，如果每天燃烧硫为 3%的煤 2 000 t，假定排放硫系数为 0.90，那么每天将有 108 t 二氧化硫排入大气。

SO_2 是具有窒息性臭味的气体，其氧化过程有催化氧化、光化学氧化两种途径。在均相（清洁干燥空气里）中反应较慢：

$$2SO_2+O_2（空气）\longrightarrow 2SO_3（慢）$$

在多相（高温度，有 Fe^{3+}、Mn^{2+}盐存在）的条件下反应较快：

$$2SO_2+O_2+H_2O \longrightarrow H_2SO_4（快）$$

③ 含硫化合物最后归宿是 SO_2、SO_3 以及 H_2SO_4 等与空气中的氨或其他盐反应生成硫酸盐：

$$H_2SO_4+NH_3\text{（或 }2NaCl\text{）}\longrightarrow (NH_4)_2SO_4\text{（或 }Na_2SO_4\text{）}$$

④ 含硫化合物的危害。

a）硫化氢的危害。

硫化氢对人体的危害，主要是作用于中枢神经系统，对眼、上呼吸道有较强的刺激，易引起急性中毒。低浓度的中毒症状有头晕、头痛、恶心、呕吐、全身虚弱、呼吸有硫化氢味、瞳孔缩小，有时会发生肺炎、肺气肿、尿中出现蛋白等。浓度高时，大量吸入导致意识丧失、昏迷、窒息直至死亡。

b）SO_2 的危害。

A．SO_2 的危害很严重，它对人类和动物产生很大的影响，SO_2 进入血液，能破坏酶的活力，损害人的肝脏。它的主要危害是伤害呼吸道，产生炎症或产生支气管收缩而痉挛，引起和加重呼吸系统和心血管的疾病。当空气中 SO_2 的浓度达到 0.3×10^{-6}～1×10^{-6} 时，大多数人会感觉出来；达 3×10^{-6} 时，就有特殊的刺激气味；达 8×10^{-6} 时，人就会感到难受；达 400×10^{-6} 时，会使人呼吸困难，机体免疫力受到明显抑制；$>500\times10^{-6}$ 时，可以导致死亡。有飘尘存在时，可以增加它的毒性。SO_2 还可以加强致癌物苯并[*a*]芘的致癌作用。

B．SO_2 对植物造成严重的影响：损害植物的叶子，抑制作物生长，造成减产。浓度$<0.3\times10^{-6}$ 时，即开始对植物产生影响。低浓度长时间（几天或几周）的作用，由于抑制叶绿素的生长，使叶慢性损伤而变黄。高浓度短时间可造成急性叶损伤，故在未经治理的硫酸厂或有色金属冶炼厂周围的田野，往往常年一片枯黄色，长期污染可使植物无法生长。

C．损害物品：SO_2 气体可以穿窗入室，或渗入建筑物的其他部位，使金属制品或饰物变暗，使织物变脆破裂，使纸张变黄发脆。

D．形成酸雨或硫酸酸雾：SO_2 在空气中可被氧化为 SO_3，在飘尘存在时或湿度大时，可以形成危害更大的二次污染物——H_2SO_4 雾，遇到降水时即为酸雨。

2）氮氧化物（NO_x）

① 含氮化合物种类。氮氧化物（NO_x）包括：一氧化氮（NO）、二氧化氮（NO_2）、一氧化二氮（N_2O）、三氧化二氮（N_2O_3）、四氧化二氮（N_2O_4）、五氧化二氮（N_2O_5）等多种形式的化合物。其中 N_2O 无毒，是大气的基本成分之一，含量约 0.3×10^{-6}。

氮氧化物（NO_x）主要来源于汽车尾气，其次是制造硝酸和氮肥的工厂，少量来自火山爆发，雷击闪电使 N_2 和 O_2 化合，土壤有机体分解以及 NH_3 和 N_2O 在大气中的氧化过程。全球人为活动每年排放的 NO_x（折算成 NO_2）约为 4 720 万 t；自然界雷电过程形成的 NO_x 约为 76 800 万 t。

人为排放的氮氧化物主要是燃烧过程，尤其是石油燃烧时，在高温下空气中 N_2 和 O_2 化合而成，如式（a）所示。

$$N_2+O_2 \xrightarrow{1\,200℃} 2NO \tag{a}$$

进一步氧化：

$$2NO+O_2 \longrightarrow 2NO_2 \tag{b}$$

式（a）反应速度随温度增加而加快。在内燃机燃烧室内，石油与含氧 3%、含氮 75%的气体混合燃烧时，每产生 500×10^{-6}NO 所需的时间为：当 T=1 588 K 时，为 23 min，T=2 253 K 时，为 0.117 s。燃烧反应产生的 NO 的平衡浓度也随温度的增加而增加，故高温条件有利于 NO 的生成。内燃机产生的 NO 排放冷却，氧化氮被“冷结”，故排气中 NO 浓度较高，在城市中燃油汽车较多，是 NO_x 的重要来源。

② 一氧化氮（NO）。无色、无臭味的气体，对生物体的影响尚未清楚，经动物实验证明，其毒性仅为二氧化氮的 1/5。

与 O_3 反应转化为 NO_2：

$$NO+O_3 \longrightarrow NO_2+O_2$$

与自由基作用转化为 NO_2：

$$*OH+CO \longrightarrow H^*+CO_2$$

$$*H+O_2 \longrightarrow HO_2*$$

$$*HO_2+NO \longrightarrow NO_2+*OH$$

在 CO 存在下，不消化自由基 OH 而使 NO 转化为 NO_2，这是洛杉矶光化学烟雾事件中重要的光化学转化反应，一旦由 NO 转化为 NO_2 后就会引发出一系列的光化学反应。

③ 二氧化氮（NO_2）。和自由基作用转化为 HNO_3：

$$NO_2+OH* \longrightarrow HNO_3$$

被 O_3 氧化：

$$NO_2+O_3 \longrightarrow NO_3+O_2$$

$$NO_3+NO_2 \longrightarrow N_2O_5$$

$$N_2O_5+H_2O \longrightarrow 2HNO_3$$

与 NH_3 作用，生成硝酸盐：

$$HNO_3+NH_3 \longrightarrow NH_4NO_3$$

二氧化氮是棕红色的气体，对呼吸器官有强烈的刺激作用，当其浓度与一氧化氮相同时，它的伤害性更大。据实验表明，NO_2 会迅速破坏肺细胞，可能是哮喘病、肺气肿和肺癌的一种病因。环境空气中 NO_2 的浓度低于 0.01×10^{-6} 时，儿童（2～3 周岁）支气管炎的发病率有所增加；NO_2 的浓度在 1×10^{-6}～3×10^{-6} 时，可闻到臭味；浓度在 13×10^{-6} 时，眼、鼻有急性刺激感；在浓度为 17×10^{-6} 的环境下，呼吸 10 min，会使肺活量减少，肺部气流阻力增加。NO_x 与碳氢化合物混合时，在阳光照射下发生光化学反应生成光化学烟雾，危害更加严重。

④氮氧化物（NO_x）的归宿。大气中的NO_x经过一系列的转化后，最终生成硝酸或硝酸盐，最后降解到地面。

3）碳的氧化物

CO和CO_2是各种大气污染物中产生量最大的一类污染物，主要来源于燃料燃烧和机动车排气。自然界细菌分解会产生一定的CO和CO_2。CO是人为排放量最大的污染物，人为活动的排放量约为3.59亿t，其中来自汽车尾气1.97亿t（1990年）。

①一氧化碳（CO）。CO产生（来源）：

燃烧：$HC+O_2 \longrightarrow H_2O+CO\uparrow$（氧气不足时）

自然界：$CH_4+O_2 \longrightarrow 2H_2O+CO\uparrow$

CO转化（去除）（归宿）：

在燃烧中：$2CO+O_2 \longrightarrow 2CO_2$

在自然界中：$2CO+O_2 \longrightarrow 2CO_2$（缓慢）

在自然界中，动、植物的氧化、代谢物（呼吸过程）和残骸降解等过程均会转化为CO_2气体。

CO的危害：CO是无色、无臭味、无刺激性的气体，进入大气后，由于大气的稀释扩散和氧化作用，浓度较低时不会造成危害。但CO又是一种窒息性气体，易于血红蛋白结合而降低输氧能力，造成机体缺氧中毒：

5×10^{-6}～30×10^{-6}时，对呼吸系统有刺激作用；

200×10^{-6}时，2～4 h（滞留时间）头疼；

500×10^{-6}时，2～4 h（滞留时间）感到剧烈头痛、恶心、虚脱；

$2\,000\times10^{-6}$时，1～2 h可致死；

$3\,000\times10^{-6}$时，0.5 h可导致死亡。

②二氧化碳。CO_2是无毒气体，但当其在大气中浓度过高时，氧气含量相对减少，对人便会产生不良影响。因其对温室效应的作用，受到世人的关注。

4）氟

氟污染物主要是氟化氢和四氟化硅，它们来自铝、磷矿石、铁矿冶炼、磷肥生产和矿物燃料的燃烧过程。陶瓷、玻璃、塑料、杀虫剂、铀提炼等工业过程也排放氟化物。氟化物主要以气体和含氟飘尘形式污染大气。氟化氢气体与大气中的水汽结合，形成氢氟酸气溶胶。四氟化硅与水汽结合，形成水合氟化硅和易溶解于水的氟硅酸。它们随降水落到地面。无机氟化物能被植物吸收转化为毒性更大的有机氟化物，如氟乙酸酯和氟柠檬酸盐等。

5）氯

大气中的氯污染物主要来自氯气、漂白粉、颜料的化工生产以及自来水的氯消毒过程。氯气为黄绿色气体，具有强烈的刺激性。比空气重，易溶解于水和碱溶液，能与氮氧化物结合，形成毒性更强的污染物。

在高温条件下，氯气与一氧化碳（CO）结合，形成剧毒性的光气。光气的化学名称是碳酰氯（$COCl_2$），比重1.392，熔点8.3℃，微溶于水，并逐渐水解，较易溶解于苯、甲苯等，用于合成有机材料，如染料等，曾经被用作军用毒气。

6）镉

大气中的镉主要来自有色金属矿物的冶炼、煅烧、烧结以及含镉废弃物的处理过程。镉进入大气后的化学形态有硫酸镉、硫化镉、氯化镉和氧化镉等。主要存在于固体颗粒物中，氯化镉微粒可以在大气中长期飘浮。镉与含烃基、氨基、巯基的蛋白质分子结合，破坏酶系统，破坏肝、肾器官的正常功能。镉进入动物和人体细胞内，导致染色体畸变，诱发遗传变异。

7）铬

大气中的铬，天然来源主要是岩石风化过程；人为源主要是铬铁矿冶炼、耐火材料、电镀、制革、颜料等工业生产以及矿物燃料的燃烧过程。铬进入动物和人体内，与细胞中的大分子结合，修改遗传密码，诱发基因突变，导致遗传变异。

8）汞

大气中的汞主要来自矿物燃料的燃烧、含汞金属矿物的冶炼以及以汞为原料的工业生产过程。每年排入大气中的汞约1万t。汞是人体非必需元素。人体大量吸入汞蒸气，会引起汞中毒，导致脑组织损伤、机体瘫痪或者死亡。

9）铅

1970年联合国调查结果表明，全世界每年排入大气的铅为18 050 t。其中18%来自残油燃烧，13%来自城市灰尘，13%来自生铁铸造，11%来自汽油添加剂，9%来自铜冶炼，8%来自钢铁冶炼。煤炭燃烧、蓄电池生产和硅酸盐水泥生产过程也排放铅污染物。铅是大气中的重金属污染中毒性较大的一种。铅进入人体内沉积于骨骼，损害骨髓造血系统和神经系统。

10）砷

砷污染物除来自火山爆发、岩石风化等过程外，还来自砷的提炼和含砷杀虫剂的生产过程。砷的开采量约为47 000 t，排入大气的约1 500 t。进入人体，可引起慢性中毒，并诱发皮肤癌。

11）氰化物

构成大气污染的氰化物主要有氢氰酸、氰化钠、氰化钾。氰化物是剧毒物质，极少量即可致死。多数氰化物是人工制造的，天然物氰化物来自苦杏仁、枇杷仁、桃仁、木薯和白果等。

（3）有机物污染

1）有机污染物的来源

天然有机污染物主要来自生物体代谢活动及其他生物化学活动过程。例如，萜烯类、黄曲霉素、氨基甲酸乙酯、麦角、细辛脑、草蒿脑、黄樟素等。有些天然有机污染物还可以与其他污染物发生反应，生成二次污染物。例如，黄樟素与氧化剂反应生成环氧黄樟素，黄曲霉素 B1 与氧化剂反应生成 2,3 环氧黄曲霉素 B1，它们都是强致癌物质。

人工合成的有机物，如塑料、涂料、染料、溶剂、杀虫剂、洗涤剂、食品添加剂、合成橡胶、合成纤维等进入环境，造成环境污染，危害人体健康。

大气中的有机物在日光下，可以与氧化剂发生光化学反应，生成光化学烟雾；也可以形成气溶胶或者吸附在颗粒物上，随颗粒物一起沉降或被降水淋洗，进入土壤或者水体。有一些有机污染物进入食物链。

2）典型有机污染物

目前已经发现了 2 000 多种可疑致癌的物质，有机化合物中的多环芳烃（Polycyclic Aromatic Hydrocabon，PAH）就是其中最主要的一类。多环芳烃类有机物在环境里广泛存在，它们主要来自矿物燃料的燃烧过程，其次是自然界的生物合成。

① 苯并[*a*]芘。20 世纪初，人们注意到长期从事煤焦油作业的人员中有较多的皮肤癌的病例。后来用动物试验证实，煤焦油的某些高沸点馏分具有致癌作用。经过一系列研究发现，煤焦油中存在微量的苯并[*a*]芘（BaP）（过去称作 1,2 苯并芘或 4,5 苯并芘）。苯并[*a*]芘是浅黄色固体，熔点 179℃，具有强致癌能力。汽油和柴油机排出的废气，烟草燃烧和烧焦的食物中，都含有微量的苯并[*a*]芘。人工合成的 3-甲基胆蒽的致癌能力比苯并[*a*]芘更强。

② 挥发性有机化合物（Volatile Organic Compounds，VOCs）。有时也用总挥发性有机物（TVOC）来表示。定义有好几种，例如，美国 ASTM D3960—98 标准将 VOC 定义为任何能参加大气光化学反应的有机化合物。美国国家环境保护局（EPA）的定义：挥发性有机化合物是除 CO、CO_2、H_2CO_3、金属碳化物、金属碳酸盐和碳酸铵外，任何参加大气光化学反应的碳化合物。世界卫生组织（WHO，1989）对总挥发性有机化合物（TVOC）的定义为，熔点低于室温而沸点在 50～260℃的挥发性有机化合物的总称。有关色漆和清漆通用术语的国际标准 ISO 4618/1—1998 和德国 DIN 55649 —2000 标准对 VOCs 的定义是，原则上，在常温常压下，任何能自发挥发的有机液体和/或固体。同时，德国 DIN 55649—2000 标准在测定 VOCs 含量时，又做了一个限定，即在通常压力条件下，沸点或初馏点低于或等于 250℃的任何有机化合物。巴斯夫公司则认为，最方便和最常见的方法是根据沸点来界定哪些物质属于 VOCs，而最普遍的共识认为 VOCs 是指那些沸点等于或低于 250℃的化学物质。所以沸点超过 250℃的那些物质不归入 VOCs 的范畴，往往被称为增塑剂。

VOCs 主要来源于室外，主要来自燃料燃烧和交通运输；而在室内则主要来自燃煤和天然气等燃烧产物、吸烟、采暖和烹调等的烟雾，建筑和装饰材料、家具、家用电器、清洁剂和人体本身的排放等。在室内装饰过程中，VOCs 主要来自油漆、涂料和胶黏剂。

VOCs 的主要成分有烃类、卤代烃、氧烃和氮烃，它包括苯系物、有机氯化物、氟利昂系列、有机酮、胺、醇、醚、酯、酸和石油烃化合物等。

在目前已确认的 900 多种室内化学物质和生物性物质中，挥发性有机化合物（VOCs）至少在 350 种以上（$>1\times10^{-9}$），其中 20 多种为致癌物或致突变物。由于它们单独的浓度低，但种类多，故总称为 VOCs，以 TVOC 表示其总量（即总挥发性有机物），当若干种 VOCs 共同存在于室内时，其联合毒性作用是不可忽视的。

VOCs 对人的危害最常见的是对眼、鼻、咽喉部位的刺激，引起眼睛刺痛和干燥感，眨眼频率增加、流泪；鼻咽部干燥、刺痛、鼻血、鼻塞，并出现咳嗽、声音沙哑和嗅觉改变等；咽喉充血、炎症；皮肤干燥、瘙痒、刺痛、红斑等。VOCs 含量严重时会致使神经机能失调及痴呆，还会导致过敏性肺炎。

③ 多氯联苯（Plychlorinated Biphenyls，PCB）。是人工合成的一种有机物。德国人 H. 施米特和 C. 舒尔茨于 1881 年首先合成 PCB，美国 1929 年最先开始生产。20 世纪 60 年代中期，全世界 PCB 的产量达到高峰，年产约 10 万 t。在工业上用于润滑油、绝缘油和热载体。PCB 的污染物主要来自工厂排出的废物。例如，美国、日本等每年生产的 PCB 只有 20%～30%有效利用，其余 70%～80%排放到环境里。

④ 乙烯。是化学工业的一种重要原料，也是调节和控制植物生长发育的一种激素。大气中乙烯污染物主要来自煤、石油、天然气以及植物有机体和生活垃圾的不完全燃烧过程，例如，汽车排放的废气、石油炼制厂和乙烯生产厂排出的废气中，都含有高浓度的乙烯。大气中的乙烯浓度过高，将会导致植物生长发育异常，对树木、野草和农作物等的干物质产量有重要影响。

⑤ 氯乙烯。主要用于生产聚氯乙烯，1975 年世界总产量为 1 000 万 t，漏失率为 3%～6.3%，有 30 万～63 万 t 被排放到环境里。环境中的氯乙烯是致癌物，可以诱发肝脏血管瘤。

⑥ 氟氯烃（又称氟利昂）。是人工合成的制冷剂。人为活动向大气排放的氯氟烃进入平流层，并在那里进行光化学分解，生成化学性质活泼的氯离子，参与破坏臭氧分子的活动。

⑦ 二噁英（dioxine 或 dioxin）。是一类极毒的物质，有“世纪之毒”之称，它的毒性比氰化钾高 1 000 倍。它不仅具有致癌性，还具有生殖毒性、内分泌毒性和免疫抑制作用，它所具有的雌激素效应，可导致男性个体雌性化。1997 年世界卫生组织国际癌症研究中心将其从致癌物清单中的二级晋升到一级。1998 年世界卫生组织规定人体每千克体重每日容许摄入量不得高于 4 皮克（1 皮克等于万亿分之一克）。二噁英是 PCDDs（Polychlorinated Dibenzo-*p*-dioxins）和 PCDFs（Polychlorinated Dibenzo Furans）的统称，化学性质十分稳定，只有在 750℃以上高温条件下才可以分解。二噁英是生产五氯酚钠（用作木材防腐剂和杀灭血吸虫中间宿主钉螺的药剂）

及三氯苯氧乙酸时的一种副产物；塑料有机物的不完全燃烧也可以产生二噁英；其他某些杀虫剂的杂质中也含有二噁英。二噁英的生物累积效应非常强，一旦进入人体内，可以累积时间很长。由于人体内没有分解二噁英的条件，所以极难分解排出。只有减少摄入量，才可能避免二噁英的累积效应。在自然界里，二噁英通常存在于土壤中，特别是最容易在河川淤泥中累积。在水生动物和植物中，如绿藻、水螺、鱼类等体内也比较容易累积。在陆地上，动物食入二噁英污染的草料，二噁英将会在动物体内累积，然后通过食物链进入人体。1999 年 1 月 15 日，比利时等国先后发生二噁英污染畜禽类产品及乳制品的严重事件。比利时、荷兰、法国、德国的畜禽类产品及乳制品，（除牛肉外）我国均有进口。为此，我国卫生部等部门曾经下令暂停从上述四国进口自 1999 年 1 月 15 日以后生产的乳制品及畜禽类制品，对已经从上述四国进口的有关产品进行封存，暂停销售。

1.1.4　大气污染的危害

局部空气污染已有几千年的历史，在 12 世纪初，随着人们知道用煤炭可以代替木材使用之后，煤烟造成的大气污染也就给人类带来了新的危害。这种情况英国早有记载。18 世纪中叶，英国钻探石油成功，又开始利用石油做燃料。这不仅改变了人类工业生产和生活过程中燃料燃烧方式，而且也使交通运输方式发生了极大的变化。石油的污染又成了某些国家和地区大气污染的突出问题。现在原子能的大量利用也同样会给大气污染带来新的问题。大气污染的危害是多方面的，如对人体健康的危害、对动植物的危害，以及对各种材料的腐蚀损害等。

【大气污染物的危害】

1.1.4.1　对人体健康的危害

大气污染对人体健康的危害可分为急性作用和慢性作用，大气污染物侵入人体主要有三条途径：表面接触、食入含污染物的食物和水、吸入被污染的空气，其中第三条途径最为重要。

（1）急性作用

在某种特定的条件和环境下，如谷地或盆地，无风或微风，出现逆温，有排出大量污染物的污染源存在，污染物扩散不出去，或者发生某些毒物漏出事故，使大气中污染物浓度骤增，造成大气污染急性作用事件。历史上曾发生过数起大气污染急性作用事件。最典型的是1952年伦敦烟雾事件。

1952年12月5—9日，全英国上空大雾弥漫，并有气温逆增，当时逆温层在60～150 m 的低空。因此，从家庭和工厂排出的烟气被逆温层封盖而停滞在下层。大气中 SO_2 浓度高达 3.5 mg/m^3，飘尘高达 4.5 mg/m^3。雾期一周内伦敦市区死亡人数从945人激增至2 484人，伦敦地区死亡人数从2 062人激增至4 703人，与历年同期相比，死亡人数增加3 500～4 000人，雾期过后，死亡人数仍比平时高。在死者年龄分布上各年龄组都有增加，而45岁以上居多，65岁以上老人死亡人数尤为显著，慢性支气管炎、支气管肺病患者死亡最多。大气污染对人体产生的急性作用，在某些情况下是以某种或某些毒物急性中毒形式表现出来的，这就是毒物直接作用的影响。而在另一些情况下，如伦敦烟雾事件则以加重原来呼吸系统疾病、心脏病患者的病情进而加速了这些患者的死亡，这就是间接作用的影响。

（2）慢性作用

低浓度的污染物长期地作用于人体会产生慢性的远期效应，这种效应往往不易引人注意，而且难以鉴别。大气污染对人体健康的慢性危害是由于污染物与呼吸道黏膜表面接触引起的，主要表现为眼、鼻黏膜刺激、慢性支气管炎比、哮喘、肺癌及因生理机能障碍而加重的高血压心脏病。

应该指出，各种大气污染对人的慢性影响，主要是从流行病学统计和临床研究加以分析得出。由于机体对污染物的反应因人而异，大气污染物的浓度随时变化，测定方法和表达方式存在差异等原因，很难找到十分准确的关系，通常只能得出一般性的结论。如大气污染与慢性呼吸道疾病之间只存在有统计学方面的相关性，但在因果关系方面尚难肯定。

随着工业和交通运输业的发展，空气中致癌物质的种类日益增多。根据动物实验结果能确定有致癌作用的有数十种，即某些多环芳香烃、脂肪烃类、金属类（如砷、镍、铍等）。19世纪肺癌死亡率在所有癌症死亡率中还处于比较低的位置。目前，世界各国肺癌的发病率与死亡率都明显上升，特别是一些工业发达的国家增长更快，而且城市肺癌发病率和死亡率高于农村。虽然肺癌的病因至今还不完全清楚，但是，由于肺癌的日益增多和具有显著的地区性差异这一特点，所以环境性因素（工业致癌物如石棉、砷等大气污染和吸烟）被认为在肺癌病因学中有重要的意义。流行病调查结果推动了大气污染与肺癌之间的相关性的研究。有人研究了飘尘中苯溶解性物质含量与肺癌死亡率之间的关系，其呈正相关。日本人报道大气中苯并[*a*]芘含量高的城市居民肺癌死亡率也就高；加拿大的资料表明，大气中苯并[*a*]芘浓度为

1.4 μg/100 m^3 时，居民肺癌死亡率为 17/10 万；当苯并[a]芘上升到 50 μg/100 m^3，肺癌死亡率上升为 22/10 万。美国的资料认为，大气中苯并[a]芘浓度增加百万分之一，将使该居民点的肺癌死亡率上升 5%。我国卫生科学工作者调查某市区大气中苯并[a]芘浓度 0.723 μg/100 m^3，肺癌死亡率为 17.91/10 万。清洁对照区大气中苯并芘浓度 0.148 μg/100 m^3，肺癌死亡率为 5.59/10 万。上述大量事实说明，大气污染程度与居民肺癌死亡率之间确有一定的相关关系，大气污染与肺癌发病之间的因果关系问题是个极为复杂的问题，就肺癌而论，不能脱离其他因素来考虑大气污染，如吸烟不论是在流行病学研究，还是在实验室研究上都认为与肺癌发病有关系。尽管如此，应该指出大气污染是发生肺癌的环境因素之一。

1.1.4.2 对动物的危害和影响

大气污染对动物的危害和影响与对人的情况相似。凡是对人造成了危害的大气污染事件，都同时对动物产生一定的危害和影响，使不少动物患病和死亡。大气污染对动物的慢性危害除直接吸入外，还通过食物进入动物体内。

例如，美国蒙大那州一铜冶炼厂排出大量 SO_2、Ag_2O_3，污染周围牧草，草中含砷 400×10^{-6}，造成在 24 km 内的 3 500 头羊群中死亡 625 头。蒙大那州磷肥厂，因排放大量氟化氢，严重污染环境，草饲料中氟含量高达 $1\,000\times10^{-6}$，致使牛患氟骨症，牛奶减产，生殖率降低。

1.1.4.3 对植物的危害

污染物对植物的危害可分为急性、慢性和不可见三种。急性危害是在污染物浓度很高的情况下，短时间造成的危害，常使作物产量显著降低。构成急性危害时，不同的污染物往往表现出各自特有的危害症状。慢性危害也能影响植物的生长发育，有时还会出现与急性危害相似的症状，但大多数症状是不明显的。不可见危害只造成植物生理上的障碍，在某种程度上抑制植物的生长，但在外观上一般看不出症状。

大气污染对植物的急性危害，可根据受害植物的叶片上出现的变色斑纹做初步鉴定，同时从受害症状也可初步确定污染物的种类。由于慢性和不可见危害使植物不呈特殊受害症状，较难立即判断污染物种类及受害程度，因而须进一步分析受害叶片所含的成分等。

大气污染物对植物的伤害，一般发生在叶子结构中，因为叶子含有整棵植物的构造机理。常见的毒害植物的气体是：SO_2、O_3、PAN、HF、Cl_2、H_2S、NH_3、氯化氢和乙烯等。

大气中 SO_2 含量过高，对植物的危害首先是对叶肉的海绵状组织部分，其次是对栅栏细胞部分。如果 SO_2 的浓度为 0.3×10^{-6}～0.5×10^{-6}，并持续几天后，就会对敏感植物产生损害。菠菜、莴苣等叶状蔬菜对 SO_2 最为敏感，棉花和苜蓿也都很敏感。松树也受其影响，不论叶尖或是整片针叶都会变成褐色，并且很脆弱。20世纪50年代后期，O_3对植物的影响才引起人们的注意，据估计，在O_3的浓度为0.3×10^{-6}～0.5×10^{-6}时暴露4 h，上述植物会受到损害。氟化物对植物是一种累计性毒物，即使暴露在极低的浓度中，植物也会最终把氟化物累积到足以损害其叶子的程度。桃树、葡萄藤和唐菖蒲等对氟化物十分敏感，超过4～5个星期的暴露期的损害阈值低至1×10^{-8}。

1.1.4.4 对材料的损害

大气污染对金属制品、油漆涂料、皮革制品、纸制品、纺织品、橡胶制品和建筑物等的损害也是严重的。这种损害包括沾污性损害和化学损害两个方面。沾污性损害主要是粉尘、烟尘等颗粒物落在器物上面造成的，有的可以清扫冲洗除去，有的就很难除去，如煤油中的焦油等。化学损害是由于污染物的化学作用，使器物和材料腐蚀或损坏。

大气污染的结果除了使衣服、建筑物等变脏外，还能使某些物质迅速发生质的变化，造成很大损失。颗粒物因其固有的腐蚀性，或惰性颗粒物进入大气后吸收或吸附了腐蚀性化学物质，而产生的化学损害。例如，金属通常能在干空气（甚至在清洁的湿空气）中抗拒腐蚀，但当大气中普遍存在颗粒物时，即使在没有其他污染物的情况下，也能腐蚀金属表面。大气中的二氧化硫能很快腐蚀暴露于空气中的金属制品及使皮革、纸张、纺织品等变脆；硫化氢能使白色铅涂料变成黑色；光化学烟雾能使橡胶轮胎龟裂，电镀层加速腐蚀；高浓度的氮氧化物能使尼龙织品分解等。

任务 1.2 主要气象条件与大气污染

在大气监测工作中，气温、气压、风向、风速、相对湿度等气象条件对污染物的浓度、迁移与扩散有着重要的影响。例如，中午和下午太阳辐射强度最强，大气中的光化学烟雾污染最为严重；随着气压的升高，大气中污染物浓度也相应增大，而气压的变化往往还显著地影响风向、风力等气象参数的变化；在风向、风速的作用下，污染物在空气中可由一处迁移到另一处，污染物的浓度和范围也可得到一定程度的稀释和扩散；气温较低湿度较大时，空气中的水蒸气容易以烟尘、微尘为凝结核形成雾，使污染物粒子增重下沉，积聚在低层空气中，阻碍了烟气的扩散，加重空气污染。此外，通过气温、气压的测定可以将现场温度、气压条件下的采样体积换算成标准状态下的体积，进而将大气污染物的测定结果换算成标准状态下的结果，使得测定结果具有可比性。

1.2.1　边界层中风、湍流与大气污染

1.2.1.1　相关概念

气流：是大气流动的总称。它包括了风和湍流两种流动形式。

风：是大气做有规律的平滑水平运动，把这种相对地面的水平运动称为“风”。

湍流：是附加在空气的平均运动之上，再由空气运动所组成的处于不断变化状态下的不规则运动，把这种杂乱运动称为“湍流”。

作用于大气上的力：大气的运动是在各种力的作用下产生的。作用于大气上的力除了重力外，还有由于气压分布不均而产生的气压梯度力，由于地球自转而产生的地转偏向力，由于空气层之间、空气与地面之间存在相对运动而产生的摩擦力（即黏滞力），由于空气做曲线运动产生的惯性离心力。这些力的水平分量之间的不同组合，构成了不同形式的大气水平运动。上述作用于大气的力，以气压梯度力和重力最为重要，是引起大气运动的直接动力。

1.2.1.2　风的成因

风是由于水平方向气压分布不均匀引起的，当相邻两处气压不同时，即有从高压指向低压的水平梯度存在，空气质点在水平气压梯度力的作用下，由高压流向低压，所以气压梯度是空气运动的直接原因，即水平气压梯度是空气运动的原始动力。各地的地理条件不同，造成了各地的受热情况不同，水平面温度分布不匀，又是产生水平气压梯度的主要原因。

1.2.1.3　风与大气扩散

风是指空气的水平运动，包括风速、风向两个要素。风对污染物的输送体现在两个方面：

风的第一个作用是将污染物在水平方向上从某处输送搬运到另一处。

风的第二个作用就是由于空气的稀释，污染物的浓度逐渐降低，而污染范围逐渐扩大。

（1）风向

指风的来向。地面风向用 16 方位表示，每相邻方位的角度差为 22.5°，如图 1.2-1 所示。高空风向用方位度数表示，即以 0°表示正北，90°表示正东，180°表示正南，270°表示正西。风向决定着污染物迁移的方向。一般来说，水平风的作用，不断将污染物向下风方向输送，所以污染区总是在污染源的下风方。特殊的风向，由于同时发生的每个污染源的影响，也可导致多种污染物的输入，除了污染物含量的积累问题以外，还可能引起导致下风方向次级污染物发展的多种化学物质的一系列特殊反应。

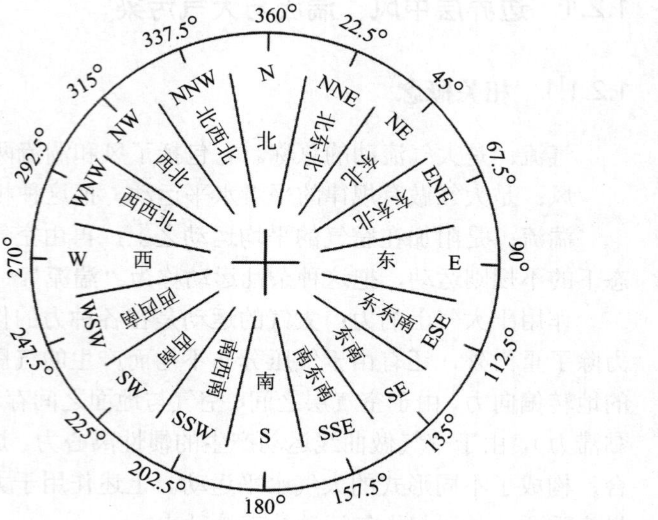

【风的小常识】

图 1.2-1 风向图

风向在输送排出的污染物方面的重要作用，还表现在风向不断地变化是平面上瞬间烟速轮廓呈蜿蜒曲折的原因（图 1.2-2）。在 1 h 或 1 h 以上时，这类波动范围以平均风向为中心可能涉及 30°～45°的一个弧，这种情况有点类似于花园里摇动着的浇水水龙，它的作用足以加宽时间平均的烟流宽度。

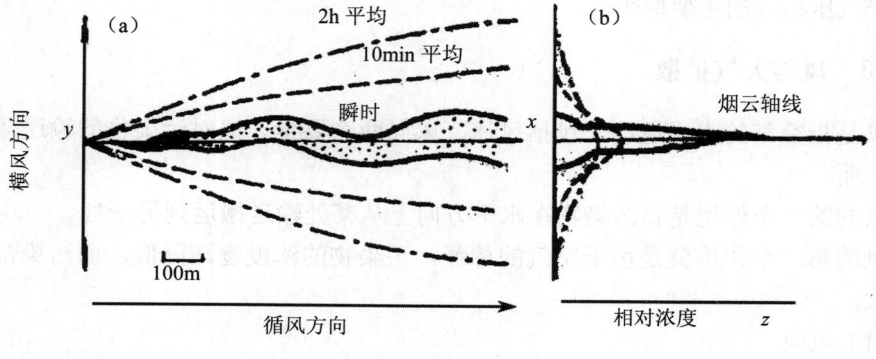

图 1.2-2 烟云大致轮廓（平面图）

（2）风速

指单位时间内空气在水平方向上流动的距离，常用的单位为米/秒（m/s）。表 1.2-1 列出了风级的划分标准。

【风力等级】

表 1.2-1　风级的划分标准

级别	名称	风速			地面物特征
		英里/h	m/s	km/h	
0	静风	＜1	0～0.2	＜1	静止，烟直上
1	软风	1～3	0.3～1.5	1～5	烟能表示风向，但风标不转动
2	轻风	4～6	1.6～3.3	6～11	人面部感觉有风，树叶沙沙作响，风标转动
3	微风	7～10	3.4～5.4	12～19	树叶和嫩枝动摇不息，轻薄的旗帜展开
4	和风	11～16	5.5～7.9	20～28	能吹起灰尘和碎纸，小树枝摆动
5	劲风	17～21	8.0～10.7	29～38	多叶小树摇摆，内陆水面有小波
6	强风	22～27	10.8～13.8	39～49	大树枝摇动，电线有哨音，举伞困难
7	疾风	28～33	13.9～17.1	50～61	全树摇动，迎风行走不便
8	大风	34～40	17.2～20.7	62～74	可折毁树枝，人向前行走感觉有阻力
9	烈风	41～47	20.8～24.4	75～88	轻型建筑物（烟筒和屋顶）发生损坏
10	风暴	48～55	24.5～28.4	89～102	陆地上少见，树木连根拔起，多数建筑物被损坏
11	强风暴	56～63	28.5～32.6	103～117	
12	飓风	≥64	≥32.7	≥118	陆地上极少遇到，发生大范围的险情

风速决定着污染物冲淡稀释的速度。图 1.2-3 可清楚地说明这一点。图上烟囱以每秒一个烟团（表示为一个气泡）的常定速串在排烟，如果风速（u）为 2 m/s，那么两个烟团之间间隔为 2 m，若风速（u）为 6 m/s，则烟团之间间隔为 6 m，因而风速越大，每单位时间通过烟囱口的空气容积也越大，其烟气的浓度也就越小，这就是通过烟囱向前扩张并直接与风速有关的稀释概念。

风速也在左右边界层中产生被迫对流的量，这种对流不但由两空气层之间的内部切应力引起，而且也由空气和地面粗糙度要素之间相互作用产生。较大的风速意味着有较大的湍流活动，以这种方式引起的湍流尺度比较小，对烟云的作用是通过与周围清洁生气迅速混合将其稀释，图 1.2-3 b 就代表这种效应，图上气泡的大小在风向随离源距离的增加而增加。湍流包括方向和速度上的波动，而这些小尺度的扁平湍涡运动起着把一块烟云边缘扩张开来的作用。

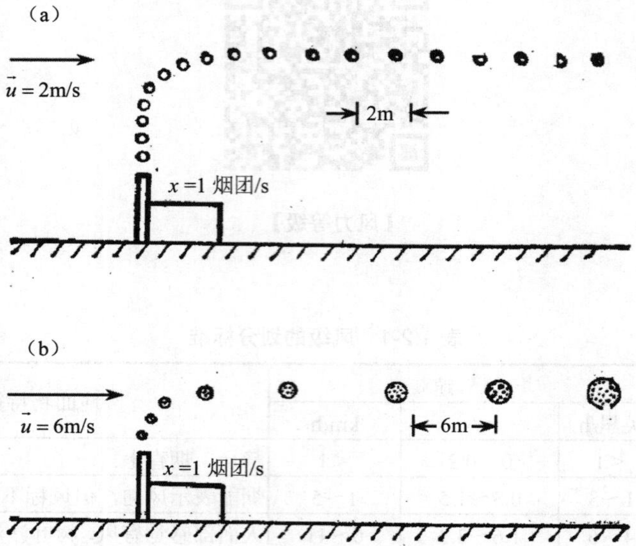

图 1.2-3 风速对污染物稀释扩散的影响

风速除稀释作用外，还影响输送距离。由于强风，污染物可能输送很长距离，但浓度变得很小，以致相对来说就变得不那么重要了。因此最大的污染潜势经常出现在风力微弱的时候，因为风速小水平输送和湍流扩散都被削弱，有利于污染物的积累，浓度上升。所以，在一般情况下，大气中污染物的浓度与其排放总量成正比，与风速成反比。

1.2.1.4 湍流与大气扩散

在实际生活中可以感到风速时大时小，而且沿主导风向常出现左右和上下的无规则摆动。大气的这种无规则的阵性和摆动，叫作大气湍流。这是大气中各种不同尺度湍涡的无规则运动所造成的，湍流运动的结果是造成流体各部分之间的强烈混合。此时，只要在流场中存在或出现某种属性的不均匀性，就会因湍流的混合和交换作用将这种属性从它的高值区向低值区传输，进行再分布，如热量和水汽的湍流输送等。同样，当污染物从排放源进入大气时，就在流场中造成了污染物质分布的不均匀，形成浓度梯度。此时，它们除了随气流作整体的飘移以外，由于湍流混合作用，还不断将周围的清洁空气卷入污染的烟气，同时将烟气带到周围的空气中。这种湍流混合和交换的结果，造成污染物质从高浓度区向低浓度区的输送，使它们逐渐被分散、稀释，这样的过程为湍流扩散过程。在低空，这种湍流扩散比分子扩散速率要大几个数量级。只有到了 120 km 高度以上，分子扩散才变成占优势的因素。

图 1.2-4 是一种理想的湍流扩散模型。图 1.2-4（a）表示烟团（从烟囱排出）处于均匀小尺度湍流场中，所有湍涡云的尺度都比烟团小，这时无论烟团还是湍涡云都将被大尺度运动（风）带走（如箭头所指）。由于小型湍流的作用，其边界将和干净的空气混合，烟团膨胀，由此导致烟团中浓度按比例下降。图 1.2-4（b）表示烟团进入湍流尺度比自己大得多的湍流场中，这时烟团主要被湍涡所夹带，体积基本不变，浓度降低也很少。图 1.2-4（c）表示烟团进入与自己大小相近的湍涡之中，此时扩散过程十分迅速，烟团内的浓度也迅速降低。

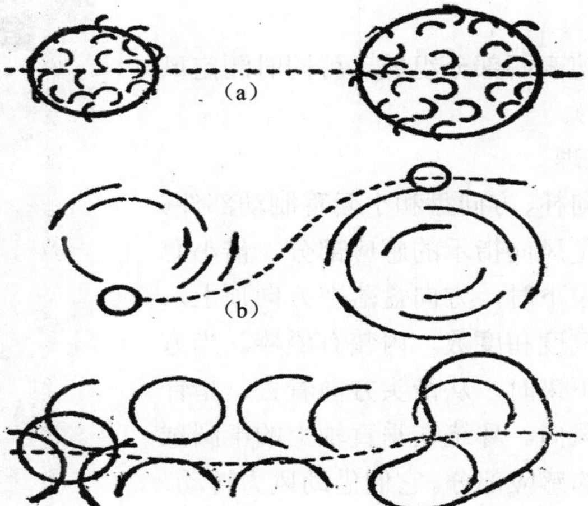

图 1.2-4　理想的湍流扩散模型

在实际大气中，湍流是上述各种湍涡运动的综合表现。湍流的强弱既取决于热力因子，又取决于动力因子。

湍流运动可看成是在一种比较简单的平均运动上叠加的不规则的脉动。风脉动包括风向和风速的脉动，是湍流运动的表现形式，它的强弱直接与湍流运动的强弱相联系，湍流强度又称阵风度，在统计理论中可用风速分布标准差与平均风速的比值来表示。

铅直向湍强的大小受平均风速，地表粗糙度和大气稳定度的影响。平均风速越大，地表越粗糙，大气越不稳定，湍流就越发展。水平的纵向湍强（*ix*）和横向湍强（*iy*）随大气稳定度、平均风速，下垫面性质和高度而变化。它们有明显的日变化，在各个高度和中等风速条件下，*ix* 和 *iy* 都表现为白天的值比夜里大，午后出现极大值。大气越不稳定，风向的水平脉动角也越大。

1.2.1.5 风向、风速的测量

（1）风向与风速的测定

应用较多的测定仪器有三杯风向风速表、轻便携带式翼状风速计和热球式电风速计等。其中，翼状和杯状风速仪的机械摩擦阻力大、仪器惰性大，风速小于 0.5 m/s 时仪器不能转动，无法读数。热球式电风速计可以测定微风，当风速小于 0.5 m/s 时，可选用热球式电风速计测定风速。

（2）三杯风向风速表测定法

1）结构

由风向仪和风速表两部分组成，可同时测定风向和风速（图 1.2-5）。

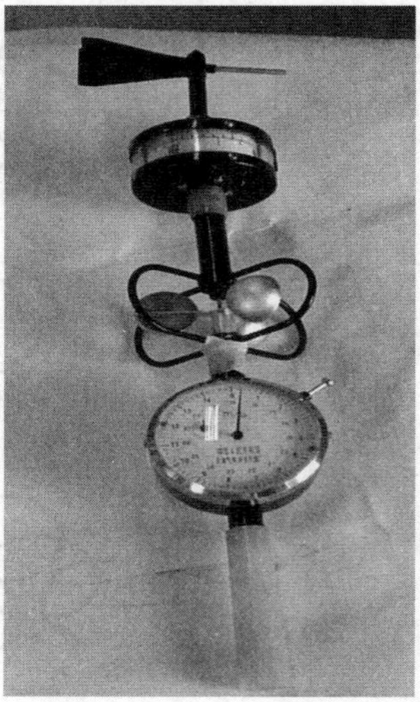

图 1.2-5　轻便三杯风向风速仪

2）基本工作原理

风向仪包括风向杯、方向盘和小套管制动部件。风向杯转动灵活，是风向指示的感应部分。借小套管将空心套管由上拉下时，方向盘落在方向顶上，方向盘周围有方位刻度和度数，内装有磁棒。当方向盘在顶针上稳定下来时，从箭头方向看去，指针指的方位即为所测风向。环绕在垂直轴上的半圆球状的小杯是风速表的感应部分。它们借助风力转动，经过齿轮带动仪器表面的指针运转，利用风速表的感应元件——旋杯的转速与风速的固定关系，从而测出 1 min 内的平均风速（直接从表上读取数值）。

3）测量方法

① 先将仪器组装好并安置（或手持着）在四周开阔无高大障碍物的地方，安置高度以便于观测为限，保持仪器直立。

② 将小套管拉下并右转一角度，此时方向盘就可按地磁子午线的方向稳定下来，读出风向指针与方向盘所对应的读数即风向，如指针摆动可读其中值。

③ 用手指压下启动杆（此时风速指针回到零），放开启动杆后，红色小指针（时间指针）和风速指针就开始走动。经 1 min 后，指针停止转动，测量完成，风速指针所指示的读数即为风速，此时风速为指示风速。再从风速曲线图（由厂方或计量校准部门测校后发给）中查出实际风速值即为所测的平均风速（实际风速）。

④ 当要进行下一次测定时，只要再压下启动杆即可。

⑤ 当测定完毕后，将小套管向左转一定角度，使其恢复原来的位置，以固定方向盘，小心地将风向仪和风速仪退下，放入仪器盒内。

4）注意事项

① 切勿用手触摸旋杯，取出、放入仪器只能拿壳体。

② 防止污染、碰撞、振动，各轴承和紧固体不准随意松动。

③ 仪器工作时，切勿按压启动杆，以防传动部件损坏。

④ 若仪器被雨、雪打湿，需用软布擦干后放入盒内。

（3）翼状风速计测定法

翼状风速计不能测定风向，只能测定风速。它的风速感应器是由轻质铝片制造的翼片构成，其构造原理和风速测定方法与杯状风速表相似。测风灵敏度高，测量范围为 0.5～10 m/s，因轻质铝翼容易变形，不能测定大于 10 m/s 的风速。

（4）热球式电风速计测定法

国产热球式电风速计测定风速范围为 0.5～10 m/s，可以测定低风速，以普通干电池为电源，使用方便，适用于室外测定。热球式电风速计属于精密仪器，要避免振动和碰撞；有腐蚀性气体、含尘较多的现场都不能使用。仪器由热球式测杆探头和测量仪表两部分组成（图 1.2-6），测杆探头的头部有一个直径约 0.6 mm 的玻璃球，球体内绕有镍铬丝线圈，电流通过时发热，加热球体。球体内有两个串联的热电偶，它的工作端与发热线圈相连，冷端连接在磷铜质的支柱上，暴露于现场空气中。

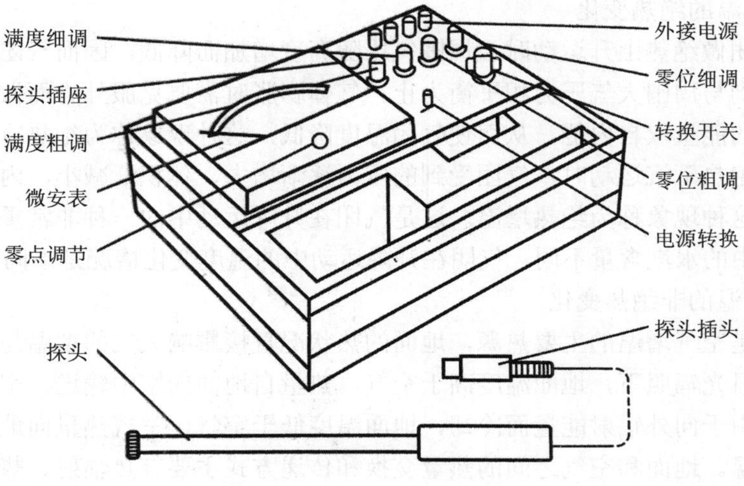

图 1.2-6　热球式电风速计

仪器利用被加热物体的散热速率与周围空气流速有关的原理来测量现场风速。测定中，用一定大小的电流通过线圈，玻璃球受热升温。由于该球体暴露在测定现场的空气中，球体与周闹空气进行热交换，现场风速越大，热交换越多，球体湿度升高程度越小。反之，温度升高程度越大。球体升温程度的大小体现为热电偶两端温度差的大小，由电表反映出一定大小的读数，再通过校正曲线求得风速的大小。

1.2.2 气温的分布与大气污染

1.2.2.1 大气边界层的温度场

（1）气温的概念

表示大气冷热程度的物理量，称作气温，一般是指距离地面 1.5 m 左右，处于通风、防辐射条件下用温度计测得的温度。

当空气获得热量时，内能增加，气温升高；反之，则内能减少，气温随之降低。所以气温是空气内能大小的一种定量指标。空气内能的改变有两种形式：一是绝热变化；二是非绝热变化。如果一个气团在上升或者下降过程中，同周围大气不发生热量交换，而只是由于受到外力压缩，或者自身膨胀引起体积变化导致气团的内能改变，这种变化称为绝热变化。如果一个气团同周围大气发生热量交换，而引起内能增加或者减少，则称为非绝热变化。一块空气在运动过程中，通常与其周围有热量交换，并不完全符合绝热条件。但在较短的时间内，空气的非绝热变化影响常比空气因升降运动引起的气压变化造成的影响要小得多，因此，大气的垂直运动过程可近似看作是绝热的。

1）气温的绝热变化

当气团做绝热上升运动时，周围气压随高度增加而降低，因而气团的体积不断膨胀，直到与周围大气压力相平衡为止。气体膨胀时需要克服外力而做功，气团做功所消耗的能量取自内能，从而使气团温度降低，这种现象称为绝热冷却。反之，当气团做绝热下沉运动时，气团受到的压力逐渐增大，体积渐减小，内能增加，温度上升，这种现象称为绝热增温。这是气团在升降运动中的一种非常重要的特性。由于空气中的水汽含量不同，气团在升降运动中的温度变化情况是不同的。

2）气温的非绝热变化

地面是空气增温的主要热源，地面的热状况直接影响大气的增温与冷却。白天在强烈的日光辐照下，地面温度高于空气，热量自地面向空中输送，空气增温；夜间，地面由于向外辐射能量而冷却，地面温度低于空气，空气热量向地面输送，空气冷却降温。地面和空气之间的热量交换和传递方式主要有热辐射、热传导、热对流、空气平流、空气湍流以及水汽的蒸发和凝结过程。

① 热辐射。白天，地面因吸收太阳的短波辐射能而增温，一方面将热量向土壤深层传递；另一方面又以长波辐射的方式，向大气输送热量。

大气吸收地面辐射的同时，本身也以长波辐射的形式，向外输送热量，其中一部分热量返回地面；另一部分传递到外层空间。白天大气吸收地面的长波辐射热量比自身向外辐射的热量多，因此气温上升；夜间，则相反，因此大气各层温度都逐渐降低。

② 热传导。是依靠分子的热运动将热能从一个分子传导给另一个分子的过程，分子本身不发生位置移动。地面和空气都是热的不良导体（空气的热导率为0.000 05），所以分子的热传导，一般情况下，可以忽略不计。

③ 热对流。由于地表各处受热不均匀，导致热空气上升，临近冷空气下沉补充，从而形成大规模的，而且是有规律的上下空气交换过程，这种过程称为空气对流。对流是地面和低层大气向高层传递热量的一种形式。对流的结果是，低层的气体被输送到高空，高空的气体沉下来，使上下层的气体成分互相混合。这是对流层内热量交换的最主要形式。

④ 空气平流。空气的水平运动，称为平流。空气在水平方向上，经常大规模地移动。在北半球，由于冬季大规模的冷空气南下，气流经过的地区气温下降；夏季，海洋的暖湿气流北上，气流经过的地区气温升高。平流运动是大气在水平方向上传递热量的主要方式。它对大范围内的温度平衡具有重要意义。

地面和大气之间的热交换以长波辐射为主；气团与气团之间的热交换则以对流和湍流为主。大气的热能增加主要来自地球表面的热辐射。由于地面状况的不同，所吸收的太阳辐射能量不同，对大气的增温与冷却的影响程度也不一样。地球上海洋面积为3.61亿km^2，占地球总面积的70.8%；而陆地面积为1.49亿km^2，占29.2%。在同样的太阳辐照条件下，水面吸收的太阳辐射能量比地球多10%～20%。但是地面向大气输送的热量却比海洋多得多，例如，砂地能将所吸收的太阳辐射能的几乎一半传给大气，而海洋水面传给大气的则不足0.5%。

（2）气温的垂直递减率

从大气污染的角度看，仅仅了解1.5 m高处的气温变化，显然是不够的，还必须考虑气温的垂直分布和水平分布的不均匀性。在水平上的不均匀性是由于受热不均而产生的。近地面气层中气温的垂直分布一般说来有三种情况：

① 气温随高度递减。

② 气温随高度逆增。

③ 气温随高度基本不变。

为了表征空气温度垂直分布的大小和方向，一般用高度每增加100 m，空气温度降低的数值来表示。在绝热（指气团不与周围空气发生热量交换）条件下，其递减率为升高（或降低）100 m时，气温就降低（或升高）1℃，这种气温随高度而降低（或升高），称为干绝热温度递减率，用γ_d，表示：

$$\gamma_d=-(dt/dz)=1℃/100\ m \qquad (1.2\text{-}1)$$

在绝热的条件下，气温的变化是完全由压力变化而引起的，是一个固定不变的数值。但实际上的另一种情况是，完全绝热是不可能的，尤其在边界层的底层，湿度大，气温垂直分布有明显的变化，大约每上升（或下降）100 m，气温平均要降低（或增加）0.65℃。这就是通常说的气温垂直递减率，用γ表示：

$$\gamma = -\left(dt/dz\right) = 0.65℃/100\ m \tag{1.2-2}$$

1.2.2.2 逆温

辐射到地表的太阳辐射主要是短波辐射。地面吸收太阳辐射的同时也向空中辐射能量，这种辐射主要是长波辐射。大气吸收短波辐射的能力很弱，而吸收长波辐射的能力却极强。因此，在大气边界层内尤其是近地层内，空气温度的变化主要是受地表长波辐射的影响。离地面越近，获得地面长波辐射的热能越多，气温越高；离地面越远，气温越低。其次，越近地面空气密度越高，水汽和固体杂质越多，因而吸收地面辐射的效能越大，气温越高。越向上空气密度越小，能够吸收地面辐射的物质——水汽、微尘越少，因此气温越低。

大气温度层结一般是$\gamma>0$，即气温随高度增加而递减。但在特定条件下也会发生$\gamma=0$ 或$\gamma<0$ 的现象，即气温随高度增加而不变或增加。一般将气温随高度增加而增加的气层称为逆温层。根据对大气稳定度的分析，当发生等温或逆温时，大气是稳定的，所以逆温层（等温层可视为逆温层的一个特例）的存在，大大阻碍了气流的垂直运动，因此也将逆温层称为阻挡层。若逆温层存在于空中某高度，由于上升的污染气流不能穿过逆温层而积聚在它的下面，则会造成严重的大气污染现象。事实表明，有许多大气污染事件多发生在有逆温及静风的气象条件下，所以在研究污染物的大气扩散时必须对逆温给予足够的重视。

根据逆温生成的过程，可将逆温分为辐射逆温、下沉逆温、平流逆温、锋面逆温及湍流逆温五种。

（1）辐射逆温

在晴空无云或少云的夜间，当风速较小（<3 m/s）时，地面因强烈的有效辐射而很快冷却，近地面气层冷却最为强烈，较高的气层冷却较慢，因而形成了自地面开始逐渐向上发展的逆温层，称为辐射逆温。图 1.2-7 表示辐射逆温在一昼夜间从生成到消失的过程。图中 a 是下午时递减温度层结；b 是日落前 1 h 逆温开始生成的情况；随着地面辐射的增强，地面迅速冷却，逆温逐渐向上发展，黎明时达到最强（图中的 c)；日出后太阳辐射逐渐增强，地面逐渐增温，空气也随之自下而上的增温，逆温便自下而上的逐渐消失（图中 d)；在上午 10 点左右逆温层完全消失（图中的 e)。

辐射逆温的厚度从数十米到数百米，在中纬度地区的冬季，辐射逆温层厚度可达 200～300 m，有时可达 400 m 左右。辐射逆温在陆地上常年可见，但以冬季最强。夏季夜短，逆温层较薄，消失的也快。冬季夜长，逆温层较厚，消失较慢。在山谷盆地地区，由于冷却的空气还会沿斜坡流入低谷和盆地，因而常使低谷和盆地的辐射逆温得到加强，逆温往往持续数天而不会消失。可见辐射逆温与大气污染的关系甚为密切。

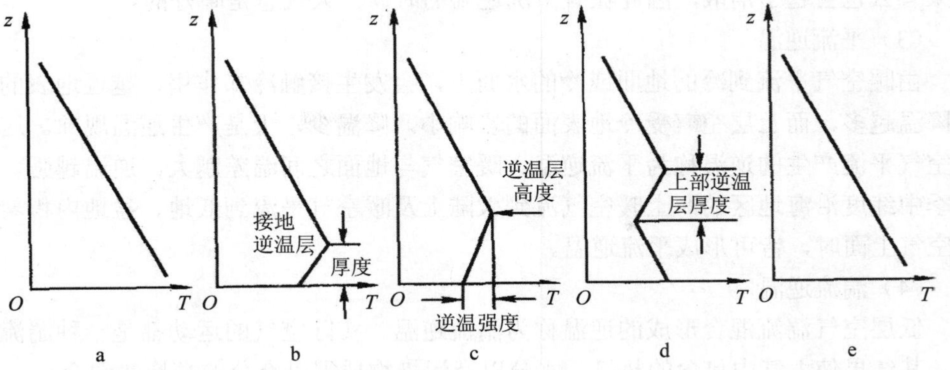

图 1.2-7　辐射逆温的生成和消失过程

（2）下沉逆温

下沉逆温又称压缩逆温。当高压区内某一层空气发生强度较大的气团下沉运动时，常可使原来具有稳定层结的空气层压缩成逆温层结，如图 1.2-8 所示。假定某高度有一气层 *ABED*，其厚度为 *A*，当它下沉时，由于周围大气对它的压力逐渐增大，以及由于水平辐散，该气层被压缩成 *A'B'C'D'*，厚度减小为 *h'*（<*h*）。若气层下沉过程是绝热的，且气层内各部分空气仍保持原来的相对位置，则由于顶部 *CD* 下沉到 *C'D'*，的距离比底部 *AB* 下沉到 *A'B'* 的距离大，使气层顶部的绝热增温大于底部。若气层下沉距离很大，就可能使顶部增温后的气温高于底部增温后的气温，从而形成逆温层。

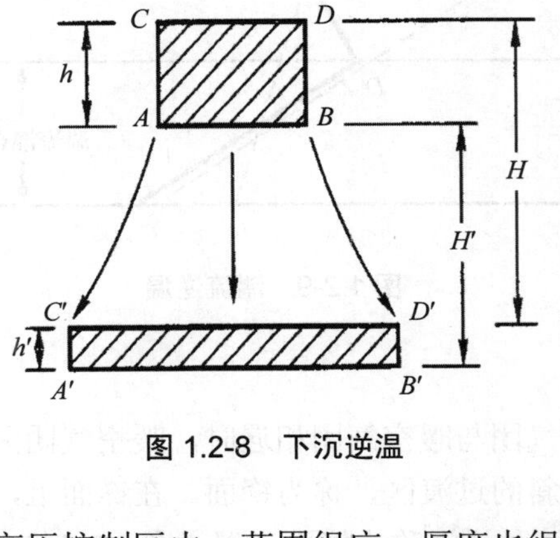

图 1.2-8　下沉逆温

下沉逆温多出现在高压控制区内，范围很广，厚度也很大，在离地数百米或数千米的高空都可能出现。冬季下沉逆温常与辐射逆温结合在一起，形成一个从地面开始有着数百米厚的逆温层。由于下沉的空气层常来自高空，水汽含量本来就不多，加上在下沉以后温度升高，相对湿度显著减小，空气显得很干燥，不利于云的形成，原来有云也会趋于消散，因此在有下沉逆温的时候，天气总是晴好的。

（3）平流逆温

由暖空气平流到冷的地面或冷的水面上，会发生接触冷却作用，越近地表的空气降温越多，而上层空气受冷地表面的影响小，降温少，于是产生逆温现象。这种因空气平流产生的逆温称为平流逆温。暖空气与地面之间温差越大，逆温越强。当冬季中纬度沿海地区的海上暖空气流到大陆上及暖空气平流到低地、盆地内积聚的冷空气上面时，皆可形成平流逆温。

（4）湍流逆温

低层空气湍流混合形成的逆温称为湍流逆温。实际空气的运动都是一种湍流运动，其结果使大气中包含的热量、水分以及污染物质得以充分的交换和混合。

湍流逆温的形成过程：如图 1.2-9 所示，图中的 *AB* 是气层在湍流混合前的气温分布，气温直减率$\gamma < \gamma_d$；经过湍流混合以后，气层的温度分布将逐渐接近于干绝热递减率。这是因为湍流运动中，上升空气的温度是按照干绝热递减率变化的，空气上升到混合层上部时，它的温度变化比周围的空气温度低，混合的结果，使上层空气降温。空气下沉时，情况相反，会使下层空气增温。所以，空气经过充分的湍流混合，气层的温度直减率就逐渐趋近干绝热直减率。图中 *CD* 层是经过湍流混合后的气温分布。这样，在湍流减弱层（湍流混合层与未发生湍流的上层空气之间的过渡层）就出现了一个逆温层 *DE*。

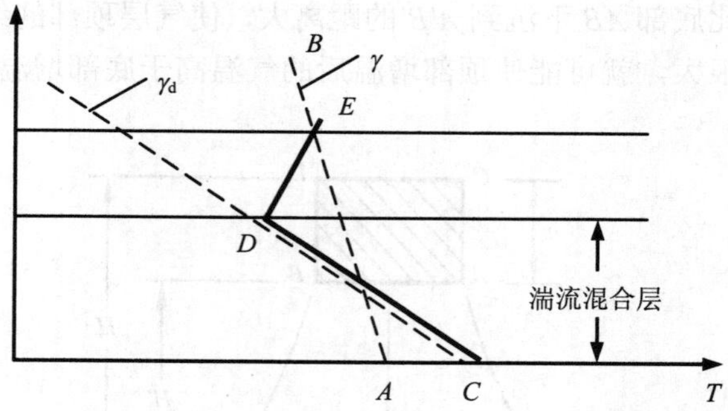

图 1.2-9　湍流逆温

（5）锋面逆温

在对流层中的冷空气团与暖空气团相遇时，暖空气团因其密度小就会爬到冷空气上面去，形成一个倾斜的过渡区，称为锋面。在锋面上，如果冷暖空气的温差较大，也可以出现逆温，这种逆温称为锋面逆温（图 1.2-10）。锋面逆温仅在冷空气一边可以看到。

上面主要是讨论了逆温的生产原因、过程及与污染物扩散的关系。在实际中是多种原因共同形成的复杂过程。

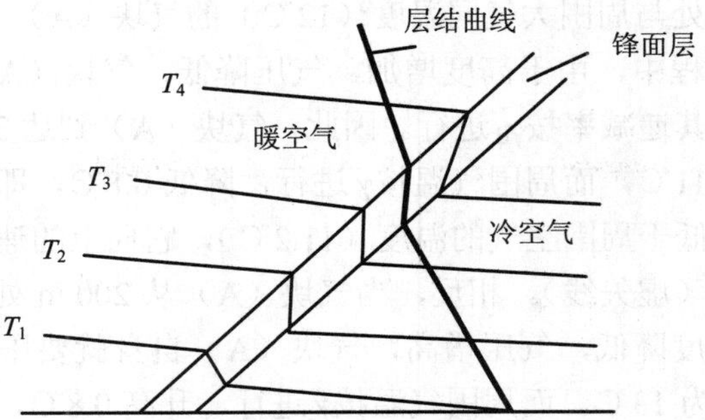

图 1.2-10　锋面逆温

1.2.2.3　气温垂直分布与大气稳定度的关系

大气稳定度与气温垂直递减率和干绝热递减率有着非常密切的关系。大气稳定度指气层稳定的程度。这是大气最重要的特征之一。它能阻止气块的垂直运动，抑制湍流的形成，因而直接影响大气的稀释扩散能力。大气是否稳定，气块垂直运动是加快还是遏制，取决于气温垂直递减率（γ）与干绝热递减率（γ_d）的对比。这就是说，我们可以根据γ和γ_d的变化来判断大气的稳定度。

设有 A、B、C 三团空气，均未饱和，其位置都在离地 200 m 的高度上，在做升降运动时其温度均按干绝热递减率变化，即 1℃/100 m。而周围空气的温度递减率分别为 0.8℃/100 m、1℃/100 m 和 1.2℃/100 m，则可以有三种不同的稳定度，如图 1.2-11 所示。

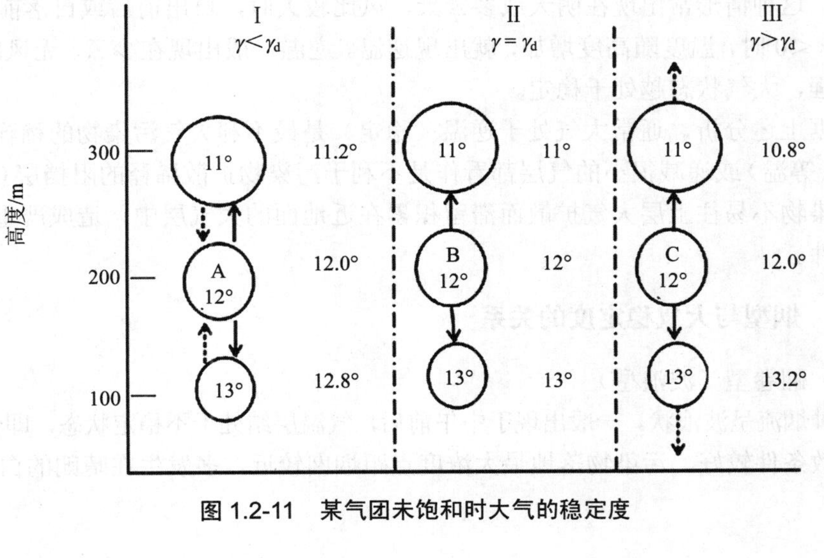

图 1.2-11　某气团未饱和时大气的稳定度

位于 200 m 高处与周围大气同温度（12℃）的气块（A） 受到外力的作用而上升，它在上升的过程中，由于高度增加，气压降低，气块（A）自身就要膨胀冷却（近于绝热运动），其递减率按γ_d进行。因此，气块（A）到达 300 m 处降低 1℃，气块（A）的温度为 11℃，而周围气温按γ进行，降低 0.8℃，即为 11.2℃，则气团本身的温度（11℃）低于周围空气的温度（11.2℃），它向上的速度就要降低，并有返回原来高度的趋势（虚矢线）。相反，当气块（A）从 200 m 处下降到 100 m 处时，在此过程中由于高度降低，气压增高，气块（A）自身就要压缩增温，气块自身温度也按γ_d进行，变为 13℃。而周围气温按γ进行，升高 0.8℃，即为 12.8℃，则气块本身的温度（13℃）高于周围空气的温度（12.8℃），它向下的速度就要减缓，也有返回原来高度的趋势。因此，当$\gamma < \gamma_d$时，大气处于稳定状态。

B 团空气受到外力作用后，不管上升或下降，其自身温度与周围空气的温度始终保持相等，它的加速度等于零。因此，当$\gamma = \gamma_d$时，大气处于中性平衡状态，气块（B）被外力推到什么位置就停在什么位置上。

C 团空气受到外力作用后，如果上升到 300 m 高度，其本身温度（11℃）高于周围空气的温度（10.8℃），则要加速上升；如果下降到 100 m 高度，其本身温度（13℃）低于周围空气的温度（13.2℃），则要加速下降。因此，当$\gamma > \gamma_d$时，大气是不稳定的，其具有远离平衡位置的趋势。

在垂直方向上，近地层的大气温度垂直递减的变化是急剧的。于是，我们讨论近地层情况时，由于近地层中$\gamma \gg \gamma_d$，这时可据此近似地判断大气稳定度。

当$\gamma > 0$时，温度随高度降低，大气状态是不稳定的。这种情况常出现在晴朗的白天，风比较小时，尤其是午间大气最不稳定。

当$\gamma = 0$时，温度随高度无变化或变化不大（等温大气），则可以认为处于中性平衡状态。这种情形常出现在阴天或多云天，风比较大时，日出前后或日落前后。

当$\gamma < 0$时，温度随高度增加，就出现逆温。逆温一般出现在少云、无风的夜间。逆温越强，大气状态越处于稳定。

根据上述分析，通常大气处于逆温（稳定）是最不利大气污染物的稀释扩散，而中性（等温）或递减很小的气层都看作是不利于污染物扩散稀释的阻挡层（$\gamma \leqslant 0$）。此时污染物不易往上层大气扩散而滞留积累在近地面的大气层中，造成严重的大气污染事件。

1.2.2.4 烟型与大气稳定度的关系

（1）翻卷型（波浪型）

这种烟流呈波浪状。一般出现于中午前后，气温层结处于不稳定状态，即$\gamma - \gamma_d > 0$时，扩散条件较好，污染物落地最大浓度点距烟囱较近，多发生在晴朗的白天。

（2）锥型

烟流呈圆锥形，发生在中性条件下，即$\gamma-\gamma_d=0$。气温随高度的变化不大，故烟气扩散向前推动良好，比翻卷型差。

（3）平展型

这种烟流垂直方向扩散很小，像一条带子飘向远方。从上面看，烟流呈扇形展开，它发生在烟囱出口处于逆温层中，即该层大气$\gamma-\gamma_d<-1$。污染情况随烟囱高度不同而异，当烟囱很高时，近处地面上不会造成污染，在远方会造成污染；烟囱很低时，会造成近地面上严重污染。

（4）上升型（屋脊型）

这种烟流的下部是稳定的大气，上部是不稳定的大气。一般在日落前后出现，地面由于有效辐射的放热，低层形成逆温，而高层仍保持递减层结。它持续时间较短，对近处地面污染较小。

（5）熏蒸型（漫烟型）

常出现在日出后，由于地面增温，低层空气被加热，使逆温从地面向上逐渐消失，即不稳定大气从地面向上逐渐发展，当发展到烟流的下边缘或更高一点时，烟流便发生了向下的强烈扩散，而上边缘仍处于逆温层中，熏蒸型烟流便发生了。这时烟流下部$\gamma-\gamma_d>0$，上部$\gamma-\gamma_d<-1$。这种烟流多发生在上午8—10时，持续时间很短。

上述五种典型的烟流（图1.2-12），这里仅从温度层和大气稳定度的角度做简单分析，实际的烟流要复杂得多，影响因素也复杂得多。例如，还应考虑动力因素的影响，在近地层要考虑风和地面粗糙度的影响。这五种烟型可以作为判断大气稳定度的一种依据。上述五种烟流发生特点与大气温度层的关系可概括于表1.2-2。

表1.2-2　不同温度层结下的烟型及其特点

烟型	性状	大气状况	发生情况	与风、湍流关系	地面污染状况
波浪型	烟云在上下左右方向摆动很大，扩散速度快，烟云呈剧烈翻卷状，烟由向下风向输送	$\gamma>0$，$\gamma>\gamma_d$大气不稳定，对流强烈	出现于阳光较强的白天	伴随有较强的热扩散，微风	由于扩散速度快，近污染源地区污染物落地浓度高，一般不会形成烟雾事件
锥型	烟云离开排放口一定距离后，云轴基本上保持水平，外形似椭圆锥，烟云规则扩散能力比波浪型弱	$\gamma>0$，$\gamma=\gamma_d$，大气处于中性稳定状态	出现于多云或阴天的白天，强风的夜晚或冬季夜间	高空风较大，扩散主要靠，热力和动力作用	扩散速度、落地浓度较前者低，污染物输送较远

烟型	性状	大气状况	发生情况	与风、湍流关系	地面污染状况
平展型	烟云在垂直方向扩散速度小，厚度在纵向变化不大，在水平方向上有缓慢扩散	$\gamma<0$，$\gamma<\gamma_d$，出现逆温层，大气处于稳定状态	多出现于弱晴朗的夜晚和早晨	微风，几乎无湍流发生	污染物可传送较远地方，遇阻时不易扩散稀释，在逆温层下污染物浓度大
爬升型	烟云下侧边缘清晰，呈平直状，而其上部出现湍流扩散	排出口上方：$\gamma>0$，$\gamma>\gamma_d$，大气处于不稳定状态，出口下方：$\gamma<0$，$\gamma<\gamma_d$ 大气处于稳定状态	多出现于日落后，因地面有辐射逆温，大气稳定，高空大气不稳定	排出口上方有微风，伴有湍流；排出口下方，几乎无风，无湍流	烟囱高度处于不稳定层时，污染物不向下扩散，对地面污染较小
漫烟型	烟云上侧边缘清晰，呈平直状，下部有较强的湍流扩散，烟云上方有逆温层	排出口上方：$\gamma<0$，$\gamma<\gamma_d$，大气稳定。排出口下方：$\gamma>0$，$\gamma>\gamma_d$ 大气不稳定	日出后地面低层空气增温，使逆温自而上逐渐破坏但上部仍保持逆温	烟云下部有明显热扩散，上部热扩散很弱，风在烟云之间流动	烟囱低于稳定层时，烟云就像被盖子盖住似的，烟云只向下扩散，地面污染重

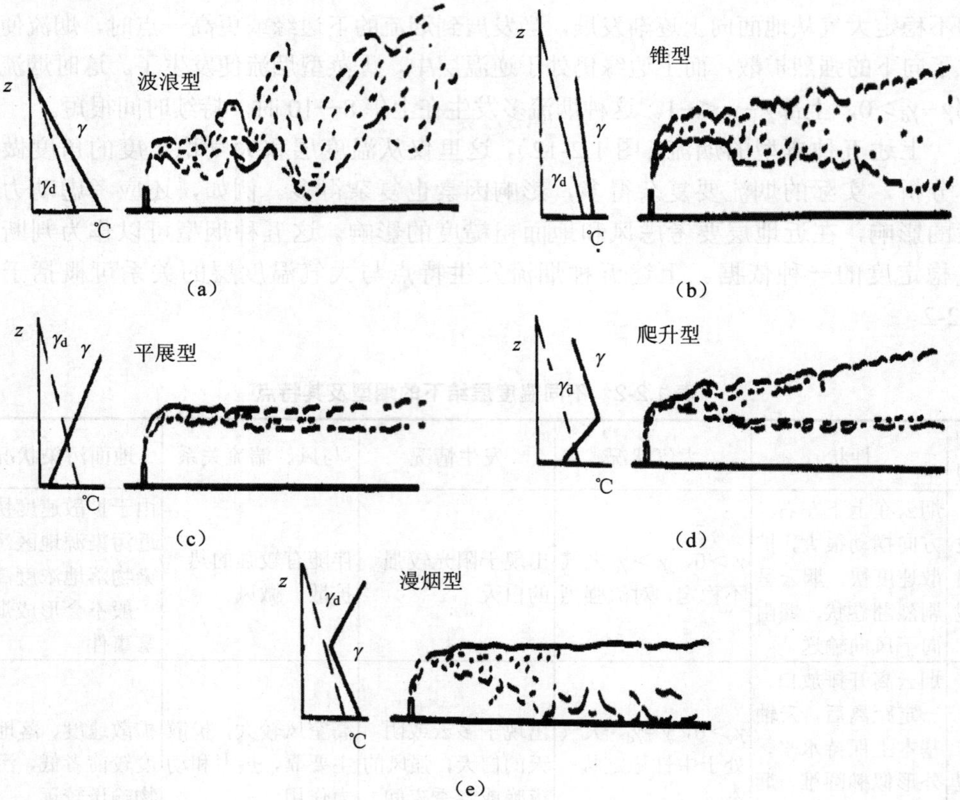

图 1.2-12 温度层结与烟流形状

一般将大气稳定度分为A（极不稳定）、B（不稳定）、C（微不稳定）、D（中性）、E（微稳定）、F（稳定）。

1.2.2.5 气温的测量

（1）玻璃液体温度计法

1）仪器及原理

常用的玻璃液体温度计有水银温度计、酒精温度计，它们由球部（温包）和玻璃细管组成。温度计的球部是一玻璃薄壁，内装水银或乙醇；玻璃细管是一根内空的玻璃管，与球部连通，形成一个封闭的空间。气温变化时，玻璃、液体都因热胀冷缩，体积改变，由于水银、乙醇液体的膨胀系数比玻璃的大，因此，当气温变化时，玻璃细管内的液柱高度随之变化。

单纯测定气温时，通常选用水银温度计、酒精温度计。水银比热容小，热导率大，沸点高，对玻璃没有湿润作用，因此，水银温度计的测定范围大（−35～350℃），结果准确。但是，由于水银凝固点高，不能测定更低的温度，同时水银热胀系数小，影响了水银温度计的灵敏度。乙醇凝固点低，沸点低，因此，酒精温度计可以测定较低的温度，但不能测定太高的温度，测定范围小（−100～75℃），0℃以上时乙醇膨胀不均匀，测定结果不够准确。

2）测定方法

选择适当的测定地点，将温度计垂直悬挂于1.5 m 高处测定气温。在室内，测定气温的地点应无热辐射、不靠近发热设备和通风装置、不接触冷的物体；在室外，测定气温的地点要平坦、自然通风、大气稳定度好。

测定5～10 min后读数。读数时应暂停呼吸，迅速读数，先读小数，后读整数。视线与液柱上端平行，水银温度计读取凸出弯月面最高点对应的数字，酒精温度计则读取凹月面最低点对应的数字。

（2）数显式温度计法

1）仪器及原理

数显式温度计采用PN结、热敏电阻、热电偶、铂电阻等温度传感器作为感温部件，将温度变化转换为相应的电信号，经放大、转换后，在显示器上直接显示温度数值，方便读取。一般可测定−40～90℃的气温。

2）测定方法

插好仪器感温传感器，将传感器头部置于测定地点，开启仪器测定，待显示器读数稳定后，读取温度值。为了排除热辐射、冷的表面等因素的影响，应在感温元件外部放置一个金属罩。

数显式温度计特别适用于现场气温的在线测定；用水银温度计、酒精温度计测定采样现场气温更为方便，应用较多。

（3）气温测定的注意事项

① 使用前要检查温度计的完好性。水银或乙醇液柱应连贯，没有间断，如有间断，可通过离心、冷却或加热消除间断；玻璃液体温度计平时尽可能垂直静放，不能倒置、振动。

② 要根据现场气温的高低选择合适的温度计。

③ 要正确使用温度计。测定时，温度计球部要干燥，若沾有水滴，读数将偏低。手要握在读数刻度以上部位，避免呼吸和人体温度影响温度计的读数。要防止环境热辐射的影响，当待测环境中存在热辐射时，应选用通风温湿度计测定气温，不宜选用普通水银温度计或酒精温度计测定，因条件限制必须选用时，应在热辐射源与温度计之间放一隔热石棉板或金属片，也可以用铝箔或锡纸圆筒围住温度计的球部，阻隔热辐射的影响。

④ 要求准确测定温度时，应先校正温度计。

1.2.3 气压与大气污染

1.2.3.1 气压的定义

大气压（atmospheric pressure）是指地表面或者空间的单位平面上，所承受的大气压力，即单位平面上所承受的总重量。气压的法定计量单位是帕（Pa），还有百帕（hPa）、千帕（kPa）、兆帕（MPa）。

通常把北纬 45°的海平面上，0℃时的正常气压（101.325 kPa）称为一个标准大气压。一个标准大气压：1 atm＝101 325Pa=1 013.25 hPa＝1 013.25 mbar=760mmHg。

1.2.3.2 气压的变化规律

（1）大气压力一般随着高度的增加而减小

大气质量的 3/4 都集中在大气圈的低层，因此，大气压力一般总是随着高度的增加而减小。但在不同的高度上，减少的程度也不一样。一般是低层空气密度大，气压随高度上升减得快；高层空气密度小，气压减得慢。根据理论上的计算，在海拔 2 km 以内，每升高 100 m，大气压约降低 11.1 百帕（hPa）。根据观测结果分析，1 500～3 000 m，气压降低 150 百帕（hPa），平均每百米降低 10 百帕（hPa）；9 000～12 000 m，气压降低 100 百帕（hPa），平均每百米降低 3.3 百帕（hPa）。气压随高度的变化见表 1.2-3。

（2）即使在同一个海拔高度上，各点的气压也可能不同

（3）不同时间大气压不同，一般来说，晴天大气压比阴天时高，冬天大气压比夏天高

表 1.2-3 空气气压随高度的变化

距离地面高度/km	气压/标准大气压	气压/mmHg	气压/mbar	气压/hPa
0	1	760	1 013.25	1 013.25
1	0.883	671	894	894
2	0.780	593	790	790
3	0.689	524	698	698
4	0.609	463	617	617
5	0.533	405	540	540
20	0.053 9	41.0	55.6	55.6
50	0.000 526	0.40	0.53	0.53
100		0.007	0.009	0.009
120		0.000 038	0.000 05	0.000 05

① 日变化。地面的气压日变化有单峰、双峰和三峰等形式，其中以双峰型最为普遍，其特点是一天之内，有一个最高峰、一个次高峰和一个最低值、一个次低值。最高峰值出现在上午 9：00～10：00；次高峰出现在晚上 9：00～10：00；最低值出现在下午 3：00～5：00；次低值出现在午夜以后的 3：00～4：00。变化周期约为 12 h。

② 年变化。气压年变化周期分三个类型，即大陆型、海洋型、高山型。

大陆型：一年之中，气压最高值出现在冬季，最低值出现在夏季。气压的年际变化很大。例如，北京的气压年际变化可达 20 hPa。我国大陆上的大部分地区的气压年际变化都属于大陆型，而且越深入内陆，大陆型特征越明显。由于太阳的辐照强度不同，高纬度与低纬度的气压年际变化也不同。例如，高纬度气温年际变化较大，而低纬度变化较小。

海洋型：与大陆型相反，一年之中，气压变化最高值出现在夏季，最低值出现在冬季。由于海洋气温年际变化较小，所以气压的年际变化也不大。例如，地处太平洋上的檀香山（Hwaii），气压的年际差仅有 3.6 hPa。

高山型：在一年里，高山地区的气压最高值出现在夏季，最低值出现在冬季。变化规律与海洋型类似，但是二者成因则不同。在炎热的夏季，热空气膨胀上升，高山地区空气体密度增大，气压升高；在寒冷的冬季，冷空气下沉，使高山地区上空空气质量减少，气压下降。

③ 气压的非周期性变化。实际上，各个地区的气压变化，通常包括周期性和非周期性两种变化过程。但是在中高纬度地区气压系统活动频繁，气团属性差异大，气压的非周期性变化比较明显，而在低纬度地区周期性变化较明显。例如，北半球高纬度寒潮的突发南下，强冷气流流经的地区，气压升高，属于非周期性的变化。

1.2.3.3 气压对污染物迁移的影响

人们在实践中发现，不同的气压系统控制下，气象条件有很大差异，因而大气污染程度大不一样。

（1）高气压——往往形成高浓度污染

当高气压控制一个地区时，天气晴朗、风小、空气比较静稳，扩散缓慢；高气压内有大范围的空气下沉运动，往往在几百米到 1～2 km 的高度上形成下沉逆温。逆温层像个盖子似的阻止污染物向上扩散，如果高压移动缓慢，长期停留在某一地区，那么由于高压控制，伴随而来的小风速和稳定层结，十分不利于稀释扩散。此时只要有足够的污染物排放，就会出现污染危害，如果加上不利的地形条件，往往会导致严重的污染事件。伦敦烟雾事件的出现，就是因为有停滞的反气旋控制。较强的下沉气流形成下沉逆温，加上地面辐射冷却很强，近地面生成辐射逆温，从而形成了一个从下而上的强逆温层，逆温下的水汽接近饱和，有利于雾的生成，这种情况夜以继日地维持，以致造成了严重的污染事件，可见大范围的天气背景也是影响大气污染不可忽视的因子。

（2）低气压和冷锋影响污染浓度降低

低气压中，盛行辐散上升运动，风速较大，大气多处于不稳定状态，对污染物的扩散，稀释十分有利，低压中往往伴有降水，对污染物还起到冲刷作用，所以低气压影响时一般不会发生大气污染。同样，冷锋过境，出现大风和降水天气，污染浓度降低。

1.2.3.4 气压的测定方法

测定气压的常用仪器有动槽式水银气压计（又称杯状水银气压计）、空盒气压计等；月记型或周记型自记气压计可以连续测量、记录气压的变化情况。

由于空盒气压计携带方便，操作简单，准确性也比较好，故在空气理化检验工作中较常使用。动槽式水银气压计一般固定安装在室内，用来测定气压或校正空盒气压计。

（1）空盒气压计

1）结构原理

空盒气压计又名无液大气压力计（图 1.2-17），能够测量的范围为 800～1 070 hPa，适用于海拔 2 000 m 以内地带的测定。它由具有弹性的波状薄壁金属空盒构成，空盒正面有刻度盘和指针，指针与杠杆系统连接。盒内呈真空状态，当气压增高时，盒壁收缩而内凹；气压降低时，盒壁膨胀而隆起。借助于杠杆和齿轮的转动，盒壁的这些变化被放大并传递到指针，指示出气压值。

图 1.2-17（a）　便携式空盒气压表

图 1.2-17（b）　便携式空盒气压表解剖图

空盒气压计携带方便，使用简便，适用于室外和现场的测定，但其精确度差。

2）测定方法

① 将仪器水平放置，防止由于任意方向倾斜而造成的仪器读数误差。先读出附在气压计上的气温值，精确到 0.1℃。

② 用手指轻扣仪器表面数次，以克服传递部分的机械摩擦误差，待指针稳定后读出指针的压力。

③ 读数时观测者视线必须与刻度盘平面垂直。

④ 为了使测定结果更加精确，读数后要对气压值进行修正。

（2）动槽式水银气压计

1）结构原理

动槽式水银气压计由感应部分、刻度部分和附属部分组成，见图 1.2-18。感应部分包括水银、玻璃内管和水银槽等。玻璃管上端封闭，管内呈真空状态，下端插入水银杯中，管内水银柱与杯中水银连通，气压升高或降低时，水银柱高度随之变化。刻度部分由固定刻度尺、游标尺和象牙针组成。应用固定刻度尺和游标尺配合读数，读数误差小，测量结果精确，因此，常用它来校正其他气压计。附属部分主要是一支小型的温度计，用于测定气压计表面温度。由于动槽式水银气压计装有较多的水银，体积较大，不便于携带到现场使用。

图 1.2-18　动槽式水银气压计

2）测定方法

先测定气温、气压，然后修正气压读数。

测定气压时，旋动仪器上的调节螺旋，

使水银杯内的液面刚好接触象牙指针针尖；移动游标尺，使其零刻度线与水银柱液面相切；根据游标尺零刻度线在固定刻度尺上所指的刻度，读出气压的整数值。再从游标尺上找到一条刻度线，它与固定刻度尺上某一条刻度线成一直线（在同一水平面），游标尺上的这一刻度线数值就是气压读数的小数值。

精确测定气压时，还要根据仪器说明书对气压读数进行器差修正和气温修正。其修正方法同空盒气压计。

3）方法说明

动槽式水银气压计要垂直悬挂，固定在墙上，避免日光直射，周围无热源、冷源，空气畅通、无风。测定完毕后，调节螺旋降低水银液面，使象牙针尖脱离水银面。

1.2.4 空气湿度与大气污染

1.2.4.1 湿度

表示大气中水汽含量的物理量称为湿度（humidity）。大气湿度是决定云量、雾和降水状况等天气现象的重要因素。大气湿度的表示方法有水汽压、绝对湿度、比湿度、饱和差、相对湿度、露点等。

（1）水汽压（e）

大气中所含水汽产生的压力称为水汽压（water evaporative pressure）。它和空气的压强一样，用帕（Pa）、毫巴（mbar），或者毫米水银柱高（mmHg）表示。在一定温度下，一定体积里能够容纳水汽分子的数量是有限度的。如果空气中的水汽含量达到这个限度，那么这时的空气叫作饱和空气；如果水汽含量没有达到这个限度，则叫作不饱和空气；如果水汽含量超过这个限度，就叫作过饱和空气。饱和空气的水汽压叫作饱和水汽压（E），又叫作最大水汽压。

饱和水汽压的大小与温度有密切关系。当温度升高时，饱和水汽压的数值增加；温度降低时，水汽压的数值减小。

（2）绝对湿度（a）

绝对湿度（absolute humidity）是指单位体积空气中的水汽含量，即水汽密度，计量单位为 g/cm^3，或者 g/m^3。绝对湿度不能直接测量，但可以通过其他物理量推算出来。例如，当水汽压（e）的单位用毫米水银柱高（mmHg），绝对湿度（a）的单位用 g/m^3 时，则绝对湿度（a）为：

$$a = 289\frac{e}{T} \qquad (1.2\text{-}3)$$

如果水汽压（e）的单位用毫巴（mbar），绝对湿度（a）的单位用 g/m^3 时，则绝对湿度（a）为：

$$a = 217\frac{e}{T} \tag{1.2-4}$$

当气温 t=16℃时，由式（1.2-3）计算出来的绝对湿度（a，g/m^3）和水汽压（e，mmHg），在数值上是相等的。因此，在一般情况下，在近地面可用水汽压（e）代替绝对湿度，但是两者使用的计量单位不同。

（3）比湿度（q）

在同一个湿气团中，湿气的质量与该气团的总质量（水汽质量与干燥空气质量之和）的比值，称为比湿度（specific humidity），其计量单位是 g/g，或者无量纲单位。它表示每一克湿空气中含有多少克的水汽，其表达式为：

$$q = \frac{m_w}{m_d + m_w} \tag{1.2-5}$$

式中，m_w——湿气团中水汽的质量；

m_d——湿气团中干空气的质量。

因为 m_w、m_d 不容易观测，所以常常采用根据此式和气体状态方程式推导出来的另一种表达式进行计算，即

$$q = 0.622\frac{e}{P} \tag{1.2-6}$$

式中，大气压（P）和水汽压（e）采用相同的单位，例如，毫巴（mbar）、毫米汞柱高（mmHg），或帕（Pa）。

（4）饱和差（d）

在某一定温度下，空气中饱和水汽压（E）与实际的水汽压（e）的差值，叫作饱和差（saturation deficit，deticiency，d）。它表示空气中实际水汽压距离饱和状态的程度。

水汽压表示大气中的水汽产生的压力大小，计量单位与压强相同。通常以帕（Pa），或毫巴（mbar）、毫米汞柱高（mmHg）来表示。饱和差（d）的表达式如下：

$$d=E-e \tag{1.2-7}$$

当饱和压差（d）等于零，即 $E=e$ 时，说明空气达到饱和状态。

当 $d>0$ 时，$E>e$，即空气不饱和；当 $d<0$ 时，$E<e$，即空气过饱和，这时多余的水汽将会凝结成水滴。表 1.2-4 为不同温度下的饱和水汽压。

表 1.2-4 不同温度下的饱和水气压

温度/℃	−30	−20	−10	0	10	20	30
饱和水汽压/mmHg	0.4	0.9	2.1	4.6	9.2	17.5	31.8

（5）相对湿度（f）

空气中的实际水汽压（e）与同一温度下的饱和水汽压（E）的百分比，称为相对湿度（relative humidity），其表达式为：

$$f=\frac{e}{E}\times 100\% \tag{1.2-8}$$

相对湿度表示空气距离饱和的相对程度。当空气饱和时，$e=E$，$f=100\%$；当空气未饱和时，$e<E$，$f<100\%$；当空气过饱和时，$e>E$，$f>100\%$。当温度变化时，饱和水汽压（E）和水汽压（e）都会发生变化，但是e的变化，比E的变化小得多。温度增高时，f将会减小；温度降低时，f将增大。

（6）露点（T_d）

在一定气压和水汽含量条件下，如果气温逐渐降低，空气湿度相对增大，水汽达到饱和，凝结成露，这时的气温，就叫作露点温度（temperature of dew point），简称露点（T_d）。其计量单位与气温相同。在气压一定时，露点的高低只与空气中的水汽含量有关。水汽含量越高，露点越高；水汽含量越低，则露点越低。

由于空气经常处在不饱和状态，所以露点常常比气温低。只有当空气达到饱和时，露点温度才会与气温等同。因此，根据气温和露点的差值，可以大致判断空气的水汽距离饱和的程度。

在上面的各种湿度表示法中，绝对湿度、水汽压、比湿度基本上都表示空气中的水汽含量的高低；而相对湿度、饱和差、露点温度则表示空气水汽距离饱和的程度。人们常用相对湿度来表示空气湿度。

1.2.4.2 空气湿度与大气污染

① 当空气湿度大时，大气污染易形成雾而下沉，不易扩散而积聚在下层空气中，会加重污染。

② 使一次污染物转化为毒性更大的二次污染物，例如，$SO_2 \rightarrow SO_3 \rightarrow H_2SO_4$。

1.2.4.3 空气湿度的测量

（1）通风干湿计法

该方法又叫作通风干湿表法，它只能够测定某一时刻空气的湿度，不能连续测定某一时段的气湿，不能记录气湿的连续变化。通常选用通风温湿度计和干湿球温湿度计测定气湿（图 1.2-19、图 1.2-20），这两种仪器结构相似，测试原理相同，操作方便，应用广泛。

1）通风温湿度计

① 仪器结构。通风温湿度计由两支结构和性能完全相同的水银温度计组成（图 1.2-19），两支温度计的球部都安装在镀镍或镀铬的双层金属风管内。两支温度计中，

有一支的球部包有纱布，吸引水杯中的蒸馏水将温度计的球部湿润，形成湿球温度计。另一支温度计球部没有包裹纱布，球部处于正常干燥状态，称为干球温度计，它可以单独测定气温，与湿球温度计配合又可用于测定气湿。测定时，球部能感应空气的温度，又能反射环境热源的热辐射，排除了热辐射对温度读数的影响。外管以象牙环扣接温度计，有利减少传导热的作用。仪器顶端有一个小风机，旋紧小风机的发条或用电力带动，机身外部备有防风罩，保护风叶匀速自转产生恒定风速，不受外界强风干扰，有利于室外测定。风机与风管相连，开动时抽吸空气从风管下端进入，以恒定流速（2～4 m/s）流过干、湿球表面。风速的稳定使湿球表面始终处在一定的风速、温度条件下蒸发水分，排除了风速变化对水分蒸发速度的影响。

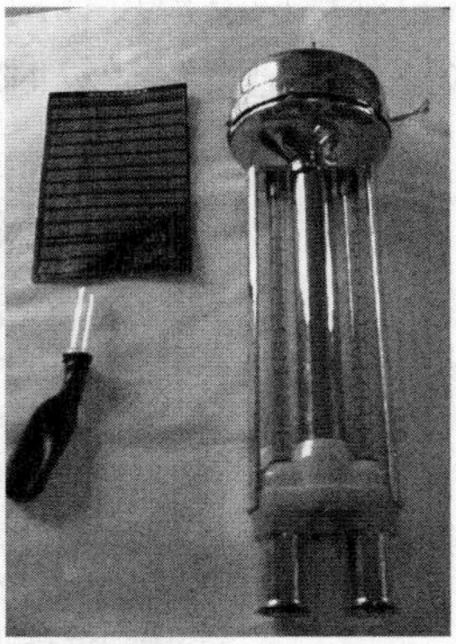

图 1.2-19　通风温湿度计

② 测定原理。一定温度的气流匀速通过于湿球温湿度计时，干球温度计显示空气的温度。由于湿球表面湿度较空气的大，空气流过湿球时，加速了表面水分蒸发的速度，导致湿球球部温度下降，温度示值低于干球温度计的读数。被测空气越干燥，湿球水分蒸发越快，干、湿球温度计温差越大，利用温差值可以测定空气的湿度。

③ 测定方法。取适量蒸馏水湿润纱布条，开动风机，将通风温湿度计悬挂在测定地点，3～5 min 后分别读取干球、湿球温度计的读数，计算温差，再从仪器附有的专用湿度表上查得测定风速下的相对湿度。

2）干湿球温湿度计

与通风温湿度计相比，干湿球温湿度计测定气湿的原理相同，方法相似，仪器结构简单，但测定结果准确性较差，对结果没有特殊要求时可以用它测定气湿。干湿球温湿度计也由两支结构和性能相同的温度计组成（图 1.2-20）。一支包裹纱布，湿润后形成湿球温度计，两支温度计和一个小水杯固定在平板上。它没有小风机，在测定地点实际风速条件下测定气湿；没有防止热辐射的金属套管，自身不能防止热辐射的干扰。测定地点应通风良好，没有热辐射，以免影响测定结果。若存在热辐射源，应在温度计与热辐射源之间放一块石棉板隔热，也可以用金属板、铝箔或锡箔隔热。测定时要注意风速的影响。如果风速与仪器相对湿度表所列风速范围相差较大，不能用查表的方法确定相对湿度，必须用公式计算相对湿度。

上述两种方法原理相同，在使用时均须注意以下几点：

① 温度计球部要清洁；干球球部要干燥无水滴；干湿球温度计在使用前，必须

检查干球和湿球两支温度计所示温度是否相同，温度读数差值不超过 0.1℃，如不一致，要将其差度记下，计算时依此差数加以纠正，以保证测定结果准确性。

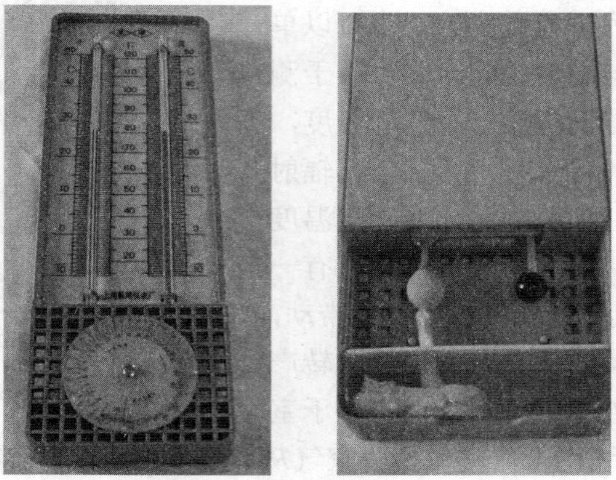

图 1.2-20 干湿球温湿度计

② 为了确保纱布具有良好的吸水性，纱布要干净，要及时更换，最好是脱脂、洗去糨糊的白色薄针织纱布。为了保证球部湿润程度一致，纱布要紧贴球部，不能折叠，重叠部分越少越好。加水湿润纱布时要控制好加水量，以保证球部周围空气流通，以利于湿球球面水分正常蒸发。

③ 注意盛水的杯子与湿度温度计的球部不可紧接，要相距 2～3 cm，盛水杯子要注满清洁水，同时要注意更换用水。

（2）电湿度计法

电湿度计由传感器感应环境湿度的变化，引起传感器的某一特性改变，产生相应的电信号，自动转化处理后在仪器上直接显示空气湿度数值。所用的传感器有氯化锂电阻式、氯化锂露点式和高分子薄膜电容式等。

电阻式氯化锂湿度计由测试仪表和氯化锂湿敏元件两部分组成。在湿敏元件的有机玻璃支架上绕制两根互相平行的金属丝，组成一对电极，电极间涂加一层吸湿剂氯化锂溶液。空气相对湿度大时，空气中水蒸气压比氯化锂溶液的大，氯化锂溶液吸收空气中的水分，电阻变小。反之，电阻变大。因此，用仪表测试两电极间电阻的变化，即可测得空气的相对湿度。

该仪器通电 10 min 即可读取测定结果，操作简便，但测定装置要经常清洗，仪器连续工作一段时间后，必须清洗氯化锂测头；环境中腐蚀气体浓度较高时不能使用。

1.2.5　其他主要气象条件

1.2.5.1　云

【云的基本分类】

含有水蒸气的空气上升到高空，遇冷，冷空气不能像暖空气含有那么多的水蒸气，于是水蒸气开始凝结成为液态水，形成微小的水珠，那就是我们通常看到的云。云是大气变化的产物，但是它又能够对大气产生巨大影响。例如，在云的形成过程中，由于水汽的凝结，会向大气释放潜热，改变大气的热力学结构，从而影响大气的运动过程。大气中如虹、晕、华以及雷电等许多光电现象，都发生在云层里。云的形态和变化过程，常能够说明大气层结构和运动场结构的特征，因此，研究云的特性和变化规律，能够预测未来的天气状况，所以云是一个非常重要的气象因子。

由于生成云的过程、条件不同，以及云所在高度与厚度不同，因此云的结构、成分及性质有着很大差别，从而其形态也多种多样。为了便于归纳辨认，把云按照一定的原则进行分类。根据云的形成高度并结合其他形态，国际分类法将云分为 4 族 10 属，即卷云、卷积云、卷层云、高积云、高层云、层积云、层云、雨层云、积云、积雨云。按云层高度将云分为高云、中云、低云三族。

高云：云底高度在 6 000 m 以上，包括卷云、卷积云、卷层云。全部由冰晶组成，一般不形成降水，冬季卷积云可形成降雪。透过卷层云可以看到日月的内红外紫彩色晕圈，它是天气变坏的征兆。

中云：云底高度在 2 000～6 000 m，包括高积云、高层云。多由冷水滴和冰晶组成。较厚的高层云常常产生降雨或降雪，高积云一般不下雨。

低云：云底高度在 2 000 m 以下，包括积云、浓积云、积雨云、层积云、层云、雨层云。云体大部分由水滴组成。积雨云多由冷却水滴和冰晶组成。除积云外，大部分低云都能形成降雨。雨层云可形成连续性降雨或者降雪。积雨云常形成雷阵雨，甚至冰雹或狂风。

1.2.5.2 雾

大气中的过饱和水汽，遭遇低温时，凝结成为与地面相接的细微水滴集合成群体，称为雾。云与雾的主要区别在于是否与地面接触。同样的细微水滴群体，如果悬浮在高空，则被称为云，如果与地接触，则称为雾。

雾可以被细分为大雾、轻雾。如使能见度降到 1 km 以内的雾，称为大雾；能见度在 1～10 km 的，称为轻雾。

1.2.5.3 霾

大气呈浅蓝色（以物体为背景），或者呈现微黄色或橙红色（以天空为背景）的混浊现象，叫作霾。霾是由悬浮在大气中的细微烟、尘或者盐粒等形成的物理现象。霾出现的时候，空气的能见度小于 1 km。有干霾和湿霾之分，前者的相对湿度一般小于 60%，后者的相对湿度一般大于 70%。

1.2.5.4 降水

【雨的形成及分类】

从云中降到地面上的液态或固态水，称为降水。降水虽然主要来自云中，但有云不一定有降水。由于云的温度、气流分布等状况的差异，降水具有不同形态——雨、雪、霰、雹。

雨：自云体中降落至地面的液体水体。

雪：从混合云中降落至地面的呈雪花形态的固体水。

霰：从云中降落至地面的不透明的球状晶体，由过冷却水在冰晶周围冻结而成，直径 2～5 mm。

雹：是由透明和不透明的冰层相间组成的固体降水，呈球形，常降自积雨云。

区分降水的种类常依据降水量、降水强度以及持续稳定的状况而定。

1.2.6　局地环流与大气污染

1.2.6.1　局地环流

（1）定义

除了天气系统造成大尺度流场结构外，在局部地区由于地形影响会形成空间和时间尺度都比较小的所谓地方性气流（风），称为局地环流或局地风。

（2）局地环流影响大气扩散的过程及原因

1）动力作用（机械作用）

因地形粗糙加强了季节湍流，有利于混合扩散，改变了局地流场和气流路径——改变了扩散条件。

2）热力作用

因下垫面性质不同（如城市、农村、山地等）地形起伏，就会影响到吸热、散热的均匀性，从而引起温度场、风场的变化，改变了扩散条件。

1.2.6.2　山谷风的形成与大气污染

（1）山谷风形成的原因及过程

山谷风（图 1.2-21）是由水平温度场分布的不均一性而引起的一种热力环流，随着水平温度场的变化（即随着温度的日变化）而有其生消规律。山谷风是由于山地热力因子形成的，白天因坡上的空气比同高度上的自由大气增热强烈，于是暖空气沿坡上升，成为谷风，谷地上面的自由大气，由于补偿作用，从相反的方向流向谷地，成为反谷风。夜间由于山坡上辐射冷却，使临近坡面的空气迅速冷却，密度增大而沿坡下滑，流入谷地，成为山风，谷底的空气因辐合而上升，并在谷地上空向山坡上空流动，成为反山风，形成与白天相反的热力环流。

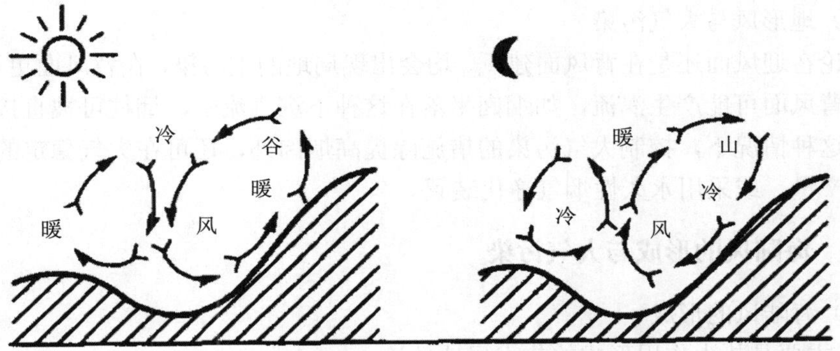

图 1.2-21　山谷风

1）热力作用出现山谷风

通常在背景环流比较薄弱（即风速小）、少云的天气条件下出现。其过程是：早上日出后 2～3 h，谷风开始出现，随着地面太阳辐射增热，风速逐渐加强午后达到最大；之后，太阳辐射开始减弱，直到傍晚谷风平息。取而代之的山风（一般开始于日落前 0.5～1 h），随着夜间地面层中的空气变冷，山风的风速逐渐增强至次日清晨日出才急剧减弱，最后又被谷风所取代。这样，日变化周而复始的更替着。

2）山谷风分布变化规律

山谷风的风速大小取决于大气层状况、地形的相对高度差及山谷的走向，一般情况下：

① 谷风的风速随大气稳定度的增加而减小，山风则相反。

② 地形的相对高度差越大，山谷风的风速也越大（温度差大，气压梯度力也大）。

③ 山谷风的走向，若朝南开的山谷，白天增热比朝北开口的山谷快，故谷风风速也比朝北开口的大。

④ 在时间分布上，冬天山风较强，夏天谷风较强。

（2）山谷风与大气污染

① 若在山谷中建有排放大气污染物的工厂，往往使污染物在山谷内往返累积。

② 在山谷地区的晚间，由于辐射冷却和由山风带下来的冷空气容易在谷地积聚而形成很强的逆温层，大气非常稳定，显然就不利于污染物的扩散。

③ 即使白天会好些，但也因地形闭塞，与外界大气交换困难，污染也不会减轻。

1.2.6.3 地形风的形成与大气污染

（1）地形风的形成

这是与山谷风类似的另外一种形式的局地环流，但除了与热力（层结状况）有很大关系外，还与动力作用——地形起伏特点有关，即主要是地形对气流的动力作用，常形成背坡风（涡流、转子流）。

（2）地形风与大气污染

无论在迎风面还是在背风面建厂，均会出现局地的重污染，在背风面更不合适，因为在背风面可能产生涡流，如烟囱坐落在这种下沉气流中，烟柱可被直接带至地面。在这种情况下，控制大气污染的措施除提高烟囱外，还可在大气稳定的条件下降低生产量，或采用永久性烟气净化装置。

1.2.6.4 海陆风的形成与大气污染

（1）海陆风的形成

1）主要是热力作用形成的热力局地环流

海陆之间的物理性状的差异，造成了海洋表面温度变化缓慢，大陆表面温度变化急速。

海水的比热和热容量远比陆地大，因此，海水吸热增温、散热降温较慢，温度变化比较缓慢；因海水为透明液体，通过传导，特别是湍流作用，同等的热量在海洋上能分布到很深的海水层中，而陆地上光线只能透射到十几厘米的深度，完全把热量集中在表面，因此，海水温度的升高远不如陆地那样急速，海水温度的降低也要缓慢些；当一个地区的海水因受热而温度增高时，由于温度梯度的存在，不仅可以使冷热不均的海水做上下的垂直运动，而且还有水平方向的平流运动相互调节，使温度变化比较缓慢；海洋上蒸发远大于陆地，凝结的机会自然也多些，因此，海洋上空的云量也比陆地多，云量多的地方温度变化比较缓和。

2）海陆风的转换过程及特点

海陆风是沿海地带昼夜热力状况的不同引起的以 24 h 为周期的有规律的气流。

白天，在阳光的照耀下，海水和陆地对太阳辐射热向水中及地中不同的输送方式使得陆面上的大气可以得到全体热量的 1/3～1/2，而水面上的大气可以得到的热量不到 1/100。结果陆面上空气温度升高得比海面快，在海陆之间形成指向大陆的气压梯度，这样，较冷的空气从海洋流向大陆而生成“海风”，夜间情况正好相反，由于海水温度降低得慢，海面的空气温度较陆面高，在海陆之间形成指向海洋的气压梯度，于是，陆面的空气流向海洋而生成“陆风”，如图 1.2-22 所示。

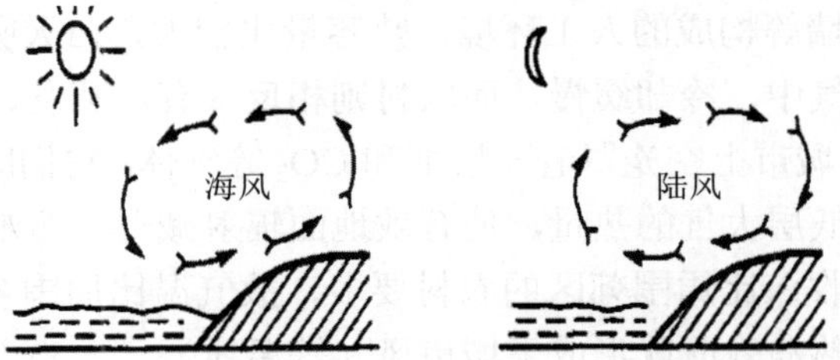

图 1.2-22　海陆风

除海外，大小的江、河、湖泊等大小水域地区均会形成海陆风。几乎每天如此地变化，因季节、地方特点而异。一般地，上午开始吹海风，到 13:00—15:00 海风最为强盛；日落后逐渐减弱，并开始转为吹陆风了，这种热力环流的上下层气流刚好相反，形成一种铅直闭合环流。通常海风比陆风强而侵入的范围也大。

（2）海陆风与大气污染

同样，这种局地环流，无论海风还是陆风，若在大水域边建有大的大气污染排放源的工厂，势必会在污染源所在地一定区域范围内有积累性污染，尤其海风比陆风强，其侵入范围更大，应持慎重态度。

1.2.6.5 城市风的形成与大气污染

（1）概念

城市风（城市热岛环流）——由城乡温度差引起的局地环流，如图 1.2-23 所示。

（a）地区性静风时的城市风 （b）和风时的城市风

图 1.2-23 城市风

（2）形成的原因

① 热力作用。除太阳能外，市区尚有工业、交通运输和民用燃烧多而集中，使城市获得大量的补充热量。

② 下垫面性状。城市水面积，绿化面积均比郊区的农村少，而多为水泥钢筋混凝土柏油马路，砖墙等构成的人工环境，热容量比较大，白天吸收太阳热，晚间缓慢地释放热量到大气中，冷却缓慢，而农村则相反（有水蒸发、植物蒸发等）。

③ 空气组成。城市上空笼罩着一层烟和 CO_2 等气体，它们既可吸收地面辐射红外线又可反射返回低层大气的热量，使有效地面辐射减弱，即难以散热。

城市净的热量收入比周围郊区的农村要多，故气温比周围乡村要高，于是就形成了城市热岛，由热岛效应就形成了城市风（等温线）。

简单地说，成因有如下两方面：

动力效应：城市地面粗糙，湍流强。

热力效应：水平温度场不均匀，越往市中心，温度越高，易造成城乡温度层结的差异。

无疑，城乡温度越大，热岛效应越强，而一般晚间较白天明显，冬季比夏季明显。

（3）城市风与大气污染

若城市郊区设有大气排放源的工厂，则由于吹向城市而加重城市污染。

总之，由于城市工业布局，地形复杂，情形差别很大，又由于上述热力、动力等原因，造成了城市的空气质量始终比乡村要差。具体的污染情况可通过实际的监测结果（含风向、风速等气象观测结果）和城市乡村污染源分布情况，去研究特有的城市污染间的密切关系。

任务 1.3　大气监测技术

1.3.1　大气监测的产生

大气监测是大气环境科学的一个重要分支，是大气环境科学的工具和手段。广义地讲，大气监测就是对大气环境质量进行观察、观测和测定的工作。具体地讲，大气监测是为某种特定目的，按照预先设计的时间和空间，间断或连续地对一种或多种大气环境质量的代表值进行测定，观察并分析其变化以及这种变化对大气环境影响的过程。

人类从产生之时起，便开始了对地球大气环境的利用和影响。人类在漫长的进化和生存过程中，参与了地球大气环境的能量流动和物质循环，同时不断改变着地球大气环境。然而，地球大气环境却仍以其固有规律运动着，不断地反作用于人类，由此而产生了一系列各种各样的大气环境问题。

早期的大气环境问题应当说主要是大气环境污染。大气环境污染是指由于人类的生产（如冶炼油、金属冶炼、化工生产等）、交通运输和生活活动所释放的各种污染物进入大气中，当污染物达到一定量，超过了大气环境的自净能力，并持续一定时间，从而对人类健康或对生物体以及其他物品等造成直接或间接危害和影响的一种状态。人们对大气环境污染的注意可以追溯到古代。在距今 200 万～300 万年以前，地球上出现了古人类。人类在漫长的历史岁月里，只是从自然界采集食物，对环境尚不能构成显著的破坏或者污染。自从人类学会用火以后，由于人们用火不慎，造成火灾，烧毁大片的草地和森林，于是人类的活动便开始明显地影响到自然环境。人们学会了培育、驯化动植物，产生了农业和畜牧业。与此同时，也发生了相应的环境问题。根据考证，我国两周时代的黄土高原上曾经有 4.8 亿亩的森林，覆盖率达 53%。西汉末年和东汉初期，由于进行大规模的开垦，大面积的森林被砍伐，草地被毁坏。这一活动虽然促进了农业生产的发展，但是由于森林植被的破坏，水源不能涵养，导致气候干旱、水土流失，造成沟壑纵横、旱涝灾害不断，昔日的森林、草原、良田逐渐退化为千里荒漠。由于社会分工的出现，商品经济得到发展，城市成为手工业和商业活动的中心。城市里人口密集、作坊林立。炼铁、冶铜、铸造、制革、纺织等手工业作坊排放的废水、废气、废渣以及城镇居民排放的生活垃圾，开始污染清洁的自然环境。蒸汽机的发明和广泛应用，虽然促进了生产力的发展，但是一些工业发达的城市和工矿区，排放出了越来越多的污染物，环境污染事件不断发生。在漫长的历史长河里，人们在同自然界的斗争中，运用自己的智慧和力量，不断地改造自然，创造新的生存条件。然而，由于人们的认识能力和科学技术水平的限制，在改造世界过程中，产生了不曾预料的后果，即自然环境的污染和破坏问题。1873 年 12 月、1880 年 1 月、1891 年 12 月、1892 年 2 月，英国伦敦多次发生烟雾污染事件。1930 年 12 月，比利时马斯河谷工业区，由于工厂排出的废气，久聚不散，形成严重的大气烟雾污染事件。1934 年 5 月，从美国西北部的加拿大边境和西部几个州的干旱土地上，风刮起了大量尘土，以每小时 90～160 km 的速度向东推进，最后消失在大西洋数百公里的洋面上。这次风暴刮走西部地面上的 3 亿吨土壤；5 月 11 日一天之内，在芝加哥的土地上降落了 1 200 吨尘土。随着工业的高速发展，大气污染造成的灾害更加严重。如美国、日本、德国、加拿大、澳大利亚、荷兰等国发生的光化学烟雾事件；酸雨、烟雾问题已经超越国界，正在危害全球；氟氯烃化合物的排放，正在破坏臭氧层；大气中物质成分的变化已经影响到气候系统的稳定；气候的异常变化加剧了自然灾害发生的频率和范围；森林的砍伐、草原和草地的开垦，导致地表植被的破坏和土地的荒漠化。据统计，世界十大严重大气污染城市主要集中在中国，特别是北方的几个主要城市。近年来，中国频繁的沙尘暴对大气环境也造成了严重影响。严重灾难性的大气环境污染，终于使人们觉醒。面对大气环境质量的日趋下降，人类对大气环境质量关注程度逐步提高，大气监测应运而生。

大气监测的基本工作程序如图 1.3-1 所示。

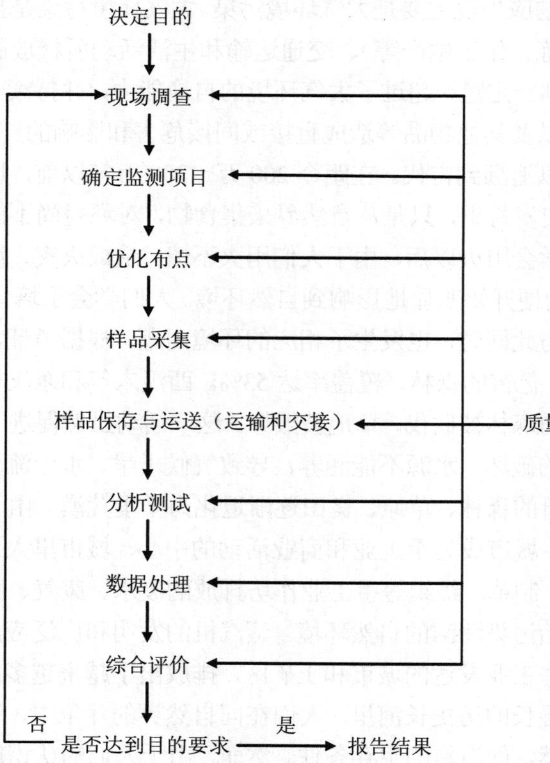

图 1.3-1　大气监测基本工作程序

1.3.2　大气监测的目的和分类

1.3.2.1　大气监测的目的

对环境大气进行监测可以出于多种目的，总体而言，主要有以下几方面。

① 通过对环境空气中的污染物质进行定期或连续监测，获取相关的大气环境数据，判断大气环境质量是否符合国家制定的大气环境质量标准；检查污染源排放污染物的浓度和排放量是否符合国家制定的污染物排放标准。

② 收集大气环境本底数据，积累长期监测资料，为研究大气环境质量变化规律和发展趋势以及污染物浓度的预测预报提供科学依据。

③ 为制定大气环境法规、标准、大气环境规划、大气环境污染综合防治对策提供科学依据。

④ 评价治理设施的效果。

⑤ 为大气环境科学研究提供方向，揭示新的大气环境问题，确定新的污染因素。

1.3.2.2　大气监测的分类

大气监测的分类方法不止一种，可按目的、污染物性质（化学毒物监测、卫生监测、大气中放射性污染监测等）等进行分类。按监测目的可分为以下四种。

（1）监视性监测

又称例行监测或常规监测，是大气污染监测工作的主体。包括环境质量监测和污染源监督监测。目的是监测大气环境中已知有害污染物的变化趋势，评价控制措施的效果，判断大气环境标准实施的情况和改善大气环境取得的进展，建立监测网，累积监测数据，确定一个城市、一个地区、国家或全球的大气环境污染状况及发展趋势。

此类监测投入人力、设备多、涉及面广、工作量大。

（2）特定目的监测

特定目的监测包括事故性监测、仲裁监测和服务性监测。其中事故性监测是指在污染事故发生时对环境影响的应急监测，多采用监测车、监测船、空中监测、遥感监测等，以确定污染范围及严重程度，为控制污染提供数据。仲裁监测是针对污染纠纷而进行的具有法律责任的监测，应由国家指定的权威部门执行。服务性监测包括人员考核、方法验证、治理项目的验收、评价或为单位及部门进行监测咨询服务等。

（3）背景值监测（又称本底值监测）

本底值是指大气环境要素在未受污染影响的情况下，其化学元素的正常含量以及大气环境中能量分布的正常值。大气环境背景值的测定和研究，能为大气环境质量的评价和预测，污染物在大气环境中迁移转化规律的研究和大气环境标准的制定等提供依据。

（4）研究性监测

研究性监测主要是以科学研究和调查为目的，研究确定污染物从污染源到受体的运动过程，鉴定大气环境中需要注意的污染物。如果监测数据表明存在大气环境污染问题时，则必须确定污染物对人、生物和其他物体的影响。

1.3.3 大气监测的特点

1.3.3.1 监测的连续性

大气污染因素的浓度或强度具有随时间变化的特点，只有坚持长期连续的监测，才能从大量的数据中总结出污染因素的变化规律，预测未来的变化趋势。而且数据越多，预测的准确度就越高。因此，监测网络、监测点位的选择一定要有科学性，一旦监测点位的代表性得到确认，必须长期坚持监测。

1.3.3.2 监测的追踪性

大气监测包括监测目的的确定、监测方案的制定、采样、样品的运送和保存、实验室测定及数据整理等过程，是一个复杂而又有联系的系统，每个环节都会影响到监测数据的准确性。特别是区域性的大型监测，由于参加人员众多、实验室和仪器的不同，必然会出现技术和管理水平不同。为使监测结果具有一定的准确性，并能使不同时期、不同地点、不同人员测定得到的数据具有代表性、完整性和可比性，需要对监测全过程进行质量控制，建立质量保证体系。

1.3.3.3 监测的综合性

大气污染监测的综合性表现在以下几个方面。

① 监测手段的多样性：对于不同的污染因素需要用化学、物理、生物等多种方法进行监测。

② 监测数据的复杂性：对监测数据进行统计处理、综合分析时，必须综合考虑涉及该地区的自然和社会各个方面情况，才能正确理解和解释监测数据的内涵。

1.3.4 大气监测技术概况

大气监测技术包括采样技术、测试技术和数据处理技术。关于采样和数据处理等方面的技术在后面的有关内容中叙述，这里以污染物的测试技术为重点做一概述。

1.3.4.1　大气监测方法

在大气监测工作中，按监测项目的特点和要求，可选用化学分析法、仪器分析法、生物（微生物）监测法、生态监测法以及自动和遥感监测法。目前，国内参考较多的国外环境空气污染物的标准分析方法主要是国际标准化组织（ISO）和美国国家环境保护局（USEPA）颁布的相关标准。

（1）化学分析法

化学分析法利用化学反应对污染组分的成分进行化学分析。这类方法的主要特点为：① 准确度高，相对误差一般为 0.2%；② 所需仪器设备简单；③ 灵敏度低，适用于高含量组分的测定，对微量组分则不宜使用。

1）容量分析法

容量分析（也叫滴定分析）是用一种已知准确浓度的溶液（标准溶液），滴加到含有被测物质的溶液中，根据反应完全时消耗标准溶液的体积和浓度，计算出被测物质的含量。滴定分析方法简便，测定结果的准确度也较高，不需贵重的仪器设备，至今仍被广泛采用，是一种重要的分析方法。该种方法主要用于大气样品制备成水溶液中酸碱度、氨氮、化学需氧量、生化需氧量、溶解氧、S^{2-}、Cr^{6+}、氰化物、氯化物、硬度、酚及废气中铅的测定。根据化学反应类型的不同，容量分析分为酸碱滴定、络合滴定、沉淀滴定和氧化还原滴定四种方法。

2）重量分析法

重量分析是将待测物质用天平称其质量，通过计算得出待测物质的含量。重量分析准确度比较高，但此法操作繁琐、费时，它主要用于环境空气中总悬浮颗粒物、可吸入颗粒物、降尘、烟尘、生产性粉尘等的测定。

（2）仪器分析法

仪器分析的发展非常迅速，各种新方法、新型仪器不断研制成功，使监测技术更趋于快速、灵敏、准确。在仪器分析中使用较多的是光学分析法、电化学分析法和色谱分析法，以及新近发展起来的与计算机结合的各种自动化程度很高的仪器分析。仪器分析法的共同特点是：① 灵敏度高，可用于微量或痕量组分的分析；② 选择性强，对试样预处理简单；③ 响应速度快，容易实现连续自动测定；④ 有些仪器可以组合使用（如色质联机），更好利用两者的优点；⑤ 比化学分析法相对误差大，一般为百分之几；⑥ 仪器价格较高，有的十分昂贵。

仪器分析法种类很多，既可用于污染物化学组分的分析，也可用于其他污染因素强度的测定。按仪器分析的原理可分为不同类型。

1）光学分析法

光学分析法是根据物质发射、吸收辐射能或物质与辐射能相互作用建立的分析方法，主要有以下几种。

① 分光光度法。利用棱镜或光栅等单色器获得单色光来测定物质对光吸收能力的方法。它的基本依据是物质对不同波长的光具有选择性吸收作用。在大气污染监测中可用它测量许多污染物，如二氧化硫、二氧化氮、臭氧、氨、氰化氢、硫化氢、氯化氢、氯气、硫酸雾、铬、苯胺、甲醛、铬酸雾等。

② 原子光谱法。包括原子吸收、原子发射和原子荧光光谱法。

原子吸收光谱法又称原子吸收分光光度法，它是基于待测组分的基态原子对待测元素的特征谱线的吸收程度进行定量分析的一种方法。该法能满足微量分析和痕量分析的要求，具有灵敏度高、选择性好、特异性强、干扰少、分析速度快、操作简便等特点，在大气污染监测中应用广泛，主要用于测定大气颗粒物中的铅、镉、铜、锌、锰、镍、锡等金属元素。实际应用中，原子吸收光谱法（AAS）的原子化方式可分为火焰原子化器和石墨炉原子化器两种。火焰原子化器具有操作简便、重现性好等特点；石墨炉原子化器具有原子化效率高、试样用量少、灵敏度高等特点。

发射光谱法是根据气态原子受热或电激时发射出的紫外光和可见光光域内的特征辐射来对元素进行定性和定量分析的一种方法。由于近年来等离子体新光源的应用，使等离子体发射光谱法（ICP-AES）以及等离子体发射光谱—质谱法（ICP-MS）发展很快，已用于大气样品中多元素的同时测定。例如，廖可兵等采用 HNO_3-HCl 微波消解样品后，直接用 ICP-MS 测定了大气颗粒物中的 Cr、Fe、Ni、Cu、Zn 等 14 种金属元素。

原子荧光光谱法是根据被辐射激发的原子返回基态的过程中伴随着发射出来的一种波长相同或不同的特征辐射（即荧光）的发射强度对待测元素进行定量分析的一种方法，该方法还可以利用各元素的原子发射不同波长的荧光进行定性分析。原子荧光分析对砷、硒、锑、铋等具有很高的灵敏度。

③ 分子光谱法。包括红外吸收、可见和紫外吸收、分子荧光等方法，可见和紫外吸收应用最为广泛。

可见和紫外吸收光谱也称可见紫外分光光度法，以物质对可见和紫外区域辐射的吸收为基础，根据吸收程度对物质定量。

分子荧光光谱法是根据某些物质（分子）被辐射激发后发射出的波长相同或不同的特征辐射（即分子荧光）的强度对待测物质进行定量分析的一种方法。在大气样品分析中主要用于强致癌物质——苯并[*a*]芘的测定。

红外吸收光谱是以物质对红外区域辐射的吸收为基础的方法。例如，应用该原理已制成了 CO、SO_2 等专用监测仪器。

2）电化学分析法

电化学分析法是利用物质的电化学性质测定其含量的方法。这类方法在环境监测中应用非常广泛，所属方法也很多，常用方法有以下几种。

① 电导分析法。是通过测量溶液的电导（电阻）来测定被测物质含量的方法，如水溶液中电导率的测定。

② 电位分析法。是用一个指示电极和一个参比电极与试液组成化学电池，根据电池电动势（或指示电极电位）对待测物质进行分析的方法。电位分析已广泛应用于水溶液中 pH、氟化物、氰化物、氨氮、溶解氧等的测定。

③ 库仑分析法。通过测定被测物质定量地进行某一电极反应，或者它与某一电极反应产物定量地进行化学反应所消耗的电量（库仑数）来进行定量分析的方法。可用于测定空气中二氧化硫、氮氧化物。

④ 伏安和极谱法。用微电极电解被测物质的溶液，根据所得到的电流-电压（或电极电位）极化曲线来测定物质含量的方法。可用于测定水溶液中铜、锌、镉、铅等重金属离子。

3）色谱分析法

色谱分析是一种物理分离分析方法。它根据混合物在互不相溶的两相（固定相与流动相）中吸收能力、分配系数或其他亲和作用的差异作为分离的依据，当待测混合物随流动相移动时，各组分在移动速度上产生差别而得到分离，从而进行定性、定量分析。

① 气相色谱分析。一种新型分离分析技术，具有灵敏度与分离效能高、样品用量少、应用范围广等特点。已成为苯、甲苯、二甲苯、多氯联苯、多环芳烃、非甲烷烃、酚类、有机氯农药、有机磷农药等有机污染物的重要分析方法。气相色谱还常与质谱联用，这既保留了气相色谱的大部分优点，又具有质谱可以准确鉴定物质结构的特点。它采用化合物的质谱图鉴定化合物类别，保证了定性的准确性。苏码罐采样、气相色谱-质谱仪分析不仅是直接采样最常用的测定方式，也是分析挥发性有机物的有效方法。我国于 2015 年 10 月 22 日发布了《环境空气　挥发性有机物的测定　罐采样/气相色谱-质谱法》（HJ 759—2015），适用于环境空气中丙烯等 67 种挥发性有机物的测定。

② 高效液相色谱分析。近代的色谱分析新技术。此法效率高、灵敏度高，可用于高沸点、不能气化的、热不稳定的物质的分析，如多环芳烃、农药、苯并[*a*]芘等。

③ 离子色谱分析。近年来发展起来的新技术，它是离子交换分离、洗脱液消除干扰、电导法进行监测的联合分离分析方法。此法可用于大气、水等领域中测定多种物质。一次进样可同时测定多种成分：阴离子如 F^-、Cl^-、Br^-、NO_2^-、NO_3^-、SO_3^{2-}、SO_4^{2-}、$H_2PO_4^-$；阳离子如 K^+、Na^+、NH_4^+、Ca^{2+}、Mg^{2+}等。

④ 纸色谱和薄层色谱。在滤纸上进行的色层分析，用于分离多环芳烃。薄层层析是在均匀铺在玻璃或塑料板上的薄层固定相中进行，用于食品中黄曲霉素 B_1、作物中对硫磷农药及其代谢物对氧磷等的测定。

除上述各类仪器分析方法外，还有质谱分析法、中子活化分析法、放射化学分析法。此外，还有大气污染监测的各种专项分析仪器，如智能烟气分析仪、自动烟尘（气）测试仪等。

（3）生物监测

生物（微生物）监测法是利用生物个体、种群或群落对大气环境污染或变化所产生的反应，阐明大气环境污染状况，从生物学角度为大气环境质量的监测和评价提供依据的一种方法。生物监测包括生物体内污染物含量的测定；观察生物在环境中受伤害症状；生物的生理生化反应；生物群落结构和种类变化等手段来判断环境质量，其监测手段很多。用于大气污染的生物监测主要有：①利用指示植物的伤害症状，以对大气污染做出定性和定量的判断；②测定植物体内污染物含量，估测大气污染状况；③观察植物的生理生化反应，如酶系统，发芽率的降低等，对大气污染的长期效应做出判断；④测定树木的生长量和年轮等，估测大气污染的现状和历史；⑤利用某些敏感植物，如地衣、苔藓等作为大气污染监测器，进行定点监测。

（4）生态监测

利用大的生态环境对大气环境污染或变化所产生的反应，阐明大气环境污染状况，从生态学角度为大气环境质量的监测和评价提供依据。

（5）自动监测

大气污染的特点是范围大，随时间变化，受气象、季节、地形、地物等影响强烈。目前测大气污染的一种有效的方法是建立大气污染自动监测系统。大气污染自动监测系统（APMS）就是从一个工厂、一个城市、一个区域甚至一个国家设置若干装有连续监测仪器的自动监测站，组成一个监测网，各监测站与中心站之间保持自动的信息联系并接受中心站的控制和指挥。

遥测技术是利用监测仪器或设备定性地或兼定量地对远距离研究对象传感其有关物理参数的特殊技术。遥测技术可按所利用电磁波的辐射源的不同分为主动的和被动的监测两大类技术。遥测技术的主要优点是可以对污染源或污染流进行无干扰监测，而且可以监测三维空间的环境质量参数，其范围可遍及边远偏僻地区和大气上层空间。该技术的主要局限性是可监测的大多是一些简单的物理性环境参数，监测灵敏度较差，结果准确度也较差。

1.3.4.2 大气监测技术的发展

（1）大气污染防治与监测技术进展

空气质量及污染源监测技术是随着国家环境污染防治工作的发展而发展起来的。回顾国际上和我国的大气污染防治与监测发展，大体上可分为以下三个阶段。

1）消烟除尘阶段

我国大气污染防治是从消烟除尘开始的，即不准燃煤锅炉冒黑烟，要求锅炉燃烧较完全，并要求安装除尘设备。此时开始对锅炉冒烟进行林格曼黑度监测。还研究了烟尘滤膜等速采样-称重法测定烟尘和工业粉尘。环境空气质量开始监测自然降尘量，即每月每平方公里降尘的吨位数，同时研究悬浮颗粒物、SO_2、NO_x瞬时采样监测和降水 pH 监测。这就是第一个阶段的大气污染防治以及和它相适应的监测技术。

2）污染物总量控制和“双达标”阶段

20 世纪 90 年代中期我们约有 2/3 的城市空气质量达不到国家二级标准，西南、华南、华中、华东形成四片酸雨区，因此，我国的空气污染防治进入了大规模工程治理和产业结构调整期。提出了酸雨控制区和 SO_2 控制区，主要污染物总量削减计划及污染源排放浓度和环境质量浓度达标的奋斗目标。为了检查这些政策措施的效果及强化监督管理，以遏制环境质量恶化趋势，并使一些地区的环境质量得到改善，开发了污染源 SO_2、烟尘、粉尘的总量控制关键监测技术，如重点源烟尘、工业粉尘、SO_2、NO_x、CO 浓度和流速、流量的在线连续监测技术。也开发了污染源排放达标监测和核实排放总量的监测技术。为了反映重点城市空气质量实时变化趋势，发展了空气质量周报、日报和预报，因而大大推进了重点城市空气质量自动监测系统的建设。

为了控制重点城市由于机动车尾气污染导致城市空气 NO_x浓度上升的势头，全国加强了机动车的监督管理和监测，不仅发展了汽车尾气怠速状况下的监测技术，也发展了简易工况法的监测技术。为了控制和减轻酸雨污染的危害，在全国建成酸雨监测网络，全面开展了降水 pH、电导及化学成分的监测。形成与第二阶段大气污染治理相配套的监测技术体系。

烟尘、工业粉尘、SO_2 排放总量还要继续削减，汽车尾气排放浓度还要继续降低，各区域排放总量必须在该区域环境容量允许范围之内，环境质量才能得到根本改善，这仍然需要经过多年坚持不懈的努力，我们才能像许多发达国家那样，完成这个阶段的污染防治任务。

3）防治痕量有毒有害化学物质污染的阶段

这是许多发达国家现在面临的任务。美国在 1990 年颁布的《清洁空气法》，提出要控制和削减 187 种有害物质的污染，其中的一些污染物浓度虽然很低，也许污染仅是局地的，但它们关系人们的生存和健康，必须花很大代价和相当长的时间去解决。美国提出要开发最佳生产工艺和处理技术，其目的是使目前有毒有害污染物排放总量要在当时的基础上减少 90%。因此，他们开发了系统的超痕量有害有机污染物的采样、分离富集和分析技术。开展了大规模空气中挥发性有机物（VOCs）、半挥发性有机物（SVOCs）调查监测，对苯系物、烯烃类、卤代烃类、醛酮类、多环芳烃类、PCBs 类、二噁英类、酞酸酯类、有机氯杀虫剂农药等进行调查研究，因此发展了气相色谱、液相色谱、色谱-质谱联用、高分辨色谱-高分辨质谱联用、液相色谱-质谱联用技术等。

为了解决对人体健康危害较大的 PM_{10}、$PM_{2.5}$ 的监测及其来源解析，还发展了空气颗粒物不同粒径采样器；发展了 X-荧光光谱、等离子体发射光谱等多元素的分析技术；发展了颗粒物中元素碳（EC）、有机碳（OC）及二次污染物 NH_4^+、NO_3^-、SO_4^{2-}的分析技术。

我国正在努力完成大气污染防治第二阶段的任务，同时也迎接第三阶段防治任务的挑战。国家正在研究建立超痕量系统的有机污染物的监测分析方法，并进行摸底调查研究。监测技术发展应走在环保工作的前面，才能为环保工作的重大决策提供技术支持和依据，否则监测工作就会是被动的，就会影响环保工作的顺利进展。

（2）大气污染监测的发展趋势

根据发达国家空气污染监测技术发展的道路和我国空气污染监测项目、方法技术的发展历程，以下几个发展动向值得我们注意。

1）从无机污染物向有机污染物监测发展

从美国近几年空气污染监测看，有机污染物监测占 70%～80%的工作量。主要集中在有机污染物监测技术的开发和有机污染物的监测与调查，如广谱性的挥发性有机物（VOCs）和半挥发性有机物（SVOCs）的监测，以及和光化学污染有关的前体物（如 VOCs、烯烃、NO_x）及其产物［O_3、甲醛、过氧乙酰硝酸酯（PAN）等］的监测。监测的有机污染物有 300～400 种之多，而且在一些地区的空气地面自动监测站还有 VOCs 的气相色谱自动监测系统和 GC-MS 自动监测系统，并纳入常规监测工作中。

2）从化学分析向仪器分析发展

用化学法监测空气污染物是经典的方法，由于灵敏度不高，操作繁琐，需要长时间采样和实验室分析，因此化学法（包括分光光度法）所占的比重在逐渐减少，并被仪器方法所取代，如阴离子的分析多用离子色谱法；金属多用原子吸收，X-荧光光谱和等离子体发射光谱法（ICP-AES）等，有机化合物多用气相、液相色谱和 GC-MS 联用技术等。

3）从手工采样－实验室分析向自动监测系统发展

无论空气质量监测还是污染源的监测，多采用现场采样，然后将样品带回实验室进行分析，这种方式仍然会保留。但是空气中或污染源排放污染物浓度随气象条件和工况条件随时在变，手工采样－实验室分析方式的监测频率低，时间代表性差，不能很好反映污染物实时的变化。因此发展了空气质量自动监测系统，一个月或一年时间内可获得 90%～95%有效数据。也发展了固定污染源烟尘、工业粉尘、烟气 SO_2、NO_x、CO、工艺尾气及烟气参数的在线连续监测系统，可随时监测工业生产过程及排放污染物的浓度，并计算出日、月、年污染物的排放量。这种监测技术可同时对污染企业的总量控制及总量削减计划实施效果进行评价。

4）从单一的监测分析技术向多种监测分析技术联用发展

任何一种监测分析技术都有它的突出优点，也都有它的局限性和不足，没有能“包打天下”的方法。只要我们能联合应用各种现代监测分析技术，扬长避短，去达到我们的监测目的，则会事半功倍。

例如，用 GC-MS 联用技术作空气中 VOCs 和 SVOCs 的广谱分析最为常见。对于一些特异有机物的准确分离和定量，如醛酮类与 2,4-二硝基苯肼衍生化生成 2,4-二硝基苯腙，用高压液相色谱测定，选择性和灵敏度都很高。很多沸点较低的有机物，用气相色谱分离，用有不同选择性和灵敏度的检测器定量就是一种最佳的选择，例如，含卤素取代基的，含硝基-NO_2、＞C＝O 等具有电负性强的基团，用电子捕获检测器测定就具有很高的灵敏度（测量六六六最低检测限可达 10^{-14} g）。

5）从粗粒子监测向细颗粒物监测发展，并开展源解析研究

我国进行颗粒物空气质量监测是从自然降尘开始的，表示为 t/（月·km^2）。后来开展了 TSP 监测。研究发现 PM_{10} 可进入人的上、下呼吸道，对健康影响很大，因此又转向 PM_{10} 的监测。研究又进一步发现更小的颗粒物 $PM_{2.5}$ 主要是人为污染造成，且危害更大，故又开发了 $PM_{2.5}$ 采样器及其监测技术。颗粒物从粗到细的监测技术发展是和人为污染、人体健康影响密切相关的。

各国的科学家还对颗粒物中的元素组成、含有的污染物质及其来源作了大量的研究：一是组分分析，二是源的解析。颗粒物元素成分谱的分析，首选 X 射线荧光光谱分析技术，它是一种非破坏性分析（颗粒物采集在特氟隆膜上），可准确同时定量 40～50 种元素（地壳元素、金属元素、非金属元素，即原子序数大于 8 的）。其次也可选用 ICP-AES 方法，需要将样品用强酸、强氧化剂分解，制成分析溶液，可作多元素的同时定量。此外还由于化石燃料产生的元素碳（EC）、有机碳（OC）、二次污染粒子（NH_4^+、NO_3^-、SO_4^{2-}）也吸附在颗粒物上，因此需单独用石英纤维滤膜采样，用碳分析仪测 EC、OC，用离子色谱测 NO_3^-、NH_4^+、SO_4^{2-}。

获得各种污染源的标准粒子成分谱（电厂锅炉粒子、汽油车尾气粒子、建筑尘粒子、钢厂粒子等）及环境样品颗粒物的成分谱，可用化学质量平衡模型，污染源-授体模型等进行源解析，确定这类颗粒物来自各种污染源的贡献率，以便采取有针对性的措施加以防治。以前主要是进行 TSP 源解析，现在主要是 PM_{10}、$PM_{2.5}$ 的源解析，因为这是我国最需要解决的污染问题。

6）发展突发性污染事故的监测技术

突发环境污染事故频繁出现，因此要求开发选择性好、快速，但不要求太灵敏的仪器和方法。因此现在开发许多专用的便携式快速检测仪，如电化学传感器一类的 SO_2、NO_x、Cl_2、H_2S、CO 检测仪；不分离的以 FID 或 PID 作检测器的 VOCs 现场监测仪。还开发了各种污染物的快速检测管。用作有机污染物分析的便携式气相色谱仪，配有不同色谱柱和 PID、ECD、AID、FID 等检器，可测定空气中数十种至

百余种有机污染物。

想一想练一练

一、填空题

1．臭氧层可以保护地球上的人类和动植物免遭短波紫外线的伤害，臭氧层存在______。

A．中间层 B．平流层 C．对流层 D．边界层

2．下列属于空气污染面源的是______。

A．汽车 B．燃煤电厂烟囱 C．焦炉炉体 D．农村生活炊事炉灶

3．总悬浮颗粒物（TSP）是指飘浮在空气中的固态和液态颗粒物的总称，常指空气动力学直径______的颗粒状污染物。

A．>2.5 μm B．≤100 μm C．介于10～100 μm D．>10 μm

4．按照污染物的存在状态，大气污染物可分为______。

A．一次污染物和二次污染物 B．固定污染源和移动污染源

C．气态污染物和气溶胶污染物 C．单质和化合物污染物

5．下列______措施可以有效控制大气二次气溶胶的形成。

A．植树造林，绿化城市 B．安装汽车尾气净化装置

C．寻找氟利昂的替代工质 D．及时清理和覆盖建筑垃圾

6．干湿球温度计主要的目的是用于测定环境空气中的______。

A．湿度 B．温度 C．压力 D．风速

7．当烟囱烟流下部$\gamma-\gamma_d>0$，上部$\gamma-\gamma_d<-1$，烟流容易呈现______。

A．翻卷型 B．上升型 C．平展型 D．熏蒸型

8．化学分析方法和仪器分析方法是环境监测中两大主要的分析方法，与化学分析方法相比，下列______不是仪器分析方法的共同特点。

A．灵敏度高 B．选择性强 C．响应速度快 D．准确度高

9．以下描述当前我国环境空气污染状况最为正确的是______。

A．酸雨污染 B．煤烟型污染 C．汽车尾气污染 D．复合型污染

10．辐射逆温一般在______出现。

A．日出前 B．正午 C．黄昏 D．黎明

11．三杯风向风速仪可用来测量风向和______内的平均风速。

A．1 min B．30 s C．1 s D．任意时间

12．气压的年变化包括大陆型、海洋型和高山型，其中大陆型气压最高值出现在______，最低值出现在______。

A．冬季，夏季　　B．夏季，冬季　　C．夏季，春季　　D．冬季，春季

13．进行环境空气样品采集时，应必须同时测量______气象参数以便后续浓度计算。

A．相对湿度　　B．风向、风速

C．气温、气压　　D．云量、气温

14．以下著名的“公害”事件中，______不是仅由煤烟型污染引起的危害事件。

A．英国伦敦烟雾事件　　B．比利时马斯河谷烟雾事件

C．美国洛杉矶烟雾事件　　D．多诺拉烟雾事件

15．下列哪种颗粒物的危害最大？______

A．TSP　　B．PM_{10}　　C．$PM_{2.5}$　　D．降尘

二、判断题

1．山谷风是由水平温度场分布不均引起的，白天易产生山风，晚上易产生谷风。（　　）

2．大气污染监测的综合性表现在监测手段的多样性和监测数据的复杂性。（　　）

3．在空气环境监测中，有些污染物质监测不出来，甚至还会出现负值，则污染物的浓度为0。（　　）

4．大气污染物的浓度与气象条件有着密切联系，在监测大气污染的同时还需测定风向、风速、气温、气压等气象参数。（　　）

5．一次污染物是指直接从各种污染源排放到大气中的有害物质。而二次污染物是一次污染物在大气中经转化后形成的物质，因此二次污染物的毒性要比一次污染物的毒性小。（　　）

6．大气污染形成的三要素指污染源、大气作用和受体。（　　）

7．在逆温天气下，大气是不稳定的，有利于污染物的扩散。（　　）

8．在郊区设立工厂，受到城市风的影响，使污染物由郊区向城市积累。（　　）

三、填空题

1．根据气温垂直递减率（γ）和干绝热温度递减率（γ_d）可以判断大气稳定状态。当$\gamma<\gamma_d$时，大气处于________状态，当$\gamma>\gamma_d$时，大气处于________状态。

2．根据逆温的生成过程，可将逆温分成________、________、平流逆温、________和锋面逆温。

3．根据大气的成分、密度、温度等物理参数性质的差异，将大气分为________层、________层、________层、________层和________层。

4．根据大气污染物的存在状态，可分为________和________两大类。

5．污染物的特性包括______________、______________、______________、活性和持久性。

四、简答题

1. 什么是大气？由哪些组分组成？
2. 什么是大气污染？大气污染物的特性是什么？
3. 什么是大气污染源？如何分类？
4. 什么是光化学烟雾？
5. 气象参数主要包括哪些因素？大气监测中测定气象参数有何意义？
6. 什么是局地环流？其主要形式有哪些？
7. 大气监测的目的和分类是什么？
8. 简述大气监测技术的进展。

项目二　环境空气质量监测

导读：空气是人类赖以生存的必需要素之一，环境空气质量的好坏直接关系到人类的身体健康甚至生命安全。然而，随着我国城市化和工业化的快速发展与能源消耗的迅速增加，发达国家经历了上百年的环境污染问题在我国经济较发达地区二三十年内集中爆发，使我国大气污染问题呈现压缩性、复合型、区域化的态势。

根据2016年5月公布的《2015年中国环境状况公报》数据显示：2015年，全国338个地级以上城市全部开展空气质量新标准监测。其中，有73个城市环境空气质量达标，占21.6%；265个城市环境空气质量超标，占78.4%。338个地级以上城市平均达标天数比例为76.7%；平均超标天数比例为23.3%，其中轻度污染天数比例为15.9%，中度污染为4.2%，重度污染为2.5%，严重污染为0.7%。480个城市（区、县）开展了降水监测，酸雨城市比例为22.5%，酸雨频率平均为14.0%，酸雨类型总体仍为硫酸型，酸雨污染主要分布在长江以南—云贵高原以东地区。

环境空气中的污染物多种多样，通过对大气污染物的定期或连续监测，可为判断空气质量是否符合空气质量标准提供依据，为编写空气环境质量状况评价报告提供数据，也可为研究空气环境质量的变化规律和发展趋势、开展空气环境质量的预测预报及进行空气环境质量管理等工作提供技术支持。

学习目标

1. 掌握环境空气质量标准的重要内容，并能够正确查阅和使用环境空气质量标准。

2. 了解环境空气质量监测方案的主要内容，熟悉监测的资料收集，掌握监测项目的选择、采样点位的布设方法、采样时间和频率的确定方法，能选择适当的采样方法和分析方法，熟悉现场监测常用质量控制技术，以便根据监测任务要求制定出科学、周密、切实可行的监测方案。

3. 掌握环境空气样品的采样方法和技术，能根据监测任务合理选择采样方法和采样仪器。采样前对采样仪器进行校准，正确使用仪器进行环境空气样品的采集，做好采样记录，能对仪器设备常见故障进行简单维修并进行正确的日常维护和定期保养。

4. 掌握采样效率的计算和评价方法，掌握空气中污染物浓度的表示方法及熟练运用公式进行相互转化，熟练运用气体体积换算公式进行标准状态下气体体积的换算。

5. 掌握环境空气中主要的无机气体污染物及颗粒物的测定方法和操作要点，并进行初步评价。

6. 了解湿沉降监测中采样点布设与样品采集方法，了解降水组分的测定方法。

7. 了解环境空气质量评价的方法，掌握监测数据平均浓度、超标倍数、超标率和达标率的含义和计算方法。

8. 掌握空气质量指数的计算方法，熟悉环境空气质量指数日报和实时报的发布内容和发布形式。

9. 能根据大气监测数据进行环境空气质量指数的计算，并进行环境空气质量评价。

项目任务

任务 2.1 环境空气质量标准

任务 2.2 环境空气质量监测方案的制定

任务 2.3 环境空气样品的采集

任务 2.4 环境空气中二氧化氮的测定

任务 2.5 环境空气中二氧化硫的测定

任务 2.6 环境空气中臭氧的测定

任务 2.7 环境空气中一氧化碳的测定

任务 2.8 环境空气中总悬浮颗粒物（TSP）的测定

任务 2.9 环境空气中 $PM_{10}/PM_{2.5}$ 的测定

任务 2.10 环境空气中铅的测定

任务 2.11 酸沉降

任务 2.12 环境空气质量评价

任务 2.1 环境空气质量标准

2.1.1 国外环境空气质量标准修订情况

自1996年以来，美国、欧盟、日本、英国、加拿大、印度、泰国等国家均依据最新的科学研究成果对本国的环境空气质量标准进行了不同程度的修订（表2.1-1），主要表现在进一步提高保护人体健康和生态环境的要求，普遍增加 $PM_{2.5}$和采用臭氧 8 h 浓度限值。由于 $PM_{2.5}$对人体健康的影响比 PM_{10}更显著，发达国家制定 $PM_{2.5}$的环境空气质量标准已经成为一个趋势。1997年 WHO 经过大量的研究明确规定了能够防护1 h 内的急性暴露的臭氧8 h 环境基准（100 μg/m^3），建议的过渡期目标值为160 μg/m^3，取消了原来依据的1 h 环境基准。随后，美国、欧盟等国家和组织也制定了臭氧日最大8 h浓度限值，欧盟、英国、印度等国家和地区还增加了镉（Cd）等重金属污染物限值。

表 2.1-1　1996 年以来全球环境空气质量标准最新修订情况

国家/地区/组织	时间	修订内容
WHO	1997年	发布适用全球的《空气质量准则》（AQG），增加了1,3-丁二烯等污染物
	2005年	发布《AQG》全球升级版，修订了颗粒物（PM_{10}和 $PM_{2.5}$）、O_3、NO_2和 SO_2基准值
美国	1997年	发布$PM_{2.5}$标准，日均质量浓度限值为65 μg/m^3，年均质量浓度限值为15 μg/m^3
	2006年	修订 $PM_{2.5}$标准，日均质量浓度限值为35 μg/m^3；取消 PM_{10}年均浓度限值
	2008年	实施 O_3质量浓度限值160 μg/m^3；加严空气中 Pb 的浓度限值，连续3月滚动平均0.15 μg/m^3
	2010年	增加 NO_2日最大1 h 质量浓度值190 μg/m^3
欧盟	1999年	发布《环境空气中 SO_2、NO_2、NO_x、PM_{10}和 Pb 的限值指令》，规定 SO_2等五种污染物浓度限值
	2000年	发布《环境空气中苯和 CO 限值指令》，规定环境空气中苯和 CO 的浓度限值
	2002年	发布《环境空气中有关 O_3的指令》，分别规定保护人体健康和植被的 O_3的2010年目标值
	2004年	发布《环境空气中砷、镉、汞、镍和多环芳烃指令》，规定了砷等污染物2012年目标质量浓度限值
	2008年	发布《关于欧洲空气质量及更加清洁的空气指令》，规定 $PM_{2.5}$ 2010年的目标质量浓度限值25 μg/m^3
日本	1997年	增加了空气中苯、三氯乙烯、四氯乙烯的标准
	1999年/2001年/2000年	分别增加了二噁英、二氯甲烷和 $PM_{2.5}$的标准
印度	2009年	修订了1986年实施的空气质量标准，删除 TSP 污染物项目，增加了 $PM_{2.5}$、C_6H_6、BaP、As、Ni 污染物项目，加严了 SO_2、NO_2、PM_{10}、O_3和 Pb 的浓度限值
澳大利亚	1998年	调整了基于健康的 CO、SO_2、NO_2、PM_{10}、O_3和 Pb 的空气质量标准
	2003年	把$PM_{2.5}$纳入环境空气质量标准中，日均和年均质量浓度限值分别为25 μg/m^3和8 μg/m^3
加拿大	1998年	增加$PM_{2.5}$浓度参考值
中国香港	2009年	基于WHO最新空气质量准则提出了新修订环境空气质量标准草案，增加$PM_{2.5}$的标准

2.1.2 我国环境空气质量标准制定历程

1982年，我国制定并发布了第一个环境空气质量标准《大气环境质量标准》（GB 3095—82）。1996年进行了第一次修订，更名为《环境空气质量标准》（GB 3095 —1996）。2000年进行了第二次修订，对1996年标准做了部分修改，发布了《〈环境空气质量标准〉（GB 3095—1996）修改单》（环发[2000]1号）。2008年环境保护部下达了修订《环境空气质量标准》（GB 3095—1996）项目计划，2012年2月29日《环境空气质量标准》（GB 3095—2012）正式颁布，自2016年1月1日起实施，《环境空气质量标准》（GB 3095—1996）、《〈环境空气质量标准〉（GB 3095—1996）修改单》（环发[2000]1号）和《保护农作物的大气污染物最高允许浓度》（GB 9137 —1988）废止。

2.1.3 标准修订的必要性

2.1.3.1 环境空气质量基准研究的新进展

环境质量基准是指环境中的污染物对人或其他生物等特定对象产生不良或有害影响的最大剂量（无作用剂量）或浓度。对于空气质量而言，空气质量基准是环境空气质量标准制定和修订的科学基础，空气质量基准变化时，环境空气质量标准就需要进行必要的修订。

近年来，WHO、美国 EPA 等组织关于环境空气污染物对健康影响的研究得出了最新的科学证据，如 2005 年发布了《空气质量准则—颗粒物、臭氧、二氧化氮和二氧化硫（2005 年全球更新版）》，修订了 4 种典型污染物的空气质量指导值；2000年以来，美国也对颗粒物（PM_{10}、$PM_{2.5}$）、臭氧（O_3）、铅（Pb）、二氧化氮（NO_2）等进行了修订。环境空气质量基准发生了较大变化，我国环境空气质量标准也需要进行必要的修订。

2.1.3.2 我国环境空气污染特征发生变化

近年来，我国社会经济高速发展，以煤炭为主的能源消耗大幅攀升，机动车保有量急剧增加，经济发达地区 NO_x 和 VOCs 排放量显著增长，O_3 和 $PM_{2.5}$ 污染加剧，在 PM_{10} 和总悬浮颗粒物（TSP）污染还未全面解决的情况下，京津冀、长江三角洲、珠江三角洲等区域 $PM_{2.5}$ 和 O_3 污染加重，灰霾现象频繁发生，能见度降低。此外，重金属等有毒污染物污染事件发生频率较高，威胁公众的身体健康。

2.1.3.3 标准应满足环境管理的新需求

《环境空气质量标准》（GB 3095—1996）是在 20 世纪末主要针对煤烟型大气污

染特征制定的，在区域复合型大气污染特征的环境空气质量评价与管理工作中已显不足。依据《环境空气质量标准》（GB 3095—1996）进行评价，我国部分区域和城市环境空气质量评价结果与人民群众主观感受不一致。新的社会经济发展和环境管理需求要求环境空气质量标准要更能全面反映当前空气污染状况，需要对标准中的部分污染物项目进行调整，对污染物浓度限值进行必要的修订，数据有效性规定适当收紧，部分监测分析方法进一步更新等，以更客观全面地反映空气污染状况，进一步缩小空气质量评价结果与公众感受之间的差异，从而更有效地开展大气污染防治，更好地保护公众健康、生态环境和社会物质财富。

2.1.3.4　其他国家的环境空气质量标准不断更新

1996 年以来，美国、欧盟、日本、英国、加拿大、印度、泰国等国家和地区均对本国的环境空气质量标准进行了新的修订，修订的重点是更加关注了保护人体健康和生态环境的要求，普遍增加了 $PM_{2.5}$ 和 O_3 监测指标。

2.1.4　标准修订的原则与思路

2.1.4.1　修订原则

以最新的环境空气质量基准研究结果为科学基础，从保护公众健康、生态环境和社会物质财富考虑，充分考虑我国复合型、压缩型环境空气污染特征，结合《中国宏观环境战略研究》等研究成果，同时考虑新时期国家环境空气质量阶段性管理目标，与相关法律、法规、规划、政策和标准相衔接，并充分借鉴发达国家和地区环境空气质量管理的经验及环境空气质量标准，力求客观全面反映我国环境空气质量状况。

2.1.4.2　修订思路

研究整合相关环境空气质量标准；根据我国环境管理需求，研究调整环境空气功能区分类方案，研究确定污染物项目，调整部分污染物限值；研究调整数据统计有效性规定；更新环境空气质量监测与分析方法标准。

2.1.5　环境空气质量标准（GB 3095—2012）

该标准规定了环境空气功能区分类、标准分级、污染物项目、平均时间及浓度限值、监测方法、数据统计的有效性规定及实施与监督等内容。标准适用于环境空气质量评价与管理。

【环境空气质量标准—2012】

2.1.5.1　环境空气质量功能区分类

功能区的划分是根据不同功能区对环境质量的不同要求，实现对不同保护对象进行分区保护而制定的。《环境空气质量标准》（GB 3095—1996）中将环境空气功能区分为三类：一类区以保护自然生态及公众福利为主要对象，二类区及三类区以保护人体健康为主要对象；标准中制定的三类区是从当时国民经济技术能力考虑，有些污染严重、大气自净能力又较低的工业区，短期内进行污染治理有一定的困难，允许这部分地区采取三类区的空气质量标准，但其标准限值也是接近或在环境基准阈值之内。随着国民经济技术能力的提高，目前各城市的环境空气质量功能区划已经很少有三类区了。

《环境空气质量标准》（GB 3095—2012）将三类区划到二类区，规定了环境质量功能区划分为两类，一类区为自然保护区、风景名胜区和其他需要特殊保护的地区；二类区为居住区、商业交通居民混合区、文化区、工业区和农村地区。

2.1.5.2　环境空气功能区质量要求

一类区适用一级浓度限值，二类区适用二级浓度限值。一、二类环境空气功能区质量要求见表 2.1-2 和表 2.1-3。

表 2.1-2　环境空气污染物基本项目浓度限值

序号	污染物项目	平均时间	浓度限值		单位
			一级	二级	
1	二氧化硫（SO_2）	年平均	20	60	$\mu g/m^3$
		24 h 平均	50	150	
		1 h 平均	150	500	
2	二氧化氮（NO_2）	年平均	40	40	
		24 h 平均	80	80	
		1 h 平均	200	200	

序号	污染物项目	平均时间	浓度限值		单位
			一级	二级	
3	一氧化碳（CO）	24 h 平均	4	4	mg/m^3
		1 h 平均	10	10	
4	臭氧（O_3）	日最大 8 h 平均	100	160	$\mu g/m^3$
		1 h 平均	160	200	
5	颗粒物（粒径≤10 μm）	年平均	40	70	
		24 h 平均	50	150	
6	颗粒物（粒径≤2.5 μm）	年平均	15	35	
		24 h 平均	35	75	

表 2.1-3　环境空气污染物其他项目浓度限值

序号	污染物项目	平均时间	浓度限值		单位
			一级	二级	
1	总悬浮颗粒物（TSP）	年平均	80	200	$\mu g/m^3$
		24 h 平均	120	300	
2	氮氧化物（NO_x）（以 NO_2 计）	年平均	50	50	
		24 h 平均	100	100	
		1 h 平均	250	250	
3	铅（Pb）	年平均	0.5	0.5	
		季平均	1.0	1.0	
4	苯并[*a*]芘（BaP）	年平均	0.001	0.001	
		季平均	0.002 5	0.002 5	

环境空气污染基本项目浓度限值（表 2.1-2）在全国范围内实施；其他项目浓度限值（表 2.1-3）由国务院环境保护主管部门或者省级人民政府根据实际情况，确定具体实施方式。

在全国实施该标准之前，国务院环境保护主管部门可根据《关于推进大气污染联防联控工作改善区域空气质量的指导意见》等文件要求指定部分地区提前实施该标准，具体实施方案（包括地域范围、时间等）另行公告，各省级人民政府也可根据实际情况和当地环境保护的需要提前实施该标准。

2.1.5.3　监测

环境空气质量监测工作应按照《环境空气质量监测规范（试行）》等规范文件的要求进行。

【环境空气质量监测规范（试行）】

【环境空气质量监测点位布设技术规范（试行）（HJ 664—2013）】

（1）监测点位布设

表 2.1-2 和表 2.1-3 中环境空气污染物监测点位的设置，应按照《环境空气质量监测规范（试行）》中的要求执行。

（2）样品采集

环境空气质量监测中的采样环境、采样高度及采样频次等要求，按《环境空气质量自动监测技术规范》（HJ/T 193—2005）或《环境空气质量手工监测技术规范》（HJ/T 194—2005）的要求执行。

（3）污染物分析

环境空气中各项污染物的监测应按表 2.1-4 的要求，采用相应的方法分析各项污染物的浓度。

表 2.1-4　各项污染物分析方法

污染物名称	分析方法	标准编号	自动分析方法
二氧化硫	环境空气　二氧化硫的测定　甲醛吸收-副玫瑰苯胺分光光度法	HJ 482	紫外荧光法、差分吸收光谱分析法
	环境空气　二氧化硫的测定　四氯汞盐吸收-副玫瑰苯胺分光光度法	HJ 483	
二氧化氮	环境空气　氮氧化物（一氧化氮和二氧化氮）的测定　盐酸萘乙二胺分光光度法	HJ 479	化学发光法、差分吸收光谱分析法
一氧化碳	空气质量　一氧化碳的测定　非分散红外法	GB 9801	气体滤波相关红外吸收法、非分散红外吸收法
臭氧	环境空气　臭氧的测定　靛蓝二磺酸钠分光光度法	HJ 504	紫外荧光法、差分吸收光谱分析法
	环境空气　臭氧的测定　紫外光度法	HJ 590	
颗粒物（粒径≤10 μm）	环境空气　PM_{10} 和 $PM_{2.5}$ 的测定　重量法	HJ 618	微量振荡天平法、β射线法

污染物名称	分析方法	标准编号	自动分析方法
颗粒物（粒径≤2.5 μm）	环境空气 PM_{10} 和 $PM_{2.5}$ 的测定 重量法	HJ 618	微量振荡天平法、β射线法
总悬浮颗粒物	环境空气 总悬浮颗粒物的测定 重量法	GB/T 15432	—
氮氧化物	环境空气 氮氧化物（一氧化氮和二氧化氮）的测定 盐酸萘乙二胺分光光度法	HJ 479	化学发光法、差分吸收光谱分析法
苯并[a]芘	空气质量 飘尘中苯并[a]芘的测定 乙酰化滤纸层析荧光分光光度法	GB 8971	—
	环境空气 苯并[a]芘的测定 高效液相色谱法	GB/T 15439	
铅	环境空气 铅的测定 石墨炉原子吸收分光光度法（暂行）	HJ 539	—
	环境空气 铅的测定 火焰原子吸收分光光度法	GB/T 15264	

2.1.5.4 数据统计的有效性规定

污染物监测数据是按取值时间内的有效数据进行统计的。年平均是指一个日历年内各日平均浓度的算术均值；季平均是指一个日历季内各日平均浓度的算术均值；月平均是指一个日历月内各日平均浓度的算术均值；24 h 平均是指一个自然日 24 个小时平均浓度的算术平均值，也称为日平均；8 h 平均指连续 8 个小时平均浓度的算术平均值，也称为 8 h 滑动平均；1 h 平均是指任何 1 个小时污染物浓度的算术平均值，每小时至少有 45 min 的采样时间。

应采取措施保证监测数据的准确性、连续性和完整性，确保全面、客观地反映监测结果。所有有效数据均应参加统计和评价，不得选择性地舍弃不利数据以及人为干预监测和评价结果。

采用自动监测设备监测时，监测仪器应全年 365 天（闰年 366 天）连续运行。在监测仪器校准、停电和设备故障，以及其他不可抗拒的因素导致不能获得连续监测数据时，应采取有效措施及时恢复。

异常值的判断和处理应符合《环境监测质量管理技术导则》（HJ 630—2011）的规定。对于监测过程中缺失和删除的数据均应说明原因，并保留详细的原始数据记录，以备数据审核。

任何情况下，有效的污染物浓度数据均应符合表 2.1-5 中的最低要求，否则应视为无效数据。

表 2.1-5 污染物浓度数据有效性的最低要求

污染物	平均时间	数据有效性规定
SO_2，NO_2，PM_{10}，$PM_{2.5}$，NO_x	年平均	每年至少有 324 个日平均浓度值；每月至少有 27 个日平均浓度值（两月至少有 25 个日平均浓度值）
SO_2，NO_2，CO，PM_{10}，$PM_{2.5}$，NO_x	24 h 平均	每日至少有 20 个小时平均浓度值或采样时间
O_3	8 h 平均	每 8 h 至少有 6 个小时平均浓度值
SO_2，NO_2，CO，O_3，NO_x	1 h 平均	每小时至少有 45 min 的采样时间
TSP，BaP，Pb	年平均	每年至少有分布均匀的 60 个日平均浓度值；每月至少有分布均匀的 5 个日平均浓度值
TSP，BaP，Pb	24 h 平均	每日应有 24 h 的采样时间
Pb	季平均	每季至少有分布均匀的 15 个日平均浓度值；每月至少有分布均匀的 5 个日平均浓度值

2.1.5.5 环境空气质量标准修订的主要内容

（1）调整环境空气质量功能区分类方案

旧标准中当时针对污染严重的工业区，大气自净能力又较低的地区设置三类区和三类标准。随着环境保护成为优化经济发展的有效手段，环境公平成为人们的基本需求，提高环境空气质量成为全国人民的美好愿望。因此，在雄厚的物质财富和有效的污染控制技术的支持下，我国通过采取系列减排措施和加大污染行业污染控制力度不断提高环境准入门槛，深化污染治理；通过“退二进三”等途径大范围调整城市工业区布局，不断压缩三类区区域面积，扩大二类区区域面积。最终逐渐取消三类区，将三类区并入二类区，环境空气功能区仅分为两类。与修订后的环境空气功能区分类相对应，将标准分为两级，一类区执行一类标准，二类区执行二类标准，这与美国等发达国家和地区标准分级方式一致。

（2）完善污染物项目和监测规范

近年来，以 $PM_{2.5}$ 为特征的区域复合型大气污染日益突出，区域内空气重污染现象大范围同时出现的频次日益增多，使 $PM_{2.5}$ 成为我国绝大多数城市大气的重要污染物，也是导致城市和区域能见度降低的主要原因，$PM_{2.5}$ 污染问题已逐渐成为我国城市和区域空气质量改善的重要瓶颈。为改善空气质量，环境保护部于 2011 年 12 月明确提出 $PM_{2.5}$ 监测时间表，新修订的《环境空气质量标准》（GB 3095—2012）即增设了 $PM_{2.5}$ 监测指标。

此外，研究表明，与 1 h 短期急性暴露较高 O_3 浓度水平相比，在 O_3 低浓度水平下暴露 8 h 引起的健康效应更直接相关，因此以连续 8 h 最高浓度限值为主的 O_3

空气质量标准已成为世界各国 O_3 环境空气质量发展的趋势；同时由于发达国家 O_3 的浓度水平已经下降到较低浓度水平，8 h 的基准值能够防护 1 h 的急性暴露，很多国家取消了 1 h 的取值时间。已有研究表明我国一些地区 O_3 的浓度水平较高，污染存在加重趋势，在不利气象条件下短期内可能出现严重危害人体健康浓度水平，因而新标准的修订继续保留 1 h 平均的取值时间，以控制较高浓度水平下对公众健康造成的潜在影响。同时，在 O_3 对人体健康影响的环境基准已经确定的情况下，为使标准具有先进性，我国综合考虑国内实际情况和国际发展趋势，新标准修订时增加了 O_3 日最大 8 h 平均，与国际接轨，其二级标准设定为 160 μg/m^3，该浓度限值在国际上虽然相对较宽，但基本上能够起到保护公共健康的作用。

因此，此次环境空气质量标准修订与原标准相比，在监测项目中增设了 $PM_{2.5}$ 年均、日均浓度限值和臭氧日最大 8 h 平均浓度限值，并进一步完善了污染物项目和监测规范，将污染物项目分为基本项目和其他项目，基本项目包括：SO_2、NO_2、CO、PM_{10}、$PM_{2.5}$、O_3，其他项目包括：TSP、BaP、Pb、氟化物。同时考虑我国大气颗粒物污染特征及人体健康影响，此次修订还收紧了 NO_2 和 PM_{10} 的浓度限值。

（3）提高数据统计有效性的要求

原标准中数据统计的有效性规定主要是针对手工监测要求制定的，较为宽松，随着我国环境空气质量自动监测能力的不断提高，数据统计的有效性要求在新标准中进一步收紧。

任务 2.2　环境空气质量监测方案的制定

环境监测的产品是数据，为了保证监测数据具有五性，即代表性、准确性、完整性、精密性、可比性，以获取能真实反映环境空气质量状况的污染信息，环境监测人员必须综合考虑各种因素和条件，制定科学、周密、切实可行的监测方案。

环境空气监测方案是一项监测任务的总体构思和设计，制定时必须首先明确监测目的，然后根据监测目的进行调查研究，收集相关资料，经过综合分析确定监测项目，设计布点网络，合理安排采样时间和采样频率，选定采样方法和分析测试技术，并建立质量保证程序和措施，提出监测结果报告要求及监测工作的进度计划等。

2.2.1　监测目的

监测目的是有针对性的（根据工作性质、任务而定）。监测目的是制定监测方案的基本出发点。环境空气质量监测的目的主要可以归纳为以下几个方面。

① 通过对大气环境中主要污染物质进行定期或连续监测，判断大气质量是否符合《环境空气质量标准》（GB 3095—2012）或环境规划目标的要求，为空气质量状况评价提供依据。

② 为研究大气质量的变化规律和发展趋势，开展大气污染的预测预报，以及研究污染物迁移转化情况提供基础资料。

③ 为政府环保部门执行有关环境保护法规，开展环境空气质量管理、环境科学研究及修订环境空气质量标准提供基础资料和依据。

2.2.2 调研与资料收集

2.2.2.1 污染源分布及排放情况

通过调查，将监测区域内的污染源类型、数量、位置、排放的主要污染物及排放量一一弄清楚，同时还应了解所用原料、燃料及消耗量。注意要将由高烟囱排放的较大污染源与由低烟囱排放的小污染源区别开来，因为小污染源的排放高度低，对周围地区地面大气中污染物浓度影响比大型工业污染源大。另外，对于交通运输污染较重和有石油化工企业的地区，应区别一次污染物和由于光化学反应产生的二次污染物。因为二次污染物是在大气中形成的，其高浓度可能在远离污染源的地方，在布设监测点时应加以考虑。

2.2.2.2 气象资料

监测区域的风向、风速、气温、气压、降水量、日照时间、相对湿度、温度的垂直梯度和逆温层底部高度等气象条件一定程度上决定了污染物在大气中的扩散、输送和一系列的物理、化学变化，因此，要收集监测地区的相关气象条件资料。

2.2.2.3 地形资料

地形对当地的风向、风速和大气稳定情况等有影响，在设置监测网点时，地形是应当考虑的重要因素。为掌握污染物的实际分布状况，监测区域的地形越复杂，要求布设的监测点越多。例如，工业区建在河谷地区时，出现逆温层的可能性大；位于丘陵地区的城市，市区内大气污染物的浓度梯度会相当大；位于海边的城市会受海、陆风的影响，而位于山区的城市会受山谷风的影响等。

2.2.2.4 土地利用和功能分区情况

监测区域内土地利用情况及功能区划分也是设置监测网点应考虑的重要因素之一。不同功能区的污染状况是不同的，如工业区、商业区、混合区、居民区等污染状况各不相同。还可以按照建筑物的密度、有无绿化地带等作进一步分类。

2.2.2.5　人口分布及人群健康情况

环境保护的目的是维护自然环境的生态平衡，保护人群的健康。因此，掌握监测区域的人口分布、居民和动植物受大气污染危害情况及流行性疾病等资料，对制定监测方案、分析判断监测结果是有益的。

此外，对于监测区域以往的大气环境监测资料也应尽量收集，供制定监测方案参考；还应注意收集当地有关文件、法规和标准。

2.2.3　监测项目

存在于空气中的污染物质多种多样，应根据监测目的和优先监测的原则，选择那些危害大、涉及范围广、已建立成熟的测定方法，并有标准可比的项目进行监测，并同步观测有关气象参数。

2.2.3.1　监测项目

《环境空气质量监测点位布设技术规范（试行）》（HJ 664—2013）对不同类型的监测点规定了不同的监测项目，主要分为环境空气质量评价城市点、环境空气质量评价区域点、环境空气质量背景点、污染监控点和路边交通点。

【环境空气质量监测点位布设技术规范（试行）（HJ 664—2013）】

以监测城市建成区的空气质量整体状况和变化趋势为目的而设置的监测点为环境空气质量评价城市点，参与城市环境空气质量评价。对于环境空气质量评价城市点，监测项目主要依据《环境空气质量标准》（GB 3095—2012）确定，涵盖了标准中规定的基本项目和其他项目。基本项目包括二氧化硫、二氧化氮、一氧化碳、臭氧、$PM_{2.5}$、PM_{10} 共六项，其他项目包括总悬浮颗粒物、铅、氟化物、苯并[a]芘及其他有毒有害物质，这些项目不是在全国广泛开展的监测项目，可根据各地的具体实施方式不同作为选测项目。

以监测区域范围空气质量状况和污染物区域传输及影响范围为目的而设置的监测点为环境空气质量评价区域点，参与区域环境空气质量评价；而以监测国家或大区域范围的环境空气质量本地水平为目的而设置的监测点为区域环境空气质量背景点。

对于环境空气质量评价区域点、背景点，担负着监测污染物在全国或区域范围内的本底水平，反映主要污染物大气扩散运输、转化及分布情况，需对包括重金属、有机物成分、氧化剂的成分浓度和变化等进行研究，以及对背景大气演变所涉及的主要化学反应机理、酸性污染物的形成转化和沉降、全球气候变化等进行研究，因此区域点和背景点的监测项目除 GB 3095—2012 中规定的基本项目之外，由国务院环境保护主管部门根据国家环境管理需求和点位实际情况增加相应的加强型深度监测项目，包括湿沉降、有机物、温室气体、颗粒物组分和特殊组分等，具体见表 2.2-1。

表 2.2-1 环境空气质量评价区域点、背景点监测项目

监测类型	监测项目
基本项目	二氧化硫、二氧化氮、一氧化碳、臭氧、可吸入颗粒物、细颗粒物（$PM_{2.5}$）
湿沉降	降雨量、pH、电导率、氯离子、硝酸根离子、硫酸根离子、钙离子、镁离子、钾离子、钠离子、铵离子等
有机物	挥发性有机物（VOCs）、持久性有机物（POPs）等
温室气体	二氧化碳、甲烷、氧化亚氮、六氟化硫、氢氟碳化物（HFCs）、全氟化碳（PFCs）
颗粒物主要物理化学特性	颗粒物浓度谱分布、$PM_{2.5}$ 或 PM_{10} 中的有机碳、元素碳、硫酸盐、硝酸盐、氯盐、钾盐、钙盐、钠盐、镁盐、铵盐等

为监测本地区主要固定污染源及工业园区等污染源聚集区对当地环境空气质量的影响而设置的监测点为污染监控点；而为监测道路交通污染源对环境空气质量影响而设置的监测点为路边交通点。对污染监控点和路边交通点，应根据监测目的及所针对污染源的排放特征，由地方环境保护主管部门有针对性地选择适当的监测项目。

与污染物扩散和转化有关的气象参数有风向、风速、气温、气压、湿度和大气稳定度等。

2.2.3.2 选择监测项目的方式

选择本地区应该监测的污染物种类，常用两种方式。

① 从已认识到的、几乎在整个区域中均以不同数量存在的、最常见的空气污染物着手。

② 依据污染源排放调查的结果，首先选择对人体健康和环境危害大的污染物。

在选择污染物时，可采用上述两种方式中的一种，但是，在大多数情况下，都是把这两种方式综合起来进行选择。

2.2.4 监测点的布设

环境空间的无限性和时间的瞬时性，决定了人们不可能对环境的整体进行监测，只能以有限的环境监测样品数据来估计和分析环境的真实情况。问题是如何设计点位才能保证以最少的样品数量获得足够的空间代表性，使获取的有限样品能尽量接近整体环境的实际，这是空气质量监测点位设计的目的。根据大气污染物的时空分布规律，通过正确地确定采样点数目、正确地选择采样点的位置、正确地确定采样时间和频率等手段，是保证获取具有代表性的大气样品的重要手段。因此，确定采样点布设之前，应进行详细的调查研究，其内容包括：① 对本地区大气污染源进行调查，初步分析出各块地域的污染源概况；② 了解本地区常年主导风向，大致估计出污染物的可能扩散概况；③ 利用群众来信来访或人群调查，初步判断污染物的影响程度；④ 利用已有的监测资料推断分析应设点的数量和方位。

2.2.4.1 监测点位布设原则

依据《环境空气质量监测点位布设技术规范（试行）》（HJ 664—2013），环境空气质量监测点位布设原则如下。

（1）代表性

具有较好的代表性，能客观反映一定空间范围内的环境空气质量水平和变化规律，客观评价城市、区域环境空气状况，污染源对环境空气质量影响，满足为公众提供环境空气状况健康指引的需求。

（2）可比性

同类型监测点设置条件尽可能一致，使各个监测点获取的数据具有可比性。

（3）整体性

环境空气质量评价城市点应考虑城市自然地理、气象等综合环境因素，以及工业布局、人口分布等社会经济特点，在布局上应反映城市主要功能区和主要大气污染源的空气质量现状及变化趋势，从整体出发合理布局，监测点之间相互协调。

（4）前瞻性

应结合城乡建设规划考虑监测点的布设，使确定的监测点能兼顾未来城乡空间格局的变化趋势。

（5）稳定性

监测点位置一经确定，原则上不应变更，以保证监测资料的连续性和可比性。

2.2.4.2 环境空气质量监测点位布设要求

（1）环境空气质量评价城市点

位于各城市的建成区内，并相对均匀分布，覆盖全部建成区。

①采用城市加密网格点实测或模式模拟计算的方法，估计所在城市建成区污染物浓度的总体平均值。全部城市点的污染物浓度的算术平均值应代表所在城市建成区污染物浓度的总体平均值。

②城市加密网格点实测是指将城市建成区均匀划分为若干加密网格点，单个网格不大于 2 km×2 km（面积大于 200 km^2 的城市也可适当放宽网格密度），在每个网格中心或网格线的交点上设置监测点，了解所在城市建成区的污染物整体浓度水平和分布规律，监测项目包括 GB 3095—2012 中规定的 6 项基本项目（可根据监测目的增加监测项目），有效监测天数不少于 15 天。

③模式模拟计算是通过污染物扩散、迁移及转化规律，预测污染分布状况进而寻找合理的监测点位的方法。

④拟新建城市点的污染物浓度的平均值与同一时期用城市加密网格点实测或模式模拟计算的城市总体平均值估计值相对误差应在 10%以内。

⑤用城市加密网格点实测或模式模拟计算的城市总体平均值计算出30百分位数、50百分位数、80百分位数和90百分位数的估计值；拟新建城市点的污染物浓度平均值计算出的30百分位数、50百分位数、80百分位数和90百分位数与同一时期城市总体估计值计算的各百分位数的相对误差在15%以内。

（2）环境空气质量评价区域点、背景点

①区域点和背景点应远离城市建成区和主要污染源，区域点原则上应离开城市建成区和主要污染源20 km以上，背景点原则上应离开城市建成区和主要污染源50 km以上。

②区域点应根据我国的大气环流特征设置在区域大气环流路径上，反映区域大气本底状况，并反映区域间和区域内污染物输送的相互影响。

③背景点设置在不受人为活动影响的清洁地区，反映国家尺度空气质量本底水平。

④区域点和背景点的海拔高度应合适。在山区应位于局部高点，避免受到局地空气污染物的干扰和近地面逆温层等局地气象条件的影响；在平缓地区应保持在开阔地点的相对高地，避免空气沉积的凹地。

（3）污染监控点

①污染监控点原则上应设在可能对人体健康造成影响的污染物高浓度区以及主要固定污染源对环境空气质量产生明显影响的地区。

②污染监控点依据排放源的强度和主要污染项目布设，应设置在源的主导风向和第二主导风向（一般采用污染最重季节的主导风向）的下风向的最大落地浓度区内，以捕捉到最大污染特征为原则进行布设。

③对于固定污染源较多且比较集中的工业园区等，污染监控点原则上应设置在主导风向和第二主导风向（一般采用污染最重季节的主导风向）的下风向的工业园区边界，兼顾排放强度最大的污染源及污染项目的最大落地浓度。

④地方环境保护主管部门可根据监测目的确定点位布设原则增设污染监控点，并实时发布监测信息。

（4）路边交通点

①对于路边交通点，一般应在行车道的下风侧，根据车流量的大小、车道两侧

的地形、建筑物的分布情况等确定路边交通点的位置，采样口距道路边缘距离不得超过 20 m。

②由地方环境保护主管部门根据监测目的确定点位布设原则设置路边交通点，并实时发布监测信息。

2.2.4.3　环境空气质量监测点位布设数量要求

（1）环境空气质量评价城市点

各城市环境空气质量评价城市点的最少监测点位数量应符合表 2.2-2 的要求。按建成区城市人口和建成区面积确定的最少监测点位数不同时，取两者中的较大值。

表 2.2-2　环境空气质量评价城市点设置数量要求

建成区城市人口/万人	建成区面积/km^2	最少监测点数
＜25	＜20	1
25～50	20～50	2
50～100	50～100	4
100～200	100～200	6
200～300	200～400	8
＞300	＞400	按每 50～60 km^2 建成区面积设 1 个监测点，并且不少于 10 个点

（2）环境空气质量评价区域点、背景点

① 区域点的数量由国家环境保护主管部门根据国家规划，兼顾区域面积和人口因素设置。各地方可根据环境管理的需要，申请增加区域点数量。

② 背景点的数量由国家环境保护主管部门根据国家规划设置。

③ 位于城市建成区之外的自然保护区、风景名胜区和其他需要特殊保护的区域，其区域点和背景点的设置优先考虑监测点位代表的面积。

（3）污染监控点

污染监控点的数量由地方环境保护主管部门组织各地环境监测机构根据本地区环境管理的需要设置。

（4）路边交通点

路边交通点的数量由地方环境保护主管部门组织各地环境监测机构根据本地区环境管理的需要设置。

2.2.4.4　环境空气质量监测点周围环境具体要求

①监测点周围 50 m 范围内不应有污染源。

②点式监测仪器采样口周围，监测光束附近或开放光程监测仪器发射光源到监测光束接收端之间不能有阻碍环境空气流通的高大建筑物、树木或其他障碍物。从采样口或监测光束到附近最高障碍物之间的水平距离，应为该障碍物与采样口或监测光束高度差的两倍以上。

③采样口周围水平面应保证 270°以上的捕集空间，如果采样口一边靠近建筑物，采样口周围水平面应有 180°以上的自由空间。

④监测点周围环境状况相对稳定，安全和防火措施有保障。

⑤监测点附近无强大的电磁干扰，周围有稳定可靠的电力供应，通信线路容易安装和检修。

⑥监测点周围应有合适的车辆通道。

2.2.4.5 采样口位置基本要求

①对于手工间断采样，其采样口离地面的高度应在 1.5～15 m。

②对于自动监测，其采样口或监测光束离地面的高度应在 3～20 m。

③针对道路交通的污染监控点，其采样口离地面的高度应在 2～5 m。

④在保证监测点具有空间代表性的前提下，若所选点位周围半径 300～500 m 建筑物平均高度在 20 m 以上，无法按满足①、②条的高度要求设置时，其采样口高度可以在 15～25 m 选取。

⑤在建筑物上安装监测仪器时，监测仪器的采样口离建筑物墙壁、屋顶等支撑物表面的距离应大于 1 m。

⑥当某监测点需设置多个采样口时，为防止其他采样口干扰颗粒物样品的采集，颗粒物采样口与其他采样口之间的直线距离应大于 1 m。若使用大流量总悬浮颗粒物（TSP）采样装置进行并行监测，其他采样口与颗粒物采样口的直线距离应大于 2 m。

⑦对于空气质量评价点，应避免车辆尾气或其他污染源直接对监测结果产生干扰，点式仪器采样口与道路之间最小间隔距离应按表 2.2-3 的要求确定。

⑧污染监控点的具体设置原则根据监测目的由地方环境保护主管部门确定。针对道路交通的污染监控点，采样口距道路边缘距离不得超过 20 m。

表 2.2-3 点式仪器采样口与交通道路之间最小间隔距离

道路日平均机动车流量（日平均车辆数）	采样口与交通道路边缘之间最小距离/m	
	PM_{10}	SO_2、NO_2、CO 和 O_3
≤3 000	25	10
3 000～6 000	30	20
6 000～15 000	45	30
15 000～40 000	80	60
＞40 000	150	100

2.2.4.6　布点方法

监测区域内的监测点数量确定以后，可采用经验法、统计法、模拟法等进行监测点的布设。经验法是常采用的方法，特别是对尚未建立监测网或监测数据积累少的地区，需要凭借经验确定监测点的位置。在一般的监测工作中，可针对不同类型的污染源（点、线、面）的排放特征、污染物扩散特性和监测目的要求，根据经验合理采用不同的布点方法，旨在取得有空间代表性的污染数据。具体方法如下。

（1）工业企业固定点源对环境影响的监测布点法

固定点源，如燃烧装置的烟囱或生产过程中的排放管道排出的气态或气溶胶污染物对环境污染的影响，主要分布在与烟羽平行的下风方位。污染物最高落地处浓度同污染源的距离与源强、源高（有效高度）、排出口的直径和温度以及当时当地的气象条件有密切关系。这类监测通常用同心圆法或扇形法进行布点。

这种布点方法适用于以调查重大孤立源排出物造成的对地面敏感受体产生影响的程度和范围为目的监测。为污染源管理和监督提供监测依据，还可以将监测数据用于污染源改造（或治理）效果的评价和孤立源扩散模式的验证。

1）同心圆布点法

此法主要用于多个污染源构成的污染群且重大污染源较集中或孤立源所在区域的风向多变的情况。同心圆布点方法为：布点时，先找出孤立源或污染群的中心，以此为圆心在地面上划若干个同心圆，同心圆的数目不少于 5～7 个；再从圆心向周围引出若干条放射线，将圆分成 8 个方位或 16 个方位。同心圆圆周与放射线的交点处即为监测点（图 2.2-1）。例如，同心圆半径分别取 4 km、10 km、20 km、40 km，从里向外各圆周上分别设 4 个、8 个、8 个、4 个监测点。

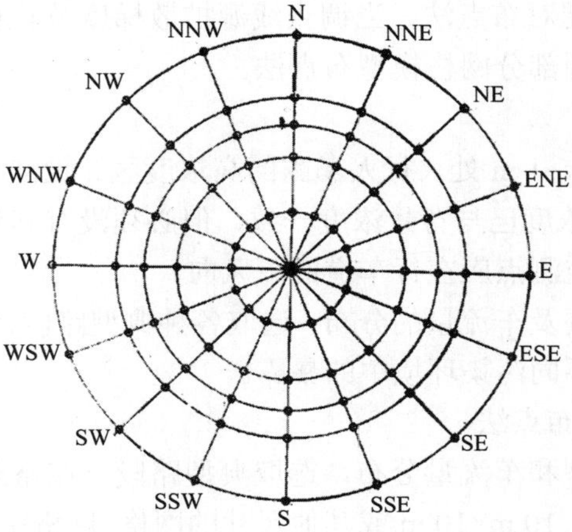

图 2.2-1　同心圆布点示意

采用同心圆布点法可全面了解污染物向四面八方扩散的情况，但在人力和物力条件受限的情况下，应适当减少监测点。不同圆周上的监测点数目不一定相等或均匀分布，常年主导风向的下风向比上风向多设一些点，也可视风向波动临时变更监测点的位置和数目。在预计的高浓度区及高浓度与低浓度交界区应较密（一般情况下，高浓度出现的地点在距离下风方位相当于排放源有效高度的 10～20 倍处），其他区可较疏。

2）扇形布点法

此法适用于孤立的高架点源，且主导风向明显的地区。以点源所在位置为顶点，主导风向为轴线，在下风向地面上划出一个扇形区作为布点范围，扇形的角度一般为 45°，也可更大一些，但不能超过 90°。监测点设在扇形平面内距点源不同距离的若干弧线上，每条弧线上设 3～4 个监测点，相邻两点与顶点连线的夹角一般取 10°～20°（图 2.2-2）。同时在污染源的上风方位设置 1～2 个监测点，作为对照。

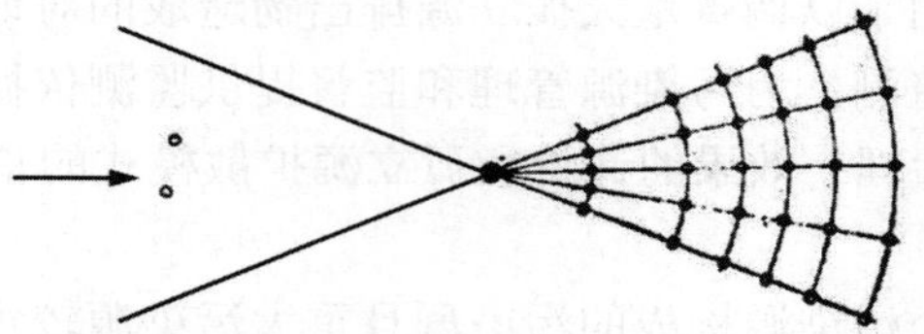

图 2.2-2 扇形布点示意

（2）机动车排气对环境影响的监测布点法

机动车运行过程中，行车道是尾气的排放场所，因此对环境形成线形污染。这类影响的监测布点方法视其目的不同分为两类。当调查交通干线沿线行人或其他敏感受体的暴露时，用配对布点法；当调查线源扩散梯度及其相应区域的污染暴露或验证线源扩散式时，用部分网格模型布点法。

1）配对布点法

此法是道外沿 0.5～1 m 处（行人暴露的高浓度区）设一个监测点，同时在离该外沿 100 m 处（此处浓度已与背景浓度一致，但必须没有其他行车道的影响）设另一个监测点。这一对监测点应在行车道的下风向。

根据城市道路布局及车流量的分布，选取各种典型路段，用配对法设置监测点，能够全面了解行人在不同污染环境中的暴露。

2）部分网格模型布点法

根据城市道路构型和车流量分布，选取典型路段，在路段周围划出调查范围，并将其划分成5 m×5 m、10 m×10 m 或其他尺寸的网格，网格中心设监测点。如图2.2-3所示。

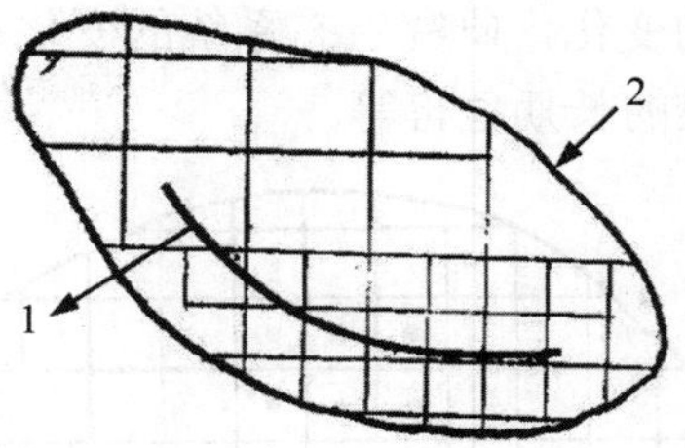

1. 调查区域廓线　2. 交通线

图 2.2-3　部分网格模型布点示意

（3）城市区域环境空气监测布点法

城市区域空气污染物排放源的构成有很多种，如住宅区的生活炉灶，机关、学校、商业及中小工业用于不同用途的锅炉和窑炉的烟囱，机动车排出的尾气等，它们各自在其附近形成一个小尺度的污染气团，并使下风方位地面空气污染物浓度发生较大的变化。这些众多的地面小源，由于烟羽重叠，汇集成为城市区域空气污染的面源，使整个城市区域的污染气团中的污染物浓度趋于均匀（不同监测点间的浓度可以有较大差别）。而污染物对地面造成的污染浓度，在特定风向和风速的影响下，将与城市区域的背景浓度相叠加。因此，以调查污染的时空分布和对敏感受体的暴露为目的城市区域空气质量监测，其布点方法有两种。

1）规则网格布点法

这种布点方法，适用于监测地区的范围内有多个污染源且污染源分布较均匀的地区。通过长期监测，可以调查污染物在环境中的污染时空分布特征及发展趋势；如果将网格划分得足够小，将监测结果绘制成污染物浓度空间分布图，对指导城市环境规划和管理具有重要意义。布点时，先根据调查区域的规模勾画出监测范围廓线，将监测区域地面划分成若干个均匀网状方格。网格大小和采样点数目根据监测区域大小、污染源强度、人口分布、监测目的、后勤保证等因素确定，一般是 1～9 km^2 布设一点。条件充分，网格面积取 1 km×1 km；条件不允许，网格面积可取 2 km×2 km、3 km×3 km、5 km×5 km 等。采样点设在两条直线的交点处或方格中心。对于整个调查区域而言，不必强调所有监测点均处于等密度状态。风向的下风方位、污染源地都应增加采样点，若主导风向明显，则下风向的采样点应约占总采样点数的 60%。在远离监测区域的上风方位至少设一个对照点。规则网格布点法如图 2.2-4 所示。

2）功能区布点法

这一布点方法多用于区域性的常规监测。适用于调查城市区域空气污染对敏感受体（集中居民区、学校、医院、风景区、文物保护区等）的暴露，特别是人群在不同污染水平区域内的暴露。通过该法获得的长期监测资料，结合流行病调查资料，分析空气质量与人体健康的关系；结合气象观测资料，分析空气污染与气象相互影响的关系；结合生物群落的变化，研究生态系统的变化；还能结合文物、古建筑等的腐蚀情况，研究空气污染的长期危害等。

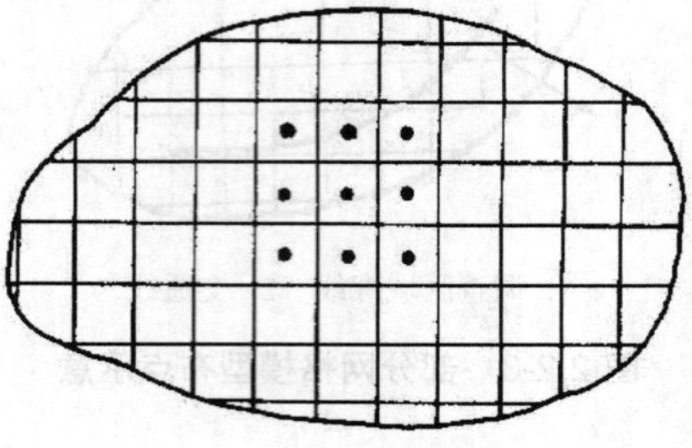

图 2.2-4 规则网格法示意

布点时，先按照监测区域的土地利用情况将监测区域划分为工业区、商业区、交通枢纽区、居民区、文化区、公园等，再根据具体污染情况和人力、物力条件，在各功能区设置一定数量的采样点，同时在对照区或清洁区设置 1～2 个对照点。区域监测点不要求平均分布，通常情况下，在污染集中的工业区和人口集中区域多设点。如在采样总数中，工业区和居民区占 60%左右；而文化区和公园则设 1～3 个。

（4）布点注意事项

①采用同心圆和扇形布点法时，应考虑高架点源排放污染物的扩散特点。在不计污染物本底浓度时，点源脚下的污染物浓度为零，随着距离增加，将出现浓度最大值，然后按指数规律下降。因此，同心圆或弧线不宜等距离划分，而是靠近最大浓度值的地方密一些，以免漏测最大浓度的位置。至于污染物最大浓度出现的位置，与源高、气象条件和地面状况密切相关。

②以上六种采样布点方法，可以单独使用，也可以综合使用，目的就是要求有代表性地反映污染物浓度，为环境空气监测提供可靠的样品。在实际工作中，为做到因地制宜，使采样网点布设得完善合理，往往采用以一种布点方法为主，兼用其他方法的综合布点法。

③除经验法以外，统计法适用于已积累了多年监测数据的地区，根据城市大气污染物浓度分布的时间与空间变化特点，通过对监测数据的统计分析，对现有站（点）进行优化调整，从中选择有代表性的站（点）。模拟法是根据监测区域污染源的分布、排放特点和气象资料，以数学模型预测的污染物浓度时空分布状况为基础，布设采样站（点）。

2.2.5 采样时间和频率

采样时间是指每次采样从开始到结束所经历的时间，也称采样时段。采样频率是指在一定时间范围内的采样次数。为获取有一定时间代表性的监测数据，应根据污染物浓度的时间分布特征及监测目的要求的精度而合理地确定采样时间和频率。

环境空气质量监测可分为手工监测和自动监测两大类，我国《环境空气质量手工监测技术规范》（HJ/T 194—2005）和《环境空气质量自动监测技术规范》（HJ/T 193—2005）分别对环境空气质量手工监测和自动监测的技术要求做了规定，其中《环境空气颗粒物（PM_{10} 和 $PM_{2.5}$）连续自动监测系统安装和验收技术规范》（HJ 655—2013）和《环境空气气态污染物（SO_2、NO_2、O_3、CO）连续自动监测系统安装验收技术规范》（HJ 193—2013）对《环境空气质量自动监测技术规范》（HJ/T 193—2005）部分内容进行了修订。自 2013 年 8 月 1 日起，《环境空气质量自动监测技术规范》（HJ/T 193—2005）有关 PM_{10} 连续监测系统和气态污染物（SO_2、NO_2、O_3、CO）连续自动监测系统安装和验收的内容废止。

对于采样时间及频率，HJ/T 194—2005 对手工监测的间断采样和 24 h 连续采样的采样频次及采样时间分别做了相应规定；自动监测的采样时间及频率可参照 HJ/T 193—2005 中数据采集频率与有效性的相关规定。

2.2.5.1　手工监测

（1）间断采样

指在某一时段或 1 h 内采集一个环境空气样品，监测该时段或该小时环境空气中污染物的平均浓度所采用的采样方法。对环境空气中的 PM_{10}、TSP、BaP、氟化物、铅，其采样频次及采样时间应根据《环境空气质量标准》（GB 3095—2012）中各污染物监测数据统计的有效性规定来确定（详见项目二中表 2.1-5）；对其他污染物的监测，其采样频次及采样时间，应根据监测目的、污染物浓度水平及监测分析方法的检出限确定。但要获得 1 h 平均浓度值，样品的采样时间应不少于 45 min；要获得日平均浓度值，气态污染物的累计采样时间应不少于 18 h，颗粒物的累计采样时间应不少于 12 h。

（2）24 h 连续采样

指 24 h 连续采集一个环境空气样品，监测污染物日平均浓度的采样方式。适用于环境空气中 SO_2、NO_2、PM_{10}、TSP、BaP、氟化物、铅的采样。采样频次及采样时间依据《环境空气质量标准》（GB 3095—2012）中各污染物监测数据统计的有效性规定来确定（详见项目二中表 2.1-5）。

2.2.5.2　自动监测

环境空气质量自动监测指在监测点位采用连续自动监测仪器对环境空气质量进行处理、分析的过程。参照《环境空气质量自动监测技术规范》（HJ/T 193—2005）的规定，监测项目的数据采集频率和时间有如下要求。

① 采集的连续监测数据应能满足每小时的算术平均值计算。在每小时中采集到

监测分析仪器正常输出一次值的 75%以上时，本小时的监测结果有效，用本小时内所有正常输出一次值的算术平均值作为该小时平均值。

② 每日气态污染物有不少于 18 个有效小时平均值，可吸入颗粒物有不少于 12 个有效小时平均值的算术平均值为有效日均值，日均值的统计时间段为北京时间前日 12：00 至当日 12：00。

③ 每月不少于 21 个有效日均值的算术平均值为有效月均值。

④ 每年不少于 12 个有效月均值的算术平均值为有效年均值。

2.2.6 采样方法和仪器

根据空气污染物的存在状态、浓度、物理化学性质及监测方法不同，要求选用不同的采样方法和仪器。对于这部分内容将在下一个任务作详细的介绍。

2.2.7 监测方法和质量保证

正确选择监测分析方法，是获得准确结果的关键因素之一。选择监测分析方法应遵循的原则是：灵敏度能满足定量要求；方法成熟、准确；操作简便，易于普及；抗干扰能力强。因此，为获得准确和具有可比性的监测结果，许多国家根据国际标准化组织（ISO）推荐的方法，结合自身国情制定出本国的大气监测方法。目前，在大气环境监测中，应用最多的方法还属分光光度法和气相色谱法。此外，应该建立相应的质量保障程序和方法，对监测过程的每个环节进行质量控制，这是保证获得准确监测数据的必备条件。

任务 2.3 环境空气样品的采集

2.3.1 样品采集方法

空气样品的采集方法一般分为直接采样法和浓缩采样法两类。采样方法的选择，取决于污染物在空气中存在的状态、浓度水平、物理化学性质和所选用的分析方法的灵敏度。

2.3.1.1 直接采样法

直接采样法就是从空气中直接采取少量样品。

当空气中的被测组分浓度较高，或分析方法的灵敏度很高时，可选用直接采取少量气体样品的采样法。此法测得的结果是瞬时浓度或者短时间内的平均浓度，能较快得到分析结果。常用的采样容器有注射器、塑料袋、采气管、真空瓶等。

（1）注射器

常用 100 mL 的注射器连接一个三通活塞在现场直接抽取空气样品（图 2.3-1）。注射器要做磨口密封性的检查，选择气密性好的，同时注射器内应保持干燥，以减少样品贮存过程中的损失。采样时，先用现场空气抽洗注射器 3～5 次，然后抽样，密封进气口，将注射器进气口朝下，垂直放置，使注射器的内压略大于大气压。要注意样品存放时间不宜太长，一般要当天分析完。

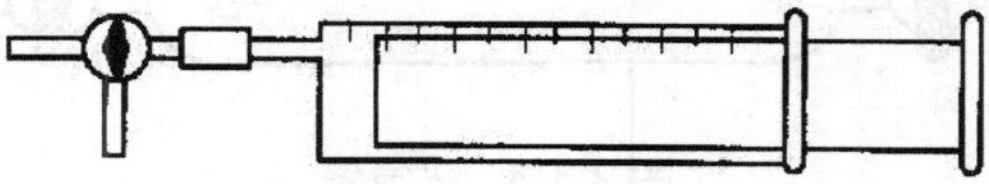

图 2.3-1　玻璃注射器

（2）塑料袋

应选择与气样中污染组分不发生化学反应、不吸附、不渗漏的塑料袋（图 2.3-2）。常用的塑料袋有聚乙烯、聚氯乙烯和聚四氟乙烯袋等，为减小对被测组分的吸附，延长样品的保存时间，可在袋的内壁衬银、铝等金属膜。为了检验对样品的吸附和渗透，建议事先对塑料袋进行样品稳定性实验。稳定性较差的，用已知浓度的待测物在与样品相同的条件下保存，计算出吸附损失后，对分析结果进行校正。

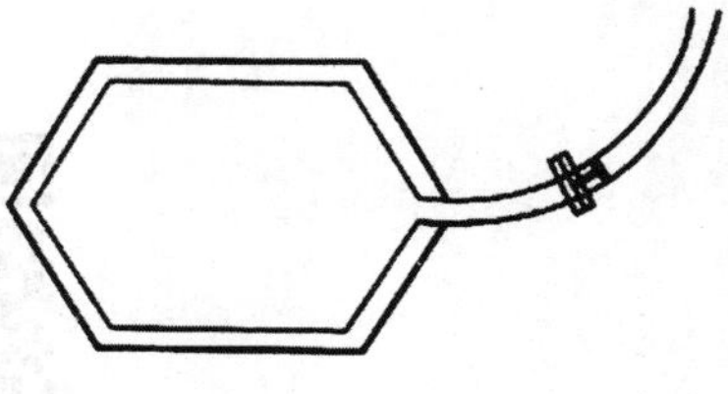

图 2.3-2　塑料袋

使用前要做气密性检查：充足气后，密封进气口，将其置于水中，不应冒气泡。采样时，袋内应保持干燥，先用二联球打进现场空气冲洗 3～5 次后，再充进样品，夹封袋口，带回实验室尽快分析。

【气袋采样视频】

（3）采气管

采气管是以置换法充进被测空气的采样管，采样管的两端带有旋塞，容积一般为 100～500 mL，如图 2.3-3 所示。采样时，打开两端旋塞，在现场将二联球或抽气泵接在管的一端，迅速抽进比采气管容积大 6～10 倍的欲采气体，充分置换掉原有的空气，然后关上两端旋塞。采样体积即为采气管的容积。

图 2.3-3　采气管

（4）真空瓶

真空瓶是一种具有活塞的耐压玻璃瓶或不锈钢瓶，容积一般为 500～1 000 mL，如图 2.3-4 所示。采样前，先用抽真空装置将采气瓶内抽至剩余压力 1.33 kPa 左右；如瓶内预先装入吸收液，可抽至溶液冒泡为止，关闭旋塞。采样时打开旋塞，被测空气自行充进瓶中。关闭旋塞，则采样体积为真空采气瓶的容积。如果采气瓶内真空度达不到 1.33 kPa，实际采样体积应根据剩余压力进行计算。真空采样瓶要注意的是必须要进行严格的漏气检查和清洗（按说明书进行操作）。

图 2.3-4　真空采气瓶

【钢瓶采样视频】

2.3.1.2　浓缩采样法

大气中的污染物质浓度一般都比较低（10^{-6}～10^{-9} 数量级），而目前的各种分析方法灵敏度较低，直接采样法往往满足不了分析方法检出限的要求。另外，直接采集分析所得的结果是瞬时的浓度值，代表性和可比性差，浓缩采样法所需的时间一般比较长，测得结果代表采样时段的平均浓度，具有较好的时间代表性，更能反映空气污染的真实情况。这种采样方法有溶液吸收法、填充柱采样法、滤料阻留法、自然积集法及低温冷凝法等。

（1）溶液吸收法

溶液吸收法是采集气态、蒸气态和某些气溶胶态污染物的常用方法。采样时，用抽气装置将欲测空气以一定流量抽入装有吸收液的吸收管（瓶），使空气以气泡的形式通过盛有吸收液的吸收管或吸收瓶时，在气—液界面上发生被测气体的溶解作用或与吸收液的化学反应。同时，气泡内的分子因本身的快速运动而扩散到表面，继续发生溶解作用或化学反应，于是，很快地完成气泡中被测物质的吸收过程。采样结束后，倒出吸收液进行测定，根据测得结果及采样体积计算空气中污染物的浓度。

溶液吸收法的吸收效率主要取决于吸收液的吸收速度和气样与吸收液的接触面积。因此，要根据被吸收物质的性质选择效能好的吸收液，并根据吸收原理的不同选择合适的吸收管。此外，适当控制抽气速度和吸收液面的高度，以延长接触时间，使吸收完全。

1）吸收液的选择

常用的吸收液有水、水溶液和有机溶剂。选择吸收液应考虑以下几个方面。

① 对被吸收的污染物溶解度大或与其发生不可逆化学反应。

② 污染物质被吸收液吸收后，要有足够的稳定时间，以满足分析测定所需时间的要求。

③ 污染物质被吸收后，应有利于下一步分析测定，最好能直接用于测定。

④ 吸收液毒性小，价格低，易于购买且易回收利用。

此外，研究表明，伴有化学反应的吸收速度将大于只有溶解作用的吸收速度。所以，除溶解度非常大的气体外，一般都选用能与被测组分发生化学反应（一般为不可逆反应）的吸收液。

2）吸收管的选择

由于吸收作用是在气—液两相的界面上发生的，为增大气—液两相的接触面积，需根据吸收原理选择合适的吸收管。

① 气泡吸收管（图 2.3-5）。可装 5～10 mL 吸收液，采样流量为 0.5～2.0 L/min，适用于采集气态和蒸气态物质。由于气溶胶微粒表面附有一层蒸气，气泡通过溶液时，微粒不易被完全吸收，不能像气态分子那样快速扩散到气液界面上，故吸收效率差。采样时，吸收管要垂直放置，不能有泡沫溢出。

② 冲击式吸收管（图 2.3-6）。有小型（装 5～10 mL 吸收液，采样流量为 3.0 L/min）和大型（装 50～100 mL 吸收液，采样流量为 30 L/min）两种，适宜采集气溶胶态物质，而不适用于气态和蒸气态物质的采集。因为该吸收管的进气管喷嘴孔径小，距瓶底又近，当被采气样快速从喷嘴喷出冲向管底时，则气溶胶颗粒物因惯性作用冲击到管底被分散，从而易被吸收液吸收；对气态或蒸气态物质，则因抽气速度过快，分子惯性小，吸收不够完全，在快速抽气情况下，容易随空气一起跑掉。

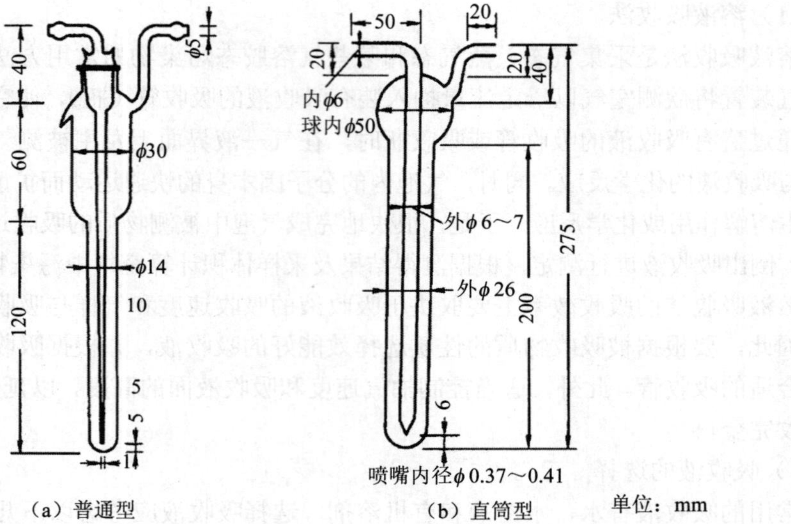

图 2.3-5 气泡吸收管

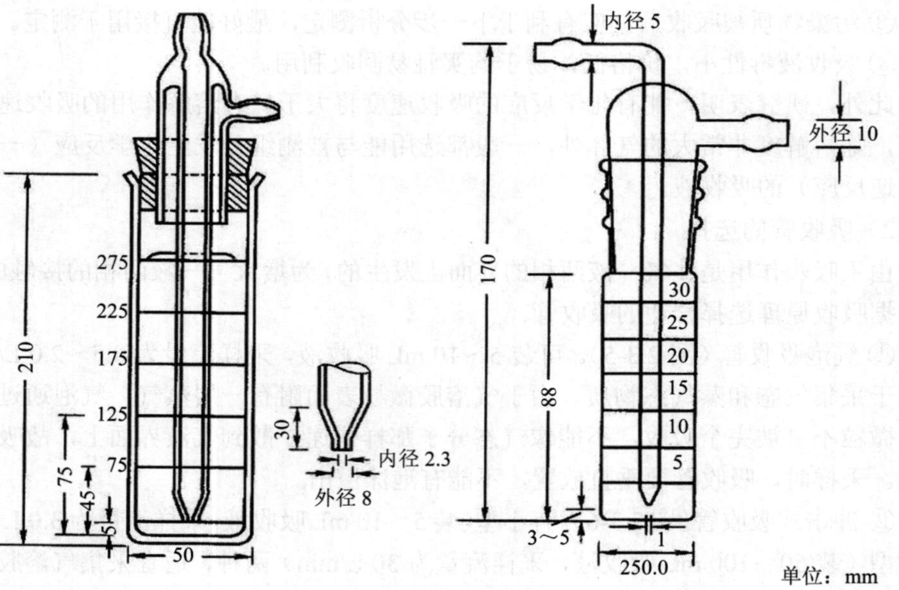

图 2.3-6 冲击式吸收管

③ 多孔玻板吸收管（瓶）（图 2.3-7、图 2.3-8）。吸收管内可装 5～10 mL 吸收液，采样流量为 0.1～1.0 L/min；吸收瓶则有小型（装 10～30 mL 吸收液，采样流量为

0.5～2.0 L/min）和大型（装 50～100 mL 吸收液，采样流量为 30 L/min）两种。多孔玻板吸收管（瓶）是在内管出气口熔接一块多孔性的砂芯玻板，当气体通过多孔玻板时，一方面被分散成很小的气泡，增大了与吸收液的接触面积；另一方面被弯曲的孔道所阻留，然后被吸收液吸收。因此多孔玻板吸收瓶（瓶）除适合采集气态和蒸气态物质外，也能采集气溶胶态物质。

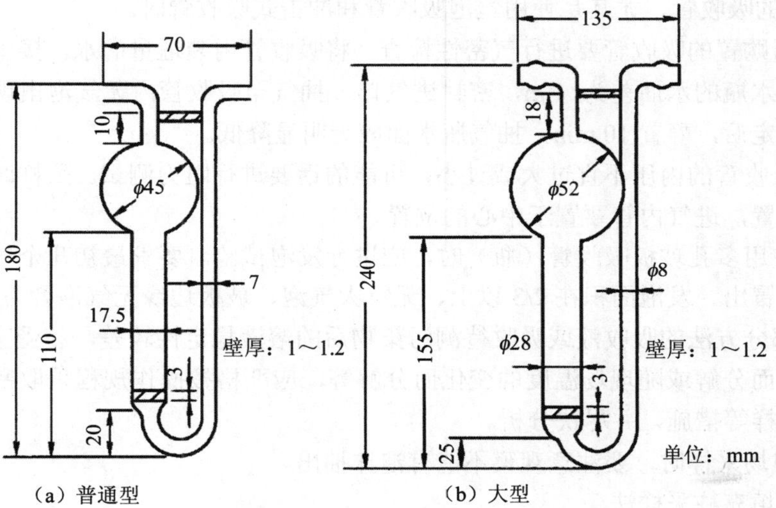

图 2.3-7 多孔玻板吸收管

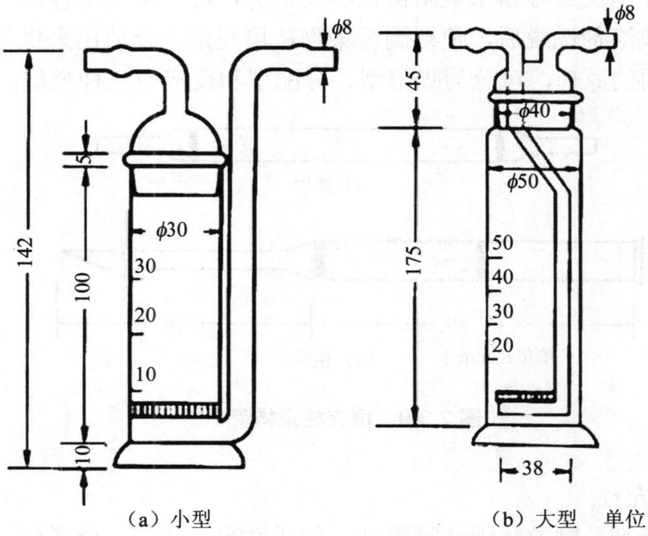

图 2.3-8 多孔玻板吸收瓶

3）注意事项

① 当采气流量一定时，为使气液接触面积增大，提高吸收效率，应尽可能地使气泡直径变小，液体高度加大，尖嘴部的气泡速度减慢。但不宜过度，否则管路内压增加，无法采样。建议通过实验测定实际吸收效率来进行选择。

② 由于加工工艺等问题，应对吸收管的吸收效率进行检查，选择吸收效率为90%以上的吸收管，尤其是使用气泡吸收管和冲击式吸收管时。

③ 新购置的吸收管要进行气密性检查：将吸收管内装适量的水，接至水抽气瓶上，两个水瓶的水面差为 1 m，密封进气口，抽气至吸收管内无气泡出现，待抽气瓶水面稳定后，静置 10 min，抽气瓶水面应无明显降低。

④ 吸收管的内压不宜过大或过小，可能的话要进行阻力测试。采样时，吸收管要垂直放置，进气内管要置于中心的位置。

⑤ 使用多孔玻板吸收管（瓶）时，应进行发泡试验。要求最初几个气泡从多孔玻板中间冒出、发泡面积在 2/3 以上、无特大气泡、玻板边缘无气泡者为合格。

⑥ 部分方法的吸收液或吸收待测污染物后的溶液稳定性较差，易受空气氧化、日光照射而分解或随现场温度的变化而分解等，应严格按操作规程采取密封、避光或恒温采样等措施，并尽快分析。

⑦ 现场采样时，要注意观察不能有泡沫抽出。

（2）填充柱采样法

用一个内径为 3～5 mm、长 6～10 cm 的玻璃管或不锈钢管，内装颗粒状或纤维状的固体填充剂（图 2.3-9）。采样时，气体以一定流速通过填充柱时，被测污染物因吸附、溶解或化学反应等作用被阻留在填充剂上，达到浓缩采样的目的。采样后经热解吸、吹气或溶剂洗脱后，使被测污染物从填充剂上释放出来供分析测定。根据填充剂阻留作用的原理，可分为吸附型、分配型和反应型三种类型。

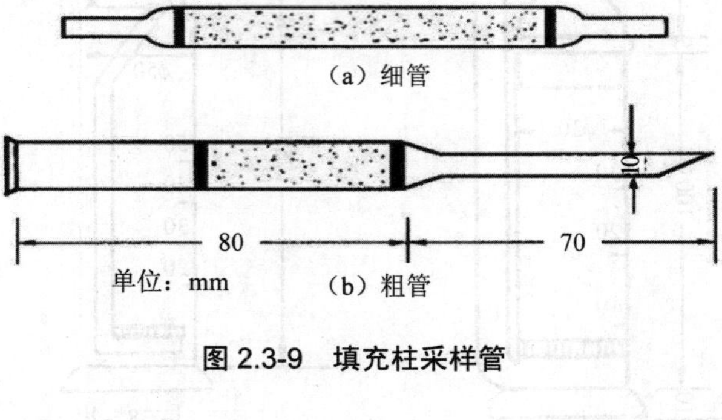

图 2.3-9 填充柱采样管

1）吸附型填充柱

这种柱的填充剂是颗粒状固体吸附剂，如活性炭、硅胶、分子筛、高分子多孔微球、Al_2O_3 等。它们都是多孔性物质，具有较大的比表面积，对气体和蒸气有较强的吸附能力。有两种表面吸附作用，一种是分子间引力引起的物理吸附，吸附力较弱；另一种是由于剩余价键力引起的化学吸附，吸附力较强。测定不同物质应选用不同的吸附剂，吸附作用遵循相似性原则，即极性—极性、非极性—非极性均吸附力较强。极性吸附剂如硅胶对极性化合物有较强的吸附能力，非极性吸附剂如活性炭对非极性化合物（如 CO_2、CS_2、CCl_4、苯等）有较强的吸附能力。一般来说，吸附能力越强，采样效率越高，但这往往会给解吸带来困难。因此，在选择吸附剂时，既要考虑吸附效率，也要考虑易于解吸。

在这类填充柱中既可填装一种固体吸附剂，也可填装两种或多种固体吸附剂，这取决于固体吸附剂的比表面积大小和被采集物质的性质。固体吸附剂用量视污染物种类而定。吸附剂的粒度应均匀，在装管前应进行烘干等预处理，以去除其所带的污染物。采样后将两端密封，带回实验室进行分析。采样前必须经实验确定最大采样体积和样品的处理条件。

2）分配型填充柱

这种填充柱的填充剂是表面涂高沸点有机溶剂（如异十三烷）的惰性多孔颗粒物（如硅藻土），类似于气液色谱柱中的固定相，只是有机溶剂的用量比色谱固定相大。当被采集气样通过填充柱时，在有机溶剂（固定液）中分配系数大的组分保留在填充剂上而被浓缩。例如，空气中的有机氯农药（六六六、DDT 等）和多氯联苯（PCBs）多以蒸气或气溶胶态存在，用溶液吸收法采样效率低，但用涂渍 5%甘油的硅酸铝载体做填充剂采样，采样效率可达 90%～100%。对于高沸点的有机污染物采用此类填充剂。

3）反应型填充柱

这种柱的填充剂是由惰性多孔颗粒物（石英砂、玻璃微球、色谱用各种担体）或纤维状物（如滤纸、玻璃棉等）表面涂渍一层能与被测组分发生反应的化学试剂制成。也可以用能和被测组分发生化学反应的纯金属（如 Au、Ag、Cu、Zn 等）细丝或细粒作填充剂。气样通过填充柱时，被测物质在填充剂表面上发生化学反应而被阻留下来。采样后，将反应产物用适当的溶剂洗脱或加热吹气解吸下来进行分析测试。例如，空气中的微量氨可用装有涂硫酸的石英砂填充柱富集。采样后，用水洗脱下来测定。需要指出的是有些化学反应，测定的不是被测物质本身，而是某种反应产物，故其结果必须再换算成被测物质的量。反应型填充柱采样量和采样速度都比较大，富集物稳定，对气态、蒸气态和气溶胶态物质都有较高的富集效率，是大气环境监测中具有广泛发展前景的富集方法。

填充柱采样法的特点与应注意的问题：

①可以长时间采样，测定结果代表采样时段的平均浓度，而溶液吸收法因吸收液在采气过程中有液体蒸发损失，一般情况下，不适宜进行长时间的采样。

②选择合适的固体填充剂对于蒸气和气溶胶都有较好的采样效率，而溶液吸收

法对气溶胶往往采样效率不高。

③污染物浓缩在填充剂上的稳定性，一般都比吸收在溶液中要长得多，有时可放几天，甚至几周不变。

④在现场填充柱采样比吸收管方便得多，样品发生再污染、洒漏的机会要少得多。

⑤填充柱的吸附效率受温度、湿度等因素的影响较大，一般而言，温度升高，最大采样体积将会减少。水分和二氧化碳的浓度较待测组分大得多，用填充柱采样时对它们的影响要特别留意，尤其对湿度（含水量）。由于气候等条件的变化，湿度对最大采样体积的影响更为严重，必要时，可在采样管前接一个干燥管。

（3）滤料阻留法

该方法是将过滤材料（滤纸、滤膜等）放在采样夹（图 2.3-10）上，用抽气装置抽气，则空气中的颗粒物被阻留在过滤材料上，称量过滤材料上富集的颗粒物的质量，根据采样体积，即可计算出空气中颗粒物的浓度，主要适用于空气中的气溶胶、TSP、PM_{10}、$PM_{2.5}$、烟尘等的测定。

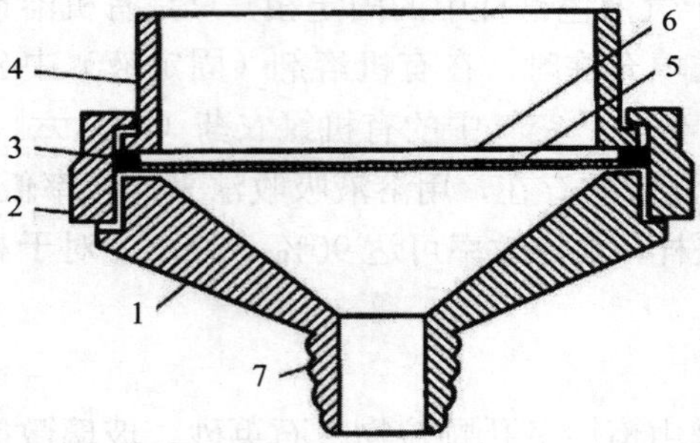

1—底座；2—紧固圈；3—密封圈；4—接座圈；5—支撑网；6—滤膜；7—抽气口

图 2.3-10 颗粒物采样夹

滤料采集空气中气溶胶颗粒物基于直接阻截、惯性碰撞、扩散沉降、静电引力和重力沉降等作用。滤料的采集效率除与自身性质有关外，还与采样速度、颗粒物的大小等因素有关。低速采样以扩散沉降为主，对细小颗粒物的采集效率高；高速采样以惯性碰撞作用为主，对较大颗粒物的采集效率高。空气中的大小颗粒物是同时并存的，当采样速度一定时，就可能使一部分粒径小的颗粒物采集效率偏低。此外，在采样过程中，还可能发生颗粒物从滤料上弹回或吹走现象，特别是采样速度大的情况下，颗粒大、质量重粒子易发生弹回现象；颗粒小的粒子易穿过滤料被吹走，这些情况都是造成采集效率偏低的原因。

常用的滤料有纤维状滤料（滤纸、玻璃纤维滤膜、过氯乙烯滤膜等）、筛孔状滤料（微孔滤膜、核孔滤膜、银薄膜等）。滤纸由纯净的植物纤维素浆制成，孔隙不规则且较少，通气阻力大，适用于金属尘粒的采集；因其吸水性较强，不宜用于重量法测定颗粒物性质。玻璃纤维滤膜由超细玻璃纤维制成，吸湿性小，耐高温，耐腐蚀，通气阻力小，采集效率高，但其机械强度差，常用于采集大气中的飘尘，并可用溶剂提取采集在它上面的有害组分进行分析，但其中某些元素含量较高。过氯乙烯或聚苯乙烯等合成纤维膜通气阻力小，并可用有机溶剂溶解成透明溶液，便于进行颗粒物分散度及颗粒物中化学组分的分析。微孔滤膜是由硝酸（或醋酸）纤维素制成的多孔性有机薄膜，孔径细小、均匀，重量轻，金属杂质含量极微，溶于丙酮等有机溶剂，尤其适用于采集分析金属的气溶胶，不适于做重量法分析。核孔滤膜是将聚碳酸酯薄膜覆盖在铀箔上，用中子流轰击，使铀核分裂产生的碎片穿过薄膜形成微孔，再经化学腐蚀处理制成。这种膜薄而光滑，机械强度好，孔径均匀，不亲水，适用于精密的重量分析，但因微孔呈圆柱状，采样效率较微孔滤膜低。银薄膜由微细的银粒烧结制成，具有与微孔滤膜相似的结构，它能耐400℃高温，抗化学腐蚀性强，适用于采集酸、碱气溶胶及含煤焦油、沥青等挥发性有机物的气样。

选择滤（纸）膜时，应根据采样目的，选择采样效率高、性能稳定、空白值低、易于处理和利于采样后分析测定的滤膜。具体如下：

①应保证有足够高的采样效率。用于大流量采样器的滤膜在线速度为 60 cm/s，一张干净滤膜的采样效率应达到97%以上。

②滤膜中待测元素的本底值要低，稳定，且滤膜易处理。通常情况下，做颗粒物中的元素分析时，有机滤膜的空白值是最低的，而玻璃纤维滤膜的本底含量较高。测定颗粒物中的多环芳烃等有机污染物时，不宜用有机材料的滤膜，可选用玻璃纤维滤膜，但要在500℃高温下灼烧处理。一般在使用之前，要做本底值实验，并从分析结果中扣除本底值。

③玻璃纤维滤膜和过氯乙烯纤维滤膜的阻力较小，适用于大流量采样。

④用于大流量、长时间采样的滤膜，应尽量选吸水性小、机械强度高的滤膜，价格也是经常要考虑的一个因素。

（4）低温冷凝法

空气中某些沸点比较低的气态污染物质，如烯烃类、醛类等，在常温下用固体填充柱等采样方法富集效果不好，而低温冷凝法可提高采样效率。低温冷凝法是将 U 型或蛇型采样管插入冷阱中，当空气流经采样管时，被测组分因冷凝而凝结在采样管底部（图 2.3-11）。如用气相色谱法测定，可将采样管和仪器进气口连接，移去冷阱，在常温或加热情况下汽化，进入仪器测定。

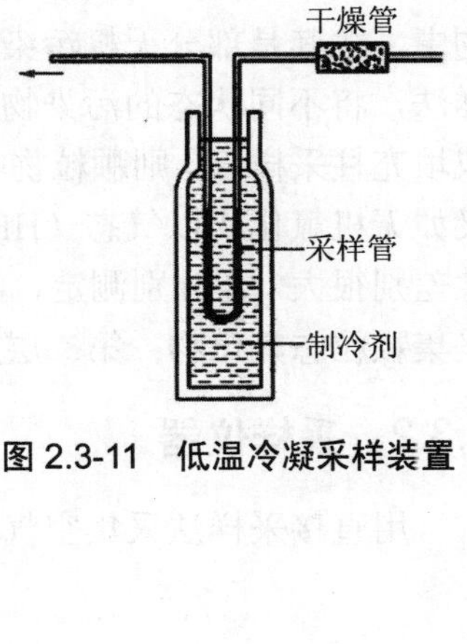

图 2.3-11　低温冷凝采样装置

制冷方法有制冷剂法和半导体制冷器法。表

2.3-1 列举出常用制冷剂。

表 2.3-1 常用制冷剂

制冷剂名称	制冷温度/℃	制冷剂名称	制冷温度/℃
冰	0	干冰	−78.5
冰-食盐	−4	液氮-甲醇	−94
干冰-二氯乙烯	−60	液氮-乙醇	−117
干冰-乙醇	−72	液氧	−183
干冰-乙醚	−77	液氮	−196
干冰-丙酮	−78.5		

低温冷凝法具有效果好、采样量大、利于组分稳定等优点。另外，为防止空气中的水分和二氧化碳等的影响，在应用低温冷凝法浓缩空气样品时，应在采样管的进气端装置选择性过滤器（内装过氯酸镁、碱石棉、氯化钙等），以除去空气中水分和二氧化碳，但所用干燥剂和净化剂不能与被测组分发生作用，以免引起被测组分损失。

（5）自然积集法

这种方法是利用物质的自然重力、空气动力和浓差扩散作用采集空气中的被测物质，如自然降尘量、硫酸盐化速率、氟化物等空气样品的采集。这种采样方法不需要动力设备，简单易行，且采样时间长，测定结果能较好地反映空气污染情况。

（6）静电沉降法

空气样品通过 12 000～20 000 V 电场时，气体分子电离，所产生的离子附着在气溶胶颗粒上，使颗粒带电，并在电场作用下沉降到收集极上，然后将收集极表面的沉降物洗下，供分析用。该法收集效率高，无阻力，适合气溶胶采样，不能用于易燃、易爆的场合。

（7）综合采样法

空气中的污染物大多数并不是以单一状态存在的，往往同时存在于气态和颗粒物中，尤其是部分无机污染物和有机污染物。可采用不同采样方法相结合的综合采样法，将不同状态的污染物同时采集下来。例如，在滤料采样夹后接上液体吸收管或填充柱采样管，则颗粒物收集在滤料上，而气体污染物收集在吸收管或采样管中。又如无机氟化物以气态（HF、SiF_4）和颗粒态（NaF、CaF_2 等）存在，两种状态毒性差别很大，需分别测定，可将两层或三层滤料串联起来采集。第一层用微孔滤膜，采集颗粒态氟化物；第二层用碳酸钠浸渍的滤膜采集气态氟化物。

2.3.2 采样仪器

用直接采样法采集空气样品时可不使用动力装置，直接用注射器、塑料袋、采气管、真空瓶等仪器即可；用浓缩采样法时需使用专用的采样仪器。采样仪器一般由收集器、流量计和抽气动力三部分组成。

2.3.2.1　采样仪器的组成

（1）收集器

用于捕集空气中欲测物质的装置称为收集器，前面介绍的气体吸收管（瓶）、填充柱、滤料、冷凝采样管等都是收集器，需根据被捕集物质的存在状态、理化性质等选用。

（2）流量计

流量计是用于测量气体流量的仪器，而流量是计算采气体积的参数。

流量计种类很多，用于空气采样的流量计常见的有皂膜流量计、转子流量计、孔口流量计、湿式流量计、临界孔稳流器和质量流量计。下面主要介绍皂膜流量计、转子流量计和孔口流量计。

① 皂膜流量计（图 2.3-12）。是由一根标有体积刻度的玻璃管和橡皮球组成，玻璃管的下端处有一支管，橡皮球内装满皂膜液。当用手挤压橡皮球时，皂膜液液面上升，由支管进来的气体吹起皂膜，并在玻璃管内缓慢上升。准确记录皂膜通过一定体积时所需时间，即可得到流量。

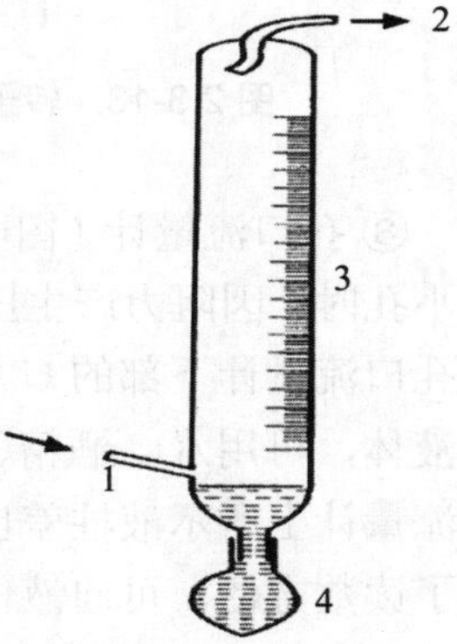

1—进气口；2—出气口；
3—带刻度的玻璃管；
4—橡皮球囊

图 2.3-12　皂膜流量计

由于皂膜本身重量轻，当其沿管壁移动时摩擦力极小（20～30Pa的阻力），并有很好的气密性，再加上皂膜流量计的体积和皂膜通过的时间可以准确测量，所以皂膜流量计是一种测量气体流量（中小流量＜2 L/min）较为准确的量具。用它来做流量计的校准，是一个最简单和可靠的方法，在很宽的流量范围内，误差皆小于1%。

皂膜流量计主要误差来源是时间的测量，因此要求皂膜有足够长的时间通过刻度区，用光电测量技术，可使测量皂膜通过刻度线的时间更加准确；皂膜上升速度不宜超过 4 cm/s，气流必须稳定；使用前皂膜流量计需清洗干净，皂膜液浓度一般用 20%的洗洁精液，如若内壁有皂膜液残留也会影响校准结果。

② 转子流量计（图 2.3-13）。由一个上粗下细的锥形玻璃管和一个转子所组成。转子可以用不锈钢、玻璃球，也可以用塑料、玛瑙制成。当气体由玻璃管下端进入时，由于转子下端的环形孔隙截面积大于转子上端的环形空隙截面积，所以转子下端气体的流速小于上端的流速，则下端的压力大于上端的压力而使转子上升，直到上、下两端压力差与转子的重量相等时，转子就停止不动。显然，气体流量越大，转子升得越高，从而可直接从转子中部位置读出流量。在使用转子流量计时，当空

气湿度大，需在进气口前连接一个干燥管（但不得与污染物有吸收或化学反应）。否则，由于转子吸收水后增重，影响测量结果。

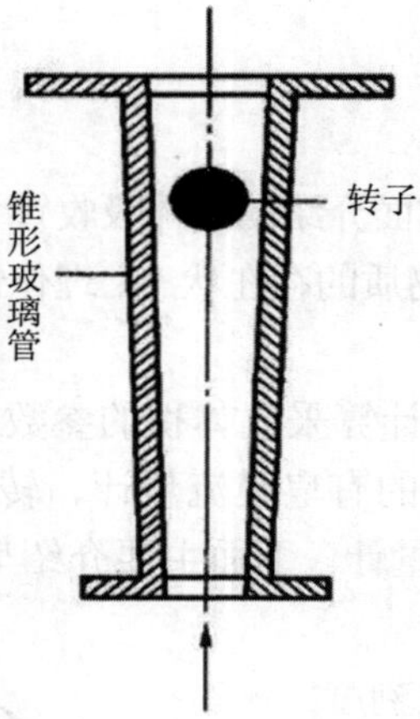

图 2.3-13 转子流量计

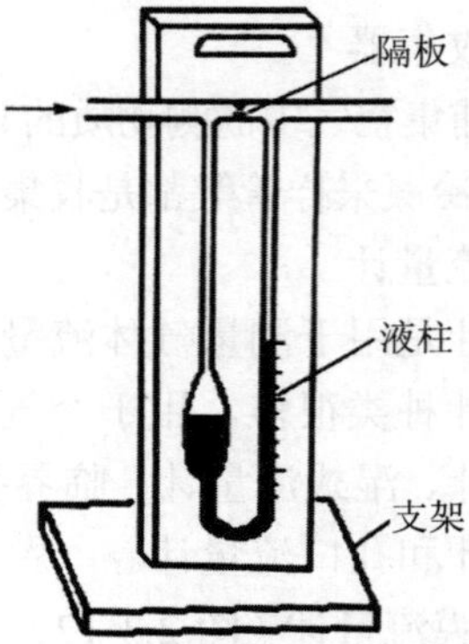

图 2.3-14 孔口流量计

③ 孔口流量计（图 2.3-14）。有隔板式及毛细管式两种。当气体通过隔板或毛细管小孔时，因阻力产生压力差。气体的流量越大，阻力越大，产生的压力差也越大；由孔口流量计下部的 U 型管两侧的液柱差，可直接读出气体的流量。孔口流量计中的液体，可用水、酒精、硫酸等。由于各种液体相对密度不同，在同一流量时，孔口流量计上所示液柱差也不一样，相对密度小的液柱差最大。通常所用的液体是水，为了读数方便，可向液体中加入几滴红墨水。

④ 流量计的校准。为了获取准确的采样体积，除了要有正确的操作方法，流量计本身的刻度值也必须准确可靠，故在使用前应对流量计进行校准。这是保证大气环境监测数据准确性的重要一环。校正方法是将皂膜流量计或标准流量计串接在采样系统中，以皂膜流量计或标准流量计的读数标定被校准流量计。图 2.3-15 即为采用皂膜流量计校准采样系统中转子流量计的连接示意图。

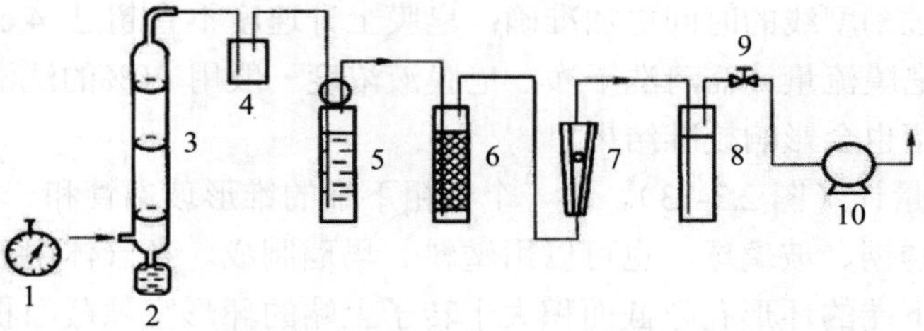

1—秒表；2—装皂液的橡皮球；3—皂膜计；4—皂膜捕集器；5—吸收管；

6—干燥器；7—转子流量计；8—缓冲瓶；9—针阀；10—抽气泵

图 2.3-15 用皂膜计校准采样系统中转子流量计

（3）抽气动力

对于小流量采样器，目前最常用的抽气动力有薄膜泵和电磁泵两种。真空泵和挂板泵用功率较大的电机驱动，抽气速率大，常作为采集大气颗粒物的动力。

薄膜泵是一种轻便的抽气泵，其构造如图 2.3-16 所示。用微电机通过偏心轮带动夹持在泵体上的橡皮膜进行抽气。当电机转动时，橡皮膜就不断地上下移动。橡皮膜上移时，空气经进气活门吸入，出气活门关闭，橡皮膜下移时进气活门关闭，空气由出气活门排出，其采气流量为 0.5～3.0 L/min，适用于阻力不大的收集器（如吸收管）采气。

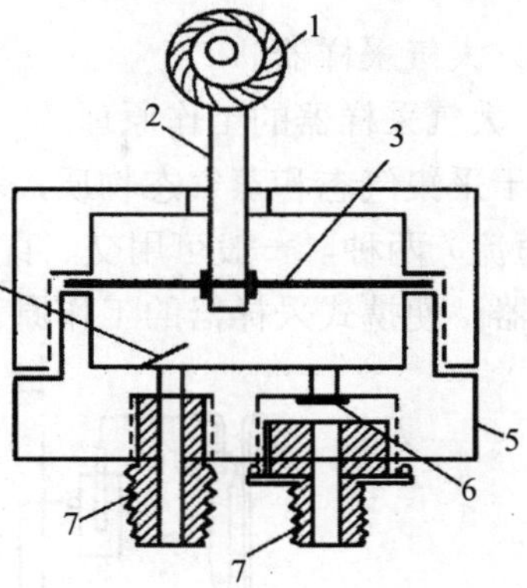

1—偏心轮；2—连杆；3—橡皮膜；4—进气活门；5—泵体；6—出气活门；7—连接管

图 2.3-16　薄膜泵的结构

电磁泵是一种将电磁能量直接转换成被输送流体能量的小型抽气泵，其工作原理如图 2.3-17 所示。由于电磁力的作用，振动杆带动橡皮泵室做往复振动，不断地开启和关闭泵室内的膜瓣，使泵室内造成一定的真空或压力，从而达到抽吸和压送气体的作用。电磁泵的工作动力不用电机，克服了电机电刷易磨损、发热等缺点，可长时间运转，其采气流量为 0.5～1.0 L/min，可装配在抽气阻力不大的采样器和某些自动监测仪器上。

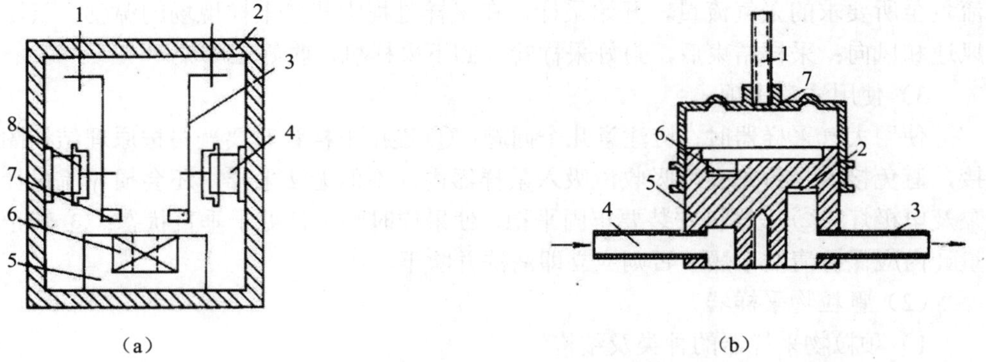

（a）　　（b）

1—固定螺丝；2—外壳；3—振动杆；4—塑料泵室；5—铁芯；6—电磁线圈；7—永久磁铁；8—橡皮泵室

1—螺杆；2—橡皮膜瓣；3—出气口；4—进气口；5—塑料泵室；6—橡皮膜瓣；7—橡皮泵室

图 2.3-17　电磁泵工作原理和泵室结构

2.3.2.2 专用采样器

（1）大气采样器

1）大气采样器的工作原理

用于采集气态和蒸气态物质，采样流量为 0.5～2.0 L/min，分为便携式和固定式（恒温恒流）两种，一般可用交、直流两种电源。此外，还有气态污染物和颗粒物综合采样器。便携式采样器的工作原理如图 2.3-18 所示。

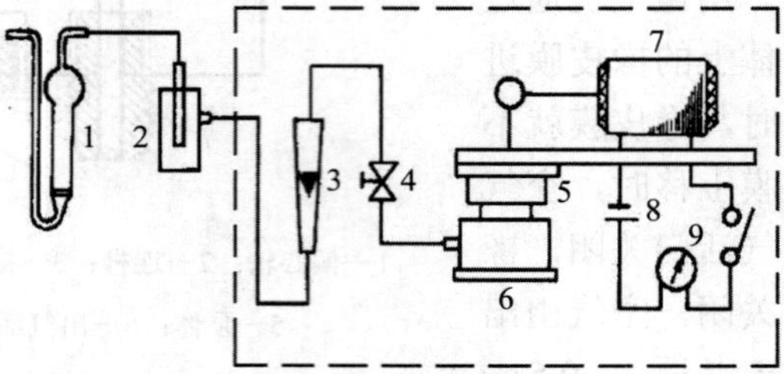

1—吸收管；2—滤水阱；3—流量计；4—流量调节阀；5—抽气泵；6—稳流器；7—电动机；8—电源；9—定时器

图 2.3-18 携带式采样器工作原理

2）大气采样器的使用

使用大气采样器采样前应对整个气路进行气密性检查：装入电池后，将进气口堵住，启动后，若发现转子不动，说明气密性良好，可进行采样；若转子浮动，说明系统漏气，需逐段检查，找到漏气处。还应进行流量校准。

野外采样时，首先把三脚架安装在采样位置，高度在 1.5～2.0 m；将吸收管或采样管与采样机连接，并将采样机安装在三脚架上；然后打开采样机的电源，调节流量至所要求的采气流量，开始采样，在采样过程中测量采样现场的温度、气压、风速和风向；采样结束后，封好采样管，卸下采样机，收好三脚架。

3）使用注意事项

使用大气采样器时，应注意几个问题：① 连接采样管时要严格按原理结构图连接，避免接反，否则会将吸收液吸入采样器内，不但无法采样，还会损坏流量计、泵及电极灯；② 采样机安装要牢固平稳，使采样时流量计处于垂直状态；③ 转子流量计内应保持清洁干燥，否则应立即清洗并吹干。

（2）颗粒物采样器

1）颗粒物采样器的种类及结构

颗粒物采样器有总悬浮颗粒物（TSP）采样器和可吸入颗粒物（PM_{10}）采样器。

① 总悬浮颗粒物采样器。按采气流量大小分为大流量（1.1～1.7 m^3/min）和中流量（50～150 L/min）两种类型。

大流量采样器的结构如图2.3-19所示。由滤料采样夹、抽气风机、流量记录仪、计时器及控制系统、壳体等组成。滤膜夹可安装20 cm×25 cm的滤膜，以1.1～1.7 m^3/min流量采样8～24 h。当采气量达1 500～2 000 m^3时，样品滤膜可用于测定颗粒物中的金属、无机盐及有机污染物等组分。

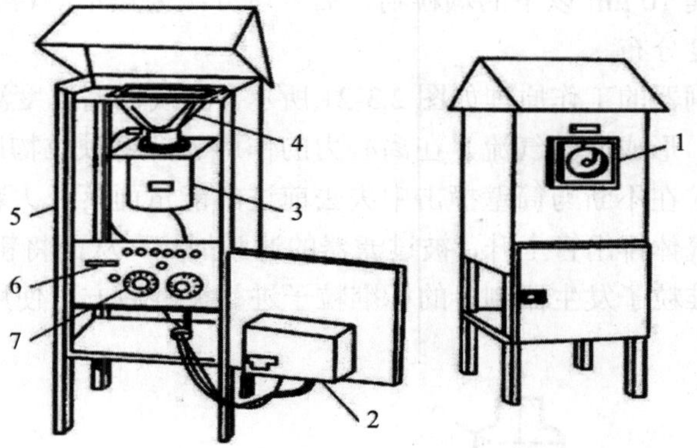

1—流量记录器；2—流量控制器；3—抽气风机；4—滤膜夹；5—铝壳；6—工作计时器；7—计时器的程序控制器

图 2.3-19　大流量采样器结构示意

中流量采样器由采样夹、流量计、采样管及采样泵等组成（图 2.3-20），其工作原理与大流量采样器相似，只是采样夹面积和采样流量比大流量采样器小。我国规定采样夹有效直径为 80 mm 或 100 mm。当用有效直径 80 mm 滤膜采样时，采气流量控制在 7.2～9.6 m^3/h；用有效直径 100 mm 滤膜采样时，采气流量控制在 11.3～15 m^3/h。

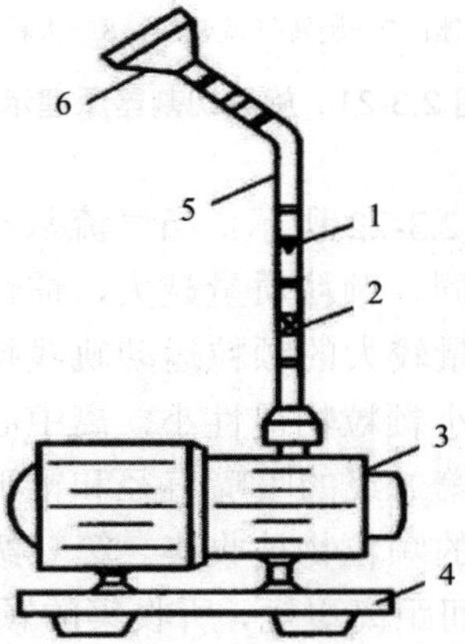

1—流量计；2—调节阀；3—采样泵；4—消声器；5—采样管；6—采样头

图 2.3-20　中流量 TSP 采样器

② 可吸入颗粒物采样器。采集可吸入颗粒物广泛使用大流量或中流量采样器。在连续自动监测仪器中，可采用静电捕集法、β 射线法或光散射法直接测定飘尘浓度。但不论哪种采样器都装有分离大于 10 μm 颗粒物的装置（称为分尘器或切割器）。切割器有旋风式、向心式、多层薄板式、撞击式等多种。它们又分为二级式和多级式。前者用于采集 10 μm 以下的颗粒物，后者可分级采集不同粒径的颗粒物，用于测定颗粒物的粒度分布。

二级旋风切割器的工作原理如图 2.3-21 所示。空气以高速度沿 180°渐开线进入切割器的圆筒内，形成旋转气流，在离心力的作用下，将颗粒物甩到筒壁上并继续向下运动，粗颗粒在不断与筒壁撞击中失去前进的能量而落入大颗粒物收集器内，细颗粒随气流沿气体排出管上升，被过滤器的滤膜捕集，从而将粗、细颗粒物分开。切割器必须用标准粒子发生器制备的标准粒子进行校准后方可使用。

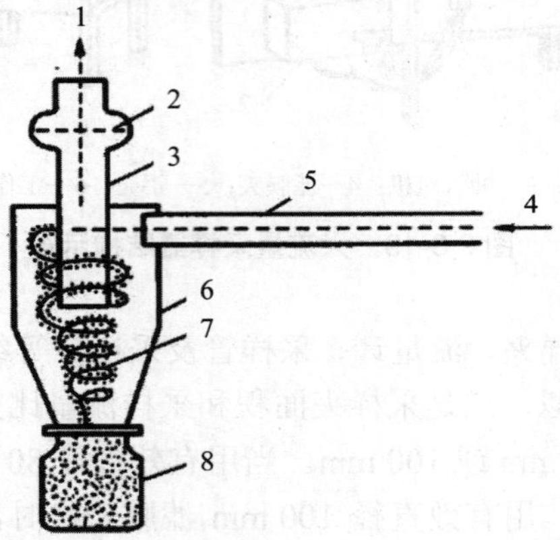

1—空气出口；2—滤膜；3—气体排出管；4—空气入口；5—气体导管；
6—圆筒体；7—旋转气流轨线；8—大粒子收集器

图 2.3-21　旋风切割器原理示意

向心式切割器原理如图 2.3-22 所示。当气流从小孔高速喷出时，因所携带的颗粒物大小不同，惯性也不同，颗粒质量越大，惯性越大。不同粒径的颗粒各有一定的运动轨线，其中，质量较大的颗粒运动轨线接近中心轴线，最后进入锥形收集器被底部的滤膜收集，小颗粒物惯性小，离中心轴线较远，偏离锥形收集器入口，随气流进入下一级。第二级的喷嘴直径和锥形收集器的入口孔径变小，二者之间距离缩短，使小一些的颗粒物被收集。第三级的喷嘴直径和锥形收集器的入口孔径又比第二级小，其间距离更短，所收集的颗粒更细。如此经过多级分离，剩下的极细颗粒到达最底部，被夹持的滤膜收集。图 2.3-23 为三级向心式切割器的示意图。

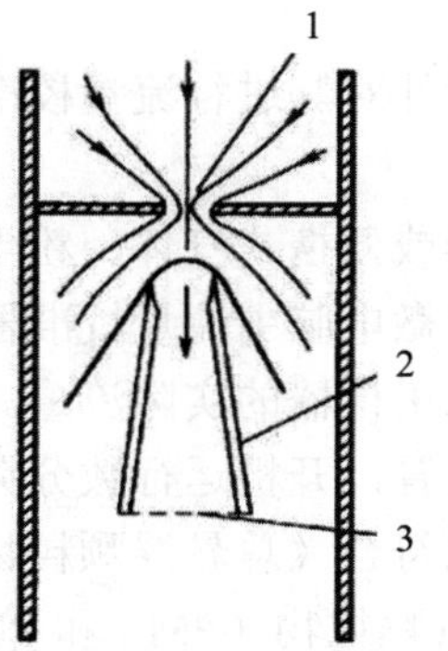

1—空气喷孔；2—收集器；3—滤膜

图 2.3-22　向心式切割器原理

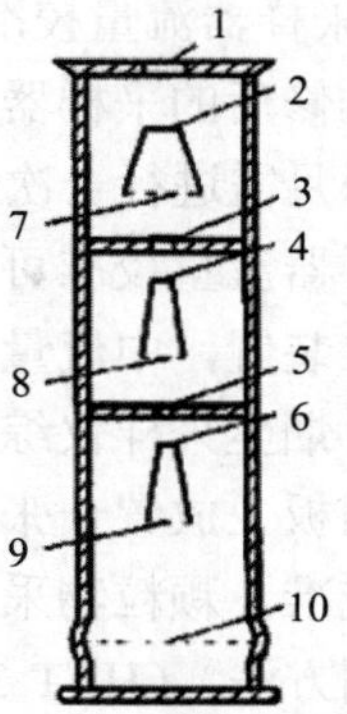

1，3，5—气流喷孔；2，4，6—锥形收集器；7，8，9，10—滤膜

图 2.3-23　三级向心式切割器原理

撞击式采样器的工作原理如图 2.3-24 所示。当含颗粒物气体以一定速度由喷嘴喷出后，颗粒获得一定的动能并且有一定的惯性。在同一喷射速度下，粒径越大，惯性越大，因此，气流从第一级喷嘴喷出后，惯性大的大颗粒难以改变运动方向，与第一块捕集板碰撞被沉积下来，而惯性较小的颗粒则随气流绕过第一块捕集板进入第二级喷嘴。因第二级喷嘴较第一级小，故喷出颗粒动能增加，速度增大，其中惯性较大的颗粒与第二块捕集板碰撞而被沉积，而惯性较小的颗粒继续向下级运动。如此一级一级地进行下去，则气流中的颗粒由大到小地被分开，沉积在不同的捕集板上。最末级捕集板用玻璃纤维滤膜代替，捕集更小的颗粒。这种采样器可以设计为 3～6 级，也有 8 级的，称为多级撞击式采样器。在使用时，撞击式切割器容易出现粒子在采集表面反弹的现象，因此一般会在捕集板上使用黏性表面，如涂上硅胶。

多级撞击式采样器采样面积有限，不宜长时间连续采样，否则会因捕集板上堆积颗粒过多而造成损失。多级多喷嘴撞击式采样器捕集面积大，应用较普遍的一种称为安德森采样器，由八级组成，每级 200～400 个喷嘴，最后一级也是用纤维滤膜代替捕集板捕集小颗粒物。安德森采样器捕集颗物粒粒径范围为 0.34～11 μm。

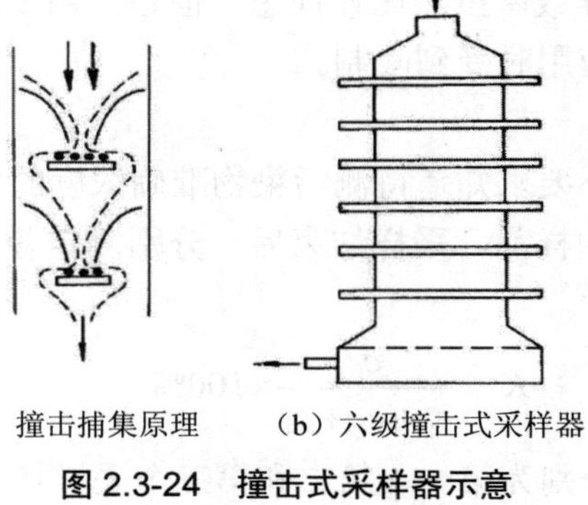

（a）撞击捕集原理　　（b）六级撞击式采样器

图 2.3-24　撞击式采样器示意

2）颗粒物采样器流量校准

新购置或维修后的采样器在启用前，需用孔口流量计对其进行流量校准；正常使用的采样器每月需进行一次流量校准。

大流量采样器流量校准可选用微电脑大流量校准器或便携式气体、粉尘、烟尘采样仪综合校准装置，中流量采样器流量校准也可选用微电脑中流量校准器或便携式气体、粉尘、烟尘采样仪综合校准装置，可直接显示采样器的实际流量。仪器校准时，在滤膜网板上放置一张干净滤膜，安装好校准装置，开机运行数分钟，待流量恒流后进行校准。颗粒物采样器的流量误差范围要求符合《总悬浮颗粒物采样器技术要求及检测方法》（HJ/T 374—2007）和《环境空气颗粒物（PM_{10}和$PM_{2.5}$）采样器技术要求及检测方法》（HJ 93—2013）。

3）颗粒物采样器的使用

参考仪器使用说明书进行。

2.3.3 采样效率评价方法

采样效率是指在规定的采样条件（如采样流量、污染物浓度范围、采样时间等）下所采集到的污染物的量占其总量的百分数。采样效率评价方法一般与污染物在空气中的存在状态有很大关系，不同的存在状态有不同的评价方法。

2.3.3.1 气态和蒸气态污染物采样效率评价方法

采集气态和蒸气态的污染物常用溶液吸收法和填充柱采样法。评价这些采样方法的效率有绝对比较法和相对比较法两种。

（1）绝对比较法

精确配制一个已知浓度为c_0的标准气体，用所选用的采样方法采集，测定被采集的污染物浓度（c_1），其采样效率（K）为：

$$K=\frac{c_1}{c_0}\times 100\% \qquad (2.3\text{-}1)$$

用这种方法评价采样效率虽然比较理想，但是，由于配制已知浓度的标准气有一定困难，往往在实际应用时受到限制。

（2）相对比较法

配制一个恒定的但不要求知道待测污染物准确浓度的气体样品，用2～3个采样管串联起来采集所配制的样品。采样结束后，分别测定各采样管中污染物的浓度，其采样效率（K）为：

$$K=\frac{c_1}{c_1+c_2+c_3}\times 100\% \qquad (2.3\text{-}2)$$

式中：c_1、c_2、c_3——分别为第一、第二和第三个采样管中污染物的实测浓度。

第二、第三管的污染物浓度所占比例越小，采样效率越高。一般要求 K 值在 90%以上。采样效率过低时，应更换采样管、吸收剂或降低抽气速度。

2.3.3.2 颗粒物采集效率评价方法

对颗粒物的采集效率有两种表示方法。一种是颗粒采样效率，即所采集到的颗粒数目占总的颗粒数目的百分数。另一种是质量采样效率，即所采集到的颗粒物质量数占总的质量的百分数。只有当全部颗粒物的大小相同时，这两种采样效率在数值上才相等。但是，实际上这种情况是不存在的。粒径几微米以下的小颗粒物的颗粒数总是占大部分，而按质量计算却只占很小部分，即一个大的颗粒的质量可以相当成千上万个小的颗粒。所以质量采样效率总是大于颗粒采样效率。当要了解空气中颗粒物质量浓度或颗粒物中某成分的质量浓度时，质量采样效率是有用处的。目前在空气质量监测中，评价采集颗粒物方法的采样效率一般是以质量采样效率表示。只是在特殊目的时，采用颗粒采样效率表示。

评价采集颗粒物方法的效率与评价采集气态和蒸气态物质采样效率的方法有很大不同。一是由于配制已知颗粒物浓度的气体在技术上比配制气态和蒸气态物质标准气体要复杂得多，而且颗粒物粒度范围很大，很难在实验室模拟现场存在的气溶胶各种状态。二是滤膜采样就像滤筛一样，能漏过第一张滤膜的细小颗粒物，也有可能会漏过第二张或第三张滤膜，因此用相对比较法评价颗粒物的采样效率就有困难。评价滤纸和滤膜的采样效率要用另外一个已知采样效率高的方法同时采样，或串联在其后面进行比较得出。颗粒采样效率常用一个灵敏度很高的颗粒计数器测量进入滤膜前和通过滤膜后的空气中的颗粒数来计算。

2.3.4 空气中污染物浓度表示方法与气体体积换算

2.3.4.1 污染物浓度表示方法

空气中污染物浓度有两种表示方法，即单位体积质量浓度和体积比浓度。根据污染物的存在状态可选择使用。

（1）单位体积质量浓度

单位体积质量浓度是指单位体积空气中所含污染物的质量数，常用毫克每立方米（mg/m^3）或微克每立方米（$\mu g/m^3$）表示。这种表示方法对任何状态的污染物都适用。

（2）体积比浓度

体积比浓度是指单位体积空气中含污染气体或蒸气的体积数，常用 ppm（10^{-6}）或 ppb（10^{-9}）表示。这种表示方法仅适用于气态或蒸气态物质，它不受空气温度和气压变化的影响。

上述两个单位可用以下公式互相换算：

$$C = C' \cdot M / 22.4 \tag{2.3-3}$$

式中：C——以 mg/m^3 表示的气体污染物浓度；

C'——以 ppm 表示的气体污染物浓度；

M——污染物的分子量；

22.4——空气在标准状态下（0℃，101.325 kPa）的平均摩尔体积。

2.3.4.2 气体体积换算

气体的体积受温度和大气压力的影响，为了使采样体积和计算出的污染物浓度具有可比性，需要将现场状态下的采样体积换算成标准状态（0℃，101.325 kPa）下的采样体积。根据气体状态方程，换算式如下：

$$V_0 = V_t \cdot \frac{273}{273+t} \cdot \frac{P}{101.325} \tag{2.3-4}$$

式中：V_0——标准状态下的采样体积，L 或 m^3；

V_t——现场状态下的采样体积，L 或 m^3；

t——采样时的温度，℃；

P——采样时的大气压力，kPa。

2.3.5 采样记录

在实际工作中，不重视采样记录，往往会导致由于采样记录不完整而使一大批监测数据无法统计而报废。因此，采样记录与实验室分析测定记录同样重要。采样记录的内容有：所采集样品被测污染物名称及编号；采样地点和采样时间；采样流量、采样体积及采样时的温度和大气压力；采样仪器、吸收液及采样时天气状况和周围情况；采样者、复核者及审核者签名等。采样记录模板见表 2.3-2。

表 2.3-2 大气采样原始记录表

委托单位：　　　　采样点名称：　　　　采样日期：　　年　　月　　日

方法依据：　　　　采样器型号：　　　　采样器编号：

天气状况：　　　　相对湿度：　　%　　风向：　　风速：　　m/s

序号	监测项目	样品编号	采样起止时间		累积采样时间/min	采样流量/（L/min）	气温 t/℃	气压 P/kPa	采样体积 V_t/L	标况下采样体积 V_0/L	备注
			开始	结束							
计算公式	$V_0 = V_t \times \frac{273}{273+t} \times \frac{P}{101.325}$					样品现场处理情况					

采样：　　　　校核：　　　　审核：

任务 2.4　环境空气中二氧化氮的测定

2.4.1　背景知识

氮的氧化物有一氧化氮、二氧化氮、三氧化二氮、四氧化二氮和五氧化二氮等多种形式，氮氧化物混合物在常温下为黄棕色气体，温度越高颜色越深。空气中的氮氧化物（NO_x）是指以 NO 和 NO_2 形式存在的氮的氧化物。NO 为无色、无臭、微溶于水的气体，毒性不大，在空气中能与 O_3 等氧化剂很快地反应生成 NO_2；它直接与 O_2 作用生成 NO_2 的速率主要取决于 NO 的浓度和环境温度。NO_2 在室温下为棕红色，具有强刺激性气味，相对分子质量 46.01，熔点−10.8℃，沸点 21.2℃，对空气相对密度为 1.58，毒性比 NO 高四倍，是引起支气管炎等呼吸道疾病的有害物质，也是导致光化学烟雾及雾霾的主要一次污染物。NO_2 在阳光作用下还能形成 NO 及 O_3。

氮氧化物的天然源主要为生物源，包括：由生物机体腐烂形成的硝酸盐，经细菌作用产生 NO 及随后缓慢氧化形成 NO_2；生物源产生的氧化亚氮氧化形成氮氧化物；有机体中氨基酸分解产生的氨经 OH 自由基氧化形成氮氧化物。人为源主要来自化石燃料高温燃烧和硝酸、化肥等生产过程排放的废气，以及汽车尾气。城市大气中氮氧化物约 2/3 来自汽车等流动源的排放，1/3 来自固定源的排放。无论是流动源还是固定源，燃烧产生的氮氧化物主要是 NO，只有很少一部分（视温度等情况不同，含量从 0.5%～10%）被氧化为 NO_2。其他比较重要的但比较不确定的源包括生物质燃烧和土壤排放。总的来说，氮氧化物的人为源和天然源都十分重要。

氮氧化物通过呼吸作用进入肺部，与肺泡表面的水产生硝酸、亚硝酸，对肺组织强烈刺激和腐蚀，导致肺水肿；生成的亚硝酸根离子进入血液中，与血红蛋白结合成高铁血红蛋白，引起组织缺氧；氮氧化物与空气中的水结合最终会转化成硝酸和亚硝酸盐，硝酸是酸雨的成因之一；它与其他污染物在一定条件下能产生光化学烟雾污染；氮氧化物是城市细粒子污染的主要来源，成为我国大中城市普遍存在较为严重的大气颗粒物污染，特别是区域细粒子污染和雾霾的重要根源。

2.4.2　方法选择

环境空气中 NO_2 的测定方法主要有《环境空气　氮氧化物（一氧化氮和二氧化氮）的测定　盐酸萘乙二胺分光光度法》（HJ 479—2009）、《环境空气　二氧化氮的测定 Saltzman 法》（GB/T 15435—1995）、《居住区大气中二氧化氮检验标准方法　改进的 Saltzman 法》（GB/T 12372—90）、化学发光法（HJ/T 167—2004 附录 C.2）和差分吸收光谱分析法，如表 2.4-1 所示。

表 2.4-1 空气中 NO_2 的测定方法

序号	方法名称	原理	测定范围	主要仪器
1	盐酸萘乙二胺分光光度法（HJ 479—2009）	用冰乙酸、对氨基苯磺酸和盐酸萘乙二胺配成吸收液。空气中的二氧化氮被吸收瓶中的吸收液吸收后，首先生成亚硝酸和硝酸。其中，亚硝酸与吸收液中的对氨基苯磺酸进行重氮化反应，再与 *N*-（l-萘基）乙二胺盐酸盐作用，生成粉红色的偶氮染料，其颜色深浅与空气中的二氧化氮成正比，根据颜色深浅比色定量。在波长 540 nm 处，测定吸光度	当吸收液总体积为 10 mL，采样体积为 12～24 L 时，环境空气中氮氧化物的测定范围为 0.020～2.5 mg/m^3	空气采样器、分光光度计、多孔玻板吸收管
2	Saltzman 法（GB/T 15435—1995）	空气中二氧化氮与吸收液中的对氨基苯磺酸进行重氮化反应，再与 *N*-（l-萘基）乙二胺盐酸盐作用，生成粉红色的偶氮染料，其颜色深浅与空气中的二氧化氮成正比，根据颜色深浅比色定量。在波长 540～545 nm 处，测定吸光度	采样体积为 4～24 L 时，二氧化氮的浓度测定为 0.015～2.0 mg/m^3	空气采样器、分光光度计、多孔玻板吸收管
3	改进的 Saltzman 法（GB/T 12372—90）	空气中二氧化氮在采样吸收过程中生成亚硝酸，与对氨基苯磺酸进行重氮化反应，再与 *N*-（l-萘基）乙二胺盐酸盐作用，生成粉红色的偶氮染料，根据其颜色深浅，比色定量。在波长 540～550 nm 处，测定吸光度	检出下限为 0.015 μgNO_2^-/mL 吸收液，采样体积为 5 L，最低检出浓度为 0.03 μg/m^3	空气采样器、分光光度计、多孔玻板吸收管
4	化学发光法（HJ/T 167—2004 附录 C.2）	被测空气连续被抽入仪器，氧化氮经过 NO_2-NO 转化器后，以一氧化氮的形式进入反应室，与臭氧反应产生激发态一氧化氮（NO^*），当 NO^* 回到基态时放出光子（$h\nu$）。光子通过滤光片，被光电倍增管接受，并转变为电流，测量放大后电流。电流大小与一氧化氮浓度成正比。仪器中另一气路，直接进入反应室，测得一氧化氮量，则二氧化氮量=氧化氮−一氧化氮量	0～1 mg/m^3	二氧化氮分析仪
5	差分吸收光谱法	当具有一定波长范围的光束通过环境空气时，在光束的接收端可同时得到多种气体在该光束波长范围内的特征光谱，通过分光光度计和计算机结合可实现对特征光谱的识别，经计算机对特征光谱数据进一步处理，可分辨出光束照射过的环境空气中所含物质的成分及含量，从而实现对环境质量的快速连续自动检测	检出限与光程有关	差分吸收光谱仪（DOAS）

盐酸萘乙二胺分光光度法（HJ 479—2009）、Saltzman 法（GB/T 15435—1995）、改进的 Saltzman 法（GB/T 12372—90）都是分光光度法，采样和显色同时进行，操作简便，灵敏度高，是国内外普遍采用的手工分析方法，三种方法的测定原理相同，试剂、仪器设备、采样、分析及数据处理等内容相差不大。其中，盐酸萘乙二胺分光光度法（HJ 479—2009）自 2009 年 11 月 1 日实施之日起，代替了《空气质量　氮氧化物的测定　盐酸萘乙二胺比色法》（GB 8969—1988）和《环境空气　氮氧化物的测定　Saltzman 法》（GB/T 15436—1995）。化学发光法（HJ/T 167—2004 附录 C.2）、差分吸收光谱分析法则为自动分析方法。化学发光法是目前应用最为广泛的自动分析方法，被应用于氮氧化合物分析仪中，很多国家和地区都把氮氧化合物分析仪作为标准方法，其特点是灵敏度高，可达 ppb（10^{-9}）级，甚至更低；选择性好，对于多种污染物质共存的大气，通过化学发光反应和发光波长的选择，可不经分离有效地进行测定；线性范围宽，通常可达 5～6 个数量级；结构也较为简单。差分吸收光谱分析法是利用空气中的气体分子的窄带吸收特性来鉴别气体成分，并根据窄带吸收强度来推演出微量气体的浓度，因此差分吸收光谱分析法具有一些传统监测方法所无法比拟的优点，如差分吸收光谱分析法的监测范围很广，测量结果更具有代表性；由于该方法是非接触性测量，因而可以避免一些误差源的影响；差分吸收光谱分析法的测量周期短、响应快，可实时检测多种不同气体的质量浓度。

盐酸萘乙二胺分光光度法（HJ 479—2009）是目前主要使用的国家标准分析方法，下面重点介绍该方法。

【环境空气中氮氧化物的测定，HJ 479—2009】

2.4.3　环境空气中 NO_2 的测定——盐酸萘乙二胺分光光度法

2.4.3.1　适用范围

根据标准规定，该方法适用于环境空气中氮氧化物、二氧化氮、一氧化氮的测定。

该标准的方法检出限为 0.12 μg/10 mL 吸收液。当吸收液总体积为 10 mL，采样体积为 24 L 时，空气中氮氧化物的检出限为 0.005 mg/m^3。当吸收液总体积为 50 mL，采样体积 288 L 时，空气中氮氧化物的检出限为 0.003 mg/m^3。当吸收液体积为 10 mL，采样体积为 12～24 L 时，环境空气中氮氧化物的测定范围为 0.020～2.5 mg/m^3。

2.4.3.2 测定原理

用冰乙酸、对氨基苯磺酸和盐酸萘乙二胺配成吸收液。空气中的二氧化氮被吸收瓶中的吸收液吸收后，首先生成亚硝酸和硝酸。其中，亚硝酸与吸收液中的对氨基苯磺酸进行重氮化反应，再与 *N*-（l-萘基）乙二胺盐酸盐作用，生成粉红色的偶氮染料，其颜色深浅与空气中的二氧化氮成正比，根据颜色深浅比色定量。在波长 540 nm 处，测定吸光度。反应方程式如下：

$$2NO_2+H_2O=HNO_2+HNO_3$$

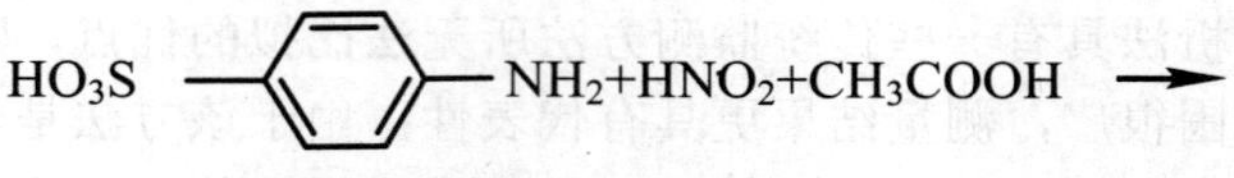

对氨基苯磺酸

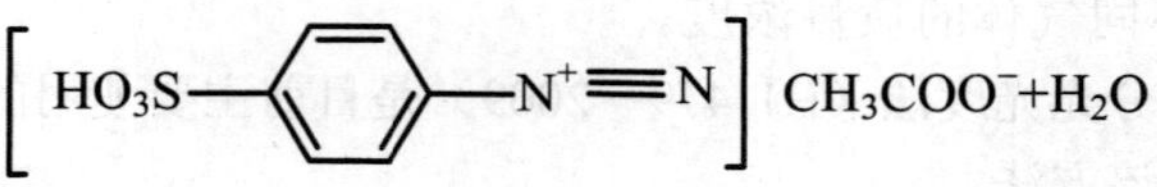

重氮化合物

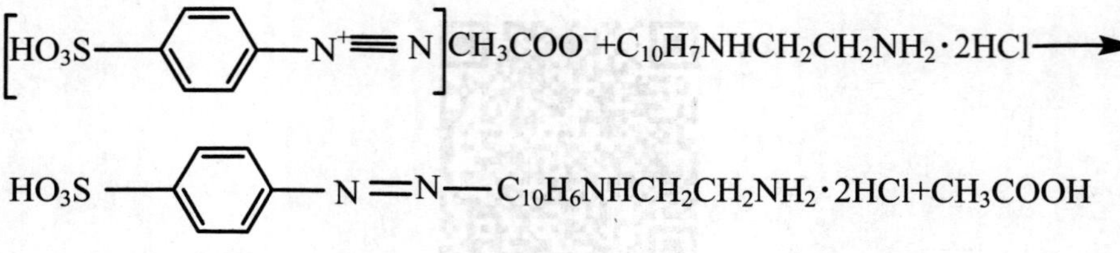

2.4.3.3 试剂和材料

除非另有说明，分析时均使用符合国家标准或专业标准的分析纯试剂和无亚硝酸根的蒸馏水、去离子水或相当纯度的水。

① 冰乙酸。

② *N*-（1-萘基）乙二胺盐酸盐储备液，ρ（$C_{10}H_7NH(CH_2)_2NH_2·2HCl$）=1.00 g/L。称取 0.50 g *N*-（1-萘基）乙二胺盐酸盐于 500 mL 容量瓶中，用水溶解稀释至刻度。此溶液贮于密闭的棕色瓶中，在冰箱中冷藏可稳定保存三个月。

③ 显色液。称取 5.0 g 对氨基苯磺酸[$NH_2C_6H_4SO_3H$]溶解于约 200 mL 40～50℃

热水中，将溶液冷却至室温，全部移入 1 000 mL 容量瓶中，加入 50 mL *N*-（1-萘基）乙二胺盐酸盐储备液（②）和 50 mL 冰乙酸，用水稀释至刻度。此溶液贮于密闭的棕色瓶中，在 25℃以下暗处存放可稳定三个月。若溶液呈现淡红色，应弃之重配。

④ 吸收液。使用时将显色液（③）和水按 4∶1（*V*/*V*）比例混合，即为吸收液。吸收液的吸光度应小于等于 0.005。

⑤ 亚硝酸盐标准储备液，ρ（NO_2^-）=250 μg/mL。准确称取 0.375 0 g 亚硝酸钠（$NaNO_2$，优级纯，使用前在（105±5）℃干燥恒重）溶于水，移入 1 000 mL 容量瓶中，用水稀释至标线。此溶液贮于密闭棕色瓶中于暗处存放，可稳定保存三个月。

⑥ 亚硝酸盐标准工作液，ρ（NO_2^-）=2.5 μg/mL。准确吸取亚硝酸盐标准储备液（⑤）1.00 mL 于 100 mL 容量瓶中，用水稀释至标线。临用现配。

2.4.3.4 仪器和设备

① 分光光度计。

② 空气采样器。流量范围 0.1～1.0 L/min。采样流量为 0.4 L/min 时，相对误差小于±5%。

③ 吸收瓶。可装 10 mL、25 mL 或 50 mL 吸收液的多孔玻板吸收瓶，液柱高度不低于 80 mm。吸收瓶的玻板阻力、气泡分散的均匀性及采样效率按标准（HJ 479—2009）附录 A 检查。图 2.4-1 示出较为适用的两种多孔玻板吸收瓶。使用棕色吸收瓶或采样过程中吸收瓶外罩黑色避光罩。新的多孔玻板吸收瓶或使用后的多孔玻板吸收瓶，应用（1+1）HCl 浸泡 24 h 以上，用清水洗净。

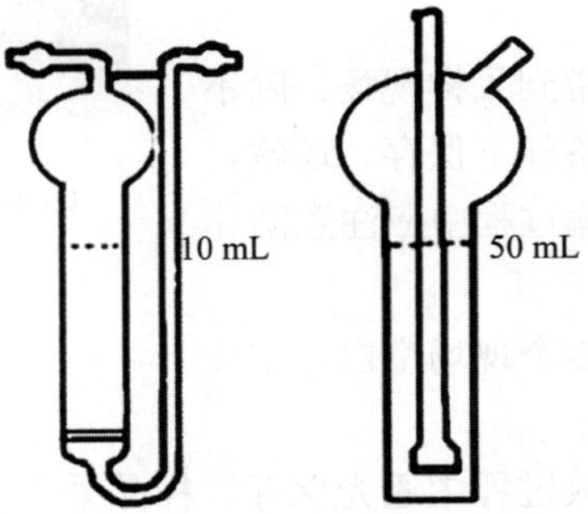

图 2.4-1 多孔玻板吸收瓶

2.4.3.5 样品采集与保存

【二氧化氮的测定实训录像——采样及测定】

（1）采样

采样前应检查采样系统的气密性，用皂膜流量计进行流量校准。采样流量的相对误差应小于±5%。根据实际情况选择进行短时间或长时间采样，具体如下：

① 短时间采样（1 h 以内）。取一支内装 10.0 mL 吸收液的多孔玻板吸收瓶，用硅橡胶管将吸收瓶串联在大气采样机上（图 2.4-2），以 0.4 L/min 流量采气 4～24 L。

② 长时间采样（24 h）。取一支大型多孔玻板吸收瓶，装入 25.0 mL 或 50.0 mL 吸收液（液柱高度不低于 80 mm），标记液面位置。按图 2.4-2 所示接入采样系统，将吸收液恒温在（20±4）℃，以 0.2 L/min 流量采气 288 L。

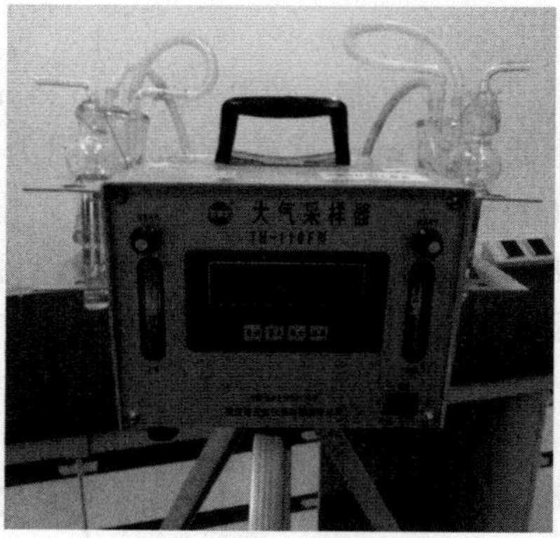

图 2.4-2　大气采样器连接示意

采样过程注意观察吸收液颜色变化，避免因二氧化氮浓度过高而穿透。

（2）设置现场空白

装有吸收液的吸收瓶带到采样现场，除不采气外，与样品在相同的条件下保存、运输，直至送交实验室分析，运输过程中应注意防止沾污。

要求每次采样至少做 2 个现场空白。

（3）样品的保存

样品采集、运输及存放过程中避光保存，样品采集后尽快分析。若不能及时测定，将样品于低温暗处存放，样品在 30℃暗处存放，可稳定 8 h；在 20℃暗处存放，可稳定 24 h；于 0～4℃冷藏，至少可稳定 3 天。

（4）干扰及消除

空气中二氧化硫质量浓度为氮氧化物质量浓度 30 倍时，对二氧化氮的测定产生负干扰。

空气中过氧乙酰硝酸酯（PAN）对二氧化氮的测定产生正干扰。

空气中臭氧浓度超过 0.25 mg/m^3 时，对二氧化氮的测定产生负干扰。采样时在采样瓶入口端串接一段 15～20 cm 长的硅橡胶管，可排除干扰。

2.4.3.6 分析步骤

【二氧化氮的测定录像——准备工作及标准曲线绘制】

（1）标准曲线的绘制

取 6 支 10 mL 具塞比色管，按表 2.4-2 制备亚硝酸盐标准溶液系列。根据表 2.4-2 分别移取相应体积的亚硝酸钠标准工作液，加水至 2.00 mL，加入显色液 8.00 mL。

表 2.4-2 NO_2^-标准溶液系列

管号	0	1	2	3	4	5
标准工作液/mL	0.00	0.40	0.80	1.20	1.60	2.00
水/mL	2.00	1.60	1.20	0.80	0.40	0.00
显色液/mL	8.00	8.00	8.00	8.00	8.00	8.00
NO_2^-质量浓度/（μg/mL）	0.00	0.10	0.20	0.30	0.40	0.50

各管混匀，于暗处放置 20 min（室温低于 20℃时放置 40 min 以上），用 10 mm 比色皿，在波长 540 nm 处，以水为参比测量吸光度，扣除 0 号管的吸光度以后，对应 NO_2^-的质量浓度（μg/mL），用最小二乘法计算标准曲线的回归方程。

标准曲线斜率控制在 0.960～0.978 吸光度·mL/μg，截距控制在 0.000～0.005（以 5 mL 体积绘制标准曲线时，标准曲线斜率控制在 0.180～0.195 吸光度·mL/μg，截距控制在±0.003 之间）。

（2）样品测定

采样后放置 20 min，室温 20℃以下时放置 40 min 以上，用水将采样瓶中吸收液的体积补充至标线，混匀。用 10 mm 比色皿，在波长 540 nm 处，以水为参比测量吸光度，同时测定空白样品的吸光度。

若样品的吸光度超过标准曲线的上限，应用实验室空白试液稀释，再测定其吸光度。但稀释倍数不得大于 6。

2.4.3.7 结果计算与评价

（1）结果计算

① 将采样体积按式（2.4-1）换算成标准状态下的采样体积；

$$V_0 = V_t \times \frac{T_0}{273 + t} \times \frac{P}{P_0} \quad (2.4\text{-}1)$$

式中：V_0——标准状态下的采样体积，L；

V_t——采样体积，由采样流量乘以采样时间而得，L；

T_0——标准状态下的绝对温度，273 K；

P_0——标准状态下的大气压力，101.325 kPa；

P——采样时的大气压力，kPa；

t——采样时的空气温度，℃。

② 空气中二氧化氮浓度ρ_{NO_2}（mg/m^3）按式（2.4-2）计算：

$$\rho_{NO_2} = \frac{(A - A_0 - a) \times V \times D}{b \times f \times V_0} \quad (2.4\text{-}2)$$

式中：A—— 吸收瓶中样品的吸光度；

A_0—— 实验室空白的吸光度；

b—— 标准曲线的斜率，吸光度· mL/μg；

a—— 标准曲线的截距；

V—— 采样用吸收液体积，mL；

V_0—— 换算为标准状态（101.325 kPa，273 K）下的采样体积，L；

D—— 样品的稀释倍数；

f—— Saltzman 实验系数，0.88（当空气中二氧化氮浓度高于 0.72 mg/m^3 时，f 取值 0.77）。

（2）结果评价

①将精密度和准确度检验结果与标准比较，判断是否符合标准要求。

②将二氧化氮测定结果与环境空气质量标准相比，评价其空气质量是否达到功能区划要求。

《环境空气质量标准》（GB 3095—2012）中对二氧化氮的限值要求如表 2.4-3 所示。

表 2.4-3　环境空气中二氧化氮浓度限值

序号	污染物项目	平均时间	浓度限值		单位
			一级	二级	
1	二氧化氮（NO_2）	年平均	40	40	$\mu g/m^3$
		24 h 平均	80	80	
		1 h 平均	200	200	

2.4.3.8　质量控制与保证

（1）空白试验

①实验室空白试验。取实验室内未经采样的空白吸收液，用 10 mm 比色皿，在波长 540 nm 处，以水为参比测定吸光度。实验室空白吸光度 A_0 在显色规定条件下波动范围不超过±15%。

②现场空白。同实验室空白实验一样测定吸光度。将现场空白和实验室空白的测量结果相对照，若现场空白与实验室空白相差过大，查找原因，重新采样。

（2）精密度和准确度

5 个实验室测定浓度范围在（0.056～0.480）mg/m^3 的 NO_2 标准气体，重复性相对标准偏差小于 10%，相对误差小于±8%。

（3）现场加采不少于 10%的平行样，平行样结果相对偏差≤20%。

（4）采样期间，样品运输和存放过程中应避免阳光照射。气温超过 25℃时，长时间（8 h 以上）运输和存放样品应采取降温措施。

（5）若实验时，斜率达不到要求，应检查亚硝酸钠试剂的质量及标准溶液的配制，重新配制标准溶液；如果截距达不到要求，应检查蒸馏水及试剂质量，重新配制吸收液。

2.4.3.9　注意事项

①配制好的吸收液须是无色的，且避光保存（装在棕色试剂瓶内），以防止光照使吸收液显色或吸收空气中的氮氧化物而使试剂空白值增高，若显微红色应检查试剂和蒸馏水的质量，重新配制。

②亚硝酸钠（固体）应妥善保存，或分装成小瓶试验，防止被空气氧化成硝酸钠。部分氧化成硝酸钠或呈粉末状的试剂不能直接配制标准溶液。

任务 2.5 环境空气中二氧化硫的测定

2.5.1 背景知识

SO_2相对分子质量为 64.06，对空气的相对密度是 2.26，熔点－72.7℃，沸点－10℃，在水中的溶解度为 8.5%（25℃），是具有辛辣及窒息性气味的无色气体。它是一种还原剂，与氧化剂作用生成三氧化硫或硫酸，是空气中最重要的一种含硫污染物，为大气环境污染例行监测必测项目。

SO_2 具有强烈的刺激性气味，对呼吸道有刺激作用，能引起呼吸道和心血管疾病。SO_2 与飘尘的协同作用还将使其毒性大大增强，使得空气污染加剧，加重对呼吸道黏膜的损害。SO_2 的臭阈值是 0.3×10^{-6}，当空气中浓度达到 30×10^{-6}～40×10^{-6}时，人体会感到呼吸困难。此外，SO_2 在大气中（尤其是污染大气中）易被氧化成SO_3，再与水分子结合生成硫酸分子，经过均相或非均相成核作用，形成硫酸气溶胶，并同时发生化学反应生成硫酸盐。硫酸和硫酸盐可形成硫酸烟雾和酸性降水，造成较大的危害。SO_2 之所以被认为是重要的大气污染物，原因就在于它参与了硫酸烟雾和酸雨的形成。

大气中的 SO_2 来源主要有自然源和人为源。自然源主要是火山爆发、雷电等自然因素，人为源主要是由于煤和石油等燃料的燃烧、含硫矿石的冶炼、硫酸等化工产品的生产等过程。据估计，全世界每年由于人类活动排放到大气中的 SO_2 超过 1.5 亿 t，其中 2/3 来自煤的燃烧，1/3 来自石油的燃烧。

2.5.2 方法选择

环境空气中 SO_2 的测定方法主要有分光光度法、紫外荧光法、差分吸收光谱分析法、溶液电导法、电化学法等，如表 2.5-1 所示。

可将分光光度法大致分为两类，一是甲醛吸收-副玫瑰苯胺分光光度法，二是四氯汞盐吸收-副玫瑰苯胺分光光度法，分别是《环境空气 二氧化硫的测定 甲醛吸收-副玫瑰苯胺分光光度法》（HJ 482—2009）、《环境空气 二氧化硫的测定 四氯汞盐吸收-副玫瑰苯胺分光光度法》（HJ 483—2009）、《居住区大气中二氧化硫卫生检验标准方法 甲醛溶液吸收-盐酸副玫瑰苯胺分光光度法》（GB/T 16128—1995），均是国家标准手工分析方法，应用较为广泛。甲醛吸收-副玫瑰苯胺分光光度法具有灵敏度高、吸收效率高、吸收液毒性小的优点，且样品采集后相当稳定，但操作条件要求较严格。四氯汞盐吸收-副玫瑰苯胺分光光度法具有灵敏度高、选择性好等优点，但吸收液毒性较大。四氯汞盐法与甲醛法相比，两种方法吸收反应不一样，四

氯汞钾溶液吸收 SO_2 生成稳定的二氯亚硫酸汞盐络合物，是无机反应；甲醛缓冲溶液吸收 SO_2 生成羟基甲磺酸加成化合物，是有机反应。加成化合物较为稳定，因此 SO_2 在甲醛缓冲溶液中稳定性略好，甲醛缓冲溶液对低浓度 SO_2 的吸收效率比四氯汞钾溶液略高，但有机反应速度不如无机反应速度快，在应用甲醛溶液采样时，流量不应过高，一般为 0.2～0.4 L/min。溶液电导法仪器结构简单，受温度变化影响大，适用于间歇测定。电化学法灵敏度、精密度较高，但是选择性差，可用于连续自动监测。紫外荧光法灵敏度高、选择性好，且不消耗化学试剂，广泛适用于自动监测。差分吸收光谱分析法可实时检测多种不同气体的质量浓度，也是一种自动监测分析方法。

表 2.5-1　空气中 SO_2 的测定方法

序号	方法名称	原理	测定范围	主要仪器
1	甲醛吸收-副玫瑰苯胺分光光度法（HJ 482— 2009）	用甲醛缓冲溶液吸收二氧化硫，生成稳定的羟甲基磺酸加成化合物，在样品溶液中加入氢氧化钠使加成化合物分解，释放出的二氧化硫与副玫瑰苯胺、甲醛作用，生成紫红色化合物，用分光光度计在波长 577 nm 处测量吸光度	10 mL 吸收液，采样体积为 30 L 时，检出限为 0.007 mg/m^3，测定下限为 0.028 mg/m^3，测定上限为 0.667 mg/m^3。 50 mL 吸收液，采样体积为 288 L，试份为 10 mL 时，检出限为 0.004 mg/m^3，测定下限为 0.014 mg/m^3，测定上限为 0.347 mg/m^3	空气采样器、分光光度计、多孔玻板吸收管
2	四氯汞盐吸收-副玫瑰苯胺分光光度法（HJ 483—2009）	二氧化硫被四氯汞钾溶液吸收后，生成稳定的二氯亚硫酸汞盐络合物，再与甲醛及盐酸副玫瑰苯胺作用，生成紫红色络合物，在 575 nm 处测量吸光度	5 mL 吸收液，采样体积为 30 L 时，检出限为 0.005 mg/m^3，测定下限为 0.020 mg/m^3，测定上限为 0.18 mg/m^3。 50 mL 吸收液，采样体积为 288 L，检出限为 0.005 mg/m^3，测定下限为 0.020 mg/m^3，测定上限为 0.19 mg/m^3	空气采样器、分光光度计、多孔玻板吸收管
3	甲醛溶液吸收-盐酸副玫瑰苯胺分光光度法》（GB/T 16128—1995）	空气中的二氧化硫被甲醛缓冲溶液吸收后，生成稳定的羟基甲基磺酸，加碱后，与盐酸副玫瑰苯胺作用，生成紫红色化合物，以比色定量	采样体积为 20 mL 时，则可测浓度范围为 0.015～1 mg/m^3	空气采样器、分光光度计、多孔玻板吸收管
4	溶液电导法	采用酸性过氧化氢溶液作为吸收液吸收空气中二氧化硫，生成的硫酸根阴离子和氢离子使溶液电导率增加，其增加值决定于气样中二氧化硫浓度	仪器通常设有多挡量程范围，最低检出浓度为 1×10^{-9}（测定周期为 1 h），精密度优于±5%	SO_2 电导测量法仪器

序号	方法名称	原理	测定范围	主要仪器
5	电化学法	动态恒电流库仑滴定法：用一种"电生"试剂 I_2 或 Br_2，与待测物质定量反应，该反应破坏了电极反应平衡，导致阴极电流降低，而降低的部分从第三个参考电极流出，测定参考电极的电流即可求出与之正比的二氧化硫浓度 动态点位跟踪库仑滴定法电解电流不是恒定的，而是正比于待测物浓度。同时电解电流的变化由指示电极的电位变化来控制。这样电解电极所通过的电流就在指示电极电位变化的控制下，随着电解池样气中 SO_2 浓度的变化而变化，并且电解电流值与 SO_2 浓度值成正比，由连续测定电解电流的变化即可求出 SO_2 浓度	仪器通常设有多挡量程范围，如 0～1 mg/m³，0～3 mg/m³，0～10 mg/m³ 等，最低检出浓度为 4×10^{-9}；响应时间<3 min，长期运行精度优于±5%	库仑滴定法 SO_2 分析仪
6	紫外荧光法	基于被紫外光（190～230 nm）激化的 SO_2 分子，处于激发态的 SO_2 分子返回基态时发出荧光（240～420 nm），发出的荧光强度与 SO_2 浓度呈线性关系，从而测出 SO_2 浓度	仪器通常设有多挡量程范围：0～0.75 mg/m³，0～1.5 mg/m³，0～3 mg/m³，0～30 mg/m³	紫外荧光法 SO_2 分析仪
7	差分吸收光谱法	当具有一定波长范围的光束通过环境空气时，在光束的接收端可同时得到多种气体在该光束波长范围内的特征光谱，通过分光光度计和计算机结合可实现对特征光谱的识别，经计算机对特征光谱数据进一步处理，可分辨出光束照射过的环境空气中所含物质的成分及含量，从而实现对环境质量的快速连续自动检测	检出限与光程有关	差分吸收光谱仪（DOAS）

由于甲醛法避免了使用毒性大的含汞吸收液，目前多被采用，下面重点介绍甲醛法。

【环境空气中二氧化硫的测定，HJ 482—2009】

2.5.3　环境空气中 SO_2 的测定——甲醛吸收-副玫瑰苯胺分光光度法

2.5.3.1　适用范围

本标准规定了测定环境空气中二氧化硫的甲醛吸收-副玫瑰苯胺分光光度法。本标准适用于环境空气中二氧化硫的测定。

当使用 10 mL 吸收液，采样体积为 30 L 时，测定空气中二氧化硫的检出限为 0.007 mg/m^3，测定下限为 0.028 mg/m^3，测定上限为 0.667 mg/m^3。

当使用 50 mL 吸收液，采样体积为 288 L，试份为 10 mL 时，测定空气中二氧化硫的检出限为 0.004 mg/m^3，测定下限为 0.014 mg/m^3，测定上限为 0.347 mg/m^3。

2.5.3.2　测定原理

二氧化硫被甲醛缓冲溶液吸收后，生成稳定的羟甲基磺酸加成化合物，在样品溶液中加入氢氧化钠使加成化合物分解，释放出的二氧化硫与副玫瑰苯胺、甲醛作用，生成紫红色化合物，用分光光度计在波长 577 nm 处测量吸光度。反应方程式如下：

$$HCHO+H_2O+SO_2 \longrightarrow HOCH_2SO_3H$$

羟基甲基磺酸

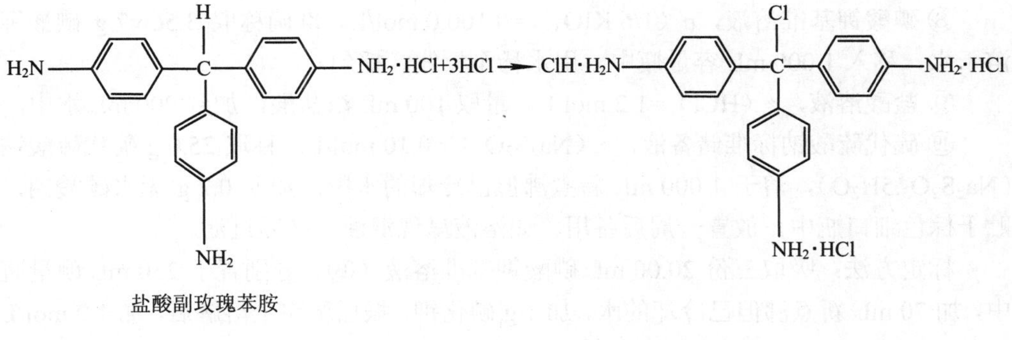

盐酸副玫瑰苯胺

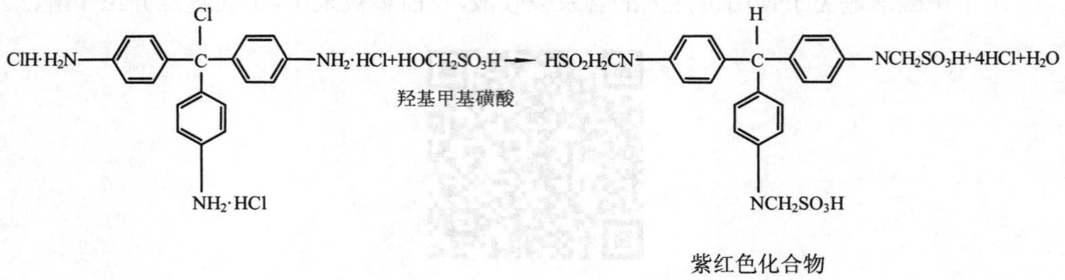

2.5.3.3 试剂和材料

除非另有说明，分析时均使用符合国家标准的分析纯试剂，实验用水为新制备的蒸馏水或同等纯度的水。

① 环己二胺四乙酸二钠溶液，c（CDTA-2Na）=0.05 mol/L。称取 1.82 g 反式 1,2-环己二胺四乙酸[（trans-1,2-cyclohexylenedinitrilo）tetraacetic acid，简称 CDTA]，加入 1.5 mol/L 氢氧化钠溶液 6.5 mL，用水稀释至 100 mL。

② 甲醛缓冲吸收储备液。吸取 36%～38%的甲醛溶液 5.5 mL，0.05 mol/L CDTA-2Na 溶液 20.00 mL；称取 2.04 g 邻苯二甲酸氢钾，溶于少量水中；将三种溶液合并，再用水稀释至 100 mL，贮于冰箱可保存 1 年。

③ 甲醛缓冲吸收液。用水将甲醛缓冲吸收储备液稀释 100 倍。临用时现配。

④ 氨磺酸钠溶液，ρ（NaH_2NSO_3）=6.0 g/L。称取 0.60 g 氨磺酸[H_2NSO_3H]置于 100 mL 烧杯中，加入 4.0 mL 1.5 mol/L 氢氧化钠，用水搅拌至完全溶解后稀释至 100 mL，摇匀。此溶液密封可保存 10 d。

⑤ 碘储备液，c（$1/2I_2$）=0.10 mol/L。称取 12.7 g 碘（I_2）于烧杯中，加入 40 g 碘化钾和 25 mL 水，搅拌至完全溶解，用水稀释至 1 000 mL，储存于棕色细口瓶中。

⑥ 碘溶液，c（$1/2I_2$）=0.010 mol/L。量取碘储备液 50 mL，用水稀释至 500 mL，贮于棕色细口瓶中。

⑦ 淀粉溶液，ρ=5.0 g/L。称取 0.5 g 可溶性淀粉于 150 mL 烧杯中，用少量水调成糊状，慢慢倒入 100 mL 沸水，继续煮沸至溶液澄清，冷却后贮于试剂瓶中。

⑧ 碘酸钾基准溶液，c（1/6 KIO_3）=0.100 0 mol/L。准确称取 3.566 7 g 碘酸钾溶于水，移入 1 000 mL 容量瓶中，用水稀至标线，摇匀。

⑨ 盐酸溶液，c（HCl）=1.2 mol/L。量取 100 mL 浓盐酸，加到 900 mL 水中。

⑩ 硫代硫酸钠标准储备液，c（$Na_2S_2O_3$）=0.10 mol/L。称取 25.0 g 硫代硫酸钠（$Na_2S_2O_3.5H_2O$），溶于 1 000 mL 新煮沸但已冷却的水中，加入 0.2 g 无水碳酸钠，贮于棕色细口瓶中，放置一周后备用。如溶液呈现混浊，必须过滤。

标定方法：吸取三份 20.00 mL 碘酸钾基准溶液（⑧）分别置于 250 mL 碘量瓶中，加 70 mL 新煮沸但已冷却的水，加 1 g 碘化钾，振摇至完全溶解后，加 1.2 mol/L

盐酸溶液 10 mL，立即盖好瓶塞，摇匀。于暗处放置 5 min 后，用 0.10 mol/L 硫代硫酸钠标准储备液滴定溶液至浅黄色，加淀粉溶液（⑦）2 mL，继续滴定至蓝色刚好褪去为终点。硫代硫酸钠标准溶液的浓度按式（2.5-1）计算：

$$c_1=\frac{0.100\,0\times 20.00}{V} \tag{2.5-1}$$

式中：c_1——硫代硫酸钠标准溶液的浓度，mol/L；

V——滴定所耗硫代硫酸钠标准溶液的体积，mL。

⑪硫代硫酸钠标准溶液，c（$Na_2S_2O_3$）≈0.01 mol/L。取 50.0 mL 标定后的硫代硫酸钠储备液置于 500 mL 容量瓶中，用新煮沸但已冷却的水稀释至标线，摇匀。

⑫乙二胺四乙酸二钠盐（EDTA-2Na）溶液，ρ=0.50 g/L。称取 0.25 g 乙二胺四乙酸二钠盐[$C_{10}H_{14}N_2O_8Na_2\cdot 2H_2O$]溶于 500 mL 新煮沸但已冷却的水中。临用时现配。

⑬亚硫酸钠溶液，ρ（Na_2SO_3）=1 g/L。称取 0.2 g 亚硫酸钠（Na_2SO_3），溶于 200 mL EDTA-2Na（⑫）溶液中，缓缓摇匀以防充氧，使其溶解。放置 2～3 h 后标定。此溶液每毫升相当于 320～400 μg 二氧化硫。

标定方法：

a）取 6 个 250 mL 碘量瓶（A_1、A_2、A_3、B_1、B_2、B_3），在 A_1、A_2、A_3 内各加入 25 mL 乙二胺四乙酸二钠盐（EDTA-2Na）溶液（⑫），在 B_1、B_2、B_3 内加入 25.00 mL 亚硫酸钠溶液（⑬），分别加入 0.010 mol/L 碘溶液 50.0 mL 和 1 mL 冰乙酸，盖好瓶盖，摇匀。

b）立即吸取 2.00 mL 亚硫酸钠溶液（⑬）加到一个已装有 40～50 mL 甲醛缓冲吸收储备液的 100 mL 容量瓶中，并用甲醛缓冲吸收储备液稀释至标线、摇匀。此溶液即为二氧化硫标准储备液，在 4～5℃下冷藏，可稳定 6 个月。

c）A_1、A_2、A_3、B_1、B_2、B_3 六个瓶子于暗处放置 5 min 后，用硫代硫酸钠溶液（⑪）滴定至浅黄色，加 5 mL 淀粉指示剂（⑦），继续滴定至蓝色刚刚消失。平行滴定所用硫代硫酸钠溶液的体积之差应不大于 0.05 mL。

二氧化硫标准储备液（⑬b）的质量浓度由式（2.5-2）计算：

$$\rho=\frac{(\bar{V}_0-\bar{V})\times c_2\times 32.02\times 10^3}{25.00}\times\frac{2.00}{100} \tag{2.5-2}$$

式中：ρ——二氧化硫标准储备液的质量浓度，μg/mL；

$\bar{V}_0$——空白滴定所用硫代硫酸钠溶液（⑪）的体积，mL；

$\bar{V}$——样品滴定所用硫代硫酸钠溶液（⑪）的体积，mL；

c_2——硫代硫酸钠溶液（⑪）的浓度，mol/L。

⑭ 二氧化硫标准溶液，ρ（SO_2）=1.00 μg/mL。用甲醛缓冲吸收液将二氧化硫标准储备液（⑬ b）稀释成每毫升含 1.0 μg 二氧化硫的标准溶液。此溶液用于绘制

标准曲线，在4～5℃下冷藏，可稳定1个月。

⑮盐酸副玫瑰苯胺（pararosaniline，简称 PRA，即副品红或对品红）储备液。ρ=2.0 g/L。其纯度应达到副玫瑰苯胺提纯及检验方法的质量要求[见标准（HJ 482—2009）附录A]。

⑯盐酸副玫瑰苯胺溶液，ρ=0.50 g/L。吸取25.00 mL副玫瑰苯胺储备液（⑮）于100 mL容量瓶中，加30 mL 85%的浓磷酸，12 mL浓盐酸，用水稀释至标线，摇匀，放置过夜后使用。避光密封保存。

⑰盐酸-乙醇清洗液。由三份（1+4）盐酸和一份95%乙醇混合配制而成，用于清洗比色管和比色皿。

2.5.3.4 仪器和设备

① 分光光度计。

② 多孔玻板吸收管。10 mL多孔玻板吸收管，用于短时间采样；50 mL多孔玻板吸收管，用于24 h连续采样。

③ 恒温水浴。0～40℃，控制精度为±1℃。

④ 具塞比色管。10 mL。用过的比色管和比色皿应及时用盐酸-乙醇清洗液（⑰）浸洗，否则红色难以洗净。

⑤ 空气采样器。用于短时间采样的普通空气采样器，流量范围0.1～1 L/min，应具有保温装置。用于24 h连续采样的采样器应具备有恒温、恒流、计时、自动控制开关的功能，流量范围0.1～0.5 L/min。

⑥ 一般实验室常用仪器。

2.5.3.5 样品采集

（1）采样

① 短时间采样。采用内装10 mL吸收液的多孔玻板吸收管，以0.5 L/min的流量采气45～60 min。吸收液温度保持在23～29℃。

② 24 h连续采样。用内装50 mL吸收液的多孔玻板吸收瓶，以0.2 L/min的流量连续采样24 h。吸收液温度保持在23～29℃。

（2）设置现场空白

将装有吸收液的采样管带到采样现场，除不采气外，其他环境条件与样品相同。①②

（3）干扰及消除

该方法的主要干扰物为氮氧化物、臭氧及某些重金属元素。采样后放置一段时间

注：① 样品采集、运输和储存过程中应避免阳光照射。

② 放置在室（亭）内的24 h连续采样器，进气口应连接符合要求的空气质量集中采样管路系统，以减少二氧化硫进入吸收瓶前的损失。

可使臭氧自行分解；加入氨磺酸钠溶液可消除氮氧化物的干扰；吸收液中加入磷酸及环己二胺四乙酸二钠盐可以消除或减少某些金属离子的干扰。10 mL 样品溶液中含有 50 μg 钙、镁、铁、镍、镉、铜等金属离子及 5 μg 二价锰离子时，对本方法测定不产生干扰。当 10 mL 样品溶液中含有 10 μg 二价锰离子时，可使样品的吸光度降低 27%。

2.5.3.6 分析步骤

（1）标准曲线的绘制

取 14 支 10 mL 具塞比色管，分 A、B 两组，每组 7 支，分别对应编号。A 组按表 2.5-2 配制校准系列。

表 2.5-2 二氧化硫校准系列

管 号	0	1	2	3	4	5	6
二氧化硫标准溶液/mL	0	0.50	1.00	2.00	5.00	8.00	10.00
甲醛缓冲吸收液/mL	10.00	9.50	9.00	8.00	5.00	2.00	0
二氧化硫含量/μg	0	0.50	1.00	2.00	5.00	8.00	10.00

在 A 组各管中分别加入 0.5 mL 氨磺酸钠溶液和 0.5 mL 氢氧化钠溶液，混匀。

在 B 组各管中分别加入 1.00 mL PRA 溶液。

将 A 组各管的溶液迅速地全部倒入对应编号并盛有 PRA 溶液的 B 管中，立即加塞混匀后放入恒温水浴装置中显色。在波长 577 nm 处，用 10 mm 比色皿，以水为参比测量吸光度。以空白校正后各管的吸光度为纵坐标，以二氧化硫含量（μg）为横坐标，用最小二乘法建立校准曲线的回归方程。

显色温度与室温之差不应超过 3℃。根据季节和环境条件按表 2.5-3 选择合适的显色温度与显色时间。

表 2.5-3 显色温度与显色时间

显色温度/℃	10	15	20	25	30
显色时间/min	40	25	20	15	5
稳定时间/min	35	25	20	15	10
试剂空白吸光度 A_0	0.030	0.035	0.040	0.050	0.060

（2）样品测定

样品溶液中如有混浊物，则应离心分离除去。

样品放置 20 min，以使臭氧分解。

短时间采集的样品：将吸收管中的样品溶液移入 10 mL 比色管中，用少量甲醛吸收液洗涤吸收管，洗液并入比色管中并稀释至标线。加入 0.5 mL 氨磺酸钠溶液，混匀，放置 10 min 以除去氮氧化物的干扰。以下步骤同校准曲线的绘制。

连续 24 h 采集的样品：将吸收瓶中样品移入 50 mL 容量瓶（或比色管）中，用少量甲醛吸收液洗涤吸收瓶后再倒入容量瓶（或比色管）中，并用吸收液稀释至标线。吸取适当体积的试样（视浓度高低而决定取 2～10 mL）于 10 mL 比色管中，再用吸收液稀释至标线，加入 0.5 mL 氨磺酸钠溶液，混匀，放置 10 min 以除去氮氧化物的干扰，以下步骤同校准曲线的绘制。

2.5.3.7 结果计算与评价

（1）结果计算

① 将采样体积按公式换算成标准状态下的采样体积。

② 空气中二氧化硫的质量浓度，按式（2.5-3）计算：

$$\rho=\frac{(A-A_0-a)}{b\times V_s}\times\frac{V_t}{V_a} \tag{2.5-3}$$

式中：ρ ——空气中二氧化硫的质量浓度，mg/m^3；

A——样品溶液的吸光度；

A_0——试剂空白溶液的吸光度；

b——校准曲线的斜率，吸光度·10 mL/μg；

a——校准曲线的截距（一般要求小于 0.005）；

V_t——样品溶液的总体积，mL；

V_a——测定时所取试样的体积，mL；

V_s——换算成标准状态下（101.325 kPa，273 K）的采样体积，L。

计算结果准确到小数点后三位。

（2）结果评价

① 将精密度检验结果与标准进行比较，判断是否符合标准要求。

② 将二氧化硫测定结果与环境空气质量标准进行比较，评价其空气质量是否达到功能区划要求。

《环境空气质量标准》（GB 3095—2012）中二氧化硫的浓度限值如表 2.5-4 所示。

表 2.5-4 环境空气中二氧化硫浓度限值

序号	污染物项目	平均时间	浓度限值		单位
			一级	二级	
1	二氧化硫（SO_2）	年平均	20	60	$\mu g/m^3$
		24 h 平均	50	150	
		1 h 平均	150	500	

2.5.3.8　质量控制与保证

① 精密度和准确度检验。

a）精密度。10 个实验室测定浓度为 0.101 μg/mL 的二氧化硫统一标准样品，重复性相对标准偏差小于 3.5%，再现性相对标准偏差小于 6.2%。

10 个实验室测定浓度为 0.515 μg/mL 的二氧化硫统一标准样品，重复性相对标准偏差小于 1.4%，再现性相对标准偏差小于 3.8%。

b）准确度。测量 105 个浓度范围在 0.01～1.70 μg/mL 的实际样品，加标回收率范围在 96.8%～108.2%。

② 设置现场空白和实验室空白。将装有吸收液的采样管带到采样现场，除不采气外，其他环境条件与样品相同，并测定实验室空白，空白测定结果小于方法检出限。

③ 现场加采不少于 10%的平行样，平行样结果相对偏差≤20%。

④ 当空气中二氧化硫浓度高于测定上限时，可以适当减少采样体积或者减少试料的体积。

⑤ 如果样品溶液的吸光度超过标准曲线的上限，可用试剂空白液稀释，在数分钟内再测定吸光度，但稀释倍数不要大于 6。

⑥ 显色温度低，显色慢，稳定时间长。显色温度高，显色快，稳定时间短。操作人员必须了解显色温度、显色时间和稳定时间的关系，严格控制反应条件。

⑦ 测定样品时的温度与绘制校准曲线时的温度之差不应超过 2℃。

⑧ 在给定条件下校准曲线斜率应为 0.042±0.004，测定样品时的试剂空白吸光度 A_0 和绘制绘制曲线时的 A_0 波动范围不超过±15%。

⑨ 显色反应需在酸性溶液中进行，应将含样品（或标准）溶液、吸收液的 A 组管溶液迅速倒入装有强酸性的 PRA 使用液的 B 组管中，使混合液在瞬间呈酸性，以利反应的进行，倒完控干片刻，以免影响测定的精密度。

⑩ 硫代硫酸钠标准溶液和亚硫酸钠溶液使用前均需标定。

2.5.3.9　注意事项

① 多孔玻板吸收管的阻力为（6.0±0.6）kPa，2/3 玻板面积发泡均匀，边缘无气泡逸出。

② 采样时吸收液的温度在 23～29℃时，吸收效率为 100%。10～15℃时，吸收效率偏低 5%。高于 33℃或低于 9℃时，吸收效率偏低 10%。

③ 六价铬能使紫红色络合物褪色，产生负干扰，故应避免用硫酸-铬酸洗液洗涤玻璃器皿。若已用硫酸-铬酸洗液洗涤过，则需用盐酸溶液（1+1）浸洗，再用水充分洗涤。

④ 采样时应注意检查采样系统的气密性、流量、恒温温度，及时更换干燥剂及限流孔前的过滤膜，用皂膜流量计校准流量，做好采样记录。

⑤ 在分析环境空气样品时，PRA 溶液的纯度对试剂空白液的吸光度影响很大。用标准（HJ 482—2009）附录 A 的方法提纯 PRA，试剂空白值显著下降。可使用精制的商品 PRA 试剂。

⑥ 氢氧化钠固体试剂及溶液易吸收空气中二氧化硫，使试剂空白值升高，应密封保存。显色用各试剂溶液配制后最好分装成小瓶使用，操作中注意保持各溶液的纯净，防止“交叉污染”。

任务 2.6　环境空气中臭氧的测定

2.6.1　背景知识

臭氧（O_3）是氧的同素异形体，相对分子质量 48，沸点−112℃，熔点−251℃，相对密度 1.65。在常温下，它是一种有特殊臭味的淡蓝色气体。在常温、常压下，较低浓度的臭氧是无色气体，当浓度达到 15%时，呈现出淡蓝色。臭氧可溶于水，在常温常压下臭氧在水中的溶解度比氧高约 13 倍，比空气高 25 倍，是一种高效消毒剂，可作为生活饮用水的消毒剂使用。臭氧是强氧化剂之一，它是空气中的氧在太阳紫外线照射下或受雷闪形成的，臭氧分子不稳定，在常温下可自行分解为氧气。

臭氧具有强烈的刺激性，可将二氧化硫氧化成三氧化硫或硫酸，将二氧化氮氧化成五氧化二氮或硝酸。臭氧和烯烃反应生成醛，是臭氧的特性反应。臭氧在紫外线作用下参与烃类和 NO_x 的光化学反应，形成具有强烈刺激性作用的有机化合物，成为光化学烟雾。臭氧又是高空大气的正常组分，能强烈吸收紫外线，保护人和其他生物免受太阳紫外线的辐射。当空气中臭氧超过一定浓度后，就会对人体和某些动植物产生一定的危害。当大气中臭氧浓度为 0.1 mg/m^3 时，可引起鼻和喉头黏膜的刺激；臭氧浓度在 0.1～0.2 mg/m^3 时，引起哮喘发作，导致上呼吸道疾病恶化，同时刺激眼睛，使视觉敏感度和视力降低。臭氧浓度在 2 mg/m^3 以上可引起头痛、胸痛、思维能力下降，严重时可导致肺气肿和肺水肿。

对流层臭氧的天然源目前认为最主要的有两个：由平流层输入和光化学反应生成。此外，还有植物的直接排放，这部分的量很少。对流层臭氧的人为源，已经确认的有：

①交通运输。汽车是城市地区臭氧的重要污染源。汽车尾气的主要成分就包括臭氧的前体物 NO 和烯烃类碳氢化合物，只要在阳光及合适的气象条件下就可以生成臭氧。

②石油化学综合工业。石油化工与火力发电厂及其他工业共存的综合工业区，排放出相当可观的氮氧化物和碳氢化合物。

③燃煤电厂的烟羽。据美国报道，近年来在燃煤发电厂的烟羽中观测到有高浓

度的臭氧。这说明在合适的条件下，燃煤产生的氮氧化物也会对臭氧的形成起重要作用。此外，生物质燃烧也是重要的大气臭氧前体物的来源。

对流层大气中的臭氧由光化学反应产生，同时又主要通过均相（气相）或非均相的光化学及热化学反应去除。

2.6.2　方法选择

目前，测定空气中 O_3 的方法有《环境空气　臭氧的测定　靛蓝二磺酸钠分光光度法》（HJ 504—2009）、《公共场所卫生检验方法　第 2 部分：化学污染物》（GB/T 18204.2 —2014）中《臭氧的测定　靛蓝二磺酸钠分光光度法》、《环境空气　臭氧的测定　紫外光度法》（HJ 590—2010）、化学发光法（HJ/T 167—2004 附录 G.3）、差分吸收光谱分析法，如表 2.6-1 所示。

表 2.6-1　空气中 O_3 的测定方法

序号	方法名称	原理	测定范围	主要仪器
1	靛蓝二磺酸钠分光光度法（HJ 504—2009）	空气中的臭氧在磷酸盐缓冲溶液存在下，与吸收液中蓝色的靛蓝二磺酸钠等摩尔反应，褪色生成靛红二磺酸钠，在 610 nm 处测量吸光度，根据蓝色减褪的程度定量空气中臭氧的浓度	当采样体积为 30 L 时，臭氧的检出限为 0.010 mg/m³，测定下限为 0.040 mg/m³。当采样体积为 30 L 时，吸收液质量浓度为 2.5 μg/mL 或 5.0 μg/mL 时，测定上限分别为 0.50 mg/m³ 或 1.00 mg/m³	空气采样器、分光光度计、多孔玻板吸收管
2	靛蓝二磺酸钠分光光度法（GB/T 18204.2—2014）	空气中的臭氧使吸收液中蓝色的靛蓝二磺酸钠褪色，生成靛红二磺酸钠，在 610 nm 处测量吸光度，根据蓝色减褪的程度比色定量	采样体积为 20 L 时，可测浓度范围为 0.009～0.500 mg/m³	空气采样器、分光光度计、多孔玻板吸收管
3	紫外光度法（HJ 590—2010）	当样品空气以恒定的流速通过除湿器和颗粒物过滤器进入仪器的气路系统时分成两路，一路为样品空气，另一路通过选择性臭氧洗涤器成为零空气，样品空气和零空气在电磁阀的控制下交替进入样品吸收池（或分别进入样品吸收池和参比池），臭氧对 253.7 nm 波长的紫外光有特征吸收。设零空气通过吸收池时检测的光强度为 I_0，样品空气通过吸收池时检测的光强度为 I，则 I/I_0 为透光率。仪器的微处理系统根据朗伯-比尔定律公式，由透光率计算臭氧浓度	0.003～2 mg/m³	环境臭氧分析仪

序号	方法名称	原理	测定范围	主要仪器
4	化学发光法（HJ/T 167—2004 附录 G.3）	臭氧分析器是根据臭氧和乙烯气相发光反应的原理制成的。样气被连续抽进仪器的反应室与乙烯反应产生激发态的甲醛（$HCHO^*$）。当 $HCHO^*$回到基态时，放出光子，所发光的强度与臭氧浓度呈线性关系，从而测得臭氧浓度	最低检出限浓度为 0.500 mg/m^3	臭氧分析器
5	差分吸收光谱法	当具有一定波长范围的光束通过环境空气时，在光束的接收端可同时得到多种气体在该光束波长范围内的特征光谱，通过分光光度计和计算机结合可实现对特征光谱的识别，经计算机对特征光谱数据进一步处理，可分辨出光束照射过的环境空气中所含物质的成分及含量，从而实现对环境质量的快速连续自动检测	检出限与光程有关	差分吸收光谱仪（DOAS）

HJ 504—2009 和 GB/T 18204.2—2014 都是靛蓝二磺酸钠分光光度法，均属于手工分析方法；而且 HJ 504—2009 标准方法于 2009 年 12 月 1 日起实施，原国家标准《环境空气　臭氧的测定　靛蓝二磺酸钠分光光度法》（GB/T 15437—1995）则废止；GB/T 18204.2—2014 标准方法于 2014 年 12 月 1 日起实施，《公共场所空气中臭氧测定方法》（GB/T 18204.27—2000）则废止。紫外光度法（HJ 590—2010）除了适用于环境空气中臭氧的瞬时测定，也适用于环境空气中臭氧的连续自动监测，自 2011 年 1 月 1 日起实施，原国家标准《环境空气　臭氧的测定　紫外光度法》（GB/T 15438—1995）则废止。化学发光法、紫外荧光法和差分吸收光谱分析法为自动分析方法。

目前，大多采用靛蓝二磺酸钠分光光度法（HJ 504—2009）测定环境空气中的臭氧。下面重点介绍该方法。

【环境空气中臭氧的测定，HJ 504—2009】

2.6.3 环境空气中 O_3 的测定——靛蓝二磺酸钠分光光度法

2.6.3.1 适用范围

该方法规定了测定环境空气中臭氧的靛蓝二磺酸钠分光光度法。

该方法适用于环境空气中臭氧的测定。相对封闭环境（如室内、车内等）空气中臭氧的测定也可参照本标准。

当采样体积为 30 L 时，本标准测定空气中臭氧的检出限为 0.010 mg/m^3，测定下限为 0.040 mg/m^3。

当采样体积为 30 L 时，吸收液质量浓度为 2.5 μg/mL 或 5.0 μg/mL 时，测定上限分别为 0.50 mg/m^3 或 1.00 mg/m^3。当空气中臭氧质量浓度超过该上限时，可适当减少采样体积。

2.6.3.2 测定原理

空气中的臭氧在磷酸盐缓冲溶液存在下，与吸收液中蓝色的靛蓝二磺酸钠等摩尔反应，褪色生成靛红二磺酸钠，在 610 nm 处测量吸光度，根据蓝色减褪的程度定量空气中臭氧的浓度。反应方程式如下：

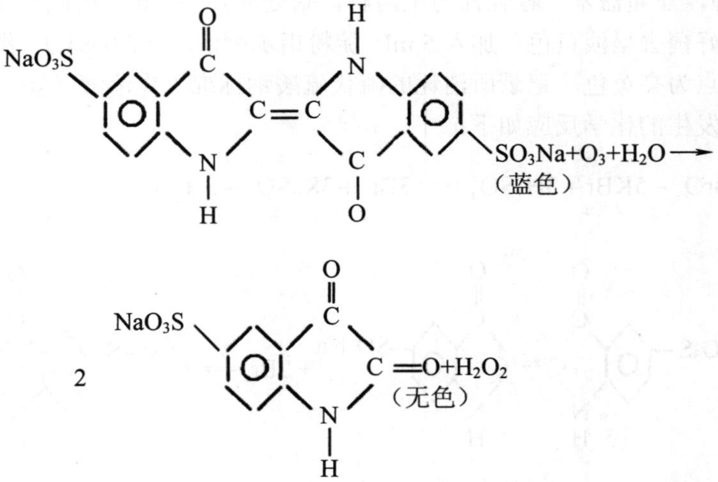

2.6.3.3 试剂和材料

除非另有说明，本标准所用试剂均使用符合国家标准的分析纯化学试剂，实验用水为新制备的去离子水或蒸馏水。

① 溴酸钾标准储备液，c（1/6 $KBrO_3$）=0.100 0 mol/L。准确称取 1.391 8 g 溴酸

钾（优级纯，180℃烘 2 h），置烧杯中，加入少量水溶解，移入 500 mL 容量瓶中，用水稀释至标线。

② 溴酸钾-溴化钾标准溶液，c（$1/6\ KBrO_3$）= 0.010 0 mol/L。吸取 10.00 mL 溴酸钾标准储备液（①）于 100 mL 容量瓶中，加入 1.0 g 溴化钾（KBr），用水稀释至标线。

③ 硫代硫酸钠标准工作溶液，c（$Na_2S_2O_3$）= 0.005 00 mol/L。临用前，取硫代硫酸钠标准储备液（0.100 0 mol/L），用新煮沸并冷却到室温的水准确稀释 20 倍。

④ 磷酸盐缓冲溶液，c（KH_2PO_4-Na_2HPO_4）=0.050 mol/L。称取 6.8 g 磷酸二氢钾（KH_2PO_4）、7.1 g 无水磷酸氢二钠（Na_2HPO_4），溶于水，稀释至 1 000 mL。

⑤ 靛蓝二磺酸钠（$C_{16}H_8O_8Na_2S_2$，简称 IDS）。分析纯、化学纯或生化试剂。

⑥ IDS 标准储备液。称取 0.25 g 靛蓝二磺酸钠溶于水，移入 500 mL 棕色容量瓶内，用水稀释至标线，摇匀，在室温暗处存放 24 h 后标定。此溶液在 20℃以下暗处存放可稳定 2 周。

标定方法：准确吸取 20.00 mL IDS 标准储备液于 250 mL 碘量瓶中，加入 20.00 mL 溴酸钾-溴化钾溶液（②），再加入 50 mL 水，盖好瓶塞，在（16±1）℃生化培养箱（或水浴）中放置至溶液温度与水浴温度平衡时[①]，加入 5.0 mL 硫酸溶液，立即盖塞、混匀并开始计时，于（16±1）℃暗处放置（35±1.0）min 后，加入 1.0 g 碘化钾，立即盖塞，轻轻摇匀至溶解，暗处放置 5 min，用硫代硫酸钠溶液滴定至棕色刚好褪去呈淡黄色，加入 5 mL 淀粉指示剂溶液（2.0 g/L），继续滴定至蓝色消退，终点为亮黄色。记录所消耗的硫代硫酸钠标准工作溶液（③）的体积[②]。

此过程发生的化学反应如下：

A. $KBrO_3 + 5KBr + 3H_2SO_4 = 3Br_2 + 3K_2SO_4 + 3H_2O$

B.

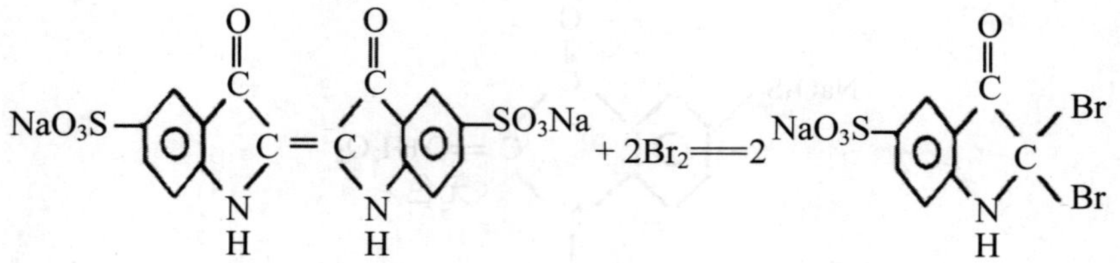

C. Br_2(未反应完) $+ 2KI = 2KBr + I_2$

注：① 达到平衡的时间与温差有关，可以预先用相同体积的水代替溶液，加入碘量瓶中，放入温度计观察达到平衡所需要的时间。

② 平行滴定所消耗的硫代硫酸钠标准溶液体积不应大于 0.10 mL。

D.　$I_2 + 2Na_2S_2O_3 = Na_2S_4O_6 + 2NaI$

每毫升靛蓝二磺酸钠溶液相当于臭氧的质量浓度ρ（μg/mL）由式（2.6-1）计算：

$$\rho = \frac{C_1V_1 - C_2V_2}{V} \times 12.00 \times 10^3 \quad (2.6\text{-}1)$$

式中：ρ ——每毫升靛蓝二磺酸钠溶液相当于臭氧的质量浓度，μg/mL；

C_1 ——溴酸钾-溴化钾标准溶液（②）的浓度，mol/L；

V_1 ——加入溴酸钾-溴化钾标准溶液的体积，mL；

C_2 ——滴定时所用硫代硫酸钠标准溶液的浓度，mol/L；

V_2 ——滴定时所用硫代硫酸钠标准溶液的体积，mL；

V ——IDS 标准储备液的体积，mL；

12.00——（1/4 O_3）的摩尔质量，g/mol。

⑦ IDS 标准工作溶液。将标定后的 IDS 标准储备液用磷酸盐缓冲溶液（④）逐级稀释成每毫升相当于 1.00 μg 臭氧的 IDS 标准工作溶液，此溶液于 20℃以下暗处存放可稳定 1 周。

⑧ IDS 吸收液。取适量 IDS 标准储备液，根据空气中臭氧质量浓度的高低，用磷酸盐缓冲溶液（④）稀释成每毫升相当于 2.5 μg（或 5.0 μg）臭氧的 IDS 吸收液，此溶液于 20℃以下暗处可保存 1 个月。

2.6.3.4　仪器和设备

除非另有说明，分析时均使用符合国家 A 级标准的玻璃量器。

① 空气采样器。流量范围 0.0～1.0 L/min，流量稳定。使用时，用皂膜流量计校准采样系统在采样前和采样后的流量，相对误差应小于±5%。

② 多孔玻板吸收管。内装 10 mL 吸收液，以 0.50 L/min 流量采气，玻板阻力应为 4～5 kPa，气泡分散均匀。

③ 具塞比色管。10 mL。

④ 生化培养箱或恒温水浴。温控精度为±1℃。

⑤ 水银温度计。精度为±0.5℃。

⑥ 分光光度计。具 20 mm 比色皿，可于波长 610 nm 处测量吸光度。

⑦ 一般实验室常用玻璃仪器。

2.6.3.5　样品采集

（1）样品采集与保存

用内装 10.00 mL±0.02 mL IDS 吸收液的多孔玻板吸收管，罩上黑色避光套，以 0.5 L/min 流量采气 5～30 L。当吸收液褪色约 60%时（与现场空白样品比较），应立即停止采样。样品在运输及存放过程中应严格避光。当确信空气中臭氧的质量浓度较低，不会穿透时，可以用棕色玻板吸收管采样。

样品于室温暗处存放至少可稳定 3 d。

（2）现场空白样品

用同一批配制的 IDS 吸收液，装入多孔玻板吸收管中，带到采样现场。除了不采集空气样品外，其他环境条件保持与采集空气的采样管相同。

每批样品至少带两个现场空白样品。

2.6.3.6 分析步骤

（1）标准曲线的绘制

①取 10 mL 具塞比色管 6 支，按表 2.6-1 制备标准色列。

表 2.6-1 标准色列

管 号	1	2	3	4	5	6
IDS 标准溶液/mL	10.00	8.00	6.00	4.00	2.00	0.00
磷酸盐缓冲溶液/mL	0.00	2.00	4.00	6.00	8.00	10.0
臭氧质量浓度/（μg/mL）	0.00	0.20	0.40	0.60	0.80	1.00

各管摇匀，用 20 mm 比色皿，以水作参比，在波长 610 nm 下测量吸光度。以校准系列中零浓度管的吸光度（A_0）与各标准色列管的吸光度（A）之差为纵坐标，臭氧质量浓度为横坐标，用最小二乘法计算校准曲线的回归方程：

$$y = bx + a$$

式中：y —— A_0-A，空白样品的吸光度与各标准色列管的吸光度之差；

x ——臭氧质量浓度，μg/mL；

b ——回归方程的斜率，吸光度·mL/μg；

a ——回归方程的截距。

②用已知质量浓度的臭氧标准气体绘制标准工作曲线。当用标准方法（HJ 504—2009）作紫外臭氧分析仪的二级传递标准时，用已知质量浓度的臭氧标准气体绘制标准工作曲线，详见（HJ 504—2009）的附录 A。

（2）样品测定

采样后，在吸收管的入气口端串接一个玻璃尖嘴，在吸收管的出气口端用吸耳球加压将吸收管中的样品溶液移入 25 mL（或 50 mL）容量瓶中，用水多次洗涤吸收管，使总体积为 25.0 mL（或 50.0 mL）。用 20 mm 比色皿，以水作参比，在波长

610 nm 下测量吸光度。

2.6.3.7　结果计算与评价

（1）结果计算

① 将采样体积按公式换算成标准状态下的采样体积。

② 空气中臭氧的质量浓度按式（2.6-2）计算：

$$\rho(O_3)=\frac{(A_0-A-a)\times V}{b\times V_0} \tag{2.6-2}$$

式中：ρ（O_3）——空气中臭氧的质量浓度，mg/m^3；

A_0 ——现场空白样品吸光度的平均值；

A ——样品的吸光度；

b ——标准曲线的斜率；

a ——标准曲线的截距；

V ——样品溶液的总体积，mL；

V_0 ——换算为标准状态（101.325 kPa、273 K）的采样体积，L。

所得结果精确至小数点后三位。

（2）结果评价

①将精密度检验结果与标准进行比较，判断是否符合标准要求。

②将臭氧的测定结果与环境空气质量标准进行比较，评价其空气质量是否达到功能区划要求。

《环境空气质量标准》（GB 3095—2012）中臭氧的浓度限值如表 2.6-2 所示。

表 2.6-2　环境空气中臭氧浓度限值

序号	污染物项目	平均时间	浓度限值		单位
			一级	二级	
1	臭氧（O_3）	日最大 8 h 平均	100	160	$\mu g/m^3$
		1 h 平均	160	200	

2.6.3.8　质量控制与保证

①6 个实验室 IDS 标准曲线的斜率在 0.863～0.935，平均值为 0.899。

②6 个实验室测定 0.085～0.918 mg/L 三个质量浓度水平的 IDS 标准溶液，每个质量浓度水平重复测定 6 次，重复性精密度≤0.004 mg/L，再现性精密度≤0.030 mg/L。

③6 个实验室测定质量浓度范围在 0.088～0.946 mg/m^3 的臭氧标准气体，重复性变异系数小于 10%，相对误差小于±5%。

④每批样品至少设置两个现场空白样品，结果小于方法检出限。

⑤现场加采不少于 10%的平行样，平行样结果相对偏差≤20%。

2.6.3.9 注意事项

（1）干扰

空气中的二氧化氮可使臭氧的测定结果偏高，约为二氧化氮质量浓度的 6%。

空气中二氧化硫、硫化氢、过氧乙酰硝酸酯（PAN）和氟化氢的质量浓度分别高于 750 μg/m^3、110 μg/m^3、1 800 μg/m^3 和 2.5 μg/m^3 时，干扰臭氧的测定。

空气中氯气、二氧化氯的存在使臭氧的测定结果偏高。但在一般情况下，这些气体的浓度很低，不会造成显著误差。

（2）IDS 标准溶液标定

市售 IDS 不纯，作为标准溶液使用时必须进行标定。用溴酸钾-溴化钾标准溶液标定 IDS 的反应，需要在酸性条件下进行，加入硫酸溶液后反应开始，加入碘化钾后反应即终止。为了避免副反应使反应定量进行，必须严格控制培养箱（或水浴）温度（16℃±1℃）和反应时间（35 min±1.0 min）。一定要等到溶液温度与培养箱（或水浴）温度达到平衡时再加入硫酸溶液，加入硫酸溶液后应立即盖塞，并开始计时。滴定过程中应避免阳光照射。

（3）IDS 吸收液的体积

本方法为褪色反应，吸收液的体积直接影响测量的准确度，所以装入采样管中吸收液的体积必须准确，最好用移液管加入。采样后向容量瓶中转移吸收液应尽量完全（少量多次冲洗）。装有吸收液的采样管，在运输、保存和取放过程中应防止倾斜或倒置，避免吸收液损失。

任务 2.7 环境空气中一氧化碳的测定

2.7.1 背景知识

一氧化碳是一种无色、无臭、无刺激性的气体，相对分子质量为 28.0，对空气相对密度为 0.967。它在水中的溶解度甚低，不易溶于水，燃烧时为淡蓝色火焰。一氧化碳属于有毒气体，进入人体后会和血液中的血红蛋白结合，产生碳氧血红蛋白，进而使血红蛋白不能与氧气结合，从而引起机体组织出现缺氧，导致人体窒息死亡。

空气中的 CO 污染主要来源于化石燃料的不完全燃烧、汽车尾气、工厂排放和人群吸烟等。

2.7.2 方法选择

环境空气中 CO 的测定方法主要有《空气质量 一氧化碳的测定 非分散红外法》（GB 9801—88）、《公共场所卫生检验方法 第 2 部分：化学污染物》（GB/T 18204.2—2014）中《一氧化碳 不分光红外分析法》及《一氧化碳 气相色谱法》、电化学法（HJ/T 167—2004 附录 D.3），如表 2.7-1 所示。

非分散红外法（GB 9801—88）和不分光红外分析法（GB/T 18204.2—2014）两种方法大致相同，测定空气中一氧化碳，方法简便，快速，不破坏物质并能连续自动检测，也可测定采气袋中的气样。GB/T 18204.2—2014 标准方法于 2014 年 12 月 1 日起实施，《公共场所空气中一氧化碳测定方法》（GB/T 18204.23—2000）则废止。此外，还有置换汞法，具有灵敏度高、响应时间快及操作简便等优点，适应于空气中低浓度一氧化碳的测定和本底调查。

表 2.7-1 空气中 CO 的测定方法

序号	方法名称	原理	测定范围	主要仪器
1	非分散红外吸收法（GB 9801—88）	样品气体进入仪器，在前吸收室吸收 4.67 μm 谱线中心的红外辐射能量，在后吸收室吸收其他辐射能量。两室因吸收能量不同，破坏了原吸收室内气体受热产生相同振幅的压力脉冲，变化后的压力脉冲通过毛细管加在差动式薄膜微音器上，被转化为电容量的变化，通过放大器再转变为与浓度成比例的直流测量值	0～62.5 mg/m^3	非分散红外一氧化碳分析仪
2	不分光红外分析法（GB/T 18204.2—2014）	一氧化碳对红外线具有选择性吸收，在一定范围内，吸收值与一氧化碳浓度呈线性关系，根据吸收值可以确定样品中一氧化碳的浓度	0.5～50 mg/m^3	不分光红外线一氧化碳气体分析仪
3	气相色谱法（GB/T 18204.2—2014）	一氧化碳在色谱柱中与空气的其他成分完全分离后，进入转化炉，在 360℃镍触媒催化作用下，与氢气反应，生成甲烷，用氢火焰离子化检测器测定	0.5～50 mg/m^3	气相色谱仪
4	电化学法（HJ/T 167—2004 附录 D.3）	空气中一氧化碳通过电化学池，在多孔聚四氟乙烯黏结的铂摧毁气体扩散电极上，在控制电位下氧化成二氧化碳，放出电子，阴阳极之间的电流，与一氧化碳浓度成定量关系	测量范围有 1.0～60 mg/m^3 和 1.0～125 mg/m^3 两挡	一氧化碳测定仪

目前，大多采用非分散红外吸收法（GB 9801—88）测定环境空气中的一氧化碳。下面重点介绍该方法。

【非分散红外法（GB 9801—88）】

2.7.3　环境空气中 CO 的测定——非分散红外法

2.7.3.1　适用范围

适用于测定空气质量中的一氧化碳。最低检出限浓度为 0.3 mg/m^3，测定范围为 0～62.5 mg/m^3（0～50×10^{-6}）。

2.7.3.2　测定原理

样品气体进入仪器，在前吸收室吸收 4.67 μm 谱线中心的红外辐射能量，在后吸收室吸收其他辐射能量。两室因吸收能量不同，破坏了原吸收室内气体受热产生相同振幅的压力脉冲，变化后的压力脉冲通过毛细管加在差动式薄膜微音器上，被转化为电容量的变化，通过放大器再转变为与浓度成比例的直流测量值。

2.7.3.3　试剂和材料

① 高纯氮气（99.99%）或霍加拉特管。
② 变色硅胶或无水氯化钙。
③ 一氧化碳标准气。

2.7.3.4　仪器和设备

① 铝箔采气袋、聚乙烯塑料采气袋或衬铝塑料采气袋。
② 双联球或小型采气泵。
③ 非分散红外一氧化碳分析仪。

2.7.3.5　样品采集

样品采集有两种方式：一是将样品气体直接通入仪器进气口进行现场连续监测；二是用双联球或小型采气泵将现场空气抽入采气袋中，用现场空气清洗采气袋 3～4

次后再正式采气，关紧进气口带回实验室分析测定。记录采样地点、采样日期和时间、采样袋编号。

2.7.3.6　分析步骤

① 仪器调零。开机接通电源预热 30min，启动仪器内装泵抽入氮气，用流量计控制流量为 0.5L/min。调节仪器调零电位器，使记录器指针在所用氮气的一氧化碳浓度的相应位置。使用霍加拉特管调零时，将记录器指针调在零位。

② 仪器标定。在仪器进口通入流量为 0.5L/min 的一氧化碳标定气，调节仪器灵敏度电位器，使记录器指针调在一氧化碳浓度的相应位置。

③ 样品分析。接上样品气体到仪器进气口，待仪器读数稳定后直接读取指示格数。

2.7.3.7　结果计算与评价

（1）结果计算

一氧化碳的浓度按照下式计算：

$$一氧化碳（CO，mg/m^3）=1.25C$$

式中：C——分析仪指示的一氧化碳浓度，10^{-6}（V/V）；

1.25——一氧化碳浓度从 10^{-6}（V/V）换算为标准状态下质量浓度（mg/m^3）的换算系数。

（2）结果评价

将一氧化碳的测定结果与环境空气质量标准进行比较，评价其空气质量是否达到功能区划要求。

《环境空气质量标准》（GB 3095—2012）中的一氧化碳浓度限值如表 2.7-2 所示。

表 2.7-2　环境空气中一氧化碳浓度限值

序号	污染物项目	平均时间	浓度限值		单位
			一级	二级	
1	一氧化碳（CO）	24 h 平均	4	4	mg/m^3
		1 h 平均	10	10	

2.7.3.8　注意事项

①仪器启动后，必须充分预热，确认稳定后再进行样品测定，否则影响测定的准确度。

②仪器一般用高纯氮气调零，也可以用经霍加拉特管（加热至 90～100℃）净化后的空气调零。

③为了确保仪器的灵敏度，在测定时，使空气样品经硅胶干燥后再进入仪器，

防止水蒸气对测定的影响。

④仪器可连续测定。用聚四氟乙烯管将被测空气引入仪器中，接上记录仪，可进行 24 h 或长期检测空气中一氧化碳浓度变化情况。

任务 2.8 环境空气中总悬浮颗粒物（TSP）的测定

2.8.1 背景知识

总悬浮颗粒物是指飘浮在空气中的固体和液体颗粒物的总称，其粒径范围为 0.1～100 μm，以 TSP 表示。总悬浮颗粒物对人体的危害主要取决于颗粒物粒度大小及化学组成。越细小的颗粒物对人体危害越大，粒径超过 10 μm 的颗粒物可被鼻毛阻留，也可通过咳嗽排出人体，也会随气流附着皮肤或进入眼睛，会阻塞皮肤的毛囊和汗腺，引起皮肤炎和眼结膜炎或造成角膜损伤。而粒径小于 10 μm 的可吸入颗粒物可随人的呼吸沉积肺部，甚至可以进入肺泡、血液。在肺部沉积率最高的是粒径为 1 μm 左右的颗粒物。这些颗粒物在肺泡上沉积下来，损伤肺泡和黏膜，引起肺组织的慢性纤维化，导致肺心病，加重哮喘病，引起慢性鼻咽炎、慢性支气管炎等一系列病变，严重的可危及生命。颗粒物对儿童和老人的危害尤为明显。

空气中 TSP 的来源有人为源和自然源。人为源主要是燃煤、燃油、工业生产过程等人为活动排放出来的；自然源主要有土壤、扬尘、沙尘经风力作用输送到空气中形成的。空气中 TSP 的组成十分复杂，而且变化很大。燃煤排放烟尘、工业废气中的粉尘及地面扬尘是空气中总悬浮颗粒物的重要来源。

2.8.2 方法选择

环境空气中总悬浮颗粒物常用的测定方法有重量法、微量振荡天平法和β射线衰减法，其中重量法（GB/T 15432—1995）为国家标准手工监测方法。所用的采样器按采气量大小，分为大流量采样器和中流量采样器。

【环境空气中总悬浮颗粒物的测定，GB/T 15432—1995】

【大气中 TSP/PM_{10} 的测定实验视频】

用超细玻璃纤维滤膜采样，在测定总悬浮颗粒物的质量浓度后，样品滤膜可用于测定无机盐（如硫酸盐、硝酸盐及氯化物等）和有机化合物（如 BaP 等。）若要测定金属元素（如铍、铬、锰、铁、镍、铜、锌、硒、镉、锑及铅等），则用聚氯乙烯等有机滤膜。

2.8.3 环境空气中 TSP 的测定——重量法

2.8.3.1 适用范围

该重量法适合于大流量或中流量总悬浮颗粒物采样器（简称采样器）进行空气中总悬浮颗粒物的测定。方法的检出限为 0.001 mg/m^3。总悬浮颗粒物含量过高或雾天采样使滤膜阻力大于 10 kPa 时，本方法不适用。

2.8.3.2 测定原理

通过具有一定切割特性的采样器，以恒速抽取定量体积的空气，空气中粒经小于 100 μm 的悬浮颗粒物，被截留在已恒重的滤膜上。根据采样前、后滤膜重量之差及采样体积，计算总悬浮颗粒物的质量浓度。滤膜经处理后，可进行组分分析。

2.8.3.3 仪器和材料

①大流量或中流量采样器。采样器采样口的抽气速度为 0.3 m/s。大流量采样器的工作点流量为 1.05 m^3/min，中流量采样器的工作点流量为 100 L/min。

②滤膜。超细玻璃纤维滤膜或聚氯乙烯等有机滤膜。滤膜对 0.3 μm 标准粒子的截留效率不低于 99%，在气流速度为 0.45 m/s 时，单张滤膜阻力不大于 3.5 kPa，在同样气流速度下，抽取经高效过滤器净化的空气 5 h，每平方厘米滤膜失重不大于 0.012 mg。

③滤膜袋。用于存放采样后对折的采尘滤膜。袋面印有编号、采样日期、采样地点、采样人等项栏目。

④滤膜保存盒。用于保存滤膜，保证滤膜在采样前处于平展不受折状态。

⑤镊子。用于夹取滤膜。

⑥X 光看片机。用于检查滤膜有无缺损。

⑦打号机。用于在滤膜及滤膜袋上打号。

⑧恒温恒湿箱。箱（室）内空气温度要求在 15～30℃范围内连续可调，控温精度±1℃；箱（室）内相对湿度应控制在 45%～55%范围内。恒温恒湿箱（室）可连续工作。

⑨天平。

a）大盘天平：用于大流量采样滤膜称量，感量 1 mg。

b）分析天平：用于中流量采样滤膜称量，感量 0.1 mg。

⑩孔口流量计。

a）大流量孔口流量计：量程 0.8～1.4 m^3/min；准确度不超过±2%。附有与孔口流量计配套的 U 型管压差计（或智能流量校准器），最小分度值 10Pa。

b）中流量孔口流量计：量程 75～125 L/min；准确度不超过±2%。附有与孔口流量计配套的 U 型管压差计（或智能流量校准器），最小分度值 10Pa。

2.8.3.4 样品采集

①打开采样头顶盖，取出滤膜夹。用清洁干布擦去采样头内及滤膜夹的灰尘。

②将已编号并称量过的空白滤膜（按 2.8.3.5 分析步骤中空白滤膜准备的步骤进行处理）绒面向上，放在滤膜网托上，然后放滤膜夹，对正、拧紧，使不漏气。盖好采样头顶盖，按照采样器使用说明书，设置好采样时间，即可启动采样。

③当采样器不能直接显示标准状态下的累积采样体积时，需记录采样期间测试现场平均环境温度和平均大气压。

④采样结束后，打开采样头，用镊子轻轻取下滤膜，采样面向里，将滤膜对折，放入号码相同的滤膜袋中。取滤膜时，如发现滤膜损坏，或滤膜上尘的边缘轮廓不清晰、滤膜安装歪斜等，表示采样时漏气，则本次采样作废，需重新采样。

2.8.3.5 分析步骤

（1）空白滤膜准备

①每张滤膜均需要用 X 光看片机进行检查，不得有针孔或任何缺陷。在选中的滤膜光滑表面的两个对角上打印编号。滤膜袋上打印同样编号备用。

②将滤膜放在恒温恒湿箱（室）中平衡 24 h，平衡温度取 15～30℃中任一点，相对湿度控制在 45%～55%范围内。记录平衡温度与湿度。

③在上述平衡条件下称量滤膜，大流量采样器滤膜称量精确到 1 mg，中流量采样器滤膜称量精确到 0.1 mg。记录下滤膜重量 W_0（g）。

④称量好的滤膜平展地放在滤膜保存盒中，采样前不得将滤膜弯曲或折叠。

（2）尘膜的平衡及称量

①尘膜放在恒温恒湿箱（室）中，用同空白滤膜平衡条件相同的温度、湿度，平衡 24 h。

②在上述平衡条件下称量尘膜，大流量采样器滤膜称量精确到 1 mg，中流量采样器滤膜称量精确到 0.1 mg。记录滤膜重量 W_1（g）。滤膜增重，大流量滤膜不小于 100 mg，中流量滤膜不小于 10 mg。

2.8.3.6 结果计算与评价

（1）结果计算

$$\text{总悬浮颗粒物}（\text{mg/m}^3）=\frac{(W_1-W_0)}{V_n}\times 1\,000$$

式中：W_1——尘膜重量，g；

W_0——空白滤膜重量，g；

V_n——标准状态下的累积采样体积，m^3。

（2）结果评价

将总悬浮颗粒物的测定结果与环境空气质量标准进行比较，评价其空气质量是否达到功能区划要求。

《环境空气质量标准》（GB 3095—2012）中总悬浮颗粒物的浓度限值如表 2.8-1 所示。

表 2.8-1　环境空气中总悬浮颗粒物的浓度限值

序号	污染物项目	平均时间	浓度限值		单位
			一级	二级	
1	总悬浮颗粒物（TSP）	年平均	80	200	μg/m^3
		24 h 平均	120	300	

2.8.3.7　质量控制与保证

①滤膜称重时的质量控制。取清洁滤膜若干张，在恒温恒湿箱（室）内，按平衡条件平衡 24 h，称重。每张滤膜非连续称量 10 次以上，求每张滤膜的平均值为该张滤膜的原始质量。以上滤膜作为“标准滤膜”。每次称空白或尘滤膜的同时，称量两张“标准滤膜”。若标准滤膜称出的重量在原始重量±5 mg（中流量±0.5 mg）范围内，则认为该批样品滤膜称量合格，数据可用。否则应检查称量条件是否符合要求并重新称量该批样品滤膜。

若恒温恒湿（室）控温精度达不到±1℃，滤膜平衡与称量时需在温度要求范围内，温度变化不得大于±3℃。滤膜称重时要消除静电的影响。

②每张玻璃纤维滤膜在使用前均需用 X 光片机进行光照检查，不得使用有针孔或任何缺陷的滤膜采样。

③采样时旋紧采样夹及入口各部件，以免空气从旁侧进入采样器造成测定误差，采样头距地面 1～2 m。

④方法的再现性。两台采样器安放在不大于 4 m、不小于 2 m 的距离内，同时采样测定总悬浮颗粒物含量，相对偏差不大于 15%。

⑤测定时保持平衡条件一致。

⑥每批样品应至少包括 1 个运输空白，要求空白值不得超过方法检出限。

⑦对于大流量采样器，滤膜上颗粒物增量应大于 100 mg，以减少称量误差。对于中流量采样器，滤膜上颗粒物增量应大地 10 mg，以减少称量误差。

2.8.3.8 注意事项

①新购置或维修后的采样器在启用前，需进行流量校准；正常使用的采样器每月需进行一次流量校准。

②采样器应定期维护，通常每月维护一次，所有维护项目应详细记录。

③要经常检查采样头是否漏气。当滤膜安放正确，采样后滤膜上颗粒物与四周白边之间出现界线模糊时，则表明应更换滤膜密封垫。

④对电机有电刷的采样器，应在可能引起电机损坏以前更换电机电刷，更换时间凭经验决定。更换电刷后要重新校准流量。新更换电刷的采样器应在负载条件下运转 1 h，待电刷与转子的整流子良好接触后，再进行流量校准。

⑤使用时，应定期清扫切割器内的颗粒物。

任务 2.9 环境空气中 PM_{10}/$PM_{2.5}$ 的测定

2.9.1 背景知识

PM_{10} 又称为可吸入颗粒物，指空气动力学直径在 10 μm 以下的颗粒物。$PM_{2.5}$ 又称细颗粒物，也称为可入肺颗粒物，指空气动力学直径小于或等于 2.5 μm 的颗粒物，直径不到人的头发丝粗细的 1/20，它不是一种单一成分的空气污染物，而是由人为和自然源排放的不同化学组分构成的一种复杂且可变的大气污染物。

PM_{10} 的来源主要有两种：一是燃煤、冶金、化工、内燃机等工业过程直接排放的超细颗粒物、未铺沥青（水泥）的路面扬尘、材料破碎碾磨处理过程产生的粉尘等，这是 PM_{10} 的主要来源；二是空气中二次形成的超细颗粒物与气溶胶等。$PM_{2.5}$ 的来源从排放途径可分为人为源和自然源。自然源主要是指自然过程所形成的颗粒物排放，例如，海浪飞沫产生的海盐颗粒、大风扬沙产生的沙尘等。人为源是指人类活动所形成的污染排放，来源相对较多，化石燃料的燃烧、城市扬尘、汽车尾气、农作物秸秆焚烧及工农业生产等人类活动都会排出各类与 $PM_{2.5}$ 相关的污染物。据统计，水泥工业、民用生物质燃烧、燃煤排放是我国 PM_{10} 和 $PM_{2.5}$ 的最主要排放源。从形成过程来分，颗粒物又可分为一次颗粒物和二次颗粒物。一次颗粒物是直接从排放源以固体形式排出的颗粒物；二次颗粒物是由 SO_2、NO_x、NH_3 和 VOC_s 等气态前体物经过大气化学反应后形成的颗粒物，实现由气体到粒子的相态转换。

PM_{10} 和 $PM_{2.5}$ 在环境空气中持续的时间很长，对人体健康和大气能见度影响都很大，尤其是细颗粒物。虽然细颗粒物只是地球大气成分中含量很少的组分，但它对空气质量和能见度等有重要的影响。与较粗的大气颗粒物相比，细颗粒物粒径小，富含大量的有毒、有害物质且在大气中的停留时间长、输送距离远，因而对人体健康和大气环境质量的影响更大。细颗粒物因为直径越小，进入呼吸道的部位越深。10 μm 直径的颗粒物通常沉积在上呼吸道，2 μm 以下的可深入到细支气管和肺泡。细颗粒物进入人体到肺泡后，直接影响肺的通气功能，使机体容易处在缺氧状态。对颗粒的长期暴露可引发心血管病和呼吸道疾病以及肺癌。此外，细颗粒物极易吸附多环芳烃等有机污染物和重金属，使致癌、致畸、致突变的概率明显升高。与此同时，细颗粒物能影响成云和降雨过程，间接影响着气候变化。大气中雨水的凝结核，除了海水中的盐分，细颗粒物 $PM_{2.5}$ 也是重要的源。有些条件下，$PM_{2.5}$ 太多了，可能“分食”水分，使天空中的云滴都长不大，蓝天白云就变得比以前更少；有些条件下，$PM_{2.5}$ 会增加凝结核的数量，使天空中的雨滴增多，极端时可能发生暴雨。

2.9.2　方法选择

环境空气中 $PM_{10}/PM_{2.5}$ 的测定有自动和手工两种方法，我国《环境空气质量标准》（GB 3095—2012）中列出《环境空气 $PM_{10}/PM_{2.5}$ 的测定　重量法》（HJ 618—2011）为标准手工分析方法，微量振荡天平法和 β 射线法为自动分析方法。自 HJ 618—2011 标准方法于 2011 年 1 月 1 日实施之日起，《大气飘尘浓度测定方法》（GB 6921—86）废止。此外，《公共场所卫生检验方法　第 2 部分：化学污染物》（GB/T 18204.2—2014）中也有关于 $PM_{10}/PM_{2.5}$ 的测定，分为滤膜称重法和光散射法。具体如表 2.9-1 所示。

由表 2.9-1 可见，重量法和滤膜称重法的原理相同，$PM_{10}/PM_{2.5}$ 的手工监测方法可归为一类，即重量法；自动监测方法主要包括微量振荡天平法、β 射线法和光散射法。与自动监测法相比，手工监测方法原理简单，在颗粒物测量关键环节方面均可以对其进行基准方法的溯源，如采样体积流量、切割器切割效率、天平称量等，测量不受颗粒物形状、大小、颜色等因素的影响，测定数据可靠；而缺点在于操作烦琐、采样周期长、监测数据时间分辨率低，同时由于采样和平衡称重的耗时较长，导致手工监测结果具有明显的滞后性。自动监测方法众多，但不同方法之间存在差异，且不同温度、湿度等条件下的不同仪器的适用性如何，需开展自动监测方法比对。目前，国内外均以手工监测方法作为基准，在足够的监测样本数的基础上，评判目标自动方法及其设备的监测结果与手工标准方法监测结果之间的差异。我国也已经连续出台了《环境空气颗粒物（PM_{10} 和 $PM_{2.5}$）连续自动监测系统安装和验收技术规范》（HJ 655—2013）、《环境空气颗粒物（PM_{10} 和 $PM_{2.5}$）采样器技术要求及检测方法》（HJ 93—2013）、《环境空气颗粒物（PM_{10} 和 $PM_{2.5}$）连续自动检测系统技术要求及检测方法》（HJ 653—2013）等相关技术规范来规范和发展颗粒物自动监测方法。

表 2.9-1 空气中 $PM_{10}/PM_{2.5}$ 的测定方法

序号	方法名称	原理	测定范围	主要仪器
1	重量法（HJ 618—2011）	分别通过具有一定切割特性的采样器，以恒速抽取定量体积空气，使环境空气中 PM_{10} 和 $PM_{2.5}$ 被截留在已知质量的滤膜上，根据采样前后滤膜的重量差和采样体积，计算出二者浓度	方法检出限为 0.010 mg/m^3	颗粒物采样器、分析天平、恒温恒湿箱
2	滤膜称重法（GB/T 18204.2—2014）	使用带有 PM_{10} 切割器的滤膜采样器进行空气采样，空气中的颗粒物经切割分离后，PM_{10} 被采集在滤膜上，经实验室称量可得到 PM_{10} 质量，再除以采气体积即可得出 PM_{10} 的质量浓度	PM_{10}：最低检出限 0.01 mg/m^3	颗粒物采样器、分析天平、干燥器
3	光散射法（GB/T 18204.2—2014）	当光照射在空气中悬浮的颗粒物上，产生散射光。在颗粒物性质一定的条件下，颗粒物的散射光强度与其质量浓度成正比，通过测量散射光强度，应用质量浓度转换系数 *K* 值，求得颗粒物质量浓度	PM_{10}：0.001～10 mg/m^3 $PM_{2.5}$：0.001～0.5 mg/m^3	光散射式粉尘仪

目前，《环境空气 $PM_{10}/PM_{2.5}$ 的测定 重量法》（HJ 618—2011）手工分析方法应用较为广泛。下面重点介绍该方法。

【环境空气中 $PM_{10}/PM_{2.5}$ 的测定——重量法（HJ 618—2011）】

【环境空气中 $PM_{2.5}$ 的测定视频】

【大气中 TSP/PM_{10} 的测定实验视频】

2.9.3 环境空气中 $PM_{10}/PM_{2.5}$ 的测定——重量法

2.9.3.1 适用范围

该方法规定了测定环境空气中 PM_{10} 和 $PM_{2.5}$ 的重量法，适用于环境空气中 PM_{10} 和 $PM_{2.5}$ 浓度的手工测定。方法检出限为 0.010 mg/m^3（以感量 0.1 mg 分析天平，样品负载量为 1.0 mg，采集 108 m^3 空气样品计）。

2.9.3.2　测定原理

分别通过具有一定切割特性的采样器，以恒速抽取定量体积空气，使环境空气中 PM_{10} 和 $PM_{2.5}$ 被截留在已知质量的滤膜上，根据采样前后滤膜的重量差和采样体积，计算出二者浓度。

2.9.3.3　仪器和设备

①切割器。

PM_{10} 切割器、采样系统：切割粒径 D_{a50}=（10±0.5）μm；捕集效率的几何标准差为 σ_g=（1.5±0.1） μm。其他性能和技术指标应符合 HJ/T 93—2013 的规定。

$PM_{2.5}$ 切割器、采样系统：切割粒径 D_{a50}=（2.5±0.2） μm；捕集效率的几何标准差为 σ_g=（1.2±0.1） μm。其他性能和技术指标应符合 HJ/T 93—2013 的规定。

②采样器孔口流量计或其他符合本标准技术指标要求的流量计。

大流量流量计：量程（0.8～1.4）m^3/min；误差≤2%。

中流量流量计：量程（60～125）L/min；误差≤2%。

小流量流量计：量程＜30 L/min；误差≤2%。

③滤膜。根据样品采集目的可选用玻璃纤维滤膜、石英滤膜等无机滤膜或聚氯乙烯、聚丙烯、混合纤维素等有机滤膜。滤膜对 0.3 μm 标准粒子的截留效率不低于 99%。空白滤膜按 2.9.3.5 分析步骤进行平衡处理至恒重，称量后，放入干燥器中备用。

④分析天平。感量 0.1 mg 或 0.01 mg。

⑤恒温恒湿箱。箱（室）内空气温度在 15～30℃范围内可调，控温精度±1℃。箱（室）内空气相对湿度应控制在 50%±5%。恒温恒湿箱（室）可连续工作。

⑥干燥器。内盛变色硅胶。

2.9.3.4　样品采集

【$PM_{2.5}$ 手工监测技术规范】　　【环境空气质量手工监测技术规范】

（1）采样要求

环境空气监测中采样环境及采样频率的要求，按《环境空气质量手工监测技术规范》（HJ/T 194—2005）及《环境空气颗粒物（$PM_{2.5}$）手工监测方法（重量法）技术规范》（HJ 656—2013）的要求执行。采样时，采样器入口距地面高度不得低于1.5 m。采样不宜在风速大于 8 m/s 等天气条件下进行。采样点应避开污染源及障碍物。如果测定交通枢纽处 PM_{10} 和 $PM_{2.5}$，采样点应布置在距人行道边缘外侧 1 m 处。

采用间断采样方式测定日平均浓度时，其次数不应少于 4 次，累积采样时间不应少于 18 h。

（2）样品采集

采样时，将已称重的滤膜用镊子放入洁净采样夹内的滤网上，滤膜毛面应朝进气方向。将滤膜牢固压紧至不漏气。如果测定任何一次浓度，每次需更换滤膜；如测日平均浓度，样品可采集在一张滤膜上。采样结束后，用镊子取出。将有尘面两次对折，放入样品盒或纸袋，并做好采样记录。

注意事项：样品采集之前，应对颗粒物采样器的流量进行校准。

（3）样品保存

滤膜采集后，如不能立即称重，应在 4℃条件下冷藏保存。

2.9.3.5 分析步骤

将采样后的滤膜放在恒温恒湿箱（室）中平衡 24 h，平衡条件为：温度取 15～30℃中任何一点，相对湿度控制在 45%～55%范围内，记录平衡温度与湿度。在上述平衡条件下，用感量为 0.1 mg 或 0.01 mg 的分析天平称量滤膜，记录滤膜重量。同一滤膜在恒温恒湿箱（室）中相同条件下再平衡 1 h 后称重。对于 PM_{10} 和 $PM_{2.5}$ 颗粒物样品滤膜，两次重量之差分别小于 0.4 mg 或 0.04 mg 为满足恒重要求。

2.9.3.6 结果计算与评价

（1）结果计算

PM_{10} 和 $PM_{2.5}$ 浓度按式（2.9-1）计算：

$$\rho = \frac{w_2 - w_1}{V} \times 1000 \tag{2.9-1}$$

式中：ρ —— PM_{10} 或 $PM_{2.5}$ 浓度，mg/m^3；

w_2 —— 采样后滤膜的重量，g；

w_1 ——空白滤膜的重量，g；

V —— 已换算成标准状态下（101.325 kPa，273 K）的采样体积，m^3。

计算结果保留 3 位有效数字。小数点后数字可保留到第 3 位。

（2）结果评价

将 PM_{10} 或 $PM_{2.5}$ 的测定结果与环境空气质量标准进行比较，评价其空气质量是否达到功能区划要求。

《环境空气质量标准》（GB 3095—2012）中 PM_{10} 或 $PM_{2.5}$ 的浓度限值如表 2.9-2 所示。

表 2.9-2　环境空气中 PM_{10} 或 $PM_{2.5}$ 浓度限值

序号	污染物项目	平均时间	浓度限值		单位
			一级	二级	
1	PM_{10}	年平均	40	70	μg/m³
		24 h 平均	50	150	
2	$PM_{2.5}$	年平均	15	35	
		24 h 平均	35	75	

2.9.3.7　质量控制与保证

①采样器每次使用前需进行流量校准。校准方法按标准（HJ 618—2011）附录 A 执行。

②使用冲击式切割器时容易出现粒子在采集表面反弹的现象，因此一般会在捕集板上使用黏性表面，例如，可用棉纱布卷蘸凡士林对捕集板进行涂抹，涂抹要薄且均匀，不要涂到过气孔里去，采样后再及时清洁凹槽部位。

③滤膜使用前均需进行检查，不得有针孔或任何缺陷。滤膜称量时要消除静电的影响。

④取清洁滤膜若干张，在恒温恒湿箱（室），按平衡条件平衡 24 h，称重。每张滤膜非连续称量 10 次以上，求每张滤膜的平均值为该张滤膜的原始质量。以上述滤膜作为“标准滤膜”。每次称滤膜的同时，称量两张“标准滤膜”。若标准滤膜称出的重量在原始质量±5 mg（大流量）、±0.5 mg（中流量和小流量）范围内，则认为该批样品滤膜称量合格，数据可用。否则应检查称量条件是否符合要求并重新称量该批样品滤膜。

⑤每批样品应至少包括 1 个运输空白，要求空白值不得超过方法检出限。

⑥要经常检查采样头是否漏气。当滤膜安放正确，采样系统无漏气时，采样后滤膜上颗粒物与四周白边之间界限应清晰，如出现界线模糊时，则表明应更换滤膜密封垫。

⑦当 PM_{10} 或 $PM_{2.5}$ 含量很低时，采样时间不能过短。对于感量为 0.1 mg 和 0.01 mg 的分析天平，滤膜上颗粒物负载量应分别大于 1 mg 和 0.1 mg，以减少称量误差。

⑧采样前后，滤膜称量应使用同一台分析天平。

2.9.3.8 注意事项

① 使用时，应定期清扫切割器内的颗粒物，通常每月一次。

② 称量滤膜时的质量控制要严格。

③ 对电机有电刷的采样器，应尽可能在电机由于电刷原因停止工作前更换电刷，以免使采样失败。更换时间视以往情况确定。更换电刷后要重新校准流量。新更换电刷的采样器应在负载条件下运转 1 h，待电刷与转子的整流子良好接触后，再进行流量校准。

任务 2.10 环境空气中铅的测定

2.10.1 背景知识

金属铅是银灰色的重金属，质软，其熔点 327.4℃，沸点 1 620℃，易于熔化，并在不太高温度下形成金属蒸气。在 400～500℃并在空气存在下加热铅，铅的蒸气易于生成氧化亚铅（Pb_2O），并进一步可氧化为一氧化铅（PbO）、三氧化二铅（Pb_2O_3）、四氧化三铅（Pb_3O_4）。除 PbO 外，Pb_2O_3、Pb_3O_4 在高温下均不稳定，易热分解为 PbO，并释放出 O_2。所以铅的冶炼与回收或空气污染中的铅主要以凝聚的 PbO 颗粒物形式存在。

空气中铅的污染主要来源有燃油、烧煤、垃圾焚烧、黑色金属冶炼、有色金属冶炼以及蓄电池制造、回收等工业过程排出金属铅的氧化物、气溶胶细离子，可长期飘浮于近地面的空气中。铅容易被水生物和农作物吸收积累，从而污染食品。铅不是人体必需的元素，可通过消解道和呼吸道进入人体，在体内积累后会引起铅中毒。

人体从污染空气、食品和饮料中摄入的铅不易排泄，它影响肾、肝、神经系统和造血器官，从增高血压，干扰肾功能和生殖功能，一直到不可逆转地损伤大脑。尤其是儿童受害最大，使其智商偏低，精力难以集中。血铅浓度可作为接触铅污染水平的一种生物指标。WHO 推荐血铅正常值为 10 μg/dL 以下。

2.10.2 方法选择

铅的常用分析方法是原子吸收分光光度法和双硫腙比色法，也可用电感耦合等离子体原子发射光谱法（ICP-AES）、电感耦合等离子体质谱法（ICP-MS）等方法测定。对于大气颗粒态铅，应用最为广泛的是原子吸收法，电感耦合等离子体质谱法（ICP-MS）也可用于测定大气颗粒态铅，具体测定方法如表 2.10-1 所示。

表 2.10-1　铅的测定方法

序号	标准名称	原理	测定范围	主要仪器
1	环境空气　铅的测定　火焰原子吸收分光光度法（GB/T 15264—94）	用玻璃纤维滤膜采集的试样，经硝酸-过氧化氢溶液浸出制备成试料溶液。直接吸入空气-乙炔火焰中原子化，在 283.3 nm 处测量基态原子对空心阴极灯特征辐射的吸收。在一定条件下，吸收光度与待测样中金属浓度成正比	方法检出限为 0.5 μg/mL（1%吸收），当采样体积为 50 m^3 进行测定时，最低检出浓度为 5×10^{-4} mg/m^3	颗粒物采样器、原子吸收分光光度计
2	环境空气　铅的测定　石墨炉原子吸收分光光度法（HJ 539—2015）	用石英纤维等滤膜采集环境空气中的颗粒物样品，经消解后，注入石墨炉原子化器中，经过干燥、灰化和原子化，其基态原子对 283.3 nm 处的谱线产生选择性吸收，其吸光度值与铅的质量浓度成正比	采集环境空气 10 m^3（标准状态），样品定容至 50 mL 时，方法检出限为 0.009 $\mu g/m^3$，测定下限为 0.036 $\mu g/m^3$	颗粒物采样器、石墨炉原子吸收分光光度计、电热板或微波消解器
3	空气和废气　颗粒物中铅等金属元素的测定　电感耦合等离子体质谱法（HJ 657—2013）	使用滤膜采集环境空气中颗粒物，采集的样品经预处理（微波消解或电热板消解）后，利用电感耦合等离子体质谱仪（ICP-MS）测定各金属元素的含量	空气采样体积为 150 m^3（标准状态），铅的检出限为 0.6 ng/m^3，最低检出量为 0.100 μg	颗粒物采样器、电感耦合等离子体质谱仪、电热板或微波消解器

用火焰原子吸收分光光度法（GB/T 15264—94）测定环境空气中颗粒铅，方法操作简单、快速而准确。铅的含量较低时，可采用石墨炉原子吸收分光光度法（HJ 539 —2015）。需要注意的是，自 HJ 539—2015 标准 2015 年 12 月 15 日实施之日起，原标准《环境空气　铅的测定　石墨炉原子吸收分光光度法（暂行）》（HJ 539—2009）废止。

电感耦合等离子体质谱法（ICP-MS）的优点是能进行多元素快速分析；动态线性范围宽；灵敏度高，背景低，检出限低；在大气压下进样，便于与其他进样技术连用；能克服多原子离子干扰；可进行同位素分析、单元素和多元素分析，以及有机物中金属元素的形态分析；测定方式灵活；分析精密度高。其缺点是运行费用高，操作人员需要有丰富的经验，样品介质的影响大，ICP 高温引起化学反应的多样化，经常使分子离子的强度过高干扰测量。

目前，火焰原子吸收分光光度法（GB/T 15264—94）仍在广泛运用，在此，重点介绍火焰原子吸收光度法。

【大气颗粒物组分中铅的测定，GB/T 15264—94】

2.10.3 大气颗粒物中铅的测定——火焰原子吸收分光光度法

2.10.3.1 适用范围

该方法规定了用火焰原子吸收分光光度法测定环境空气中颗粒铅，方法操作简单、快速而准确。

2.10.3.2 测定原理

用玻璃纤维滤膜采集的试样，经硝酸-过氧化氢溶液浸出制备成试料溶液。直接吸入空气-乙炔火焰中原子化，在 283.3 nm 处测量基态原子对空心阴极灯特征辐射的吸收。在一定条件下，吸收光度与待测样中金属浓度成正比。

标准方法检出限为 0.5 μg/mL（1%吸收），当采样体积为 50 m^3 进行测定时，最低检出浓度为 5×10^{-4} mg/m^3。

2.10.3.3 试剂和材料

除另有说明外，均为无铅分析纯试剂和去离子水或同等纯度的水。

① 铅。含量不低于 99.99%。

② 硝酸（HNO_3）。ρ＝1.42 g/mL，优级纯。

③ 硝酸（HNO_3）。ρ＝1.42 g/mL，分析纯。

④ 过氧化氢（H_2O_2）。约 30%（*m*/*m*）。

⑤ 氢氟酸（HF）。约 40%（*m*/*m*）。

⑥ 硝酸溶液，1%。用硝酸（②）配制。

⑦ 硝酸溶液，1＋1。用硝酸（②）配制。

⑧ 硝酸-过氧化氢混合液。用硝酸（②）和过氧化氢（④），按（1＋1）配制，临时现配。

⑨ 铅标准储备溶液，c＝1.000 g/L。称取 1.000±0.001 g 铅（①）于器皿中，加入硝酸（②）15 mL，加热，直至溶解完全，然后用水稀释定容至 1 000 mL，混匀。

⑩ 铅标准溶液，c=0.100 g/L。用移液管取 10.00 mL 铅标准储备洁液（⑨）至 100 mL 容量瓶内，用硝酸溶液（⑥）稀释至标线，混匀。

⑪燃气。乙炔，纯度不低于 99.6%。用钢瓶气或由乙炔发生器供给。

⑫ 氧化剂。空气，一般由气体压缩机供给，进入燃烧器以前，应经过适当过滤，以除去其中的水、油和其他杂物。

⑬ 滤膜。超细玻璃纤维滤膜。空白滤膜的最大含铅量，要明显低于本方法所规定测定的最低检出浓度。

2.10.3.4　仪器和设备

一般实验室仪器和设备[①]：

① 原子吸收分光光度计及相应的辅助设备。光源选用空心阴极灯或无极放电灯。操作参数可参照仪器说明书进行选择。

② 4 号多孔玻璃过滤器。

③ 总悬浮颗粒采样器：中流量采样器。

2.10.3.5　样品采集

（1）采集

中流量采样器，玻璃纤维滤膜过滤直径为 8 cm 时，以 50～150 L/min 流量，采样 30～60 m^3。采应将滤膜毛面朝上，放入采样夹中拧紧。采样后小心取下滤膜尘面朝里对折两次叠成扇形，放回纸袋中，并详细记录采样条件。

（2）试料溶液

①硝酸-过氧化氢溶液浸出法。取试样滤膜，置于高型烧杯中，加入 10 mL 硝酸-过氧化氢混合溶液浸泡 2 h 以上，微火加热至沸腾，保持微沸 10 min，冷却后加入过氧化氢 10 mL，沸腾至微干，冷却，加硝酸溶液（⑥）20 mL，再沸腾 10 min，热溶液通过多孔玻璃过滤器，收集于烧杯中，用少量热硝酸溶液（⑥）冲洗过滤器数次。待滤液冷却后，转移到 50 mL 容量瓶中，再用硝酸溶液（⑥）稀释至标线，即为试料溶液。

②空白溶液制备。取同批号等面积空白滤膜，按 2.10.3.5 样品采集中（2）①操作，制备成空白溶液。

2.10.3.6　分析步骤

（1）干扰及其消除

对于火焰原子吸收法，在实验条件下，锑在波长 217.0 nm 处有吸收干扰测定，但在 283.3 nm 处，锑不干扰测定。

注：①实验用的玻璃器皿用洗涤剂洗净后，在硝酸溶液（⑦）中浸泡。使用前，先后用自来水和无铅水彻底洗洁净。

（2）校准曲线的绘制

参照表 2.10-2，取 7 个 100 mL 容量瓶，分别加入铅标准溶液，然后用硝酸溶液（⑥）稀释至标线，配制成工作标准溶液，其浓度范围包括试料中被测铅浓度。

表 2.10-2 铅标准系列

序号	0	1	2	3	4	5	6
铅标准溶液（⑩）加入体积/mL	0	0.50	1.00	2.00	4.00	8.00	10.00
工作标准溶液/（mg/L）	0	0.50	1.00	2.00	4.00	8.00	10.00

根据选定的原子吸收分光光度计工作条件，测定工作标准溶液的吸光度。以吸光度对铅浓度（mg/L），绘制标准曲线。

（3）试料溶液测定

按校准曲线绘制时的仪器工作条件，吸入硝酸溶液（⑥），将仪器调零，吸入空白和试料溶液，记录吸光度值。

（4）试料的回收试验

对于每批测定，均应将已知含铅量的试样通过方法的全过程操作，以便确定处理和测定过程中对待测铅的回收率影响。

2.10.3.7 结果计算与评价

（1）结果计算

根据所测的吸光度值，在校准曲线上查出试料溶液和空白溶液的浓度，并由下式计算空气中铅的含量。

$$C(\mathrm{Pb,mg/m^3})=\frac{V\cdot(a-b)\cdot N}{V_n\cdot 1000}\times\frac{S_\mathrm{t}}{S_\mathrm{a}}$$

式中：C——铅及其无机化合物（换算成铅）浓度，$\mathrm{mg/m^3}$；

a——试料溶液中铅浓度，μg/mL；

b——空白溶液中铅浓度，μg/mL；

V——试料溶液体积，mL；

V_n——换算成标准状态下（0℃、101 325Pa）的采样体积，$\mathrm{m^3}$；

S_t——试料滤膜总面积，$\mathrm{cm^2}$；

S_a——测定时所取滤膜面积，$\mathrm{cm^2}$。

（2）结果评价

①将精密度检验结果与标准进行比较，判断是否符合标准要求。

注：当试料溶液的响应值处于标准曲线上限范围以外时，要用硝酸溶液（⑥）稀释，使其响应值移至直线区域，并记录下稀释倍数（N）。

②将铅的测定结果与环境空气质量标准进行比较，评价其空气质量是否达到功能区划要求。

《环境空气质量标准》（GB 3095—2012）中的铅浓度限值如表 2.10-3 所示。

表 2.10-3　环境空气中铅浓度限值

序号	污染物项目	平均时间	浓度限值		单位
			一级	二级	
1	铅（Pb）	年平均	0.5	0.5	$\mu g/m^3$
		季平均	1.0	1.0	

2.10.3.8　质量控制与保证

（1）精密度

五个实验室火焰法测定含 1.0 mg/L 及 5.0 mg/L 铅的统一试料。

（2）重复性

重复性相对标准偏差分别为 4.0%和 2.4%。

（3）再现性

再现性相对标准偏差分别为 4.6%和 3.1%。

（4）准确度

五个实验室火焰法分析 0.6 mg/L，试料的加标回收百分率为 95.5%～105.0%。

2.10.3.9　注意事项

①该方法测定的环境空气中的铅，系指酸溶性铅及铅的氧化物。

②进行标准曲线绘制时，对于装有内部存储器的仪器，输入空白和三个工作标准溶液，存入一条校准曲线，测定试料时可直接读出浓度。此外，在测定过程中，要定期地复测空白和标准溶液，以检查基线的稳定性和仪器灵敏度是否发生了变化。

任务 2.11　酸沉降

2.11.1　酸沉降概述

2.11.1.1　研究历史

大气降水是全球水循环的重要组成部分，它维持着全球的水平衡；同时它也是农业生产的主要水源之一，特别是在古代，农业生产用水几乎完全依赖大气降水。

从清洁的空气中降落的雨水含有微量的弱酸（H_2CO_3），可以溶解地壳中的矿物质，为植物提供营养物质。但如果大气受到污染，雨水就会将酸性污染物带到地面，使雨水酸性增强，形成酸雨，就会给环境和生态带来种种危害。

酸沉降的研究即是始于酸雨研究。酸雨（Acid Rain）一词最早是由英国化学家史密斯（R.A.Smith）于1872年首次提出的。但是直到1972年，瑞典政府给联合国人类环境会议提交了《穿过国界的大气污染：大气和降水中硫的影响》的报告后，才正式引起各国政府层面的关注，并因此引发政府治理行动，成为正视酸雨污染和开展酸雨防治的一个里程碑。为此，1973—1975年欧洲经济合作与发展组织开展了专项研究，发现酸雨地区已经几乎覆盖了整个西北欧，证实了欧洲大面积酸雨影响的严重形势。1974年，观测也发现在美国东北部和与加拿大交界地区存在大面积酸雨区，北美几乎有2/3陆地面积受到酸雨威胁。随后，在东亚的日本、韩国等工业发达地区也发现了大面积酸雨区。随着更多监测的进展，发现酸雨的影响已经波及全球范围，甚至影响到遥远和人迹罕至、长年冰封雪盖的极地地区。在格陵兰岛冰层钻井取样的科学研究发现，现在与约两百年前的冰块相比酸度增长了约100倍。1975年召开了第一次世界酸雨大会，主要讨论了酸雨对地表、土壤、森林和植被的危害，酸雨问题被广泛关注。1977年，联合国承认酸雨属于全球性污染问题。1982年6月，在瑞典首都斯德哥尔摩的联合国人类环境会议上首次提出了题为“跨越国界的大气污染：大气中硫和降水对环境的影响”的报告，引起全世界对酸雨的极大关注，酸雨也成为环境科学中一个重点课题。目前，世界范围主要存在几个大的酸雨区，一是以德、法、英等欧洲工业国家为中心，覆盖面积涉及大半个欧洲的西北欧酸雨区；二是20世纪50年代后期开始形成的包括美国和加拿大在内的北美酸雨区，这两个酸雨区的总面积已达1 000多万km^2；三是覆盖了日本、韩国、东南亚地区和中国南方的东亚酸雨区，以及印度和巴基斯坦工业区的南亚酸雨区。随着酸雨观测和研究的进展，以及世界主要国家尤其是工业发达国家对酸雨问题的重视，国际社会达成共识，将酸雨作为20世纪重要的全球性环境污染问题之一。

2.11.1.2 酸沉降的定义

酸沉降包括“湿沉降”和“干沉降”。湿沉降通常指pH低于5.6的降水，包括雨、雪、霜、雹、雾和露；干沉降酸雨指大气中所有酸性物质转移到大地的过程。

酸沉降中的湿沉降可以理解为传统意义上的“酸雨”。20世纪50年代中期，瑞典斯德哥尔摩国际气象研究所主持建成了欧洲大气化学监测网，开始对降水进行系统观测，认为二氧化碳是大气中主要酸性物质。大气降水的酸度用pH表示，在自然条件下，大气中的二氧化碳溶入大气降水中，与大气降水达到平衡时的pH即可作为未受污染的天然雨水的背景值。科学家在实验室条件下，研究得到大气二氧化碳与蒸馏水处于平衡态时，水的pH为5.6，同时，观测到的冰川深层pH也在5.6

左右，因此，多年来国际上把 pH 为 5.6 作为未受污染的天然雨水的背景值，即大气降水的 pH 小于 5.6 时被认为是酸雨。在 1982 年 6 月的国际环境会议上，国际上第一次统一将 pH 小于 5.6 的降水（包括雨、雪、霜、雾、雹、霰等）正式定义为酸雨。我国也是采用 pH 为 5.6 作为酸雨的判断依据。

2.11.1.3 酸沉降形成机理

工业生产和民用生活中燃烧大量化石燃料（如煤炭、石油以及天然气等）释放的硫氧化物和氮氧化物等酸性物质，经过一系列复杂的物理化学反应过程，形成硫酸或硝酸气溶胶，通过雨、雪、雾等过程，迁移到地面形成酸雨。如果酸性物质形成时没有降水发生，则酸性物质在重力作用下运动，逐渐沉降到地面上，形成干沉降。

酸沉降中含有多种无机酸和有机酸，绝大部分是硫酸和硝酸。酸沉降的形成包含了复杂的大气化学和大气物理过程并与以下大气污染物有关。

含硫的化合物和基团：SO_2、SO_3、CS_2、H_2SO_4、硫酸盐（MSO_4）、二甲基硫[$(CH_3)_2S$，即 DMS]、二甲基二硫[$(CH_3)_2S_2$，即 DMDS]、羰基硫（COS，它是 CS_2 在大气中的光化学反应产物）、甲硫醇（CH_3SH）等。

含氮的化合物和基团：NO、N_2O、NO_2、NH_3、硝酸盐（MNO_3）、铵盐（NH_4^+）等。

含氯的化合物和基团：HCl、氯化物（MCl）等。

上述污染物对酸沉降贡献最大的是 SO_x 和 NO_x 及与它们的大气化学相关的化合物。此外，在大气中也包含着某些酸沉降形成的抑制剂，如 NH_3、海盐颗粒、土壤颗粒等。

酸沉降的形成机理如图 2.11-1 所示。

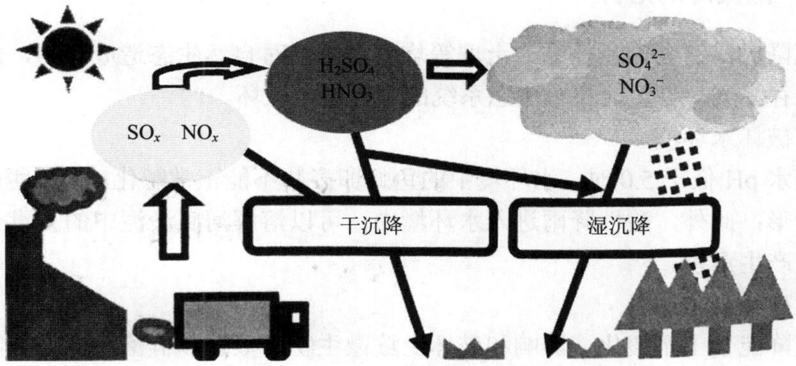

图 2.11-1 酸沉降形成机理

2.11.1.4 酸性物质的来源

酸性物质来源主要有天然源和人为源。

天然源主要包括：① 海洋雾沫：它们会夹带一些硫酸到空中；② 生物：土壤中动物尸体和植物败叶在细菌作用下可分解某些硫化物，继而转化为二氧化硫；③ 火山爆发：喷出大量的二氧化硫气体；④ 森林火灾：由于树木中含有微量硫，因此森林火灾是一种天然硫氧化物排放源；⑤ 闪电：空气中的氮气和氧气在高空闪电的强能量作用下，部分化合生成一氧化氮，继而在对流层中被氧化为二氧化氮，一氧化氮和二氧化氮与空气中的水蒸气反应生成硝酸；⑥ 细菌分解：土壤中含有微量的硝酸盐，施用的化肥也含有一定量的硝酸盐，土壤中的硝酸盐在细菌分解作用下生成一氧化氮、二氧化氮等。

人为源主要包括：① 煤、石油和天然气等化石燃料燃烧，煤中含有硫，燃烧过程中生成大量二氧化硫，此外，煤燃烧过程中的高温使空气中的氮气和氧气化合为一氧化氮，继而转化为二氧化氮；② 金属冶炼，如铜、铅、锌等有色金属矿石中含有硫化物，在冶炼过程中释放大量二氧化硫气体，部分回收为硫酸，部分进入大气；③ 化工生产，特别是硫酸生产和硝酸生产可分别产生大量二氧化硫和二氧化氮；④ 石油炼制能产生一定量的二氧化硫和二氧化氮；⑤ 交通运输，如汽车尾气的发动机内，活塞频繁打出火花，就像天空中闪电使氮气变成二氧化氮。

大气中大部分硫和氮的化合物是由人为活动产生的，其中化石燃料燃烧造成的 SO_2 与 NO_x 排放，是产生酸雨的主要原因。这已从欧洲、北美历年排放 SO_2 与 NO_x 的递增量与出现酸雨的频率及降水酸度上升趋势得到证明。

2.11.1.5 酸沉降的危害

酸沉降对江河湖泊、植物、土壤等均有影响，对自然生态造成破坏，危及野生动物的生存环境，甚至对整个生态系统的平衡造成破坏。

（1）破坏水环境

当降水 pH 低于 5.0 时，水环境中的鱼虾卵多数不能正常孵化，即使孵化，骨骼也多为畸形；此外，酸性降雨进入水环境中，可以溶解河底淤泥中的有毒金属，对水生生物产生毒害。

（2）破坏土壤环境

酸沉降能使土壤酸化，影响和破坏土壤微生物的数量和群落结构，抑制土壤中有机物的分解和氮的固定，淋洗与土壤粒子结合的钙、镁、锌等营养元素，使土壤贫瘠化，影响地表植被的生长。

（3）危害植物

植物的叶片对酸沉降的反应非常敏感。在酸性物质作用下，叶片受到损害，光合作用能力降低，抗病虫害能力减弱，导致植物生长缓慢甚至死亡，造成农作物减产。

（4）腐蚀建筑物

降水或空气中的酸性物质对文物古迹、建筑物、工业设备和通信电缆等的腐蚀也非常明显。许多刚落成或装饰一新的建筑在几场酸雨之后变得暗淡无光，有着 2 000 多年历史的雅典古城中，大理石建筑和雕塑在酸性物质的长期腐蚀下，层层剥落，变得千疮百孔。

（5）危害人体健康

含酸性物质的空气能加重人的呼吸道疾病。酸雨中含有的甲醛、丙烯酸等对人的眼睛有强烈的刺激作用。硫酸雾和硫酸盐雾的毒性比二氧化硫气体本身要高 10 倍，其微粒可侵入人体的深部组织，引起肺水肿和肺硬化等疾病，甚至导致死亡。当空气中的硫酸雾浓度达到 0.8 mg/L 时，就会使人难受而致病。人们饮用酸化的地表水或者土壤溶出金属含量较高的地下水，食用酸化湖泊和河流的鱼类等，使重金属元素通过食物链逐渐积累进入人体，最终对人体健康造成危害。

【大自然的隐形杀手——酸雨】

2.11.1.6　我国酸沉降监测概况

目前，我国的酸沉降监测主要集中在湿沉降监测方面，也就是通常所说的酸雨监测。我国的酸雨监测始于 20 世纪 70 年代末期，起初北京、上海、重庆、贵阳等少数城市开展了降水 pH 监测。为了掌握我国酸雨分布状况，1982 年国家环保部门建立了全国酸雨监测网，1989 年中国气象局也建立了气象部门的全国性酸雨监测网络。全国性酸雨监测网络的建立，积累了大量的监测数据，为我国酸雨控制和研究起了重要作用。1992 年，我国颁布了 GB 13580.1—92～GB 13580.13—92 等一系列大气降水监测的标准和规范，规范了我国大气降水样品的采集、保存及分析过程。2000 年 9 月 1 日《中华人民共和国大气污染防治法》正式实施，该法案第十八条中规定国务院环境保护主管部门会同国务院有关部门，根据气象、地形、土壤等自然条件，可以将已经产生、可能产生酸雨的地区或者其他二氧化硫污染严重的地区，经国务院批准后，划定为酸雨控制区或者二氧化硫污染控制区。2002、2004、2005 年，原国家环境保护总局组织开展了三年酸雨普查工作，全面调查全国酸雨状况，获得了全国的酸雨分布状况信息，期间全国有超过 600 个城市开展了降水监测，设置的监测点位超过 1 200 个。2004 年 12 月我国又发布了《酸沉降监测技术规范》(HJ/T 165—2004)，规定了酸沉降监测的点位设置、采样方法、监测频次、样品的分析项目与相应的分析方法、监测的质量保证、监测数据的处理与上报等内容，进一步明确和完善了酸沉降监测的技术要求，对各级环境监测站及其他环境监测机构对酸沉降进行监测有更为重要的指导意义。截至 2010 年年底，全国开展例行降水监测的城市（包括区、县）数量在 500 个左右，监测点位超过 1 000 个。

由于目前我国更多的是开展湿沉降监测，故在此仅对湿沉降监测进行综述。

【酸沉降监测技术规范（HJ/T 165—2004）】

2.11.2 湿沉降监测

湿沉降监测即通常所说的降水/酸雨监测。

2.11.2.1 酸雨监测网的组成和目的

目前，我国酸雨监测网主要以湿沉降监测为主。根据覆盖的空间尺度和行政管理的层次，酸雨监测网络可分为国家级、地方级。

①设立国家级酸雨监测网的目的。了解全国酸雨现状及变化趋势，确定酸雨的影响范围和污染程度，掌握酸雨主要污染特征，为国家制定酸雨污染的防治战略和防治措施提供依据，减少酸雨对人体健康、动植物、建筑物和生态系统的不利影响。

②设立地方酸雨监测网的目的。在更精确尺度上了解本地区酸雨的状况及变化趋势，掌握酸雨的化学组分特征、影响范围和污染程度，为地方解析酸雨的成因与来源制定有针对性的政策措施提供依据。

2.11.2.2 监测点位类型

（1）点位类型

根据监测目的不同，酸雨监测点位可分为例行酸雨监测点与研究性酸雨监测点，两者侧重点不同，因此点位设置的要求也不一样。例行酸雨监测主要是为了解一定区域或城市的酸雨污染现状，掌握酸雨变化的趋势，监测具有长期性的特点。研究性酸雨监测根据研究对象不同，有针对区域或城市降水现状的监测，也有对排放源的监测、研究远距离输送的监测等，为短期性监测，一般持续数月到数年。

例行酸雨监测点位分为边远监测点（也叫背景监测点、清洁对照点）、远郊监测点（也叫乡村监测点、郊区监测点）和城市监测点（也叫城区监测点）。

边远监测点是为了评估背景地区的酸雨状况，监测数据可用于评估大尺度酸性污染物质的长距离和区域间的相互影响。边远监测点应设置在不受或很少受当地的排放源和污染源影响的地方，应远离城市、大的工厂、热电厂等大的固定源，在《酸沉降监测技术规范》中明确为 50 km 以上，还应远离公路、港口、铁路等主要的流动源。

远郊监测点是为了评估区域的酸雨状况，监测数据可用于评估中尺度酸性污染物传输及对农作物和森林的影响。远郊点应设在不受城镇、乡村等人类活动影响，相对清洁而偏僻的地区。不应受工业、排灌系统、水电站、炼油厂、商业、机场及自然资源开发的影响。远郊点距大污染源 20 km 以上；距主干道公路（500 辆/d）500 m 以上；距局部污染源 1 km 以上。应尽可能在城市的上风向区域选择远郊点，并且远郊点应距城市建成区 10 km 以上，如果远郊点位于城市下风向，则应距城市建成区 20 km 以上。

城市监测点是为了评估城市地区的酸雨状况和变化趋势，包括城区、近郊区、工业区和相邻的周边地区，监测数据可用于评估小尺度范围内的酸性污染物对人群健康、建筑物等的影响。点位设置应选择在相对开阔的地方。

（2）采样点布设原则

酸雨监测采样点的数目，应根据研究目的和需要及区域实际情况具体确定。我国国家标准规定，对降水的常规监测，可按区域人口确定采样点布设数目。人口在 50 万以上的城市布设 3 个采样点，50 万以下的城市布设 2 个点，一般县城可设 1 个采样点。

采样点的布设位置要兼顾城区、郊区和清洁对照区（远郊区）。如果只设两个点，则设置城区点和郊区点，宜以省为单位考虑清洁对照点。郊区点应设置在该城主导风的上风向位置，且受到本城市污染影响较小的地点。采样点的位置应尽量与现有雨量观测站相结合。

（3）采样点环境要求

采样点位置的选择应有代表性，无偏向性，要考虑到点位附近土地使用情况基本不变。还应尽可能照顾到点位周围地形特征、地貌及气象状况（如年降水量和主导风向）。具体要求如下：

①采样点不应设在受局地气象条件影响大的地方，如山顶、山谷、海岸线等位置。

②受地热影响的火山地区和温泉地区、石子路、易受风蚀影响的耕地、受到畜

牧业和农业活动影响的牧场和草原等，都不适于选做采样点。

③采样点应尽可能避免局部污染源的影响，如废物处置地、焚烧炉、停车场、农产品的室外储存场、室内供热系统等，距这些污染源的距离应大于 100 m。

④采样点四周（25 m×25 m）无遮挡雨、雪的高大树木和建筑物，较大障碍物与采样器之间的水平距离应至少为障碍物高度的两倍，即从采样点仰望障碍物顶端，其仰角不大于 30°，也可将采样器安装在楼顶上，但周围 2 m 范围内不应有障碍物。

⑤采样器周围基础面要坚固，或有草覆盖，避免大风扬尘给采样带来影响。

⑥采样器应固定在支撑面上，使接雨器的开口边缘处于水平，离支撑面的高度大于 1.2 m，以避免雨大时泥水溅入试样中。

⑦采样器与其上方的电线、电缆线等之间的距离应保证不影响试样的采集。

⑧若有多个采样器，采样器之间的水平距离应大于 2 m。

2.11.2.3 监测项目及频次

（1）监测项目

酸雨监测项目包括：降雨（雪）量、pH、电导率、K^+、Na^+、Ca^{2+}、Mg^{2+}、NH_4^+、SO_4^{2-}、NO_3^-、F^-、Cl^-等项目，在需要时可加测有机酸（甲酸、乙酸）等。

对 pH、电导率两个项目，各级测点要做到逢雨（雪）必测，同时记录当次降雨（雪）的量。对于其他监测项目，在当月有降雨（雪）的情况下，国家酸雨监测网监测点应对每次降雨（雪）进行全部离子项目测定，尚不具备条件的监测网站每月应至少选一个或几个降水量较大的样品进行全部项目的测定。

各测点可根据需要选测 HCO_3^-、Br^-、$HCOO^-$、CH_3COO^-、PO_4^{3-}、NO_2^-、SO_3^{2-}等。

（2）监测频次

下雨时，每 24 h 采样一次。若一天中有几次降雨（雪）过程，可合并为一个样品测定；若遇连续几天降雨（雪），则将上午 9：00 至次日上午 9：00 的降雨（雪）视为一个样品。

2.11.2.4 监测过程

降水监测过程分为前期准备、样品采集、样品运输保存、实验室分析等过程。

（1）样品类型

降水样品可分为雨样和雪样，也可分为混合样和分段样。混合样是指将整个降雨过程中采集到的雨水保存在一个容器内而得到的样品。分段样是将降雨过程中的雨水，按时间、降雨量或者降雨的场次进行分割，分别装入不同容器中得到的样品。

（2）前期准备

在实验室应完成采样容器的清洗，采样容器第一次使用前应用 10%（*V*/*V*）盐酸或硝酸溶液浸泡 24 h，用自来水清洗至中性，再用去离子水冲洗多次，然后加少量去离子水振荡，用离子色谱法检查水中 Cl^- 含量，若和去离子水相同，即为合格。也可测其电导率（EC），当 EC 值小于 0.15 mS/m 视为合格。

每次使用之后的采样容器应用刷子刷洗，再用自来水冲洗干净，然后用去离子水冲洗三次。

清洗干净之后倒置晾干并加盖保存在清洁的橱柜内。

（3）样品采集

降水样品采集分为自动采样和手工采样。

1）自动采样器

能够自动采集降雨（混合样、分段样）等功能的采样器，分为直入式和非直入式。雨水能直接落入采样容器的为直入式采样器，通过其他部件如漏斗、管道等进入采样容器的为非直入式采样器，通常认为直入式降水自动采样器为较适宜的采样器。我国于 2005 年颁布了环境保护行业标准——《降雨自动采样器技术要求及检测方法》（HJ/T 174—2005），该标准规定了降水采样器的技术要求及检测方法。降水自动采样器应具有采集混合样或分段样、样品保存、自动测量降水量、查询等功能，主要由感雨器、防尘结构、接雨（雪）容器及加热装置等部件组成。

感雨器：能感应到的最低降雨强度为 0.05 mm/h 或 0.5 mm 直径的雨滴。下雨时，雨滴落在雨水传感装置上，使原来栅条电路断路的间隔处有雨水浸湿而形成通路，接通电流，使动力系统工作将防尘盖打开，接受雨水。雨停时，传感器因加热使栅片面上的水分立即蒸发，栅条间隔又恢复原来断路状态，传动装置将防尘盖关闭，停止采样。

自动测量降水量功能：能够与降雨采样器同步、平行地进行降水量的自动测量。雨量计测量最小分度为 0.1 mm。

防尘盖在无雨时应处于关闭状态，其内表面与密封材料间应压合紧密、均匀、无缝隙。在开关时应动作平稳、灵活。防尘盖必须在降雨开始 1 min 内打开，在降雨结束后 5 min 内关闭，这样可保证及时采集到完整的雨水样品，并可防止不下雨时雨水样品或采集器暴露在空气中受沾污。

采样器的密封性好，则采样器内的接水容器在未打开防尘盖前不会受到大气中尘类污染。接水容器由聚乙烯或聚四氟乙烯等对降水化学组分呈现惰性的材料组成。

接水容器的开口应距离基础面 1.2 m 以上。

加热装置用于确保采集雪水样品时的加热，可用手触摸检查感雨器是否有加热功能。

降雪采样器可使用上口直径 60 cm 以上，高度不低于 50 cm 的聚乙烯塑料容器。

2）手动采样器

没有自动采样器的监测点位可进行手工采样。手工采样器一般由聚乙烯塑料漏斗、漏斗的架子、样品容器（聚乙烯瓶）组成，漏斗的口径和样品容器体积大小与自动采样器的要求相同；也可采用无色聚乙烯塑料桶采样，采样桶上口直径及体积大小与自动采样器的要求相同。每次采样前应按容器清洗方法认真清洗。

（4）降雨（雪）量的测定

在采集降雨（雪）量的同时还需要进行降雨（雪）量的观测，以便计算出应采样品的量。雨（雪）量计安装在采样器旁边固定架子上，距采样器距离不小于 2 m，器口保持水平，距地面高 70 cm。冬季积雪较深地区，应备有一个较高的备份架子，当雪超过 30 cm 时，应把仪器移至备份架子上进行观测。其他注意事项和用法详见仪器使用说明书。

（5）采样方法

①每次降雨（雪）开始，立即将处理备用的采样器放置在选定的采样点支架上，开始采样，并记录采样起始时间。不得在降水前打开采样盖，以防干沉降的影响。

②采集降水全过程水样（降水开始到结束）。若 24 h 内有几次降水过程，可合并为一个样品测定。若连续几天降水，可收集上午 9：00 至次日 9：00 的降水，即 24 h 降水样品作为一个样品进行测定。

③样品量应满足监测项目与采用分析方法所需水样量及备用量的要求。

④为防止地面效应影响，采样器应放置在相对基础面高 1.2 m 以上。

⑤采集的样品应立即移入洁净干燥的样品瓶中，密闭保存，并贴上标签、编号，记录采样地点、时间、起止时间、降水量、降水类型、采样工具、气温、风向、风速等。

2.11.2.5 样品运输、保存与预处理

（1）样品运输

为保持样品的稳定性，应尽快将样品送至实验室。运输过程中样品应处于低温状态（3～5℃），尽量避免振荡，并防止溢出和沾污。样品容器应足够结实而不至于破损和渗漏。

（2）样品预处理

由于降水中含有尘埃、微生物等微粒，故除测定 pH 和电导率的降水样品不需过滤外，测定金属、非金属离子的样品均须尽快用 0.45 μm 的有机微孔滤膜过滤，提高水样的稳定性，以利于保存。选用的滤膜应为惰性材料，不与样品中的化学成分发生吸附或离子交换作用，能满足过滤样品的要求，且孔径均匀，孔隙率高，过滤速度快。

滤膜在加工、运输、保存等过程中可能会沾污少量的污染物，会对样品带来影响。因此滤膜使用前须放入去离子水中充分浸泡，并用去离子水洗涤数次，干燥。降雪样品应该在室温下自然融化完全后，按普通降雨样品处理。不得在雪样完全融

化前取样测定。

（3）样品保存

降水中各种组分的含量一般都较低。为减缓由于物理作用（如挥发作用和吸收空气中的酸碱气体等）、化学作用（如 SO_2 氧化成 SO_4^{2-}）和生物作用（如某些微生物吸收 NH_4^+）导致样品中组分及含量的改变，故采样后应在 24 h 内测量或妥善保存。降水样品预处理后，将滤液装入干燥清洁的样品瓶中，一般不加添加剂，密封后放入冰箱中冷藏保存。降水中主要组分的保存容器和保存方式、保存期限如表 2.11-1 所示。

表 2.11-1　降水样品的保存

测定项目	保存容器	保存方法	保存期限
电导率	聚乙烯塑料瓶	冷藏（3～5℃）	24 h
pH	聚乙烯塑料瓶	冷藏（3～5℃）	24 h
NO_2^-	聚乙烯塑料瓶	冷藏（3～5℃）	24 h
NO_3^-	聚乙烯塑料瓶	冷藏（3～5℃）	24 h
NH_4^+	聚乙烯塑料瓶	冷藏（3～5℃）	24 h
F^-	聚乙烯塑料瓶	冷藏（3～5℃）	1 个月
Cl^-	聚乙烯塑料瓶	冷藏（3～5℃）	1 个月
SO_4^{2-}	聚乙烯塑料瓶	冷藏（3～5℃）	1 个月
K^+	聚乙烯塑料瓶	冷藏（3～5℃）	1 个月
Na^+	聚乙烯塑料瓶	冷藏（3～5℃）	1 个月
Ca^{2+}	聚乙烯塑料瓶	冷藏（3～5℃）	1 个月
Mg^{2+}	聚乙烯塑料瓶	冷藏（3～5℃）	1 个月

2.11.2.6　监测分析方法

（1）测定项目

监测项目应根据监测目的确定。我国环境监测技术规范中对大气降水例行监测要求测定项目有：pH、电导率、K^+、Na^+、Ca^{2+}、Mg^{2+}、NH_4^+、SO_4^{2-}、NO_2^-、NO_3^-、F^-、Cl^-。有条件的情况下可加测有机酸（甲酸、乙酸）等。

（2）不同组分的测定方法

1）pH 的测定

pH 是降水监测的必测项目，也是评判酸雨的最重要指标。一般情况下清洁的雨水 CO_2 是饱和的，pH 在 5.6～5.7，雨水的 pH 小于该值时即为酸雨。常用测定方法为 pH 玻璃电极法。

2）电导率的测定

大气降水中常含有各种阴、阳离子（如 K^+、Na^+、Ca^{2+}、NH_4^+，SO_4^{2-}、NO_3^-、Cl^-等）。当它们的浓度较低时，降水电导率随离子浓度的增大而增加。通过测定雨水的电导率能够快速地推测雨水中溶解离子的总量。一般用电导率仪或电导仪测定。

3）硫酸根的测定

降水中的 SO_4^{2-}主要来自气溶胶和颗粒物中可溶性硫酸盐及气态 SO_2 经催化氧化形成的硫酸雾，其一般浓度范围为几毫克/升至 100 毫克/升，该指标用于反映大气被含硫化合物污染的状况。其测定方法有铬酸钡-二苯碳酰二肼分光光度法、硫酸钡比浊法、离子色谱法等。

4）硝酸盐的测定

NO_x 一部分来自人为污染源排放，也有相当部分来自空气放电。大气中 NO_x（NO、NO_2）经过一系列复杂的自由基反应，最终生成硝酸盐和亚硝酸盐，是导致降水 pH 降低的因素之一。降水中 NO_3^-浓度一般在几毫克/升以内，出现几十毫克/升的情况比较少见。该指标可反映大气被氮氧化物污染的情况，也是评价酸雨的指标之一。测定方法有镉柱还原一偶氮染料分光光度法、紫外分光光度法及离子色谱法等。

5）氯离子的测定

氯离子是衡量大气中氯化氢导致降水 pH 降低的重要标志，也是判断海盐粒子影响的标志，其浓度一般在几毫克/升以内，有时高达几十毫克/升。测定方法有硫氰酸汞-高铁分光光度法、离子色谱法等。

6）铵离子的测定

大气中的氨进入降水中会形成铵离子，它们能中和酸雾，对抑制酸雨是有利的。然而，其随降水进入河流、湖泊后，会导致水富营养化。大气中氨的浓度冬天较低、夏天较高，一般在几毫克/升以下。其测定方法常用钠氏试剂分光光度法或次氯酸钠-水杨酸分光光度法。

7）钾、钠、钙、镁等离子的测定

降水中 K^+、Na^+的浓度一般在几毫克/升以下，常用空气-乙炔（贫焰）原子吸收分光光度法测定。Ca^{2+}是降水中的主要阳离子之一，其浓度一般在几毫克/升至数十毫克/升，它对降水中酸性物质起着重要的中和作用。测定方法有原子吸收分光光度法、络合滴定法、偶氮氯膦Ⅲ分光光度法等。Mg^{2+}在降水中的含量一般在几毫克/升以下，常用原子吸收分光光度法测定。目前，已有连续测定降水电导率、水温、pH 及 K^+、Na^+、NO_3^-等离子的自动监测仪。

（3）对沉降物酸性指标的测定

对沉降物酸性指标的测定包括 pH 测定、电导率测定以及与酸性指标有关的化学成分的测定，包括硫酸根、硝酸根、铵离子、磷酸根、钾、钠、钙、镁、锰、铝离子的测定。选用的方法有酸度计、电导仪、离子选择电极、离子色谱法、原子吸收法、原子发射法、分光光度法等。若用离子色谱法和自动采样装置连接，可以得到自动降雨分析装置。

任务 2.12　环境空气质量评价

2.12.1　环境空气质量评价

环境空气质量评价是指根据一定目的，按照一定的评价标准和方法对一定区域的环境空气质量进行定性或定量的评估，确定空气污染状况。环境空气质量评价的最初目标是弄清环境空气质量状况，指出环境问题，为有效地开展环境保护工作提供依据。随着环境管理需求的不断增加，环境空气质量评价技术在向单要素、预警方向发展，评价的社会服务功能进一步加强。

为开展相关的环境空气质量评价工作，我国相继编制和出台了一些空气质量评价的技术指导性文件，如《环境质量报告编写技术规范》（报批稿）、《城市空气质量日报技术规定》（总站办字[2000]026 号）、《城市环境空气质量评价方法（试行）》（环办函[2011]469 号）。随着监测手段的不断发展及我国环境空气质量改善工作的不断深入，特别是新的《环境空气质量标准》（GB 3095—2012）和《环境空气质量指数（AQI）技术规定（试行）》（HJ 633—2012）的发布，要求环境空气质量评价工作既要能更加科学客观地评估环境空气质量状况和其变化趋势，保证环境空气质量评价结果的统一性和可比性，同时也要能够反映环境管理工作的努力和成效，有必要进一步完善环境空气质量评价技术规范。因此，我国于 2013 年 9 月 22 日发布《环境空气质量评价技术规范（试行）》（HJ 663—2013），规定了环境空气质量评价的范围、评价时段、评价项目、评价方法及数据统计方法等内容，为环境管理部门开展环境空气质量状况比较评价提供方法参考。

【环境空气质量评价技术规范（试行）（HJ 663—2013）】

我国的环境空气质量评价方法为环境空气质量评价提供了技术支撑，为环境空气质量管理和公众了解环境信息提供了科学服务。在此对常见的环境空气质量评价方法做一介绍，要求学生在掌握简单的环境空气质量评价方法的基础上，重点掌握环境空气质量指数评价方法。

2.12.2 环境空气质量评价方法

2.12.2.1 浓度评价

（1）小时评价

对点位尺度、城市尺度或区域尺度范围内某项目或多项目的任何一小时的平均浓度进行评价，即小时浓度与小时标准比较，达标或超标，主要反映对应的污染物浓度达到警戒水平的情况。

按照 GB 3095—2012 评价，当某小时内全部评价项目的小时平均浓度值小于一级标准浓度限值时，该小时空气质量为一级；当某小时内全部评价项目的小时平均浓度值小于二级标准浓度限值时，该小时空气质量为二级；当某小时内某一个或几个评价项目小时平均浓度值大于二级标准浓度限值时，该小时空气质量评价结果为不达标。

（2）日评价

以自然日为时间尺度，对点位尺度、城市尺度或区域尺度范围内某项目或多项目 24 h 均值浓度（或日最大 8 h 浓度）进行评价的方法，主要反映短期空气污染的影响。

按照 GB 3095—2012 评价，当全部评价项目的日均浓度值小于一级标准浓度限值时，当日空气质量为一级；当全部评价项目的日均浓度值小于二级标准浓度限值时，当日空气质量为二级；当某一个或几个评价项目日均浓度值大于二级标准浓度限值时，当日空气质量评价结果为不达标。

（3）年评价

年评价是对点位尺度、城市尺度或区域尺度范围内在一个或多个自然年污染物浓度状况的评价，主要参照污染物年均值标准并结合短历时标准进行评价，年评价结果是环境管理和决策的重要依据，主要被应用于年度达标情况评价、大气污染防治措施实施效果评估、国家宏观规划和管理等。

点位尺度、城市尺度或区域尺度范围内的各污染物的平均浓度值统计如下。

1）单点监测数据平均值的计算

某一监测点（某一污染物）监测数据在 i=1，2，…，n 时段的平均值计算，如式（2.12-1）所示：

$$\bar{C_j} = \frac{1}{n}\sum_{i=1}^{n} C_{ij} \qquad (2.12\text{-}1)$$

式中，$\overline{C_j}$——第 j 监测点在 i=1，2，…，n 时段的平均值；

C_{ij}——第 j 监测点在第 i 个时段的监测数据；

n——监测时段的总数。

若样品浓度低于监测方法检出限时，则该监测数据应标明未检出，并以 1/2 最低检出限报出，同时用该数值参加统计计算。

2）多个监测点监测数据平均值的计算

多个监测点监测数据在 i=1，2，…，n 时段的平均值计算，如式（2.12-2）所示：

$$\overline{C}=\frac{1}{m}\sum_{j=1}^{m}\overline{C_j} \tag{2.12-2}$$

式中：$\overline{C}$——m 个监测点在 i=1，2，…，n 时段的监测数据平均值；

$\overline{C_j}$——j 监测点的平均值；

m——有效监测点的数目。

3）多个监测点各监测时段监测数据平均值的计算

$$\overline{C}_j=\frac{1}{m}\sum_{j=1}^{m}C_{ij} \tag{2.12-3}$$

式中：$\overline{C}_j$——第 i 个监测时段的平均值；

C_{ij}——第 i 个监测时段第 j 个监测数据；

m——第 i 个监测时段有效监测点的数目。

2.12.2.2　超标倍数

污染物浓度超过《环境空气质量标准》中对应平均时间的标准浓度限值的倍数，按下式计算：

$$B_i=\frac{C_i-S_i}{S_i} \tag{2.12-4}$$

式中：B_i——超标项目 i 的超标倍数；

C_i——超标项目 i 的浓度值；

S_i——超标项目 i 的浓度限值标准，一类区采用一级浓度限值标准，二类区采用二级浓度限值标准。

在年度评价时，对于 SO_2、NO_2、PM_{10}、$PM_{2.5}$，分别计算年平均浓度和 24 h 平均的特定百分位数浓度相对于年均值标准和日均值标准的超标倍数；对于 O_3，计算日最大 8 h 平均的特定百分位数浓度相当于 8 h 平均浓度限值标准的超示倍数；对于 CO，计算 24 h 平均的特定百分位数浓度相对于浓度限值标准的超标倍数。

2.12.2.3 超标率

评价项目 i 超标率的计算见下式：

超标率=超标日（小时）数/参与评价的有效日（小时）数　　（2.12-5）

不符合监测技术规范要求的监测数据不计入总监测数据个数，未检出点计入总监测数据个数中。大于或等于环境质量标准的监测数据均属超标。

2.12.2.4 达标率

评价项目 i 的小时达标率、日达标率按式（2.12-6）计算：

$$D_i(\%)=\frac{A_i}{B_i}\times 100 \tag{2.12-6}$$

式中：D_i——表示评价项目 i 的达标率；

A_i——评价时段内评价项目 i 的达标天（小时）数；

B_i——评价时段内评价项目 i 的有效监测天（小时）数。

【例题】假设某检测机构采用盐酸萘乙二胺分光光度法对某城区空气中的 NO_2 进行监测，共布设 3 个监测点。采样过程中设置采样流量为 0.4 L/min，采样时间为 60 min，方法的检出限为 0.005 mg/m^3，具体监测结果见表 2.12-1。

表 2.12-1 监测结果　　单位：mg/m^3

监测点	6：00—7：00	10：00—11：00	14：00—15：00	18：00—19：00	22：00—23：00
1#	0.156	0.177	0.115	0.187	0.171
2#	0.175	0.183	0.103	0.234	0.197
3#	0.103	0.126	0.068	0.135	0.140

请统计此次监测中：

①该城区 NO_2 监测结果的 $\bar{C}_i$、C_j^- 和 $\bar{C}$。

②该城区 NO_2 监测结果小时平均浓度的超标倍数。

③该城区 NO_2 监测结果小时平均浓度的达标率。

解：①按照式（2.12-1）、式（2.12-2）、式（2.12-3）进行相关数据统计，结果如表 2.12-2 所示。

表 2.12-2　监测数据统计结果　　单位：mg/m³

监测点	6：00—7：00	10：00—11：00	14：00—15：00	18：00—19：00	22：00—23：00	$\bar{C_j}$
1#	0.156	0.177	0.115	0.187	0.171	0.161
2#	0.175	0.183	0.103	0.234	0.197	0.178
3#	0.103	0.126	0.068	0.135	0.140	0.114
$\bar{C_i}$	0.145	0.162	0.095	0.185	0.169	$\bar{C}$=0.151

②经查《环境空气质量标准》（GB 3095—2012）可知，二氧化氮的 1 h 平均浓度限值为 0.200 mg/m³，则大于或等于 0.200 mg/m³ 的监测数据均为超标，根据式（2.12-4）即可计算二氧化氮的小时平均浓度的超标倍数。

$$B_{NO_2}=\frac{C_{NO_2}-S_{NO_2}}{S_{NO_2}}=\frac{0.234-0.200}{0.200}=0.17$$

③根据式（2.12-6）计算达标率。

$$D_{NO_2}(\%)=\frac{A_{NO_2}}{B_{NO_2}}\times 100=\frac{14}{15}\times 100=93.3\%$$

2.12.2.5　百分位数

污染物浓度序列的第 p 百分位数计算方法如下：

①将污染物浓度序列按数值从小到大排序，排序后的浓度序列为$\{X_{(i)}$，$i=1$，2，…，$n\}$。

②计算第 p 百分位数 m_p 的序数 k，序数 k 按式（2.12-7）计算。

$$k=1+(n-1)\cdot p\% \tag{2.12-7}$$

式中：k——p%位置对应的序数；

n——污染物浓度序列中的浓度值数量。

③第 p 百分位数 m_p 按式（2.12-8）计算。

$$m_p=X_{(s)}+(X_{(s+1)}-X_{(s)})\times(k-s) \tag{2.12-8}$$

式中：s——k 的整数部分，当 k 为整数时 s 与 k 相等。

【例题】假设臭氧的浓度值有：62 μg/m³、59 μg/m³、70 μg/m³、45 μg/m³、36 μg/m³、68 μg/m³、90 μg/m³、87 μg/m³、53 μg/m³、69 μg/m³、135 μg/m³、47 μg/m³、73 μg/m³、

61 μg/m³、82 μg/m³、126 μg/m³、139 μg/m³、77 μg/m³、156 μg/m³、137 μg/m³。试计算臭氧第 90 百分位数。

解：①将臭氧浓度序列按数值从小到大排序，排序后的浓度序列为（n 为 20）：

{36 μg/m³、45 μg/m³、47 μg/m³、53 μg/m³、59 μg/m³、61 μg/m³、62 μg/m³、68 μg/m³、69 μg/m³、70 μg/m³、73 μg/m³、77 μg/m³、82 μg/m³、87 μg/m³、90 μg/m³、126 μg/m³、135 μg/m³、137 μg/m³、139 μg/m³、156 μg/m³}

②计算臭氧第 90 百分位数 m_{90} 的序数 k。

k=1+（20−1）×90%=18.1

③计算臭氧第 90 百分位数 m_{90}。

$m_{90}=X_{(s)}+(X_{(s+1)}-X_{(s)})\times(k-s)=X_{18}+(X_{19}-X_{18})\times(18.1-18)=137+(139-137)\times 0.1=137.2$

2.12.2.6 综合指数法

综合指数法是依据环境质量标准将有关的污染物浓度各自归一化，再进行叠加得到的无量纲的指数，主要用于不同城市年度空气质量状况间的比较。计算式如下：

$$P_i=\frac{C_i}{S_i} \tag{2.12-9}$$

$$P=\sum_{i=1}^{n}P_i \tag{2.12-10}$$

式中：P——综合指数；

P_i——第 i 项空气污染物的分指数；

C_i——第 i 项空气污染物的年（季、月）均浓度值；

S_i——第 i 项空气污染物的年均浓度二级标准限值；

n——计入综合指数的污染物项数。

GB 3095—2012 实施后，计入综合指数的参数有 SO_2、NO_2、PM_{10}（TSP）、$PM_{2.5}$、CO 和 O_3 六项，其中根据 TSP 和 PM_{10} 的数据完整性和代表性，选择其中一项计入综合指数；$PM_{2.5}$ 的分指数计算方法与 PM_{10} 类似，而 CO 和 O_3 分别需要使用各自的特定百分位数浓度除以对应平均时间的二级标准限值进行归一化。综合指数越大，表示空气污染程度越重，空气质量越差。单项污染物的分指数在综合指数中所占的比例（即污染负荷）越大，其对综合指数的贡献率越大，对空气污染程度的影响越大。

2.12.2.7 环境质量状况比较评价

当环境管理中需要对不同地区进行年度环境空气质量状况比较评价时，可采用以单项评价和多项目综合评价相结合的方法。进行月、季度比较评价时，可参照年度评价执行。

（1）单项质量指数法

单项质量指数法适用于不同地区间单项污染物污染状况的比较。年评价时，污染物 i 的单项质量指数按式（2.12-11）计算：

$$I_i = \max\left(\frac{C_{i,\mathrm{a}}}{S_{i,\mathrm{a}}}, \frac{C_{i,\mathrm{d}}^{\mathrm{per}}}{S_{i,\mathrm{d}}}\right) \qquad (2.12\text{-}11)$$

式中：I_i——污染物 i 的单项质量指数；

$C_{i,\mathrm{a}}$——污染物 i 的年均值浓度值，i 包括 SO_2、NO_2、PM_{10} 及 $PM_{2.5}$；

$S_{i,\mathrm{a}}$——污染物 i 的年均值二级标准限值，i 包括 SO_2、NO_2、PM_{10} 及 $PM_{2.5}$；

$C_{i,\mathrm{d}}^{\mathrm{per}}$——污染物 i 的 24 h 平均浓度值的特定百分位数浓度，i 包括 SO_2、NO_2、PM_{10} 及 $PM_{2.5}$、CO 和 O_3（对于 O_3，为日最大 8 h 均值的特定百分位数浓度）；

$S_{i,\mathrm{d}}$——污染物 i 的 24 h 平均限值二级标准(对于 O_3，为 8 h 均值的二级标准)。

（2）最大质量指数法和综合质量指数法

最大质量指数和综合质量指数适用于不同地区间多项污染物污染状况的比较，参评项目为 HJ 663—2013 中表 1 所有基本评价项目，分别按式(2.12-12)、式(2.12-13)计算：

$$I_{\max} = \max(I_i) \qquad (2.12\text{-}12)$$

$$I_{\mathrm{sum}} = \mathrm{sum}(I_i) \qquad (2.12\text{-}13)$$

式中：$I_{\max}$——最大质量指数；

I_{sum}——综合质量指数。

使用最大质量指数法和综合质量指数法进行空气质量状况比较时，需同时给出按各单项质量指数法进行比较的结果，为各地区环境管理提供明确指导。

2.12.2.8　API/AQI

API 指的是空气污染指数，AQI 指的是空气质量指数。API/AQI 指数方法是将空气中污染物的浓度依据适当的分级浓度限值对其进行等标化，计算得到简单的无量纲的指数，可以直观、简明、定量地描述和比较环境污染的程度。

API/AQI 的分级数值和相应的污染物浓度限值是根据环境空气质量标准、各项污染物的生态环境效应及其对人体健康的影响来确定的。我国 API 指标体系主要包括二氧化硫、二氧化氮和可吸入颗粒物，主要针对传统的煤烟型污染特征而选取。但是，在目前大气复合型污染特征突出的新形势下，API 指标体系的局限性日益突出，已无法满足环境管理和公众出行的需要。AQI 由于指标体系全面，且与人体健康关系更为密切，在国内外逐渐得到推广。

下面将重点介绍环境空气质量指数（AQI）。

2.12.3 环境空气质量指数

2012 年 2 月 29 日，环保部发布了新修订的《环境空气质量标准》（GB 3095—2012）和《环境空气质量指数（AQI）技术规定（试行）》（HJ 633—2012）。目前，GB 3095—2012 已分阶段在全国范围内逐步实施，先行实施新标准的地区将配套实施 HJ 633—2012。空气质量指数的发布主要通过软件系统自动完成，发布形式主要有广播、电视、报纸、互联网等，公众可以通过环境保护部网站、中国环境监测总站网站、中央电视台、报纸等相关媒体获得全国各城市空气质量日报，也可通过当地政府网站和环境主管部门获得本市空气质量日报。

我国目前以发布空气质量日报为主，同时也开始实时发布工作。2010 年 11 月，环境保护部建立了“重点城市空气质量实时发布系统”，该系统通过 VPN 网络实时接收全国 113 个环保重点城市 661 个空气监测点位的小时均值监测数据，并向社会发布，使得公众可以实时了解周围的环境空气质量，这在我国空气质量发布历史上具有里程碑式意义。需要注意的是，AQI 数据仅仅作为参考值，不能作为环境空气质量达标状况的评价。只有当数据经过了审核后才能用于后续的环境空气质量达标评价。

此外，在确定分指数的浓度限值时，按照国外经验，AQI 为 100 时的浓度限值对应于《环境空气质量标准》中的日均值二级标准或相应平均时间的二级标准。AQI 为 50 时的浓度限值对应于相应平均时间的一级标准，一级标准与二级标准相同时，采用二级标准浓度限值的一半作为浓度限值。

根据大气监测数据分析结果，要求学生获取进行环境空气质量指数计算所需的数据，按照《环境空气质量指数（AQI）技术规定（试行）》（HJ 633—2012）掌握环境空气质量指数的计算方法。

【环境空气质量指数（AQI）技术规定（试行）（HJ 633—2012）】

2.12.3.1 适用范围

该标准规定了环境空气质量指数的分级方案、计算方法和环境空气质量级别与类别，以及空气质量指数日报和实时报的发布内容、发布格式和其他相关要求。

该标准适用于环境空气质量指数日报、实时报和预报工作，用于向公众提供健康指引。

2.12.3.2 术语和定义

①空气质量指数 Air Quality Index（AQI）：定量描述空气质量状况的无量纲指数。

②空气质量分指数 Individual Air Quality Index（IAQI）：单项污染物的空气质量指数。

③首要污染物 Primary Pollutant：AQI 大于 50 时 IAQI 最大的空气污染物。

④超标污染物 Non-attainment Pollutant：浓度超过国家环境空气质量二级标准的污染物，即 IAQI 大于 100 的污染物。

2.12.3.3 空气质量指数计算及评价

AQI 计算与评价的过程大致可分为三个步骤：

（1）计算各污染物的空气质量分指数 IAQI

对照各项污染物的分级浓度限值（如表 2.12-3 所示），以细颗粒物（$PM_{2.5}$）、可吸入颗粒物（PM_{10}）、二氧化硫（SO_2）、二氧化氮（NO_2）、臭氧（O_3）、一氧化碳（CO）等各项污染物的实测浓度值分别计算得出各污染物的空气质量分指数（Individual Air Quality Index，IAQI）。

污染物项目 P 的空气质量分指数 IAQI 按式（2.12-14）计算：

$$\mathrm{IAQI_P}=\frac{\mathrm{IAQI}_{\mathrm{H}_i}-\mathrm{IAQI}_{\mathrm{L}_0}}{\mathrm{BP}_{\mathrm{H}_i}-\mathrm{BP}_{\mathrm{L}_0}}\left(C_{\mathrm{P}}-\mathrm{BP}_{\mathrm{L}_0}\right)+\mathrm{IAQI}_{\mathrm{L}_0} \qquad (2.12\text{-}14)$$

为便于理解，可将式（2.12-14）简化为式（2.12-15）：

$$I=\frac{I_{大}-I_{小}}{C_{大}-C_{小}}(C-C_{小})+I_{小} \qquad (2.12\text{-}15)$$

式中：$\mathrm{IAQI_P}$（I）——污染物项目 P 的空气质量分指数；

C_{P}（C）——污染物项目 P 的质量浓度值；

$\mathrm{BP}_{\mathrm{H}_i}$（$C_{大}$）——表 2.12-3 中与 C_{P} 相近的污染物浓度限值的高位值；

$\mathrm{BP}_{\mathrm{L}_0}$（$C_{小}$）——表 2.12-3 中与 C_{P} 相近的污染物浓度限值的低位值；

$\mathrm{IAQI}_{\mathrm{H}_i}$（$I_{大}$）——表 2.12-3 中与 $\mathrm{BP}_{\mathrm{H}_i}$ 对应的空气质量分指数；

$\mathrm{IAQI}_{\mathrm{L}_0}$（$I_{小}$）——表 2.12-3 中与 $\mathrm{BP}_{\mathrm{L}_0}$ 对应的空气质量分指数。

空气质量分指数级别及对应的污染物项目浓度限值见表 2.12-3。

表 2.12-3 空气质量指数及对应的污染物浓度限值

空气质量分指数	污染物浓度限值									
	二氧化硫（24 h 平均）/（μg/m³）	二氧化硫（1 h 平均）①/（μg/m³）	二氧化氮（24 h 平均）/（μg/m³）	二氧化氮（1 h 平均）①/（μg/m³）	PM_{10}（24 h 平均）/（μg/m³）	一氧化碳（24 h 平均）/（mg/m³）	一氧化碳（1 h 平均）①/（mg/m³）	臭氧（1 h 平均）/（μg/m³）	臭氧（8 h 滑动平均）/（μg/m³）	$PM_{2.5}$（24 h 平均）/（μg/m³）
0	0	0	0	0	0	0	0	0	0	0
50	50	150	40	100	50	2	5	160	100	35
100	150	500	80	200	150	4	10	200	160	75
150	475	650	180	700	250	14	35	300	215	115
200	800	800	280	1 200	350	24	60	400	265	150
300	1 600	②	565	2 340	420	36	90	800	800	250
400	2 100	②	750	3 090	500	48	120	1 000	③	350
500	2 620	②	940	3 840	600	60	150	1 200	③	500
说明	① 二氧化硫（SO_2）、二氧化氮（NO_2）和一氧化碳（CO）的 1 h 平均浓度限值仅用于实时报，在日报中需使用相应污染物的 24 h 平均浓度限值。 ② 二氧化硫（SO_2）1 h 平均浓度值高于 800 μg/m³ 的，不再进行其空气质量分指数计算，二氧化硫（SO_2）空气质量分指数按 24 h 平均浓度计算的分指数报告。 ③ 臭氧（O_3）8 h 平均浓度值高于 800 μg/m³ 的，不再进行其空气质量分指数计算，臭氧（O_3）空气质量分指数按 1 h 平均浓度计算的分指数报告。									

（2）选出最大的 IAQI 作为空气质量指数（AQI），并确定首要污染物

1）空气质量指数计算方法

空气质量指数按式（2.12-16）计算：

$$AQI=\max\{IAQI_1，IAQI_2，IAQI_3，\cdots，IAQI_n\} \qquad (2.12\text{-}16)$$

式中：IAQI——空气质量分指数；

n——污染物项目。

2）首要污染物及超标污染物的确定方法

AQI 大于 50 时，IAQI 最大的污染物为首要污染物。若 IAQI 最大的污染物为两项或两项以上时，并列为首要污染物。

IAQI 大于 100 的污染物为超标污染物。

（3）对照 AQI 分级标准，确定空气质量级别

空气质量指数级别根据表 2.12-4 规定进行划分。

表 2.12-4　空气质量指数及相关信息

空气质量指数	空气质量指数级别	空气质量指数类别及表示颜色		对健康影响情况	建议采取的措施
0～50	一级	优	绿色	空气质量令人满意，基本无空气污染	各类人群可正常活动
51～100	二级	良	黄色	空气质量可接受，但某些污染物可能对极少数异常敏感人群健康有较弱影响	极少数异常敏感人群应减少户外活动
101～150	三级	轻度污染	橙色	易感人群症状有轻度加剧，健康人群出现刺激症状	儿童、老年人及心脏病、呼吸系统疾病患者应减少长时间、高强度的户外锻炼
151～200	四级	中度污染	红色	进一步加剧易感人群症状，可能对健康人群心脏、呼吸系统有影响	儿童、老年人及心脏病、呼吸系统疾病患者避免长时间、高强度的户外锻炼，一般人群适量减少户外运动
201～300	五级	重度污染	紫色	心脏病和肺病患者症状显著加剧，运动耐受力降低，健康人群普遍出现症状	儿童、老年人和心脏病、肺病患者应停留在室内，停止户外运动，一般人群减少户外运动
＞300	六级	严重污染	褐红色	健康人群运动耐受力降低，有明显强烈症状，提前出现某些疾病	儿童、老年人和病人应当留在室内，避免体力消耗，一般人群应避免户外活动

【例题】 假设根据全国城市空气质量实时发布平台，统计出某站点当日的二氧化硫 24 h 平均浓度值为 174 $\mu g/m^3$，二氧化氮 24 h 平均浓度值为 57 $\mu g/m^3$，一氧化碳 24 h 平均浓度值为 3.7 mg/m^3，臭氧的日最大 1 h 平均浓度为 5 $\mu g/m^3$，臭氧的日最大 8 h 滑动平均浓度值为 7 $\mu g/m^3$，PM_{10} 的 24 h 平均浓度值为 140 $\mu g/m^3$，$PM_{2.5}$ 的 24 h 平均浓度值为 78 $\mu g/m^3$，试确定该站点的当日首要污染物是什么，空气状况如何？

解：①对照各项污染物的分级浓度限值（表 2.12-3），根据各污染物的实测浓度值按照式（2.12-14）分别计算出相应的空气质量分指数（IAQI）。

$$IAQI_{SO_2}=\frac{IAQI_{H_i}-IAQI_{L_0}}{BP_{H_i}-BP_{L_0}}\left(C_{SO_2}-BP_{L_0}\right)+IAQI_{L_0}=\frac{150-100}{475-150}(174-150)+100=104$$

同理计算得出 $IAQI_{NO_2}=72$，$IAQI_{CO}=93$，$IAQI_{O_3-1\,h}=2$，$IAQI_{O_3-8\,h}=2$，$IAQI_{PM_{10}}=95$，$IAQI_{PM_{2.5}}=104$。

②通过对比，IAQI 最大的为 SO_2 和 $PM_{2.5}$，均为 104。故该站点当日的 AQI 为

104，当日首要污染物为 SO_2 和 $PM_{2.5}$。

③对照 AQI 分级标准（表 2.12-4），确定该站点当日空气质量为三级，属轻度污染。

2.12.3.4 日报和实时报的发布

（1）发布内容

①空气质量监测点位日报和实时报的发布内容包括评价时段、监测点位置、各污染物的浓度及空气质量分指数、空气质量指数、首要污染物及空气质量级别，报告时说明监测指标和缺项指标。日报和实时报由地级以上（含地级）环境保护主管部门或其授权的环境监测站发布。

②日报时间周期为 24 h，时段为当日零点前 24 h。日报的指标包括二氧化硫（SO_2）、二氧化氮（NO_2）、颗粒物（粒径小于或等于 10 μm）、颗粒物（粒径小于或等于 2.5 μm）、一氧化碳（CO）的 24 h 平均，以及臭氧（O_3）的日最大 1 h 平均、臭氧（O_3）的日最大 8 h 滑动平均，共计 7 个指标。

③实时报时间周期为 1 h，每一整点时刻后即可发布各监测点位的实时报，滞后时间不应超过 1 h。实时报的指标包括二氧化硫（SO_2）、二氧化氮（NO_2）、臭氧（O_3）、一氧化碳（CO）、颗粒物（粒径小于或等于 10 μm）和颗粒物（粒径小于或等于 2.5 μm）的 1 h 平均，以及臭氧（O_3）8 h 滑动平均和颗粒物（粒径小于或等于 10 μm）、颗粒物（粒径小于或等于 2.5 μm）的 24 h 滑动平均，共计 9 个指标。

④计算每个监测点位的空气质量指数时，各项污染物空气质量分指数和空气质量指数使用该点位的各项污染物浓度、表 2.12-3 中浓度限值、式（2.12-14）、式（2.12-15）和式（2.12-16）进行计算。

⑤日报和实时报数据由空气质量指数日报软件系统进行初步审核，实时报及日报数据仅为当天参考值，应在次月上旬将上月数据根据完整的审核程序进行修订和确认。

（2）发布数据的格式

①空气质量指数日报数据格式应符合标准中表 3 的要求。

②空气质量指数实时报数据格式应符合标准中表 4 的要求。

2.12.3.5 其他要求

①环境空气质量监测和评价工作涉及的监测点位布设与调整、监测频次的设定、监测数据的统计与处理等按《环境空气质量监测规范（试行）》和 HJ/T 193—2005 等相关标准和其他规范性文件的要求执行。

②环境空气质量指数及空气质量分指数的计算结果应全部进位取整数，不保留小数。

③本标准与 GB 3095—2012 同步使用。

④评价环境空气质量达标状况时，应依据 GB 3095—2012 中的规定进行。

想一想练一练

一、选择题

1．环境空气监测布点时，采样口水平线与周围建筑物高度的夹角应______。

A．大于 30　B．大于 45　C．不大于 30　D．不大于 45

2．对于孤立的高架点源，主导风向明确的时候，采用______布点法。

A．同心圆　B．扇形

C．网格　D．功能区

3．多孔玻板吸收管适用于采集_____。

A．气态物质　B．气溶胶态物质　C．蒸气态物质　D．三者都适合

4．二氧化硫的测定过程中，氨磺酸钠的作用是______。

A．消除氮氧化物的干扰　B．与二氧化硫作用生成紫红色化合物

C．消除臭氧的干扰　D．消除重金属元素的干扰

5．测定环境空气中的 PM_{10} 和 $PM_{2.5}$ 时，要求采样器入口距地面高度不得低于______，采样时风速不得大于______。

A．1.2 m，5 m/s　B．1.5 m，8 m/s　C．1.2 m，8 m/s　D．1.5 m，5 m/s

6．应使用经计量检定单位检定合格的大气采样器，使用前必须经过流量校准，流量误差应_________。

A．大于±5%　B．不大于±5%　C．小于±10%　D．大于±10%

7．当选用气泡吸收管或冲击式吸收管采集环境空气样品时，应选择吸收效率为______%以上的吸收管。

A．85　B．90　C．95　D．80

8．大气采样器主要由收集器、采样动力和______等部件组成。

A．压力计　B．抽气泵　C．温度计　D．流量计

9．一般要求采样效率______，采样效率太低的方法和仪器不能选用。

A．在 99%以上　B．在 90%以上　C．在 95%以上　D．在 80%以上

10．二氧化氮的测定过程中，采样瓶入口端串接一段 15～20 cm 长的硅胶管，其目的是消除______对检测结果的干扰。

A．二氧化硫　B．过氧乙酰硝酸酯（PAN）C．臭氧　D．某些重金属元素

11．用采气管以置换法采集环境空气样品，如果使用二连球打气，应使通过采气管的被测气体量至少为管体积的______倍。

A．1～4　B．2～6　C．6～10　D．8～12

12．下列空气气体采样器属于直接采样法采样工具的是______。

A．100 mL 玻璃注射器　　B．活性炭吸附管　　C．10 mL 气泡吸收管

13．采用重量法测定 TSP 时，若 TSP 含量过高或雾天采样使滤膜阻力大于_____kPa，本方法不适用。

A．5　　B．10　　C．15　　D．20

14. 环境空气采样中，自然沉降法主要用于采集颗粒物粒径________μm 的尘粒。

A．大于 10　　B．大于 100　　C．小于 100　　D．小于 10

15．监测环境空气中气态污染物时，要获得 1 h 的平均浓度，样品的采样时间应不少于______。

A．30 min　　B．45 min　　C．60 min　　D．90 min

二、判断题

1．调查广州市空气污染物的时空分布，应采用扇形布点法。（　）

2．测定环境空气中的 SO_2 测定时，染色的比色皿和比色管应用硫酸-铬酸洗液洗涤。（　）

3．通过现场空白试验可检验样品在采集、存储、运输过程中是否受到污染。（　）

4．总悬浮颗粒物测定时，滤膜的绒面向上。（　）

5．环境质量监测采样点与建筑物的距离至少是建筑物的 2 倍以上，采样口周围应有 270°以上自由空间。（　）

6．大气污染物监测布设网点时，如果污染源比较集中，主导风向明显，应将污染源的下风向作为主要监测范围。（　）

7. 评价采集颗粒物方法的效率与评价采集蒸气态和气态物质采样效率的方法相似，都采用绝对比较法或相对比较法。（　）

8．在酸雨监测中，采样器采样口距离基础面 1.2 m 以上。（　）

9．采集 TSP 时，采样滤膜在称重前需在恒温恒湿箱内平衡 24 h。（　）

10. 用甲醛缓冲溶液吸收-盐酸副玫瑰苯胺分光光度法测 SO_2 时，应将装有 PRA 使用液的 B 组管迅速倒入含样品（或标准）溶液的 A 组管中。（　）

三、填空题

1. 气态污染物的采样方法分______________和浓缩采样法两大类，其中浓缩采样法有________________、________________和低温冷凝法等。

2．气泡式吸收管适合采集______________的污染物，多孔玻板吸收管适合采集______________的污染物，冲击式吸收管适合采集________________的污染物。

3．甲醛法测定空气中的二氧化硫应严格控制显色的________和________。

4．臭氧的测定中，臭氧与吸收液中的__________发生等摩尔反应，此反应

为___________，因此，需要加入准确体积的吸收液到多孔玻板吸收管。

四、简答题

1．简述直接采样法和浓缩采样法的适用范围及优缺点。

2．简述环境空气监测方案应该包含哪些内容。

3．大气采样的几何布点法有几种？分别适用于何种情况？

五、计算题

1．空气采样时，现场气温为18℃，大气压力为85.2 kPa，实际采样体积为450 mL。问标准状态下的采样体积是多少？在此不考虑采样器的阻力。

2．在同一地点采样测定空气中二氧化氮的浓度，在上午采样测得浓度为0.13 mg/m^3，下午采样测得浓度为0.13×10^{-6}。请问日变化中何时的二氧化氮污染较为严重？

3．某监测站在一居民区内测定TSP，用大流量采样器以1.05 m^3/min从08:00—20:00连续采样18 h，其间测量的平均气温为30℃，平均气压为101.4 kPa。尘膜经平衡后称量，增重为0.142 9 g。问该居民区内的TSP浓度是多少？

4．采用Saltzman法测定环境空气中的NO_2，同时测定标准曲线，比色皿配对时，比色皿的皿差为0.001，分光光度计显示各管的吸光度见表1。

表1 标准色列测定结果

管号	0	1	2	3	4	5
亚硝酸盐标准工作溶液/mL	0	0.40	0.80	1.20	1.60	2.00
水	2.00	1.60	1.20	0.80	0.40	0
显色液	8.00	8.00	8.00	8.00	8.00	8.00
亚硝酸根浓度/（μg/mL）	0	0.10	0.20	0.30	0.40	0.50
分光光度计显示吸光度	0.008	0.080	0.195	0.296	0.380	0.482

采样时环境空气温度为23.0℃，气压为99.9 kPa，以0.4 L/min的流速，采气60 min。经分析样品溶液的吸光度为0.300，平行样吸光度为0.277，空白实验的吸光度为0.003。试计算环境空气中NO_2的浓度（mg/m^3）。

① 填写表2并写出标准状态下的采样体积的计算过程

表2

累积采样时间/min	采样流速/（L/min）	气温/℃	气压/kPa	采样体积/L	标准状态下的采样体积

② 填写表 3 并计算标准曲线的回归方程

表 3

分析编号	亚硝酸盐标准溶液加入体积/mL	亚硝酸根浓度/（μg/mL）	溶液吸光度（A）	空白溶液吸光度（A_0）	$A-A_0$
0					
1					
2					
3					
4					
5					

③ 计算环境空气中 NO_2 的浓度，并计算相对平均偏差。

5．采用甲醛缓冲溶液吸收-盐酸副玫瑰苯胺分光光度法测定环境空气中的 SO_2，同时测定标准曲线，测得各标准管溶液的吸光度见表 4。

表 4

管号	0	1	2	3	4	5	6
二氧化硫工作溶液/mL	0	0.50	1.00	2.00	5.00	8.00	10.00
二氧化硫含量/μg	0	0.50	1.00	2.00	5.00	8.00	10.00
溶液吸光度	0.047	0.068	0.094	0.128	0.253	0.368	0.466

采样时环境空气温度为 19.0℃，气压为 98.0 kPa，以 0.5 L/min 的流速，采气 60 min。吸收液为 10 mL。分析时取样品溶液 5 mL，用空白吸收液定容到 10 mL，测定溶液吸光度为 0.230，空白溶液的吸光度为 0.032，① 计算标准曲线回归方程，② 计算标准状态下的采样体积（L），③ 计算环境空气中 SO_2 的浓度（mg/m^3）。

6．采用靛蓝二磺酸钠分光光度法测某环境空气中的臭氧，采样流量 0.5 L/min，采样时间 1 h，吸收液体积 10 mL。采样时的环境空气温度为 22.3℃，气压为 99.7 kPa。样品采集后，移入 25 mL 容量瓶，用水洗涤吸收管，并入容量瓶，使总体积为 25.0 mL，以水作为参比，在波长 610 mm 下测定吸光度。经测得样品吸光度为 0.844，现场空白吸光度为 0.856。另取 6 支 10 mL 具塞比色管配置标准系列溶液，以 A_0-A 为纵坐标，臭氧质量浓度（μg/mL）为横坐标，绘制标准曲线，得到方程斜率为 0.864，截距为 0.004。试计算该样品浓度，写出计算过程，并正确表达结果。

7．某地区某日 PM_{10} 日均值为 0.215 mg/m^3，SO_2 日均值为 0.105 mg/m^3，NO_2 日均值为 0.080 mg/m^3，请按照《环境空气质量指数（AQI）技术规定》（HJ 633—2012）确定该地区的当日首要污染物是什么，空气状况如何？

项目三　固定污染源监测

导读：1952 年 12 月 4—9 日，伦敦上空出现逆温现象，空气处于十分稳定状态，大量工厂生产和居民燃煤取暖排出的废气难以扩散，积聚在城市上空。同时，英国大部处于高气压控制之下，多下沉气流，污染物难以向高层大气扩散，造成严重的空气污染。伦敦城被黑暗的迷雾所笼罩，马路上几乎没有车，人们小心翼翼地沿着人行道摸索前进。大街上的电灯在烟雾中若明若暗，犹如黑暗中的点点星光。直至 12 月 10 日，强劲的西风吹散了笼罩在伦敦上空的恐怖烟雾。

当时，伦敦空气中的污染物浓度持续上升，许多人出现胸闷、窒息等不适感，发病率和死亡率急剧增加。在大雾持续的 5 天时间里，据英国官方的统计，丧生者达 5 000 多人，在大雾过去之后的两个月内有 8 000 多人相继死亡。此次事件被称为“伦敦烟雾事件”，成为“20 世纪十大环境公害事件”之一。

“伦敦烟雾事件”主要是煤炭燃烧产生的二氧化碳、一氧化碳、二氧化硫、粉尘等气体与污染物在城市上空蓄积产生的。在此次事件的每一天中，伦敦排放到大气中的污染物有 1 000 t 烟尘、2 000 t 二氧化碳、140 t 氯化氢（盐酸的主要成分）、14 t 氟化物，以及最可怕的 370 t 二氧化硫，这些二氧化硫随后转化成了 800 t 硫酸（燃煤烟尘中含有三氧化二铁，它能催化二氧化硫氧化生成三氧化硫，进而与吸附在烟尘表面的水化合生成硫酸雾滴）。

学习目标

1. 掌握固定污染源相关排放标准的应用，并重点掌握大气污染物综合排放标准。

2. 掌握固定污染源采样布点方法，能根据实际情况确定采样位置和采样点，进行固定污染源样品的采集。

3. 掌握固定污染源烟气温度、压力、含湿量等烟尘烟气参数的测定。

4. 掌握烟尘浓度的测定原理、采样系统、采样原则、采样类型、维持等速采样的方法，掌握烟尘采样步骤及烟尘浓度的计算方法。

5. 掌握烟气采样位置和采样点的设置方法，了解烟气中气态污染物的采样方法和采样步骤。

6. 了解饮食业油烟的采集、测定。

7. 了解林格曼黑度图法、测烟望远镜法和光电测烟仪法测定烟气黑度的方法。
8. 了解臭气浓度的测定。

项目任务

任务 3.1 大气固定污染源污染物排放标准
任务 3.2 固定污染源监测布点和采样
任务 3.3 烟尘烟气参数测定
任务 3.4 颗粒物（烟尘）浓度测定
任务 3.5 烟气组分测定
任务 3.6 饮食业油烟测定
任务 3.7 烟气黑度测定
任务 3.8 恶臭臭气浓度的测定

任务 3.1 大气固定污染源污染物排放标准

3.1.1 污染源概述

污染源是大气中污染物的发生源，常指向大气环境排放有害物质或对环境产生有害影响的场所、设备和装置。污染源包括固定污染源和流动污染源，固定污染源又分为有组织排放源和无组织排放源。燃烧燃料的锅炉、炉窑以及石油化工、冶金、建材等生产过程中产生的废气通过烟道、烟囱、排气筒等向空气中排放的污染源称为有组织排放源[图3.1-1（a）]。生产装置在生产过程中产生的废气不通过排气筒等设施，而是直接无规律地向外排放的污染源称为无组织排放源[图3.1-1（b）]。固定污染源排放的废气中既包含固态的烟尘和粉尘，也包含气态和气溶胶态等多种有害物质。

（a）有组织排放源　　（b）无组织排放源（粉尘排放）

图 3.1-1　固定污染源分类

工业固定污染源由于行业类别多、污染物种类多、排放量大、覆盖面广，是大气污染物的主要来源之一，对环境的危害也最大。不同行业之间由于生产工艺的不同，特征污染物也存在不同，表 3.1-1 列举了不同行业的主要污染因子。

表 3.1-1　典型行业主要污染因子（参考）

企业类别	主要污染物
工业炉窑	《铝工业污染物排放标准》（GB 25465）：颗粒物、二氧化硫、氮氧化物、氟化物、沥青烟 《铅、锌工业污染物排放标准》（GB 25466）：颗粒物、二氧化硫、氮氧化物、硫酸雾、铅及其化合物、汞及其化合物 《铜、镍、钴工业污染物排放标准》（GB 25467）：颗粒物、二氧化硫、氮氧化物、砷及其化合物、硫酸雾、氯气、氯化氢、镍及其化合物、铅及其化合物、氟化物、汞及其化合物 《镁、钛工业污染物排放标准》（GB 25468）：颗粒物、二氧化硫、氮氧化物、氯气、氯化氢 《硝酸工业污染物排放标准》（GB 26131）：氮氧化物 《稀土工业污染物排放标准》（GB 26451）：颗粒物、二氧化硫、氮氧化物、氟化物、氯气、氯化氢、硫酸雾 《钒工业污染物排放标准》（GB 26452）：颗粒物、二氧化硫、氮氧化物、氯气、氯化氢、硫酸雾、铅及其化合物 《平板玻璃工业大气污染物排放标准》（GB 26453）：颗粒物、二氧化硫、氮氧化物、氯化氢、氟化物、锡及其化合物、烟气黑度 《砖瓦工业大气污染物排放标准》（GB 29620）：颗粒物、二氧化硫、氮氧化物、氟化物 其他：烟尘/颗粒物、二氧化硫、氮氧化物、烟气黑度等
生产和生活用锅炉	二氧化硫、氮氧化物、烟尘、烟气黑度、汞及其化合物
化工	二氧化硫、硫化氢、氟化物、氮氧化物、氯气、氯化氢、一氧化碳、硫酸雾、臭气浓度、颗粒物等
水泥工业	《水泥工业大气污染物排放标准》（GB 4915）：烟尘/颗粒物、二氧化硫、氮氧化物、氟化物、汞及其化合物、氨、烟气黑度 涉及《水泥窑协同处置固体废物污染控制标准》（GB 30485）增加：氯化氢、氟化氢、汞及其化合物、铊+镉+铅+砷及其化合物、铍+铬+锡+锑+铜+钴+锰+镍+钒及其化合物、二噁英类
陶瓷制造	《陶瓷工业污染物排放标准》（GB 25464）：颗粒物、二氧化硫、氮氧化物、烟气黑度、铅及其化合物、镉及其化合物、镍及其化合物、氟化物、氯化物
火电厂	烟尘、二氧化硫、氮氧化物、汞及其化合物、烟气黑度、燃料硫分

企业类别	主要污染物
石油化工	烟尘、二氧化硫、氮氧化物、苯系物、非甲烷总烃、臭气浓度
电镀	《电镀污染物排放标准》（GB 21900）：氯化氢、铬酸雾、硫酸雾、氮氧化物、氰化氢、氟化物等
电子	《电子玻璃工业大气污染物排放标准》（GB 29495）：颗粒物、二氧化硫、氮氧化物、氯化氢、氟化物、铅及其化合物、砷及其化合物、锑及其化合物、烟气黑度；涉及电镀的，按《电镀污染物排放标准》（GB 21900）增加监测因子
硫酸工业	《硫酸工业污染物排放标准》（GB 26132）：二氧化硫、硫酸雾、颗粒物
船舶工业	烟尘/颗粒物、苯系物
钢铁工业	《钢铁烧结、球团工业大气污染物排放标准》（GB 28662）：颗粒物、二氧化硫、氮氧化物、氟化氢、二噁英类 《炼钢工业大气污染物排放标准》（GB 28664）：颗粒物、氟化物、二噁英 《轧钢工业大气污染物排放标准》（GB 28665）：颗粒物、二氧化硫、氮氧化物、氯化氢、硫酸雾、铬酸雾、硝酸雾、氟化物、苯、甲苯、二甲苯、非甲烷总烃 《铁合金工业污染物排放标准》（GB 28666）：颗粒物、铬及其化合物
电池制造	《电池工业污染物排放标准》（GB 30484）：硫酸雾、铅及其化合物、汞及其化合物、镉及其化合物、镍及其化合物、沥青烟、氟化物、氯化氢、氯气、氮氧化物、非甲烷总烃、颗粒物等
沥青工业	沥青烟、烟尘/颗粒物、苯并[a]芘、二氧化硫、氮氧化物
普钙工业	氟化物、粉尘、二氧化硫
炼焦化学工业	《炼焦化学工业污染物排放标准》（GB 16171）：颗粒物、二氧化硫、氮氧化物、苯并[a]芘、氰化氢、苯、酚类、非甲烷总烃、氨、硫化氢、臭气浓度
皮革制造业	《合成革与人造革工业污染物排放标准》（GB 21902）：硫化氢、氨、臭气浓度、苯、甲苯、二甲苯、TVOC、颗粒物、DMF
涂装、家具制造、印刷、制鞋行业	苯、甲苯、二甲苯、苯系物、TVOCs
化肥制造业	氨、氟化物、氮氧化物、硫化氢
柠檬酸、味精工业	硫化氢、臭气浓度
火工	二氧化硫、硫酸雾、氮氧化物
焚烧炉	《危险废物焚烧污染物控制标准》（GB 18484）：烟尘、一氧化碳、二氧化硫、氮氧化物、氟化物、氯化物、汞及其化合物、镉及其化合物、砷+镍及其化合物、铬+锡+锑+铜+锰及其化合物、二噁英类、烟气黑度 《生活垃圾焚烧污染控制标准》（GB 18485）：烟尘、一氧化碳、二氧化硫、氮氧化物、氯化氢、烟气黑度、二噁英类、汞及其化合物、镉+铊及其化合物、锑+砷+铅+铬+铜+锰+镍及其化合物

3.1.2 大气固定污染源污染物排放标准

污染物排放标准是国家对人为污染源排入环境的污染物的浓度或总量所做的限量规定。其目的是通过控制污染源排污量的途径来实现环境质量标准目标。它是实现环境质量标准的主要保证，也是对污染进行强制性控制的主要手段，包括国家和地方污染物排放标准。表 3.1-2 列出了部分大气固定源污染物排放标准。

表 3.1-2 大气固定污染源污染物排放标准（部分）

标准名称	标准号
大气污染物综合排放标准	GB 16297—1996
锅炉大气污染物排放标准	GB 13271—2014
火电厂大气污染物排放标准	GB 13223—2011
水泥工业大气污染物排放标准	GB 4915—2013
无机化学工业污染物排放标准	GB 31573—2015
石油化学工业污染物排放标准	GB 31571—2015
石油炼制工业污染物排放标准	GB 31570—2015
饮食业油烟排放标准（试行）	GB 18483—2001
恶臭污染物排放标准	GB 14554—1993
火葬场大气污染物排放标准	GB 13801－2015
合成树脂工业污染物排放标准	GB 31572—2015

为贯彻《中华人民共和国环境保护法》和《中华人民共和国大气污染防治法》，加大大气污染防治力度，进一步完善国家污染物排放标准，2017 年 6 月环境保护部对《钢铁烧结、球团工业大气污染物排放标准》等 20 项国家污染物排放标准进行修改，以标准修改单方式，对物料（含废渣）运输、装卸、储存、转移与输送，以及生产工艺过程等，全面增加无组织排放控制措施要求。

2017 年 6 月对该修改单进行公告征求意见。公告要求：新建项目无组织排放控制措施要求自修改单发布之日起执行。现有企业无组织排放控制措施要求自 2019 年 1 月 1 日起执行，其中京津冀大气污染传输通道城市自 2017 年 10 月 1 日起执行。

3.1.3 《大气污染物综合排放标准》

《大气污染物综合排放标准》（GB 16297—1996）自 1997 年 1 月 1 日起实施，适用于现有污染源大气污染物排放管理，以及建设项目的环境影响评价、设计、环境保护设施竣工验收及其投产后的大气污染物排放管理。

2017 年 6 月环境保护部对《大气污染物综合排放标准》（GB 16297—1996）进行修改，以标准修改单方式，增加“7.7 无组织排放控制措施”。规定颗粒物和挥发性有机物（VOCs）无组织排放控制。

【大气污染物综合排放标准及修改单】

3.1.3.1 指标体系

《大气污染物综合排放标准》规定了 33 种大气污染物的排放限值，设置了 3 项指标：

① 通过排气筒排放的污染物最高允许排放浓度。

② 通过排气筒排放的污染物，按排气筒高度规定的最高允许排放速率，任何一个排气筒必须同时遵守上述两项指标，超过其中任何一项均为超标排放。

③ 以无组织方式排放的污染物，规定无组织排放的监控点及相应的监控浓度限值。

3.1.3.2 排放速率的标准分级

我国污染物排放标准制定原则之一是根据环境功能区域的不同，分别制定不同级别的污染物排放限值。该标准对排放浓度未划分级别，仅对排放速率进行分级。主要考虑处于不同功能区域的污染源的污染治理要求基本相同，并避免使标准过于复杂化。该标准规定了最高允许排放速率，现有污染源分为一级、二级、三级，新污染源分为二级、三级。按污染源所在环境空气质量功能区类别，执行相应级别的排放速率标准，即位于一类区的污染源执行一级标准（一类区禁止新、扩建污染源、一类区现有污染源改建时执行现有污染源的一级标准）；位于二类区的污染源执行二级标准；位于三类区的污染源执行三级标准。

3.1.3.3 有关排气筒高度的规定

排气筒高度除须遵守标准中排放速率标准值外，还应高出周围 200 m 半径范围的建筑 5 m 以上，不能达到该要求的排气筒，应按其高度对应的排放速率标准值严格 50%执行。

两个排放相同污染物（不论其是否由同一生产工艺过程产生）的排气筒，若其距离小于其几何高度之和，应合并一根等效排气筒。若有三根以上近距离排气筒，且排放同一污染物时，应以前两根的等效排气筒，依次与第三、第四根排气筒取等效值。等效排气筒的有关参数计算方法见该标准的附录 A。

若某排气筒的高度处于本标准列出的两个值之间，其执行的最高允许排放速率以内插法计算，内插法的计算见该标准的附录 B。当某排气筒的高度大于或小于本标准列出的最大或最小值时，以外推法计算其最高允许排放速率，外推法计算式见该标准的附录 B。

新污染源的排气筒一般不应低于 15 m。若新污染源的排气筒必须低于 15 m 时，其排放速率标准值按外推结果再严格 50%执行。

《大气污染物综合排放标准》（GB 16297—1996）修改单（征求意见稿）对无组织排放进行了严格限制。要求从物料运输、物料装卸、物料储存、物料转移和输送、物料加工与处理等各方面都采用密闭措施以加强颗粒物无组织排放控制，不能密闭时，采取局部气体收集处理、洒水增湿等控制措施。同时要求生产工艺设备、废气收集系统以及除尘设施应同步运行，做好设施的主要运行信息，如运行时间、废气处理量，洒水或喷洒化学稳定剂的作业周期、用量等。

VOCs 污染控制主要从以下几方面开展：① VOCs 物料的储存、转移和输送应在密闭容器中或采用密闭管道输送。② 以 VOCs 为原料的生产过程（如化学反应、分离精制、配料加工等）应采用密闭设备，或在密闭空间内进行，废气进入废气收集系统。不能密闭的，应采取局部气体收集处理措施。工艺废气应进入废气收集系统。投料、卸（出、放）料、产品分装（灌装、包装）等过程应密闭操作，或设置集气罩，对 VOCs 废气进行收集处理。③ 含 VOCs 产品的使用过程控制（如混合、涂装、印刷、黏结、清洗、干燥、成型作业等）应采用密闭设备，或在密闭空间内进行，废气进入废气收集系统。不能密闭的，应采取局部气体收集处理措施。企业应记录含 VOCs 产品的名称、使用量、回收量、废弃量、排放去向以及 VOCs 含量，保存原始记录。④ 应对泵、压缩机、阀门、法兰及其他连接件等动静密封点进行泄漏检测，建立泄漏检测与修复（LDAR）制度，每季度对上述组件进行泄漏检测，建立台账。⑤ 挥发性有机液体储罐与装载设施采用浮顶罐，若采用固定顶罐，应安装密闭排气系统，排气至 VOCs 处理设施。⑥ 含 VOCs 废水的集输系统在安全许可条件下，应采取与环境空气隔离的措施，当检测含 VOCs 废水储存、处理设施敞开液面上方 100 mm 处的 VOCs 浓度较高时，应加盖密闭，排气至 VOCs 处理设施。

建设有煤气发生炉的企业，原煤储存于储库、堆棚中，或在煤场四周设置不低于堆存物料高度 1.1 倍的围挡（出入口除外），并采取洒水、覆盖等控制措施。卸煤过程采用喷淋等抑尘措施。输煤过程采用密闭输送系统，从储煤库（棚、场）直接输送至加煤口，产尘点设置集气罩，配备除尘设施。酚水池、焦油池应密闭，操作口加盖，禁止使用临时管道输送操作。煤气发生炉气化后固体残渣，应采取覆盖、围挡等控制措施。

3.1.3.4 监测采样的时间和频次

该标准规定的 3 项指标均指任何 1 h 平均值不得超过的限值，故在采样时应做到：排气筒废气的采样，以连续 1 h 的采样获取平均值；或在 1 h 内，以等时间间隔采集 4 个样品，并计平均值。

无组织排放监控点和参照点监测的采样，一般采用连续 1 h 采样计平均值；若浓度偏低，需要时可延长采样时间；若分析方法灵敏度高，仅需短时间采集样品时，应实行等时间间隔采样，采集 4 个样品计平均值。

若某排气筒的排放为间断性排放，排放时间小于 1 h，应在排放时段内实行连续采样，或在排放时段内以等时间间隔采集 2～4 个样品，并计平均值。若某排气筒的排放为间断性排放，排放时间大于 1 h，则应在排放时段内按排气筒中废气的采样，以连续 1 h 的采样获取平均值；或在 1 h 内，以等时间间隔采集 4 个样品，并计平均值。

当进行污染事故排放监测时，应按需要设置采样时间和采样频次，不受上述要求限制；建设项目环境保护设施竣工验收监测的采样时间和频次，按环境保护部制定的建设项目环境保护设施竣工验收监测办法执行。

3.1.3.5 常规污染物排放标准限值

该标准分为两个时间段，1997 年 1 月 1 日前设立的现有污染源（包括现有企业）执行现有污染源大气污染物排放限值（表 3.1-3），1997 年 1 月 1 日起设立（包括新建、扩建、改建）的污染源执行新污染源大气污染物排放限值（表 3.1-4）。

表 3.1-3 现有污染源大气污染物排放限值（节选）

序号	污染物	最高允许排放浓度/（mg/m^3）	最高允许排放速率/（kg/h）				无组织排放监控浓度限值	
			排气筒/m	一级	二级	三级	监控点	浓度/（mg/m^3）
1	二氧化硫	1 200（硫、二氧化硫、硫酸和其他含硫化合物生产）	15	1.6	3.0	4.1	无组织排放源上风向设参照点，下风向设监控点[1]	0.50（监控点与参照点浓度差值）
			20	2.6	5.1	7.7		
			30	8.8	17	26		
			40	15	30	45		
			50	23	45	69		
		700（硫、二氧化硫、硫酸和其他含硫化合物使用）	60	33	64	98		
			70	47	91	140		
			80	63	120	190		
			90	82	160	240		
			100	100	200	310		

序号	污染物	最高允许排放浓度/（mg/m^3）	最高允许排放速率/（kg/h）				无组织排放监控浓度限值	
			排气筒/m	一级	二级	三级	监控点	浓度/（mg/m^3）
2	氮氧化物	1 700（硝酸、氮肥和火炸药生产）	15	0.47	0.91	1.4	无组织排放源上风向设参照点，下风向设监控点	0.15（监控点与参照点浓度差值）
			20	0.77	1.5	2.3		
			30	2.6	5.1	7.7		
			40	4.6	8.9	14		
			50	7.0	14	21		
		420（硝酸使用和其他）	60	9.9	19	29		
			70	14	27	41		
			80	19	37	56		
			90	24	47	72		
			100	31	61	92		
3	颗粒物	22（炭黑尘、燃料尘）	15	禁排	0.60	0.87	周界外浓度最高点②	肉眼不可见
			20		1.0	1.5		
			30		4.0	5.9		
			40		6.8	10		
		80③（玻璃棉尘、石英粉尘、矿渣棉尘）	15	禁排	2.2	3.1	无组织排放源上风向设参照点，下风向设监控点	2.0（监控点与参照点浓度差值）
			20		3.7	5.3		
			30		14	21		
			40		25	37		

注：①一般应于无组织排放源上风向 2～50 m 范围内设参照点，排放源下风向 2～50 m 范围内设监控点。

②周界外浓度最高点一般应设于排放源下风向的单位周界外 10 m 范围内。如预计无组织排放的最大落地浓度点越出 10 m 范围，可将监控点移至该预计浓度最高点。

③均指含游离二氧化硅 10%以上的各种尘。

表 3.1-4　新污染源大气污染物排放限值（节选）

序号	污染物	最高允许排放浓度/（mg/m^3）	最高允许排放速率/（kg/h）			无组织排放监控浓度限值	
			排气筒/m	二级	三级	监控点	浓度/（mg/m^3）
1	二氧化硫	960（硫、二氧化硫、硫酸和其他含硫化合物生产）	15	2.6	3.5	周界外浓度最高点①	0.40
			20	4.3	6.6		
			30	15	22		
			40	25	38		
			50	39	58		
		550（硫、二氧化硫、硫酸和其他含硫化合物使用	60	55	83		
			70	77	120		
			80	110	160		
			90	130	200		
			100	170	270		

序号	污染物	最高允许排放浓度/（mg/m³）	最高允许排放速率/（kg/h）			无组织排放监控浓度限值	
			排气筒/m	二级	三级	监控点	浓度/（mg/m³）
2	氮氧化物	1400（硝酸、氮肥和火炸药生产）	15	0.77	1.2	周界外浓度最高点	0.12
			20	1.3	2.0		
			30	4.4	6.6		
			40	7.5	11		
			50	12	18		
			60	16	25		
		240（硝酸使用和其他）	70	23	35		
			80	31	47		
			90	40	61		
			100	52	78		
3	颗粒物	18（炭黑尘、燃料尘）	15	0.15	0.74	周界外浓度最高点	肉眼不可见
			20	0.85	1.3		
			30	3.4	5.0		
			40	5.8	8.5		
		60②（玻璃棉尘、石英粉尘、矿渣棉尘）	15	1.9	2.6	周界外浓度最高点	1.0
			20	3.1	4.5		
			30	12	18		
			40	21	31		

注：①周界外浓度最高点一般应设置于无组织排放源下风向的单位周界外 10 m 范围内，若预计无组织排放的最大落地浓度点越出 10 m 范围，可将监控点移至该预计浓度最高点。

②均指含游离二氧化硅 10%以上的各种尘。

3.1.4 《锅炉大气污染物排放标准》

针对锅炉废气排放，国家于 2014 年第三次修订了《锅炉大气污染物排放标准》（GB 13271—2014）。部分省也制定了地方锅炉大气污染物排放标准，如《广东省锅炉大气污染物排放标准》（DB 44/765—2010）。

2017 年 6 月环境保护部对《锅炉大气污染物排放标准》（GB 13271—2014）进行修改，以标准修改单方式，增加“4.7 无组织排放控制措施”。对燃料和灰渣的贮运、物料的筛分和破碎、厂区环境等各方面提出要求，控制颗粒物的无组织排放。

3.1.4.1 适用范围

该标准规定了锅炉烟气中颗粒物、二氧化硫、氮氧化物、汞及其化合物的最高允许排放浓度限值和烟气黑度限值。

《锅炉大气污染物排放标准》（GB 13271—2014）适用于以燃煤、燃油和燃气为燃料的单台出力 65 t/h 及以下蒸汽锅炉、各种容量的热水锅炉及有机热载体锅炉；各种容量的层燃炉、抛煤机炉。

【锅炉大气污染物排放标准及修改单】

3.1.4.2 大气污染物排放控制要求

10 t/h 以上在用蒸汽锅炉和 7MW 以上在用热水锅炉 2015 年 9 月 30 日前执行 GB 13271—2001 中规定的排放限值，10 t/h 及以下在用蒸汽锅炉和 7MW 及以下在用热水锅炉 2016 年 6 月 30 日前执行 GB 13271—2001 中规定的排放限值。

10 t/h 以上在用蒸汽锅炉和 7MW 以上在用热水锅炉自 2015 年 10 月 1 日起执行表 3.1-5 规定的大气污染物排放限值，10 t/h 及以下在用蒸汽锅炉和 7MW 及以下在用热水锅炉自 2016 年 7 月 1 日起执行表 3.1-5 规定的大气污染物排放限值。

表 3.1-5 在用锅炉大气污染物排放浓度限值 单位：mg/m^3

<table>
<tr><th rowspan="2">污染物项目</th><th colspan="3">限值</th><th rowspan="2">污染物排放监控位置</th></tr>
<tr><th>燃煤锅炉</th><th>燃油锅炉</th><th>燃气锅炉</th></tr>
<tr><td>颗粒物</td><td>80</td><td>60</td><td>30</td><td rowspan="4">烟囱或烟道</td></tr>
<tr><td>二氧化硫</td><td>400
550①</td><td>300</td><td>100</td></tr>
<tr><td>氮氧化物</td><td>400</td><td>400</td><td>400</td></tr>
<tr><td>汞及其化合物</td><td>0.05</td><td>—</td><td>—</td></tr>
<tr><td>烟气黑度
（林格曼黑度）/级</td><td colspan="3">≤1</td><td>烟囱排放口</td></tr>
</table>

注：①位于广西壮族自治区、重庆市、四川省和贵州省的燃煤锅炉执行该限值。

自 2014 年 7 月 1 日起，新建锅炉执行表 3.1-6 规定的大气污染物排放限值。

表 3.1-6 新建锅炉大气污染物排放浓度限值 单位：mg/m^3

污染物项目	限值			污染物排放监控位置
	燃煤锅炉	燃油锅炉	燃气锅炉	
颗粒物	50	30	20	烟囱或烟道
二氧化硫	300	200	50	
氮氧化物	300	250	200	
汞及其化合物	0.05	—	—	
烟气黑度（林格曼黑度）/级	≤1			烟囱排放口

重点地区锅炉执行表 3.1-7 规定的大气污染物特别排放限值。执行大气污染物特别排放限值的地域范围、时间，由国务院环境保护主管部门或省级人民政府规定。

表 3.1-7 大气污染物特别排放限值 单位：mg/m^3

污染物项目	限值			污染物排放监控位置
	燃煤锅炉	燃油锅炉	燃气锅炉	
颗粒物	30	30	20	烟囱或烟道
二氧化硫	200	100	50	
氮氧化物	200	200	150	
汞及其化合物	0.05	—	—	
烟气黑度（林格曼黑度）/级	≤1			烟囱排放口

每个新建燃煤锅炉房只能设一根烟囱，烟囱高度应根据锅炉房装机总容量设计。燃油、燃气锅炉烟囱不低于 8 m，锅炉烟囱的具体高度按批复的环境影响评价文件确定。新建锅炉房的烟囱周围半径 200 m 距离内有建筑物时，其烟囱应高出最高建筑物 3 m 以上。

不同时段建设的锅炉，若采用混合方式排放烟气，且选择的监控位置只能监测混合烟气中的大气污染物浓度，应执行各个时段限值中最严格的排放限值。

《锅炉大气污染物排放标准》（GB 13271—2014）修改单（征求意见稿）根据大气环境承载能力的大小，将颗粒物的无组织排放控制分为重点地区和一般地区。一般地区无组织排放控制主要包括：储煤场应设有覆盖、防尘墙、防风抑尘网等形式的防尘措施，灰场、渣场应及时覆盖并定期洒水。设有灰仓的应采用密闭措施，卸灰管道出口应有防尘措施。设有渣库的应采用挡尘卷帘、围挡等形式的防尘措施。储煤场卸煤过程应采取喷淋等抑尘措施，用皮带机输送煤炭的应在输煤栈桥等封闭环境中进行，并对落煤点采用喷淋等防尘措施。粉煤灰运输应使用专用罐车。煤炭筛分和破碎应在封闭厂房中进行。厂区裸露地面应采用绿化等抑尘措施，道路应进行硬化并定期清扫、洒水，物料进出口设置车辆冲洗设施。

重点地区无组织排放控制除上述要求外，还要求煤仓进料口、筛分和破碎过程应设置集气罩，并配置除尘设施。生产工艺设备、废气收集系统以及污染治理设施应同步运行。

3.1.5 《火电厂大气污染物排放标准》

2011 年第三次修订了《火电厂大气污染物排放标准》（GB 13223—2011）。部分省份也制定了地方火电厂大气污染物排放标准，如《广东省火电厂大气污染物排放标准》（DB 44/612—2009）。

2017 年 6 月环境保护部对《火电厂大气污染物排放标准》（GB 13223—2011）进行修改，以标准修改单方式，增加“4.7 无组织排放控制措施”。对原辅料装卸、贮存、运输、制备系统、副产物贮存、转运系统等各方面提出要求，控制颗粒物无组织排放。

3.1.5.1 适用范围

《火电厂大气污染物排放标准》（GB 13223—2011）适用于使用单台出力 65 t/h 以上除层燃炉、抛煤机炉外的燃煤发电锅炉；各种容量的煤粉发电锅炉；单台出力 65 t/h 以上燃油、燃气发电锅炉；各种容量的燃气轮机组的火电厂；单台出力 65 t/h 以上采用煤矸石、生物质、油页岩、石油焦等燃料的发电锅炉，参照本标准中循环流化床火力发电锅炉的污染物排放控制要求执行。整体煤气化联合循环发电的燃气轮机组执行本标准中燃用天然气的燃气轮机组排放限值。

本标准不适用于各种容量的以生活垃圾、危险废物为燃料的火电厂。

【火电厂大气污染物排放标准及修改单】

3.1.5.2 污染物排放控制要求

自 2014 年 7 月 1 日起，现有火力发电锅炉及燃气轮机组执行表 3.1-8 规定的烟尘、二氧化硫、氮氧化物和烟气黑度排放限值。

自 2012 年 1 月 1 日起，新建火力发电锅炉及燃气轮机组执行表 3.1-8 规定的烟尘、二氧化硫、氮氧化物和烟气黑度排放限值。

自 2015 年 1 月 1 日起，燃煤锅炉执行表 3.1-8 规定的汞及其化合物污染物排放限值。

表 3.1-8 火力发电锅炉及燃气轮机组大气污染物排放浓度限值

单位：mg/m^3（烟气黑度除外）

序号	燃料和热能转化设施类型	污染物项目	适用条件	限值	污染物排放监控位置
1	燃煤锅炉	烟尘	全部	30	烟囱或烟道
		二氧化硫	新建锅炉	100 200①	
			现有锅炉	200 400①	
		氮氧化物（以 NO_2 计）	全部	100 200②	
		汞及其化合物	全部	0.03	
2	以油为燃料的锅炉或燃气轮机组	烟尘	全部	30	
		二氧化硫	新建锅炉及燃气轮机组	100	
			现有锅炉及燃气轮机组	200	
		氮氧化物（以 NO_2 计）	新建锅炉	100	
			现有锅炉	200	
			燃气轮机组	120	
3	以气体为燃料的锅炉或燃气轮机组	烟尘	天然气锅炉及燃气轮机组	5	
			其他气体燃料锅炉及燃气轮机组	10	
		二氧化硫	天然气锅炉及燃气轮机组	35	
			其他气体燃料锅炉及燃气轮机组	100	
		氮氧化物（以 NO_2 计）	天然气锅炉	100	
			其他气体燃料锅炉	200	
			天然气燃气轮机组	50	
			其他气体燃料燃气轮机组	120	
4	燃煤锅炉，以油、气体为燃料的锅炉或燃气轮机组	烟气黑度（林格曼黑度）/级	全部	1	烟囱排放口

注：①位于广西壮族自治区、重庆市、四川省和贵州省的火力发电锅炉执行该限值。

②采用“W”形火焰炉膛的火力发电锅炉，现有循环流化床火力发电锅炉，以及 2003 年 12 月 31 日前建成投产或通过建设项目环境影响报告书审批的火力发电锅炉执行该限值。

重点地区的火力发电锅炉及燃气轮机组执行表 3.1-9 规定的大气污染物特别排放限值。执行大气污染物特别排放限值的具体地域范围、实施时间，由国务院环境保护主管部门规定。

表 3.1-9 大气污染物特别排放限值

单位：mg/m^3

序号	燃料和热能转化设施类型	污染物项目	适用条件	限值	污染物排放监控位置
1	燃煤锅炉	烟尘	全部	20	烟囱或烟道
		二氧化硫	全部	50	
		氮氧化物（以 NO_2 计）	全部	100	
		汞及其化合物	全部	0.03	
2	以油为燃料的锅炉或燃气轮机组	烟尘	全部	20	
		二氧化硫	全部	50	
		氮氧化物（以 NO_2 计）	燃油锅炉	100	
			燃气轮机组	120	
3	以气体为燃料的锅炉或燃气轮机组	烟尘	全部	5	
		二氧化硫	全部	35	
		氮氧化物（以 NO_2 计）	燃气锅炉	100	
			燃气轮机组	50	
4	燃煤锅炉、以油、气体为燃料的锅炉或燃气轮机组	烟气黑度（林格曼黑度）/级	全部	1	烟囱排放口

《火电厂大气污染物排放标准》（GB 13223—2011）修改单（征求意见稿）根据各地区大气环境承载能力的大小，分为一般地区和重点地区无组织排放控制。

一般地区无组织排放控制主要包括：在原辅料装卸、贮存、运输、制备系统采用密闭式设备，并采取除尘措施，无法密闭的，应采取喷淋等抑尘措施。副产物灰渣贮存应采用密闭型式的灰库、渣仓，并配备除尘设施；粉煤灰厂内采用气力输送，运输应采用专用罐车。干灰场堆灰时应喷水碾压，湿灰场应保持灰面水封。

重点地区加强了煤场及相关环节的无组织排放控制要求，即储煤的煤场应采用封闭形式，卸煤的翻车机室或卸煤沟应采用封闭或半封闭形式，运煤的出入口设置车辆车身、轮胎冲洗设施。生产工艺设备、废气收集系统以及污染治理设施应同步运行。

环函[2014]179 号文关于部分供热及发电锅炉执行大气污染物排放标准有关问题的复函中提出：① 单台出力 65 t/h 以上除层燃炉、抛煤机炉外的燃煤、燃油、燃气锅炉，无论其是否发电，均应执行《火电厂大气污染物排放标准》（GB 13223—2011）中相应的污染物排放控制要求。② 单台出力 65 t/h 及以下燃煤、燃油、燃气发电锅炉，以及 65 t/h 及以下煤粉供热锅炉执行《锅炉大气污染物排放标准》（GB 13271—2014）的污染物排放控制要求。

3.1.6 《恶臭污染物排放标准》

3.1.6.1 适用范围

《恶臭污染物排放标准》（GB 14554—1993）适用于全国所有向大气排放恶臭气体单位及垃圾堆放场的排放管理以及建设项目的环境影响评价、设计、竣工验收及其建成后的排放管理。

【恶臭污染物排放标准】

3.1.6.2 污染物排放控制要求

本标准恶臭污染物厂界标准值分三级，排入 GB 3095 中一类区执行一级标准，一类区中不得建新的排污单位。排入 GB 3095 中二类区执行二级标准。排入 GB 3095 中三类区执行三级标准。

恶臭污染物厂界标准值是对无组织排放源的限值，见表 3.1-10。1994 年 6 月 1 日起立项的新、扩、改建项目及其建成后投产的企业执行二级、三级标准中相应的标准值。

恶臭污染物排放标准值见表 3.1-11。

表 3.1-10　恶臭污染物厂界标准值

序号	控制项目	单位	一级	二级		三级	
				新扩改建	现有	新扩改建	现有
1	氨	mg/m^3	1.0	1.5	2.0	4.0	5.0
2	三甲胺	mg/m^3	0.05	0.08	0.15	0.45	0.80
3	硫化氢	mg/m^3	0.03	0.06	0.10	0.32	0.60
4	甲硫醇	mg/m^3	0.004	0.007	0.010	0.020	0.035
5	甲硫醚	mg/m^3	0.03	0.07	0.15	0.55	1.10
6	二甲二硫	mg/m^3	0.03	0.06	0.13	0.42	0.71
7	二硫化碳	mg/m^3	2.0	3.0	5.0	8.0	10
8	苯乙烯	mg/m^3	3.0	5.0	7.0	14	19
9	臭气浓度	无量纲	10	20	30	60	70

表 3.1-11　恶臭污染物排放标准值（部分）

序号	控制项目	排气筒高度/m	排放量/（kg/h）
1	硫化氢	15	0.33
		20	0.58
		25	0.90
		30	1.3
		35	1.8
		40	2.3
		60	5.2
		80	9.3
		100	14
		120	21
2	甲硫醇	15	0.04
		20	0.08
		25	0.12
		30	0.17
		35	0.24
		40	0.31
		60	0.69
3	甲硫醚	15	0.33
		20	0.58
		25	0.90
		30	1.3
		35	1.8
		40	2.3
		60	5.2

3.1.7 《合成树脂工业污染物排放标准》

3.1.7.1 适用范围

《合成树脂工业污染物排放标准》（GB 31572—2015）规定了合成树脂工业企业及其生产设施（包括合成树脂加工和废合成树脂回收再加工企业及其生产设施）的水污染物和大气污染物排放限值、监测和监督管理要求。

本标准适用于现有合成树脂工业企业或生产设施的水污染物和大气污染物排放管理，以及合成树脂工业建设项目的环境影响评价、环境保护设施设计、竣工环境保护验收及其投产后的水污染物和大气污染物排放管理。

【合成树脂工业污染物排放标准】

3.1.7.2 污染物排放控制要求

合成树脂种类极为繁多，包括聚乙烯、聚丙烯、聚氯乙烯、聚苯乙烯、ABS 树脂（丙烯腈-丁二烯-苯乙烯共聚物）、酚醛树脂、环氧树脂、聚氨酯树脂、不饱和聚酯树脂、氨基树脂、聚酯树脂（PET）、丙烯酸酯树脂、醇酸树脂、氟树脂、有机硅树脂、聚酰胺、聚碳酸酯、聚甲醛、聚对苯二甲酸丁二醇酯（PBT）、聚苯醚、聚酰亚胺、聚苯硫醚、聚砜、聚醚砜、聚醚醚酮等。废气的主要污染物是挥发性有机污染物、颗粒物。本标准以非甲烷总烃表示挥发性有机污染物的浓度，同时确定苯乙烯、丙烯腈、光气、酚类、甲醛、环氧氯丙烷、甲苯二异氰酸酯（TDI）、二苯基甲烷二异氰酸酯（MDI）、异佛尔酮二异氰酸酯（PIDI）、多亚甲基多苯基异氰酸酯（PAPI）、氨、二氧化硫、硫化氢、氟化氢、四氢呋喃、丙烯酸甲酯、丙烯酸丁酯、丙烯酸、氯化氢、甲基丙烯酸甲酯、乙醛、苯、甲苯、乙苯、氯苯、二氯甲烷等 28 种物质为特征废气污染物。

现有企业 2017 年 7 月 1 日前仍执行现行标准，自 2017 年 7 月 1 日起执行表 3.1-12 规定的大气污染物排放限值。

自 2015 年 7 月 1 日起，新建企业执行表 3.1-12 规定的大气污染物排放限值。

表 3.1-12　合成树脂工业大气污染物排放限值（部分）　　单位：mg/m^3

序号	污染物项目	排放限值	适用的合成树脂类型
1	非甲烷总烃	100	所有合成树脂
2	颗粒物	30	
3	苯乙烯	50	聚苯乙烯树脂、ABS 树脂、不饱和聚酯树脂
4	丙烯腈	0.5	ABS 树脂
5	1,3-丁二烯①	1	ABS 树脂
6	环氧氯丙烷①	20	环氧树脂、氨基树脂
7	酚类	20	酚醛树脂、环氧树脂、聚碳酸酯树脂、聚醚酮树脂
8	甲醛	5	酚醛树脂、氨基树脂、聚甲醛树脂
9	乙醛	50	热塑性聚酯树脂
10	甲苯二异氰酸酯①（TDI）	1	聚氨酯树脂
11	二苯基甲烷二异氰酸酯①（MDI）	1	聚氨酯树脂
12	异佛尔酮二异氰酸酯①（IPDI）	1	聚氨酯树脂
13	多亚甲基多苯基异氰酸酯①（PAPI）	1	聚氨酯树脂
14	氨	30	氨基树脂、聚酰胺树脂、聚酰亚胺树脂
15	氟化氢	5	氟树脂
16	氯化氢	30	有机硅树脂
17	光气	0.5	光气法聚碳酸酯树脂
18	二氧化硫	100	聚砜树脂、聚醚砜树脂、聚醚酮树脂
19	硫化氢	5	聚苯硫醚树脂
20	丙烯酸①	20	丙烯酸树脂
21	丙烯酸甲酯①	50	丙烯酸树脂
22	丙烯酸丁酯①	50	丙烯酸树脂
23	甲基丙烯酸甲酯①	100	丙烯酸树脂
24	苯	4	聚甲醛树脂
25	甲苯	15	聚苯乙烯树脂、ABS 树脂、环氧树脂、有机硅树脂、聚砜树脂
26	乙苯	100	聚苯乙烯树脂、ABS 树脂
27	氯苯类	50	聚碳酸酯树脂、聚苯硫醚树脂
28	二氯甲烷①	100	聚碳酸酯树脂
29	四氢呋喃①	100	聚对苯二甲酸丁二醇酯树脂
30	邻苯二甲酸酐①	10	醇酸树脂
单位产品非甲烷总烃排放量/（kg/t 产品）		0.5	所有合成树脂（有机硅树脂除外）②

注：①待国家污染物监测方法标准发布后实施。

②有机硅树脂采用单位产品氯化氢排放量（0.2 kg/t 产品）。

以上污染物排放监控位置在车间或生产设施排放筒。

任务 3.2 固定污染源监测布点和采样

3.2.1 监测要求

对污染源的日常监督性监测，采样期间的工况应与平时的正常运行工况相同。建设项目竣工环境保护验收监测应在工况稳定、生产负荷达到设计生产能力的 75% 以上（含 75%）情况下进行。对因生产过程而引起排放情况发生变化的污染源，应根据变化特点和周期进行系统监测。对无组织排放污染源进行监测时，通常在监控点采集气体样品，捕捉污染物的最高浓度。

在现场监测期间，应有专人负责对被测污染源工况进行监督，保证生产设备和治理设施正常运行，工况条件符合监测要求。

通过对监测期间主要产品产量、主要原材料或燃料消耗量的计量和调查统计，以及与相应设计指标的比对，核算生产设备的实际运行负荷和负荷率。

3.2.2 方法依据

针对固定污染源的监测，国家已制定《固定污染源排气中颗粒物测定与气态污染物的采样方法》（GB/T 16157—1996），该标准规定了烟道、烟囱及排气筒等固定污染源排气中颗粒物的测定方法和气态污染物的采样方法。

【固定污染源排气中颗粒物测定与气态污染物的采样方法】

本标准规定了固定污染源采样位置和采样点的选择；烟气参数如烟温、烟气压力、水分含量、烟气流速流量等测定方法；烟气密度和气体相对分子质量的计算；烟气中颗粒物的测定和排放浓度，排放速率的计算；烟气中气态污染物采样和排放浓度，排放速率的测定。

另外国家也制定了行业标准《固定源废气监测技术规范》（HJ/T 397—2007）。该标准规定了在烟囱、烟道及排气筒等固定污染源排放废气中，颗粒物与气态污染物监测的手工采样和测试技术方法，以及便携式仪器监测方法。对固定源废气监测的准备、废气排放参数的测定、排气中颗粒物和气态污染物采样与测定方法、监测的质量保证等做了相应的规定。

【固定源废气监测技术规范】

针对大气污染物无组织排放，国家制定了《大气污染物无组织排放监测技术导则》（HJ/T 55—2000），本标准对大气污染物无组织排放监控点设置方法、监测气象条件的判定和选择、监测结果的计算等做出了规定和指导。

气态污染物的采样还应遵守有关排放标准和气态污染物分析方法标准的有关规定。

3.2.3　采样点布设

有组织排放源有害物质的测定，通常是用采样管从烟道中抽取一定体积的烟气，通过捕集装置将有害物质捕集下来，然后根据捕集的有害物量和抽取的烟气量，求出烟气中有害物质的浓度。根据有害物质的浓度和烟气的流量计算其排放量。这种测试方法的准确性很大程度上取决于抽取烟气样品的代表性，这就要求选择正确的采样位置和采样点。

无组织排放源有害物质的测定，通常是采集大气中的污染物，在监控点捕捉污染物的最高浓度。监控点的设置，要考虑排放源和建筑物的位置、单位周界围墙的高度和性质，单位区域内的主要地形的变化和气象条件，才能选择具有代表性的测点。

3.2.3.1　有组织排放源采样点布设

有组织排放监测通常是用采样管从烟道中抽取一定体积的烟气（图 3.2-1），通过捕集装置将有害物质捕集下来，然后根据捕集的有害物量和抽取的烟气量，求出烟气中有害物质的浓度。根据有害物质的浓度和烟气的流量计算其排放量。

由于烟道内同一断面上各点的烟尘浓度和气流速度的分布通常是不均匀的（图 3.2-2），因此，要获取具有代表性的样品，必须按照一定的原则在同一断面进行多点采样。采样点的位置和数目主要根据烟道断面的形状、截面积大小和流速分布情况确定。

图 3.2-1 固定源烟尘烟气测定模拟

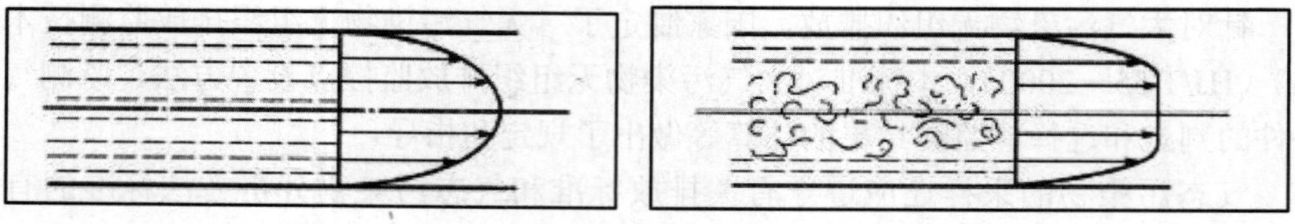

（a）层流 （b）湍流

图 3.2-2 典型状态下流体在烟道断面上的流速分布

（1）采样位置选择

采样位置应避开对测试人员操作有危险的场所。

优先选择在气流分布均匀稳定的垂直管段，避开烟道弯头、阀门、变径管、三通阀等易产生涡流的阻力构件和断面急剧变化的部位。采样位置应设置在距弯头、阀门、变径管下游方向不小于 6 倍直径，和距上述部件上游方向不小于 3 倍直径处，如图 3.2-3 所示。对矩形烟道，可用当量直径确定采样位置，其当量直径 $D=2AB/(A+B)$，式中 A、B 为边长。采样断面的气流速度最好在 5 m/s 以上。

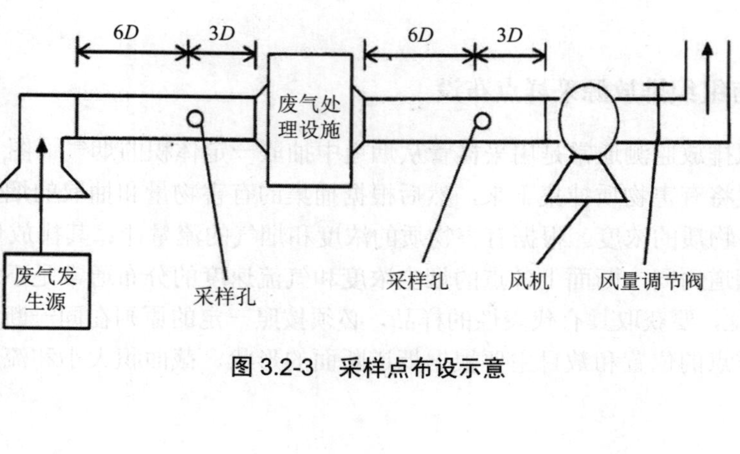

图 3.2-3 采样点布设示意

当测试现场空间位置有限，很难满足上述要求时，可选择比较适宜的管段采样，但采样断面与弯头等的距离至少是烟道直径的 1.5 倍，并应适当增加测点的数量和采样频次。

对于气态污染物，由于混合比较均匀，其采样位置可不受上述规定限制，但应避开涡流区。如果同时测定烟气流量，采样位置仍按上述要求选取。

必要时应设置采样平台，采样平台应有足够的工作面积使工作人员安全、方便地操作。平台面积应不小于 1.5 m^2，并设有 1.1 m 高的护栏和不低于 10 cm 的脚部挡板，采样平台的承重应不小于 200 kg/m^2，采样孔距平台面 1.2～1.3 m。

（2）采样孔

① 在选定的测定位置上开设采样孔，采样孔内径应不小于 80 mm。采样孔管长应不大于 50 mm。不使用时应用盖板、管堵或管帽封闭（图 3.2-4，图 3.2-5）。当采样孔仅用于采集气态污染物时，其内径应不小于 40 mm。

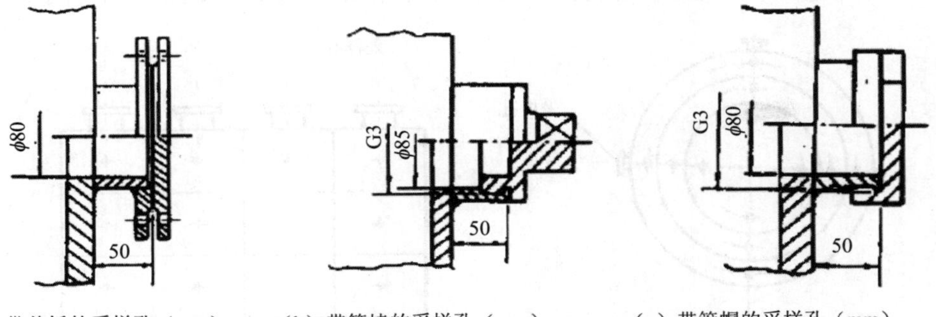

（a）带盖板的采样孔（mm）　（b）带管堵的采样孔（mm）　（c）带管帽的采样孔（mm）

图 3.2-4　采样孔开设尺寸

图 3.2-5　采样孔案例

② 对正压下输送高温或有毒气体的烟道应采用带有闸板阀的密封采样孔（图3.2-6）。

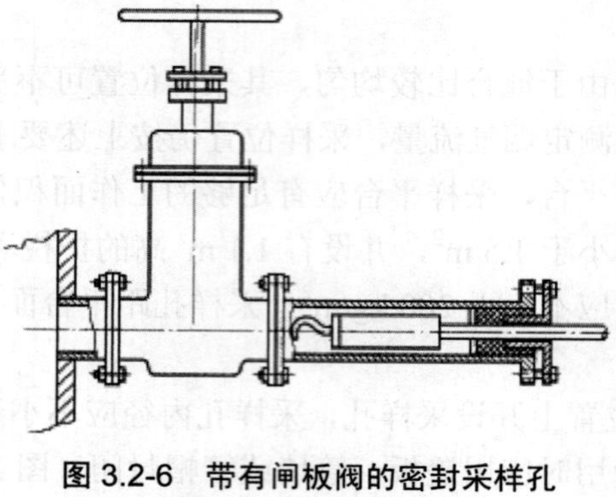

图 3.2-6 带有闸板阀的密封采样孔

③ 对圆形烟道，采样孔应设在包括各测定点在内的互相垂直的直径线上。对矩形或方形烟道，采样孔应设在包括各测定点在内的延长线上，如图 3.2-7 所示。

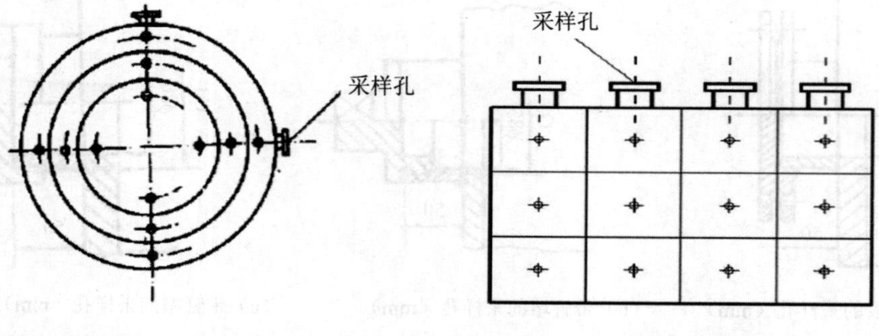

（a）圆形烟道的采样孔　（b）矩形或方形烟道的采样孔

图 3.2-7 采样孔的开设位置

在满足测压管和采样管可以达到各采样点位置的情况下，要尽可能少开采样孔。当采集有毒或高温烟气，且采样点处烟气呈正压时，采样孔应设置防喷装置；当采样点处烟气呈负压时，应保证采样孔密封。

（3）采样点的位置和数目

1）圆形烟道

将烟道分成适当数量的等面积同心环，各测点选在各环等面积中心线与呈垂直相交的两条直径线的交点上（图 3.2-7），其中一条直径线应在预期浓度变化最大的平面内，如当测点在弯头后，该直径线应位于弯头所在的平面 A-A 内（图 3.2-8）。

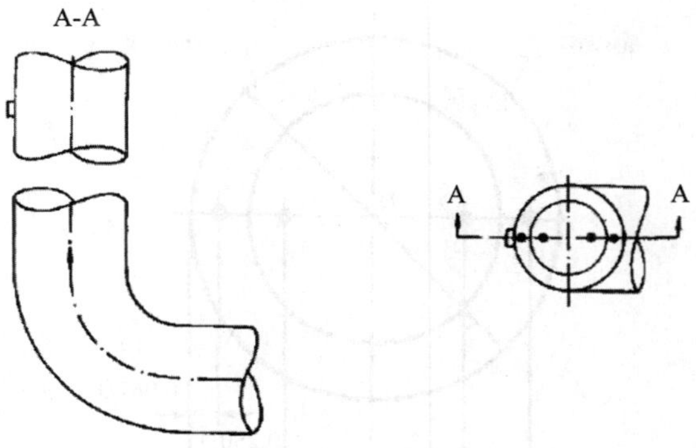

图 3.2-8　圆形烟道弯头后的测点

若采样位置符合“垂直管段，距弯头、阀门、变径管下游方向不小于 6 倍直径，和距上述部件上游方向不小于 3 倍直径处”的规定时，可只选预期浓度变化最大的一条直径线上的测点。

对直径小于 0.3 m、流速分布比较均匀、对称的小烟道，可取烟道中心作为测点。不同直径的圆形烟道的等面积环数、测量直径数及测点数见表 3.2-1，原则上测点不超过 20 个。

表 3.2-1　圆形烟道分环及测点数的确定

烟道直径/m	等面积环数/个	测量直径数/个	测点数/个
＜0.3	—	—	1
0.3～0.6	1～2	1～2	2～8
0.6～1.0	2～3	1～2	4～12
1.0～2.0	3～4	1～2	6～16
2.0～4.0	4～5	1～2	8～20
＞4.0	5	1～2	10～20

测点距烟道内壁的距离如图 3.2-9 所示，按表 3.2-2 确定。当测点距烟道内壁的距离小于 25 mm 时，取 25 mm。

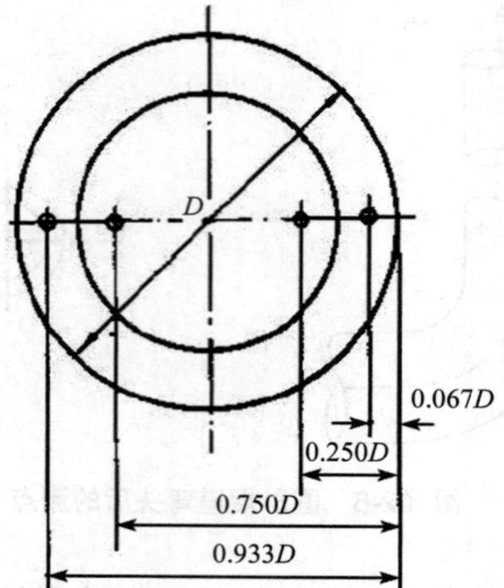

图 3.2-9 采样点距离烟道内壁的距离示意

表 3.2-2 测点距烟道内壁距离（以烟道直径 D 计）

测点号	环数				
	1	2	3	4	5
1	0.146	0.067	0.044	0.033	0.026
2	0.854	0.250	0.146	0.105	0.082
3		0.750	0.296	0.194	0.146
4		0.933	0.704	0.323	0.226
5			0.854	0.677	0.342
6			0.956	0.806	0.658
7				0.895	0.774
8				0.967	0.854
9					0.918
10					0.974

2）矩形或方形烟道

对于矩形或方形烟道，将烟道断面分成适当数量的等面积小块，各块中心即为测点（图 3.2-7）。小块的数量按表 3.2-3 的规定选取。原则上测点不超过 20 个。烟道断面面积小于 0.1 m^2，且流速分布比较均匀、对称时，可取断面中心作为测点。

当烟道采样位置不能满足“垂直管段，距弯头、阀门、变径管下游方向不小于 6 倍直径，和距上述部件上游方向不小于 3 倍直径处”的规定时，应增加采样线和测点。

表 3.2-3　矩（方）形烟道的分块和测点数

烟道断面积/m^2	等面小块长边长度/m	测点总数/个
＜0.1	＜0.32	1
0.1～0.5	＜0.35	1～4
0.5～1.0	＜0.50	4～6
1.0～4.0	＜0.67	6～9
4.0～9.0	＜0.75	9～16
＞9.0	≤1.0	≤20

对于拱形烟道，由于这种烟道的上部为半圆形，下部为矩形，故可分别按圆形和矩形烟道的布点方法确定采样点的位置和数目（图 3.2-10）。

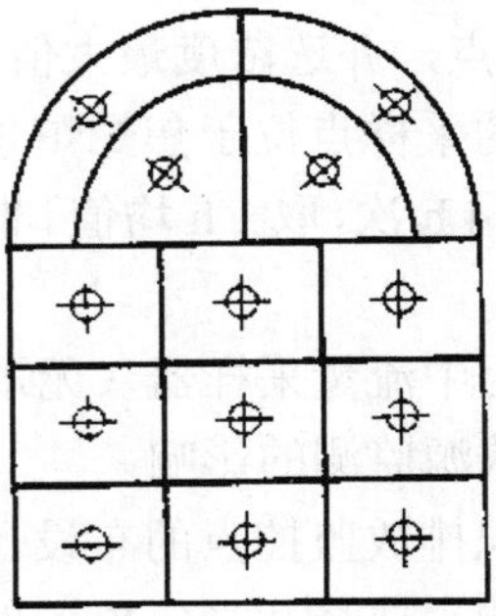

图 3.2-10　拱形烟道采样点布设

当水平烟道内积灰时，测定前应尽可能将积灰清除，原则上应将积灰部分的面积从断面内扣除，按有效断面布设采样点。

3.2.3.2　无组织排放源采样点布设

（1）布点和采样原则

【大气污染物无组织排放监测技术导则】

大气污染物无组织排放监测点的设置，除大气污染物排放标准中另有规定外，其余有关问题应按以下原则执行：

要依照法定手续确定边界，若无法定手续则按目前的实际边界确定。二氧化硫、氮氧化物、颗粒物和氟化物的监控点设在无组织排放源下风向 2～50 m 范围内的浓度最高点，相对应的参照点设在排放源上风向 2～50 m 范围内；其余物质的监控点设在单位周界 10 m 范围内的浓度最高点。监控点最多可设 4 个，参照点只设 1 个。

水泥厂颗粒物无组织排放指水泥厂厂区物料堆扬尘、物料输送和窑磨机等设备的粉尘泄漏等。要求在距厂界外 20 m 处（无明显厂界，以车间外或堆场外 20 m 处）上风向与下风向同时布设参考点和监控点。

工业炉窑无组织排放指烟尘、生产性粉尘和有害污染物不通过烟囱或排气系统的泄漏等。无组织排放烟尘及生产性粉尘监测点设置在厂房门窗排放口处，并选浓度最大值；若工业炉窑露天设置（或有顶无围墙），监测点应选在距烟（粉）尘排放源 5 m，最低高度 1.5 m 处任意点，并选浓度最大值。

机械化炼焦炉无组织排放的采样点位于焦炉炉顶煤塔侧第 1～4 孔炭化室上升管旁，在炉顶的连续采样时间为 4 h/次，取 1 h 均值。非机械化炼焦炉应按 GB/T 16157 的规定确定采样点。

无组织排放烟（粉）尘采用中流量采样器（无罩、无分级采样头）采样。

（2）气象条件对无组织排放源监测的影响

气象条件直接影响到无组织排放监控点的布设。在进行无组织排放监测时，应注意气象条件对监测结果的影响，选择适当气象条件开展监测，具体方法见《大气污染物无组织排放监测技术导则》（HJ/T 55—2000）。

当气象条件不利于污染物的扩散和稀释时，适宜于进行无组织排放监测，当气象条件很有利于污染物的扩散和稀释时，不适宜进行无组织排放监测。

（3）无组织排放监控点设置方法

由于无组织排放的实际情况是多种多样的，故本内容仅对无组织排放监控点的设置进行原则性指导，实际监测时应根据情况因地制宜设置监控点。

1）单位周界监控点的设置方法

在单位周界外设置监控点的方法适用于除现有污染源无组织排放二氧化硫、氮氧化物、颗粒物和氟化物之外的监控点设置。

在单位周界外设置监控点时，必须遵循以下原则：

① 监控点一般应设于周界外 10 m 范围内，但若现场条件不允许（如周界沿河岸分布），可将监控点移至周界内侧。

② 监控点应设于周界浓度最高点。

③ 若经估算预测，无组织排放的最大落地浓度区域超出 10 m 范围之外，可将监控点移至该区域之内设置。

④ 为了确定浓度的最高点，实际监控点最多可设置 4 个。

⑤ 设点高度范围为 1.5～15 m。

在实际监测中，当具有明显风向和风速时，可参考图 3.2-11 设点。当无明显风向和风速时，可根据情况在可能的浓度最高处设置 4 个点。在单位周界外设置监控点的具体位置，还要考虑到围墙的通透性（即围墙的通风透气性质），当围墙的通透性很好时，可紧靠围墙外侧设监控点，当围墙的通透性不好时，也可紧靠围墙设监控点，但把采气口抬高至高出围墙 20～30 cm，图 3.2-12 中的 A 点所示。当不便于把采气口抬高时，为避开围墙造成的涡流区，宜将监控点设于距围墙 1.5～2.0 *h*（*h* 为围墙高度，m），距地面 1.5 m 处，图 3.2-12 中的 B 点所示。

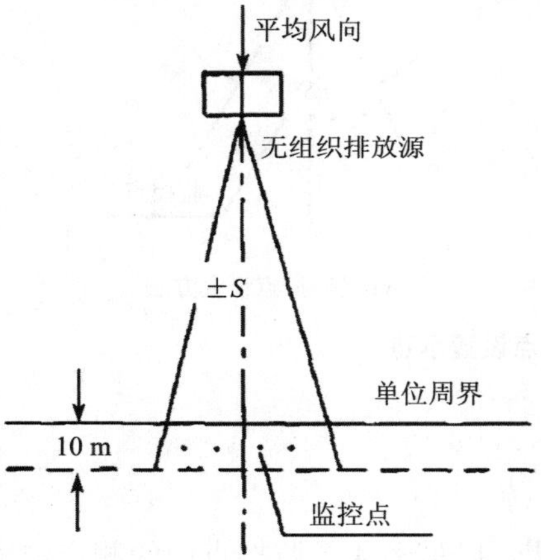

图 3.2-11　单位周界监控点设置示意

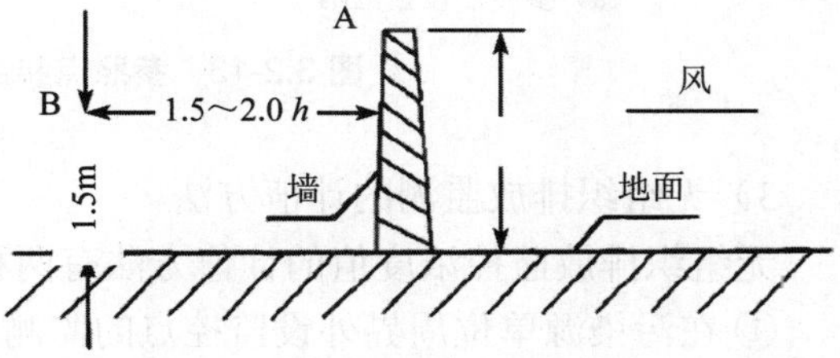

图 3.2-12　不透风围墙外设监控点的参考方法

2）在排放源上、下风向分别设置参照点和监控点的方法

环境中的某些污染物（在 GB 16297—1996 中规定二氧化硫、氮氧化物、颗粒物和氟化物为该类物质）具有显著的本底（或称背景）值，因此无组织排放源下风向监控点的污染物浓度，其中一部分由本底（或称背景）值做出贡献，另一部分由被测无组织排放源做出贡献，设置参照点的目的是了解本底值的大小。

设置参照点的原则要求是：参照点应不受或尽可能少受被测无组织排放源的影响，参照点要力求避开其近处的其他无组织排放源和有组织排放源的影响，尤其要注意避开那些可能对参照点造成明显影响而同时对监控点无明显影响的排放源。参照点的设置，要以能够代表监控点的污染物本底浓度为原则。

设置参照点和监控点必须遵循以下原则：

① 于无组织排放源的上风向 2～50 m 范围内设参照点，下风向 2～50 m 范围内设监控点。

② 监控点应设于排放源下风向的浓度最高点，不受单位周界的限制。

③ 为了确定浓度最高点，监控点最多可设 4 个。

④ 参照点应以不受被测无组织排放源影响，可以代表监控点的背景浓度为原则。参照点只设 1 个。

⑤ 监控点和参照点距无组织排放源最近不应小于 2 m。

当具有明显风向和风速时，可参考图 3.2-13 设点。

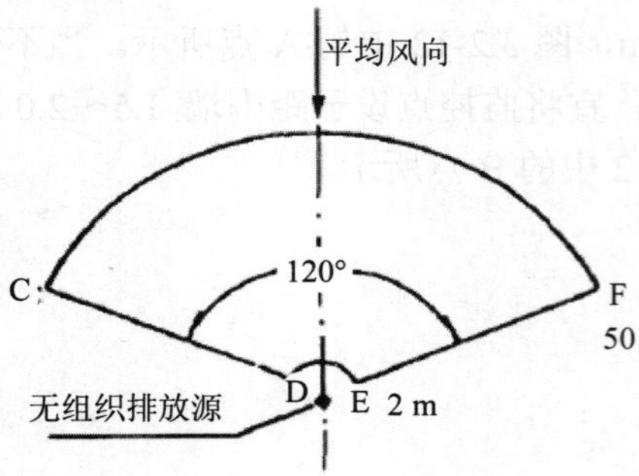

（a）参照点设置范围

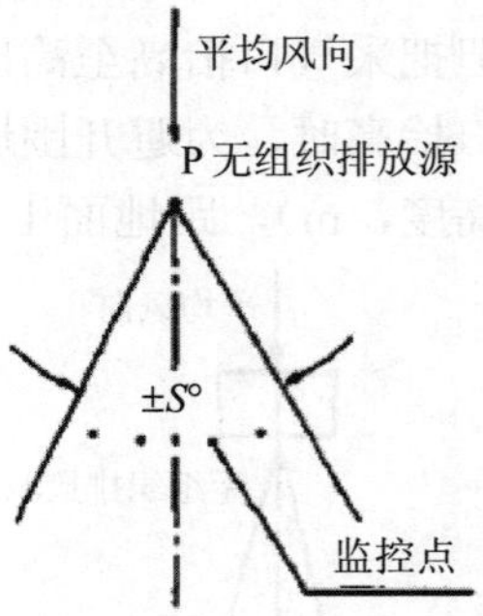

（b）监控点设置方法

图 3.2-13 参照点和监控点设置示意

3）无组织排放监测的计值方法

无组织排放监控浓度值的计值方法有两种：

① 在污染源单位周界外设监控点的监测结果，以最多 4 个监控点中的测定浓度最高点的测值作为"无组织排放监控浓度值"，但要注意，浓度最高点的测值应是 1 h 连续采样或由等时间间隔采集的 4 个样品所得的 1 h 平均值。

② 在无组织排放源上、下风向设置参照点和监控点的监测结果，以最多 4 个监控点中的浓度最高点测值扣除参照点测值所得之差值，作为"无组织排放监控浓度值"。但要注意，监控点和参照点测值是指 1 h 连续采样或由等时间间隔所得 4 个样品的 1 h 平均值。

3.2.4 采样时间和频率

若相关标准中对采样频次和采样时间有规定的，按相关标准的规定执行。除相关标准另有规定外，正常情况下，排气筒中废气的采样以连续 1 h 的采样获取平均值，或在 1 h 内，以等时间间隔采集 3～4 个样品，并计算平均值。若某排气筒的排放为间断性排放，排放时间小于 1 h，应在排放时段内实行连续采样，或在排放时段内等间隔采集 2～4 个样品，并计算平均值；若某排气筒的排放为间断性排放，排放时间大于 1 h，则应在排放时段内按正常情况的要求采样。

建设项目竣工环境保护验收监测的采样时间和频次，按环境保护部发布的相关建设项目竣工环境保护验收技术规范执行。根据《建设项目环境保护设施竣工验收监测技术要求（试行）》规定，采样频次应充分反映污染物排放和环保设施的运行情况，对有明显生产周期、污染物排放稳定的建设项目，对污染物的采样和测试频次一般为2～3个周期，每个周期3～5次（不应少于执行标准中规定的次数）；对无明显生产周期、稳定、连续生产的建设项目，废气采样和测试频次一般不少于2天、每天采3个平行样，对污染物确实稳定排放的建设项目，监测频次可适当减少，废气采样和测试频次不得少于3个平行样。

当进行污染事故排放监测时，应按需要设置采样时间和采样频次，不受上述要求的限制。

一般污染源的监督性监测每年不少于1次，如被国家或地方环境保护主管部门列为年度重点监管的排污单位，每年监督性监测不少于4次。

锅炉颗粒物采样，须多点采样，原则上每点采样时间不少于3 min，各点采样时间应相等，或每台锅炉测定时所采集样品累计的总采气量不少于1 m^3。每次采样，至少采集3个样品，取其平均值。

进行无组织排放监测时，实行连续1 h的采样，或者实行在1 h内以等时间间隔采集4个样品计平均值，为捕捉到监控点最高浓度的时段，采样时间可超过1 h。无组织排放参照点的采样应同监控点的采样同步进行，采样时间和采样频次均应相同。在无组织排放监测中所得的监控点的浓度值不扣除低矮排气筒所做的贡献值。

3.2.5　监测分析方法

监测分析方法的选用应充分考虑相关排放标准的规定、被测污染源排放特点、污染物排放浓度的高低、所采用监测分析方法的检出限和干扰等因素。相关排放标准中有监测分析方法的规定时，应采用标准中规定的方法。对相关排放标准未规定监测分析方法的污染物项目，应选用国家环境保护标准、环境保护行业标准规定的方法。在某些项目的监测中，尚无方法标准的，可采用国际标准化组织（ISO）或其他国家的等效方法标准，但应经过验证合格，其检出限、准确度和精密度应能达到质控要求。

《锅炉大气污染物排放标准》（GB 13271—2014）和《火电厂大气污染物排放标准》（GB 13223—2011）中规定了锅炉废气浓度测定方法，见表3.2-4。

表3.2-4　锅炉大气污染物浓度测定方法标准

序号	污染物项目	方法标准名称	标准编号
1	颗粒物	锅炉烟尘测定方法	GB 5468
		固定污染源排气中颗粒物测定与气态污染物采样方法	GB/T 16157
2	烟气黑度	固定污染源排放烟气黑度的测定　林格曼烟气黑度图法	HJ/T 398

序号	污染物项目	方法标准名称	标准编号
3	二氧化硫	固定污染源排气中二氧化硫的测定　碘量法	HJ/T 56
		固定污染源排气中二氧化硫的测定　定电位电解法	HJ/T 57
		固定污染源废气二氧化硫的测定　非分散红外吸收法	HJ629
4	氮氧化物	固定污染源排气中氮氧化物的测定　紫外分光光度法	HJ/T 42
		固定污染源排气中氮氧化物的测定　盐酸萘乙二胺分光光度法	HJ/T 43
		固定污染源废气中氮氧化物的测定　非分散红外吸收法	HJ 692
		固定污染源排气中氮氧化物的测定　定电位电解法	HJ 693
5	汞及其化合物	固定污染源废气　汞的测定　冷原子吸收分光光度法（暂行）	HJ 543

《合成树脂工业污染物排放标准》（GB 31572—2015）规定了该行业典型污染物的分析测试方法，见表 3.2-5。

表 3.2-5　合成树脂工业大气污染物浓度测定方法标准

序号	污染物项目	标准名称	标准编号
1	非甲烷总烃	固定污染源排气中非甲烷总烃的测定　气相色谱法	HJ/T 38
2	颗粒物	固定污染源排气中颗粒物测定与气态污染物采样方法	GB/T 16157
		环境空气　总悬浮颗粒物的测定　重量法	GB/T 15432
3	丙烯腈	固定污染源排气中丙烯腈的测定　气相色谱法	HJ/T 37
4	酚类	固定污染源排气中酚类化合物的测定　4-氨基安替比林分光光度法	HJ/T 32
5	甲醛	空气质量　甲醛的测定　乙酰丙酮分光光度法	GB/T 15516
6	乙醛	固定污染源排气中乙醛的测定　气相色谱法	HJ/T 35
7	氨	环境空气和废气　氨的测定　纳氏试剂分光光度法	HJ 533
8	氟化氢	大气固定污染源氟化物的测定　离子选择电极法	HJ/T 67
		固定污染源废气　氟化氢的测定　离子色谱法（暂行）	HJ 688
9	氯化氢	固定污染源排气中氯化氢的测定　硫氰酸汞分光光度法	HJ/T 27
		固定污染源废气氯化氢的测定　硝酸银容量法（暂行）	HJ 548
		环境空气和废气　氯化氢的测定　离子色谱法（暂行）	HJ 549
10	光气	固定污染源排气中光气的测定　苯胺紫外分光光度法	HJ/T 31
11	二氧化硫	固定污染源排气中　二氧化硫的测定　碘量法	HJ/T 56
		固定污染源排气中　二氧化硫的测定　定电位电解法	HJ/T 57
		固定污染源废气　二氧化硫的测定　非分散红外吸收法	HJ 629
12	硫化氢	空气质量　硫化氢、甲硫醇、甲硫醚和二甲二硫的测定气相色谱法	GB/T 14678

序号	污染物项目	标准名称	标准编号
13	苯、甲苯	环境空气　苯系物的测定　固体吸附/热脱附-气相色谱法	HJ 583
		环境空气　苯系物的测定　活性炭吸附/二硫化碳解吸-气相色谱法	HJ 584
		环境空气　挥发性有机物的测定　吸附管采样-热脱附/气相色谱-质谱法	HJ 644
		固定污染源废气　挥发性有机物的测定　固相吸附－热脱附/气相色谱-质谱法	HJ 734
14	苯乙烯、乙苯	固定污染源废气　挥发性有机物的测定　固相吸附-热脱附/气相色谱-质谱法	HJ 734
15	氯苯类	固定污染源排气中氯苯类的测定　气相色谱法	HJ/T 66
		大气固定污染源　氯苯类化合物的测定　气相色谱法	HJ/T 42
16	氮氧化物	固定污染源排气中氮氧化物的测定　紫外分光光度法	HJ/T 42
		固定污染源排气中氮氧化物的测定　盐酸萘乙二胺分光光度法	HJ/T 43
		固定污染源排气氮氧化物的测定　酸碱滴定法	HJ 675
		固定污染源废气氮氧化物的测定　非分散红外吸收法	HJ 692
		固定污染源废气　氮氧化物的测定　定电位电解法	HJ 693
17	二噁英类	环境空气和废气　二噁英类的测定　同位素稀释高分辨气相色谱-高分辨质谱法	HJ 77.2

任务 3.3　烟尘烟气参数测定

我国有关排放标准规定，污染物排放浓度以标准状况下干烟气量的质量体积比浓度（mg/m^3 或 $\mu g/m^3$）表示。因此，在计算有害物质排放浓度和排放量时，需要将实际状态下的湿气体体积换算成标准状态下（0℃，101.325 kPa）的干气体体积。完成换算需要测定烟气的温度、压力、平均流速、体积、含湿量等参数。通过这几个基本参数，可计算出污染物的排放浓度和排放量。

3.3.1　烟气的温度

（1）测量位置

按任务 3.2 方法确定采样断面，一般情况下可在靠近烟道中心的一点测定。

（2）测量仪器

烟气温度的测定方法有长杆玻璃水银温度计法、热电偶温度计法和电阻温度计法，下面重点介绍热电偶温度计法。

热电偶温度计的测温原理是：将两根不同的金属导线连成闭合回路，当两接点处于不同温度环境时，便产生热电势，两接点的温差越大，热电势越大。如果热电偶一个接点的温度保持恒定（称为参比端），则热电偶产生的热电势大小便完全决定于另一个接点的温度（称为测量端），用测温毫伏计或数字式温度计测出热电偶的热电势就可以得到工作端处的烟气温度。热电偶温度计的结构如图 3.3-1 所示。

根据待测温度的高低，选用不同材料的热电偶，镍铬—康铜热电偶适用于 800℃以下烟气；镍铬—镍铝热电偶适用于 1300℃以下烟气；铂—铂铑热电偶适用于 1 600℃以下烟气。

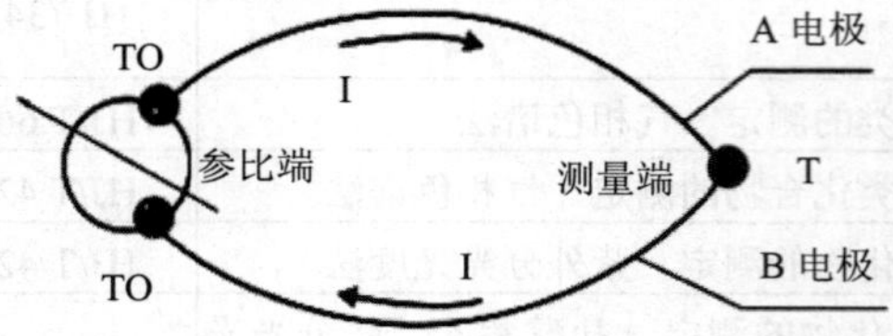

图 3.3-1 热电偶温度计工作原理

图 3.3-2 烟枪上热电偶温度计实例

（3）测量步骤

长杆玻璃水银温度计适用于直径小、温度较低的烟道。热电偶温度计适用于直径大、温度高的烟道。测量时，将温度测量单元插入烟道中心位置，封闭测孔，待温度计读数稳定后读数。注意不可将温度计抽出烟道外读数，以免产生误差。

3.3.2 烟气的压力

烟气的压力分为全压（P_t）、动压（P_v）和静压（P_s）三种。静压是单位体积气体具有的势能，表现为气体在各个方向上作用于烟道壁的压力，可为正值和负值。动压是单位体积气体具有的动能，是使气体流动的压力，仅作用于气体流动的方向，恒为正值。全压是气体在管道中流动具有的总能量，是静压和动压之和。

测量烟气压力常用测压管和压力计。

（1）测量位置

烟气压力的测定依据任务 3.2 的布点，分别设在各采样点上。

（2）测量仪器

1）测压管

常用的测压管有两种，即标准型皮托管和 S 型皮托管。它们都可以同时测出全压和静压。

标准型皮托管构造如图 3.3-3 所示。它是一个弯成 90°的双层同心圆管，前端呈半圆形，正前方有一开孔，与内管相通，用来测定全压。外管的管口封闭，在距前端 6 倍直径处外管壁上开有一圈孔径为 1 mm 的小孔，通至后端的侧出口，用于测定烟气静压。

标准型皮托管具有较高的测量精度，按照上述尺寸制作的皮托管其修正系数为 0.99±0.01，如果未经标定，使用时可取修正系数 K_p 为 0.99。标准型皮托管的测孔很小，当烟道内颗粒物浓度大时，易被堵塞。它适用于测量较清洁的烟气。

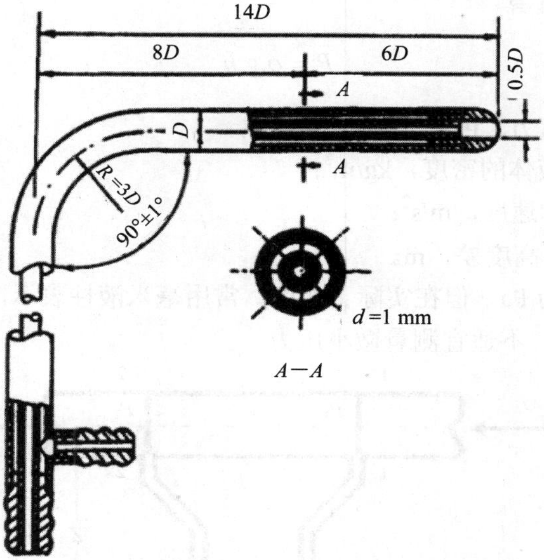

图 3.3-3　标准型皮托管示意

S 型皮托管的结构见图 3.3-4。它是由两根相同的金属管并联组成。测量端有两个大小相等、方向相反的两个开口。测定烟气压力时，一个开口面向气流，测定气流的全压，另一个开口背向气流，测定气流的静压。按照图 3.3-4 设计制作的 S 型皮托管，其修正系数 K_p 为 0.84±0.01。制作尺寸与上述要求有差别的 S 型皮托管的修正系数需进行校正。其正、反方向的修正系数相差应不大于 0.01。S 型皮托管的测压孔开口较大，不易被颗粒物堵塞，且便于在厚壁烟道中使用。

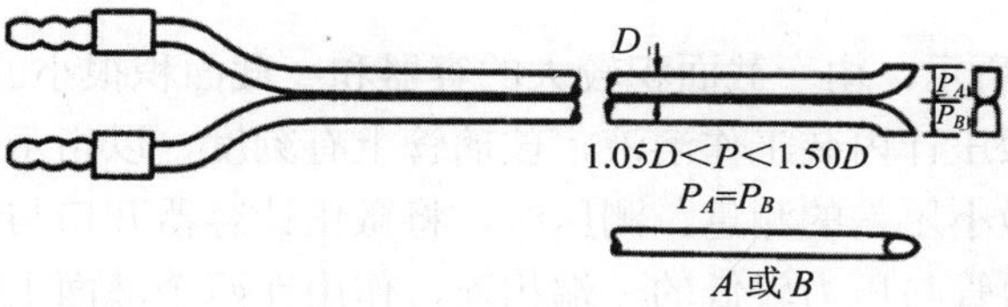

图 3.3-4　S 型皮托管示意

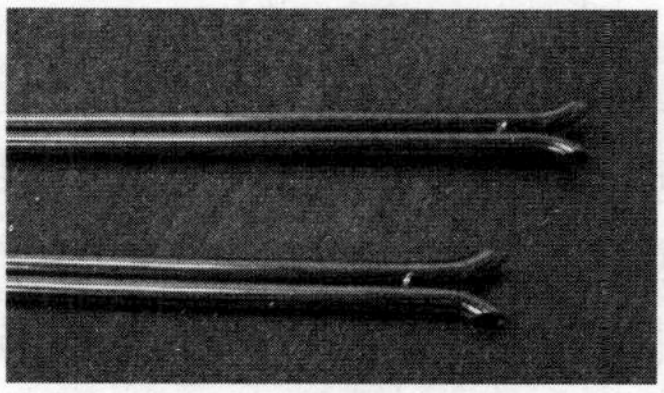

图 3.3-5　S 型皮托管实例

2）压力计

常用的压力计有 U 型压力计和斜管式微压计。

U 型压力计是一个内装工作液体的 U 型玻璃管（图 3.3-6）。通常根据被测压力的大小分别选用水、乙醇或汞作为工作液体，U 型压力计可同时测全压和静压，使用时应该保持垂直，其最小分压值不得大于 10Pa。压力计与皮托管相连，测得压力（P）用式（3.3-1）计算。

$$P = \rho . g . h \tag{3.3-1}$$

式中：P——测得压力，Pa；

ρ——工作液体的密度，kg/m^3；

g——重力加速度，m/s^2；

h——两液面高度差，m。

上述压力单位为 Pa，但在实际工作中，常用毫米液柱表示，U 型压力计的误差可达 1～2 mm 液柱，不适宜测量微小压力。

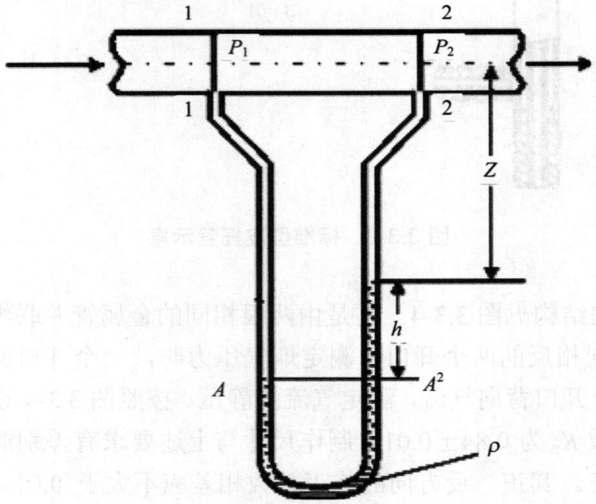

图 3.3-6　U 型压力计

斜管式微压计构造如图 3.3-7 所示，由一截面积较大的容器和一截面积很小的、可调角度的玻璃管两部分组成。微压计内装工作溶液，玻璃管上有刻度，以指示压力读数。斜管将读数放大，便于微小压差的测量。测压时，将微压计容器开口与测压系统中压力较高的一端相连，斜管与压力较低的一端相连，作用在两个液面上的压力差使液柱沿斜管上升，测得压力（P）按式（3.3-2）计算。

$$P = L \cdot (\sin\alpha + \frac{f}{F}) \cdot \rho \cdot g \tag{3.3-2}$$

式中：P——测得压力，Pa；

L——斜管内液柱长度，m；

α——斜臂与水平面夹角，°；

f——斜管截面积，mm^2；

F——容器截面积，mm^2；

ρ——工作液密度，kg/m^3；

g——重力加速度，m/s^2。

斜管微压计用于测定烟气的动压，其精确度应不低于 2%，其最小分度值应不大于 2Pa。

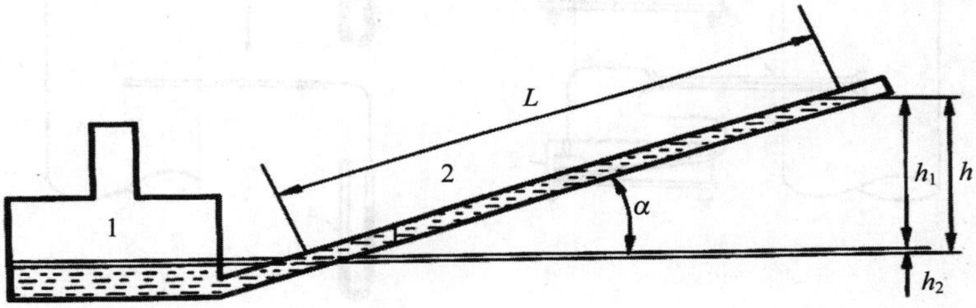

1—容器；2—玻璃管

图 3.3-7　斜管式微压计

（3）测量步骤

1）测压前准备工作

测量前将微压计调整至水平位置，检查微压计液柱中有无气泡，并进行漏气检验。

微压计漏气检验：向微压计的正压端（或负压端）入口吹气（或吸气），迅速封闭该入口，如微压计的液柱面位置不变，则表明该通路不漏气。

皮托管漏气检验：用橡皮管将全压管的出口与微压计的正压端连接，静压管的出口与微压计的负压端连接。由全压管测孔吹气后，迅速堵严该测孔，如微压计的液柱面位置不变，则表明全压管不漏气；此时再将静压测孔用橡皮管或胶布密封，然后打开全压测孔，此时微压计液柱将跌落至某一位置，如果液面不继续跌落，则表明静压管不漏气。

2）压力测量

按规定调整好仪器后，在皮托管上标出各测点应插入采样孔的位置，再将皮托管和压力计连接，把测压管的测压口伸进烟道内的测点上，并对准气流方向，其偏差不得超过 10°。从 U 型压力计上读出液面差，或从斜管式微压计上读出斜管液柱长度，按相应公式计算所测压力。图 3.3-8（a）为标准型皮托管和 S 型皮托管与斜管斜式微压计测量烟气压力的连接方法。图 3.3-8（b）为标准型皮托管和 S 型皮托管与 U 型压力计测量烟气压力的连接方法。图 3.3-9 显示了烟道中不同压力的测量方式。

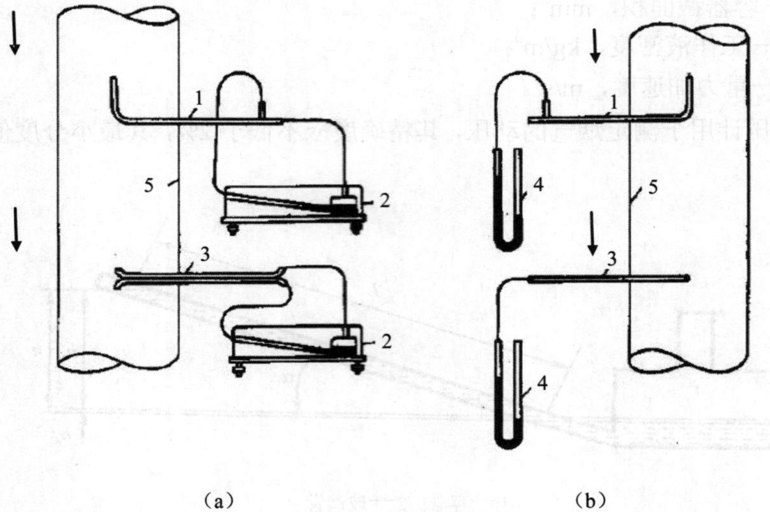

1—标准型皮托管；2—斜管式微压计；3—S 型皮托管；4—U 型压力计；5—烟道

图 3.3-8 动压和静压的测定装置

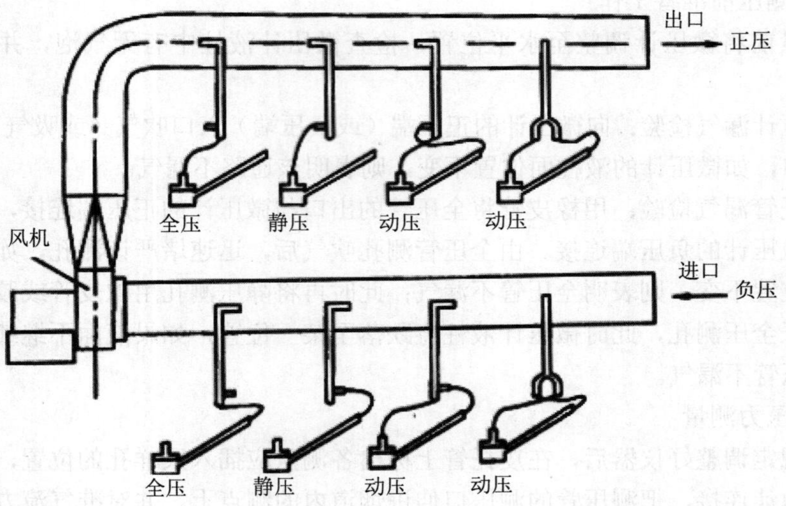

图 3.3-9 测压连接方式示意

3.3.3　烟气流速和流量测定

（1）测定原理

根据流体力学基本原理，气体的流速与其动压的平方根成正比。因此根据所测得某测点处的动压、静压及温度等参数则可算出烟气的流速。烟气流速乘以测定断面的截面积可算出烟气的流量。

（2）测定方法

根据任务 3.2 原则布设采样点，在选定的测量位置和测点上，用皮托管和压力计测定各点的动压，重复测定一次取平均值。

（3）测点烟气流速计算

气体的流速与其动压的平方根成正比，可根据式（3.3-3）计算。

$$V_s = K_p\sqrt{\frac{2P_d}{\rho_s}} \tag{3.3-3}$$

式中：V_s——湿烟气流速，m/s；

K_p——皮托管校正系数；

P_d——烟气动压，Pa；

ρ_s——湿烟气密度，kg/m^3。

标准状态下的烟气密度（ρ_{nd}）和测量状态下的烟气密度（ρ_s）分别按式（3.3-4）、式（3.3-5）计算。

$$\rho_{nd} = \frac{M_s}{22.4} \tag{3.3-4}$$

$$\rho_s = \rho_{nd} \times \frac{273}{273+t_s} \times \frac{B_a + P_s}{101\,325} \tag{3.3-5}$$

将 ρ_s 代入烟气流速（V_s）计算式后得式（3.3-6）。

$$V_s = 128.9K_p\sqrt{\frac{(273+t_s)P_d}{M_s(B_a+P_s)}} \tag{3.3-6}$$

式中：M_s——烟气的分子量，kg/kmol；

t_s——烟气温度，℃；

B_a——大气压，Pa；

P_s——烟气静压，Pa。

当干烟气成分与空气近似，烟气露点温度在 35～55℃、烟气的绝对压力在 97～103 kPa 时，V_s 可按式（3.3-7）简化计算。

$$V_s = 0.076K_p\sqrt{273+t_s} \times \sqrt{P_d} \tag{3.3-7}$$

对于接近常温、常压条件下（t_s=20℃，B_a+P_s=101 325 Pa），通风管道的空气流速 V_a 按式（3.3-8）计算：

$$V_a = 1.29K_p\sqrt{P_d} \tag{3.3-8}$$

式中：V_a——常温常压下通风管道的空气流速，m/s。

（4）烟气平均流速计算

烟道某一断面的平均流速 $\overline{V_s}$ 可根据断面上各测点测出的流速 V_{si}，由式（3.3-9）计算。

$$\overline{V_s} = \frac{V_{s1}+V_{s2}+\ldots+V_{sn}}{n} = 128.9K_p\sqrt{\frac{(273+t_s)}{M_s(B_a+P_s)}} \times \frac{\sum_{i=1}^{n}\sqrt{P_{di}}}{n} \tag{3.3-9}$$

式中：$\overline{V_s}$——烟气平均流速，m/s；

V_{s1}，V_{s2}，…，V_{sn}——断面上各测点烟气流速，m/s；

P_{di}——某一测点的动压，Pa；

n——测点的数目。

（5）烟气流量计算

通过测定断面的湿烟气平均流速和测定断面面积，得到工况下的湿烟气流量。由工况下的湿烟气流量、大气压、烟气静压、烟气温度、烟气中水分含量体积百分数，可计算得到标准状态下干烟气流量。

工况下湿烟气流量按式（3.3-10）计算。

$$Q_s = 3\,600 \times F \times \overline{V_s} \tag{3.3-10}$$

式中：Q_s——工况下湿烟气流量，m^3/h；

F——烟道测定处断面面积，m^2；

$\overline{V_s}$——测定断面烟气平均流速，m/s。

标准状态下干烟气流量按式（3.3-11）计算：

$$Q_{sn} = Q_s \times \frac{273}{273+t_s} \times \frac{B_a+P_s}{101\,325} \times (1-X_{sw}) \tag{3.3-11}$$

式中：Q_{sn}——标准状态下干烟气流量，m^3/h；

B_a——大气压，Pa；

P_s——烟气静压，Pa。

X_{sw}——湿烟气水分含量体积百分数，%。

3.3.4 烟气含湿量测定

与大气相比，烟气中的水蒸气含量通常较高，变化较大。为使测定数据具有可比性，监测方法规定烟气中有害物质的浓度以除去水蒸气后标准状态下的干烟气为基准。烟气含湿量一般以烟气中水蒸气的体积百分含量表示，即：

$$\text{烟气中水蒸气的体积百分含量}=\frac{\text{烟气水蒸气的体积（标准状态下）}}{\text{烟气总体积（标准状态下）}}\times 100\%$$

含湿量的测定方法有重量法、冷凝法、干湿球法等。

（1）测量位置

按任务 3.2 原则确定，一般情况下可在靠近烟道中心的一点测定。

（2）重量法

从烟道采样点抽取一定体积的烟气，使之通过装有吸湿剂的吸湿管，则烟气中的水蒸气被吸湿剂吸收。测定烟气通过吸湿管前后吸收管增加的重量，计算单位体积烟气中水蒸气的含量。其测定装置如图 3.3-10 所示。

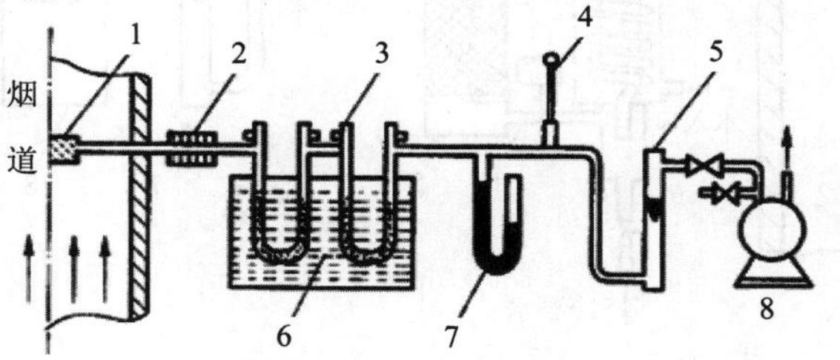

1—过滤器；2—加热器；3—吸湿管；4—温度计；5—转子流量计；6—冷却槽；7—压力计；8—抽气泵

图 3.3-10 重量法测定烟气含湿量装置示意

装置中的过滤器用以阻止烟气中的颗粒物进入采样管。保温或加热装置可防止水蒸气冷凝。吸湿管装有粒状吸湿剂，常用的吸湿剂有氯化钙、氧化钙、硅胶、氧化铝、五氧化二磷、过氯酸镁等。应注意选用只吸收烟气中水汽而不吸收其他组分的吸湿剂。吸湿剂进出口两端填充少量玻璃棉，以防止吸湿剂随气流带出。

烟气中的含湿量按式（3.3-12）计算。

$$X_{sw}=\frac{1.24G_m}{V_d\times\dfrac{273}{273+t_r}\times\dfrac{B_a+P_r}{101325}+1.24G_m}\times 100\% \qquad (3.3\text{-}12)$$

式中：X_{sw}——烟气中水蒸气的体积百分含量，%；

G_m——吸湿管吸收的水分重量，g；

V_d——测量状态下抽取干烟气的体积，L；

t_r——流量计前烟气温度，℃；

B_a——大气压，Pa；

P_r——流量计前烟气表压，Pa；

1.24——标准状态下 1 g 水蒸气的体积，L。

（3）冷凝法

由烟道中抽出一定量的烟气，使之通过冷凝器。测定烟气通过冷凝器后所得到的冷凝水的量，同时测定通过冷凝器后烟气的温度，查出该温度下气体的饱和蒸汽压，计算出从冷凝器出口排出烟气中的含水量。冷凝水质量与冷凝器出口排出烟气中的含水量之和即为烟气中水蒸气的含量。

冷凝法测定烟气中水蒸气的装置如图 3.3-11 所示。

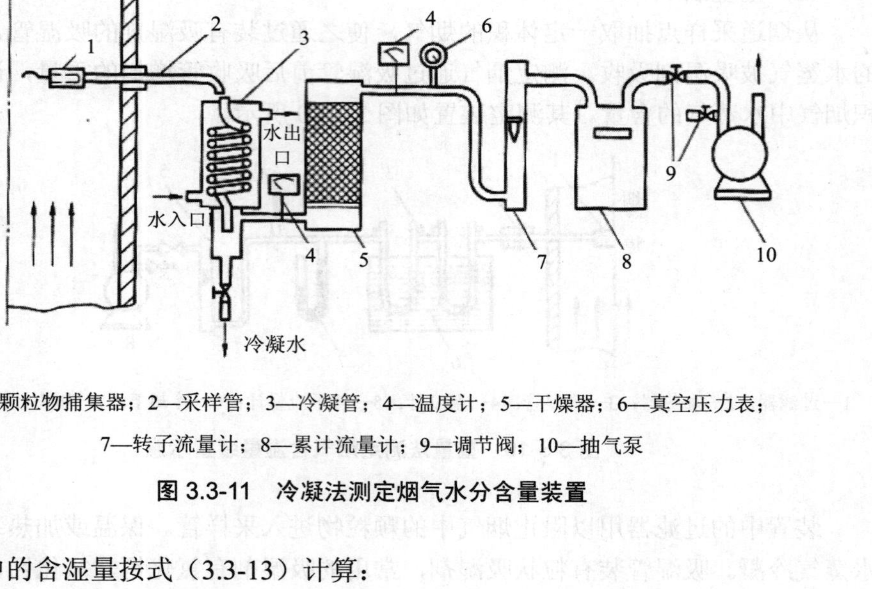

1—颗粒物捕集器；2—采样管；3—冷凝管；4—温度计；5—干燥器；6—真空压力表；

7—转子流量计；8—累计流量计；9—调节阀；10—抽气泵

图 3.3-11　冷凝法测定烟气水分含量装置

烟气中的含湿量按式（3.3-13）计算：

$$X_{sw}=\frac{461.8(273+t_r)\ G_w+P_zV_a}{461.8(273+t_r)G_w+(B_a+P_r)V_a}\times 100\% \qquad (3.3\text{-}13)$$

式中：G_w——冷凝器中的冷凝水量，g；

P_z——冷凝器出口烟气中饱和水蒸气压，Pa；

V_a——测量状态下抽取烟气的体积，L。

其他项含义同上述。

（4）干湿球法

使气体在一定的速度下流经干、湿球温度计，根据干、湿球温度计的读数和测点处烟气的压力，计算出烟气的水分含量。

干湿球温度计由两支完全相同的温度计组成，其中一支温度计的温包用一浸入水的棉织物包住，使它经常处于润湿状态，称为湿球温度计；另一支为干球温度计，如图 3.3-12 所示。

当烟气以一定的流速通过干湿球温度计时，由于湿球表面水分的蒸发，使湿球温度计读数下降，产生干湿球温度差。根据干湿球温度计读数及有关压力计算烟气含湿量。

烟气中的含湿量按式（3.3-14）计算。

$$X_{sw}=\frac{P_{bv}-0.000\,67(t_c-t_b)(B_a+P_b)}{B_a+P_s}\times 100\% \qquad (3.3\text{-}14)$$

式中：X_{sw}——烟气中水蒸气的体积百分含量，%；

P_{bv}——温度为 t_b 时饱和水蒸气压力（根据 t_b 值，由空气饱和时水蒸气压力表中查得），Pa；

t_b——湿球温度，℃；

t_c——干球温度，℃；

B_a——大气压，Pa；

P_b——通过湿球温度计表面的气体压力，Pa；

P_s——测点处烟气静压，Pa。

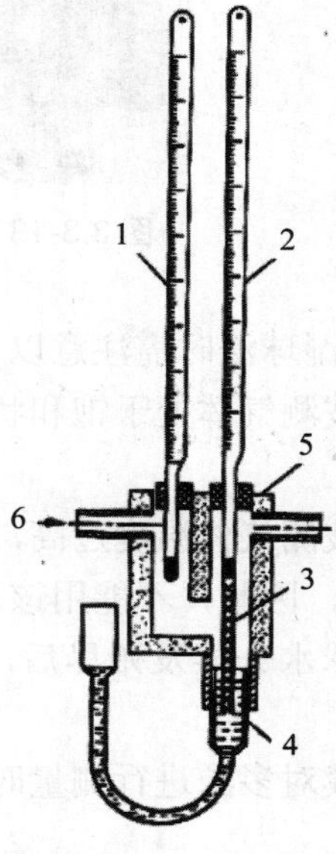

1—干球温度计；2—湿球温度计；3—纱布；4—供水管；5—保温层；6—烟气进口；7—烟气出口

图 3.3-12　干湿球测量装置

注：摘自《环境监测》，梁红主编。

干湿球法是常用的烟气含湿量测定方法，该法在测定前需检查湿球温度计的湿球表面纱布是否包好，然后将水注入盛水容器中。打开采样孔，清除孔中的积灰，将采样管插入烟道中心位置，封闭采样孔。当烟气温度较低或水分含量较高时，采样管应保温或加热数分钟后，再开动抽气泵，以 15 L/min 流量抽气，当干、湿球温度计读数稳定后，记录干球和湿球温度。

基于干湿球法原理的含湿量自动测量装置，其微处理器控制传感器测量、采集湿球、干球表面温度以及通过湿球表面的压力及烟气静压等参数，同时由湿球表面温度导出该温度下的饱和水蒸气压力，结合输入的大气压，根据公式自动计算出烟气含湿量。图 3.3-13 为含湿量测定的湿度枪。

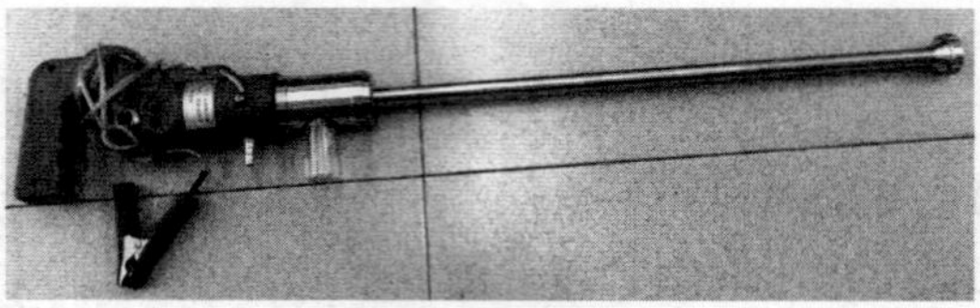

图 3.3-13 干湿球法测定烟气含湿量的湿度枪

使用干湿球法时需注意以下几点：

① 当被测气体处于饱和状态，湿球水分不再蒸发时，不宜用干湿球法测量气体的含湿量。

② 当被测气体温度过高，致使湿球温度升至 100℃，这时湿球温度不再受气体湿度的影响，因此，不能用该法测量这种状态下气体的含湿量。

③ 湿球水分蒸发殆尽后，湿球温度会明显上升，必须给湿球补充水后再进行测量。

④ 连续对多源进行测量时，需要待湿球温度与环境温度平衡后再进行下一个源的测量。

任务 3.4 颗粒物（烟尘）浓度测定

3.4.1 测定原理

将烟尘采样管由采样孔插入烟道中，使采样嘴置于测点上，正对气流，按颗粒物等速采样原理，即采样嘴的吸气速度与测点处气流速度相等（其相对误差应在 10% 以内），抽取一定量的含尘气体。根据采样管滤筒上所捕集到的颗粒物量和同时抽取的气体量，计算出排气中颗粒物浓度。

3.4.2 烟尘采样系统

烟尘采样系统通常由采样管、颗粒物捕集器、干燥器、流量计量和控制装置、抽气泵等几部分组成。当采集的烟气含有二氧化硫等腐蚀性气体时，在采样管出口应设置腐蚀性气体的净化装置，以防止仪器受侵蚀。

（1）采样管

采样管是采样时插入烟道内的导管（图 3.4-2），其直径要求以不使尘粒在采样管内沉积及不产生太大阻力为原则，分为普通采样管和组合采样管。

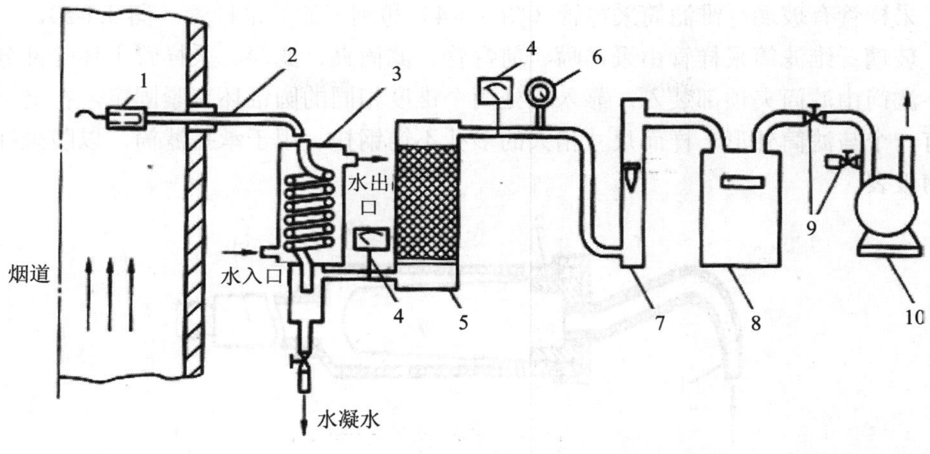

1—颗粒物捕集器；2—采样管；3—冷凝管；4—温度计；5—干燥器；6—真空压力表；
7—转子流量计；8—累计流量计；9—调节阀；10—抽气泵

图 3.4-1　烟尘采样系统

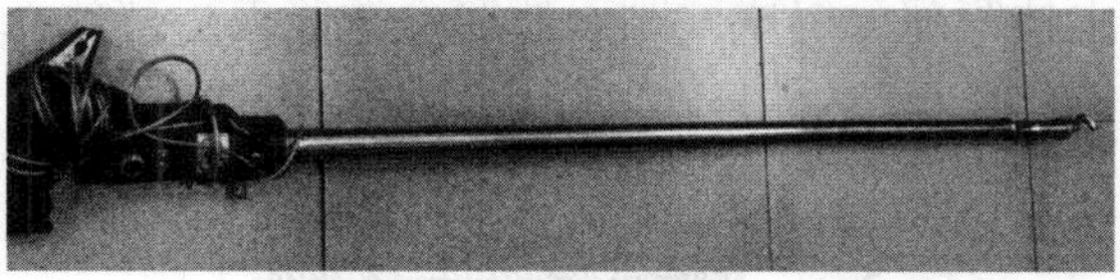

图 3.4-2　普通烟尘采样管

普通采样管由采样嘴、滤筒夹、滤筒及连接管组成。组合采样管由普通采样管和与之平行放置的 S 型皮托管、热电偶温度计固定在一起而成。三者之间的相对位置如图 3.4-3 所示。为防止烟气中水汽在采样管内冷凝，采样管外部装有加热导管。

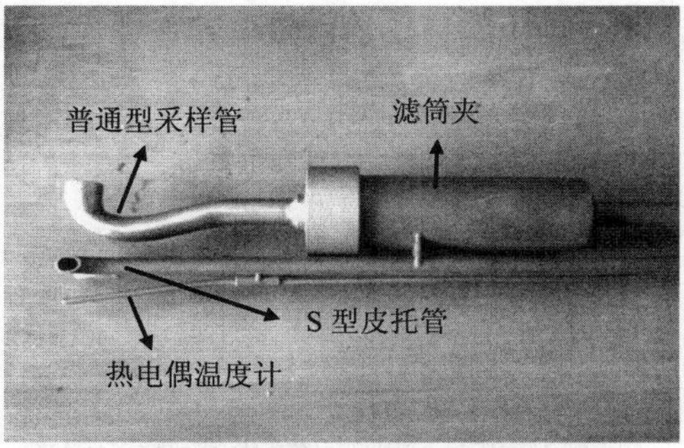

（a）组合采样管

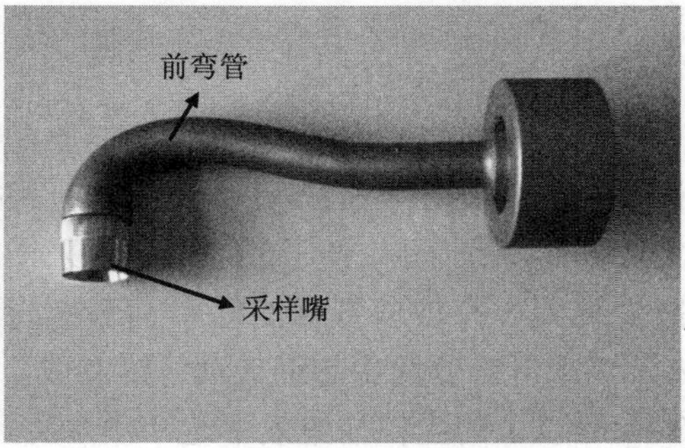

（b）前弯管和采样嘴

图 3.4-3　采样管示意

采样管有玻璃纤维滤筒采样管（图 3.4-4）和刚玉滤筒采样管（图 3.4-5）。

玻璃纤维滤筒采样管由采样嘴、前弯管、滤筒夹、滤筒、采样管主体等部分组成。滤筒由滤筒夹顶部装入，靠入口处两个锥度相同的圆锥环夹紧固定。在滤筒外部有一个与滤筒外形一样而尺寸稍大的多孔不锈钢托，用于承托滤筒，以防采样时滤筒破裂。

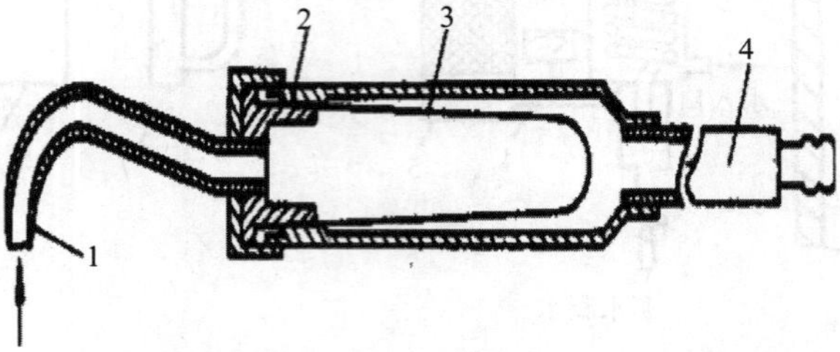

1—采样嘴；2—滤筒夹；3—玻璃纤维滤筒；4—连接管

图 3.4-4 玻璃纤维滤筒采样管

刚玉滤筒采样管由采样嘴、前弯管、滤筒夹、刚玉滤筒、滤筒托、耐高温弹簧、石棉垫圈、采样管主体等部分组成。刚玉滤筒由滤筒夹后部放入。滤筒进口与滤筒夹前体和滤筒夹与采样管接口处用石棉或石墨垫圈密封。

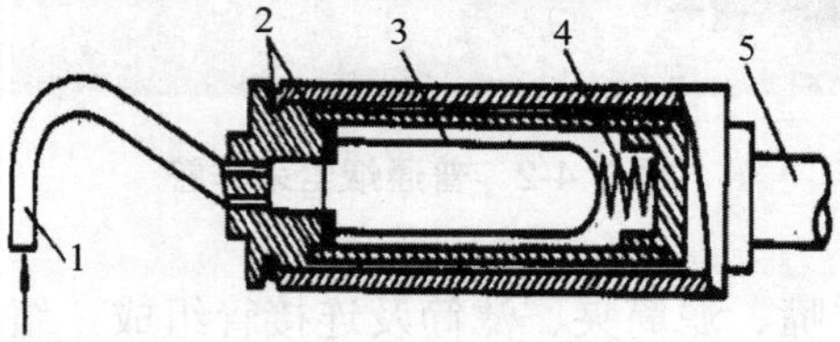

1—采样嘴；2—密封垫；3—刚玉滤筒；4—耐温弹簧；5—连接管

图 3.4-5 刚玉滤筒采样管

（2）颗粒物捕集器

颗粒物捕集采用的是滤筒，滤筒放在采样管的滤筒夹内（图 3.4-6）。滤筒是一种捕集效率高、阻力小、便于放入烟道内采样的捕尘装置，有玻璃纤维滤筒和刚玉滤筒两种。玻璃纤维滤筒由超细玻璃纤维制成，对 0.5 μm 以上的尘粒捕集效率达 99.9%以上，适用于 500℃以下烟气采集。刚玉滤筒是用刚玉砂加有机填料在 1 280℃下烧结而成，能承受高温，对 0.5 μm 以上的尘粒捕集效

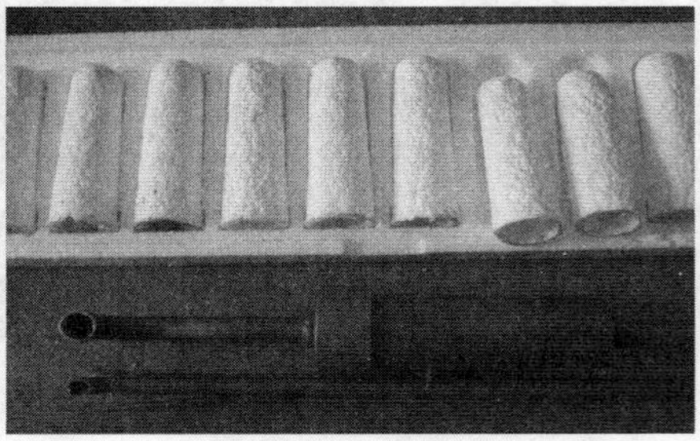

图 3.4-6 滤筒示意

率达 99%以上，适用温度在 1 000℃以下。

（3）流量计量和控制装置

流量计量和控制装置是指示和控制采样流量的装置，由冷凝水收集器、干燥器、温度计、压力计等组成。在等速采样管采样系统中，还装有控制等速的压力指示装置。在自动调节流量的采样器中，还装有自动调节流量系统。

3.4.3　采样原则

为了从烟道中取得有代表性的烟尘样品，需采取等速采样和多点采样的原则。

等速采样：颗粒物具有一定的质量，在烟道中由于本身运动的惯性作用，不能完全随气流改变方向，为了从烟道中取得有代表性的烟尘样品，需等速采样，即气体进入采样嘴的速度 v_n 应与采样点的烟气速度 v_s 相等，其相对误差应在 10%以内。采样速度大于或小于采样点的烟气速度都将使采样结果产生偏差。

图 3.4-7 表示了不同采样速度下尘粒运动状况。当采样速度 v_n 大于采样点烟气速度 v_s 时，处于采样边缘以外的部分气流进入采样嘴，而其中的尘粒则由于本身运动的惯性作用，不能改变方向随气流进入采样嘴，继续沿着原来的方向前进，使采集的样品浓度低于采样点的实际浓度。当采样速度 v_n 小于采样点烟气速度 v_s 时，情况恰好相反，样品浓度高于实际浓度。只有采样速度 v_n 等于采样点的烟气速度 v_s 时，样品浓度才与实际浓度相等。

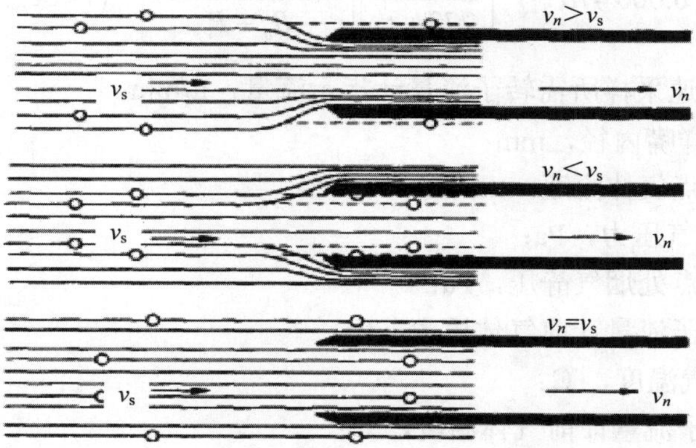

图 3.4-7　不同采样速度时烟尘运动状况

多点采样：由于颗粒物在烟道中的分布是不均匀的，要取得有代表性的烟尘样品，必须在烟道断面按一定的规则多点采样。

3.4.4　采样类型

烟尘的采集可分为移动采样、定点采样、间断采样三种类型。

移动采样指用一个滤筒在已确定的采样点上移动采样，各点的采样时间相同，求出采样断面的平均浓度。这是目前普遍使用的方法。

定点采样是每个测点上采一个样，求出采样断面的平均浓度，并可了解烟道断面上颗粒物浓度变化情况。

间断采样指对有周期性变化的排放源，根据工况变化及其延续时间，分段采样，然后求出其时间加权平均浓度。

3.4.5 维持等速采样方法

维持颗粒物等速采样的方法有普通型采样管法（预测流速法）、皮托管平行测速采样法、动压平衡型采样管法和静压平衡型采样管法四种。可根据不同测量对象状况，选用其中的一种方法。有条件的，应尽可能采用自动调节流量烟尘采样仪，以减少采样误差，提高工作效率。

（1）预测流速法

预测流速法指在采样前预先测出各采样点处的烟气温度、压力、含湿量和气流速度等参数，结合所选用的采样嘴直径，计算出等速采样条件下各采样点所需的采样流量，然后按该流量在各测点采样。

等速采样的流量按式（3.4-1）计算：

$$Q_r' = 0.000\,47d^2 \cdot V_s\left(\frac{B_a + P_s}{273 + t_s}\right)\left[\frac{M_{sd}(273 + t_r)}{B_a + P_r}\right]^{1/2}(1 - X_{sw}) \qquad (3.4\text{-}1)$$

式中：Q_r'——等速采样所需转子流量计指示流量，L/min；

d——采样嘴内径，mm；

V_s——测点气体流速，m/s；

B_a——大气压力，Pa；

P_s——测点处烟气静压，Pa；

P_r——转子流量计前气体压力，Pa；

t_s——烟气温度，℃；

t_r——转子流量计前气体温度，℃；

M_{sd}——干烟气气体分子量，kg/kmol；

X_{sw}——烟气含湿量体积百分数，%。

当干烟气成分和空气近似时，等速采样流量 Q_r' 按式（3.4-2）计算。

$$Q_r' = 0.002\,5d^2 \cdot V_s\left(\frac{B_a + P_s}{273 + t_s}\right)\left(\frac{273 + t_r}{B_a + P_r}\right)^{1/2}(1 - X_{sw}) \qquad (3.4\text{-}2)$$

预测流速法适用于工况比较稳定的污染源采样。尤其是在烟道气流速度低、高温、高湿、高粉尘浓度的情况下，均有较好的适应性。

（2）皮托管平行测速采样法

此法将普通采样管、S 型皮托管和热电偶温度计固定在一起，采样时将三个探头一起插入烟道中同一测点，根据预先测得的烟气静压、水分含量和当时测得的测点动压、温度等参数，结合选用的采样直径，由编有程序的计算器及时算出等速采样流量（等速采样流量的计算与预测流速法相同）。迅速调节采样流量至所要求的转子流量计读数进行采样，采样流量与计算的等速采样流量之差应在 10%以内，从而保证了烟尘自动等速采样。皮托管平行测速自动烟尘采样仪的组成如图 3.4-8 所示。

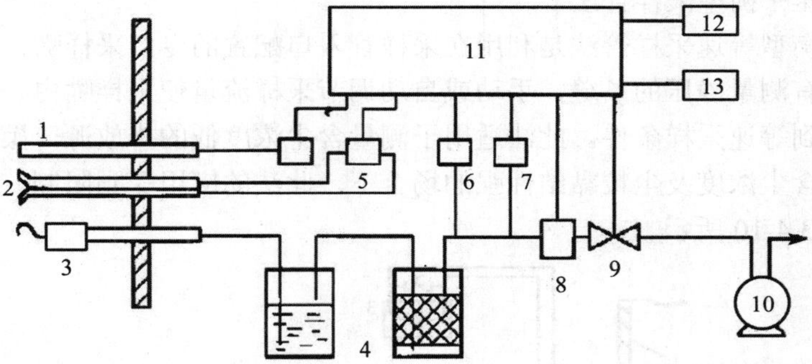

1—热电偶或热电阻温度计；2—皮托管；3—采样管；4—除硫干燥器；5—微压传感器；6—压力传感器；7—温度传感器；8—流量传感器；9—流量调节装置；10—抽气泵；11—微处理系统；12—微型打印机或接口；13—显示器

图 3.4-8　皮托管平行测速自动烟尘采样仪示意

此法的特点是当工况发生变化时，可根据所测得的流速等参数值，及时调节流量，保证颗粒物等速采样条件。适用于工况不太稳定的情况。

（3）动压平衡型采样管法

将装有孔板的采样管、S 型皮托管、温度计组装成一体，采样时将组合式采样管插入。

借助于双联斜管微压计或双联微压差表，手动调节采样流量使采样抽气时孔板产生的压差与采样管平行放置的皮托管测出的气体动压相等进行采样；或借助于微压差传感器，由微电脑自动调节采样流量使采样抽气时孔板产生的压差与采样管平行放置的皮托管测出的气体动压相等进行采样。其采样装置如图 3.4-9 所示。

此法的特点是，当工况发生变化时，它通过双联斜管微压计或双联微压差表的指示和微压差传感器，可及时调节采样流量，保证等速采样的条件。

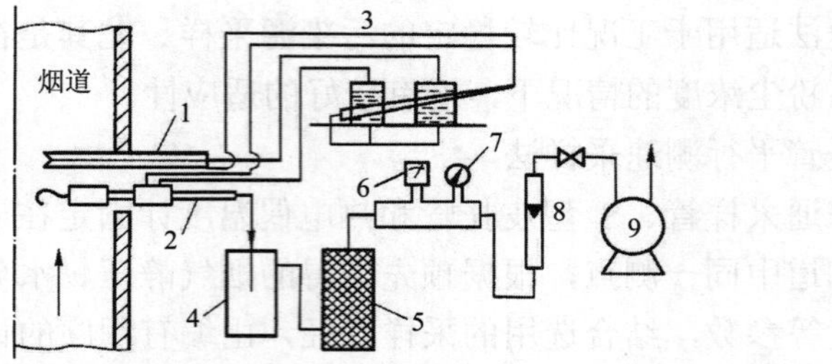

1—S 型皮托管；2—等速采样管；3—双联压力计；4—冷凝管；5—干燥器；

6—温度计；7—压力计；8—转子流量计；9—抽气泵

图 3.4-9　动压平衡型等速管法采样装置示意

（4）静压平衡型采样管法

静压平衡型等速采样管法是利用在采样管入口配置的专门采样嘴，在嘴的内外壁上分别开有测量静压的条缝，手动或自动调节采样流量使采样嘴内、外条缝处静压相等，达到等速采样条件。此法适用于测量含尘浓度低的排放源，操作简单，方便。但在高含尘浓度及尘粒黏结性强的场合下，此法的应用受到限制。该方法的采样装置如图 3.4-10 所示。

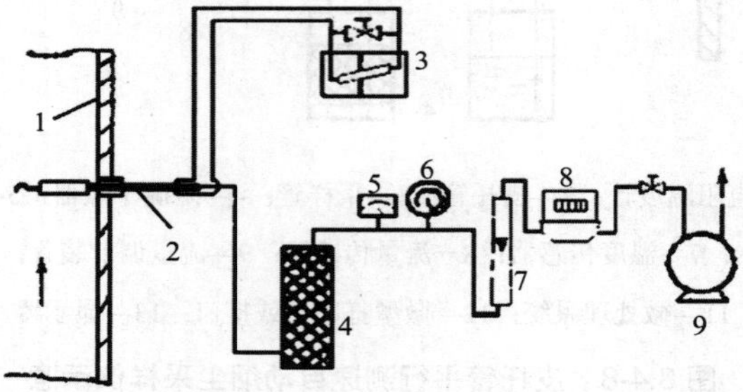

1—烟道；2—采样管；3—压力偏差指示器；　4—干燥器；5—温度计；6—真空压力表；

7—转子流量计；8—累计流量计；9—抽气泵

图 3.4-10　静压平衡型烟尘采样装置示意

3.4.6　烟尘采样步骤

【崂应 3012H 型自动烟尘（气）测试仪操作视频，选自青岛崂山应用技术研究所】

（1）采样前准备工作

①滤筒处理和称重。用铅笔将滤筒编号，在 105～110℃烘烤 1 h，取出放入干燥器中冷却至室温，用感量 0.1 mg 天平称量，两次重量之差应不超过 0.5 mg。当滤筒在 400℃以上高温烟气中使用时，为了减少滤筒本身重量造成的误差，应预先在 400℃高温箱中烘烤 1 h，然后放入干燥器中冷却至室温，称量至恒重。放入专用的容器中保存。

②检查所有的测试仪器功能是否正常，干燥器中的硅胶是否失效。

③检查系统是否漏气，如发现漏气，应再分段检查，堵漏，直到合格。

④采样前对采样机流量进行校准。

（2）采样步骤

1）预测流速法采样步骤

① 记下滤筒编号，将滤筒装入采样管，用滤筒压盖或滤筒托将滤筒进口压紧。

② 对采样系统进行检漏。

③ 根据烟道断面大小，确定采样点数和位置，然后将各采样点的位置用胶布在皮托管和采样管上做出记号。

④ 打开烟道的采样孔，清除孔中的积灰。

⑤ 按顺序测定烟气温度、水分含量、静压和各采样点的气体动压。如干烟气成分与空气的成分有较大差异时，还应测定烟气的成分。进行各项测定时，应将采样孔封闭。

⑥ 根据测得的烟气温度、水分含量、静压和各采样点的流速，结合选用的采样嘴直径，算出各采样点的等速采样流量。

⑦ 装上所选定的采样嘴，开动抽气泵调整流量至第一个采样点所需的等速采样流量，关闭抽气泵，记下累积流量计初读数 V_1。

⑧ 将采样管插入烟道中第一采样点处，将采样孔封闭，使采样嘴对准气流方向（其与气流方向偏差不得大于 10°）然后开动抽气泵，并迅速调整流量到第一个采样点的采样流量。

⑨ 采样期间，由于颗粒物在滤筒上逐渐聚集，阻力会逐渐增加，需随时调节控制阀以保持等速采样流量，并记下流量计前的温度、压力和该点的采样延续时间。

⑩ 一点采样后，立即将采样管按顺序移到第二个采样点，同时调节流量至第二个采样点所需的等速采样流量。依次类推，顺序在各点采样。每点采样时间视颗粒物浓度而定，原则上每点采样时间应不少于 3 min。各点采样时间应相等。

⑪ 采样结束后，关闭抽气泵，小心地从烟道取出采样管，注意不要倒置。记录累积流量计终读数 V_2。如采样管倒置采样，采样结束时，应及时记下采样时间及累积流量计终读数 V_2，并迅速从烟道中取出采样管，正置后，再关闭抽气泵。

⑫ 用镊子将滤筒取出，轻轻敲打前弯管，并用细毛刷将附着在前弯管内的尘粒

刷到滤筒中，将滤筒用纸包好，放入专用盒中保存。

⑬ 每次采样，至少采取 3 个样品，取其平均值。

⑭ 采样后应再测量一次采样点的流速，与采样前的流速相比，如相差大于 10%，样品作废，重新取样。

⑮ 样品分析。采样后的滤筒放入 105℃烘箱中烤 1 h，取出置于干燥器中，冷却至室温，用感量 0.1 mg 天平称量至恒重。采样前后滤筒重量之差，即为采取的颗粒物重量。

2）皮托管平行测速采样法采样步骤

① 采样系统连接。用橡胶管将组合采样管皮托管的“＋”“－”极与主机相应的“＋”“－”极接嘴连接，将组合采样管的烟尘采样管与洗涤瓶和干燥瓶连接，再与主机的相应接嘴连接。

② 仪器接通电源，自检完毕后，进入“设置”界面，输入日期、时间、大气压、皮托管系数等。再进入“布点”界面，选择管道形状，输入管道尺寸、套管长等参数，仪器计算出采样点数目和位置，将各采样点的位置在采样管上做好标记。

③ 打开烟道的采样孔，清除孔中的积灰。

④ 断开主机“＋”“－”极接嘴的橡胶管，使仪器暴露在环境空气中进行零点校准，待各压力归为零后预测流速。将组合采样管插入烟道中，密封采样孔，依次测量各采样点的温度、动压、静压、全压及流速，选取合适的采样嘴。

⑤ 含湿量测定装置注水，并将其抽气管和信号线与主机连接，将采样管插入烟道中间位置，密封采样孔，测定烟气中水分含量，当湿球温度稳定后，读取烟气的含湿量。

⑥ 记下滤筒的编号，将已称重的滤筒装入采样管内，旋紧压盖，注意采样嘴与皮托管全压测孔方向一致。

⑦ 设定每点的采样时间，输入滤筒编号，将组合采样管背向气流插入烟道中，密封采样孔。原则上每点采样时间不少于 3 min。

⑧ 将组合采样管位于第一个采样点，启动抽气泵时，立即反转采样管使采样嘴及皮托管全压测孔正对气流，开始采样。第一点采样时间结束，仪器自动发出信号，立即将采样管移至第二采样点继续进行采样。依次类推，顺序在各点采样。采样过程中，采样器自动调节流量保持等速采样。

⑨ 采样完毕后，立即反转采样管使之背向气流，从烟道中小心地取出采样管，注意不要倒置。轻轻敲打前弯管，并用细毛刷将附着在前弯管内的尘粒刷到滤筒中，用镊子将滤筒取出，放入专用的容器中保存。每次采样，至少采取 3 个样品，取其平均值。

⑩ 用仪器保存或打印出采样数据。

⑪ 采样后的滤筒放入 105℃烘箱中烘烤 1 h，取出放入干燥器中，冷却至室

温，用感量 0.1 mg 天平称量至恒重。采样前后滤筒重量之差，即为采取的颗粒物重量。

3.4.7 烟尘浓度计算

烟尘排放浓度以标准状况下干烟气量的质量体积比浓度（mg/m^3 或$\mu g/m^3$）表示。

（1）采样体积计算

标准状态下干烟气采气体积 V_{nd} 根据流量计类型不同计算方法不同。当采用转子流量计且流量计前装有干燥器时，标准状态下干烟气采气体积按式（3.4-3）计算。

$$V_{nd}=0.27Q_r'\sqrt{\frac{B_a+P_r}{M_{sd}(273+t_r)}}\times t \tag{3.4-3}$$

式中：V_{nd}——标准状态下干烟气采气体积，L；

Q_r'——采样流量，L/min；

B_a——大气压力，Pa；

P_r——转子流量计计前气体压力，Pa；

M_{sd}——干烟气气体分子量，kg/kmol；

t_r——转子流量计计前气体温度，℃；

t——采样时间，min。

当被测烟气的干气体分子量近似于空气时，标准状态下干烟气采气体积按式（3.4-4）计算。

$$V_{nd}=0.05Q_r'\sqrt{\frac{B_a+P_r}{273+t_r}}\times t \tag{3.4-4}$$

当使用干式累积流量计，流量计前装有干燥器，标准状态下干烟气采气体积按式（3.4-5）计算。

$$V_{nd}=K(V_2-V_1)\times\frac{273}{273+t_d}\times\frac{B_a+P_d}{101\,300} \tag{3.4-5}$$

式中：K——表示流量计的修正系数；

V_1，V_2——采样前后累计流量计的读数，L；

t_d——流量计前气体温度，℃；

B_a——大气压力，Pa；

P_d——流量计前气体压力，Pa。

（2）实测烟尘浓度计算

①移动采样时实测烟尘排放浓度按式（3.4-6）进行计算。

$$C' = \frac{m}{V_{nd}} \times 10^6 \tag{3.4-6}$$

式中：C'——烟尘排放浓度，mg/m³；

V_{nd}——标准状况下干烟气的采样体积，L；

m——采样所得污染物的质量，g。

烟尘平均排放浓度按式（3.4-7）进行计算。

$$\overline{C'} = \frac{\sum_{i=1}^{n} C'}{n} \tag{3.4-7}$$

式中：$\overline{C'}$——烟尘平均排放浓度，mg/m³；

n——采集的样品数。

②定点采样时实测烟尘排放浓度按式（3.4-8）进行计算。

$$\overline{C'} = \frac{C_1'V_1F_1 + C_2'V_2F_2 + \ldots + C_n'V_nF_n}{V_1F_1 + V_2F_2 + \ldots + V_nF_n} \tag{3.4-8}$$

式中：$\overline{C'}$——烟尘平均排放浓度，mg/m³；

C_1'，C_2'，…，C_n'——各采样点烟尘浓度，mg/m³；

V_1，V_2，…，V_n——各采样点烟气流速，m/s；

F_1，F_2，…，F_n——各采样点所代表的截面积，m²。

（3）烟尘折算浓度的计算

实测的锅炉颗粒物、二氧化硫、氮氧化物、汞及其化合物的排放浓度，应执行 GB 5 468 或 GB/T 16157 规定，按式（3.4-9）折算为基准氧含量排放浓度。

$$C = C' \times \frac{21 - \varphi(O_2)}{21 - \varphi'(O_2)} \tag{3.4-9}$$

式中：C——大气污染物基准氧含量排放浓度，mg/m³；

C'——实测的大气污染物排放浓度，mg/m³；

$\varphi(O_2)$——基准氧含量；

$\varphi'(O_2)$——实测氧含量。

各类燃烧设备的基准氧含量按表 3.4-1 的规定执行。

表 3.4-1 基准氧含量

锅炉类型	基准氧含量（O_2）/%	标准来源
燃煤锅炉	9	《锅炉大气污染物排放标准》（GB 13271—2014）
燃油、燃气锅炉	3.5	
燃煤锅炉	6	《火电厂大气污染物排放标准》（GB 13223—2011）
燃油锅炉及燃气锅炉	3	
燃气轮机组	15	

（4）排放速率计算

污染物排放速率以单位每小时污染物的排放量表示，其单位为 kg/h。污染物排放速率按式（3.4-10）计算。

$$G = \overline{C}' \times Q_{sn} \times 10^{-6} \tag{3.4-10}$$

式中：G——污染物排放速率，kg/h；

$\overline{C}'$——污染物实测平均排放浓度，mg/m³；

Q_{sn}——标准状态下干烟气量，m³/h。

（5）净化装置净化效率计算

根据净化装置进口和出口气流中污染物的排放量计算其净化效率，按式（3.4-11）计算。

$$\eta = \frac{G_J - G_C}{G_J} \times 100\% = \frac{Q_J C_J - Q_C C_C}{Q_J C_J} \times 100\% \tag{3.4-11}$$

式中：η——净化设备的净化效率；

G_J, G_C——净化装置进口和出口污染物排放速率，kg/h；

C_J, C_C——净化装置进口和出口污染物排放浓度，mg/m³；

Q_J, Q_C——净化装置进口和出口标准状态下干排气量，m³/h。

3.4.8 质量控制与保证

①采样前需对微压计、皮托管和烟气采样系统进行气密性检验。空白滤筒称量前应检查外表有无裂纹、孔隙或破损，有则应更换滤筒，如果滤筒有挂毛或碎屑，应清理干净。当用刚玉滤筒采样时，滤筒在空白称重前，要用细砂纸将滤筒口磨平整，以保证滤筒安装后的气密性。

②颗粒物的采样必须按照等速采样的原则进行，尽可能使用微电脑自动跟踪采样仪，以保证等速采样的精度，减少采样误差。采样嘴应先背向气流方向插入管道，采样时采样嘴必须对准气流方向，偏差不得超过10°。采样结束，应先将采样嘴背向气流，迅速抽出管道，防止管道负压将尘粒倒吸。滤筒在安放和取出采样管时，须使用镊子，不得直接用手接触，避免损坏和沾污，若不慎有脱落的滤筒碎屑，须收齐放入滤筒中。滤筒安放要压紧固定，防止漏气；采样结束，从管道抽出采样管时不得倒置，取出滤筒后，轻轻敲打前弯管并用毛刷将附在管内的尘粒刷入滤筒中，将滤筒上口内折封好，放入专用容器中保存，注意在运送过程中切不可倒置。当采集高浓度颗粒物时，发现测压孔或采样嘴被尘粒沾堵时，应及时清除。

③监测期间需对工况进行核查，并对燃料类型、烟囱高度、采样口的规范性等进行记录。

④烟尘采样现场一般环境比较恶劣，常为高空作业，采样人员一定要确保人机

安全，高温烟气采样时，持采样管的人员应配备戴防烫手套，以防烫手，采样过程应及时将采样孔堵住，以防正压烟道有害气体喷出，也防止对烟道内气流的扰动。

⑤现场若使用交流电源时，请务必确认是 220V 交流电，防止误接其他工业电源，以免损坏仪器，甚至造成人身伤害。采样过程中采样枪接地，注意用电安全。

⑥仪器应一次开机直至测试完全结束，中途不能关机重新启动，以免仪器零点变化影响测试准确性。

⑦每批样品应至少包括 1 个运输空白，要求空白值不得超过方法检出限。

⑧滤筒的称量应在恒温恒湿的天平室中进行，应保持采样前和采样后称量条件一致。

⑨每次采样结束后，将采样器接通电源，通干燥清洁空气 15 min，去除采样路径中可能存在的含湿废气。

⑩采样仪器与设备须有专人管理与维护，每次使用后应对仪器与设备全面检查、清洁或修理。需备有专门的维护记录，记录要全面，应包含仪器与设备检定、校准、使用、维护等相关信息。

任务 3.5 烟气组分测定

烟气组分测定包括主要气体组分和微量有害气体组分。主要气体组分为氮、氧、二氧化碳和水蒸气等。有害气体组分为二氧化硫、氮氧化物、硫氧化物、硫化氢等。本章重点介绍有害气体组分的测定。

3.5.1 样品位置和采样点

由于气态污染物在采样断面内，一般是混合均匀的，故不需要多点采样，可取靠近烟道中心的一点作为采样点。同时，气体分子质量极小，可不考虑惯性作用，故也不需要等速采样。采样时采样管入口可与气体方向垂直，或背向气流。

3.5.2 采样方法

烟气中气态污染物的采集可采用化学采样法和仪器直接测试法。

3.5.2.1 化学采样法

化学采样法的基本原理是：通过采样管将样品抽入装有吸收液的吸收瓶或装有固体吸附剂的吸附管、真空瓶、注射器或气袋中，样品溶液或气态样品经化学分析或仪器分析得出污染物含量。溶液吸收法、真空瓶和注射器采样系统如图 3.5-1～图 3.5-3 所示。

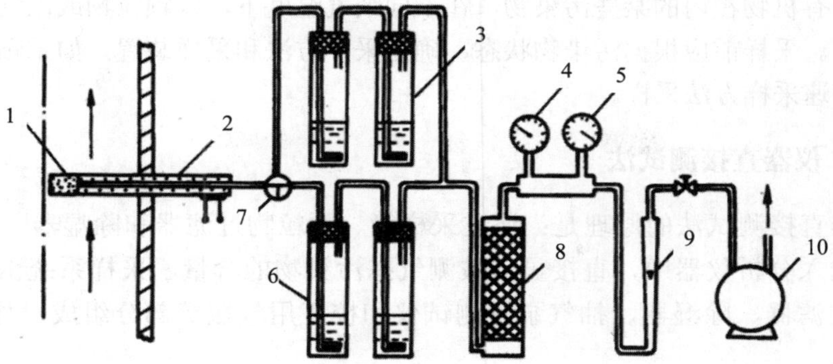

1—烟道；2—加热采样管；3—旁路吸收瓶；4—温度计；5—真空压力表；

6—吸收瓶；7—三通阀；8—干燥器；9—流量计；10—抽气泵

图 3.5-1　溶液吸收法采样系统

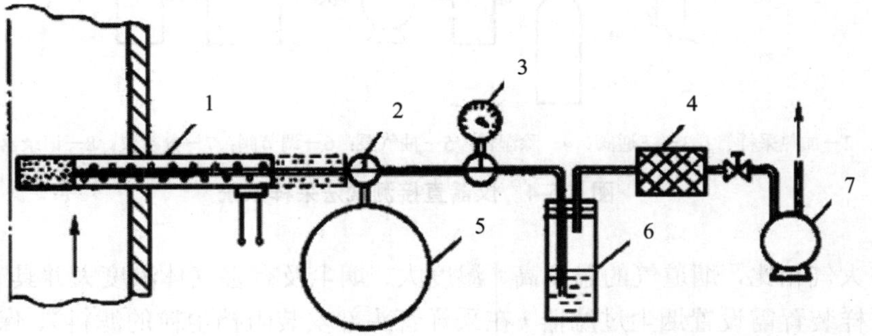

1—加热采样管；2—三通阀；3—真空压力表；4—过滤器；5—真空瓶；6—洗涤瓶；7—抽气泵

图 3.5-2　真空瓶采样系统

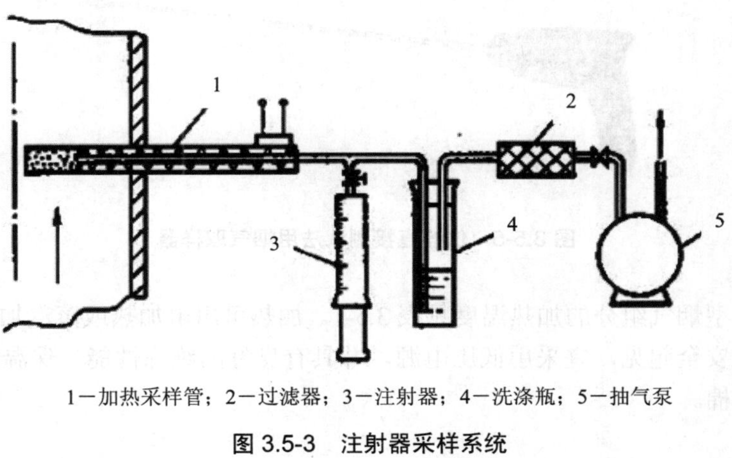

1—加热采样管；2—过滤器；3—注射器；4—洗涤瓶；5—抽气泵

图 3.5-3　注射器采样系统

包括有机物在内的某些污染物，在不同烟气温度下，以颗粒物或以气态污染物形式存在。采样前应根据污染物状态，确定采样方法和采样装置。如系颗粒物则按颗粒物等速采样方法采样。

3.5.2.2 仪器直接测试法

仪器直接测试法的原理是：通过采样管、颗粒物过滤器和除湿器，用抽气泵将烟气送入分析仪器中，直接显示被测气态污染物的含量。采样系统由采样管、颗粒物过滤器、除湿器、抽气泵、测试仪和校正用气瓶等部分组成，如图 3.5-4 所示。

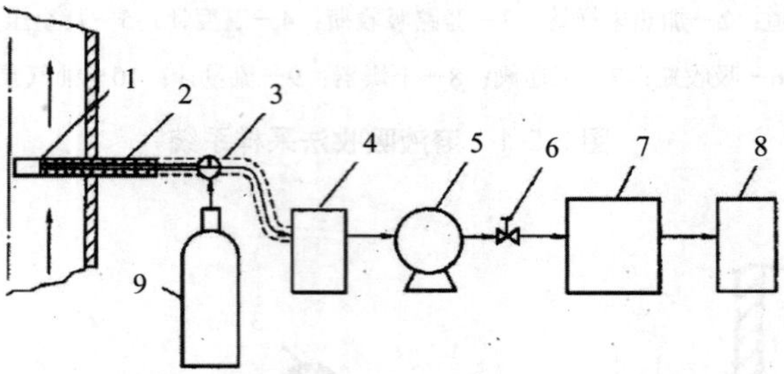

1—滤料；2—加热采样管；3—三通阀；4—除湿器；5—抽气泵；6—调节阀；7—分析仪；8—记录器；9—标准气

图 3.5-4 仪器直接测试法采样系统

与大气相比，烟道气的温度高、湿度大、烟尘及有害气体浓度大并具有腐蚀性。烟气采样装置需设置烟尘过滤器（在采样管头部安装阻挡尘粒的滤料）、保温和加热装置（防止烟气中的水分在采样管中冷凝，使待测污染物溶于水中产生误差）、除湿器。为防止腐蚀，采样管多采用不锈钢制作。

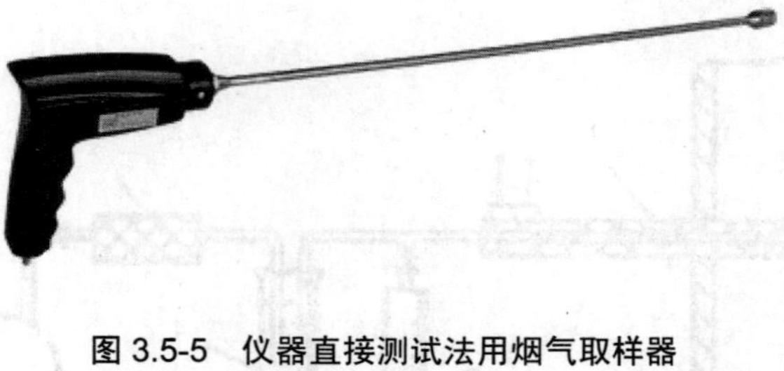

图 3.5-5 仪器直接测试法用烟气取样器

几种典型烟气组分的加热温度见表 3.5-1。加热可用电加热或蒸汽加热。使用电加热时，为安全起见，宜采用低压电源，并具有良好的绝缘性能。保温材料可选用石棉或矿渣棉。

表 3.5-1 几种典型气态污染物所需加热的最低温度

气体种类	最低加热温度/℃	备注
二氧化硫	120	考虑温度对气体成分转化的影响，以及防止连接管的损坏，加热温度不应超过 160℃
氮氧化物	140	
硫化氢	120	
氟化物	120	
氯化物	120	
一氧化碳	常温	
二氧化碳	常温	

采样管、连接管和滤料应该选择不吸收且不与待测污染物起化学反应并便于连接的材料。几类典型污染物的采样材质如表 3.5-2 所示。

表 3.5-2 几种典型气态污染物的采样材质

气体种类	采样管和采样材质	滤料
二氧化硫	1，2，3，4，5，6，7，8	9，10
氮氧化物	1，2，3，4，5，8	9
硫化氢	1，2，3，4，5，6，7，8	9，10
氟化物	1，5	10
氯化物	2，3，4，5，6，8	9，10
一氧化碳	1，2，3，4，5，8	9，10
二氧化碳	2，3，5，8	9

注：1.不锈钢；2.硬质玻璃；3.石英；4.陶瓷；5.氟树脂；6.氯乙烯树脂；7.聚氟橡胶；8.硅橡胶；9.无碱玻璃；10.金刚砂。

3.5.3 采样步骤

（1）使用吸收瓶或吸附管采样系统采样

① 采样管的准备与安装。使用前清洗采样管内部，干燥后再用，必要时更换滤料。采样管插入烟道近中心位置，进口与排气流动方向成直角。如使用入口装有斜切口套管的采样管，其斜切口应背向气流。采样管固定在采样孔上，应不漏气。在不采样时，采样孔要用管堵或法兰封闭。

② 采样系统连接。按照图 3.5-1 用连接管将采样管、吸收瓶或吸附管、流量计量箱和抽气泵连接，连接管应尽可能短。吸收瓶或吸附管应尽量靠近采样管出口处，当吸收液温度较高而对吸收效率有影响时，应将吸收瓶放入冷水槽中冷却。

用活性炭、高分子多孔微球作吸附剂时，需注意水分及颗粒物含量、烟气温度对吸附效率的影响。水分及颗粒物含量过高会使吸附剂的吸附效率降低。当烟气中水分含量体积百分数大于 3%，应在吸附管前串接气水分离装置，除去烟气中的水分。当颗粒物含量大时，需在吸附管前串接除尘装置，以防颗粒物堵塞吸附剂导致吸附效率降低。吸附剂有一定的温度适用范围，如活性炭适用于 40℃以下的废气，当废气温度过高时，被吸附的组分将会脱附出来，降低吸附效率。

连接后对采样系统进行漏气检验。

③ 采样步骤。如需预热采样管，在采样前打开采样管加热电源，将采样管加热到所需温度。预抽废气 5 min 至旁路吸收瓶，将吸收瓶前管路内的空气置换干净。再切换阀门正式进行采样，采样时间视污染物浓度而定，防止吸收液吸收饱和。采样期间应保持流量恒定，波动应不大于±10%。采样结束时，切断采样管至吸收瓶之间气路，防止烟道负压将吸收液与空气抽入采样管。

采样时应详细记录采样时工况条件、环境条件和样品采集数据（采样流量、采样时间、流量计前温度、流量计前压力、累计流量计读数等）。

真空瓶与注射器采样系统的采样步骤与上述步骤类似。需注意系统漏气检查，采样前预抽 5 min 废气置换采样管路中的空气。

（2）采用仪器直接测试法采样

① 检测仪的检定和校准。仪器应按期送国家授权的计量部门进行检定，并根据仪器的使用频率定期进行校准。校准时使用不同浓度的标准气，按仪器说明书规定的程序校准仪器的满挡和零点，再用仪器量程中点值附近浓度的标准气体复检。

② 采样系统连接和安装。检查并清洁采样预处理器的颗粒物过滤器、除湿器和输气管路，必要时更换滤料。连接管线要尽可能短，当必须使用较长管线时，应注意防止样气中水分冷凝，必要时应对管线加热。

③ 采样和测定。将采样管置于环境空气中进行零点校准，校准后插入烟道中，堵严使之不漏气，抽取烟气进行测定，待仪器读数稳定后即可记录（打印）测试数据。读数完毕将采样管从烟道中取出置于环境空气中，抽取干净空气进行传感器的清洗直至符合说明书要求。

3.5.4 有害气体组分测定

烟气中有害组分的测定方法依据组分的含量而定。当含量较高时，一般选用化学采样法，例如，烟气中 SO_2 的测定可选用碘量法，NO_x 的测定可选用盐酸萘乙二胺分光光度法。当含量较低时，可选用仪器直接测试法，如定电位电解法。不同组分的测定方法可依据相应行业的排放标准而定。

3.5.5 质量控制与保证

《固定污染源监测质量保证和质量控制技术规范（试行）》（HJ/T 373—2007）和《固定源废气监测技术规范》（HJ/T 397—2007）均对监测过程的质量保证做了相应

的规定，主要从以下几方面进行控制。

【固定污染源监测质量保证和质量控制技术规范】

①监测人员需进行培训，持证上岗。

②仪器设备需定期检定和校准。定电位电解法烟气（SO_2、NO_x、CO）测定仪应在每次使用前进行校准。采用仪器量程 20%～30%、50%～60%、80%～90%处浓度或与待测物相近浓度的标准气体校准，若仪器示值偏差不高于±5%，则为合格。测氧仪至少每季度检查校验一次，使用高纯氮检查其零点，用干净的环境空气应能调整其示值为 20.9%（在高原地区应按照当地空气含氧量标定）。

③监测期间需对工况进行核查。

任务 3.6　饮食业油烟测定

3.6.1　背景知识

烹调油烟是食用油加热后产生的，通常炒菜温度在 250℃以上，油中的物质会产生氧化、水解、聚合、裂解等反应，随沸腾的油挥发出来。烹调油烟是一组混合性污染物，有 200 余种成分，主要有醛、酮、烃、脂肪酸、醇、芳香族化合物等，其中包括苯并[*a*]芘、挥发性亚硝胺等已知高致癌物。油烟是由固体颗粒、液体颗粒以及液体和固体颗粒悬浮于气体介质中形成的均匀分散体系，这些颗粒较小的油烟物质，当人体吸入后，会使人的呼吸道黏膜受到损伤，并改变机体的免疫功能。油烟排放到环境中，不仅造成了严重的扰民问题，同时对大气环境也造成了污染，相关研究表明，餐饮排放对 $PM_{2.5}$ 具有较大的贡献。

针对餐饮油烟排放污染，我国已出台了一系列法律法规，包括《中华人民共和国环境保护法》《中华人民共和国大气污染防治法》以及《饮食业油烟排放标准》，对于餐饮油烟排放都有明确规定：排放油烟的饮食业单位必须安装油烟净化设施，并保证操作期间按要求运行；油烟经净化处理后必须达到浓度标准，油烟无组织排放视同超标。

3.6.2 方法选择

为防治饮食业油烟对大气环境和居住环境的污染，国家制定了《饮食业油烟排放标准》（GB 18483—2001），此标准把饮食业单位的规模划为大、中、小型，规定了油烟的最高允许排放浓度及净化设施最低去除效率必须双达标，对油烟测定采用红外分光光度法，采取现场采样、实验室分析。该方法程序较为烦琐，不利于现场监督监测。针对此问题，开发了饮食业油烟现场监测分析方法——检测管目视比色法，适用于现场监督性监测。采用此方法进行监测时，当监测结果有异议时，应用标准规定的方法进行复测，以标准规定方法的监测结果为准。

3.6.3 饮食业油烟的测定——红外分光光度法

【饮食业油烟排放标准】

3.6.3.1 适用范围

适用于城市建成区现有饮食业单位的油烟排放管理，以及新设立饮食业单位的设计、环境影响评价、环境保护设施竣工验收及其经营期间的油烟排放管理；排放油烟的食品加工单位和非经营性单位内部职工食堂，参照此标准执行，此标准不适用于居民家庭油烟排放。

3.6.3.2 测定原理

用采样气泵等速抽取油烟排气筒内的气体，将油烟吸附在油烟雾采集头内。将收集了油烟的滤芯置于带盖的聚四氟乙烯套筒中，回实验室后用四氯化碳作溶剂进行超声清洗，移入比色管中定容，用红外分光光度法测定油烟的含量。

油烟的含量由波数分别为 2 930 cm^{-1}（CH_2 基团中 C—H 键的伸缩振动）、2 960 cm^{-1}（CH_3 基团中 C—H 键的伸缩振动）和 3 030 cm^{-1}（芳香环中 C—H 键的伸缩振动）谱带处的吸光度 *A*2930、*A*2960 和 *A*3030 进行计算。

本方法的检出限为 0.5 mg/L，采样标干体积为 125 L 时，最低检出浓度为 0.1 mg/m^3。

3.6.3.3 试剂和材料

①四氯化碳（CCl_4）。在 2 600～3 300 cm^{-1} 扫描吸光度值不超过 0.03（4 cm 比色皿，空气池作参比），一般情况下，分析纯四氯化碳蒸馏一次便能满足要求。

②标准油。高温回流食用花生油（或菜籽油、调和油等）。

3.6.3.4 仪器和设备

①仪器。红外分光光度计，能在 2 400～3 400 cm^{-1} 吸光值进行扫描操作，并配有 4 cm 带盖石英比色皿。

②超声清洗仪。

③容量瓶。50 mL、25 mL。

④比色管。25 mL。

⑤油烟采集器与滤筒。

⑥带盖聚四氟乙烯圆柱形套筒。

⑦烟尘采样器。

3.6.3.5 样品采集

（1）采样位置

采样位置应优先选择在垂直管段。应避开烟道弯头和断面急剧变化部位。采样位置应设置在距弯头、变径管下游方向不小于 3 倍直径和距上述部位上游方向不小于 1.5 倍直径处。对矩形烟道，其当量直径 $D=2AB/(A+B)$，式中 A、B 为边长。

（2）采样点

当排气管截面积小于 0.5 m^2 时，只测一个点，取动压中位值处；超过上述截面积时，则按任务 3.2 采样位置与采样点有关规定进行。

（3）采样时间和频次

执行 GB 18483—2001 标准规定的排放限值指标体系时，采样时间应在油烟排放单位正常作业期间，采样次数为连续采样 5 次，每次 10 min。

（4）采样工况

样品采集应在油烟排放单位作业（炒菜、食品加工或其他产生油烟的操作）高峰期进行。

（5）采样步骤

参照颗粒物采样方法中采样步骤进行。

① 采样前，先检查系统的气密性。

② 加热用于湿度测量的全加热采样管，润湿湿球，测出干、湿球温度和湿球负压。

③ 测量烟气温度、大气压和排气筒直径。

④ 测量烟气动、静压。

⑤ 计算烟气含湿量、烟气密度、烟气流速，确定等速采样流量及采样嘴直径。

⑥ 装采样嘴及滤筒：装滤筒时需小心将滤筒直接从聚四氟乙烯套筒中倒入采样头内，特别注意不要污染滤筒表面。

⑦ 将采样管放入烟道内，封闭采样孔。

⑧ 设置采样时间，开机。

⑨ 记录采样前后累积体积、滤筒号、采样流量、表头负压、温度及采样时间，记录滤筒号。

⑩ 用油烟采集器采集油烟。

（6）样品保存

采集了油烟的滤筒应立即转入聚四氟乙烯清洗杯中，盖紧盖子；样品若不能在 24 h 内测定，可在冰箱的冷藏室中（≤4℃）保存 7 d。

3.6.3.6 分析步骤

（1）标准曲线的绘制

① 制备油烟标准油及储备液的配制。在 500 mL 三颈瓶中加入 300 mL 的食用油，插入量程为 500℃的温度计，先控制温度于 120℃，敞口加热 30 min，然后在其正上方安装一空气冷凝管，升温至 300℃，回流 2 h，即得标准油。用精度为十万分之一的天平称取 1.000 00 g 上述标准油，于 50 mL 容量瓶中，用重蒸（控制温度 70～74℃）后的分析纯 CCl_4 稀释至刻度，即得标准储备液。

② 标准曲线的绘制。取上述标准储备液 1.00 mL 于 50 mL 容量瓶中，用 CCl_4 定容，得到浓度为 400.00 mg/L 的中间液，分别取中间液 0.50 mL、1.50 mL、2.50 mL、3.50 mL 于 4 个 25 mL 的容量瓶中，用 CCl_4 定容分别得到浓度为 8.00 mg/L、24.00 mg/L、40.00 mg/L、56.00 mg/L 的标准溶液。

打开红外测油仪，预热 30 min 以上，选定一组校正系数（或根据所使用的仪器，在测定标准系列前，先测定校正系数，具体步骤参照所使用的仪器使用说明书），用 4 cm 比色皿和 CCl_4 调整仪器的零点和满度，在 2 600～3 300 cm^{-1} 扫描，得出 CCl_4 的扫描曲线，再分别对标准系列各浓度进行测定，绘出标准曲线。

（2）样品测定

① 把样品的套筒盖打开，加入 CCl_4 至刚好淹没滤筒，盖好套筒盖，然后置于超声仪中，超声波清洗 10 min。

② 把清洗液转移到 25 mL 比色管中。

③ 再用少许四氯化碳清洗滤筒及聚四氟乙烯套筒二次，一并转移到上述 25 mL 的比色管中，加入四氯化碳稀释至刻度标线。

④ 样品的测定：用绘出的标准曲线和与其同组的校正系数测定样品。

3.6.3.7　结果计算与评价

（1）结果计算

① 实测排放浓度。

$$C = \frac{C_{溶液} \cdot V}{V_{nd}} \tag{3.6-1}$$

式中：C——油烟排放浓度，mg/m^3；

$C_{溶液}$——滤筒清洗液油烟浓度，mg/L；

V——滤筒清洗液稀释定容体积，mL；

V_{nd}——标准状态下干气的采样体积，L。

五次采样分析结果之间，其中任何一个数据与最大值比较，若该数据小于最大值的1/4，则该数据为无效值，不能参与平均值计算。数据经取舍后，至少有3个数据参与平均值计算。若数据之间不符合上述条件，则需重新采样。

监测排放浓度时，应将实测排放浓度折算为基准风量时的排放浓度。

$$C_{基} = C \times \frac{Q_{测}}{nq_{基}} \tag{3.6-2}$$

式中：$C_{基}$——折算为单个灶头基准排风量时的排放浓度，mg/m^3；

$Q_{测}$——实测排风量，m^3/h；

$q_{基}$——单个灶头基准排风量，大、中、小型均为2 000 m^3/h；

n——折算的工作灶头个数。

② 治理效率。指经处理设施净化治理后的油烟与治理之前的油烟的质量百分比。

$$P = \frac{C_{前} \cdot Q_{前} - C_{后} \cdot Q_{后}}{C_{前} \cdot Q_{前}} \times 100\% \tag{3.6-3}$$

式中：P——油烟去除效率，%；

$C_{前}$——治理设施前的油烟浓度，mg/m^3；

$Q_{前}$——治理设施前的排风量，m^3/h；

$C_{后}$——治理设施后的油烟浓度，mg/m^3；

$Q_{后}$——治理设施后的排风量，m^3/h。

（2）结果评价

《饮食业油烟排放标准》（GB 18483—2001）规定：饮食业单位的油烟净化设施最低去除效率限值按规模分为大、中、小三级，饮食业单位的规模按基准灶头数划分，基准灶头数按灶的总发热功率或排气罩灶面投影总面积折算。每个基准灶头对

应的发热功率为 1.67×10^8J/h，对应的排气罩灶面投影面积为 1.1 m^2。饮食业单位的规模划分参数见表 3.6-1。

3.6-1　饮食业单位的规模划分

规模	小型	中型	大型
基准灶头数	[1～3）	[3～6）	≥6
对应灶头总功率/（10^8J/h）	（1.6～5.00）	[5.00～10）	≥10
对应排气罩灶面总投影面积/m^2	[1～3.3）	[3.3～6.6）	≥6.6

饮食业单位油烟的最高允许排放浓度和油烟净化设施最低去除效率，按表 3.6-2 的规定执行。

3.6-2　饮食业单位的油烟最高允许排放浓度和油烟净化设施最低去除效率

规模	小型	中型	大型
最高允许排放浓度/（mg/m^3）	2.0		
净化设施最低去除效率/%	60	75	85

3.6.3.8　注意事项

①排放油烟的饮食业单位必须安装油烟净化设施，并保证操作期间按要求运行。油烟无组织排放视同超标。

②排气筒出口段的长度至少应有 4.5 倍直径（或当量直径）的平直管段。排放筒出口朝向应避开易受影响的建筑物。

③油烟排放筒的高度、位置等具体规定由省级环境保护部门制定。排烟系统应做到密封完好，禁止人为稀释排气筒中污染物浓度，饮食业产生特殊气味时，参照《恶臭污染物排放标准》臭气浓度指标执行。

④大多数饮食企业在油烟治理设施后的排放管段都是水平管段，由于油粒在重力沉降作用下会趋势向下运动，因此在监测的时候需要把采样嘴位置在截面中心点稍向下移，或在该截面增加 1～2 个监测点，以弥补油粒分布不均匀所造成的影响。

⑤油烟采样现场一般环境比较恶劣，常为高空作业，采样人员一定要确保人机安全，高温油烟气采样时，持采样管的人员应配戴防烫手套，以防烫手，采样过程应及时将采样孔堵住，以防正压烟道油烟气体喷出，也防止对烟道内气流的扰动。

⑥现场若使用交流电源时，请务必确认是 220V 交流电，防止误接其他工业电

源，以免损坏仪器，甚至造成人身伤害。采样过程中采样枪接地，注意用电安全。

⑦四氯化碳的蒸气有毒，它的麻醉性较氯仿为低，但毒性较高，切勿吸入人体。使用时需佩戴防毒面具、防化学品手套，在通风橱内进行。

⑧实验过程中产生的有机废液需集中收集，统一处理。

任务 3.7　烟气黑度测定

烟气黑度是以人的视觉检测烟气中烟尘相对浓度的指标，尽管这一指标难以确定与烟气中有害物质含量之间直接的精确定量关系，也不能取代污染物排放量和排放浓度的实际检测，但其测定方法简单易行、成本低廉、检测迅速，适合反映燃煤类烟气中烟尘的排放情况。

测定烟气黑度主要有：林格曼黑度图法、测烟望远镜法和光电测烟仪法。

3.7.1　林格曼黑度图法

【固定污染源排放烟气黑度的测定-林格曼烟气黑度图法】

（1）原理

该方法是把林格曼烟气黑度图放在适当的位置上，将烟气的黑度与图上的黑度相比较，由具有资质的观察者用目视观察来测定固定污染源排放烟气的黑度。适用于固定污染源排放的灰色或黑色烟气在排放口处黑度的监测，不适用于其他颜色烟气的监测。

标准的林格曼烟气黑度图由 14 cm×21 cm 的不同黑度的图片组成，除全白与全黑分别代表林格曼黑度 0 级和 5 级外，其余 4 个级别是根据黑色条格占整块面积的百分数来确定的，黑色条格的面积占 20%为 1 级，占 40%为 2 级，占 60%为 3 级，占 80%为 4 级，如图 3.7-1 所示。

（2）观测步骤

1）观测位置和条件

应选择在白天进行观测，观察者与烟囱的距离应足以保证对烟气排放情况清晰地观察，观察烟气的仰视角不应太大，一般情况下不宜大于45°，尽量避免在过于陡峭的角度下观察。观察者的视线应尽量与烟羽飘动的方向垂直。

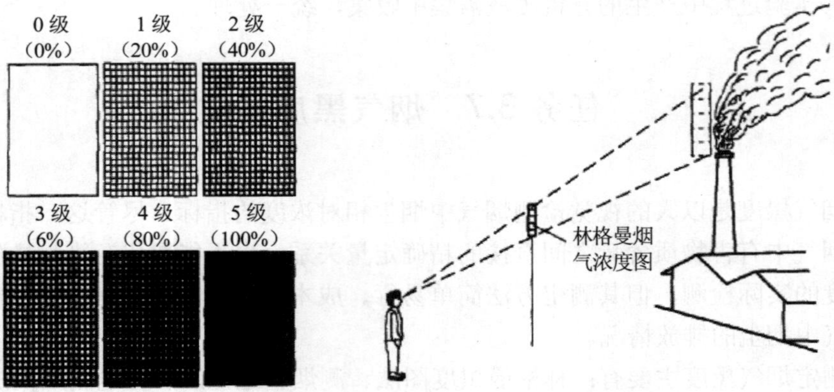

图 3.7-1 林格曼烟气黑度及测量方法示意

林格曼烟气黑度图安置在固定支架上，图片面向观察者，尽可能使图位于观察者至烟囱顶部的连线上，并使图与烟气有相似的天空背景。图距观察者应有足够的距离，以使图上的线条看起来融合在一起，从而使每个方块有均匀的黑度，对于绝大多数观察者这一距离约为15 m。

观察烟气黑度力求在比较均匀的天空光照下进行。如果在太阳光照射下观察，应尽量使照射光线与视线成直角，光线不应来自观察者的前方或后方。雨雪天、雾天及风速大于4.5 m/s时不应进行观察。

2）观测方法

应选择在烟气黑度最大的地方进行观察，该部位应没有冷凝水蒸气存在。观察时，将烟囱排出烟气的黑度与林格曼烟气黑度图进行比较，记下烟气的林格曼级数。如烟气黑度处于两个林格曼级之间，可估计一个0.5林格曼或0.25林格曼级数。每分钟观测4次，观察者不宜一直盯着烟气观测，而应看几秒钟然后停几秒钟，每15 s（包括观看和间歇时间）读一次数据，连续观测烟气黑度的时间不少于30 min，在此期间读取120个数据。对于烟气排放十分稳定的污染源，可酌情减少观测频次，每分钟观测2次，每30 s记录一个读数，连续观测30 min，在此期间记录60个读数。

当烟囱出口处的烟气中有可见的冷凝水汽存在时，应选择在离开烟囱口一段距离，看不到水汽的部位观察。当烟气中的水蒸气在离开烟囱出口的一段距离后，冷凝并且变为可见，这时应选择在烟囱口附近水蒸气尚未形成可见的冷凝水汽的部位观察。

观察烟气宜在比较均匀的天空照明下进行。如在阴天的情况下观察，由于天空背景较暗，在读数时应根据经验取稍偏低的级数（减去 0.25 级或 0.5 级）。

3）烟气黑度计算

在观测过程中出现 5 级林格曼黑度时，烟气黑度按 5 级计，不必继续观测。其他情况都必须连续观测 30 min。分别统计每一黑度级别出现的累计时间，烟气黑度按 30 min 内出现累计时间超过 2 min 的最大林格曼黑度级计。

（3）说明

用林格曼烟气黑度图法鉴定烟气的黑度取决于观察者的观察力和判断能力，观测人员的矫正视力应优于 1.0，必须经过技术培训，经考核合格，持证上岗。要注意保持林格曼烟气黑度图面的整洁，如果被污损或褪色，应及时更换新的图片。使用时图面上不要加任何覆盖层，以免影响图面的清晰。

凭视觉所鉴定的烟气黑度是反射光的作用。所观测到的烟气黑度读数，不仅取决于烟气本身的黑度，同时还与天空的均匀性和亮度、风速、烟囱的大小结构（出口断面的直径和形状）及观测时照射光线和角度有关。在现场观测时，对这些因素应充分注意。

3.7.2　测烟望远镜法

测烟望远镜法是在望远镜筒内安装了一个一半是透明玻璃，另一半是 0～5 级林格曼黑度标准图的圆形光屏板（图 3.7-2）。观察时，透过光屏的透明玻璃部分，观看烟囱出口的烟色，在同一天空背景下，与光屏另一半的黑度比较对烟气的黑度进行评价。

该方法对观测条件的要求和计算黑度级别的方法同林格曼黑度图法。

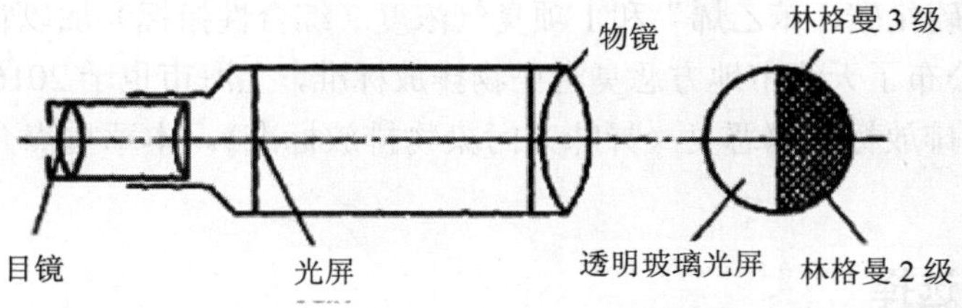

图 3.7-2　测烟望远镜法

3.7.3　光电测烟仪法

该方法使用测烟仪内的光学系统收集烟气的图像，把烟气的透光率与仪器内安装的标准黑度板透光率（黑度板透光率是根据林格曼分级定义确定的）比较，经光学系统处理后，用光电检测系统把光信号转为电信号，自动显示和打印烟气的林格曼黑度级数。利用该仪器测定烟气黑度，可以排除人视力因素的影响。

任务 3.8 恶臭臭气浓度的测定

3.8.1 背景知识

恶臭污染物是一类特殊的有异味的物质，广义上讲，当人体嗅觉某种气味而感到厌恶，该气味就是一般认知的臭味，属于典型的扰民污染，也是当前投诉的焦点污染物。

随着我国经济的发展和城市快速扩张，城市中工业区与居住区呈现出明显的犬牙交错的特征，污染源与居住区的距离越来越近，随之而来的相关的恶臭污染物引起的扰民现象越来越频繁。2014 年天津市恶臭投诉占所有环境投诉比例达到了 31%，广东省对恶臭的投诉也已占环境投诉的三成以上；上海市的恶臭投诉占比也近 30%。在某些石化、化工产业集中的地区，甚至 90%的环境投诉都来自恶臭问题。

恶臭污染物从化学结构来看，臭味物质的分子多因为有剩余电子而具有刺激人类嗅觉特征。一般具有剩余电子对的官能团有不饱和物质、含氧、含还原态氮、含还原态硫、含卤素等碳氢化合物具有特殊味道。另外薄荷醇、樟脑油、柠檬油等植物油也具有不饱和电子对及含氧等特性，因而有异味。

我国自 1993 年以来就开始单独控制恶臭污染物，于 1993 年制定了国家层面的《恶臭污染物排放标准》，对 8 项恶臭污染物“氨、三甲胺、硫化氢、甲硫醇、甲硫醚、二甲二硫、二硫化碳、苯乙烯”和 1 项臭气浓度（综合性指标）加以管控。天津市已经于 1995 年公布了天津市地方恶臭污染物排放标准，上海市也于 2016 年制定了上海市地方污染物排放标准《恶臭（异味）污染物排放标准》。本章重点介绍臭气浓度的测定。

3.8.2 方法选择

《恶臭污染物排放标准》中规定臭气浓度的检测方法为三点比较式臭袋法，该法操作环节众多，各个环节要求的人工较多，不适于低浓度和有毒物质的检测，但重现性较好，是我国常规的臭气浓度监测方法。由于其具有一定的局限性，目前开发了在线恶臭电子鼻，与国标三点式臭袋法相吻合，可实现实时监控臭气的排放浓度和速率。本章将重点介绍三点比较式臭袋法。

【恶臭污染物排放标准】

3.8.3　恶臭的测定——三点比较式臭袋法

【恶臭的测定——三点比较式臭袋法】

3.8.3.1　适用范围

本方法适用于各类恶臭源以不同形式排放的气体样品和环境空气样品臭气浓度的测定，仅含一种恶臭物质的样品和含两种以上恶臭物质的复合臭气样品。不受恶臭物质种类、种类数目、浓度范围及所含成分浓度比例的限制。

3.8.3.2　测定原理

三点比较式臭袋法测定恶臭气体浓度，是先将 3 只无臭袋中的 2 只充入无臭空气、另一只按一定稀释比例充入无臭空气和被测恶臭气体样品供嗅辨员嗅辨，当嗅辨员正确识别有臭气袋后，再逐级进行稀释、嗅辨，直至稀释样品的臭气浓度低于嗅辨员的嗅觉阈值时停止实验。每个样品由若干名嗅辨员同时测定，最后根据嗅辨员的个人阈值和嗅辨小组成员的平均阈值，求得臭气浓度。

3.8.3.3　试剂和材料

①标准臭液和无臭液：标准臭液包括 5 种气味性质的液体，花香气味的β-苯乙醇、汗臭气味的异戊酸、甜锅巴气味的甲基环戊酮、成熟水果香的γ-十一碳（烷）酸内脂和粪臭气味的β-甲基吲哚。无臭液和标准臭液溶剂采用液体石蜡。

②无臭纸：层析滤纸纸条宽 10 mm，长 120 mm，密封保存。

3.8.3.4 仪器和设备

①无臭空气净化装置，如图 3.8-1 所示。
②聚酯无臭袋。
③采样瓶和真空处理装置，如图 3.8-2 所示。
④排气筒内的臭气采样装置，如图 3.8-3 所示。

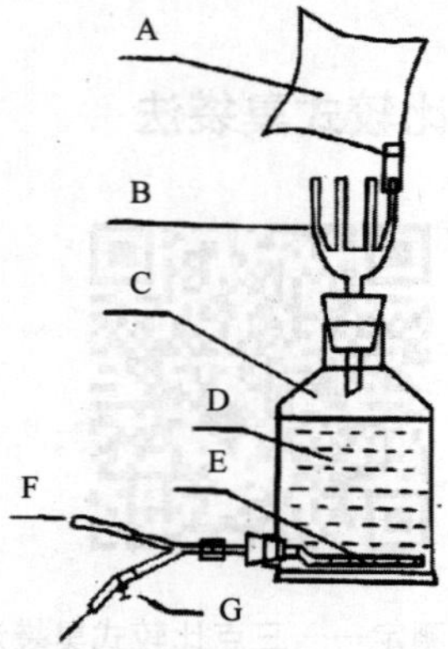

A—3L 无臭袋；B—供气分配器；C—玻璃瓶；D—活性炭；E—气体分散管；
F—进气口；G—供气量控制调节

图 3.8-1 空气净化装置

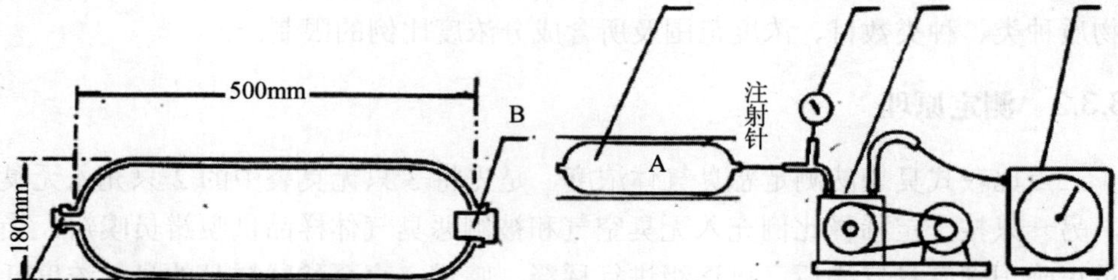

A—进气口硅橡胶塞；B—充填衬袋口硅橡胶塞；C—采样瓶；D—真空泵；
E—真空表或真空计；F—气量计

图 3.8-2 采样瓶和真空处理装置

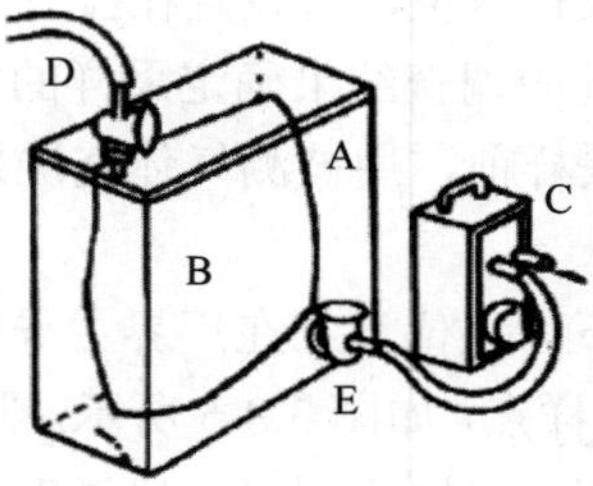

A—真空箱；B—采样袋；C—抽气泵；D—样品气体导管；E—阀

图 3.8-3　排气筒气体采样装置

⑤嗅辨室。嗅辨室要远离散发恶臭气味的场所，室内能通风换气并保持温度在17～25℃，至少可供6～7名嗅辨员同时工作，并要设置单独的配气室。

3.8.3.5　样品采集

根据《恶臭污染物环境监测技术规范》规定，臭气浓度监测分为有组织排放源监测和无组织排放源监测。监测时要求的工况条件为：一般应在生产负荷达到设计要求，生产设备处于稳定正常运行状态下，并达到相应标准或环境管理要求的生产负荷。在现场监测时要记录生产工况。特殊工况条件下监测时，应在报告中注明当时的生产工况。

（1）有组织排放源监测

①选择垂直或水平且气流平稳的排放烟道处，并避开涡流区，保证测试人员能安全操作。排气流量的测试点位，参照GB/T 16157的有关规定。

②采用图3.8-3的采样方式采集臭气样品，连接方法如图3.8-4所示。排气温度较高时，应对采样导管予以水冷却或空气冷却，使进入采样袋气体温度接近常温，并选择在排气压力为正压或常压的位置上。

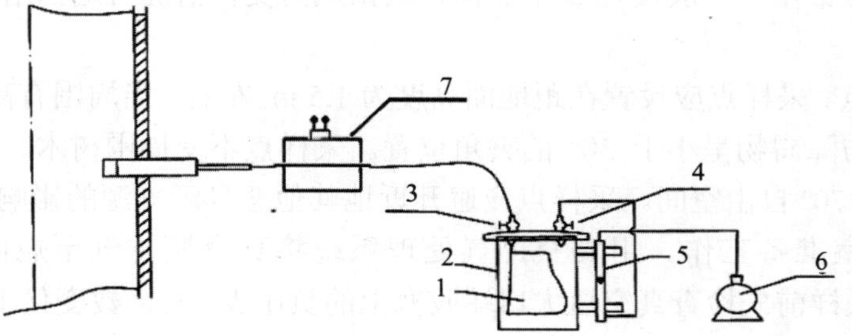

1—采样袋；2—气袋采样箱；3—进气口；4—排气口；5—流量计；6—抽气泵；7—冷凝器

图 3.8-4　气袋采样器采样系统

③有组织恶臭排放源的采样点位，可设置在排气管道中心。

④采样时应根据排气状况的调查结果确定采样的时机和充气速度，保证采集的气体样品具有代表性。正式采样前，用被测气体充洗采样袋三次。

（2）无组织排放源监测

①点位布设。一般情况下，点位设立在厂界主导风向的下风向轴线及风向变化标准偏差±*S*°范围内，设定采样点，如图 3.8-5 所示。当不同企业恶臭污染源相邻时，可在被测企业上风向设对照点，以区别恶臭污染源对环境的影响。被测厂界无条件设置监测点位时，如处于水面、山体交界，可将监测点位移入厂界内 10 m 范围内。当恶臭污染源与厂界相邻时要在污染源处于下风向的厂界处设置采样点位。当两个或两个以上无组织排放源的单位相邻时，应选择被测无组织排放源处于上风向时进行臭气浓度监测，其布点方法同前。

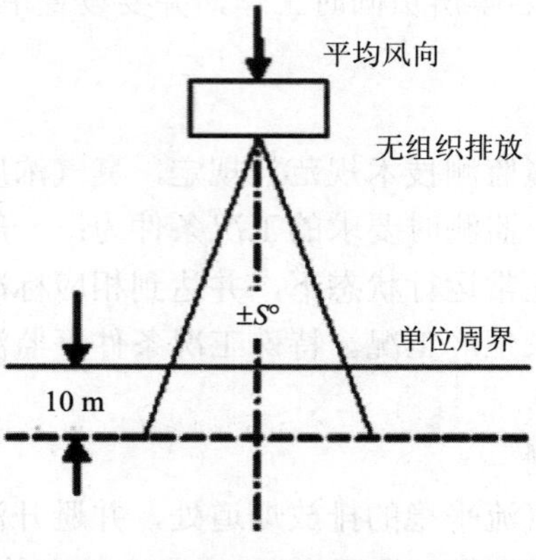

图 3.8-5 一般情况下监控点设置示意

注：±*S*°风向变化标准偏差。±*S*°的计算测量方法：每分钟测量一次风向角度，连续测定 10 次，取其平均值并计算标准偏差范围值。

②采样点数量。一般设置 3 个点位，根据风向变化情况可适当增加或减少监控点位。

③采样点。采样点应设置在距地面高度为 1.5 m 左右，当周围有高大建筑物时，采样点移至与障碍物呈小于 30º 的夹角位置。采样点不受周围树木、建筑物影响，一般应存在 270º 自由空间。采样点应避开近地其他恶臭污染源的影响。

④实验室准备工作。用真空排气处理系统将真空瓶排气至瓶内压力接近负 1.0×10^5Pa，采样前先检查真空瓶大口端胶塞上的负压表，其读数变化不能超过 20%，否则不能使用。

⑤采样时打开真空瓶进气端胶管的止气夹（或进气阀），使瓶内充入样品气体至常压，随即用止气夹封住进气口。采样后将真空瓶避光运回实验室，24 h 内测定。

3.8.3.6　采样频次

（1）有组织排放源的采样频次

①连续有组织排放源采样频率按生产周期确定监测频率，生产周期在 8 h 以内的，每 2 h 采集一次，生产周期大于 8 h 的，每 4 h 采集一次，共采集 4 次，取其最大测定值。

②间歇有组织排放源应在排放浓度最高时段采样，样品采集次数不小于 3 次，取其最大测定值。

（2）无组织排放源的采样频次

①连续无组织排放源相隔 2 h 采一次，共采集 4 次，取其最大测定值。

②间歇无组织排放源应在污染物排放浓度最高时段采样，样品采集次数不少于 3 次，取其最大测定值。

（3）污染事故的采样频次

采样时间应尽可能捕捉到污染浓度最高时段，样品数量应覆盖事故发生至事故消除整个过程。

（4）竣工验收监测周期

监测周期与生产周期同步，每周期取样数量按上述制定，监测周期数依据相应竣工规范或标准执行。

3.8.3.7　分析步骤

（1）对于以采样袋和采样瓶采集的有组织和无组织排放的高浓度臭气样品，按以下方法进行稀释和测定

① 采集气体样品的采样瓶运回实验室后，取下瓶上的大塞并迅速从该瓶口装入带通气管瓶塞的 10 L 聚酯衬袋。用注射器由采样瓶小塞处抽取瓶内气体配制供嗅辨的气袋，室内空气经大塞通气管进入衬袋保持瓶内压力不变。

② 由 6 名嗅辨员组成嗅辨小组在无臭室内作好嗅辨准备，嗅辩员当天不能携带和使用有气味的香料及化妆品，不能食用有刺激气味的食物，患感冒或嗅觉器官不适的嗅辨员不能参加当天的测定。

③ 高浓度臭气样品的稀释梯度参照表 3.8-1。

表 3.8-1　高浓度臭气样品的稀释梯度

在 3 L 无臭袋中注入样品的量/mL	100	30	10	3	1	0.3	0.03	0.01	…
稀释倍数	30	100	300	1000	3 000	1 万	10 万	30 万	…

④ 样品初始稀释倍数的确定。由配气员（必须是嗅觉检测合格者）首先对采集

样品在 3 L 无臭袋内按上述稀释梯度配制几个不同稀释倍数的样品，进行嗅辨尝试，从中选择一个既能明显嗅出气味又不强烈刺激的样品，以样品的稀释倍数作为配制小组嗅辨样品的初始稀释倍数。

⑤ 样品初始稀释倍数的确定。配气员将 18 只 3 L 无臭袋分成 6 组，每一组中的 3 只袋分别标上 1 号、2 号、3 号，将其中一只按正确的初始稀释倍数定量注入取自采样瓶或采样袋中样品后充满清洁空气，其余两只仅充满清洁空气。然后将 6 组气袋分发给 6 名嗅辨员嗅辨。

⑥ 6 名嗅辨员对于分发的 3 只气袋分别取下通气管上的塞子，对 3 只气袋中气体进行嗅辨比较，并挑出有味气袋。全员嗅辨结束后，进行下一级稀释倍数实验。若有人回答错误时，即终止该人嗅辨。当有 5 名嗅辨员回答错误时实验全部终止。

（2）环境臭气样品的稀释及测定

环境臭气样品浓度较低，其逐级稀释倍数选择 10 倍，其他配气操作同上，当嗅辨员认定某一气体袋有气味，则记录该袋编号。

3.8.3.8 结果计算与评价

（1）结果计算

本章仅介绍污染源臭气测定结果计算，环境臭气测定结果见标准。

将嗅辨员每次嗅辨结果汇总至答案登记表，每人每次所得的正确答案以“0”表示，不正确答案以“×”表示。

计算个人嗅阈值 X_i

$$X_i=\frac{\lg a_1+\lg a_2}{2} \tag{3.8-1}$$

式中：a_1——个人正解最大稀释倍数；

a_2——个人误解稀释倍数。

舍去小组个人嗅阈值中最大值和最小值后，计算小组算术平均阈值（X）。

样品臭气浓度计算如式（3.8-2）所示。

$$y=10^x \tag{3.8-2}$$

式中：y——样品臭气浓度；

x——小组算术平均阈值。

污染源臭气测定结果登记表与计算举例见表 3.8-2、式（3.8-3）、式（3.8-4）。

$$\overline{X}=\frac{3.74+3.24+2.74+3.24}{4}=3.24\ （平均阈值） \tag{3.8-3}$$

$$y=10^{3.24}=1\,739 \tag{3.8-4}$$

表 3.8-2　污染源臭气测定结果登记表

稀释倍数		30	100	300	1 000	3 000	1 万	3 万	个人嗅阈值	个人嗅阈值最大最小值
对数值（lg$a$）		1.48	2.00	2.48	3.03	3.48	4.00	4.48	$X_i=\frac{\lg a_1+\lg a_2}{2}$	
嗅辨员	A	0	0	0	×				2.74	舍去
	B	0	0	0	0	0	×		3.74	
	C	0	0	0	0	×			3.24	
	D	0	0	0	0	0	0	×	4.24	舍去
	E	0	0	0	×				2.74	
	F	0	0	0	0	×			3.24	

（2）结果评价

《恶臭污染物排放标准》（GB 14554—93）对无组织和有组织排放分别进行了限定，排入 GB 3095 中一类区的执行一级标准，一类区中不得建新的排污单位，排入 GB 3095 中二类区的执行二级标准，排入 GB 3095 中三类区的执行三级标准。

1）无组织排放限值

1994 年 6 月 1 日起立项的新建、扩建、改建项目及其建成后投产的企业执行二级、三级标准中相应的标准值。

表 3.8-3　恶臭污染物厂界标准值

序号	控制项目	单位	一级	二级		三级	
				新扩改建	现有	新扩改建	现有
1	臭气浓度	无量纲	10	20	30	60	70

2）有组织排放限值

表 3.8-4　恶臭污染物排放标准值

序号	控制项目	排气筒高度/m	标准值（无量纲）
1	臭气浓度	15	2 000
		25	6 000
		35	15 000
		40	20 000
		50	40 000
		≥60	60 000

排污单位排放（包括泄漏和无组织排放）的恶臭污染物，在排污单位边界上规定监测点（无其他干扰因素）的一次最大监测值（包括臭气浓度）都必须低于或等于恶臭污染物厂界标准值。

排污单位经烟、气排气筒（高度在 15 m 以上）排放的恶臭污染物的排放量和臭气浓度都必须低于或等于恶臭污染物排放标准。

排污单位经排水排出并散发的恶臭污染物和臭气浓度必须低于或等于恶臭污染物厂界标准值。

3.8.3.9 注意事项

①方法实验中使用的标准恶臭气体样品应妥善保管，严防泄漏造成恶臭污染。经嗅辨后的样品袋不得在嗅辨室内排气。

②要通过技术培训，使嗅辨员了解典型恶臭物质的气味特性，提高对各种臭气的嗅辨能力。

③稀释臭气样品所需的无臭清洁气体由无臭空气净化装置提供，与空气净化效果有关的通气速度、活性炭充填量、活性炭使用更换周期等均根据嗅辨员对净化气体有无气味的嗅辨检验结果来决定。与供气口连接的气袋充气管内径要稍大于气体净化器供气管外径，既保证气袋定量充满清洁空气，又可防止充气过量、过压导致气袋破裂。

④可采用无油空气泵向空气净化器供气，严禁使用含油或其他散发气味的供气设备。

想一想练一练

一、选择题

1．某电子厂设有电镀工艺，电镀过程中产生含硫酸雾、铬酸雾的废气，则硫酸雾、铬酸雾应执行________。

A．大气污染物综合排放标准　　B．环境空气质量标准

C．电镀污染物排放标准　　D．电子玻璃工业大气污染物排放标准

2．广东省某火电厂 80 t/h 的燃煤锅炉排放的污染物执行________。

A．火电厂大气污染物排放标准（GB 13223—2011）

B．广东省锅炉大气污染物排放标准（DB 44/765—2010）

C．广东省火电厂大气污染物排放标准（DB 44/612—2009）

D．锅炉大气污染物排放标准（GB 13271—2014）

E．火电厂大气污染物排放标准（GB 13223—2011）和广东省火电厂大气污染物排放标准（DB 44/612—2009）中取其严者

F．锅炉大气污染物排放标准（GB 13271—2014）和广东省锅炉大气污染物排放标准（DB 44/765—2010）中取其严者

3．广东省某 60 t/h 的燃煤发电锅炉排放的污染物执行________。

A．火电厂大气污染物排放标准（GB 13223—2011）

B．广东省锅炉大气污染物排放标准（DB 44/765—2010）

C．广东省火电厂大气污染物排放标准（DB 44/612—2009）

D．锅炉大气污染物排放标准（GB 13271—2014）

E．火电厂大气污染物排放标准（GB 13223—2011）和广东省火电厂大气污染物排放标准（DB 44/612—2009）中取其严者

F．锅炉大气污染物排放标准（GB 13271—2014）和广东省锅炉大气污染物排放标准（DB 44/765—2010）中取其严者

4．某生活垃圾填埋场周边厂界环境中恶臭污染物浓度执行________。

A．环境空气质量标准（GB 3095—2012）

B．恶臭污染物排放标准（GB 14554—1993）

C．生活垃圾填埋场污染控制标准（GB 16889—2008）

D．大气污染物综合排放标准

二、填空题

1．有组织排放源进行监测时，监测断面应选择在________管段，避开弯头、阀门、变径管的影响，距弯头、阀门、变径管下游方向大于________处，或在其上游方向大于______处，若现场条件受限制，采样断面距弯头等的距离至少是烟道直径的_______。

2．因烟道内同一断面的烟气流速和烟尘浓度分布不均匀，因此，采集烟尘时实行_____采样，采样方式包括__________、________和__________。

3．对直径小于_____、流速分布__________并符合采样位置第一条要求的圆形小烟道，可将__________作为测点。

4．烟气温度的测定中，常用_________温度计、_______温度计和电阻温度计。对于高温度的烟温一般采用_________温度计。

5．标准型皮托管校准系数为__________，S 型皮托管校准系数为__________。

6．烟气流速与气体________成正比，因此可通过测各监测点的_____，测各点的流速。

7．烟尘采样实行________原则，即采样嘴的______速度与测点处________相等，误差不得超过_______。

8．林格曼黑度图法只适用于测_________烟气，不适用于其他颜色烟气的监测。观测时__________ 角不应太大，一般情况下不应大于__________ 角，尽量避免在过于 ___________ 的角度下观察。观察烟气时选择在烟气__________最大的地方，

且无________存在。

9．烟气黑度测定时，应选择在________条件下进行，若阴天观察，由于天空背景较暗，在读数时应根据经验取稍偏____的级数，减去________。需连续观测__________。

10．饮食业油烟__________排放视同超标。

11．饮食业油烟采用______采样法抽取排气筒内的气体，将油烟吸附在油烟雾采集头内，将收集了油烟的采集滤芯置于带盖的____________套筒中，回实验室后用_____作溶剂进行超声清洗，移入比色管中定容，用_______测定油烟的含量。

12．无组织排放源进行监测时，监测点一般设在单位周界外_______范围内，设在__________最高点。监控点最多设_____个，设点高度范围为_________。

13．某无组织排放源监测氟化物，在上风向测得浓度为 0.02 mg/m³，下风向分别布设 4 个点，4 个点浓度分别为 0.1 mg/m³、0.05 mg/m³、0.2 mg/m³、0.15 mg/m³，则该排放源氟化物的排放浓度为______________。

三、计算题

1．某化工厂于 2000 年 1 月通过环评审批建立，主要生产硫酸，车间内产生的废气通过一根 20 m 的排气筒排放，经监测得 SO_2 的小时浓度均值为 600 mg/m³，小时排放速率为 3.9 kg/h，请问该化工厂排放的污染物是否达标？为什么？

2．某塑料厂于 1990 年通过环评审批建立，位于经济开发区，排放的甲苯通过 15 m 的烟囱排放，在距离其 100 m 的东南方有一办公楼高 30 m，请问该厂排放的甲苯应该执行限值？

3．某印刷厂未经环评审批于 1992 年建立，在 2002 年补做环评并经过审批，其产生的有机废气以无组织形式排放，某监测部门在单位周界外 10 m 范围内的浓度最高点布设 4 个点，测得二甲苯小时浓度均值分别为 C_1=1.1 mg/m³、C_2=0.7 mg/m³、C_3=0.9 mg/m³、C_4=1.4 mg/m³，请问该厂排放的二甲苯浓度为多少？是否达标？

4．新污染源 15 m 烟囱对应的 SO_2 的二级最高允许排放速率为 2.6 kg/h。现有一工厂于 2011 年建立，烟囱高 13 m，请问该厂的 SO_2 执行的排放限值是多少？

5．某食品厂于 1992 年通过环评审批建立，位于一类环境功能区，2012 年该企业引进国外技术，对企业的生产线及治理设施进行提升改建，改建后含 NO_x 的废气通过 120 m 的烟囱排放，请问该企业 NO_x 排放该执行的浓度限值是多少？

6．某矿石冶炼厂于 2011 年建立，有两条生产线，每条生产线有一个排气筒，两排气筒之间的距离为 50 m，一根排气筒高 50 m，另一根排气筒高 60 m，经监测得 50 m 排气筒对应的 SO_2 排放速率为 30 kg/h，60 m 排气筒对应的 SO_2 排放速率为 70 kg/h，请问该企业的 SO_2 的排放速率是否达标？

7．某 60 t/h 的燃煤蒸汽锅炉于 2014 年 6 月 1 日建立，燃烧废气经处理后由圆形烟道排放，圆形烟道内径为 1 m，共布设有 4 个监测点，各监测点测得流速分别为 3.3 m/s、7.1 m/s、7.2 m/s、3.7 m/s，烟温 80℃，大气压 99.98 kPa，烟气含湿量为 6.0%，静压 1 000Pa，烟尘采样实行移动采样，采样前滤筒重量为 1.060 0 g，采样后滤筒重量为 1.181 2 g。采样湿烟气体积为 1 500 L，标准状态下干烟气体积为 1 478 NdL。实测氧含量为 7，基准氧含量为 9。（1）计算实际气体流量；（2）计算标准状态下干气体流量；（3）计算烟尘浓度；（4）计算折算后烟尘浓度；（5）计算烟尘排放速率；（6）判断烟尘浓度是否超标。

项目四　道路移动污染源监测

导读： 截至2016年年底，我国机动车保有量已达2.9亿辆，其中汽车达1.94亿辆，全国平均每百户家庭拥有36辆私家车，成都、深圳、苏州等城市平均每百户家庭拥有私家车已超过70辆。机动车已成为我国居民生活、出行等不可缺少的交通运输工具。增长迅速的机动车保有量成为大气污染的一大"元凶"。许多大中城市机动车污染物排放量居高不下，已成为细颗粒物（$PM_{2.5}$）的首要来源。

环境保护部2017年1月6日晚举行的大气污染防治媒体见面会上，提供了一组数据：北京31.3%、上海29.2%、杭州28%的细颗粒物均来自机动车。在雾霾最严重的京津冀周边地区，北京、天津、河北、山西、山东、河南6省市，国土面积虽只占全国7.2%，机动车保有比重则高达28%。根据往年中国机动车污染防治年报素材，北京、天津、上海等9个城市大气细颗粒物源解析工作结果显示，本地排放源中移动源对细颗粒物浓度的贡献范围为15%～52.1%。

机动车污染防治要找准问题、厘清难点，机动车污染，虽然出在机动车，但原因却在于人。从以往机动车污染防治实践来看，主要存在着"三难"。一是黄标车淘汰难。经过多年淘汰，黄标车的数量虽在不断减少，但仅占到全部机动车的6.8%；排放强度也一直居高不下，贡献了超过45%的氮氧化物、一氧化碳、碳氢化合物和超过70%的颗粒物。二是推广高品质燃油难。目前全国普遍使用的是国Ⅲ、国Ⅳ标准燃油，两者加起来大约占到82%，国Ⅴ及以上标准的高品质燃油仅占1.4%。数据显示，油品质量提高一个等级，排放就可减少10%，但囿于经济利益考虑，油品生产企业和消费者似乎对更换高品质燃油缺乏动力，推广起来难度较大。三是尾气检测和监测难。由于各地在尾气排放标准、检测方法、监测力度等方面存在诸多差异，有的地方严，有的地方宽，对于机动车这样的流动性污染源，仅靠区域性监管与防治显然有些力不从心。比如，有些尾气排放不合格的车辆在尾气检测严格的地方过不了关，车主就有可能把车开到尾气检测较宽松的地方来通过检测。

为此，应针对这"三难"，大力开展机动车污染防治。机动车污染防治要对症下药、抓住关键。协调推进"车、油、路"同步发展，大力减少机动车尾气排放对大气环境和人民群众健康的影响。

学习目标

1. 了解机动车车型分类方法，能正确识别不同的机动车车型。

2. 理解机动车尾气的污染成因，了解机动车尾气的组分及危害。

2. 理解和区分车辆部分、测功机部分、分析仪部分、测试方法部分等各种专业术语。

3. 了解并能正确查阅和使用机动车排放标准，重点掌握 GB 18285—2005 标准和 GB 3847—2005 标准的主要内容。

4. 学习各种机动车检测方法，包括排气定期检验和排气抽气检验方法，并能熟练掌握双怠速法、简易瞬态工况法和稳态工况法。

项目任务

任务 4.1　道路移动污染源概述

任务 4.2　机动车排气检测专业术语

任务 4.3　机动车排放标准体系

任务 4.4　机动车排气检测方法

任务 4.1　道路移动污染源概述

近年来，我国汽车产业迅速发展，机动车给人们的生活提供能量并带来方便，但是随着机动车保有量的递增，机动车产生的环境问题不容小觑。在全球范围内，机动车尾气被认为是城市大气污染的重要来源，可排放大量气态和颗粒态污染物，包括一氧化碳（CO）、碳氢化合物（HC）、氮氧化物（NO_x）、颗粒物（PM）、二氧化碳（CO_2）、二氧化硫（SO_2）等，是城市光化学烟雾的主要前体物。

4.1.1　机动车车型分类

4.1.1.1　根据公安标准分类

【机动车类型 术语和定义（GA 802—2014）】

根据中华人民共和国公共安全行业标准《机动车类型 术语和定义》（GA 802—2014），机动车（power-driven vehicle）是以动力装置驱动或者牵引，道路上行驶的供人员乘用或者用于运送物品以及进行工程专项作业的轮式车辆，按照机动车类型分类，包括汽车及汽车列车、摩托车、轮式专用机械车、挂车、有轨电车、特型机动车和上道路行驶的拖拉机，但不包括虽有动力装置但最大设计车速、整备质量、外廓尺寸符合有关国家标准的残疾人机动轮椅车、电动自行车。

汽车（motor vehicle）是指由动力驱动，具有 4 个或 4 个以上车轮的非轨道承载的车辆，主要用于：载运人员和/或货物（物品），牵引载运货物（物品）的车辆或特殊用途的车辆，以及专项作业车。载客汽车（passenger vehicle）设计和制造上主要用于载运人员的汽车，包括装置有专用设备或器具但以载运人员为主要目的汽车。载货汽车（goods vehicle）设计和制造上主要用于载运货物或牵引挂车的汽车，包括装置有专用设备或器具但以载运货物为主要目的汽车。专项作业车（special motor vehicle）装置有专用设备或器具，在设计和制造上用于专项作业的汽车，如汽车起重机、消防车、混凝土泵车、清障车、高空作业车、扫路车、吸污车、钻机车、仪器车、检测车、监测车、电源车、通信车、电视车、采血车、医疗车、体检医疗车等，但不包括以载运人员或货物为主要目的汽车。

摩托车（motorcycle and moped）由动力装置驱动的，具有 2 个或 3 个车轮的道路车辆，但不包括：整车整备质量超过 400 kg 的不带驾驶室的三轮车辆；整车整备质量超过 600 kg 的带驾驶室的三轮车辆；最大设计车速、整车整备质量、外廓尺寸等指标符合相关国家标准和规定的，专供残疾人驾驶的机动轮椅车；电驱动的，最大设计车速不大于 20 km/h，具有人力骑行功能，且整车整备质量、外廓尺寸、电动机额定功率等指标符合相关国家标准规定的两轮车辆。

轮式专用机械车（wheeled mobile machinery for special purpose）有特殊结构和专门功能，装有橡胶车轮可以自行行驶，最大设计车速大于 20 km/h 的轮式机械，如装载机、平地机、挖掘机、推土机等，但不包括叉车。

挂车（trailer）设计和制造上需由汽车或拖拉机牵引，才能在道路上正常使用的无动力道路车辆，用于载运货物及其他特殊用途。

有轨电车（tram）以电动机驱动，有轨道承载的机动车。

特型机动车（special size vehicle）质量参数和/或尺寸参数超出《汽车、挂车及汽车列车外廓尺寸、轴荷及质量限值》（GB 1589—2016）规定的汽车、挂车和汽车列车。

上道路行驶的拖拉机（road tractor）手扶拖拉机等最大设计车速小于或等于 20 km/h 的轮式拖拉机和最大设计车速小于或等于 40 km/h、牵引挂车方可从事道路运输的轮式拖拉机。

4.1.1.2　根据燃油类型

按照燃油类型，机动车可分为汽油车、柴油车、混合油车、电车、液化石油气（LPG）车、液化天然气（LNG）车、甲醇车、乙醇车、太阳能车、混合动力车和生物燃料车等。

4.1.1.3　根据发动机点火方式

车用发动机的种类繁多，按点火方式可分为点燃式发动机和压燃式发动机两大类。点燃式发动机（Spark Ignition Engine）依靠电子点火装置点燃燃料混合气，如汽油发动机；压燃式发动机（pression Ignition Engine）则是利用压缩空气产生的高温、高压气体引起燃料混合气自燃，如柴油发动机。机动车污染物排放标准根据所装用发动机的点火方式对车辆进行分类，并制定了相应的排放限值和测量方法。

4.1.1.4　根据发动机类型

此外，发动机还可以按冲程数分为二冲程发动机和四冲程发动机，按汽缸数分为单缸发动机和多缸发动机，按汽缸排列方式分为直列式、V 型、W 型、对置式等发动机，按冷却方式分为风冷式发动机和水冷式发动机。目前，车用发动机以四冲程发动机为主，通常摩托车使用单缸发动机，汽车使用多缸发动机。

4.1.2　机动车尾气的污染机理

机动车排放的尾气主要是由燃料在发动机内的燃烧过程中产生。发动机的作用是通过燃料的燃烧将化学能转变为热能，再通过活塞的运动转换为机械能。机动车常用的石化燃料主要为汽油、柴油、LPG 和 LNG，其主要成分为碳氢原子组成的复杂碳氢化合物（烃类化合物）。机动车尾气排放的主要有害物质有一氧化碳（CO）、碳氢化合物（HC）、二氧化碳（CO_2）、氮氧化物（NO_x）、碳烟颗粒（PM）和二氧化硫（SO_2）等。

石化燃料的燃烧过程是一种复杂的氧化反应过程。理想状况下，与燃料混合的空气足够、达到理论空燃比和得到充分燃烧时，燃料中的碳原子和氢原子能被完全燃烧生成 CO_2 与 H_2O。但在发动机的实际运行中，由于受到进气温度、进气压力、混合气空燃比、燃料雾化程度、汽缸壁面淬冷以及发动机运行工况等因素的影响，汽缸内的混合气无法完全燃烧，CO、HC 等燃烧中间产物随发动机尾气排入大气环境。其中，HC 是一种烃类混合物，成分非常复杂，包括未燃和未完全燃烧的燃油、润滑剂和其裂解产物，以及部分氧化物。目前汽车尾气中已发现的碳氢化合物就有 200 多种，此外，HC 还含有少量醛、醇、酮、多环芳烃，以及 3,4-苯并芘等致癌物质。吸入过量的 HC 化合物后，人会出现头晕、恶心等中毒症状。此外，HC 还是形成光化学烟雾的主要污染物。据统计，汽车的 HC 排放约 60%来自汽车尾气，20%～25%来自曲轴箱（PCV 系统）的泄漏，15%～20%来自燃料系统的蒸发。

此外，用于燃料助燃的空气中不但含有助燃所需的氧气成分，也含有氮气成分，当燃料在发动机燃烧室内燃烧时会在汽缸内形成瞬时高温，此时，燃料混合气中空气所带进来的氧气和氮气会在高温下发生氧化反应生成 NO_x。NO_x 是 NO、NO_2、N_2O_3、N_2O_5 等物质的总称，它们也会跟随发动机燃烧尾气一同排入大气环境。NO_x 的排放主要取决于燃料燃烧温度、时间和空燃比等因素。NO_x 也是形成光化学烟雾的主要污染物，汽车尾气中 NO 占 NO_x 总量的 90%～95%。

机动车排气污染物成分主要取决于发动机所使用的燃料。一般来说，点燃式发动机所用燃料的挥发性强且易于燃烧，燃料基本以分子形式与空气混合，燃烧时一般不会残留碳粒，排放的污染物主要为未完全燃烧的 CO、HC 和 NO_x；压燃式发动机所用燃料黏性大、挥发性差，在燃料混合气中通常以燃料粒珠形式与空气混合，当在汽缸内被高温引燃时，燃料粒珠瞬间可能难以完全燃烧，未烧完的粒珠被高温碳化残留在汽缸中随发动机尾气排出，因此，压燃式发动机排放的主要污染物为 NO_x 和 PM。PM 颗粒主要产生自柴油车，是柴油在高温缺氧条件下燃料未充分燃烧所生成的一种有机碳粒。

机动车所用的石化燃料除含烃类化合物外，还含有硫及各种金属元素杂质，它们在燃料燃烧过程也会生成各种新的有害化合物，目前机动车尾气中被发现的有害物质已达数百种，其中因燃料杂质产生的、排放量较大的、对环境影响也较大的物质有硫化物。随着汽车技术与炼油技术的不断提高，汽车石化燃料的杂质含量越来越低，其中硫含量的体积浓度也下降数百倍。

一般而言，汽油车的 CO 和 HC 均比柴油机高，而柴油车的 NO_x 也略低于汽油车。然而，柴油车 PM 排放要比汽油车多得多。

4.1.3 机动车尾气的污染特征

机动车是一种流动污染源，其排气污染物具有以下影响与危害特征。

4.1.3.1 流动性强，影响范围广

机动车是一种便利快捷的交通与运输工具，穿行于城市大街小巷和城市之间的道路，无固定的影响地域与范围，当机动车行驶形成车流时在城市间和城市郊区均具有明显的污染线源特征，同时因尾气扩散也具备了面源特征，严重时会造成区域性污染，如光化学污染、灰霾等。光化学烟雾不是汽车尾气的直接排放物，它是 HC 和 NO_x 在大气中受强烈太阳紫外线照射后，产生一种复杂的光化学反应，生成一种新的污染物并形成浅蓝色烟雾。这种烟雾对眼睛、呼吸器官（喉、眼、鼻等黏膜）

及皮肤有强烈的刺激性。

4.1.3.2　排放高度低，人类是主要的污染受体

大多数机动车的排气管设在车辆的底部，尾气排放口的高度基本为几十厘米，低于成人呼吸带高度，与儿童呼吸带的高度接近，具有近地排放特征。机动车行驶道路两边往往是人行道，机动车行驶时排放的尾气会向道路两边扩散并被道路两边的建筑物挡住，当机动车形成车流后会在道路两旁的人行道集聚，恰好在人的呼吸带形成高浓度污染区，对道路两旁行人身体的直接危害更严重。

4.1.3.3　污染排放相对密集，影响人群集中

机动车体积小、流动性大，污染物集中排放在人群之中。我国机动车主要在城镇使用，人口越密集越集中的地方，机动车的保有量越大，使用频率也越高，当然污染物排放总量也越大，且城镇高楼大厦密集，尾气的扩散条件差。由此可见，机动车尾气也具有影响人群集中、在城镇易于聚集、难以扩散和滞留与影响时间较长等特征。

任务 4.2　机动车排气检测专业术语

4.2.1　车辆部分

（1）车辆分类（根据机动车辆分类标准 GB/T 15089—2001）

轻型汽车：指最大总质量不超过 3 500 kg 的 M1 类、M2 类、N1 类车辆。

M1 类车：至少有 4 个车轮或有 3 个车轮且厂定最大总质量超过 1 000 kg，除驾驶员座位外，乘客座位不超过 8 个的载客车辆。

M2 类车：至少有 4 个车轮或有 3 个车轮且厂定最大总质量超过 1 000 kg，除驾驶员座位外，乘客座位超过 8 个，且厂定最大总质量不超过 5 000 kg 的载客车辆。

Nl 类车：至少有 4 个车轮，或有 3 个车轮且厂定最大总质量超过 1 000 kg，厂定最大总质量不超过 3 500 kg 的载货车辆。

第一类轻型汽车：设计乘员数不超过 6 人（包括司机），最大总质量≤2 500 kg 的 M1 类车。

第二类轻型汽车：除第一类轻型汽车外的其他所有轻型汽车。

重型汽车：最大总质量超过 3 500 kg 的车辆。

（2）新生产汽车

制造厂合格入库或出厂的汽车。

（3）在用汽车

经车辆管理部门登记注册并取得号牌的汽车。

（4）整备质量

指车辆空载，燃油箱注满燃油，润滑油和冷却水加到额定数量并带有随车工具和备用轮胎之车辆质量。

（5）基准质量

整车整备质量加 100 kg 质量。

（6）最大总质量

汽车制造厂规定的技术上允许的车辆最大质量。

（7）气体燃料

液化石油气（LPG）或天然气（NG）。

（8）两用燃料车

能燃用汽油和一种气体燃料的汽车。

（9）单一燃料车

能燃用汽油和一种气体燃料，但汽油仅用于紧急情况或发动机启动，且汽油箱容积不超过 15 L 的车辆。

（10）低速载货汽车

指以柴油机为动力，最高设计车速小于或等于 70 km/h，最大设计总质量小于或等于 4 500 kg，长小于或等于 6 m，宽小于或等于 2 m，高小于或等于 2.5 m，具有 4 个车轮的货车。

（11）三轮汽车

以柴油机为动力，最大设计车速小于或等于 50 km/h，总质量小于或等于 2 000 kg，长小于或等于 4.6 m，宽小于或等于 1.6 m，高小于或等于 2 m，具有 3 个车轮的货车。

（12）摩托车

指整车装备质量小于 400 kg、发动机排量大于 50 mL 或最大设计车速大于 50 km/h 的装有火花点火式发动机的两轮或三轮机动车。

（13）轻便摩托车

指整车装备质量小于 400 kg、发动机排量不超过 50 mL、最大设计车速不超过 50 km/h 的装有火花点火式发动机的两轮或三轮机动车。

（14）发动机标定功率

同发动机额定功率。

（15）车载诊断系统（OBD）

指排放控制用车载诊断（OBD）系统。它必须具有识别可能存在故障区域的功能，并以故障代码的方式将该信息储存在电控单元存储器内。

（16）四轮驱动（4WD）

又称全轮驱动，是指汽车前后轮都有动力。可按行驶路面状态不同而将发动机输出扭矩按不同比例分布在前后所有的轮子上，以提高汽车的行驶能力。

（17）全时四轮驱动（AWD）

汽车在行驶的任何时间，都是以 4 个轮子独立推动，明显区别于其他前轮或后轮以及 4WD 带动的汽车。

4.2.2 测功机部分

（1）底盘测功机基本惯量 DIW

考虑到底盘测功机的各转动件转速与滚筒转速的速比后，其实际基本惯量除以滚筒半径的平方后所得的商等效的汽车质量。它是底盘测功机所有转动部件惯量模拟汽车行驶中的平动和转动动能时所相当的汽车质量。

（2）底盘测功机最大允许轴荷

底盘测功机允许承载的最大质量。

（3）底盘测功机最大吸收功率

底盘测功机 1 min 持续时间可吸收的最大功率。

（4）底盘测功机最大车速

底盘测功机允许测试的最大车速。

（5）底盘测功机功率吸收装置 PAU

能吸收作用在底盘测功机滚筒上的被试车辆轮边功率的装置，包括电力式和电涡流式。

（6）飞轮（flying wheel）

飞轮又称为惯量模拟装置，转动惯量很大的盘形零件，其作用如同一个能量存储器。

（7）电惯量

底盘测功机功率吸收装置通过其励磁电流形成的加载阻力，该阻力用来补偿被试车辆在底盘测功机上做变速运动时的惯量。

（8）总吸收功率 THP

底盘测功机作用于被试汽车驱动轮的阻功率，包括指示功率幂部分。

（9）指示功率 IHP

底盘测功机功率吸收装置的加载功率。

（10）寄生功率　PLHP

底盘测功机的转动件的摩擦功率。

（11）轮边功率

汽车在底盘测功机上运转时驱动轮实际输出功率的测量值。

（12）最大轮边功率

按照《车用压燃式发动机和压燃式发动机汽车排气烟度排放限值及测量方法》（GB 3847—2005）的规定，在功率扫描过程中得到的实测轮边功率最大值。

（13）发动机最大转速　MaxRPM

按照《车用压燃式发动机和压燃式发动机汽车排气烟度排放限值及测量方法》（GB 3847—2005）的规定，柴油车发动机油门处于全开位置时测得的发动机最大转速。

（14）额定转速

额定转速是指在额定功率下电机的转速。

（15）最低额定转速

在 GB 3847—2005 标准中是指：

——发动机下列三种转速中最高者：45%最高额定转速；1 000 r/min；怠速控制器允许的最低转速。

——制造厂要求的更低转速。

（16）实测最大轮边功率时转鼓线速度 VelMaxHp

按照《车用压燃式发动机和压燃式发动机汽车排气烟度排放限值及测量方法》（GB 3847—2005）的规定，在功率扫描试验中，实际测量得到的最大轮边功率点的转鼓线速度。

注：转鼓线速度即滚筒线速度。

4.2.3　分析仪部分

（1）排气污染物

汽车排气管排放的气体污染物，通常指一氧化碳（CO）、碳氢化合物（HC）和氮氧化合物（NO_x）。

（2）一氧化碳（CO）、碳氢化合物（HC）和一氧化碳（NO）的体积分数

排气中的一氧化碳（CO）的体积分数以“%（V/V）”为单位表示；排气中的碳氢化合物（HC）的体积分数以“10^{-6}（V/V）”为单位表示；排气中的一氧化氮（NO）的体积分数以“10^{-6}（V/V）”为单位表示。

（3）过量空气系数（λ）

燃烧 1 kg 燃料的实际空气量与理论上所需空气量之质量比。

（4）排气烟度

描述由汽车发动机燃烧产生并经其排气管排出的气体和固体混合物黑暗程度的物理量，通常使用光吸收系数（*K*）或不透光度的线形分度单位（N）来计量。

（5）线形分度单位（N）

描述光束被单位长度的排烟衰减的单位，以光全通过为 0，以光全遮挡为100%计。

（6）光吸收系数（*K*）

表示光束被单位长度的排烟衰减的一个系数，它是单位体积的微粒数 *n*、微粒的平均投影面积 *a* 和微粒的消光系数 *Q* 三者的乘积。*K* 值的测量范围一般为 0～9.99m^{-1}。

（7）波许烟度（R_b）

利用一种装置，从柴油机排气管中抽出一定容量的排气，使之通过一张白色滤纸，废气中的碳烟存留在滤纸上，使滤纸染黑，然后用检测装置测定滤纸的染黑度，即代表柴油机的排气烟度。滤纸的染黑度用（0～10）波许单位表示，规定白色滤纸的波许单位为 0，全黑滤纸的波许单位为 10，从 0～10 均匀分度。

（8）五气分析仪

能进行汽车排气中 HC、CO、CO_2、O_2 和 NO 体积分数测量的仪器。

（9）四气分析仪

指能进行汽车排气中 HC、CO、CO_2、O_2 体积分数测量的仪器。

（10）不分光红外线法 NDIR

HC、CO、CO_2 等非对称气体分子受到红外光束照射时，气体分子在特定波长能吸收对应波长红外光的能量，将其转换为分子内能，这种吸收关系服从比尔-朗伯定律。

（11）不透光烟度计

又称透射式烟度计，指按照《车用压燃式发动机和压燃式发动机汽车排气烟度排放限值及测量方法》（GB 3847—2005）附录 G 规定，用于连续测量柴油车排气的绝对光吸收系数的仪器。

（12）流量计

指测量被环境空气稀释后的汽车排气的体积流量的仪器。

4.2.4　测试方法部分

（1）工况

设备在和其动作有直接关系的条件下的工作状态。

（2）稳态工况　ASM

《点燃式发动机汽车排气污染物排放限值及测量方法（双怠速法及简易工况法）》

（GB 18285—2005）附录 B 规定的测试工况，包括 ASM5025 和 ASM2540 两个测试工况。

（3）简易瞬态工况 VMAS

《点燃式发动机汽车排气污染物排放限值及测量方法（双怠速法及简易工况法）》（GB 18285—2005）附录 D 规定的测试工况，包括 15 个测试工况。

（4）瞬态工况法

《点燃式发动机汽车排气污染物排放限值及测量方法（双怠速法及简易工况法）》（GB 18285—2005）附录 C 规定的测试工况。

（5）加载减速工况 Lug Down

《车用压燃式发动机和压燃式发动机汽车排气烟度排放限值及测量方法》（GB 3847—2005）附录 J 规定的测试工况，柴油车发动机油门处于全开位置，通过对柴油车驱动轮加载迫使柴油车减速运行，完成对以下 3 个速度段的检测：真实的 velMaxHP，90%的 VelMaxHP 和 80%的 VelMaxHP 的工况。

（6）双怠速

包括高怠速和怠速两个工况。

（7）怠速工况

指发动机处于无负载运转状态。即离合器处于接合位置、变速器处于空挡位置（对于自动变速箱的车应处于“停车”或“P”挡位）；采用化油器供油系统的车，阻风门应处于全开位置；油门踏板处于完全松开位置。

（8）高怠速工况

高怠速工况指满足怠速工况（除最后一项）条件，用油门踏板将发动机转速控制在 50%额定转速或制造厂技术文件中规定的高怠速转速时的工况。

任务 4.3 机动车排放标准体系

我国在 1999 年 7 月 1 日环境保护重点城市实现了车用汽油无铅化；2000 年 7 月 1 日全国实现车用汽油无铅化，无铅化率达到 99.97%，淘汰含铅汽油，铅的排放量减少 1 500 t 以上。2001 年 1 月 1 日实施《车用汽油有害物质控制标准》，对铅、苯、硫、烯烃、锰等种有害物质或成分做出了明确规定，为进一步实施新的尾气排放标准，奠定了政策基础。

我国于 1983 年颁布了第一批机动车排放标准，经过 30 多年的发展已形成了较为完善的机动车排放标准体系。标准体系包括新生产机动车排放标准，在用机动车排放标准，非道路移动机械排放标准，燃料品质标准，排气检测设备技术要求标准等，涵盖了检测技术方法、标准限值、检测设备技术性能指标要求、技术规范及技术政策等各个方面的内容。

4.3.1　新车排放标准

4.3.1.1　轻型汽车排放标准体系

轻型汽车污染物排放限值实施时间如表 4.3-1 所示，我国新生产机动车的排放法规主要借鉴了欧洲排放法规经验。

表 4.3-1　轻型汽车污染物排放限值实施时间表

序号	标准名称	标准编号	颁布时间	实施时间
1	国Ⅰ标准	GB 18352.1—2001	2001 年 4 月 10 日	2001 年 4 月 16 日
2	国Ⅱ标准	GB 18352.2—2001	2001 年 4 月 10 日	2004 年 7 月 1 日
3	国Ⅲ标准	GB 28352.3—2005	2005 年 4 月 15 日	2007 年 7 月 1 日
4	国Ⅳ标准		2005 年 4 月 15 日	2010 年 7 月 1 日
5	国Ⅴ标准	GB 18352.5—2013	2013 年 9 月 17 日	2018 年 1 月 1 日
6	国Ⅵ标准	GB 18352.6—2016	2016 年 12 月 23 日	2020 年 7 月 1 日

2001 年颁布《轻型汽车污染物排放限值及测量方法（Ⅰ）》（GB 18352.1—2001）（国Ⅰ标准），其排放限值和测试水平相当于欧洲 20 世纪 90 年代初实施的轻型车欧洲Ⅰ号标准。规定：自 2001 年 10 月 1 日起，所有新生产的 3.5 t 以下的轻型机动车（包括客车和货车）必须达到标准中所要求的排放限值。

2001 年颁布《轻型汽车污染物排放限值及测量方法（Ⅱ）》（GB 18352.2—2001）（国Ⅱ标准），从 2004 年 7 月 1 日起，新车排放污染物控制执行轻型车国Ⅱ号标准。

2005 年 4 月发布了《轻型汽车污染物排放限值及测量方法（国Ⅲ、Ⅳ阶段）》（GB 18352.3—2005），从 2007 年 7 月 1 日起，新车排放污染物控制执行轻型车国Ⅲ标准；从 2010 年 7 月 1 日起，新车排放污染物控制执行轻型车国Ⅳ标准。

2013 年 9 月颁布了《轻型汽车污染物排放限值及测量方法（国Ⅴ阶段）》（GB 18352.5—2013），自 2018 年 1 月 1 日起实施，新车排放污染物控制执行国Ⅴ排放标准。

2016 年 12 月颁布了《轻型汽车污染物排放限值及测量方法（国Ⅵ阶段）》（GB 18325.6—2016），自 2020 年 7 月 1 日起实施，新车排放污染物控制执行国Ⅵ排放标准。

4.3.1.2 重型汽车排放标准体系

重型汽车污染物排放限值实施时间如表 4.3-2 所示。

表 4.3-2 重型汽车污染物排放限值实施时间表

序号	标准名称	标准编号	颁布时间	实施时间
1	国Ⅰ标准	GB 17691—1999	1999 年	1999 年 9 月 1 日
2	国Ⅱ标准	GB 17691—2001	2001 年 4 月 10 日	2001 年 9 月 1 日
3	国Ⅲ标准	GB 17691—2005	2005 年 5 月 30 日	2007 年 1 月 1 日
4	国Ⅳ标准		2005 年 5 月 30 日	2010 年 1 月 1 日
5	国Ⅴ标准		2005 年 5 月 30 日	2012 年 1 月 1 日

1999 年颁布了《压燃式发动机和装用压燃式发动机的车辆排气污染物限值及测试方法》(GB 17691—1999)(国Ⅰ标准),自 1999 年 9 月 1 日起所有新生产的、装用压燃式发动机的、大于 3.5 t 的重型车辆及车用发动机(包括柴油车和柴油与天然气混烧的客车及货车)的排放污染物进行限制。

2001 年颁布的《车用压燃式发动机排气污染物限值及测量方法》(国Ⅱ标准)(GB 17691—2001),自 2001 年 9 月 1 日起,新车执行排放限值。

2005 年 5 月发布了《车用压燃式、气体燃料点燃式发动机与汽车排气污染物排放限值及测量方法(国Ⅲ、国Ⅳ、国Ⅴ阶段)》(GB 17691—2005)。

对于重型车,环保部 2008 年 6 月 24 日发布了关于车载诊断系统、排放控制装置耐久性和在用车符合性检查三项内容的 3 个行业标准,以补充和细化 GB 17691—2005 中相应的内容:

《车用压燃式、气体燃料点燃式发动机与汽车车载诊断(OBD)系统技术要求》(HIJ 437—2008),2008 年 7 月 1 日实施。

《车用压燃式、气体燃料点燃式发动机与汽车排放控制系统耐久件技术要求》(HJ 438—2008),2008 年 7 月 1 日实施。

《车用压燃式、气体燃料点燃式发动机与汽车在用符合性技术要求》(HJ 439—2008),2008 年 7 月 1 日实施。

2016 年 10 月环境保护部征求了关于《车用压燃式、气体燃料点燃式发动机与汽车排气污染物排放限值及测量方法(中国第六阶段)》的意见,目前该标准尚未颁布实施。

4.3.2 在用车排放标准

在用车排放标准主要针对在用车检验,在用车主要由机动车检验机构实施检验。20 世纪 80 年代初期,原城乡建设环境保护部颁布了我国第一批机动车排放标准和检测方法标准。在用车排放标准体系主要包括国家、环保行业与地方标准 3 个层次，我国现行有效的机动车排气污染物国家标准和环保行业标准如下：

4.3.2.1　国家标准

《车用压燃式发动机和压燃式发动机汽车排气烟度排放限值及测量方法》（GB 3847—2005）

《点燃式发动机汽车排气污染物排放限值及测量方法（双怠速法及简易工况法）》（GB 18285—2005）

《农用运输车自由加速烟度排放限值及测量方法》（GB 18322—2002）

《摩托车和轻便摩托车排气烟度排放限值及测量方法》（GB 19758—2005）

《摩托车和轻便摩托车排气污染物排放限值及测量方法（双怠速法）》（GB 14621—2011）

4.3.2.2　行业标准

（1）技术方法标准

《确定点燃式发动机在用汽车简易工况法排气污染物排放限值的原则和方法》（HJ/T 240—2005）

《确定压燃式发动机在用汽车加载减速法排气烟度排放限值的原则和方法》（HJ/T 241—2005）

（2）设备制造类标准

《汽油车双怠速法排气污染物测量设备技术要求》（HJ/T 289—2006）

《汽油车简易瞬态工况法排气污染物测量设备技术要求》（HJ/T 290—2006）

《汽油车稳态工况法排气污染物测量设备技术要求》（HJ/T 291—2006）

《柴油车加载减速工况法排气烟度测量设备技术要求》（HJ/T 292—2006）

《压燃式发动机汽车自由加速法排气烟度测量设备技术要求》（HJ/T 395—2007）

《点燃式发动机汽车瞬态工况法排气污染物测量设备技术要求》（HJ/T 396—2007）

（3）设备制造类标准

《滤纸式烟度计》（JJG 847—2011）

《透射式烟度计检定规程》（JJG 976—2010）

《汽车排放气体测试仪检定规程》（JJG 688—2007）

《汽车排气污染物检测用底盘测功机校准规范》（JJF 1221—2009）

《汽油车稳态加载污染物排放检测系统校准规范》（JJF 1227—2009）

《柴油车滤纸式烟度计技术条件》（HJ/T 4—93）

除上述排气污染物排放标准外，国家还根据机动车的发展制定了噪声排放和燃油、燃气等标准。此外，我国一些省、直辖市与自治区还根据地方管理需要，以及国家相关要求，制定了相应的地方标准，地方标准规定的排气检测方法与国家标准基本一致，差别主要体现在排放限值方面。

4.3.3 GB 18285—2005 简介

《点燃式发动机汽车排气污染物排放限值及测量方法（双怠速法及简易工况法）》（GB 18285—2005）于 2005 年 5 月 30 日公布，自 2005 年 7 月 1 日起实施，是强制性标准，机动车尾气检测必须按此标准执行。

【GB 18285—2005】

该标准代替《汽油车怠速污染物排放标准》（GB 14761.5—1993）、《汽油车排气污染物的测量 怠速法》（GB/T 3845—1993）和《在用汽车排气污染物排放限值及测量方法》（GB 18285—2000）中的点燃式发动机汽车部分。该标准规定了点燃式发动机汽车双怠速法排气污染物排放限值及测量方法，又规定了发动机轻型车稳态工况法、瞬态工况法、简易瞬态工况法三种简易工况测量方法，适用于装备点燃式发动机的新生产和在用汽车。

4.3.4 GB 3847—2005 简介

《车用压燃式发动机和压燃式发动机汽车排气烟度排放限值及测量方法》（GB 3847—2005）2005 年 5 月 30 日发布，2005 年 7 月 1 日起实施，是强制性标准。

【GB 3847—2005】

该标准规定了车用压燃式发动机和压燃式发动机汽车的排气烟度排放限值及测量方法。适用于检测压燃式发动机排气烟度的排放，包括发动机型式核准和生产一致性检查。适用于按《柴油车自由加速烟度排放标准》（GB 14761.6—1993）生产制造的在用汽车。适用于污染物排放符合 GB 18352 的装用压燃式发动机的轻型汽车。

不适用于低速载货汽车和三轮汽车。

GB 3847—2005 涵盖了所有压燃式在用汽车的排烟检测方法，包括加载减速工况法、滤纸式自由加速烟度法和不透光自由加速烟度法三种检测方法。

根据 GB 3847—2005 要求：对于 2001 年 10 月 1 日起生产的在用汽车，应按要求进行自由加速试验，用透射式烟度计测得排气光吸收系数（K）。对于 2001 年 10 月 1 日前生产的在用汽车，应按要求进行自由加速试验，用滤纸式烟度计测得烟度值（R_b）。

4.3.5 标准限值介绍

4.3.5.1 点燃式发动机汽车的排放限值

GB 18285—2005 仅给出了双怠速法的标准限值，表 4.3-3 所示为在用汽车的双怠速法排放限值。简易工况法的标准限值则应根据环保行业标准《确定点燃式发动机在用汽车简易工况法排气污染物排放限值的原则与方法》（HJ/T 240—2005）的有关规定与要求，由实施简易工况法的地区自行制定，并经省级人民政府批准和报环境保护部备案后实施。

表 4.3-3　点燃式发动机汽车双怠速试验排气污染物排放限值

车　型	类　别			
	怠速		高怠速	
	CO/%	HC/$\times10^{-6}$	CO/%	HC/$\times10^{-6}$
1995 年 7 月 1 日前生产的轻型汽车	4.5	1 200	3.0	900
1995 年 7 月 1 日起生产的轻型汽车	4.5	900	3.0	900
2000 年 7 月 1 日起生产的第一类轻型汽车①	0.8	150	0.3	100
2001 年 10 月 1 日起生产的第二类轻型汽车	1.0	200	0.5	150
1995 年 7 月 1 日前生产的重型汽车	5.0	2 000	3.5	1 200
1995 年 7 月 1 日起生产的重型汽车	4.5	1 200	3.0	900
2004 年 9 月 1 日起生产的重型汽车	1.5	250	0.7	200
2005 年 7 月 1 日起生产的第一类轻型汽车	0.5	100	0.3	100
2005 年 7 月 1 日起生产的第二类轻型汽车	0.8	150	0.5	150
2005 年 7 月 1 日起生产的重型汽车	1.0	200	0.7	200

注：①对于 2001 年 5 月 31 日以前生产的 5 座以下（含 5 座）的微型面包车，执行 1995 年 7 月 1 日起生产的轻型汽车的排放限值。

【HJ/T 240—2005】

4.3.5.2 压燃式发动机汽车的排放限值

GB 3847—2005 仅规定了自由加速烟度法的排放限值，加载减速法的排放烟度限值则要求地方制定，并经省级人民政府批准和报环境保护部备案后实施。表 4.3-4 所示为在用汽车自由加速烟度法的排放限值。滤纸烟度法主要用于对 2001 年 10 月 1 日前生产车辆进行排气检测，这些车辆均是黄标车，使用时间已超过 15 年，正常情况下已被淘汰，换言之，滤纸烟度法也将会随之淘汰。

表 4.3-4 在用汽车自由加速烟度法的排放限值

检测方法	车类		类别	
			光吸收系数/m^{-1}	滤纸烟度/R_b
滤纸式自由加速烟度法	1995 年 6 月 30 日生产的汽车		—	5.0
	1995 年 7 月 1 日至 2001 年 9 月 30 日生产的汽车		—	4.5
不透光自由加速烟度法	2001 年 10 月 1 日至 2005 年 6 月 30 日生产的汽车	自然吸气式	2.5	—
		涡轮增压式	3.0	—
	2005 年 7 月 1 日起生产的汽车		车型核准限值+0.5	—

4.3.5.3 摩托车的排放限值

根据 GB 14621—2011，自 2011 年 10 月 1 日起，在用摩托车和轻便摩托车排气污染物排放应符合表 4.3-5 的规定。被检测车辆的排放污染物浓度低于或等于规定的排放限值，则判定为达标；任何一项污染物排放浓度超过排放限值，则判定为超标。

表 4.3-5 在用摩托车的排放限值

实施要求和日期	工况			
	怠速工况		高怠速工况	
	CO/%	HC/10^{-6}	CO/%	HC/10^{-6}
2003 年 7 月 1 日前生产的摩托车和轻便摩托车（二冲程）	4.5	8 000	—	—
2003 年 7 月 1 日前生产的摩托车和轻便摩托车（四冲程）	4.5	2 200	—	—
2003 年 7 月 1 日起生产的摩托车和轻便摩托车（二冲程）	4.5	4 500	—	—
2003 年 7 月 1 日起生产的摩托车和轻便摩托车（四冲程）	4.5	1 200	—	—
2010 年 7 月 1 日起生产的两轮摩托车和两轮轻便摩托车	3.0	400	3.0	400
2011 年 7 月 1 日起生产的三轮摩托车和三轮轻便摩托车				

注：①污染物含量为体积分数；

②HC 体积分数值按正己烷当量计。

【GB 14621—2011】

任务 4.4　机动车尾气检测方法

4.4.1　排气监管手段综述

目前，我国机动车排气监管的主要措施与手段包括排气定期检验、排气抽气检验、道路遥测、机动车环保标志限行监管及黑烟车抓拍等。环保标志管理和黑烟车抓拍系统等均未涉及具体的排气检测业务工作。所以，本节主要介绍排气定期检验、排气抽检和道路遥测相关的知识及业务流程。

4.4.1.1　在用车排气定期检验

（1）排气定期检验概述

我国机动车排气定期检验工作通常依托机动车安全性能检验机构承担，均有固定的检验场地，这为采用简易工况法进行排气定期检验提供了有利条件。GB 18285—2005 提供了瞬态工况法、简易瞬态工况法和稳态工况法三种简易工况测试方法供地方选用，目前我国各地机动车排气定期检验所采用的排气检测方法存在较大差异，形成如表 4.4-1 所示的三大类排气定期检验体系，各排气检验体系的具体情况介绍如下：

表 4.4-1　我国排气定期检验的排气检测方法体系

<table>
<tr><th colspan="2" rowspan="2">类别</th><th colspan="3">排气定期检验之检测方法体系</th></tr>
<tr><th>汽油车</th><th>柴油车</th><th>摩托车</th></tr>
<tr><td colspan="2">传统方法检测体系</td><td>双怠速法</td><td>自由加速烟度法</td><td rowspan="4">双怠速法</td></tr>
<tr><td rowspan="2">实施简易工况法地区</td><td>稳态模式</td><td>重型车：双怠速法
轻型车：稳态工况法</td><td rowspan="2">加载减速工况法</td></tr>
<tr><td>简易瞬态模式</td><td>重型车：双怠速法
轻型车：简易瞬态工况法</td></tr>
<tr><td colspan="2">其他检测体系</td><td>双怠速法</td><td>自由加速烟度法</td></tr>
</table>

传统方法检验体系（传统模式）：主要用于未实施简易工况法进行排气定期检验的地区。排气定期检验采用的排气检测方法主要为双怠速法和自由加速烟度法，其中点燃式发动机汽车和摩托车采用双怠速法进行检测，2001 年 10 月 1 日前生产的压燃式发动机汽车采用滤纸式自由加速烟度法进行排气烟度检测，2001 年 10 月 1 日起生产的压燃式发动机汽车采用不透光自由加速烟度法进行排气烟度检测。

稳态工况法检测体系（稳态模式）：主要用于实施简易工况法排气定期检验的地区，排气定期检验采用的排气检测方法主要为双怠速法、稳态工况法、自由加速烟度法和加载减速法，其中非全时四轮驱动点燃式发动机轻型汽车采用稳态工况法进行排气检测，全时四轮驱动点燃式发动机汽车、点燃式发动机重型汽车采用双怠速法进行排气检测，摩托车采用双怠速法进行排气检测；压燃式发动机汽车中除全时四轮驱动车辆、紧密型多驱动轴车辆、超宽或超长车辆及额定功率大于 450 kW 车辆外均采用加载减速法进行排气烟度检测，全时四轮驱动车辆、紧密型多驱动轴车辆、超宽或超长车辆及额定功率大于 450 kW 车辆这 4 类特殊车辆中，2001 年 10 月 1 日前生产的车辆采用滤纸式自由加速烟度法进行排气烟度检测，2001 年 10 月 1 日起生产的车辆采用不透光自由加速烟度法进行排气烟度检测。

简易瞬态工况法检测体系（简易瞬态模式）：主要应用于实施简易工况法排气定期检验的地区，排气定期检验采用的排气检测方法主要为双怠速法、简易瞬态工况法、自由加速烟度法和加载减速法，其中非全时四轮驱动点燃式发动机轻型汽车采用简易瞬态工况法进行排气检测，其他车辆所采用的排气检测方法与稳态工况法检测体系完全相同，这里不做重复说明。

其他检测体系：主要应用于不适合简易工况法排气检测的特殊车辆，包括全时四轮驱动车辆、柴油车中的紧密型多驱动轴车辆、超宽或超长车辆及功率大于 450 kW 车辆等，采用的排气检测方法主要为双怠速法、自由加速烟度法和双怠速法。

（2）业务流程

排气定期检验属于强制性委托送检，检验内容包括车辆外观检验及车辆排气性能检测两部分。外观检验主要检验车辆身份的唯一性，即车辆身份证明（车辆行驶证与登记证等）是否与委托送检车辆一致，同时还检查车辆的排气系统、车辆的安全与动力性能是否满足排气检测要求；排气性能检测则是按地方排气定期检验规定的排气检测方法对委托送检车辆进行排气检测。排气定期检验的业务流程如图 4.4-1 所示。

4.4.1.2 在用车排气抽气检验

（1）排气抽检概述

机动车排气抽检主要有道路抽检和车辆停放地抽检两大类。虽道路抽检与车辆停放地抽检场景不同，但检测业务流程基本相似。道路抽检地点在道路两旁，由公安交警部门或有截停道路行驶车辆资质的部门负责将正常行驶车辆截停，然后由排气检测部门进行排气检测（图 4.4-2）；车辆停放地抽检的抽检对象一般为货运站场的货运车辆、客运站场的客运车辆及汽车保有量较大的企事业单位车辆等，被抽检车辆一般停放在停车场地，由排气监管部门进行抽测（图 4.4-3）。

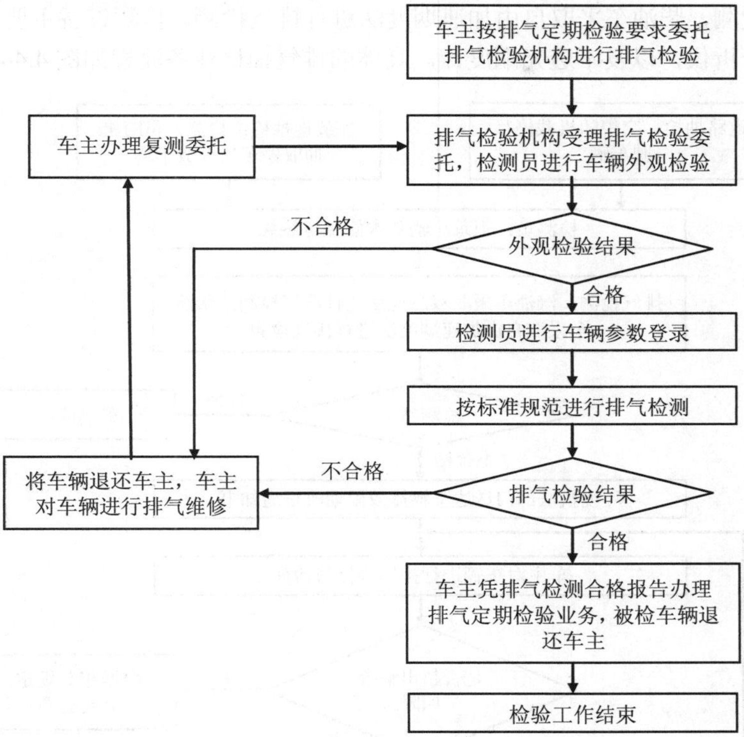

图 4.4-1　机动车排气定期检验业务流程

图 4.4-2　机动车道路抽检工作场景

图 4.4-3　机动车车辆停放地抽检工作场景

（2）业务流程

排气抽检为流动性检测，对检测环境与检测场地的要求不高，检测设备轻便、方便携带和搬运，具有良好的抗震性，检测方法相对简便、快捷和有效。因此，排气抽检一般都采用双怠速法和自由加速烟度法进行排气检测，其中，汽油车采取双怠速法进行排气检测，柴油车采取自由加速烟度法进行排气检测。检测设备主要为四气分析仪或五气分析仪，以及不透光烟度计，具体的排气抽检业务流程如图 4.4-4 所示。

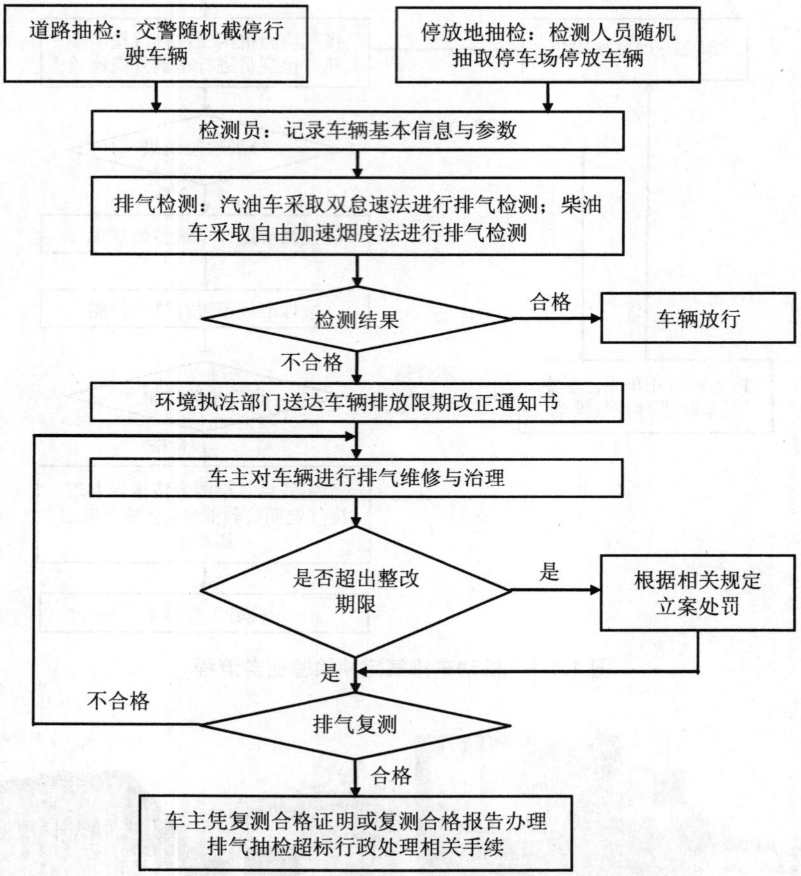

图 4.4-4 机动车排气抽检业务流程

4.4.1.3 在用车道路遥测

机动车排气遥测技术是利用光学原理远距离感应检测行驶中的在用汽车的排气污染物浓度的方法，可实时检测在道路上行驶的气体燃料汽车、汽油车和柴油车的排气情况。

遥测法基于吸收光谱法测量机动车尾气排气中 CO、CO_2、NO 和 HC，采取非接触式检测，一般配备专门的机动车尾气遥测仪，包括工控机、无线接入器、测量主机、角反射器、速度和加速度传感器、摄像机、无线视频服务器及其他连接配件（图 4.4-5）。遥测法具有快速检测和不影响车辆正常行驶等特点（图 4.4-6），这使得设备的检测结果受检测外环境影响较大，导致检测结果的重复性和一致性较差，极大地制约了遥测设备的应用范围，因此遥测技术仅用于一般的排放调查与排放统计分析。

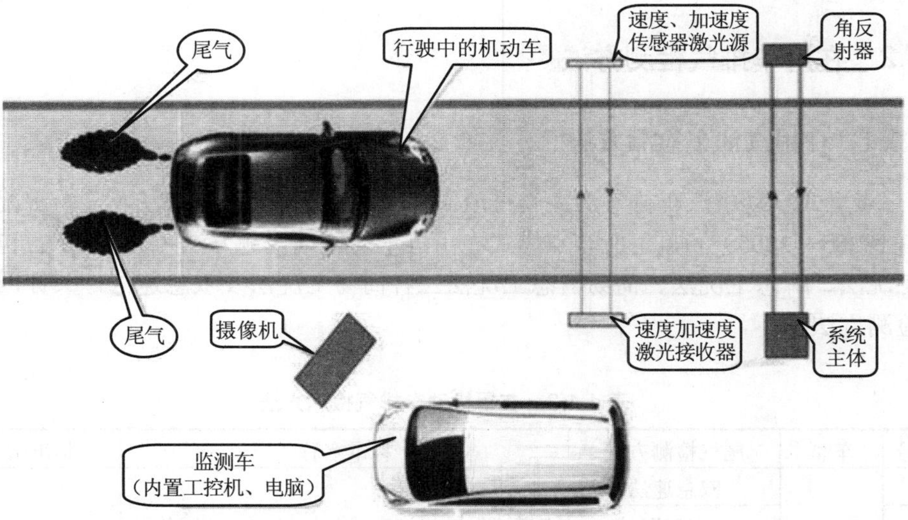

图 4.4-5　机动车遥测检测过程示意

图 4.4-6　机动车遥测检测工作场景

我国暂无机动车排气遥测技术的国标方法，北京、广东、江苏等多个省市印发实施了在用汽车排气污染物限值及检测方法（遥测法）地方标准。

【各省市汽车排气污染物限值及检测方法（遥测法）】

4.4.2　在用车排气检测方法

4.4.2.1　在用汽油车检测方法

《点燃式发动机汽车排气污染物排放限值及测量方法（双怠速法及简易工况法）》（GB 18285—2005）涵盖了所有点燃式在用汽车的排气检测方法（表 4.4-2），包括稳态工况法、瞬态工况法、简易瞬态工况法三种简易工况法及双怠速法，共计四种排气检测方法。

表 4.4-2　在用机动车排气检测方法

序号	车型	尾气检测方法	标准名称	标准编号
1	汽油车	双怠速法	点燃式发动机汽车排气污染物排放限值及测量方法（双怠速法及简易工况法）	GB 18285—2005
2		稳态工况法		
3		瞬态工况法		
4		简易瞬态工况法		
5	柴油车	目测法		
6		自由加速烟度法	柴油车自由加速烟度排放标准 柴油车自由加速烟度的测量　滤纸烟度法 车用压燃式发动机和压燃式发动机汽车排气烟度排放限值及测量方法	GB 14761.6—93 GB/T 3846—93 GB 3847—2005
7		加载减速工况法	车用压燃式发动机和压燃式发动机汽车排气烟度排放限值及测量方法	GB 3847—2005
8	摩托车	怠速法	摩托车和轻便摩托车排气烟度排放限值及测量方法 摩托车和轻便摩托车排气污染物排放限值及测量方法（双怠速法）	GB 19758—2005 GB 14621—2011

【GB 18285—2005】

（1）双怠速法

目前，机动车安全技术检验机构、汽车综合性能检验机构、环保部门的路检使用的在用汽油车排放检验方法是双怠速法。双怠速法能测量 CO、CO_2、HC 和 O_2 的体积浓度，其中 CO、CO_2、HC 的测量采用不分光红外线法（NDIR），O_2 采用电化学法或其他等效方法，并且能够按规定测量过量空气系数λ值。双怠速法的主要优点是仪器设备简单，能基本反映车辆排放控制的好坏，缺点是没有负荷，因此无法准确评价车辆 NO_x 排放的情况。

双怠速法包括怠速和高怠速两个工况，关于双怠速法的具体要求及操作过程将在后续章节进行详细说明。

（2）稳态工况法

稳态工况法（简称“ASM 系统”）是基于轻型车污染物浓度排放的测试系统。汽车在实际运行过程中，道路负荷是经常变化的，通过研究分析汽车实际运行工况，选择具有代表性的几个工况进行测试，用该测量结果评价在用车排放性能，能够相对真实地反映在用车的环境污染情况。根据稳态工况法规定：HC、CO 和 CO_2 的测量采用非分散红外线不同波长吸收原理，NO_x 和 O_2 的测量采用电化学原理，测量结果用体积浓度表示。稳态工况法主要包含 ASM5025 和 ASM2540 两个测试工况，有关稳态工况法的具体要求及操作过程将在后续章节进行详细说明。

与双怠速测量法相比，ASM 工况法是带负荷试验，能够测量判别 NO_x 的排放好坏，对高排放车辆的识别能力较好，是一种行之有效地筛选高排放车辆的技术手段，且操作简单、重复性好。这种方法要求测量仪器制造成本和使用维护费用相对较低，在装备有底盘测功机的检测站和维修厂即可进行。ASM 工况法的缺点是载荷固定，只有两个稳态载荷，不能很好地反映车辆实际排放情况，另外，排放测量结果用体积浓度表示，不能得到污染物质量排放量。

（3）简易瞬态工况法

简易瞬态工况污染物排放检测系统（简称“VMAS 系统”）是基于轻型车污染物质量排放的测试方法。VMAS 系统能够直接获取汽车污染物的排放总质量。VMAS 的底盘测功机要求至少能模拟车辆在道路行驶的加速惯量，即底盘测功机通过控制功率吸收单元模拟车辆在道路上匀速和加速工况，减速工况通过基本飞轮部分模拟，或者应用能够模拟车辆在道路行驶的全惯量的底盘测功机。简易瞬态工况试验系统由底盘测功机、气体分析仪、气体流量测试系统和校正系统、主控计算机等设备组成。简易瞬态工况法循环试验包含有 15 个测量行驶工况，测试循环的有效时间为 195 s，有关简易瞬态工况法的具体要求及操作过程将在后续章节进行详细说明。

简易瞬态工况法的优点是测量工况包括加速、减速、怠速和等速多个工况，行驶工况比稳态工况更能体现车辆在城市中的实际行驶状况，可以更为准确地模拟车辆实际的工作状况，更客观、公正地判断车辆的排放状态，与道路相关性较好，从而为城市污染物总量控制提供科学依据。简易瞬态工况法的缺点是存在流量测量和浓度测量的时间响应差，影响该时间差的因素相对较多，使对响应时间进行准确修正存在一定的难度。

（4）瞬态工况法

瞬态工况法试验要求使用能够模拟汽车道路阻力的底盘测功机，控制精度比简易瞬态工况法更高。标准要求使用电力测功机（包括交流测功机或直流测功机），要求测功机能够模拟车辆加速或者减速过程的惯量，惯量模拟可以采用机械惯量，也可以采用电惯量，也可以采用电惯量与机械惯量的组合模拟。排气取样系统要求采用临界流量文氏管式 CVS 连续计量和采集稀释尾气。

使用氢焰离子化测定仪（FID）测量 HC，使用不分光红外线检测仪（NDIR）测定 CO 和 CO_2，采用化学发光法原理（CLA）或者 NDUVR（非扩散紫外线谐振吸收法）原理测定 NO_x。根据实验过程的稀释气体浓度、排气的体积流量和实际行驶里程计算排放量，排放测试结果用 g/km 表示。瞬态工况循环试验时间为 195 s。

瞬态工况法与简易瞬态工况法除排气分析原理、测量设备及测量精度存在差异外，两种方法的测试循环、测试程序基本相同。由于瞬态工况法对测试设备的规定与新车基本一致，测量精度好，而且不受时间延迟等方面的限制，是到目前为止最为科学合理的测量方法。但缺点是设备成本高，在实际应用中受到了一定限制。

4.4.2.2 在用柴油车检测方法

对于在用柴油车而言，目前国标规定的检测方法包括目测法（林格曼法）、自由加速烟度法、加载减速工况法（表 4.4-2）。《车用压燃式发动机和压燃式发动机汽车排气烟度排放限值及测量方法》（GB 3847—2005）规定了地方环境保护部门可使用自由加速法和加载减速工况法检查在用柴油车的排气烟度。考虑到目前很多城市和地区仍在使用目测法进行在用柴油车的烟度管理，因此对目测法也进行简单的介绍。

【GB 3847—2005】

（1）目测法

目测法也叫林格曼法，包括一系列标准模板和图片，观测者将光通过烟柱或从烟柱反射后的灰度与光从标准卡片反射后的灰度进行对比，以决定烟度等级。图 4.4-7 是一组林格曼标准烟度模板。卡片白色的背景上交叉有黑色网纹，线的宽度是变化的，黑色所占的比例大概为整张卡片面积的 20%、40%、60%和 80%。灰度分别对应林格曼 1 号～4 号。0 号为纯白色，5 号为全黑色。

1．相当于 20%黑度　2．相当于 40%黑度　3．相当于 60%黑度　4．相当于 80%黑度

图 4.4-7　林格曼标准烟度模板

显而易见，观测者从集中视线到排气烟柱，到最后确定烟度等级。心理、背景颜色和光强的影响非常大，观测错误在所难免。并且观测人员的受训练程度对结果的影响也很大。因此，仅用林格曼法来测定机动车尾气烟度是不科学的。然而，林格曼法具有简单、灵活的特点，适合在实际生活中监测在用道路车辆的黑烟排放问题，所以地方环保部门经常采用该方法对道路车辆的排放黑烟问题进行监管。对于采用林格曼法检测后，烟度不达标的车辆，环保部门将勒令其到专业检测机构进行进一步的检测，以准确确定其烟度水平。

（2）自由加速烟度法

现行柴油车自由加速烟度法包括滤纸式自由加速烟度法和不透光自由加速烟度法，虽然这两种方法的运行工况与实际操作基本相同，但是它们的测量原理却完全不同，并且《车用压燃式发动机汽车排气烟度排放限值及测试方法》（GB 3847—2005）对两种方法的自由加速工况的定义在表述上也存在差异。

1）滤纸式自由加速烟度法

滤纸式自由加速烟度法的测量原理：在自由加速工况下，从发动机排气管抽取规定长度的排气柱所含的碳烟，测量使规定面积清洁滤纸的染黑程度。滤纸式自由加速烟度法在自由加速工况下的烟气采样时间是从油门踩到底至油门松开这段时间，测量结果为采样烟气流经滤纸被截流沉积在滤纸上碳烟粒子对滤纸的染黑程度，测量单位为波许烟度值（R_b），以符号 S_F 表示。

滤纸式自由加速烟度法自由加速工况：发动机处于怠速工况，迅速但不猛烈地踏下油门踏板，使喷油泵供给最大油量，维持至发动机达到调速器允许的最大转速时，立即松开油门踏板，使发动机恢复至怠速状况。图 4.4-8 所示为滤纸式自由加速

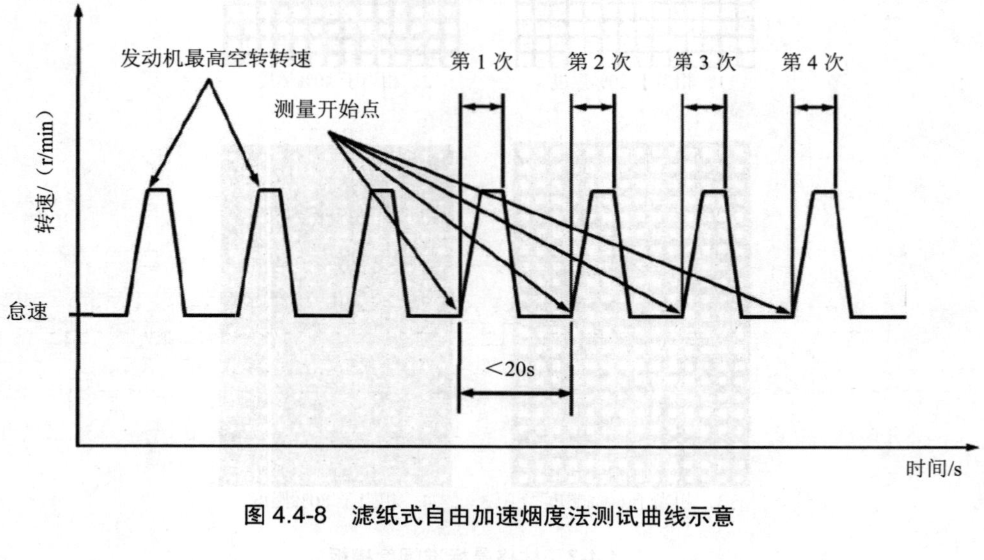

图 4.4-8 滤纸式自由加速烟度法测试曲线示意

烟度法测试曲线示意图，总共由 7 个自由加速工况组成。前 3 个自由加速工况不采样，主要用于清空被测车辆排气管上的积炭，自第 4 个自由加速工况开始进行正式采样测量，并取后 3 次自由加速工况排气烟度测量结果的算术平均值作为最终测量结果，如发现采样时间与发动机冒出黑烟时间不同步，则最终测量结果取 3 次自由加速工况排气烟度测量结果中的最大值。

滤纸式自由加速烟度法没有明确规定两个自由加速工况循环之间的时间间隔要求，但必须保证每次进行自由加速工况操作前，被测车辆发动机已恢复至稳定怠速状态，且两个自由加速工况循环的时间间隔也不宜过长，虽 GB 3847—2005 没有明确，但已被替代的《柴油车自由加速烟度的测量滤纸烟度法》（GB/T 3846—93）却明确规定每个自由加速工况总循环时间应小于 20 s，该规定仍可参考和使用。

2）不透光自由加速烟度法测量方法

不透光自由加速烟度法的测量原理：标准光源发出的可见光透过烟气时，光强度会被减弱，光电探测器将光强度的变化转换为电信号，经放大处理后得出烟气对光的吸收程度，用光吸收系数表示。

不透光自由加速烟度法自由加速工况的定义为：发动机处于怠速工况，在 1s 内将油门踏板快速、连续地完全踩到底，使喷油泵在最短时间内供给最大油量，至发动机达到断油点转速时松开油门踏板，使发动机恢复至怠速状况。图 4.4-9 所示为不透光自由加速烟度法测试曲线示意图，与图 4.4-8 所示的滤纸式自由加速烟度法测试曲线非常相似，不同的是不透光自由加速烟度法要求清空排气管上积碳的自由加速过程至少为 3 次，滤纸式自由加速烟度法则明确为 3 次。

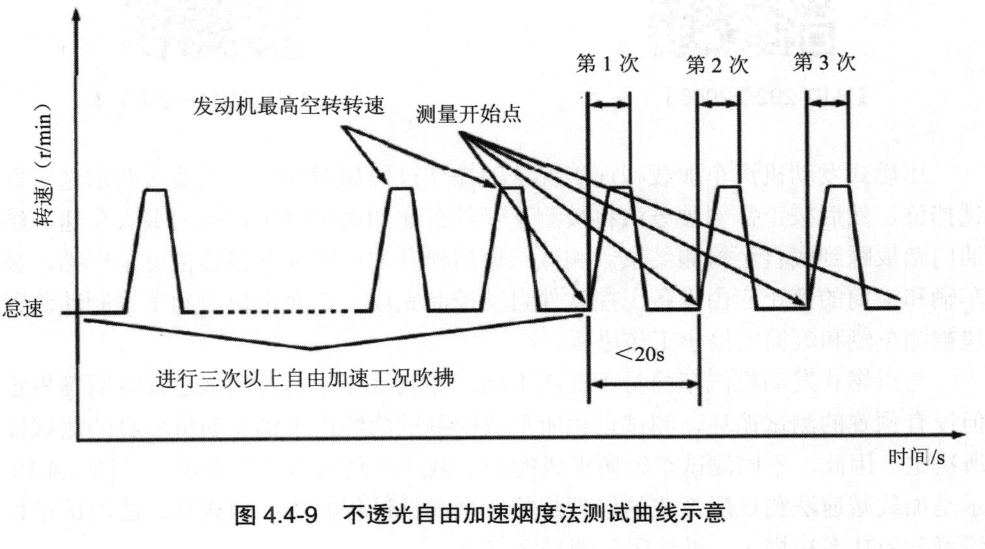

图 4.4-9　不透光自由加速烟度法测试曲线示意

不透光自由加速烟度法对整个自由加速工况的尾气排放进行连续采样测试，测试结果取自由加速工况过程尾气对光的最大光吸收系数值，最终测试结果为后 3 次自由加速工况测试结果的算术平均值。由此可见，不透光自由加速烟度法至少由 6 个自由加速工况组成，两个自由加速工况循环间的时间间隔与滤纸烟度法的要求基本相同。由于不透光自由加速烟度法为连续采样测试方法，测试结果为整个自由加速工况过程尾气对光的最大光吸收系数，不存在测试时采样与冒出黑烟时间不同步问题。

3）比较两种自由加速烟度法

滤纸式自由加速烟度法和不透光自由加速烟度法的测试程序与流程基本相似，两种测试方法的自由加速工况操作均从怠速开始，均要求快速平稳的连续将油门踏板踩到底，均需达到发动机的最大转速后松开油门，然后又使发动机恢复至稳定怠速状况。由此可见，两种测试方法的自由加速工况与实际操作基本相同。两者主要差别为测量原理、烟气采样与测试方法不同，测试结果的取值及测量单位也不同。

（3）加载减速烟度法

《车用压燃式发动机和压燃式发动机汽车排气烟度排放限值和测量方法》（GB 3847—2005）给出了压燃式发动机汽车加载减速法排放检测方法，《柴油车加载减速工况法排气烟度测量设备技术要求》（HJ/T 292—2006）给出了底盘测功机、烟度及控制系统等测量设备要求。《确定压燃式发动机在用车加载减速法排气烟度排放限值的原则和方法》（HJ/T 241—2005）给出了排放限值确定的原则和方法。

【HJ/T 292—2006】　　【HJ/T 241—2005 】

压燃式发动机汽车加载减速工况法的操作过程相对简单，只要按要求选定好测试挡位，然后按正常驾驶方法将被测车辆的车速加速至测试挡位的最大车速，维持油门踏板踩到底直至检测结束。测试结束后松开油门踏板并将挡位退至空挡，被测车辆和滚筒的停止应由设备工控软件自动控制完成，不允许使用刹车等制动装置加快被测车辆和滚筒的停止工作进程。

与点燃式发动机汽车简易工况法不同，加载减速法虽对测试过程有明确规定，但没有预置的测试循环，测试过程所形成的测试曲线由车辆发动机本身的测试性能所决定，因此，不同测试车辆所形成的加载减速法测试曲线差异较大，图 4.4.10 所示是加载减速法测试所形成的较理想的典型测试过程曲线。加载减速法测试过程曲线可分为功率扫描区、过渡区与测量区三个区。

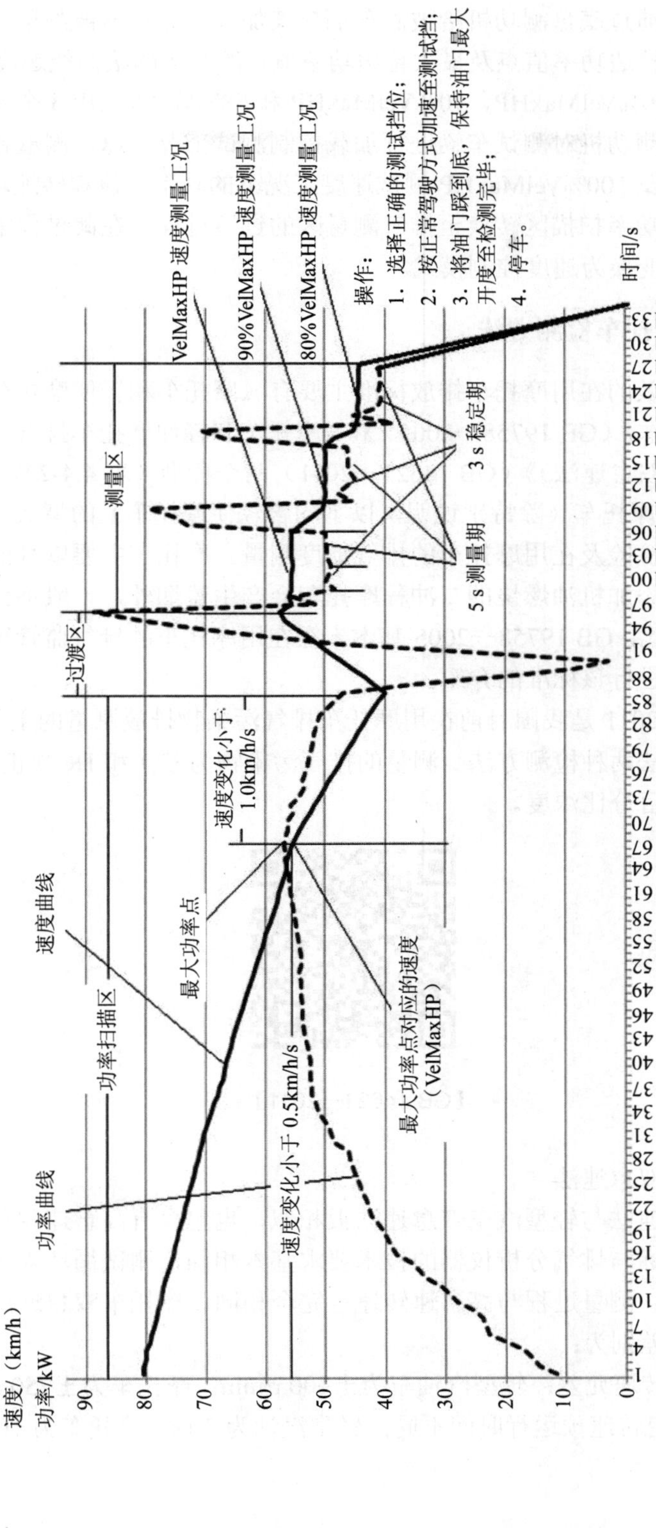

图 4.4-10　典型的柴油车加载减速工况过程曲线

功率扫描区通过底盘测功机给被测车辆连续加载，寻找出被测车辆在测试挡位下能发出的最大轮边功率值点及最大轮边功率值点所对应的滚筒线速度值。

测量区由 100%VelMaxHP、90%VelMaxHP 和 80%VelMaxHP 3 个速度组成测试工况，依靠底盘测功机对测试车辆进行加载控制测试工况车速，测量各测试工况速度下的排气烟度及 100%VelMaxHP 测试速度工况下的功率均值和转速均值。

过渡区指由功率扫描区转换至排气测量区的过渡过程，在此过程中底盘测功机由扭矩控制模式变换为速度控制模式。

4.4.2.3 在用摩托车检测方法

我国现行有效的在用摩托车排放标准主要有《摩托车和轻便摩托车排气烟度排放限值及测量方法》(GB 19758—2005）和《摩托车和轻便摩托车排气污染物排放限值及测量方法（双怠速法)》(GB 14621—2011）两个标准（表 4.4-2)。GB 19758—2005 主要适用于摩托车（除特别说明，以下均含轻便摩托车）的型式认证、新生产摩托车的一致性检验及在用摩托车的排气烟度测量。摩托车主要以汽油为燃料，除极少量在燃料中添加机油燃烧的二冲程摩托车会产生蓝烟外，一般不会有蓝烟或黑烟排放问题，因此，GB 19758—2005 基本未在在用摩托车的排气监管工作中得到实际应用，这里不进行该标准的介绍。

GB 14621—2011 是我国目前在用摩托车排气污染物排放测量的主要标准，包括怠速法和双怠速法两种检测方法。测量的排气污染物为 CO 和 HC（正己烷当量)，测量单位为体积百分比浓度。

【GB 14621—2011】

（1）摩托车双怠速法

摩托车双怠速法与轻型汽车双怠速法很相似，也包含有高怠速和怠速两个测量工况，其测量指标与排气分析仪器的技术要求基本相同，测试循环除预备工况运行时间存在差别外，测量过程与高怠速转速也完全相同。摩托车双怠速法与轻型汽车双怠速法的主要差别为：

——高怠速转速允差：轻型汽油车为±100 r/min，摩托车为±250 r/min；

——70%额定转速预运行时间不同：轻型汽油为 30 s，摩托车为 10 s；

——摩托车规定厂定额定转速不能低于 2 000 r/min，轻型汽油车则没有限制。

GB 14621—2011 规定，摩托车双怠速法主要用于 2010 年 7 月 1 日起生产的两轮摩托车和 2011 年 7 月 1 日起生产的三轮摩托车的排气检测。图 4.4-11 是摩托车双怠速法测试循环示意图，与轻型汽车双怠速法测试循环曲线一样，图中所标各转速值也是由标准规定的高怠速转速推算得出，这里不做重复说明。

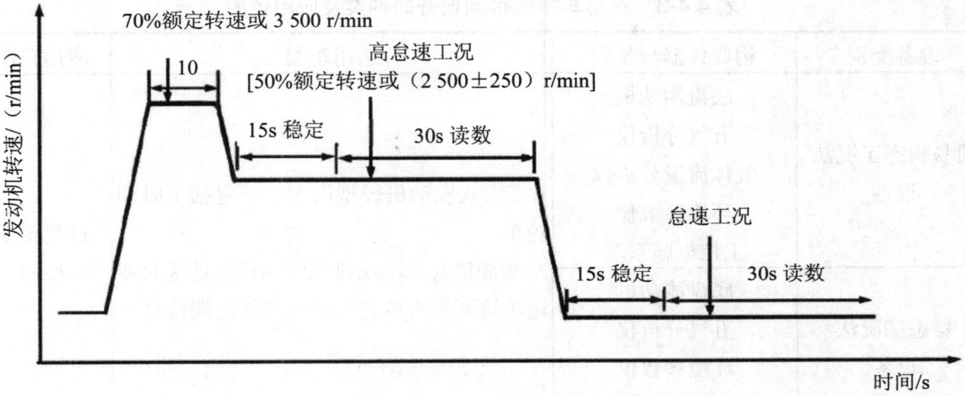

图 4.4-11 摩托车双怠速法测试循环

（2）摩托车怠速法

摩托车怠速法只包含有怠速一种测量工况，是机动车排气检测中最简单的方法，目前仅用于 2010 年 7 月 1 日前生产的两轮摩托车和 2011 年 7 月 1 日前生产的三轮摩托车的排气检测。摩托车怠速法也像汽油车怠速法一样，逐步被摩托车双怠速法替代。

4.4.3 在用车排气污染物监测设备

4.4.3.1 在用车排气污染物检测设备的种类概述

我国机动车排气检测日常监管采用的检测方法有七类，其中点燃式发动机汽车采用的双怠速法、摩托车双怠速法，以及压燃式发动机汽车采用的滤纸式自由加速烟度法和不透光自由加速烟度法等四种排气检测方法，可用于排气抽检和排气定期检验。简易瞬态工况法、稳态工况法和加载减速法三种简易工况法排气检测方法，则主要用于排气定期检验。由此可见，排气定期检验所采用的排气检测方法包含了排气抽检所采用的检测方法。

表 4.4-3 所示是我国目前排气定期检验使用的主要设备分类情况。由表 4.4-3 可知，简易瞬态工况法、稳态工况法和加载减速法设备都使用了底盘测功机，简易瞬态工况法和稳态工况法设备都使用了五气分析仪，汽车双怠速法和摩托车双怠速法

使用的仪器则为四气分析仪或五气分析仪，加载减速法和不透光自由加速烟度法都使用不透光烟度计对压燃式发动机汽车尾气进行烟度测量。根据 GB 18285—2005、GB 3847—2005 和 GB 14621—2011 及其配套的 6 个环保行业设备标准，可以归纳机动车排气污染物检测设备特征如下：

表 4.4-3　在用车排气检测设备的种类及应用范围

设备类别	构成仪器与装置	适用车类	应用范围
简易瞬态工况法设备	底盘测功机 五气分析仪 气体流量分析仪 环境参数仪 工控电脑系统	1.点燃式发动机轻型汽车，不包括全时四轮车； 2. 实施简易工况法排气定期检验地区只能选用这两种设备之一进行排气定期检验	排气定期检验
稳态工况法设备	底盘测功机 五气分析仪 环境参数仪 工控电脑系统		
汽车双怠速法设备	四气分析仪或五气分析仪	1.所有点燃式发动机车辆，包括汽车和摩托车； 2. 实施简易工况法排气定期检验地区，主要用于点燃式重型汽车、点燃式全时四轮驱动轻型汽车以及摩托车与轻便摩托车的排气定期检验和各种日常抽检工作	排气定期检验和其他日常排气抽检工作
摩托车双怠速设备			
加载减速工况法设备	底盘测功机 不透光烟度计 发动机转速计 环境参数仪 工控电脑系统	所有压燃式汽车，但不包括全时四轮驱动、紧密型多驱动轴、超长超宽及功率大于 450 kW 车辆	排气定期检验
不透光自由加速烟度法设备	不透光烟度计	1.所有压燃式汽车； 2. 实施简易工况法排气定期检验地区，主要用于各种日常抽检工作，以及定期检验中不适用加载减速法排气检测车辆	排气定期检验和其他日常排气抽检工作
滤纸式自由加速烟度法设备	滤纸式烟度计		

①虽然简易瞬态工况法、稳态工况法和加载减速法设备使用的底盘测功机规格大小存在差异，但底盘测功机的基本结构与原理基本相同。

②虽然标准对简易瞬态工况法和稳态工况法配备的五气分析仪，以及汽车双怠速法和摩托车双怠速法排气检测所使用的四气分析仪和五气分析仪的测量精度要求

不同，但它们的基本结构与原理基本相同。

③加载减速法配备的不透光烟度计与不透光自由加速烟度法测试所用的不透光烟度计为相同测量精度等级仪器，测量参数也完全相同，两种排气检测方法所使用的不透光烟度计无实质性区别。

依据上述特征及结合我国目前普遍使用的排气检测方法，机动车排气检测仪器设备可归纳为常规仪器设备（装置）和简易工况法设备两大类，其中常规仪器设备（装置）包括五气分析仪、不透光烟度计、滤纸式烟度计、底盘测功机、气体流量分析仪、发动机转速计、环境参数仪7类，简易工况法设备包括简易瞬态工况法设备、稳态工况法设备和加载减速法设备3类，本节以上述分类方式为基础进行介绍。

4.4.3.2　常规仪器设备（或装置）的构成与原理

（1）五气分析仪的构成与原理

1）五气分析仪的种类

机动车排气分析仪包括二气分析仪、四气分析仪和五气分析仪三种，均用于点燃式发动机车辆的排气污染物测量。二气分析仪主要用于怠速法排气检测，主要测量测量参数为CO和HC，现已基本淘汰；四气分析仪主要用于双怠速法排气检测，它在二气分析仪的基础上增加了CO_2和O_2两种气体的测量，测量参数为CO、HC、CO_2和O_2四种气体成分；五气分析仪主要用于简易瞬态工况法和稳态工况法设备，是在四气分析仪的基础上增加一个外接的NO传感器，其主要测试指标为CO、HC、CO_2、O_2和NO_x 五种气体组分。二气分析仪、四气分析仪和五气分析仪主要性能参数及性能差异如表4.4-4所示。四气分析仪和五气分析仪的基本结构相同，因此，本节仅对五气分析仪进行介绍。

表4.4-4　几种机动车排气分析仪的差异比较

仪器类别	主要测量指标	应用范围	测量原理	说明
二气分析仪	CO、HC	汽车、摩托车怠速法测量	不分光红外线（NDIR）法	怠速法已淘汰，基本不使用
四气分析仪	CO、CO_2、HC和O_2	汽车、摩托车双怠速法测量	CO、CO_2、HC采用不分光红外线（NDIR）法测量，O_2采用电化学电池法测量	O_2测量装置为传感器形式
五气分析仪	CO、CO_2、HC、O_2和NO	汽车、摩托车双怠速法测量，简易工况法排气测量	CO、CO_2、HC采用不分光红外线（NDIR）法测量，O_2采用电化学电池法测量，NO采用电化学法测量	简易工况法需要对汽车排气中的NO进行控制，O_2和NO测量装置为传感器形式

补充说明一点，排气检测设备中所用的同类设备具备向下兼容性，就五气分析仪来说，简易瞬态工况法所用五气分析可以用于稳态工况法测试，稳态工况法设备的五气分析仪则可以用于汽车和摩托车的双怠速法测试，反之则不成立。

2）五气分析仪的基本结构与主要功能

五气分析仪主要由废气取样装置、废气分析装置、发动机转速传感器和内置打印装置等设备组成。废气取样装置主要由取样探头、前置过滤器、取样管、水分离器、粉尘过滤器及取样泵等组成。

五气分析仪除具备排气分析、排气测量、仪器校准、仪器预热、仪器自检、参数设置等基本功能外，一般还具有外接油温传感器、发动机转速传感器等油温和转速测量功能。有些五气分析仪还设置了双怠速法法规测试程序、自定义测试程序等多种测量模式及测量结果存储与打印功能。图 4.4-12 所示为五气分析仪的基本结构示意图。图 4.4-13、图 4.4-14 和图 4.4-15 所示是国内较常见的某品牌 FLA-501 型五气分析仪的外部结构图。图 4.4-16 为常见的 O_2 和 NO_x 传感器。

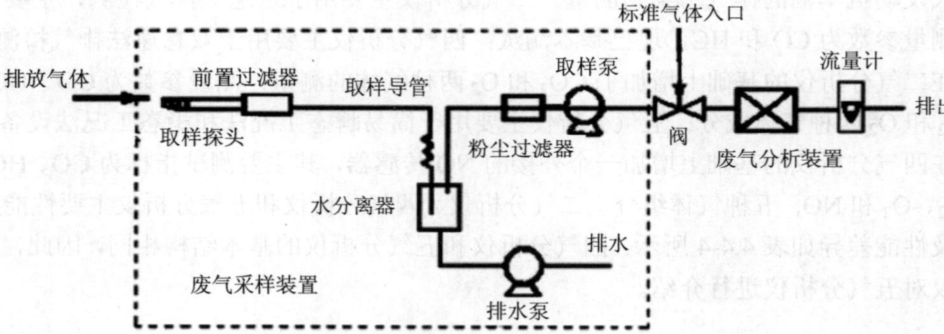

图 4.4-12　五气分析仪基本结构示意

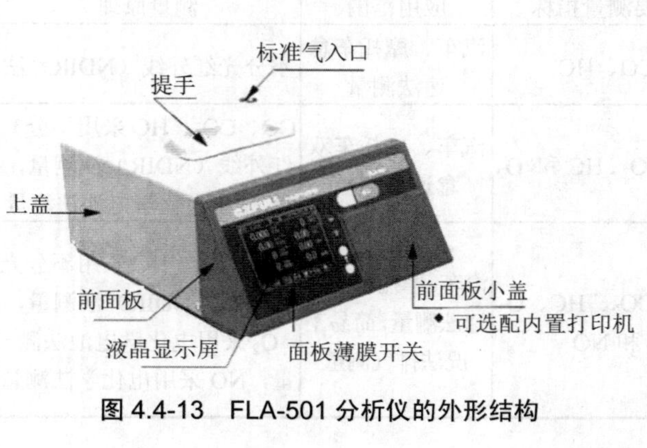

图 4.4-13　FLA-501 分析仪的外形结构

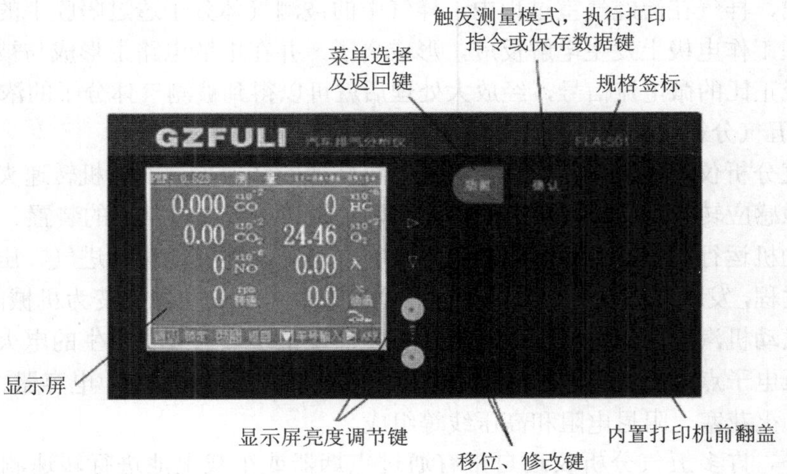

图 4.4-14 FLA-501 分析仪的前面板结构

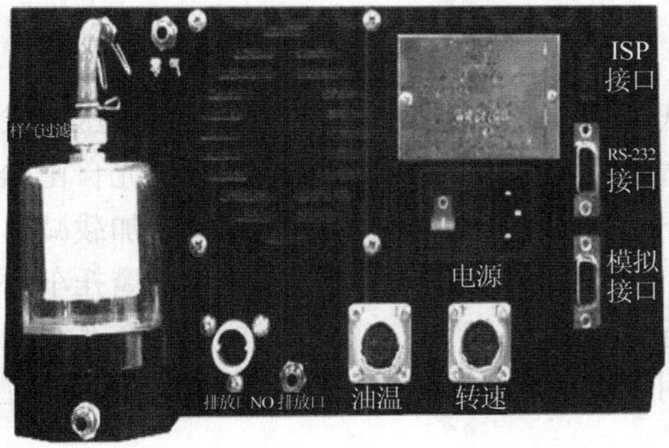

图 4.4-15 FLA-501 分析仪的后面板结构

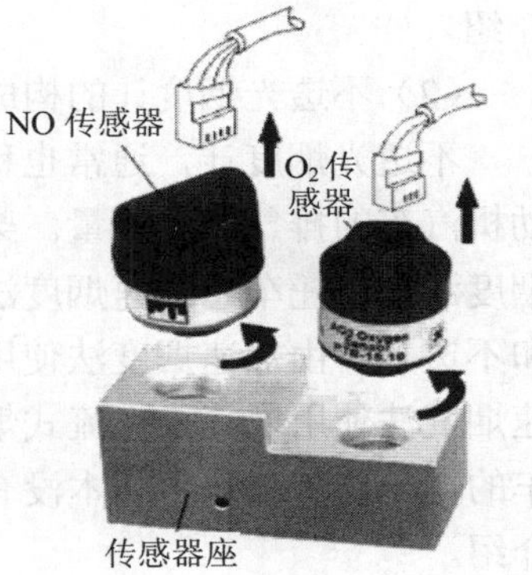

图 4.4-16 常见的 O_2 和 NO_x 传感器

3）五气分析仪废气分析装置的工作原理

五气分析仪的废气分析装置主要由红外线分析腔、微电脑处理器、各种气路控制阀及显示器（或显示屏）等部件组成。废气分析过程为五气分析仪取样泵抽取机动车排气管排出的尾气，经过滤和水分离后输送至废气分析装置中的红外线分析腔进行分析，分析结果以微电信号的形式输出，微电信号经电路放大处理和微电脑处理后，最终得出 CO、HC 和 CO_2 浓度值。

4）五气分析仪 O_2 传感器和 NO 传感器的工作原理

机动车尾气排放的 O_2 和 NO 采用电化学法测量，配备以相应的 O_2 传感器和 NO 传感器，它们的工作原理基本相同。O_2 传感器和 NO 传感器主要由透气膜、电极、电解质、过滤器等元件组成。其工作原理为：样气由进气口进入，流经气室后从出气口排出，样气在流经气室过程中，样气中的被测气体分子透过隔膜上的微孔深入电极，在工作电极上发生电解反应，形成离子，并在电解电路上形成与被测气体成分浓度成正比的微电流信号，经放大处理后就可以得到被测气体分子的浓度值。

5）五气分析仪的发动机转速测量原理

五气分析仪一般都自带用于测量发动机转速的转速夹，发动机转速夹实质上是一个电磁感应转速传感装置，这是点燃式发动机转速测量最常用的装置。

发动机运行时，活塞在汽缸内不停地往复运动，不停地进行进气、压缩、做功与排气过程，发动机做功过程实质上是将燃料燃烧产生的热能转变为机械能的过程。点燃式发动机汽缸内的燃料混合气通常依靠高压电子点火装置产生的电火花将其点燃，高压电子点火装置由电源（蓄电池）、点火开关、点火线圈、电容器、断电器、配电器、火花塞、阻尼电阻和高压线等组成。

此外，许多五气分析仪还自带有通过点烟器或车载电池进行转速测量的转速传感器，其测量原理与转速夹相似，它们均通过传感器感知发动机运转过程中汽车电路中的微电流变化周期进行发动机的转速测量，具体工作原理这里不做详细介绍。

（2）不透光烟度计的构成与原理

不透光烟度计，通常也称为透射式烟度计或透光式烟度计，主要用于压燃式发动机汽车的排气烟度测量。柴油车排气烟度测量中，加载减速法、不透光自由加速烟度法和摩托车急加速烟度法均使用不透光烟度计进行排气烟度测量，加载减速法和不透光自由加速烟度法使用部分流不透光烟度计进行排气烟度测量，摩托车急加速烟度法使用内置式全流式烟度计进行测量。由于摩托车急加速烟度法在在用摩托车的排气监管工作中基本没有实际应用，因此，本节不对内置式全流式烟度计进行介绍。

1）不透光烟度计的基本结构与主要功能

不透光自由加速烟度法和加载减速法排气烟度法所使用的不透光烟度计在性能、测量指标与测量精度等方面的技术要求基本相同，这两种排气烟度测量方法所使用的不透光烟度计可以互换使用或具有相互兼容性。不透光烟度计主要由控制单元、测量单元、取样探头及连接电缆等组成。不透光烟度计具备排气烟度测量功能、仪器校准与检查功能、预热与自检功能，以及法规测量模式和连续测量模式等各种测量模式功能等。

图 4.4-17 是不透光烟度计的结构示意图，图 4.4-18 与图 4.4-19 所示是某品牌 FLA-100 型不透光烟度计的外形结构图和控制单元的后面板图。

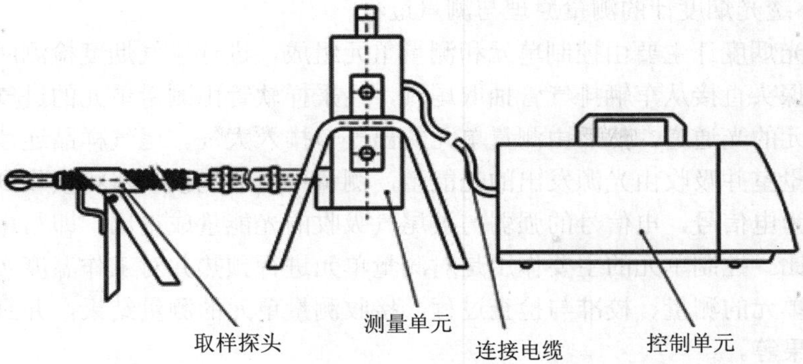

图 4.4-17　不透光烟度计的结构示意

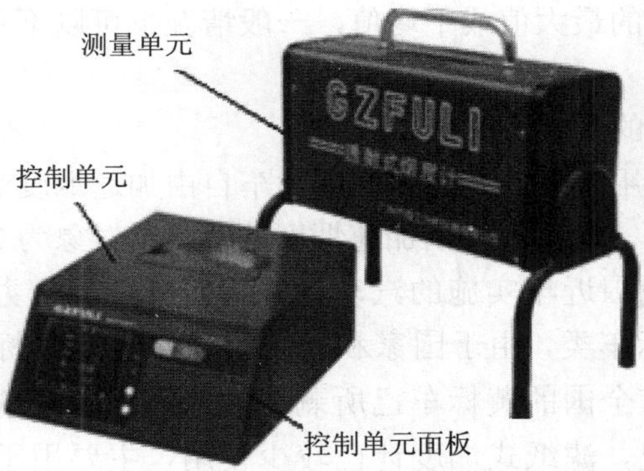

图 4.4-18　不透光烟度计的外形结构

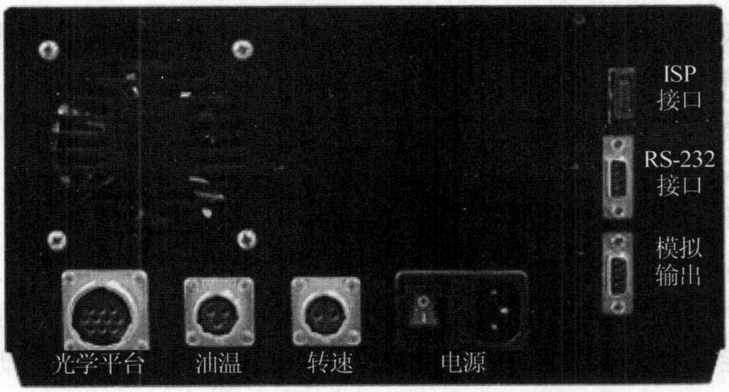

图 4.4-19　不透光烟度计控制单元的后面板

2）不透光烟度计的测量原理与测量过程

不透光烟度计主要由控制单元和测量单元组成，进行排气烟度检测时测量单元通过采样探头直接从车辆排气管抽取尾气，经采样软管由测量单元的进气口直接通入测量单元的光通道，然后由测量单元的出气口排入大气。尾气样品连续流经测量单元的测量室并吸收由光源发出的光能量，测量单元的光接收器将接收到的光强度信号转换为电信号，电信号的强弱与被尾气吸收的光能量成正比，即与尾气的黑烟浓度成正比。控制单元的主要作用是对测量单元进行预热并对工作温度实时控制，控制测量单元的测量、校准与检查过程，接收测量单元的测量结果，并且显示与输出测量结果等。

由于不透光烟度计配备的采样软管直径较大，长度相对较短，并且尾气处于连续流动状态，因此，不透光烟度计的响应延时较小，响应延时时间为 1 s 左右，而且因测量结果为测试工况的最大值或平均值，一般情况下可以不考虑响应延时对测量结果的影响。

（3）滤纸式烟度计的构成与原理

滤纸式烟度计主要用于柴油车和农用运输车自由加速烟度法排气烟度测量，根据 GB 3847—2005 规定，滤纸式自由加速烟度法的测量对象为 2001 年 10 月 1 日前生产的柴油车。根据我国近年实施的汽车环保标志分类管理办法，国Ⅲ标准实施前生产的柴油车属黄标车类，由于国家和地方采取了鼓励黄标车淘汰和限制黄标车行驶区域措施，目前全国的黄标车已所剩无几，因此，滤纸式自由加速烟度法已处于接近淘汰的状况，滤纸式烟度计已较少使用，主要用于农用运输车辆的排气烟度检测。

1）滤纸式烟度计的基本结构

滤纸式烟度计一般由取样系统、走纸机构、光电检测装置、控制与显示系统等几部分组成。取样系统主要由活塞式抽气泵、取样探头、取样软管和脚踏开关组成，其中活塞式抽气泵由抽气电机、汽缸、密封橡胶活塞等组成；走纸机构由滤纸架、走纸电机、走纸轮、压纸机构等组成；光电检测装置由光源、光电转换器（晒光电池）等元件组成；控制与显示系统由信号放大电路，各种控制电路、继电器与控制阀，显示电路及仪表等部件组成。

机动滤纸式烟度计的结构简单，主要部件多数为机械控制部件，电子控制电路较少，即使是全自动滤纸式烟度计也使用数码显示测量结果，因此滤纸式烟度计的控制与操作功能也较简单，除排气烟度测量功能外，全自动滤纸式烟度计一般还有法规测试模式和手动测试模式功能。图 4.4-20 所示为滤纸式烟度计的结构原理示意图，图 4.4-21 所示为某品牌 YD-1 全自动滤纸烟度计的外形图。

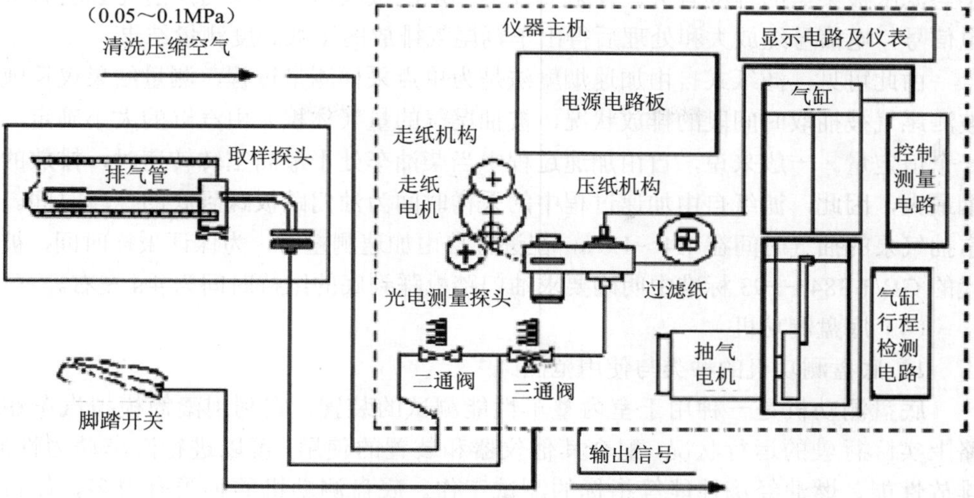

图 4.4-20 滤纸烟度计的结构原理示意

图 4.4-21 YD-1 全自动滤纸烟度计的外形

2）滤纸烟度计的测量原理与测量过程

滤纸式烟度计取样前（或处于等待测量状态），取样系统的抽气泵活塞被压到汽缸底部并被锁紧机构锁住，测量时通常将滤纸烟度计的脚踏开关放在油门踏板上，当检测员踏下油门开关时，脚踏开关会随油门踏板一起迅速踩到底而闭合，触动取样系统的控制电路以驱动抽气马达，抽气马达带动密封橡胶活塞运动至汽缸顶部，进行一次抽气过程。抽气过程中，当采样探头插入车辆的排气管时，车辆排放的尾气会通过采样探头和采样管，经过置于密封气路中的滤纸被抽入汽缸，此时，废气中的碳粒会被滤纸截留并染黑滤纸。踏板开关每闭合一次，滤纸烟度计的走纸机构启动一次，走纸马达带动滤纸移动一小段，将被染黑的滤纸移出光电测量探头位置，干净的滤纸则被移至光电测量探头位置。

当光源照射到被染黑的滤纸上时，滤纸因被染黑，其反射光将减弱，减弱的大小与滤纸被染黑的程度有关。反射光经晒光电池接收后转换为与反射光强弱有关的电信号，电信号经放大和处理后得出车辆尾气排放的滤纸烟度测量结果。

由此可见，滤纸式自由加速烟度法是为单点采样测量过程，测量结果仅反映了被测尾气被抽取时间段的排放状况，被抽尾气的量（体积）由汽缸的大小确定，是一个恒定量。一般来说，自由加速过程中当柴油车处于最高空转转速时，排放的黑烟最大，因此，滤纸自由加速过程中的采样时间为油门踏板踩到底的一段时间。通常抽气泵的抽气时间在 1.4～1.6 s，在进行自由加速测量时，为保证采样时间，被替代的 GB/T 3846—93 标准中明确要求油门踏板踩到底的维持时间为 4 s 左右。

（4）底盘测功机

1）底盘测功机的种类与使用范围

底盘测功机是一种用于室内整车性能测试的装置，它利用滚筒模拟汽车在道路上实际行驶的运行状况，配合其他仪器和装置的使用，可以进行汽车动力性能、排放性能、燃油经济性能等指标的测试工作。底盘测功机的种类有很多，如按测功机的功率吸收装置可分为水力测功机、电涡流测功机和电力测功机三类；按结构形式可分为单滚筒、双滚筒和多滚筒测功机三类；按应用范围则可分为轻型车底盘测功机和重型车底盘测功机。此外，底盘测功机还可以分为单轴、双轴、多轴测功机。

GB 18285—2005、GB 3847—2005 和环保行业标准 HJ/T 290—2006、HJ/T 291—2006、HJ/T 292—2006 对排放检测所用各规格底盘测功机的主要技术性能指标做了明确规定，但没有明确规定其使用的底盘测功机类别。由于电涡流式功率吸收装置具有可控性较好、结构简单、体积小、重量轻、便于安装等特点，而水力测功机的可控性相对较差，电力测功机虽有良好的控制性能但成本却较高，因此，国内大多数汽车底盘测功机采用了电涡流测功机。

机动车排气检测方面，底盘测功机主要用作简易工况法排气检测设备的配套装置。简易瞬态工况法设备、稳态工况法设备和轻型汽车加载减速法设备一般配套使用双轴轻型车底盘测功机；重型汽车加载减速法设备则一般配套使用双轴重型车底盘测功机或三轴重型车底盘测功机。

2）底盘测功机的基本结构

底盘测功机主要由滚筒、举升器、功率吸收装置、惯量模拟装置（飞轮）、速度传感器、扭力传感器、反拖电机与变频器、冷却风机和控制系统等装置组成。图 4.4-22 和图 4.4-23 所示为双轴四滚筒底盘测功机和三轴六滚筒底盘测功机的外形结构图，三轴六滚筒底盘测功机虽在结构上与双轴四滚筒底盘测功机存在差异，但设备构成的主要装置及工作原理基本相似，因此，本节以双轴四滚筒底盘测功机为例对测功机的基本结构进行介绍。

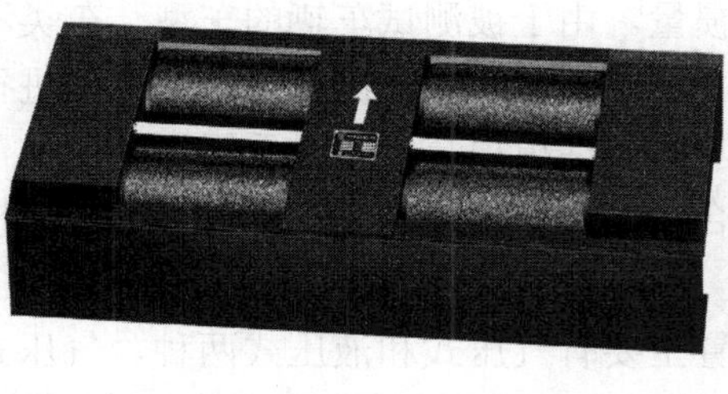

图 4.4-22　双轴四滚筒底盘测功机外形结构

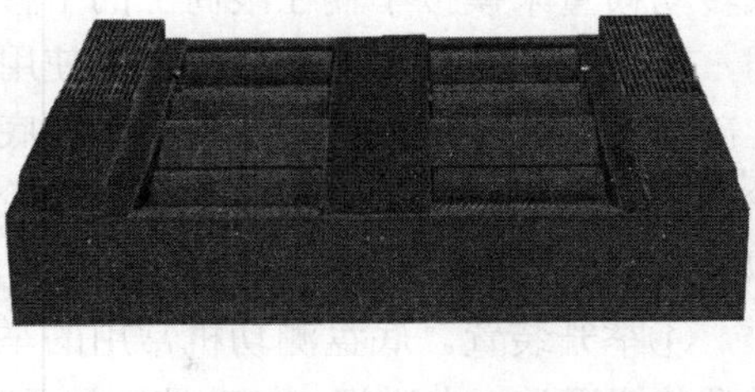

图 4.4-23　三轴六滚筒底盘测功机外形结构

图 4.4-24 是轻型车排气测量用双轴四滚筒底盘测功机的结构示意图，装置的组成及作用。

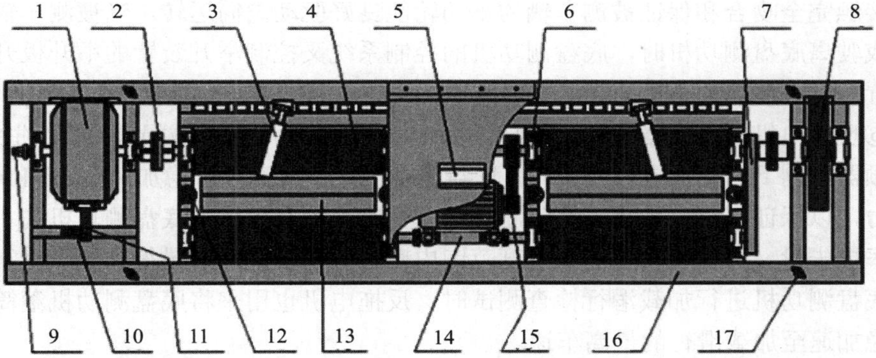

1—功率吸收装置（电涡流测功机）；2—联轴器；3—手动挡轮；4—滚筒；
5—产品铭牌及中间盖板；6—滚筒轴承；7—同步带及同步轮；8—飞轮；9—速度传感器；
10—扭力传感器；11—力臂；12—轮胎挡轮；13—气囊举升器；14—万向联轴器；
15—反拖电机及传动带；16—框架；17—起重吊环

图 4.4-24　轻型车底盘测功机的结构示意

①滚筒。底盘测功机利用滚筒来模拟车辆行驶路面状况。排气检测时被测汽车的驱动轮架在滚筒上驱动滚筒转动，滚筒的转动相当于连续移动的路面，车辆在路面行驶时所受的路面阻力、风阻等均通过测功机给滚筒加载进行模拟。

②功率吸收装置（加载装置）。实际上就是底盘测功机的加载装置，底盘测功机通过功率吸收装置对滚筒进行加载，模拟车辆在实际道路上行驶时所受的路面阻力、风阻等。此外，底盘测功机还可以控制功率吸收装置的功率吸收量让滚筒模拟车辆在实际道路的上下坡所受的外力影响，包括道路阻力、风力和重力等因素影响。

③惯性模拟装置。电涡流底盘测功机的惯性模拟装置是飞轮，利用飞轮的惯性

或转动惯量来模拟车辆在滚筒上的平移质量惯量。由于被测试车辆的车型、车类不同，车辆的基准质量也相差很大，使用单一飞轮很难对所有被测试车辆的惯量进行准确模拟。为保证惯量模拟的准确，底盘测功机惯性模拟装置通常采用手动切换飞轮的组合或电磁离合方式自动切换飞轮的组合，以满足不同基准质量车辆的惯量模拟精度要求。

④举升装置。底盘测功机常用的举升装置主要有气压式和液压式两种。气压式举升装置通常由电磁阀、气动控制阀及双向汽缸或橡胶气囊等结构组成，汽缸中的活塞在气压的作用下可上下运动以实现升降目的。液压式举升装置通常由磁阀、分配阀、液压举升缸等结构组成，在液压作用下，举升缸活塞向上移动，实现举升目的。

举升装置的作用是当车辆在底盘测功机上需要进行排放测试时，由底盘测功机的控制系统控制举升装置的举升板降到最低位置，以保证被测车辆驱动轮与滚筒的表面接触完全吻合和保证被测车辆的驱动轮能良好驱动滚筒运转。当被测车辆需要驶入或驶离底盘测功机时，底盘测功机的控制系统又控制举升装置的举升板升至最高位置，以方便被测车辆的驶入与驶离。

⑤反拖电机与变频器。主要用于测量底盘测功机的本身机械损失，即寄生损失。在变频器控制下，反拖电机应具有将底盘测功机滚筒线速度平稳加速至 96 km/h 以上能力，以保证底盘测功机在有效测试速度范围内能有效测量底盘测功机的本身寄生功率损失量，保证在模拟测试速度范围内底盘测功机的加载量得到准确修正。此外，底盘测功机进行加载滑行检查测试时，反拖电机也用来将底盘测功机滚筒线速度平稳加速至加载滑行的最高车速。

变频器具有调压、调频、稳压、调速等功能。变频器采用变频技术改变反拖电机工作电源的电压与频率，以降低反拖电机的启动电流和实现对反拖电机的调速控制。

⑥测量装置。底盘测功机使用速度、扭力两个传感器测量装置，它们分别用来测量滚筒的运转线速度和滚筒运转时所受到的扭力。常用的速度传感器有光电式速度传感器、磁电式传感器和霍尔传感器三种，常用的扭力传感器有拉压传感器和位移传感器两种。

底盘测功机一般未配备专门的行驶距离和功率测量装置，行驶距离和功率的测量通常使用滚筒线速度与扭力测量结果通过计算获得。

⑦控制系统。控制系统对底盘测功机的各运行装置发出运行指令和提供运行参数，实时收集各装置的运行参数和运行数据结果。在排气检测设备中，底盘测功机的控制系统首先接受简易工况法设备软件的控制指令和运行参数，并根据这些控制指令和运行参数控制底盘测功机各运行装置，以及将各装置的运行参数和运行数据结果上传给简易工况法设备软件。

3）底盘测功机的工作原理

底盘测功机可使得车辆在不解体的情况能通过整车测试，准确快速地检测出汽车各个系统或部件的使用性能情况。底盘测功机使用滚筒模拟车辆的行驶路面，通过对滚筒进行加载控制模拟车辆在正常道路行驶时遇到的各种外力，使用组合飞轮模拟各种车辆的惯量，使用冷却风机模拟车辆在道路行驶时的风力冷却效果，通过安装在电涡流机定子与测功机支架之间力臂上的力传感器测量滚筒所受到的扭力，通过安装在电涡流机转子上的速度传感器测量滚筒运转的线速度，并以此计算出测功机的吸收功率或车辆驱动轮发出的轮边功率。

（5）气体流量分析仪

1）气体流量分析仪的基本结构

气体流量分析仪主要作为简易瞬态工况法设备的配套装置，其作用是实时测算被测车辆的尾气流量，主要由涡旋流量计和锆氧传感器组成。常用的涡旋流量计为涡街流量计，它主要由气体通道、涡旋发生体、涡旋流量传感器、抽气机、温度与压力传感器、集气管和排气管等组成，图 4.4-25 所示为气体流量分析仪结构示意图，图 4.4-26 所示为气体流量分析仪外形结构图。

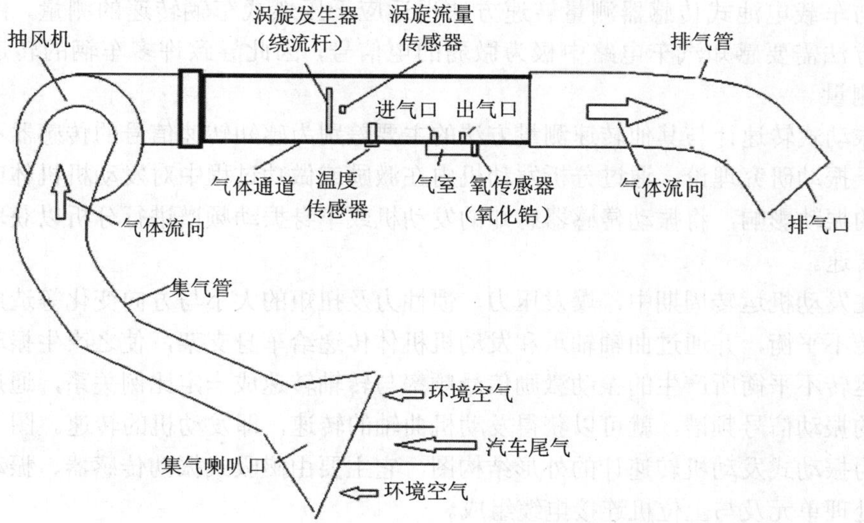

图 4.4-25　气体流量分析仪结构示意

图 4.4-26　气体流量分析仪外形结构

2）气体流量分析仪的工作原理

气体流量分析仪是由流量计和安装在其气体通道上的锆氧传感器组成。进行简易瞬态工况法排气检测，气体流量分析仪气体通道上的锆氧传感器先进行环境空气中氧气浓度的测量（此时集气管喇叭口应避开车辆排气管以避免吸入尾气）。然后，五气分析仪的采样探头插入被测车辆的排气管进行采样，气体流量分析仪的集气管喇叭口正对车辆排气管并留有一定的空隙，通过抽气机吸入车辆排出的全部尾气和部分空气，且尾气在气体流量分析仪气体通道中被同时吸入的空气稀释形成混合均匀的稀释尾气。整个简易瞬态工况法测试过程中，五气分析仪测量原始尾气中各污染物的浓度及氧气浓度，由气体流量分析仪的涡旋流量计测量稀释尾气的流量，安装在气体通道上的锆氧传感器测量稀释尾气中的氧浓度，并最终测算出被测车辆尾气的稀释比和尾气流量。

（6）发动机转速计

本章节“（1）五气分析仪”已介绍了点燃式发动机转速的测量方法，其中点烟器与车载电池式传感器测量转速方法也适应于压燃式车辆转速的测量，由于这两种方法需要感知汽车电路中极为微弱的电信号，因此导致许多车辆的转速无法有效测量。

振动式转速计与其他转速测量方法的主要差别为感知转速信号的传感器不同，它基于振动研究理论，通过分析发动机内在激励或做功过程中对发动机机体或车身造成的振动影响，将振动传感器感知的发动机或车身振动频谱进行分析以获取发动机的转速。

在发动机运转周期中，爆发压力、惯性力及扭矩的大小与方向变化等造成发动机运转不平衡，并通过曲轴轴承和发动机机体传递给车身支架，使之产生振动。发动机运转不平衡所产生的振动激励信号频率与转轴转速成一定比例关系，通过分析测得的振动信号频谱，就可以获得发动机曲轴的转速，即发动机的转速。图 4.4-27 所示为振动式发动机转速计的外形结构图，它主要由磁吸式振动传感器、振动频谱分析处理单元及与上位机连接电缆组成。

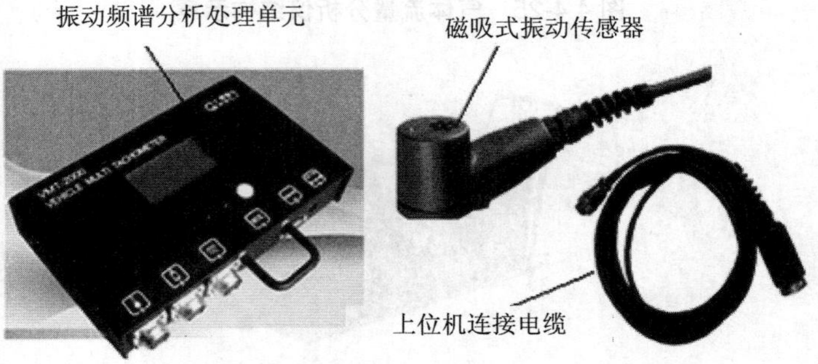

图 4.4-27 振动式发动机转速计的组成与外形结构

振动式转速计采用非连接式转速测量方法，通常将振动传感器置于发动机缸盖或车身振动敏感点采集缸盖振动信号，特别适用于振动较明显的压燃式发动机汽车转速测量，也为部分结构紧凑、发动机盖难以拆卸车辆的转速测量提供了一种有效的转速测量方法。

（7）环境参数仪

简易工况法排气检测设备配备的环境参数仪主要由大气环境压力、温度和湿度3个传感器及微电脑处理单元组成，其作用是测量被测车辆的测试环境参数，用于将排放测试结果修正至标准状态。GB 18285—2005 和 GB 3847—2005 规定的环境参数仪主要技术性能指标要求如表 4.4-5 所示。

4.4-5 环境参数仪主要技术性能指标要求

测量参数	技术参数	技术指标
相对湿度	测量范围	5%～95%
	测量误差	满量程读数的±3%
温度	测量范围	–32～45℃
	测量误差	±1.5%
压力	测量范围	80～110 kPa
	测量误差	测量值的±1%

注：表中的技术指标为三种简易工况法标准中的最高要求。

4.4.3.3 简易工况法设备构成与原理

目前我国在用的简易工况法设备主要有稳态工况法、简易瞬态工况法和加载减速法三种，它们的基本结构均以底盘测功机及常规的排气测量仪器和配套装置为基础，按标准与方法规定要求，由设备工控电脑与工控软件所集成。常规的排气测量仪器设备已在 4.4.3.2 节进行了详细介绍，本节重点介绍各设备的系统集成与测量原理。

（1）简易瞬态工况法设备的构成与测量原理

1）简易瞬态工况法设备的构成

简易瞬态工况法设备主要用于点燃式轻型汽车的排气测量，设备主要包含有底盘测功机、排气取样系统、气体分析仪、环境参数仪、司机助显示器、冷却风机等装置或仪器，设备的工控电脑和工控软件按照标准与法规要求，对这些装置或仪器进行集成与控制，实现简易瞬态工况法排气检测功能。简易瞬态工况法设备的具体构成原理如图 4.4-28 所示。

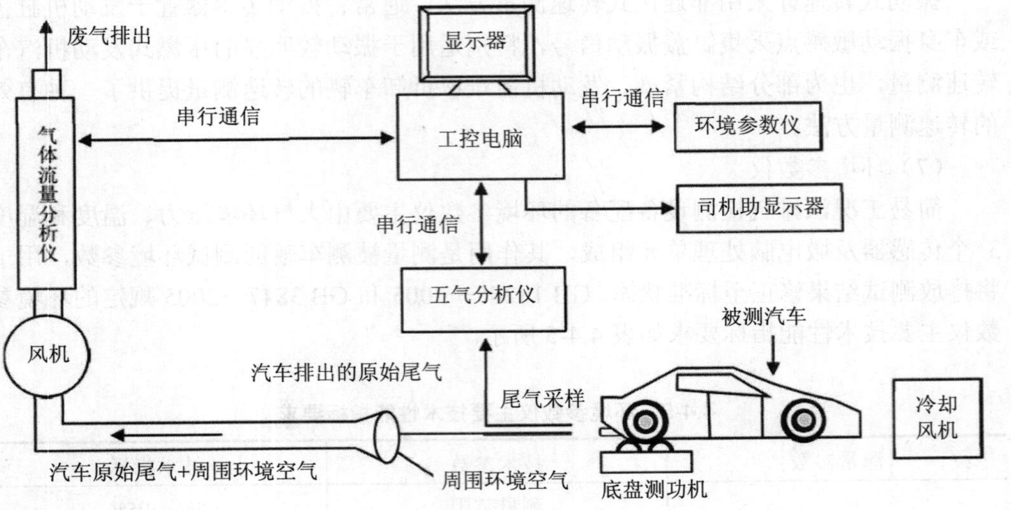

图 4.4-28 简易瞬态工况法设备结构原理示意

①工控电脑。是设备的大脑，它通过工控软件对设备实施统一管理，控制与协调设备各部分按照法规规定的测试程序开展检测工作，实时收集设备各部分采集的运行参数与数据，进行数据的综合分析与处理，并计算出最终的排气测量结果。

工况电脑的检测程序、数据采集和分析系统应自动化。软件应能根据车辆参数数据库自动设置车辆载荷，通过实时数据系统进入主机系统数据库得到车辆确认信息。通过车牌和车辆确认信息，应能获得足够的车辆记录信息，对主机系统未包含的车辆数据手工输入应做明确提示。

系统应能实时记录和显示试验过程数据，并能自动进行计算和修正。

②底盘测功机。在工控软件的控制下，按工控软件指令对被测车辆实施加载或模拟车辆在实际道路上的运行负荷。用于简易瞬态工况的底盘测功机要求至少能模拟车辆在道路行驶的加速惯量，即底盘测功机通过控制功率吸收单元模拟车辆在道路上匀速和加速工况，减速工况只能通过基本飞轮部分模拟，或者能够模拟车辆在道路行驶的全惯量的底盘测功机。测功机结构应适用于最大总质量≤3 500 kg 的 M 类、N 类车辆，还应能根据试验记录的车辆参数自动选择加载功率和模拟惯量。

③排气取样系统。取样系统应保证可靠耐用，无泄漏并且易于维护。与被取样气体接触的制造材料不能污染或改变被分析气体的特征，也不应被取样气体腐蚀，并能适用于试验工况的车辆排放温度。

取样系统应有水气分离系统和颗粒收集装置，并能将分析样气直接排至室外。

取样探头长度至少应为 400 mm，可插入车辆排气管深度至少应为 250 mm，车辆排气管深度不足 250 mm 的，可以使用排气管扩展装置，但需保证排气背压变化小于 0.25 kPa。

取样探头所用材料应能在 10 min 内耐受 579 ℃的高温。

取样系统应能测试双排气管车辆。使用时应保证两个稀释管流量相同。数据处理软件应考虑双稀释管和单稀释管系统的差异，保证两种情况下都达到同样的精度。

④气体分析仪。由 HC、CO、CO_2、NO、O_2 的浓度五气分析仪和稀释气体流量分析仪器组成。

设备介绍详见 4.4.3.2。

⑤环境参数仪。实时记录被测车辆的测试环境温度、湿度和压力参数，用于实时修正排气测量结果。

⑥司机助显示器。用于指导检测员按法规流程操作被测车辆。测试系统应配备清晰可见的司机引导装置（司机助）。引导装置应不断显示所需速度试验工况秒数、驾驶实际速度和时间、发动机转速、使用制动情况，以及必要的提示和警告引导装置，还应能显示试验和设备状况及其他所需信息。

⑦冷却风机。主要用于模拟车辆发动机在实际路面所受的迎面冷却风力。

2）简易瞬态工况法设备的原理

①加载原理。简易瞬态工况法设备借助于底盘测功机模拟汽车在实际道路上的行驶阻力，通过底盘测功机功率吸收装置吸收被测车辆的驱动动力（功率）来实现行驶阻力模拟。

②测量原理。进行简易瞬态工况法排气检测时，被测车辆驱动轮驱动底盘测功机滚筒按简易瞬态工况法测试循环运行，底盘测功机对滚筒或被测车辆驱动轮实施加载，五气分析仪对车辆排出的尾气进行实时采样与分析，流量分析仪实时测算出被测车辆的尾气流量，工控软件则实时将测量所获得的尾气各污染物浓度值及尾气流量进行环境参数修正和计算各污染物实时排放量，通过累计计算最终得出被测车辆的排放总量。

（2）稳态工况法设备的构成与测量原理

1）稳态工况法设备的构成

稳态工况法与简易瞬态工况法同属于点燃式发动机轻型汽车排气检测方法，稳态工况法除不需要配备气体流量分析仪外，其主要构成装置或仪器与简易瞬态工况法基本相同。稳态工况法主要由系统工控电脑、底盘测功机、五气分析仪、环境参数仪、司机助显示器、冷却风机等仪器设备构成。相对简易瞬态工况法设备，除工控软件不同外，稳态工况法设备所配备的五气分析仪精度相对较低。稳态工况法设备结构如图 4.4-29 所示。由于稳态工况法设备各构成的功能与简易瞬态工况法的同类设备完全相同，因此本节不再重复介绍。

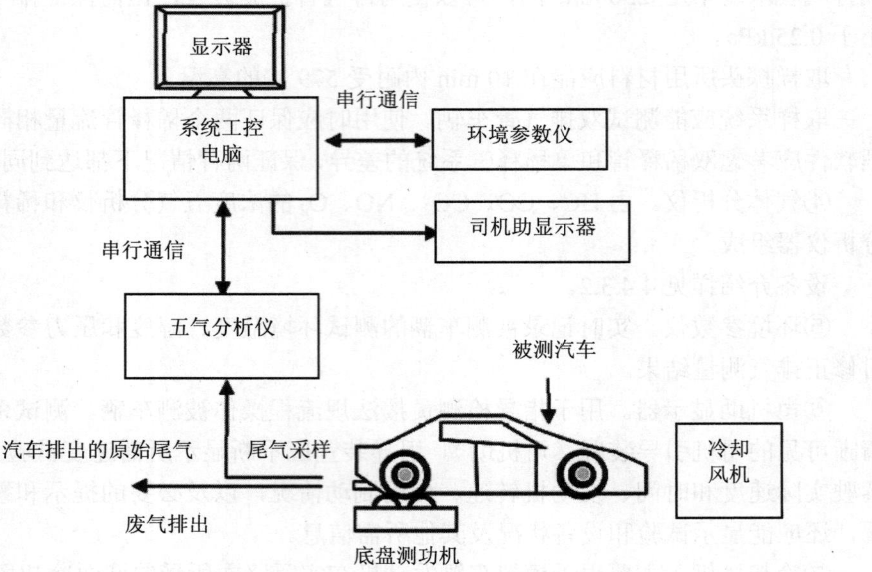

图 4.4-29　稳态工况法设备结构示意

2）稳态工况法设备的测量原理

相对于简易瞬态工况法设备，稳态工况法设备除在硬件上没有气体流量分析仪外，其他结构二者基本相同。稳态工况法的测试循环主要由 ASM5025 和 ASM2540 两个工况组成。排气检测时，被测车辆在底盘测功机上先进行 ASM5025 工况运行，后进行 ASM2540 工况运行，稳态工况法设备根据被测车辆的运行工况对应进行功率加载，五气分析仪对车辆排出的尾气进行实时采样与分析，工控软件使用实时环境参数对五气分析仪测得的污染物浓度进行修正与达标性分析。

（3）加载减速法设备的构成与测量原理

1）加载减速法设备的构成

加载减速法又名 LugDown 法，主要用于压燃式发动机汽车的排气烟度测量，设备主要由工控电脑、底盘测功机、不透光烟度仪、发动机转速计、环境参数仪等几部分构成。图 4.4-30 是 LugDown 法设备的结构原理示意图，各部分的作用如下所述。

①工控软件对设备实施统一管理，控制与协调设备各部分按照法规规定的测试程序开展检测工作，实时收集设备各部分采集的运行参数与数据，进行数据的综合分析与处理，并计算出最终的排气测量结果。

②底盘测功机在工控软件的控制下，按工控软件指令对被测车辆实施加载。

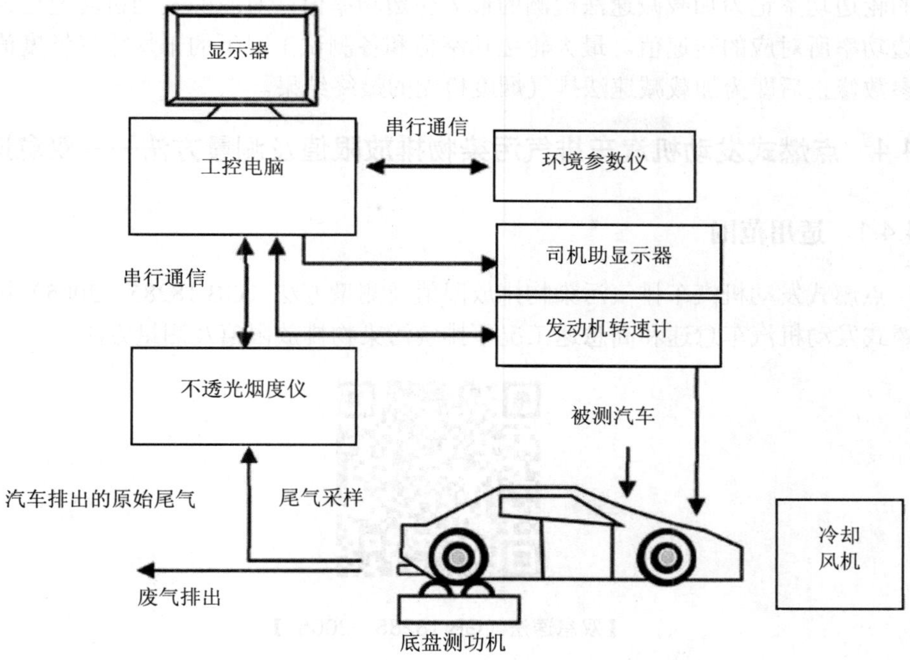

图 4.4-30　加载减速法设备结构示意

③不透光烟度计实时测量被测车辆处于不同运行工况下的排气烟度。

④发动机转速计实时测量被测车辆运行时的发动机转速。

⑤气象设备实时记录被测车辆的测试环境温度、湿度和压力，用于排气测量结果的修正。

⑥司机助显示器实时显示加载减速过程所形成的测试曲线和各种测量参数。

2）加载减速法设备的测量原理

加载减速法排气测量过程主要有功率扫描和工况测量两个部分。

①功率扫描原理。当被测车辆在滚筒上高速运行时，车辆轮边主要受到滚筒摩擦阻力和测功机设置加载两个外力的合力作用，被测车辆发动机传递给车轮的驱动功率或驱动力主要用来克服这两个力的合力作用。

②工况测量原理。加载减速法主要进行 100%VelMaxHP、90% VelMaxHP 和 80% VelMaxHP 3 个工况测试车速的排气烟度测量。工控软件通过功率扫描过程获取到真实的 VelMaxHP 值后，检测员仍维持油门踏板踩到底，底盘测功机在工控软件的控制下，再通过快速加载使车速稳定至工况测试目标车速，并使车速稳定至工况测试目标车速的±0.5 km/h 范围内，分别记录各测试工况下的平均轮边功率值（*F* 轮边×*V* 值）、发动机平均转速值和平均排气烟度值，将 100%VelMaxHP 速度工况所获

得的轮边功率记为加载减速法检测的最大轮边功率值，对应的发动机转速记为最大轮边功率所对应的转速值。最大轮边功率值和各测试工况下的平均排气烟度值经环境参数修正后即为加载减速法排气烟度检测的最终结果。

4.4.4 点燃式发动机汽车排气污染物排放限值及测量方法——双怠速法

4.4.4.1 适用范围

点燃式发动机汽车排气污染物排放限值及测量方法（GB 18285—2005）规定了点燃式发动机汽车怠速和高怠速工况下排气污染物排放限值及测量方法。

【双怠速法（GB 18285—2005）】

该方法适用于装用点燃式发动机的新生产汽车和在用汽车。

4.4.4.2 测定原理

双怠速法对机动车的怠速工况和高怠速工况下的尾气排放情况进行检验，怠速工况指发动机无负载运转状态，即离合器处于接合位置、变速器处于空挡位置（对于自动变速箱的车应处于“停车”或“P”挡位）；采用化油器供油系统的车，阻风门应处于全开位置；油门踏板处于完全松开位置。高怠速工况指满足上述（除最后一项）条件，用油门踏板将发动机转速控制在 50%额定转速或制造厂技术文件中规定的高怠速转速时的工况。本方法中将轻型汽车的高速规定为（2 500±100）r/min，重型车的高怠速转速规定为（1 800±100）r/min；如有特殊规定的，按厂技术文件中规定的高怠速转速。

尾气分析仪通过对机动车排放尾气进行采样，经过泵将机动车尾气传输至气体处理系统和检测器进行分析，发出被测组分的体积分数相关信号，测定汽车排气污染物 CO、CO_2、HC 和 O_2 四种成分的体积分数（用正己烷当量表示）和过量空气系数（λ）值。CO、CO_2、HC 的测量采用不分光红外线法（NDIR），O_2 采用电化学电池法。

4.4.4.3　校准气体

校准气体应采用钢瓶装标准气体或由动态混合来制备。校准气体应符合国家有关标准的规定，并具有国家质量监督检验检疫总局批准的参考物质证书。

标准气体的单位为体积分数表示。

标准气体的气体成分容许偏差不超过 15%。

气体成分的不确定度应不超过被测物体积分数的 1%；当 C_3H_8、NO 含量为 $2\,000\times10^{-6}$（V/V）或以下时，气体成分的不确定度应不超过被测物体积分数的 2%。

4.4.4.4　仪器设备

测试车辆应具有内置发动机转速和机油温度测量功能，或者转速和机油温度信号输入端口，气体处理系统的所有部件均由耐腐蚀材料做成，并且此材料对气体取样成分无影响。

使用的排放测仪器应符合《汽油机动车怠速排气监测仪技术条件》（HJ/T 3—93）的规定，以及符合 GB 18285—2005 要求的怠速和高怠速测量程序。

（1）取样管

取样探头应能插入机动车辆排气管至少 400 mm，并有插深定位装置（图 4.4-31）。取样探头应能经受排气高温，并具有限位和固定装置。

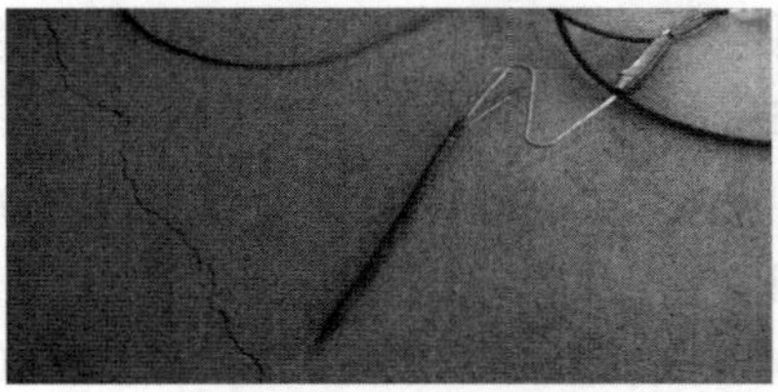

图 4.4-31　取样管

（2）软管

同探头连接，作为测量系统尾气进入和排出通道。

（3）泵

将气体传输至仪器。

（4）水分离器

分离样气中的水分，防止冷凝水在仪器中积聚的装置。水蒸气达到饱和时，应能保证自动脱离或自动停止测量操作。

（5）过滤器

除去导致仪器各种敏感部件污染的颗粒物。过滤器应能除去直径大于 5 μm 的颗粒，不需取出即能观察其沾污程度，并易于更换。当测量 HC 含量约 800×10^{-6}（V/V）

的气体时，能保证使用时间不少于 30 min。

（6）零气端口和校准端口

该端口位于水分离器及过滤器下游位置，包括用于引入做测量仪器零点调节的纯净环境气体端口和校准气体端口。

（7）探测元件

按体积分数分析气体样品中的组分。

（8）数据系统和显示器件

数据系统处理信号，显示器件显示测量结果。

（9）控制调整装置

完成仪器初始化及开机检查，通过手动、半自动或全自动调节装置将仪器参数调整于设定的范围内。

4.4.4.5 测试工况

双怠速法为无负载测试方法，主要有怠速和高怠速两个测试工况。怠速工况和高怠速工况的运行时间均为 45 s，即有效工况总运行时间为 90 s，数据采样时间（或读数时间）为每个测试运行工况的后 30 s。

轻型汽车的高怠速转速为（25 00±100）r/min 或厂定额定转速的 50%，重型汽车的高怠速转速为（1 800±100）r/min 或厂定额定转速的 50%，且在进行高怠速测量前需先进行 30 s 时间 70%额定转速预运行。图 4.4-32 所示为轻型汽车双怠速法测试循环示意图，重型汽车的双怠速法测试循环与轻型汽车相似，差别仅为国标规定的高怠速转速不同。图 4-32 中将轻型汽车的 70%额定转速定为 3 500 r/min，该转速值是根据标准规定的高怠速转速推算出来，推算方法是假定 GB 18285—2005 规定的轻型汽车高怠速转速为额定转速的 50%，则轻型汽车额定转速应为 5 000 r/min，由此估算得出 70%额定转速为 3 500 r/min，同理也可以推算出重型汽车的 70%额定转速约 2 500 r/min。

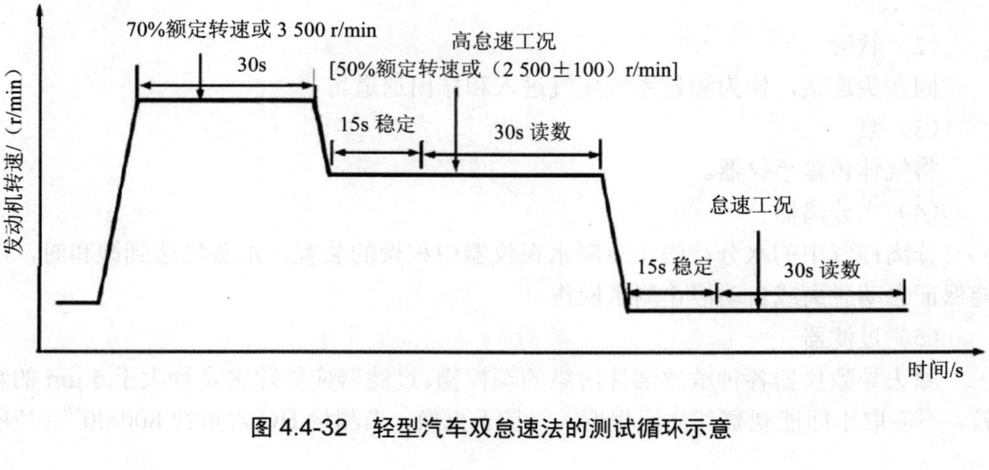

图 4.4-32 轻型汽车双怠速法的测试循环示意

4.4.4.6 检测流程

双怠速法排气检测包括车辆准备、设备准备及排气检测等过程，具体检测过程如图 4.4-33 所示。

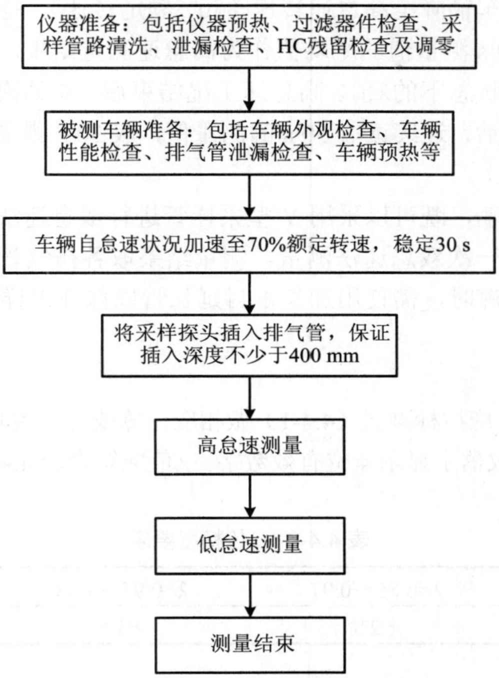

图 4.4-33　双怠速法排气检测流程

（1）仪器准备

检测前应对仪器做好各项准备工作，应保证四气分析仪处于正常工作状态，主要工作包括：进行仪器预热；检查仪器采样管路上的前置过滤器、粉尘过滤器件是否被污染，如被污染应及时替换；检查采样管路是否被堵塞，如堵塞则使用高压气体清洗采样管和探头；对仪器进行泄漏检查、HC 残留检查及调零等，如不正常则对仪器进行必要的维护与维修。

（2）车辆准备

检测前也应对待测车辆做好各种准备工作，应保证车辆处于正常工作状态，主要工作包括检查车证是否一致、被测车辆发动机性能是否稳定正常、排气系统是否存在泄漏、车辆是否处于正常工作热状态、油温水温是否正常等。进行上述检查的目的是保证车辆的安全性能与排气性能满足排气检测工作要求，如不正常则应维护维修至正常状况。

（3）排气检测

仪器与车辆的准备工作完成后，便可以正式开始排气检测工作。启动被测车辆，使车辆处于稳定怠速状况，控制车辆油门使车辆自怠速状况加速至70%额定转速，稳定30 s（摩托车为10 s）后，将采样探头插入排气管，保证插入深度不少于400 mm。然后控制车辆油门使车辆降至高怠速转速（50%额定转速），稳定15 s后，连续读取30 s的测量值，取30 s测量值的平均值作为高怠速测量结果。对于闭环电喷车辆，还应同步读取高怠速状态下的λ值。高怠速工况结束后，立刻松开油门使车辆稳定至怠速状况，维持15 s后，连续读取30 s的测量值，取30 s测量值的平均值作为怠速测量结果。

对于多排气管车辆，既可以采用Y型采样管进行双怠速法排气检测，也可以对每个排气管分别进行一次双怠速法测量，测量结果取各排气管测量值的平均值。当采样探头不能保证插深时，需使用加长密封延长管以保证采样探头的插深。

4.4.4.7 结果计算

过量空气系数λ值应按标准式（4.4-1）做相应计算或可采用其他等效公式，但须达到同等精度要求，在仪器上显示4位有效数字。λ值应符合表4.4-6精度要求。

表4.4-6 λ值精度要求

λ值范围	λ=0.85～0.97	λ=0.97～1.03	λ=1.03～1.20
精度要求	±2%	±1%	±2%

$$\lambda=\frac{[CO_2]+\frac{CO}{2}+[O_2]+\left\{\left(\frac{H_{CV}}{4}\times\frac{3.5}{3.5+\frac{[CO]}{[CO_2]}}-\frac{O_{CV}}{2}\right)\times([CO_2]+[CO])\right\}}{\left(1+\frac{H_{CV}}{4}-\frac{O_{CV}}{2}\right)\times\{([CO_2]+[CO])+K_1\times[HC]\}} \tag{4.4-1}$$

式中：[]=浓度，以%（V/V）为单位，仅HC以10^{-6}（V/V）为单位；

K_1=HC转换因子，若以10^{-6}（V/V）正己烷（C_6H_{14}）做等价表示，此值等于6×10^{-4}；

H_{CV}=燃料中氢和碳的原子比，根据不同的燃料可选为：汽油：1.726 1，液化石油气（LPG）：2.525，天然气（NG）：4.0。如果计算结果不符合表4.4-6中λ值的精度要求，应根据汽车（发动机）所使用的燃料选定相应常数值（下同）；

O_{CV}=燃料中氧和碳的原子比，根据不同的燃料可选为：汽油：0.017 6，LPG：0，NG：0。

4.4.4.8 技术要求

（1）仪器指示分辨力

①指针式仪器范围及标线。要求指针式指示仪器上 CO、CO_2、O_2 刻度范围为 0.1%（V/V）或 0.2%（V/V），HC 为 10 或 20×10^{-6}（V/V），刻度最小间距为 1.25 mm，指针的宽度应小于刻度间距的 1/4，并能覆盖最短标线的 1/3。

②数字式仪器。数字高度至少为 5 mm，分辨力应满足表 4.4-7 的要求。

表 4.4-7 分辨力要求

CO/%	CO_2/%	O_2/%	HC/$\times10^{-6}$
0.01	0.1	0.1	1

（2）仪器允许示值误差

测量仪器的允许示值误差应满足表 4.4-8 的要求。

表 4.4-8 允许示值误差要求

	CO	CO_2	O_2	HC
绝对误差	±0.06%	±0.5%	±0.1%	$\pm12\times10^{-6}$
相对误差	±5%	±5%	±5%	±5%

注：取绝对误差和相对误差较大者

转速、机油温度允许示值误差应满足表 4.4-9 的要求。

表 4.4-9 允许示值误差要求

	范 围	精 度		范 围	精 度
转 速	0～1 000 r/min	±10 r/min	油 温	60～90℃	±2℃
	1 000 r/min 以上	测量值的±1%		其 他	±5℃

（3）预热时间

经预热，测量仪器应符合“（2）仪器允许示值误差”规定的精度要求，在预热时间内不应显示被测气体体积分数。

（4）响应时间

对于 CO、CO_2 及 HC 的测量通道，当用校准气进行测试时，在气体从零气切换为校准气后，仪器（包括其取样系统）应在 15 s 内指示出最终指示值的 95%；对于 O_2 测量通道，在气体从空气切换为氮气（不含 O_2）后，仪器应在 60 s 内指示出与最终指示值的差异小于 0.1%（V/V）的指示值。

（5）重复性

在稳定的外界环境下，示值的重复性应达到由同一人在较短的时间间隔内对同一校准气体做 20 次测量时，其实验标准差不超过“（2）仪器允许示值误差”规定的 1/3。

（6）时间稳定性

稳定环境条件下，测量仪器处于测量状态时，至少 4 h 内不需要由使用者进行内部或校准气调整，其数值应并保持在“（2）仪器允许示值误差”规定的精度范围内。

（7）气体流量

测量仪器应配置气体流量监控系统，当气体流量降低到一定程度从而使检测超过了“（4）响应时间”或“（2）仪器允许示值误差”规定精度的 1/2 时，测量系统应自动中止测量。

（8）气体处理系统气密度要求

测量仪器应有处理系统泄漏监控程序，当泄漏超过最大允许值时自动中止测量。

（9）调节装置

①仪器应有调节装置，以提供零点调节、气体标定、内部调节等操作，此装置可以是手动、半动或自动的。

②调节装置对于零点标定及内部调节应是自动的。

③内部调节装置应不影响调零也不影响仪器的线性响应，并且适用于各种校准气体之调节。

（10）操作可靠性

①测量仪器应具有足够的抗干扰能力，在正常使用条件下保证仪器精度在其范围内。

②具有 HC 通道的仪器应有检测 HC 气体残余物的装置，当 HC 气体残余值大于 20×10^{-6}（V/V）应自动停止测量。

③分析仪除被测组分外的气体干扰误差不大于最大允许误差的 1/2。

（11）丙烷/正己烷当量系数

分析仪通入丙烷校准气时的绝对示值误差，与通入相应的正己烷校准气时的绝对示值误差之差应不大于其最大允许误差的 1/2，当量系数的值通常在 0.490～0.540。

4.4.4.9 质量控制

双怠速法排气测试过程的主要质控节点为测试前的设备自检、70%额定转速预备工况运行控制、尾气采样控制、高怠速运行控制、怠速运行控制、过程参数监控等过程。

（1）测试前的设备自检

主要包括 HC 残留检查、设备的调零等，《汽油车双怠速法排气污染物测量设备技术要求》（HJ/T 289—2006）规定，对于每次检测，HC 的读数应在 20 s 内下降至 20×10^{-6} 以下，在进行实际测试前 HC 的读数应下降到 7×10^{-6} 以下。如 HC 残留检查不能满足上述要求，分析仪一般不会允许开展测试工作，应先使用干净的压缩空气对分析仪的采样软管和探头进行吹空清洗，如反复多次吹空清洗都不能满足上述要求，此时，应将分析仪的采样探头放在干净新鲜的空气中进行几分钟采样测试过程，以清洁废气分析装置内部的 HC 残留。

（2）70%额定转速预备工况运行控制

70%额定转速预备工况运行控制主要为高怠速工况测试做预热准备，GB 18285—2005 对转速的允许误差没有严格要求与控制，但为达到预期效果，高怠速转速至少应控制在 60%～80%额定转速范围内。如无法获知车辆的额定转速，对于摩托车和点燃式发动机轻型汽车，应将转速至少控制在 3 000～4 000 r/min；对于点燃式发动机重型汽车，应将转速至少控制在 2 150～2 900 r/min。

（3）尾气采样控制

70%额定转速预备工况运行结束，应在进入高怠速工况测试前及时将采样探头插入被测车辆的排气管，同时应保证采样探头插深达 400 mm。

（4）高怠速运行控制

进入高怠速工况测试后，对于点燃式发动机汽车，应将车速稳定在 50%额定转速±100 r/min 范围内，或者当无法获知车辆的额定转速时，应将点燃式发动机轻型汽车的转速控制在 2 400～2 600 r/min，将点燃式发动机重型汽车的转速控制在 1 700～1 900 r/min；对于摩托车，应将车速稳定在 50%额定转速±250 r/min 范围内，或者当无法获知车辆的额定转速时，应将转速控制在 2 250～2 750 r/min。

（5）怠速运行控制

怠速工况测试时只需自高怠速工况将车辆的油门松开即可，无需对车辆进行操作，但必须注意的是一定要等待怠速读数结束后才将采样探头自排气管中拔出，否则将无法保证测试工作的有效。

（6）过程参数监控等

过程参数监控主要监控测试过程中的尾气测量结果是否满足 $CO+CO_2\geqslant6.0\%$这一条件，当该值小于 6.0%时，检测工作应终止，导致的原因是采样探头插深不够或被测车辆的排气系统出现泄漏，当车辆的排气系统出现泄漏时就应将车辆维修正常后再进行排气测试。

4.4.4.10 注意事项

除加强分析仪的日常维护保养外，为保证检测工作有效，双怠速法检测过程中还应注意如下事项：

①定期使用标准气体对分析仪进行校准与检查，保证检测结果准确。

②定期检查分析仪的 O_2 传感器与 NO 传感器的性能，保证它们处于正常良好工作状态。

③检测前，不要让被测车辆长时间处于怠速运行状态，也不要使用怠速方法对车辆进行预热。

④检测前必须对车辆进行预热，使车辆达到正常工作热状态。

⑤对于多排气管车辆，对每个排气管分别进行一次双怠速法测量，测量结果取各排气管测量值的平均值。当采样探头不能保证插深时，需使用加长密封延长管以保证采样探头的插深。

4.4.5 点燃式发动机汽车排气污染物排放限值及测量方法——简易瞬态工况法

4.4.5.1 适用范围

点燃式发动机汽车排气污染物排放限值及测量方法（GB 18285—2005）规定了点燃式发动机轻型汽车简易瞬态工况法测量方法。

【简易瞬态工况法（GB 18285—2005）】

该方法适用于装用点燃式发动机的新生产汽车和在用汽车。

4.4.5.2 测定原理

进行简易瞬态工况法排气检测时，被测车辆驱动轮驱动底盘测功机滚筒按 15 工况法测试循环运行，底盘测功机给滚筒或被测车辆驱动轮实施加载，五气分析仪对车辆排出的尾气进行实时采样与分析，流量分析仪实时测算出被测车辆的尾气流量，工控软件则实时计算尾气的排放量并使用环境参数对测量结果进行修正，最终得出被测车辆的排放总量。

CO、HC、CO_2 采用不分光红外法（NDIR），CO 和 NO 采用电化学法或其他等效方法。

4.4.5.3　仪器设备

（1）试验车辆

①车辆机械状况应良好，无影响安全或引起试验偏差的机械故障。

②车辆进、排气系统不得有任何泄漏。

③车辆的发动机、变速箱和冷却系统等应无液体渗漏。

④应关闭空调、暖风等附属装备。

⑤进行试验前，车辆工作温度应符合出厂规定，过热车辆不得进行测试。

⑥车辆驱动轮应位于滚筒上必须确保车辆横向稳定。驱动轮胎应干燥防滑。

⑦车辆应限位良好。对前轮驱动车辆，试验前应使驻车制动起作用。

（2）仪器设备

点燃式发动机汽车简易瞬态工况法设备的构成及原理已在“4.4.3.3 简易工况法设备构成与原理”中“（1）简易瞬态工况法设备的构成与测量原理”部分进行了详细介绍，这里不再重复说明。

4.4.5.4　测试工况

简易瞬态工况测试循环采用了我国新生产轻型汽车排放标准——《轻型汽车污染物排放限值及测量方法（中国第五阶段）》（GB 18352.5—2013）中Ⅰ型试验之运转循环 1 部（市区运转循环）中的一个市区运转循环单元。图 4.4-34 所示为Ⅰ型试验之整体运转循环曲线，Ⅰ型试验由运转循环 1 部和运转循环 2 部两个运转循环组成，运转循环 1 部又称为市区运转循环或城市运行工况，共包括 4 个相同的市区运转循环单元，每个市区运转循环单元又包含有 15 个运行工况（习惯上称为 15 工况法），包含了怠速、加速、减速、等速 4 个基本工况。运转循环 2 部只有一个高速运转循环，习惯上也称为城郊运转循环或高速运转循环。

【GB 18352.5—2013】

简易瞬态工况法测试循环各基本工况在测试循环中所占的时间百分比如表 4.4-10 所示。由表 4.4-10 和图 4.4-34 可知，简易瞬态工况法测试循环的有效测量时间为 195 s，测试循环最大车速为 50 km/h，测试平均车速为 19 km/h，理论行驶距离为 1.013 km，测试速度允差为±2 km/h。

表 4.4-10 简易瞬态工况法测试循环工况分解

工况	时间/s	百分比/%	
怠速	60	30.8	35.4
怠速、车辆减速、离合器脱开	9	4.6	
换挡	8	4.1	
加速	36	18.5	
等速	57	29.2	
减速	25	12.8	
合计	195	100	

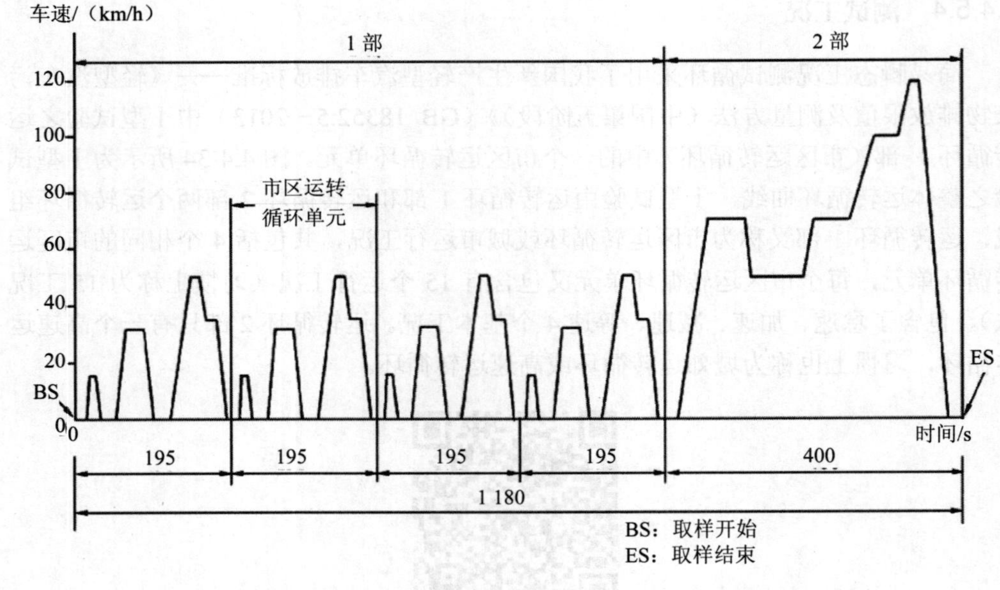

图 4.4-34 GB 18352.3—2005 规定的Ⅰ型试验整体运转循环曲线

4.4.5.5 检测流程

简易瞬态工况法排气检测一般包括设备准备、外观检查、车辆准备、车辆架设、排气检测等过程，检测流程如图 4.4-35 所示。具体排气检测过程说明如下所述。

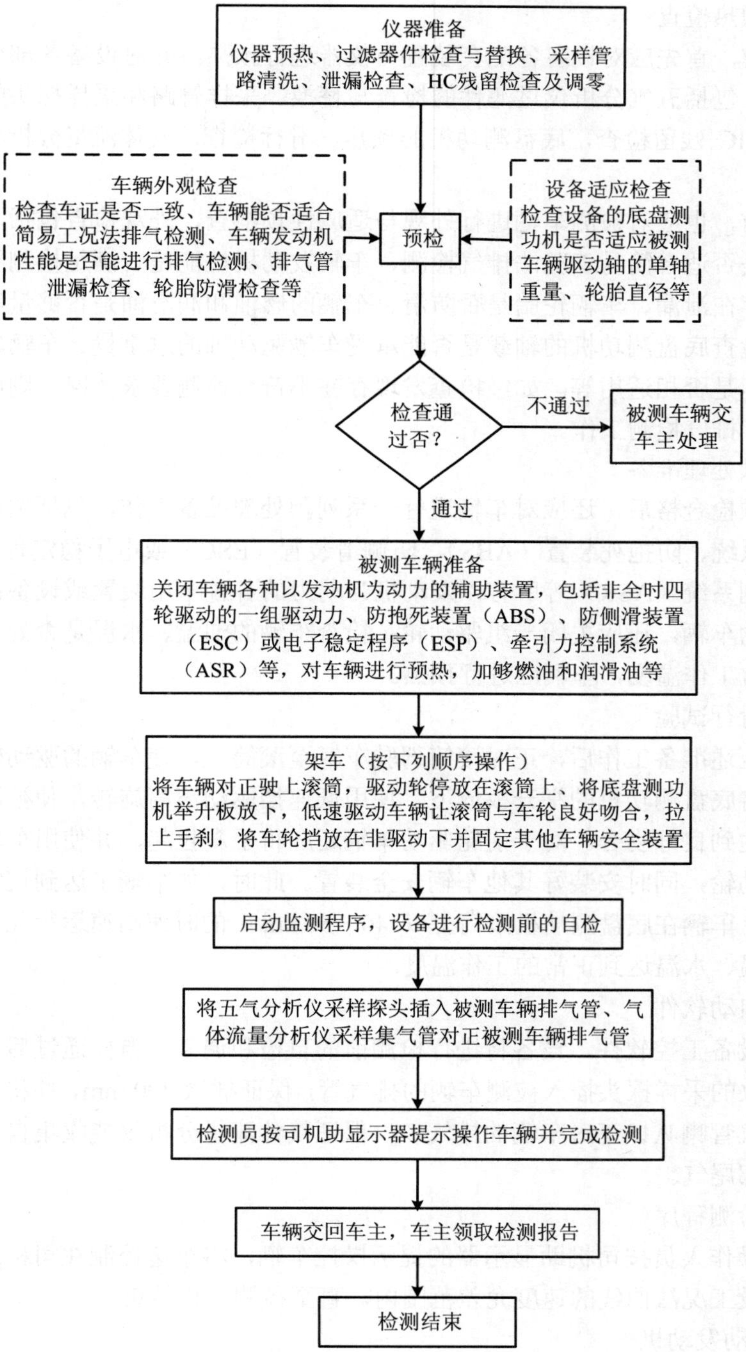

图 4.4-35　简易瞬态工况法检测流程

（1）预热检查

检测前，首先应对设备各配套装置与仪器进行预热，并对设备各部分做好维护准备工作，包括五气分析仪过滤件的检查与替换、采样管路和采样探头的清洗、泄漏检查和 HC 残留检查，底盘测功机的预热、滑行检查，气体流量分析仪的流量检查等。

检测前，也应对被测车辆进行外观与适应性预检查，外观检查包括车证是否一致、车辆是否适合简易工况法排气检测、车辆发动机性能是否满足检测要求、排气系统是否存在泄漏、车辆轮胎是否防滑、车辆的燃油和润滑油是否够量等。适应性检查包括检查底盘测功机的轴载是否能承受车辆驱动轴的总重量、车辆轮胎直径与滚筒的轴距是否相适用等。如经检查发现存在不符合检测要求情况，则应不允许对该车辆进行排气检测工作。

（2）预处理准备

车辆预检合格后，还应对车辆进行一系列预处理准备工作，包括关闭空调、音响、导航系统、防抱死装置（ABS）、防侧滑装置（ESC）或电子稳定程序（ESP）、牵引力控制系统（ASR）等所有以发动机为动力的各种车用装置或设备；对于非全时四轮驱动车辆，还应关闭一组驱动轮；检查车辆的油温、水温是否处于正常，如未达到正常工作温度，车辆应进行预热。

（3）滑行试验

完成上述准备工作后，正对滚筒驾驶车辆至滚筒上，使车辆的驱动轮置于滚筒上。然后将底盘测功机的举升板放下，使用低速挡驱动滚筒旋转，使被测车辆的轮胎与滚筒达到良好吻合。对于前轮驱动车辆还应将手刹拉起，并使用车轮挡固定车辆的非驱动轮，同时安装好其他车辆安全装置。此时，如车辆未达到正常热工作状态，可以让车辆在底盘测功机滚筒上以 40～50 km/h 的时速高速运行几分钟，直至车辆的油温、水温达到正常的工作温度。

（4）启动软件

启动设备工控软件，设备将进行检测前的自检和调零。自检通过后，检测员将五气分析仪的采样探头插入被测车辆的排气管，保证插深 400 mm，并将气体流量分析仪的集气管喇叭口正对车辆的排气口，保证气体流量分析仪能收集自车辆排气管排出的全部尾气。

（5）检测程序

车辆操作人员按司机助显示器的提示操控车辆，将车速控制在司机助显示器上显示的预设工况法曲线的速度允差范围内，直至检测工作结束。

1）启动发动机

按照制造厂使用说明书的规定，使用启动装置，启动发动机。发动机保持怠速运转 40 s。在 40 s 结束时开始循环，并同时开始取样。

2）怠速

手动或半自动变速器：怠速期间，离合器接合，变速器置空挡。为了按正常循环进行加速，车辆应在循环的每个怠速后期，加速开始前 5 s 离合器脱开，变速器置一挡。

自动变速器：在试验开始时，放好选择器后，在试验期间，任何时候不得再操作选择器，但除加速条件下采用自动变速器所述情况或选择器可以使超速挡工作外。

3）加速

进行加速时，在整个工况过程中，应尽可能地使加速度恒定。若加速度未能在规定时间内完成，如有可能，超出的时间应从工况改变的复合公差允许的时间中扣除；否则，必须从下一等速工况的时间内扣除。

自动变速器：若加速不能在规定时间内完成，则应按照手动变速器的要求，操作挡位选择器。

4）减速

在所有减速工况时间内，应使加速踏板完全松开，离合器接合，当车速降至 10 km/h 时，离合器脱开，但不操作变速杆。

如果减速时间比响应工况规定的时间长，则应使用车辆的制动器，以使循环按照规定的时间进行。

如果减速时间比响应工况规定的时间短，则应在下一个等速或怠速工况时间，恢复至理论循环规定的时间。

5）等速

从加速过渡到下一等速工况时，应避免猛踏加速板或关闭节气门。等速工况应采用保持加速踏板位置不变的方法实现。循环终止时（车辆停止在转鼓上），变速器置于空挡，离合器接合。同时停止取样。

（6）检测结束

检测工作结束后，将底盘测功机的举升板升起，拆除固定车辆的安全装置和车轮挡，将车辆驶离滚筒停放至指定位置。

（7）检验后续手续

检测合格，车主凭检测合格报告办理排气定期检验后续手续；检测不合格，车主自行对车辆进行排气维修，维修正常后办理复测委托手续，有关复测过程与图 4.4-35 所示流程基本相同，不再重复说明。

4.4.5.6 结果计算

（1）尾气原始气体测量

将五气分析仪取样探头插进汽油车排气管内，抽取汽车排出气体的原始气体，测出汽车尾气排出的原始气体中 CO、CO_2、HC、NO、O_2 的浓度值 C_{CO}、C_{CO_2}、C_{HC}、

C_{NO}、$C_{O_2 Raw}$。

（2）混合气体的测量

利用风机通过气体采集软管，将汽油车排出全部剩余气体（除去进入汽车排气分析仪的尾气）和空气混合气体全部被抽进流量测量气管，测出混合气体瞬间流量、温度、压力、稀释氧（O_2）浓度 V_{mix}、T_{mix}、P_{mix}、$C_{O_2 Dil}$。

（3）稀释比（K）计算

利用环境氧（O_2）浓度 $C_{O_2 Back}$、汽油车排出气体中原始 O_2 浓度 $C_{O_2 Raw}$、稀释氧 O_2 浓度 $C_{O_2 Dil}$ 通过式（4.4-2）计算出其气体的稀释比 K。

$$K = \frac{C_{O_2 Back} - C_{O_2 Dil}}{C_{O_2 Back} - C_{O_2 Raw}} \tag{4.4-2}$$

式中：K——稀释比；

$C_{O_2 Back}$——背景（环境）气中氧气的浓度，%；

$C_{O_2 Dil}$——稀释气体中氧气的浓度，%；

$C_{O_2 Raw}$——排气中氧气的浓度，%。

（4）气体流量转换

利用式（4.4-3）将被气体测量转换成标准状态下的流量。

$$V_s = V_{mix} \times \frac{P_{mix}}{P_0} \times \frac{T_0}{T_{mix} + T_0} \tag{4.4-3}$$

式中：V_s——折合到标准状况下进入流量仪的气体流量，m^3/min；

V_{mix}——流量仪测量的气体流量，m^3/min；

P_0——标准大气压，101 325 Pa；

T_0——标准状态下的温度，273.15 K；

P_{mix}——VMAS 系统测量的压力，Pa；

T_{mix}——VMAS 测量的温度，℃。

（5）标准状况下汽车排气的流量

$$V_{SE} = V_s \times K + V_{Raw} \times \frac{P_{Raw}}{P_0} \times \frac{T_0}{T_{Raw} + T_0} \tag{4.4-4}$$

式中：V_{SE}——标准状态下汽车排放流量，m^3/min；

V_{Raw}——被分流到汽车排气（五气）分析仪气体流量，m^3/min；

P_0——标准大气压，101 325 Pa；

T_0——标准状态下的温度，273.15 K；

P_{Raw}——红外检测平台测量的压力，Pa；

T_{Raw}——红外检测平台测量的温度，℃；

K——气体稀释比。

（6）气体浓度转换为单位时间的质量

1）HC、NO_2 单位时间（s）的质量见式（4.4-5）。

$$M_i = \frac{P_0 \times C \times V_{SE} \times \mu \times 10^3}{60 \times R \times T_0} \tag{4.4-5}$$

式中：M_i——单位时间的气体质量，mg/s；

C——排气 HC 或 NO_2 的浓度，10^{-6}；

V_{SE}——标准状态下汽车排放流量，m^3/min；

P_0——标准大气压，101 325 Pa；

T_0——标准状态下的温度，273.15 K；

μ——为 1 摩尔气体的质量，g/mol（HC：86 g/mol；NO_2：46 g/mol）；

R——普适气体恒量，取 8.31 J/（mol·K）。

2）CO、CO_2 单位时间（s）的质量见式（4.4-6）。

$$M_t = \frac{P_0 \times C \times V_{SE} \times \mu \times 10^3}{60 \times R \times T_0} \tag{4.4-6}$$

式中：M_t——单位时间的气体质量，mg/s；

C——排气 CO 或 CO_2 的浓度，10^{-6}；

V_{SE}——标准状态下汽车排放流量，m^3/min；

P_0——标准大气压，101 325 Pa；

T_0——标准状态下的温度，273.15 K；

μ——为 1 mol 气体的质量，g/mol（CO：28 g/mol；CO_2：44 g/mol）；

R——普适气体恒量，取 8.31 J/（mol·K）。

（7）气体排气总量

根据简易瞬态工况法测量出来的各种气体单位时间（s）内瞬间质量经过积分计算出来的汽车每公里排气总量。

（8）排放因子

各污染物排放因子计算结果，计算如式（4.4-7）或式（4.4-8）所示：

$$EF_i = \frac{M_i}{D} \times 10^{-3} \tag{4.4-7}$$

$$EF_t = \frac{M_t}{D} \times 10^{-3} \tag{4.4-8}$$

式中：EF_i、EF_t ——汽车尾气排放污染物 i（CO、CO_2、HC、NO、O_2）的排放因子，g/km；

M_i、M_t——CO、CO_2、HC、NO 单位时间的气体质量，mg/s；

D——车辆单位时间当量行驶距离，km/s。

（9）修正后结果

一氧化氮（NO）的测量值应由系统主机自动进行计算和修正后，以氮氧化物（NO_x）的形式表示，氮氧化物（NO_x）用二氧化氮（NO_2）当量表示。

试验过程及结果数据应在系统数据库进行记录存储。

4.4.5.7 技术要求

（1）五气分析仪

1）温度、湿度范围

分析系统及相关部件应在 0～40℃的特定环境温度下进行操作。分析仪应能保证有足够的气流以防止温度过高，一旦环境温度超出规定范围或仪器过热，则系统应能自动关闭。分析仪能防止分析采样和成分分析系统湿度变化而导致的测量浓度改变。如有特殊需要，分析系统应具有在任何测试环境条件下都能维持正常操作温度的特性。

采样系统及相关部件的操作湿度范围为 0～85%。

2）干扰因素

无关气体干扰影响应小于以下限值：HC：$\pm 4\times10^{-6}$，CO：±0.02%，CO_2：±0.2%，NO：$\pm 20\times10^{-6}$。

分析仪应能抗电磁干扰，抗振动冲击。电源为 220V 50Hz 的交流电或 12V 的汽车直流电。

3）测试能力

五气分析仪应能满足至少 0.2 s/次（5Hz）的排气浓度测试能力。每次开始测试前，应对环境温度、湿度进行测量，至少每秒测量一次。计算机对这些数据按每秒平均值计算。

4）仪器量程、精度和重现性

简易瞬态工况法所用五气分析仪的仪器量程、精度和重现性要求如表 4.4-11 和表 4.4-12 所示。

表 4.4-11 五气分析仪的测量指标与精度要求

气体	量程	精度		量程	精度	
		绝对值	相对值/%		绝对值	相对值/%
HC	0～2 000×10^{-6}	4×10^{-6}	±3.00	2 001×10^{-6}～5 001×10^{-6} 5 001×10^{-6}～9 999×10^{-6}	N/A	±5.00 ±10.00
CO	0～10.00%	0.02%	±3.00	10.01%～14.00%	N/A	±5.00

气体	量程	精度		量程	精度	
		绝对值	相对值/%		绝对值	相对值/%
CO_2	0～16.00%	0.30%	±3.00	16.10%～18.00%	N/A	±5.00
NO	0～4 000×10^{-6}	25×10^{-6}	±4.00	4 001×10^{-6}～5 000×10^{-6}	N/A	±8.00
O_2	0～25.00%	0.10%	±5.00	—	—	—

表 4.4-12　气体浓度分析仪量程和重现性要求

气体	量程	精度		量程	精度	
		绝对值	相对值/%		绝对值	相对值/%
HC	0～1 400×10^{-6}	3×10^{-6}	±2.00	1 400×10^{-6}～2 000×10^{-6}	N/A	±3.00
CO	0～7.00%	0.02%	±2.00	7.01%～10.00%	N/A	±3.00
CO_2	0～10.00%	0.1%	±2.00	10.00%～16.00%	N/A	±3.00
NO	0～4 000×10^{-6}	20×10^{-6}	±3.00	—	—	—
O_2	0～25.00%	0.1%	±3.00	—	—	—

5）响应时间

五气分析仪进行排气测量时，采样泵抽取的尾气自采样探头经采样软管抽至五气分析仪的废气分析装置、O_2传感器和 NO 传感器需要一定的时间，所耗时间长短取决于采样软管长度和采样泵的抽气流量。尾气通入废气分析装置、O_2 传感器和 NO 传感器后，也需耗费一定时间进行相应气体成分的分析，所以，五气分析仪实时显示和输出的排气测量结果实际上不是当时所采尾气样品的浓度值，而是尾气抽取与气体成分分析所耗费总时间前的尾气样品浓度值，即五气分析仪的测量结果存在响应延时时间差，且实时显示和输出的各种气体测量结果也并不是同一尾气样品的测量结果。为保证测量结果的有效性，简易工况法使用的五气分析仪对各污染物测量响应时间要求详见表 4.4-13。

表 4.4-13　五气分析仪各污染物测量响应时间要求

控制指标	被测污染物名称	响应时间/s
*T*90（上升时间）	CO、CO_2、HC	＜8
	NO	＜12
	O_2	＜15
*T*10（衰减时间）	CO、CO_2、HC	＜5
	NO	＜6
	O_2	＜5

（2）其他测量仪器

1）湿度、温度、气压

湿度计相对湿度检测量程为 5%～95%，允许误差为满量程的±3%以上。

温度计检测量程为−32～45℃，精度为±3℃。

气压计检测量程为 80～110 kPa（600～820 mmHg），环境温度 0～40℃时最小允许误差为测量值的 1%。

2）转速表和发动机转速传感器

转速表和发动机转速传感器的响应时间应小于 0.5 s，允许误差为 1%转速值。

3）计时器

计时器允许误差在 10～1 000 s 应为读数 0.1%。

4）测量仪器显示分辨力参照表 4.4-14。

表 4.4-14 测量仪器显示分辨力

项目	分辨力
HC	1×10^{-6} HC（正己烷当量）
NO	1×10^{-6} NO
CO	0.01% CO
CO_2	0.1% CO_2
O_2	0.1%（选择性）
转速	10 r/min
速度	0.1 km/h

4.4.5.8 质量控制

简易瞬态工况法排气检测过程的质量控制主要包括测试前的设备自检、测试前的 40 s 怠速预运行、尾气采样控制、车辆操控和过程参数监控等方面。

（1）测试前的设备自检

测试前的设备自检主要包括检查五气分析仪、气体流量分析仪、底盘测功机、环境参数设备等与工控软件之间的通信是否正常，检查五气分析仪的调零与 HC 残留检查是否满足标准要求，气体流量分析仪的流量范围是否处于 95～165 L/s，底盘测功机举升板控制是否正常等。

如工控软件与某个设备间的通信不正常，可以进行设备通信测试或检查连接电缆是否连接良好，重新进行连接电缆的拔接也许能解决问题；否则，应检查设备的通信接口等，只有通信正常才允许开展排气测试工作。

五气分析仪的调零与 HC 残留检查与双怠速法的分析仪调零和 HC 残留检查完全相同，这里不再重复说明。

当气体流量分析仪的流量低于 95L/s 时，应检查流量计气体管路和排气管是否吸入了异物出现部分堵塞，如有异物应清除异物。若不能解决就应拔除流量计的集气管，检查流量计本身的气体管路是否进入了异物，如无异物就应对流量计进行专门维修。当气体流量分析仪的流量大于 165 L/s 时，一般是流量计本身发生故障，就应对流量计进行专门维修。

如底盘测功机举升板控制失常，就应对底盘测功机进行专门维修。

（2）测试前的 40 s 怠速预运行

GB 18285—2005 规定，在进入简易瞬态工况法测试循环前，先需要进行 40 s 时间的怠速预运行，以保证被测车辆进入正式测试前处于稳定工作状况。

（3）尾气采样控制

简易瞬态工况法检测时除应保证采样探头插深 400 mm 外，还应保证流量分析仪的集气管对正并尽量靠近车辆排气管，以保证集气管能全部收集车辆排气管排出的所有尾气。

（4）车辆操控

车辆操控方面，应平稳控制油门，加减速运行时尽量使车辆接近匀加速度运行状况，匀速运行时应尽量保持车速的稳定，切记不要出现急踩油门或急松油门现象。

（5）过程参数监控

检测过程中的主要控制参数包括流量分析仪的流量大小监控和流量变化、尾气中的 $CO+CO_2$ 大小、连续速度超差时间、累计速度超差时间等。一般来说，检测时流量分析仪的流量应大于 95 L/s、小于 165 L/s，$CO+CO_2 \geqslant 6.0\%$，速度连续超差时间应不大于 3 s，整个测试过程中累计速度超差时间不大于 15 s。对于这些参数有些设备进行了监控或进行了部分监控，有些设备则基本没有进行监控，不管监控与否，如这些参数不满足上述要求，检测工作应该终止并重新进行检测。

4.4.5.9 注意事项

简易瞬态工况法排气检测时应特别注意如下问题：

①对于非全时四轮驱动车辆，检测前一定要确保已有效关闭了一组驱动轮，一定要确保是将未关闭的驱动轮放置在滚筒上；否则，检测时就可能出现车辆冲出滚筒情况，造成意想不到的安全事故。

②双排气管车辆应使用 Y 型采样探头同时对两个排气管进行同步采样。

③对于安装有防抱死装置（ABS）、防侧滑装置（ESC）或电子稳定程序（ESP）、牵引力控制系统（ASR）等主动型制动功能和扭矩控制功能车辆，不能因自身技术能力限制无法解除相关装置的控制功能，将本该采用简易瞬态工况法排气检测的车辆随意改用双怠速法进行排气检测。

④简易工况法排气检测时的惯量模拟、排放标准限值、检测结论判定等均与被测车辆基准质量有关，因此，检测时，应保证车辆处于空载状态，除驾驶员外，被测车辆不允许搭乘任何人与装载货物，否则会因人或货物增加了被测车辆的实际测量质量，也增加了被测车辆的实际惯量，导致因底盘测功机的模拟惯量小于被测车辆的实际惯量，引起检测结果误差。

⑤检测前不要让车辆长时间处于怠速状况，长时间怠速运行会使车辆排气系统产生积碳，影响测量结果。

⑥集气管的喇叭应在气体流量分析仪自检通过后，才允许对正排气管，且应尽量靠近车辆的排气管，要保证气体流量分析仪能收集被测车辆排放的全部尾气。

4.4.6 点燃式发动机汽车排气污染物排放限值及测量方法——稳态工况法

4.4.6.1 适用范围

点燃式发动机汽车排气污染物排放限值及测量方法（GB 18285—2005）规定了点燃式发动机轻型汽车稳态工况法测量方法。

【稳态工况法（GB 18285—2005）】

该方法适用于装用点燃式发动机的新生产汽车和在用汽车。

4.4.6.2 测定原理

汽车在道路上以低、中速的速度在平路上等速行驶的阻力相对较小，车辆在加速行驶过程中，发动机的输出功率主要用来克服车辆的惯性阻力。如果在底盘测功机上利用功率吸收装置对车辆加载，使测功机的总加载阻力等于车辆加速阻力与平路行驶阻力之和，将车辆在某点的加速阻力等效为等速阻力进行试验，利用稳态阻力模拟加速阻力，这样在一定程度上能够反映出有载荷工况的排放情况。

采用稳态工况法，将被检车辆驱动轮停放到底盘测功机上，车辆启动，由检验员将车速控制稳定到规定工况速度（25 km/h 及 40 km/h 两个工况），由电气控制系统控制调节功率吸收装置，使加载到滚筒表面的总吸收功率 THP 为测试工况下的给定加载值时，车辆稳定带载荷运行。五气分析仪测量车辆的尾气排放中各成分的含量、通过分析仪自带的环境测试单元获得温度、湿度、气压参数，计算出稀释系数（DF），然后计算出校正后的 CO、HC、NO 排放浓度值，并给出合格性评价。HC、CO 和 CO_2 分析应采用不分光红外吸收型（NDIR）分析仪，NO 和 O_2 分析应采用电化学传感器分析仪或其他等效方法。

4.4.6.3　仪器设备

（1）试验车辆

①点燃式发动机汽车的机械状况应良好，无影响安全或引起试验偏差的机械故障。

②车辆进、排气系统不得有任何泄漏。

③车辆的发动机、变速箱和冷却系统应无液体渗漏。

④轮胎表面磨损应符合有关标准的规定。驱动轮胎压力应符合生产厂的规定。

（2）仪器设备

稳态工况法与简易瞬态工况法同属于点燃式轻型汽车排气检测方法，其设备的主要构成装置或仪器也基本相同。相对简易瞬态工况法设备除工控软件不同外，稳态工况法设备还无须配备气体流量分析仪，且所需配备的五气分析仪精度相对简易瞬态工况法设备所需配备的五气分析仪精度稍低。试验设备应符合国家相关标准（HJ/T 291—2006）和计量检定规程的规定。

【HJ/T 291—2006】

①系统工控电脑。由主控柜、工控计算机、打印机、电气控制系统、计算机软件系统组成。

②底盘测功机。

③排气取样系统。

④五气分析仪。此分析仪在测试过程中测量车辆排气管中排出的一氧化碳（CO）、碳氢化合物（HC）、二氧化碳（CO_2）、一氧化氮（NO）和氧（O_2）的浓度，并把信息实时的传输给主控部分。

⑤环境参数仪。

⑥司机助显示器。

⑦冷却风机。

4.4.6.4 测试工况

稳态工况法包含了 ASM5025 和 ASM2540 两个基本测试工况。ASM5025 工况测试设定车速为 25 km/h，测功机以加速度为 1.475 m/s^2 时输出功率的 50%对被测车辆进行加载。ASM5025 中的前两个数字“50”表示加载百分数，后两个数字“25”为工况测试设定车速；ASM2540 工况测试设定车速为 40 km/h，测功机以加速度为 1.475 m/s^2 时输出功率的 25%对被测车辆进行加载。ASM2540 中的前两个数字“25”表示加载百分数，后两个数字“40”为工况测试设定车速。

ASM5025 和 ASM2540 的工况运行最长时间均为 90 s，每个工况的开始均包含了一个 5 s 稳定时间、一个 10 s 左右的分析仪预制时间和一个 10 s 的快速检查工况，具体测试循环如图 4.4-36 所示。

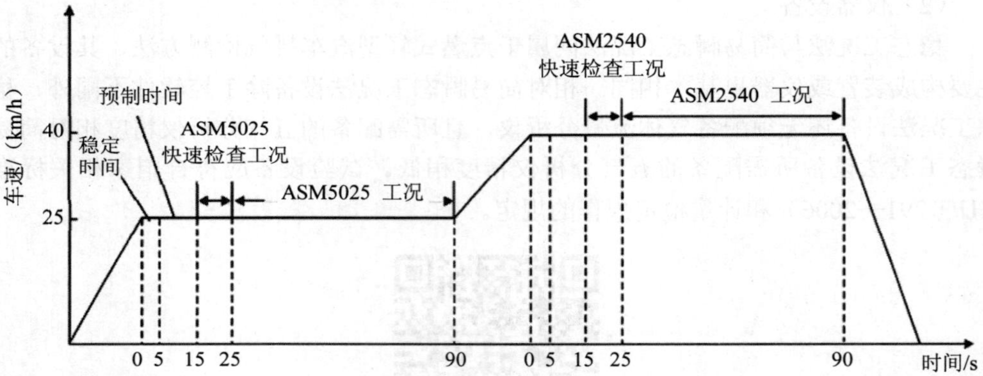

图 4.4-36 稳态工况法测试循环

4.4.6.5 检测流程

（1）车辆准备

①如有条件，可在发动机上安装冷却水和润滑油测温计等测试仪器。

②应关闭空调、暖风等附属装备。装备牵引力控制装置的车辆应关闭牵引力控制装置。

③车辆预热，进行试验前，车辆各总成的热状态应符合汽车技术条件的规定，并保持稳定。在试验前车辆的等候时间超过 20 min 或在试验前熄火超过 5 min，应选以下任一种方法预热车辆：

车辆在无负荷状态使发动机以 2 500 r/min 运转 4 min；

车辆在测功机上按 ASM5025 工况运行 60 s。

④变速器的使用：按照自动变速器的车辆应使用前进挡进行试验。安装手动变

速器的车辆应使用二挡，如果二挡所能达到的最高车速低于 45 km/h 可使用三挡。

⑤车辆驱动轮应位于滚筒上，必须确保车辆横向稳定。驱动轮胎应干燥防滑。

⑥车辆应限位良好。对前轮驱动车辆，试验前应使驻车制动起作用。

⑦在试验工况计时过程中，车辆不允许制动。如果车辆制动，工况起始计时应重新置零（t=0 s）。

（2）仪器预热

底盘测功机预热：测功机日常开机或停机、转速小于 25 km/h 超过 30 min，应在试验前进行自动预热。此预热应由系统自动控制完成，如没有按规定完成预热，系统应锁定不能进行检测。

五气分析仪预热：仪器应在通电后 30 min 内稳定。在 5 min 内未经调整，零位及 HC、CO、NO 和 CO_2 的量距读数应稳定在误差范围内。

在测试循环开始前记录环境参数仪测得的环境温度、相对湿度和压力。

（3）滑行试验

完成上述准备工作后，正对滚筒驾驶车辆至滚筒上，使车辆的驱动轮置于滚筒上。然后将底盘测功机的举升板放下，使用低速挡驱动滚筒旋转，使被测车辆的轮胎与滚筒达到良好吻合。对于前轮驱动车辆还应将手刹拉起，并使用车轮挡固定车辆的非驱动轮，同时安装好其他车辆安全装置。此时，如车辆未达到正常热工作状态，可以让车辆在底盘测功机滚筒上以 40～50 km/h 的时速高速运行几分钟，直至车辆的油温水温达到正常工作温度。

（4）设备自检

启动设备检测软件，设备进行检测前的自检和调零。自检通过后根据司机助显示器的提示将五气分析仪的采样探头插入被测车辆的排气管，保证插深 400 mm，并固定于排气管上。对于独立工作的多排气管应同时取样。

（5）工况检测

检测员按司机助显示器的提示工况法曲线操作车辆，先进行 ASM5025 工况测试，再进行 ASM2540 工况测试。测试过程由设备软件根据实时采集的测试参数和排气测试结果进行实时修正，并在司机助显示器上及时提示，检测员按显示器上的提示操控被测车辆，直至检测工作结束。

ASM5025 工况：车辆经预热后，加速至 25 km/h，测功机根据测试工况要求加载，工况计时器开始计时（t=0 s），车辆保持（25.0±1.5）km/h 等速 5 s 后开始检测。当测功机转速和扭矩偏差超过设定值的时间大于 5 s，检测应重新开始。然后系统根据 ASM5025 工况的规定开始预置 10 s 之后开始快速检查工况，计时器为 t=15 s 时分析仪器开始测量，每秒钟测量一次，并根据稀释修正系数及湿度修正系数计算 10 s 内的排放平均值。运行 10 s（t=25 s）ASM5025 快速检查工况结束。车辆运行至 90 s（t=90 s）ASM5025 工况结束。测功机在车速（25.0±1.5）km/h 的允许误差范围内，加载扭矩应随车速的变化做相应的调整，保证加载功率不随车速改变。扭矩允许误差为该工况设定扭矩的±5%。

在测量过程中，任意连续10 s内第1～10 s的车速变化相对于第1 s小于±0.5 km/h，测试结果有效。快速检查工况的10 s内的排放平均值经修正后如果等于或低于限值的50%，则测试合格，检测结束；否则应继续进行至90 s工况。如果所有检测污染物连续10 s的平均值均低于或等于限值，则该车应判定为ASM5025工况合格，继续进行ASM2540检测；如任何一种污染物连续10 s的平均值超过限值，则测试不合格，检测结束。在检测过程中如任意连续10 s内的任何一种污染物10次排放值经修正后均高于限值的500%，则测试不合格，检测结束。

ASM2540工况：车辆从25.0 km/h直接加速至40.0 km/h，测功机根据测试工况要求加载，工况计时器开始计时（t=0 s），车辆保持（40.0±1.5）km/h等速5 s后开始检测。当测功机转速和扭矩偏差超过设定值的时间大于5 s，检测应重新开始。然后系统根据ASM2540工况所规定开始预置10 s之后开始快速检查工况，计时器为t=15 s时分析仪器开始测量，每秒钟测量一次，并根据稀释修正系数及湿度修正系数计算10 s内的排放平均值。运行10 s（t=25 s）ASM2540快速检查工况结束。车辆运行至90 s（t=90 s）ASM2540工况结束。测功机在车速（40.0±1.5）km/h的允许误差范围内，加载扭矩应随车速的变化做相应的调整，保证加载功率不随车速改变。扭矩允许误差为该工况设定扭矩的±5%。

在测量过程中，任意连续10 s内第1～10 s的车速变化相对于第1 s小于±0.5 km/h，测试结果有效。快速检查工况的10 s内的排放平均值经修正后如果等于或低于限值的50%，则测试合格，检测结束；否则应继续进行至90 s工况。如果所有检测污染物连续10 s的平均值均低于或等于限值，则该车应判定为合格。如任何一种污染物连续10 s的平均值超过限值，则测试不合格，检测结束。在检测过程中如任意连续10 s内的任何一种污染物10次排放值经修正后如高于限值的500%，则测试不合格，检测结束。

（6）检测结束

检测结束后，将底盘测功机的举升板被升起，拆除固定车辆的安全装置和车轮挡，将车辆驶离滚筒停放至指定位置。记录检测结果，出具检测报告。

4.4.6.6 结果计算

（1）排放平均浓度

排放测试结果应进行稀释校正及湿度校正，计算10次有效测试的算术平均值。测量结果计算公式如下：

$$C_{\mathrm{HC}} = \frac{\sum_{i=1}^{10} C_{\mathrm{HC}}(i) \times \mathrm{DF}(i)}{10} \tag{4.4-9}$$

$$C_{CO}=\frac{\sum_{i=1}^{10}C_{CO}(i)\times DF(i)}{10} \quad (4.4\text{-}10)$$

$$C_{NO}=\frac{\sum_{i=1}^{10}C_{NO}(i)\times DF(i)\times k_H(i)}{10} \quad (4.4\text{-}11)$$

式中：C_{HC}——HC 排放平均浓度，10^{-6}；

C_{CO}——CO 排放平均浓度，%；

C_{NO}——NO 排放平均浓度，10^{-6}；

C_{HC}（i）——第 i 秒 HC 测量浓度，10^{-6}；

C_{CO}（i）——第 i 秒 CO 测量浓度，%；

C_{NO}（i）——第 i 秒 NO 测量浓度，10^{-6}；

DF（i）——第 i 秒稀释系数；

k_H（i）——第 i 秒湿度校正系数。

（2）稀释校正

ASM 排放试验的 CO、HC 和 NO 测量值应乘以稀释系数（DF）予以校正。当稀释系数计算值大于 3.0 时，稀释系数取值 3.0。稀释系数计算公式如下：

$$DF=\frac{C_{CO_2修}}{C_{CO_2测}} \quad (4.4\text{-}12)$$

$$C_{CO_2修}=\left[\frac{X}{a+1.88X}\right]\times 100 \quad (4.4\text{-}13)$$

$$X=\frac{C_{CO_2测}}{C_{CO_2测}+C_{CO测}} \quad (4.4\text{-}14)$$

式中：DF——稀释系数；

$C_{CO_2修}$——CO_2 排放浓度测量修正值，%

$C_{CO_2测}$——CO_2 排放浓度测量值，%

$C_{CO测}$——CO 排放浓度测量值，%

a——燃料计算系数，根据燃料种类选取下列值：汽油取 4.644，压缩天然气取 6.64，液化石油气取 5.39。

（3）湿度校正

$$k_H=\frac{1}{1-0.0047(H-75)} \quad (4.4\text{-}15)$$

$$H=\frac{43.478\times R_a\times P_d}{P_B-(P_d\times R_a/100)} \tag{4.4-16}$$

式中：k_H——湿度校正系数；

H——绝对湿度，g（水）/kg（干空气）；

R_a——环境空气的相对湿度，%；

P_d——环境温度下饱和蒸汽压，kPa，如果温度大于 30℃，应用 30℃饱和蒸汽压代替；

P_B——大气压力，kPa。

4.4.6.7 技术要求

（1）排气分析仪

1）干扰因素

无关气体干扰影响应小于以下限值：HC：10×10^{-6}，CO：±0.05%，CO_2：±0.20%，NO：±25×10^{-6}。

分析仪应能抗电磁干扰，抗振动冲击。

2）响应时间

排气分析仪对 HC、CO 和 CO_2 分析，从探头输入被测气体到显示终值的 90%响应时间应小于 8 s，显示终值的 95%反应时间应小于 12 s；对 NO 分析，从探头输入被测气体到显示终值的 90%响应时间应小于 12 s，NO 稳定值读数下降到 10%稳定读数值的响应时间应小于 12 s。

仪器量程和测量误差应满足表 4.4-15 的要求（满足相对误差和绝对误差任意一项即可）。

表 4.4-15 仪器量程和测量误差要求

气体种类	量程	测量误差	
		相对误差/%	绝对误差
HC	$0\sim2\,000\times10^{-6}$	±5	±10×10^{-6}
	$2\,001\times10^{-6}\sim9\,000\times10^{-6}$	±10	—
CO	0～10.00%	±5	±0.05%
	10.00%～14.00%	±10	—
CO_2	0～16.00%	±5	±0.5%
	16.00%～18.00%	±10	—
NO	$0\sim4\,000\times10^{-6}$	±4	±25×10^{-6}
	$4\,000\times10^{-6}\sim5\,000\times10^{-6}$	±8	—

（2）其他测量装置

1）湿度计、温度计、气压计和计时器

设备须配备湿度计，相对湿度测量范围应为 5%～95%，测量准确度应为±3%。湿度计须安置在能直接采集检测场内环境湿度的地方，按检测程序要求向控制计算机传输实时数据。

设备须配备温度计，温度测量范围应为 255～333 K（−18～60℃），测量准确度应为±1.5 K。温度计须安置在能直接采集检测场内环境湿度的地方，按检测程序要求向控制计算机传输实时数据。

设备应配备气压计，气压测量范围应为 80～110 kPa，测量准确度应为±3%。如大气压力变不大的地区，系统应能够允许人工输入检测地季节大气压力。

计时器 10～1 000 s 测量准确度应为±0.1%。

2）仪器显示分辨力

测量仪器显示分辨力应满足表 4.4-16 的要求。

表 4.4-16　测量仪器显示分辨力

类别	分辨力
HC	1×10^{-6}（正己烷当量）
NO	1×10^{-6}
CO	0.01%
CO_2	0.10%
速度	0.1 km/h
载荷	0.1 kW
相对湿度	1.00%
干球温度	1℃
气压计压力	0.1 kPa

4.4.6.8　质量控制

稳态工况法排气检测过程的质量控制主要包括测试前的设备自检、尾气采样控制、操车控制和过程参数监控等方面。

（1）测试前的设备自检

测试前的设备自检主要包括检查五气分析仪、气体流量分析仪、底盘测功机、环境参数设备等与工控软件之间的通信是否正常，检查五气分析仪的调零与 HC 残留检查是否满足标准要求，气体流量分析仪的流量范围是否处于 95～165 L/s，底盘测功机举升板控制是否正常等。设备出现故障或失常的维护或维修方式可参照简易瞬态工况法的质量控制部分，此处不重复说明。

（2）尾气采样控制

稳态工况法检测时应保证采样探头插深 400 mm，以保证测试结果的代表性。

（3）操车控制

车辆操控方面，稳态工况法对工况车速的控制相对严格，需同时满足两个条件，一是车速允差需要处于预设工况速度的±1.5 km/h 范围；二是测试速度变化应满足任意连续 10 s 内第 1～10 s 的车速变化相对第 1 s 小于±0.5 km/h 范围，为保证稳态工况法测试车速的有效性，测试时应平稳控制油门，确保测试速度满足上述两个条件要求。

（4）过程参数监控

过程参数监控方面，稳态工况法主要进行测功机的滚筒转速、加载监控和采样监控。GB 18285—2005 规定，在测试工况的速度允许误差范围内，加载扭矩应随车速的变化做相应的调整，应保证加载功率不随车速改变，并规定扭矩偏差不允许超过相应工况规定的预设扭矩值的±5%范围。当底盘测功机的滚筒转速和扭矩偏差超过预设值的时间大于 5 s 时，应重新进行测试。稳态工况法 ASM5025 工况和 ASM2540 工况的预设加载功率取决于被测车辆的基准质量（RM），加载功率的大小应不受工况测试时车速变化影响，是恒定不变的。

实际测试过程中，由于扭力随车速变化进行调整，当车速变化较慢时，其加速度较小，扭力偏离工况预设值不大，但当速度变化较快时，此时加速度也会较大，如车速变化使得扭力的变化超过预设扭力的±5%时，则超出了标准所允许的扭力偏差范围，则应重新进行排气测试工作。由此可见，稳态工况法测试时应尽量使车速变化平稳，不要出现急踩油门或急收门现象。

同双怠速法和简易瞬态工况法一样，稳态工况法测试时也需要对尾气采样状况进行监控，当尾气分析结果 $CO+CO_2 \leqslant 6.0\%$时应终止测试工作。

一般来说，设备的工况软件也具备上述监控功能，相关控制工作主要由工况软件实现，但为保证稳态工况法的测试效果，进行排气测试时，应尽可能地将车速平稳控制至目标工况的预设工况车速，以保证检测数据的稳定与可靠。

4.4.6.9 注意事项

稳态工况法排气检测时应特别注意如下问题：

①稳态工况法测试时，自动变速车辆使用前进挡进行测试，手动变速器车辆应使用二挡进行测试，如二挡的最高速度低于 45 km/h 时，可使用三挡测试。

②工况测试过程中，不允许对车辆进行刹车，如使用刹车，则工况测试无效，该测试工况应重新开始。

③对于非全时四轮驱动车辆，检测前一定要确保已有效关闭了一组驱动轮，一定要确保是将未关闭的驱动轮放置在滚筒上；否则，检测时就可能出现车辆冲出滚筒情况，造成意想不到的安全事故。

④双排气管车辆应使用 Y 型采样探头同时对两个排气管进行同步采样。

⑤对于安装有防抱死装置（ABS）、防侧滑装置（ESC）或电子稳定程序（ESP）、牵引力控制系统（ASR）等主动型制动功能和扭矩控制功能车辆，检测机构或检测员也不能因自身技术能力限制无法解除相关装置的控制功能，将本该采用稳态工况法排气检测的车辆随意改用双怠速法进行排气检测。

⑥稳态法排气检测时的惯量模拟、排放标准限值、检测结论判定等均与被测车辆基准质量有关，因此，检测时，应保证车辆处于空载状态，除驾驶员外，被测车辆不允许搭乘任何人与装载货物，否则会因人或货物增加了被测车辆的实际测量质量，也增加了被测车辆的实际惯量，导致因底盘测功机的模拟惯量小于被测车辆的实际惯量，引起检测结果误差。

⑦检测前不要让车辆长时间处于怠速状况，长时间怠速运行会使车辆排气系统产生积碳，影响测量结果。

想一想练一练

一、不定项选择题

1．关于机动车尾气的污染特征的说法，正确的是_____

A．流动性强，影响范围广

B．排放高度低，人类是主要污染受体

C．污染排放相对稀疏，影响人群分散

D．以上都是

2．第一类轻型车的定义为设计乘员不超过_____人（包括司机），总质量小于或等于 2 500 kg 的载客车辆，第二类轻型车为除第一类轻型车外的所有轻型汽车。

A．5　　B．6　　C．8　　D．11

3．下列车辆中，____属第二类轻型汽车。

A．出租车　B．家庭小轿车　C．混合电动小轿车　D．8 座微型面包车

4．GB18285—2005 所指的简易工况法包括________。

A．双怠速法、稳态工况法和简易瞬态工况法

B．双怠速法、瞬态工况法和简易瞬态工况法

C．稳态工况法、瞬态工况法和简易瞬态工况法

D．双怠速法、稳态工况法和瞬态工况法

5．稳态工况法与简易瞬态工况法的主要差别为测试循环与________。

A．污染物测试参数的测量结果单位不同　　B．测试对象不同

C．排气污染物的测量原理不同　　D．测量的排气污染物不同

6．GB 3847—2005 的适用范围不包括＿＿＿＿＿汽车。

A．低速载货货车和超长超宽的平板拖车

B．低速载货货车和三轮汽车

C．三轮汽车和超长超宽的平板拖车

D．功率超过 450 kW 的柴油车和低速载货货车

7．下列车辆中，＿＿＿不能采用简易工况法进行排气检测。

A．带防侧滑装置（ESC）轿车　　B．非全时四轮驱动轿车

C．额定功率大于 450kW 车辆　　D．总质量大于 18 t 的普通柴油车

8．简易工况法排气检测设备的环境参数仪测量的主要参数为＿＿＿＿＿。

A．温度　B．湿度　C．风速　D．大气压力

9．所有简易工况法设备都需要配备＿＿＿＿＿＿。

A．底盘测功机　B．五气分析仪　C．发动机转速计　D．环境参数仪

10．某大型客车的车辆登记证显示为柴油车，经外观检查发现为 LNG 燃料车，其他参数（车牌、发动机型号及车架型号等）则与车辆登记证完全相符，此时应采用＿＿＿＿＿＿进行排气检测。

A．加载减速法　　B．不透光自由加速烟度法

C．双怠速法　　D．简易瞬态工况法

11．简易瞬态工况法设备进行流量计稀释比（或稀释系数）测量时，应测量的参数不包括＿＿＿＿＿＿。

A．环境空气中的氧气浓度

B．稀释尾气中的氧气浓度

C．被测车辆排放的原始尾气中的氧气浓度

D．气体流量分析仪排放口废气中的氧气浓度

二、填空题

1．根据发动机点火方式，汽车可分为＿＿＿＿＿＿发动机汽车和＿＿＿＿＿＿发动机汽车两大类。

2．轻型汽车是指最大总质量不超过＿＿＿＿＿kg 的四轮车辆，或最大总质量超过＿＿＿＿＿kg 但不超过＿＿＿＿＿kg 的三轮车辆。

3．过量空气系数（λ）是指燃烧 1 kg 燃料的＿＿＿空气量与＿＿＿＿所需空气量之质量比。

4．GB18285—2005 规定的轻型汽油车简易工况法包括＿＿＿＿＿、＿＿＿＿＿和＿＿＿＿＿＿ 三种排气检测方法。

5．GB3847—2005 规定的柴油车排气定期检验方法包括＿＿＿＿＿＿＿＿、＿＿＿＿＿＿＿＿和＿＿＿＿＿＿＿＿三种排气烟度检测方法。

6．五气分析仪采用＿＿＿＿＿＿＿＿＿＿＿对 CO、HC 和 CO_2 进行测量，

采用_____________对 NO 和 O_2 进行测量。

7．不透光烟度计主要由_____________、_____________、取样探头及连接电缆等几部分组成。

8．简易工况法设备使用的底盘测功机一般为___________测功机。

9．GB 18285—2005 规定的排气采样探头插深要求分别为：双怠速法_____mm，简易瞬态工况法______mm，稳态工况法_____mm。

10．虽 GB 18285—2005 规定了三种简易工况法，____________没有得到实际使用，得到实际使用的只有__________________和______________两种。

11．日常排气抽检主要有______抽检和_________抽检两类，点燃式发动机汽车采用__________和_________进行排气检测，压燃式发动机汽车采用_________和____________进行排气烟度检测。

12．双怠速法包括_________和_________两种测试工况。

13．高怠速工况是指车辆处于_____工况，用油门踏板将发动机转速稳定控制在___________额定转速或________高怠速转速时的运行工况。

14．稳态工况法又名 ASM 法，共包括__________和___________两个基本测试工况，对应的测试工况速度为_______km/h 和_______km/h，车速允差为______km/h。

15．简易瞬态工况法测试循环的最大车速为_____________km/h，测试平均车速为______km/h，理论行驶距离为________km，车速允许误差为_____km/h。

16．使用低气体对五气分析仪进行检查时，当 CO 的相对误差小于_____或绝对误差小于______%，HC 的相对误差小于______或绝对误差小于______$\times10^{-6}$，NO 的相对误差小于_____或绝对误差小于____$\times10^{-6}$，CO_2 的相对误差小于______或绝对误差小于______%，O_2 的相对误差小于_______或绝对误差小于______%时，说明五气分析仪的测量精度满足简易瞬态工况法排气检测要求。

三、问答题

1．什么是点燃式发动机汽车？什么是压燃式发动机汽车？

2．GB 18285—2005 共包含了哪几种点燃式发动机汽车排气污染物检测方法？目前在排气定期检验中得到应用的有哪几种，它们各自的主要适用范围怎样？

3．GB 3847—2005 共包含哪几种压燃式发动机汽车排气污染物检测方法？目前在排气定期检验中得到应用的有哪几种，它们各自的主要适用范围怎样？

4．GB 18285—2005 和 GB 3847—2005 制定的排放限值有哪些？没有制订排放限值的应如何执行？

5．四气分析仪和五气分析仪在结构原理方面有哪些异同？

6．稳态工况法设备与简易瞬态工况法设备有哪些异同？

7．简述不透光烟度计测量单元的工作原理。

8．双怠速法规定轻型汽油车的高怠速转速为多少？重型汽油车的高怠速转速为多少？

9．双怠速法排气检测过程中应采取哪些具体的质量控制措施？

10．简述双怠速法的排气检测过程。

11．稳态工况法的基本测试循环工况共有几部分？各部分的作用及运行时间为多少？

12．稳态工况法五气分析仪低标气检查的示值精度分别为多少？

13．简述稳态工况法（ASM 法）排气检测流程。

14．简述简易瞬态工况法（VMASS 法）排气检测流程。

15．简易瞬态工况法排气检验过程中，应采取哪些质量控制措施与方法？

项目五　室内空气污染监测

导读：有专家认为，继“煤烟型污染”和“光化学烟雾型污染”之后，人们已进入以“室内空气污染”为标志的第三污染时期。随着社会经济的高速发展，室内甲醛、苯系物、氨气、臭氧和氡气等污染物浓度水平远远高于室外，由此引起“病态建筑综合征”的患者越来越多。

2000 年 7 月，美国一家律师事务所北京办事处与某装饰公司签订了一份装修合同，由某装饰公司为其装修在北京的办公室。结果同年 9 月某装饰公司交工使用后，该律师事务所员工普遍感到头疼、气闷、流泪等不适症状。2001 年 6 月 28 日，该律师事务所委托室内监测机构进行室内空气质量检测，结果发现室内空气中甲醛超过国家卫生标准。因此，该律师事务所要求装饰公司按照合同约定，退还 20%装修款，赔偿并消除室内环境污染。在多次协商不成的情况下，该律师事务所向中国国际经济贸易仲裁委员会申请仲裁。仲裁委员会经过开庭调查和双方答辩，于 2001 年 12 月下达仲裁，裁决被告退还原告 20%的装修款和利息合计人民币 23 万元，并承担全部仲裁费和律师费，消除该律师事务所北京办事处办公室的甲醛污染。

学习目标

1. 了解室内污染源、室内主要污染物及其危害，能正确判断室内空气中存在的主要污染物。

2. 掌握室内相关标准的应用。

3. 掌握室内空气监测方案的制订方法，能根据工作任务制订科学合理可行的室内环境空气质量监测方案。

4. 掌握室内空气中甲醛、氨、苯系物、TVOC 及氡的测定方法及操作要点，并进行初步评价。

项目任务

任务 5.1　室内污染基本知识

任务 5.2　室内环境标准

任务 5.3 室内空气监测方案的制订
任务 5.4 室内空气中甲醛的测定
任务 5.5 室内空气中氨的测定
任务 5.6 室内空气中苯系物的测定
任务 5.7 室内空气中总挥发性有机物（TVOC）的测定
任务 5.8 室内空气中氡的测定

任务 5.1 室内污染基本知识

所谓的室内环境，是相对于室外环境而言的。这里所说的室内不单单是指家居住宅，还包括了工作、学习、娱乐、购物等场所、学校教室、医院、大型百货商店、写字楼和交通工具等相对封闭的各种场所。广义上讲，室内环境应包括室内的工作场所和生产场所。

近年来，随着社会经济的发展、科学技术的进步和生活水平的提高，人们对高质量居住条件包括对室内各种舒适环境的要求越来越高。居室的功能已不仅是遮风避雨，更重要的是为人类提供良好的工作与学习环境以及舒适的休憩之地。室内环境是人们接触最频繁、最密切的环境之一，现代人平均 80%～90%以上的时间是在室内度过的，与室内空气污染物的接触时间多于室外，因此，室内空气质量的优劣能够直接关系到每个人的健康，尤其是老、弱、病、残、幼、孕等体弱人群。在室内活动的时间越长，室内空气质量对他们更为重要。

我国 20 世纪 80 年代以前，室内污染物主要是燃煤所产生的二氧化碳、一氧化碳、二氧化硫、氮氧化物。90 年代末期，随着住宅改革和国民生活水平的提高，特别是建材业的高速发展，装修热的兴起，由装饰材料所造成的污染成了室内污染的主要来源，建筑材料、家具制品和装修材料大多含有超标（有的是严重超标）的甲醛、苯、氨、氡、氯化烃等对人体健康极为有害的物质。随着空调的普遍使用，要求建筑结构有良好的密闭性能达到节能的目的，而现行设计的空调系统多数新风量不足，导致室内空气中有害物质从数量和种类上不断增加，造成室内空气质量的恶化。

【室内空气污染视频】

5.1.1　室内污染的来源

5.1.1.1　按污染物的性质划分

室内环境污染物按照污染物的性质，大致可以划分为化学性污染物、物理性污染物、生物性污染物和放射性污染物。其对应的污染源可分为化学污染源、物理污染源、生物污染源和放射污染源。

① 化学污染源。主要包括从装修材料、家具、玩具、煤气热水器、杀虫喷雾剂、烟草、化妆用品、涂料、厨房等地方释放或排放出来的，包括氨、氮氧化物、碳氧化物等无机污染物及甲醛、苯系物、TVOC 等有机污染物。

② 物理污染源。包括室外交通工具产生的噪声，室内灯光照明不足或过亮，温度、湿度过高或过低所引起的相关问题，家用电器产生的电磁辐射等。

③ 生物污染源。主要包括垃圾、空调系统等所产生的细菌、真菌类孢子。人、宠物的代谢产物（如皮屑、碎毛发、排泄物、口鼻分泌物等）。

④ 放射性污染源。地基、井水、建材、砖、混凝土、水泥中释放出来的氡气及其衰变子体。

5.1.1.2　按污染源的来源划分

室内空气污染物的来源很多，根据各种污染物形成的原因和进入室内的不同渠道，可分为室外污染源和室内污染源。室内空气污染的主要来源见表 5.1-1。

表 5.1-1　室内空气污染物主要来源

	污染源	产生的污染物	危　害
室内	砖瓦、混凝土、板材、石材、保温材料、涂料、黏结剂、家具等建筑材料和装饰材料	氨、甲醛、氡、放射性核素、石棉纤维、有机物等	头昏、尘肺、诱发冠心病、肺水肿、致癌
	清洁剂、除臭剂、杀虫剂、化妆品等生活用品	苯及同系物、醇、氯仿、脂肪烃类、多种挥发有机物等	致癌
	燃料燃烧	CO、TSP、NO_2、SO_2 等	呼吸道强烈刺激，鼻、咽部疾病
	吸烟	CO、CO_2、NO_x、烷烯烃、尼古丁、焦油、芳香烃等	呼吸系统疾病，致癌
	呼吸、皮肤、汗腺代谢活动	CO_2、NH_3、CO、甲醇、乙醇、醚等	头昏、头痛、神经系统疾病
	室内微生物（来源人体病原微生物及宠物）	结核杆菌、白喉、霉菌、螨虫、溶血性链球菌、金黄色葡萄球菌等	各种传染病
	家用电器、空调	O_3、有机物、电磁辐射、军团菌、颗粒物等	刺激眼睛、头痛、致癌

	污染源	产生的污染物	危 害
室外	工业污染物	SO_2、NO_x、颗粒物、各类有机物、铅尘等	呼吸道、心脏病等
	交通污染物	CO、HC、NO_x、颗粒物	脑血管病等
	植物	花粉、孢子、萜类化合物	哮喘、皮疹、皮炎、过敏反应
	环境中微生物真菌、酵母菌	各种病菌	各类传染病
	土壤或房基地	氡	呼吸系统病、肺癌
	汽车、机器、火车等	噪声污染	损害听力、心血管疾病、神经衰弱等

（1）室外污染源

室外空气与室内空气流通，当室外空气受到污染后，有害气体可以通过门窗直接进入室内污染室内空气。如周围工厂产生的二氧化硫、氮氧化物、有机物、颗粒物等。附近交通要道产生的汽车尾气、噪声等。房基地中含有某些可逸出或挥发出有害物质。建房前已遭某些农药、化工原料、汞等污染，通过地基的缝隙逸入室内。周围建筑物的对室内光照、色彩的影响。用于饮用、室内淋浴、冷却空调、加湿空气等方面的质量不合格的生活用水，以喷雾形式进入室内，不合格的水中可能存在的致病菌或化学污染物如军团菌、苯等。

（2）室内污染源

1）建筑材料和装修材料

建筑材料是在建筑工程中所使用的各种材料及制品的总称，建筑材料的种类繁多，有金属材料如钢铁、铝材、铜材；非金属材料如砂石、砖瓦、石灰、水泥、混凝土制品；植物材料如木材、竹材；合成高分子材料，如塑料、涂料、胶黏剂等。装饰材料是指用于建筑物表面（墙面、柱面、地面及顶棚等）起装饰效果的材料，也称饰面材料，包括人造板及其制品、溶剂型木器涂料、内墙涂料、胶黏剂、木家具、壁纸、聚氯乙烯卷材地板、地毯及地毯衬垫、地毯用胶黏剂、地砖和隔热吸声材料等。

① 无机材料和再生材料。无机材料包括金属材料如钢铁等，非金属材料如天然石材、玻璃等。再生材料指使用炼钢废渣、煤渣制成的再生建筑材料。无机材料和再生材料突出的问题是辐射问题。有的建筑材料中含有超过国家标准的γ射线。有些石材、砖、水泥和混凝土等材料中含有高本底的镭，镭可蜕变成氡，通过墙缝、窗缝等进入室内，造成室内空气污染。建材因产地不同其放射性有很大差异。

② 合成隔热板材。隔热材料一般可分为无机和有机两大类。合成隔热板材是一类常用的有机隔热板材料，是以各种树脂为基本原料，加入一定量的发泡剂、催化剂、稳定剂等辅助材料，经加热发泡制成。主要的品种有聚苯乙烯泡沫塑料、聚氯乙烯泡沫塑料、聚氨酯泡沫塑料、脲醛树脂泡沫塑料等。这些材料在合成过程中的

一些未被聚合的游离单体或某些成分在使用过程中会逐渐逸散到空气中，造成室内空气污染。污染物主要有甲醛、氯乙烯、苯、甲苯、醚类、二异氰酸甲苯酯等。

③ 涂料。涂料的组成一般包括成膜物质、颜料、助剂以及溶剂，根据溶剂的类型不同可分为油性涂料和水性涂料。油性涂料使用的溶剂主要是挥发性很强的有机溶剂，在使用过程中全部挥发出来，释放大量的苯、甲苯、二甲苯、乙苯、丙酮、醋酸丁酯、乙醛、丁醇等挥发性有机物。涂料中的助剂还可能含有重金属以及五氯苯酚等有害物质。水性涂料使用的溶剂主要为水，毒害性小。

④ 胶黏剂。可以分为天然胶黏剂和合成胶黏剂两种，合成胶黏剂在使用时可以挥发出大量的有机污染物，主要有酚、甲酚、甲醛、乙醛、苯乙烯、甲苯、乙苯、丙酮、二异氰酸盐、乙烯醋酸酯等。

⑤ 人造板材。由于具有外观漂亮、质量轻和价格便宜等优点，因而被广泛地用于室内装修和制作家具。但是，目前生产人造板材使用的胶黏剂是脲醛树脂或酚醛树脂，这些树脂的主要原料是甲醛、尿素、苯酚和其他辅料。由于生产过程质量控制不严，或者后处理不当，板材中可能残留甲醛，在使用过程中会释放到环境空气中。近年来的调查统计表明，人造板材及其制品（包括家具）释放甲醛引起的室内空气污染问题最为严重。2001 年 6 月，北京市昌平区人民法院审理的我国首例室内空气污染伤害案，其涉案污染物就是甲醛，据有关部门实地检测，室内甲醛浓度平均超标 25 倍。

⑥ 壁纸和地毯。装饰壁纸是目前国内外使用最为广泛的墙面装饰材料，但它在美化居室环境的同时也对室内空气质量造成不良的影响。纯羊毛壁纸、地毯的细毛绒是一种致敏源，吸附室内其他污染物或成为致病微生物的滋生地。化纤壁纸在使用过程中，可向室内释放大量的有机物，如甲醛、氯乙烯、苯、甲苯、二甲苯、乙苯等，化纤地毯则可向空气中释放甲醛以及其他一些有机化学物质如丙烯腈、丙烯等，严重污染室内空气。

⑦ 混凝土外加剂。混凝土外加剂所含的主要污染物是氨。混凝土外加剂包括冬季施工过程中，在混凝土中加入的混凝土防冻剂，以及为了提高混凝土凝固速度而使用的高碱混凝土膨胀剂和早强剂。混凝土外加剂的使用，有利于提高混凝土的强度和施工速度。但是，其中所含氨类物质会随着温度、湿度等环境因素的变化而还原成氨气，并从墙体中缓慢释放出来，造成室内空气中氨的浓度不断增高。2000 年夏天，北京市就曾发生“氨气事件”，刚刚入住城东名盘现代城 2 号楼的多位业主发现室内有氨气味道，后查明是施工单位在冬季施工时使用了防止水泥凝固的含氨防冻剂。

⑧ 含放射性核素的建筑材料。释放氡的建筑材料包括建筑石材、砖、土壤、泥沙、砂等，以矿渣水泥、灰渣砖及一些花岗岩石材为主。国内常用建筑材料的放射性比活度如表 5.1-2 所示。可以看出，在列出的建筑材料中，天然石材的放射性核素含量相对较高。

表 5.1-2 我国常见建筑材料的放射性比活度 单位：Bq/kg

建 材	天然石材	砖	水泥	砂石	石灰	土壤
^{226}Ra	91	50	55	39	25	38
^{232}Th	95	50	35	47	7	55
^{40}K	1 037	700	176	573	35	584

2）室内用品

① 家用化工类用品。洗涤剂、杀虫剂、芳香剂和化妆品已经成为现代生活的必需品，同时它们又是造成室内空气污染的主要原因。其典型污染物如表 5.1-3 所示。

表 5.1-3 家庭日常用品产生的空气污染物

污染物来源	典型污染物
洗涤剂	芳香族化合物（如甲苯）；有机卤化物（如四氯乙烯、氯甲烷）；醇类；酮类（如丙酮）；醛类（如甲醛）；酯类（如乙酸乙酯）、醚类（如甲基醚）
杀虫剂	脂肪族化合物（如煤油）；芳香族化合物（如二甲苯）；有机卤化物（如氯丹）；酮类（如甲基异丁基酮）；有机磷（硫）化合物（如马拉硫磷）
芳香剂	酮类（如丙酮）；醇类（如丙二醇、乙醇）；醛类（如甲醛、乙醛）；酯类（如乙酸乙酯）、醚类（如乙醚）
化妆品	芳香族化合物（如甲苯、二甲苯）；醇类（如甲醇、乙醇）；重金属微粒（如汞、砷、镉）

② 室内家具。产生有害物的室内家具包括常规木制家具和布艺沙发等。家具释放的有害物质主要是游离甲醛，它来源于人造板的胶黏剂。其次，制造家具时使用的胶黏剂、油漆和涂料，含有大量的苯、甲苯和二甲苯，若干燥不彻底，使用过程中也会缓慢释放。另外，家具加工还可能产生氨，比如，家具涂饰时所用的添加剂和增白剂大部分都含氨水，氨会释放到空气中。

③ 现代办公用品。随着科学技术的进步，现代办公用品越来越普及。这些新型用品也会释放空气污染物，如表 5.1-4 所示。

表 5.1-4 现代办公用品产生的空气污染物

污染物来源	典型污染物
复印纸	氯代联苯、环己烷、邻苯二甲酸二丁酯、甲醛
计算机	臭氧、苯酚、甲苯、二甲苯、乙苯、2-丁酮、苯乙醚乙醇、己内酰胺、甲苯酚、电磁辐射
复印机	臭氧、墨粉、甲醇、乙醇
打印机	1,1,1-三氯乙烷
晒图机	氨
打字校正液	乙酮、1,1,1-三氯乙烷

3）厨房产生的污染

厨房空气中的有害物质主要来自燃料燃烧和烹调油烟。

目前我国常用的生活燃料有固体燃料，主要是原煤、蜂窝煤和煤球，气体燃料主要有天然气、煤气和液化石油气，气体燃料是我国城市居民的主要家用燃料。另外少数农村地区，还有使用生物燃料作为家庭取暖和做饭的燃料。煤的燃烧伴有各种复杂的化学反应，如热裂解、热合成、脱氢、环化及缩合等反应，产生不同的化学物质，如碳氧化物、含氧类烃、硫氧化物、多环芳烃、颗粒物等。气体燃料的燃烧产物主要是 CO、CO_2、NO_x、甲醛和颗粒物。生物燃料主要指木材、植物秸秆及粪便等，燃烧的主要污染物为颗粒物、碳氢化合物和一氧化碳等。

烹调油烟是食用油加热后产生的，通常炒菜温度在 250℃以上，油中的物质会发生氧化、水解、聚合、裂解等反应，随沸腾的油挥发出来。烹调油烟是一组混合性污染物，有 200 余种成分，含有烃类、卤代烃类、醇酚醚类、醛酮类、羧酸及衍生物类、稠环杂环类和胺类等，是心血管病、脑血管病、直肠癌和肺癌的致病因子。

4）家用电器

家用电器在给家庭带来方便、快捷和乐趣的同时，也对室内环境产生不良影响，长期接触会患家电综合征。

电视机、电脑荧光屏会产生电磁辐射，在屏幕表面和周围空气产生静电，使灰尘、细菌聚集，当人接触屏幕后，它们将附着于人的皮肤表面而使人生病。电锅、烤箱、微波炉等烹饪家电，都是较强的辐射源。各种家用电器在使用时均产生噪声，冰箱为 30～40 dB，电吹风 80 dB，洗衣机 40～80 dB，电视 65 dB，长期使用会使人情绪低、易烦躁，精神受到损伤。空调系统管理不善会造成气流阻塞、灰尘沉积、细菌繁殖和气流紊乱，这些都会对室内空气造成更大的污染而影响室内空气品质。燃气热水器将造成室内 CO，CO_2 的污染，在燃烧时还能产生 NO_x、SO_2 等污染物。电话机的细菌污染可直接侵害人的呼吸系统，加湿器中的细菌可随水汽散发到室内空气中，洗衣机中的细菌可污染被洗的衣物，故应定期清除家电中的灰尘、微生物，尤其在细菌容易滋生的地方。

5）室内人群活动

① 吸烟。在室内吸烟，会造成严重的室内空气污染。香烟烟雾成分极其复杂，目前已经检测出的就有 3 800 多种物质。它们在空气中以气态、气溶胶态存在。其中气态物质占 90%。气溶胶状态物质的主要成分是焦油及烟碱（尼古丁），每支香烟可产生 0.6～3.6 mg 尼古丁，焦油中含有大量的致癌物质。

② 人体新陈代谢活动。人体自身通过呼吸道、皮肤、汗腺和大小便向外界排出大量污染物，包括二氧化碳、氨类化合物、硫化氢等内源性化学污染物；呼出气体中包括苯、甲苯、苯乙烯和氯仿等外源性污染物。此外，人体感染的各种致病微生物，如流感病毒、结核杆菌和链环菌等也会通过咳嗽、打喷嚏等喷出。

6）室内动植物

① 植物。室内不适宜的花卉会呼出有害物质，污染室内空气。带有某种异味或浓烈香味的花卉会使人精神萎靡，乏力气喘，如牡丹。耗氧性花卉会消耗室内氧气，呼出二氧化碳，会使人感到浑身乏力、胸闷等，如夜来香、郁金香。带有毒素的花卉如含羞草、一品红、夹竹桃、万年青、黄杜鹃和状元红等绝对不能在室内摆放。

② 动物。动物身上的寄生虫，直接诱发人体害病，其代谢产物、毛屑都含有真菌、病原体，不仅能直接传染疾病，且污染环境，使室内有特殊的臭味。皮屑、皮毛和抖起的尘埃，人体会直接吸入体内产生病源而致病。

5.1.2 室内主要污染物

室内空气污染成分很复杂，种类繁多，主要包括颗粒物、微生物和有害气体。如考虑到微生物多依附于固体颗粒或液滴上传播，可将室内污染物分为气态、蒸气态污染物和气溶胶。若按照污染物的性质也可分为物理性污染、化学性污染、生物性污染和放射性污染。

气态污染物是指在常温下以气体形式分散在空气中的污染物。常见的气态污染物有甲醛、一氧化碳、氮氧化物、氯气、臭氧、各种易挥发性的有机化合物。蒸气态污染物是指某些在常温、常压下是液体或固体（如苯、汞是液体，酚是固体）物质，但由于它们的沸点低，挥发性大，因而能以气态挥发到空气中。

任何固态或液态物质当以微小的颗粒形式分散在气流或空气中时都叫作气溶胶，其沉降速度极小。颗粒大小以颗粒的物理性状或直径来表示，粒径在 10 μm 以下的颗粒物为可吸入颗粒物，粒径在 2.5 μm 以下的颗粒物为细微粒。粒径越小，对人体的危害越大。

物理性污染是指因物理因素，如电磁辐射、噪声、振动，以及不合适的温度、湿度、风速和照明等引起的污染；化学性污染是指因化学物质，如一氧化碳、二氧化碳、二氧化硫、氮氧化物、甲醛、苯及其同系物、氨气、苯并[*a*]芘和总挥发性有机物等引起的污染；生物性污染是指因生物污染因子，包括细菌、真菌（包括真菌孢子）、花粉、病毒和生物体有机成分等引起的污染；放射性污染是指因氡及其子体引起的污染。

5.1.3 常见室内空气污染物对人体健康的危害

室内空气污染的人体健康效应包括从感觉器官刺激到致癌等一系列影响。就目前情况来看，危害人体健康的主要污染物是甲醛、苯及其同系物，其他挥发性有机化合物、氨、氡及其子体，生物性污染物和臭氧等。

5.1.3.1 甲醛对人体健康的危害

甲醛对人体健康的危害主要包括以下 3 个方面。

（1）刺激作用

甲醛对人的眼睛和呼吸系统有着强烈的刺激作用，这是它刺激皮肤黏膜的表现。人体各器官对甲醛的感受差异比较大，眼睛感受最敏感，呼吸系统次之。一般认为，气态甲醛对眼睛产生刺激作用的最低值为 0.06 mg/m^3。当其浓度在 6 mg/m^3 时，会引起肺部的刺激效应。其作用症状主要是流泪、打喷嚏、咳嗽，甚至出现结膜炎、咽喉炎、支气管痉挛等。

甲醛又是致敏物质，对皮肤有很强的刺激作用，能引起皮肤的过敏，具体表现为引起皮肤肿胀、发红、干燥和开裂。有些皮肤过敏的人，穿着经甲醛树脂处理过的化学纤维衣服，会感到皮肤瘙痒，甚至引起皮炎和湿疹。

（2）毒害作用

甲醛能使蛋白质变性，对细胞具有强大的破坏作用。人类长期吸入 0.45 mg/m^3 的甲醛，可以导致慢性呼吸道疾病的增加，出现肺功能显著下降、头疼、衰弱、焦虑、眩晕和神经系统功能降低等症状。当吸入高浓度（大于 60～120 mg/m^3）的甲醛时，可以产生肺炎、咽喉和肺的水肿以及支气管痉挛等疾病，出现呼吸困难甚至呼吸循环衰竭致死等症状。甲醛对人体的具体毒性作用如表 5.1-5 所示。

表 5.1-5　甲醛对人体的毒性作用

剂量/（mg/m^3）	效应	剂量/（mg/m^3）	效应
0.05	脑电图改变	1.0	组织损伤
0.06	眼睛刺激	6.0	肺部刺激
0.06～0.22	嗅觉呼吸刺激	60	肺水肿
0.12	上呼吸道刺激	120	致死
0.45	慢性呼吸道疾病增加，肺功能下降		

（3）致癌作用

研究表明，甲醛对人体有很强的致癌作用。目前，美国职业安全卫生研究所（NOSH）已将甲醛确定为致癌物对待，而世界卫生组织（WHO）及美国环境保护局（EPA）也均将甲醛列为潜在的危险致癌物与重要的环境污染物加以研究和对待。

尽管甲醛与人体健康关系的研究还有待更加深入，但国外一些研究已经表明，甲醛是导致癌症、胎儿畸形和妇女不孕症的潜在威胁物。流行病学家也发现长期接触高浓度甲醛会引起鼻腔癌、口腔癌、咽喉癌、消化系统癌、肺癌、皮肤癌和白血病。另外，有实验还发现甲醛在实验室里能诱发许多种微生物的基因突变。

5.1.3.2　苯及其同系物对人体健康的危害

苯类物质对人体健康具有极大的危害性，因此，世界卫生组织已将其定为强致癌物质。一般来说，苯类物质对人体的危害分为慢性中毒和急性中毒两种。由于室内环境中苯类物质的浓度较低，因此其对人体的危害主要是慢性中毒。

苯对皮肤、眼睛和上呼吸道有刺激作用。经常接触苯，皮肤可因脱脂而变干燥脱屑，有的出现过敏性湿疹。长期吸入苯能导致再生障碍性贫血。初期时齿龈和鼻黏膜处有类似坏血病的出血症状，并出现神经衰弱症状，表现为头昏、失眠、乏力、记忆力减退、思维及判断能力降低等；以后出现白细胞减少和血小板减少，严重时可使骨髓造血机能发生障碍，导致再生障碍性贫血。若造血功能完全破坏，可发生致命的颗粒性白血细胞消失症，并可引起白血病。近年来很多劳动卫生学资料表明：长期接触苯系混合物的工人中，再生障碍性贫血罹患率较高。

女性对苯及其同系物危害较男性敏感，甲苯、二甲苯对生殖功能也有一定影响。育龄妇女长期吸入苯还会导致月经异常，主要表现为月经过多或紊乱，初时往往因经血过多或非月经期间出血而就医，常被误诊为功能性子宫出血而贻误治疗。孕期接触甲苯、二甲苯及苯系混合物时，妊娠高血压综合征、妊娠呕吐及妊娠贫血等妊娠并发症的发病率显著提高。专家统计发现，接触甲苯的实验室工作人员的自然流产率明显偏高。

苯可导致胎儿的先天性缺陷已引起国内外专家的关注。动物实验证明，甲苯可通过胎盘进入胎儿体内，胎鼠血中甲苯含量可达母鼠血中的 75%，胎鼠会出现出生体重下降、骨化延迟等现象。

人在短时间内吸入高浓度的甲苯、二甲苯时，还可出现中枢神经系统麻醉作用，轻者有头晕、头痛、恶心、胸闷、乏力、意识模糊症状，严重者可引起昏迷以致呼吸、循环衰竭而死亡。如果长期接触一定浓度的甲苯、二甲苯会引起慢性中毒，可出现头痛、失眠、精神萎靡、记忆力衰退等神经衰弱症候群。

5.1.3.3 挥发性有机化合物（TVOC）对人体健康的危害

由于室内空气中挥发性有机化合物的种类繁多，且各种成分的含量又不高，故其对人体健康影响的机理还不是非常清楚。通常将低浓度挥发性有机物对人体健康的影响分为 3 类：

①人体感官受到强烈刺激时对环境的不良感受。

②暴露在空气中的人体组织的一种急性和亚急性的炎症反应。

③由于以上感受引起的反应，通常是一些急性或亚急性的环境紧张反应。

一般认为，人们通过鼻腔前部的嗅觉器官、舌头的味觉器官以及化学感知器官中的一种，或者它们的综合作用，有时包括从其他器官接受的额外信号，如视觉、对热环境的感知等，来感觉挥发性有机化合物的存在。化学感知器官既包括皮肤表面的三叉神经，也包括眼、鼻、嘴或其他部位的黏膜。这些神经有多种形式的感应器，通过感应蛋白质的化学反应或物理吸附感知环境中的化学物质。感知器官的活动将导致诸如流泪、呼吸频率改变、咳嗽或打喷嚏等保护反应。

对于室内空气中挥发性有机物对人体的危害，学术界普遍认可的观点是，室内空气中的挥发性有机物能引起人体机体免疫功能的失调，影响人的中枢神经系统功能，使人出现头晕、头痛、嗜睡、无力、胸闷等症状；有的还可能影响消化系统，使人出现食欲不振、恶心等症状，严重时甚至可损伤肝和造血系统，出现变态反应等。

各国科学家的研究还表明，浓度不等的总挥发性有机物（TVOC）对人体造成的影响是不同的，具体如表 5.1-6 所示。

表 5.1-6　总挥发性有机化合物（TVOC）浓度对人体健康的影响

TVOC 浓度/（mg/m^3）	人体反应	TVOC 浓度/（mg/m^3）	效应
＜0.05	没有反应	0.75～6.0	组织损伤
0.05～0.75	可能引起急躁不安和不舒服	＞6.0	肺部刺激

5.1.3.4　氨对人体健康的危害

氨的溶解度极高，对人及动物的上呼吸道及眼睛有着强烈的刺激和腐蚀作用，能减弱人体对疾病的抵抗力。人吸入气态氨后，会出现流泪、咽痛、声音嘶哑、咳嗽、痰带血丝、胸闷、呼吸困难等症状，并伴有头晕、头痛、恶心、呕吐、乏力等；有的还可出现紫绀、眼结膜和咽部充血以及水肿、呼吸加快、肺部罗音等症状；严重者可发生肺水肿、成人呼吸窘迫综合征、喉水肿痉挛或支气管黏膜坏死脱落致窒息，还可并发气胸、纵隔气肿，经胸部 X 射线检查呈支气管炎、支气管周围炎、肺炎或肺水肿等症状，且血气分析显示动脉血氧分压降低。进入肺泡内的氨，除少部分被二氧化碳中和外，其余都被吸收至血液。氨进入血液后，有少量的氨会随着汗液、尿或呼吸排出体外，其他的则会与血红蛋白结合．使人体循环系统的输氧功能遭到破坏。在潮湿的条件下，氨气对室内的家具、电器、衣物有腐蚀作用，对人的皮肤也有刺激和腐蚀作用。

当氨的浓度过高时除产生腐蚀作用外，还可通过三叉神经末梢的反射作用引发心脏停搏和呼吸停止。当人接触的氨浓度为 553 mg/m^3 时会发生强烈的刺激症状，可耐受的时间为 1.25 min；当人置身于氨浓度为 3 500～7 000 mg/m^3 的环境时会立即死亡。

长期吸入低浓度氨对人体健康的危害至今尚无科学定论，不过，劳动保护部门曾经对在氨浓度较高（＞9.9 mg/m^3）的室内环境中工作的人群进行过调查，结果表明，尿样中尿素和氨含量均有所增加，血液中尿素增加也非常明显；而血液中尿素水平明显上升在医学界被认为是人体健康受到损害的一个标志。

5.1.3.5　氡对人体健康的危害

人在室内受到的放射性危害起因于体外辐射和体内辐射两类。体外辐射主要是指天然材料中的辐射直接照射人体后产生的一种生物效果，会对人体内的造血器官、神经系统、生殖系统和消化系统造成损伤。体内辐射主要来自空气中由放射核素衰变形成的氡气及氡气在空气中继续衰变而成的子体，即氡子体。

氡气是一种无色、无味的放射性气体，其潜伏期可长达15～40年。当氡的浓度超过标准限值时，长的在15～40年，短的可在几个月到几年，使人患病或致死，所以人们称为“隐形杀手”。世界卫生组织已经明确将氡列为人类重要的19种环境致癌物之一。

氡的危害机理是人体在呼吸时，氡及其子体（大部分以气溶胶的形式存在）随着呼吸气流进入人的呼吸系统。这时，粒径大于5 μm的气溶胶微粒被呼吸道所阻留，其中的一部分气溶胶微粒留在口、鼻中，另一部分进入气管和支气管中。由于氡及其子体的半衰期相当短，一般为几秒钟到二十几分钟不等，因此，留在人体气管中的那部分氡及其子体在气管还没来得及被黏液和纤毛清除之前就已经完成了衰变。在这一衰变过程中，氡及其子体会释放出大量的α、β、γ等射线，从而对人体的组织产生破坏，导致支气管癌等疾病。

粒径小于5 μm的气溶胶微粒，可以直接进入人体的肺泡之中，并且在人的肺泡中沉淀下来。这些沉淀在肺脏的带有氡子体的微粒也会不停地衰变并放出α射线。这时，α射线就会像一颗颗小“炸弹”一样，不停地对肺细胞进行轰击，使肺细胞严重受损，从而引发患肺癌的可能性。

5.1.3.6 其他室内空气污染物对人体健康的危害

除以上介绍的几种主要室内空气污染物外，其他室内空气污染物对人体的危害如表5.1-7所示。

表5.1-7 常见室内空气污染物对人体健康的危害

污染物	健康效应
臭氧	对呼吸系统可产生强烈的刺激作用，能引起上呼吸道炎症。长期接触一定浓度的臭氧，易引发呼吸道感染，削弱肺功能，降低对感冒和其他传染病的免疫力，加速肺部组织老化
可吸入颗粒物	自身沉积在肺泡上，会引起肺组织的慢性纤维化，使肺泡的机能下降，导致尘肺病，心血管病等一系列疾病。作为载体可将吸附在其表面的有毒物质侵入肺部组织，产生致癌、致畸、致突变作用，导致中毒或放射性污染等
生物性污染物	尘螨对人体是一种强过敏源，可诱发各种过敏性疾病，如过敏性哮喘、鼻炎支气管炎、肾炎、过敏性皮炎等。生物性病原体可引起肺炎、结核、麻疹、流行性感冒等呼吸道传染病
一氧化碳	可与血液中的血红蛋白（HB）结合，形成碳氧血红蛋白（COHB），阻止氧与血红蛋白结合，从而降低血液输送氧的能力，引起组织缺氧，使机体各项代谢发生紊乱

污染物	健康效应
二氧化硫	对呼吸道黏膜有刺激作用，在湿润的黏膜上形成亚硫酸、硫酸和硫酸盐时，刺激作用更强。可被吸收进入血液，对人体产生毒害作用。当附着在可吸入颗粒物表面并被带到肺部时，其毒性大大增加
二氧化氮	可引起支气管炎和肺气肿，可与血液中的血红蛋白结合生成亚硝酸基血红蛋白或高铁血红蛋白，从而降低血液输氧能力，引起组织缺氧甚至损害中枢神经系统。若侵入呼吸道深部的细支气管和肺泡，则会诱发哮喘病

5.1.4　室内污染的特征

室内空气污染与室外空气污染由于所处的环境不同，其污染特征也不同。室内空气污染具有累积性、长期性、多样性的特征。

① 累积性。室内环境是相对封闭的空间，污染物将在室内逐渐积累，导致浓度增大，构成对人体的危害。而在通风环境较好的室内环境中污染物的浓度一般较低。

② 长期性。大多数人大部分时间处于室内，即使浓度很低的污染物长期作用于人体，也会影响人体健康。

③ 多样性。室内空气污染的多样性既包括污染物种类的多样性，也包括室内污染物来源的多样性。室内空气中存在的污染物既有生物性污染物，如细菌等；化学性污染物如甲醛、氨气、苯、甲苯、一氧化碳、二氧化碳、氮氧化物、二氧化硫等；还有放射性污染物氡气及其子体等。室内污染来源既包括室内污染源，又包括室外污染源。

任务 5.2　室内环境标准

目前，室内污染问题引起全社会广泛的关注，为了提高室内环境质量，保护人民的身体健康，国家近几年陆续制订了一系列室内环境综合性标准。表 5.2-1 列出我国颁布的有关室内环境综合性标准。

表 5.2-1　室内环境综合性标准

标准名称	制定部门	标准号	实施时间
室内空气质量标准	国家质量监督检验检疫局、卫生部、国家环保总局	GB/T 18883	2003-03-01
民用建筑工程室内环境污染控制规范	建设部	GB 50325	2002-01-01
公共场所卫生标准	卫生部	GB 9663～GB 9673，GB 16153	1996-09-01
室内装饰装修材料有害物质限量标准 10 项	国家质量监督检验检疫局	GB 18580～GB 18588，GB 6566	2002-01-01

5.2.1 室内空气质量标准

我国第一部《室内空气质量标准》（GB/T 18883—2002）于2003年3月1日正式实施。宣传和贯彻《室内空气质量标准》，对于不断提高人们的室内环境意识，促进与室内环境有关的行业和企业从室内环境方面规范自己的行为，保障人民的身体健康，具有十分重要的意义。

【室内空气质量标准】

5.2.1.1 适用范围

《室内空气质量标准》在适用范围方面突出强调了“适用于住宅和办公建筑物”，这是根据我国目前发展的国情提出来的，以前空气质量的一些控制指标存在着适用范围不清的问题，如《居室空气中甲醛的卫生标准》《住房内氡污染的控制标准》能不能适用于写字楼和办公室，在法律上无法进行明确的判定。还有一些室内空气质量的单项标准中，也存在执行当中无法正确界定的问题，标准中这样界定适用范围，增强了标准的针对性和可操作性。

另外标准在适用范围方面还规定“其他室内环境可参照本标准执行”，也扩大了标准的适用范围。

5.2.1.2 主要指标

该标准对物理、化学、生物和放射性污染共计19项参数规定了标准值，同时规定室内空气应无毒、无害、无异常嗅味。

表5.2-2 《室内空气质量标准》（GB/T 18883—2002）

序号	参数类别	参数	单位	标准值	备注
1	物理性	温度	℃	22～28	夏季空调
				16～24	冬季采暖
2		相对湿度	%	40～80	夏季空调
				30～60	冬季采暖
3		空气流速	m/s	0.3	夏季空调
				0.2	冬季采暖

序号	参数类别	参数	单位	标准值	备注
4	物理性	新风量	m^3/（h·人）	30	①
5	化学性	二氧化硫 SO_2	mg/m^3	0.50	1 h 均值
6		二氧化氮 NO_2	mg/m^3	0.24	1 h 均值
7		一氧化碳 CO	mg/m^3	10	1 h 均值
8		二氧化碳 CO_2	%	0.10	日平均值
9		氨 NH_3	mg/m^3	0.20	1 h 均值
10		臭氧 O_3	mg/m^3	0.16	1 h 均值
11		甲醛 HCHO	mg/m^3	0.10	1 h 均值
12		苯 C_6H_6	mg/m^3	0.11	1 h 均值
13		甲苯 C_7H_8	mg/m^3	0.20	1 h 均值
14		二甲苯 C_8H_{10}	mg/m^3	0.20	1 h 均值
15		苯并[*a*]芘 BaP	mg/m^3	1.0	日平均值
16		可吸入颗粒 PmL_0	mg/m^3	0.15	日平均值
17		总挥发性有机物 TVOC	mg/m^3	0.60	8 h 均值
18	生物性	菌落总数	cfu/m^3	2 500	依据仪器定
19	放射性	氡 ^{222}Rn	Bq/m^3	400	年平均值（行动水平②）

注：① 新风量要求≥标准值，除温度、相对湿度外的其他参数要求≤标准值；

② 行动水平即达到此水平建议采取干预行动以降低室内氡浓度。

5.2.1.3　室内空气质量的基本要求

《室内空气质量标准》为了真正达到控制室内空气污染的目的，保证标准的实用性，提出了“室内空气应无毒、无害、无异常嗅味”的基本要求，标志着我国在室内空气质量控制与管理方面的进步。

5.2.1.4　采样要求

《室内空气质量标准》附录 A 对室内采样的点位、采样时间、频率以及采样方法进行了规定。采样点的数量根据监测室内面积大小和现场情况而确定，以期能正确反映室内空气污染物的水平。原则上小于 50 m^2 的房间应设 1～3 个点，50～100 m^2 设 3～5 点，100 m^2 以上至少设 5 个点，在对角线上或梅花式均匀分布。采样点应避开通风口，离墙壁距离应大于 0.5 m，采样点的高度原则上与人的呼吸带高度相一致，相对高度 0.5～1.5 m。

年平均浓度至少采样 3 个月，日平均浓度至少采样 18 h，8 h 平均浓度至少采样 6 h，1 h 平均浓度至少采样 45 min，采样时间应涵盖通风最差的时间段。先选用筛选法采样，采样前关闭门窗 12 h，采样时关闭门窗，至少采样 45 min，当采用筛选法采样达不到本标准要求时，必须采用累积法的要求采样。

5.2.2 民用建筑工程室内环境污染控制规范

本标准按照工程建设的先后顺序依次展开，对工程建设各阶段的污染控制提出了相应要求，通过层层把关、环环相扣的过程控制，确保工程竣工验收后室内环境污染能控制在标准以内。本标准包括总则、术语、材料、工程勘察设计、工程施工、竣工验收 6 章共 114 个条文，其中强制性条文 24 个。

【民用建筑工程室内环境污染控制规范】

5.2.2.1 适用范围

本规范适用于民用建筑工程（无论是土建还是装修）的室内环境污染控制，不适用于室外，也不适用于诸如墙体、水塔、蓄水池等构筑物，以及医院手术室等有特殊卫生净化要求的房间。

本规范所称室内环境污染系指由建筑材料和装修材料产生的室内环境污染。至于工程交付使用后的生活环境、工作环境等室内环境污染问题，如由燃烧、烹调和吸烟等所造成的污染，不属本规范控制之列。

5.2.2.2 控制的污染物种类

本规范控制的室内环境污染物有氡（简称 ^{222}Rn）、甲醛、氨、苯和总挥发性有机化合物（TVOC），严格来讲，VOC 或 TVOC 不是一般意义上的一种污染物，而是多种可挥发有机物的总和，这里只是出于叙述的方便起见，把 TVOC 也作为一种污染物一起说了。

5.2.2.3 民用建筑工程分类

本规范中，按不同的室内环境要求，将民用建筑工程分为两类：

① I 类民用建筑工程：住宅、老年建筑、幼儿园、学校教室、医院等民用建筑工程。

② II 类民用建筑工程：办公楼、旅店、文化娱乐场所、书店、图书馆、展览馆、体育馆、商店、公共交通等候室、饭店餐厅、理发店等民用建筑工程。

在确定民用建筑分类时，同时考虑了人们在其中停留时间的长短，以及建筑物内污染积聚的可能性（与空间大小有关）。将民用建筑分为两类后，分别提出了不同要求。住宅、老年建筑、幼儿园和学校教室、医院等，由于人们在其中停留的时间较长，且老年、幼儿、体弱者居多，是我们首先应当关注的，一定要严格要求，定为Ⅰ类。其他如旅馆、办公楼、文化娱乐场所、商场、公共交通等候室、餐厅、理发店等，要么一般人们在其中停留的时间较少，要么在其中停留（工作）的以健康人群居多，因此，定为Ⅱ类。分类既有利于减少污染物对人体健康影响，又有利于建筑材料的合理利用、降低工程成本，促进建筑材料工业的健康发展。

5.2.2.4　民用建筑工程室内环境质量验收

（1）验收时限

民用建筑工程及其室内装修工程的室内环境质量验收，应在工程完工至少 7 d 以后、工程交付使用前进行。

（2）检测方法

民用建筑工程验收时，采用集中中央空调的工程，应进行室内新风量的检测，检测结果应符合设计要求和现行国家标准《公共建筑节能设计标准》（GB 50189）的有关规定。

民用建筑工程室内空气中的氡的检测，所选用方法的测量结果不确定度不应大于 25%（置信度 95%），方法的探测下限不应大于 10 Bq/m^3。

民用建筑工程室内空气中甲醛的检测方法，应符合国家标准《公共场所空气中甲醛测定方法》（GB/T 18204.26）中酚试剂分光光度法的规定。

民用建筑工程室内空气中甲醛检测，也可采用简便取样仪器检测方法，甲醛简便取样仪器应定期进行校准，测量结果在 0.01～0.60 mg/m^3，测定范围内的不确定度应小于 20%。当发生争议时，应以现行国家标准《公共场所空气中甲醛检验方法》（GB/T 18204.26）中酚试剂分光光度法的测定结果为准。

民用建筑工程室内空气中苯的检测方法，应符合规范附录 F 的规定。

民用建筑工程室内空气中氨的检测方法，应符合现行国家标准《公共场所空气中氨测定方法》（GB/T 18204.25）中靛酚蓝分光光度法的规定。

民用建筑工程室内空气中总挥发性有机化合物（TVOC）的检测方法，应符合规范附录 G 的规定。

（3）抽检数量

民用建筑工程验收时，应抽检每个建筑单体有代表性的房间室内环境污染物浓度，氡、甲醛、氨、苯、TVOC 的抽检数量不得少于房间总数的 5%，每个建筑单体不得少于 3 间，当房间总数少于 3 间时，应全数检测。凡进行了样板间室内环境污染物浓度测试结果合格的，抽检数量减半，并不得少于 3 间。

民用建筑工程验收时，室内环境污染物浓度检测点应按房间面积设置。

表 5.2-3 室内环境污染物浓度检测点数设置

房间使用面积/m^2	检测点数/个
＜50	1
≥50，＜100	2
≥100，＜500	不少于 3
≥500，＜1 000	不少于 5
≥1 000，＜3 000	不少于 6
≥3 000	每 1 000 m^2 不少于 3

当房间内有 2 个及以上检测点时，应采用对角线、斜线、梅花状均衡布点，并取各点检测结果的平均值作为该房间的检测值。

（4）检测条件

民用建筑工程验收时，环境污染物浓度现场检测点应距内墙面不小于 0.5 m、距楼地面高度 0.8～1.5 m。检测点应均匀分布，避开通风道和通风口。

民用建筑工程室内环境中甲醛、苯、氨、总挥发性有机化合物（TVOC）浓度检测时，对采用集中空调的民用建筑工程，应在空调正常运转的条件下进行；对采用自然通风的民用建筑工程，检测应在对外门窗关闭 1 h 后进行。对甲醛、氨、苯、TVOC 取样检测时，装饰装修工程中完成的固定式家具，应保持正常使用状态。民用建筑工程室内环境中氡浓度检测时，对采用集中空调的民用建筑工程，应在空调正常运转的条件下进行；对采用自然通风的民用建筑工程，应在房间的对外门窗关闭 24 h 以后进行。

（5）标准限值

民用建筑工程室内环境污染物浓度限值见表 5.2-4。

表 5.2-4 民用建筑工程室内环境污染物浓度限量

污 染 物	Ⅰ类民用建筑工程	Ⅱ类民用建筑工程
氡/（Bq/m^3）	≤200	≤400
甲醛/（mg/m^3）	≤0.08	≤0.1
苯/（mg/m^3）	≤0.09	≤0.09
氨/（mg/m^3）	≤0.2	≤0.2
TVOC/（mg/m^3）	≤0.5	≤0.6

注：①表中污染物浓度限量，除氡外均指室内测量值扣除同步测定的室外上风向空气测量值（本底值）后的测量值。

②表中污染物浓度测量值的极限值判定，采用全数值比较法。

当室内环境污染物浓度的全部检测结果符合表 5.2-4 的规定时，可判定该工程室内环境质量合格。当室内环境污染物浓度检测结果不符合规范规定时，应查找原因并采取措施进行处理。采取措施进行处理后的工程，可对不合格项进行再次检测。再次检测时，抽检量应增加 1 倍，并应包含同类型房间及原不合格房间。再次检测结果全部符合本规范的规定时，应判定为室内环境质量合格。

室内环境质量验收不合格的民用建筑工程，严禁投入使用。

5.2.3　室内装饰装修材料有害物质限量

考虑到室内装饰装修材料含有的有害物质超过限量会对人体健康和人身安全造成严重影响，而且目前由此发生这类污染伤害的案件屡见不鲜，为保护消费者的人身健康，加强对室内装饰装修材料污染的控制，国家质量监督检验检疫总局和国家标准化管理委员会组织有关部门制定并发布了人造板及其制品、溶剂型木器涂料、内墙涂料、胶黏剂、木家具、壁纸、聚氯乙烯卷材地板、地毯、地毯衬垫及地毯胶黏剂、混凝土外加剂、建筑材料 10 种《室内装饰装修材料有害物质限量》，自 2002 年 1 月 1 日起执行。并且根据《中华人民共和国标准化法》的有关规定，这 10 项标准已被确定为强制性国家标准，标准中对室内装饰装修材料中甲醛、挥发性有机化合物（VOC）、苯、甲苯和二甲苯、氨、游离甲苯二异氰酸酯（TDI）、氯乙烯单体、苯乙烯单体、可溶性的铅、镉、铬、汞、砷等有害元素以及建筑材料放射性核素的限量值都做了明确的规定。

5.2.4　公共场所卫生标准

室内公共场所卫生标准涉及旅店业、文化娱乐场所、理发店、美容店、体育馆、图书馆、博物馆、美术馆、展览馆、商场、医院候诊室、公共交通、饭馆等诸多场所，卫生指标包括甲醛、一氧化碳、二氧化碳、可吸入颗粒物、噪声、新风量、照度等多个指标，如表 5.2-5 所示。

表 5.2-5　公共场所卫生标准常规监测指标

检测项目	温度	相对湿度	风速	二氧化碳	一氧化碳	甲醛	可吸入颗粒物	空气细菌总数	台面照度或照度	噪声	新风量	床位占地面积	氨	水温	浴池水浊度
旅店业	●	●	●	●	●	●	●	●	●	●	●	●	○	○	○
文化娱乐场所	●	●	●	●	●	●	●	●	○	●	●	○	○	○	○
公共浴室	●	○	○	●	●	○	○	○	●	○	○	○	○	●	●
理发店、美容店	○	○	○	●	●	●	●	●	○	○	○	○	●	○	○
体育馆	●	●	●	●	○	●	●	●	●	○	○	○	○	○	○

检测项目	温度	相对湿度	风速	二氧化碳	一氧化碳	甲醛	可吸入颗粒物	空气细菌总数	台面照度或照度	噪声	新风量	床位占地面积	氨	水温	浴池水浊度
游泳场所	●	●	●	●	○	○	○	●	○	○	○	○	○	○	○
商场（店）、书店	●	●	●	●	●	●	●	●	●	●	○	○	○	○	○
医院侯诊室	●	○	●	●	●	●	●	●	●	●	○	○	○	○	○
公共交通等候室	●	●	●	●	●	●	●	●	●	●	○	○	○	○	○
饭店（餐厅）	●	●	●	●	●	●	●	●	●	○	●	○	○	○	○
公共交通工具	●	●	●	●	●	○	●	●	●	●	●	○	○	○	○
图书馆、博物馆、美术馆、展览馆	●	●	●	●	○	●	●	●	●	●	○	○	○	○	○

注：①“●”表示需检测的项目；②“○”表示无需检测的项目。

任务 5.3 室内空气监测方案的制定

监测方案用于指导室内空气监测工作的开展，根据室内监测的工作流程，监测方案应包括污染源调查、确定监测项目、设定采样点、采样时间和采样频率，选择合适的采样、分析方法和采样仪器，建立质量保证程序和措施，提出数据处理与要求等。《室内环境空气质量监测技术规范》（HJ/T 167）规定了室内环境空气质量监测的布点和采样、监测项目与相应的监测分析方法、监测数据的处理、质量保证及报告等内容。

【室内环境空气质量监测技术规范】

5.3.1 污染源调查

室内空气污染成分复杂，来源广泛，如何选择监测项目是首先需要考虑的。因此，需要对室内的污染源进行调查，初步判定室内可能存在的主要污染物。具体可参考任务 5.1。

5.3.2　监测项目

5.3.2.1　监测项目的确定原则

监测项目的选择应遵循以下原则：

① 选择《室内空气质量标准》中要求控制的监测项目。

② 选择室内装饰装修材料有害物质限量标准中要求控制的监测项目。

③ 选择人们日常活动中可能产生的污染物。

④ 依据室内装饰装修情况选择可能产生的污染物。

⑤ 所选监测项目应有国家或行业标准分析方法、行业推荐的分析方法。

5.3.2.2　监测项目一般要求

① 新装饰、装修过的室内环境应测定甲醛、苯、甲苯、二甲苯、总挥发性有机物（TVOC）等。

② 人群比较密集的室内环境应测菌落总数、新风量及二氧化碳。

③ 使用臭氧消毒、净化设备及复印机等可能产生臭氧的室内环境应测臭氧。

④ 住宅一层、地下室、其他地下设施以及采用花岗岩、彩釉地砖等天然放射性含量较高材料的室内环境都应监测氡（^{222}Rn）。

⑤ 北方冬季施工的建筑物应测定氨。

5.3.3　采样点布设

5.3.3.1　布点原则

① 代表性。应根据检测目的与对象来决定，以不同的目的来选择各自典型的代表，如可按居住类型分类、燃料结构分类、污染源类别分类、净化措施分类等。

② 可比性。为便于对检测结果进行比较，各个采样点的各种条件应尽可能相类似，所用的采样器及采样方法，应做具体规定，采样点一旦选定后，一般不要轻易改动。

③ 可行性。由于采样的器材较多，需占用一定的场地，固选点时，应尽量选有一定空间可供利用的地方，切忌影响居住者的日常生活。因此，应选用低噪声、有足够电源的小型采样器材。

5.3.3.2　布点方法

（1）采样点的数量

根据相关标准规定，采样点的数量依据室内面积大小和现场情况来决定，以期能正确反映室内空气污染的水平。《室内空气质量标准》规定，原则上小于 50 m^2 的房间应设 1～3 个点；50～100 m^2 设 3～5 个点；100 m^2 以上至少设 5 个点。《民用建筑工程室内环境污染控制规范》规定，小于 50 m^2 布设 1 个点，50～100 m^2 布设 2 个点，100～500 m^2 不少于 3 个点等，具体布点数量见任务 5.2 的表 5.2-3。

对于旅店业客房、文化娱乐场所、图书馆、商场、餐厅等公共场所的室内空气质量监测，其采样点的数量可根据《公共场所卫生监测技术规范》（GB/T 17220）中的要求确定。

如旅店业客房采样见表 5.3-1。

表 5.3-1 旅店业客房采样

客房间数	≤100	＞100
采样点数/个	客房数 5%～10%	客房数 1%～5%
采样高度/m	0.8～1.2	0.8～1.2

文化娱乐场所影剧院、音乐厅、录像厅（室）采样见表 5.3-2；舞厅、游艺厅、茶座、酒吧、咖啡厅采样见表 5.3-3。

展览馆、图书馆、美术馆、商场、书店、医院候诊室、餐厅、公共交通等候室空气质量监测的要求见表 5.3-4。

表 5.3-2 影剧院、音乐厅、录像厅（室）采样

座位数/个	≤300	≤500	≤1 000	＞1 000
采样点数/个	1～2	2～3	3～4	5
采样高度/m	1.2	1.2	1.2	1.2

表 5.3-3 舞厅、游艺厅、茶座、酒吧、咖啡厅采样

面积/m^2	≤50	≤100	≤200	＞200
采样点数/个	1	2	3	3～5
采样高度/m	舞厅 1.5 其他场所 1.2			

表 5.3-4 其他地点采样

面积/m^2	200～1 000	1 001～5 000	＞5 000
采样点数/个	2	4	6
采样高度/m	1.2～1.5	1.2～1.5	1.2～1.5

（2）采样点的分布

除特殊目的外，一般采样点分布应均匀，多点采样时应按对角线或梅花式均匀

布点，避开通风口和通风道，离墙壁距离应大于 0.5 m，离门窗距离应大于 1 m。

（3）采样点的高度

原则上与人的呼吸带高度相一致，相对高度 0.5～1.5 m。也可根据房间的使用功能，人群的高低以及在房间立、坐或卧时间的长短，来选择采样高度。有特殊要求的可根据具体情况而定。

（4）室外对照点的设置

在进行室内污染检测的同时，为了掌握室内外污染的关系，或者以室外的污染浓度为对照，应在同一区域的室外设置 1～2 个对照点。也可用原来的室外或固定大气监测点做对比，这时室内采样点的分布应在固定检测点的半径 500 m 范围内才合适。

5.3.4　采样时间和采样频率

采样时间是指每次采样从开始到结束经历的时间，也称采样时段。采样频率是指在一定时间范围内的采样次数。这两个参数要根据检测目的、污染物分布特征及人力、物力等因素决定。

采样时间短，试样缺乏代表性，检测结果不能反映污染物浓度随时间的变化，仅适用于事故性污染、初步调查等情况的应急检测。为增加采样时间，第一种可以增加采样频率，即每隔一定时间采样测定 1 次，取多个试样测定结果的平均值为代表值。第二种是使用自动采样仪器进行连续自动采样，若再配用污染组分连续或间歇自动检测仪器，其检测结果能很好地反映污染物浓度的变化，得到任何一段时间的代表值。

① 经装修的室内环境，采样应在装修完成 7 d 以后进行。一般建议在使用前采样监测。年平均浓度至少连续或间隔采样 3 个月，日平均浓度至少连续或间隔采样 18 h；8 h 平均浓度至少连续或间隔采样 6 h；1 h 平均浓度至少连续或间隔采样 45 min，采样时间应涵盖通风最差的时间段。

② 长期累计浓度的监测，这种监测多用于对人体健康影响的研究，一般采样需 24 h 以上，甚至连续几天进行累计性的采样，以得出一定时间内的平均浓度。由于是累计式的采样，故样品分析方法的灵敏度要求就较低，缺点是对样品和监测仪器的稳定性要求较高。另外，样品的本底与空白的变异，对结果的评价会带来一定的困难，更不能反映浓度的波动情况和日变化曲线。

③ 短期浓度的监测，为了了解瞬时或短时间内室内污染物浓度的变化，可采用短时间的采样方法，间歇式或抽样检验的方法，采样时间为几分钟至 1 h。短期浓度监测可反映瞬时的浓度变化，按小时浓度变化绘制浓度的日变化曲线，主要用于公共场所及室内污染的研究，只是本法对仪器及测定方法的灵敏度要求较高，并受日变化及局部污染变化的影响。

5.3.5 采样条件

采样前根据标准要求关闭门窗，《室内空气质量标准》规定采样前关闭门窗12 h。《民用建筑工程室内环境污染控制规范》规定，甲醛、苯、氨、总挥发性有机化合物（TVOC）浓度检测时，对采用自然通风的民用建筑工程，检测应在对外门窗关闭1 h后进行，氡检测应在房间的对外门窗关闭24 h以后进行。对于采用集中空调的室内环境，空调应正常运转。有特殊要求的可根据现场情况及要求而定。

5.3.6 采样方式

具体采样方法应按各污染物检验方法中规定的方法和操作步骤进行。要求年平均、日平均、8 h平均值的参数，可以先做筛选采样检验。若检验结果符合标准值要求，为达标；若筛选采样检验结果不符合标准值要求，必须按年平均、日平均、8 h平均值的要求，用累积采样检验结果评价。

5.3.6.1 筛选法采样

门窗关闭时间满足要求的条件下，采样时关闭门窗，一般至少采样45 min；采用瞬时采样法时，一般采样间隔时间为10～15 min，每个点位应至少采集3次样品，每次的采样量大致相同，其监测结果的平均值作为该点位的小时均值。

5.3.6.2 累积法采样

当筛选法采样达不到标准要求时，必须采用累积法（按年平均值、日平均值、8 h平均值）的要求采样。

5.3.7 采样装置

室内空气样品采集参照环境空气样品采集。根据污染物在室内空气中的存在状态，选用合适的采样方法和仪器，具体的采样装置应按各个污染物检验方法中规定的仪器设备。

采样方法包括直接采样法和浓缩采样法，直接采样法常用的采样装置有玻璃注射器、空气采样袋、不锈钢采样罐、真空采样瓶，浓缩采样法常用的采样装置有吸收管、吸附管、滤膜等。

5.3.8 分析方法

5.3.8.1 选择分析方法的原则

首先选用评价标准［如《室内空气质量标准》（GB/T 18883）］中指定的分析方

法，在没有指定方法时，应选择国家标准分析方法、行业标准方法，也可采用行业推荐方法。在某些项目的监测中，可采用 ISO、美国 EPA 和日本 JIS 方法体系等其他等效分析方法，或由权威的技术机构制定的方法，但应经过验证合格，其检出限、准确度和精密度应能达到质控要求。

5.3.8.2　监测分析方法

《室内空气质量标准》（GB/T 18883）和《室内环境空气质量监测技术规范》（HJ/T 167）中要求的各项参数的监测分析方法见表 5.3-5。

表 5.3-5　室内空气中各种参数的检验方法

序号	参数	检验方法	来源
1	温度	（1）玻璃液体温度计法 （2）数显式温度计法	GB/T 18204.13
2	相对湿度	（1）通风干湿表法 （2）氯化锂湿度计法 （3）电容式数字湿度计法	GB/T 18204.14
3	空气流速	（1）热球式电风速计法 （2）数字式风速表法	GB/T 18204.15
4	新风量	示踪气体法	GB/T 18204.18
5	二氧化硫 SO_2	（1）甲醛溶液吸收-盐酸副玫瑰苯胺分光光度法 （2）紫外荧光法	（1）GB/T 16128 GB/T 15262 （2）附录 B.2（HJ/T 167）
6	二氧化氮 NO_2	（1）改进的 Saltzaman 法 （2）化学发光法	（1）GB 12372 （2）附录 C.2（HJ/T 167）
7	一氧化碳 CO	（1）非分散红外法 （2）不分光红外线气体分析法 气相色谱法 汞置换法 （3）电化学法	（1）GB 9801 （2）GB/T 18204.23 （3）附录 D.3（HJ/T 167）
8	二氧化碳 CO_2	（1）不分光红外线气体分析法 （2）气相色谱法 （3）容量滴定法	GB/T 18204.24
9	氨 NH_3	（1）靛酚蓝分光光度法 纳氏试剂分光光度法 （2）离子选择电极法 （3）次氯酸钠—水杨酸分光光度法 （4）光离子化法	（1）GB/T 18204.25 GB/T 14668 （2）GB/T 14669 （3）GB/T 14679 （4）附录 F.4（HJ/T 167）

序号	参数	检验方法	来源
10	臭氧 O_3	（1）紫外光度法 （2）靛蓝二磺酸钠分光光度法 （3）化学发光法	（1）GB/T 15438 （2）GB/T 18204.27 GB/T 15437 （3）附录 G.3（HJ/T 167）
11	甲醛 HCHO	（1）AHMT 分光光度法 （2）酚试剂分光光度法 气相色谱法 （3）乙酰丙酮分光光度法 （4）电化学传感器法	（1）GB/T 16129 （2）GB/T 18204.26 （3）GB/T 15516 （4）附录 H.5（HJ/T 167）
12	苯 C_6H_6	（1）气相色谱法 （2）光离子化气相色谱法	（1）GB/T 18883 附录 B GB 11737 （2）附录 I.3（HJ/T 167）
13	甲苯 C_7H_8 二甲苯 C_8H_{10}	（1）气相色谱法 （2）光离子化气相色谱法	（1）GB 11737 GB 14677 （2）附录 I.3（HJ/T 167）
14	可吸入颗粒物 PM_{10}	撞击式——称重法	GB/T 17095
15	总挥发性有机化合物 TVOC	（1）气相色谱法 （2）光离子化气相色谱法 （3）光离子化总量直接检测法（非仲裁用）	（1）GB/T 18883 附录 C （2）附录 K.3（HJ/T 167） （3）附录 K.4（HJ/T 167）
16	苯并[a]芘 BaP	高效液相色谱法	GB/T 15439
17	菌落总数	撞击法	GB/T 18883 附录 D
18	氡 ^{222}Rn	（1）空气中氡浓度的闪烁瓶测量方法 （2）径迹蚀刻法 （3）双滤膜法 （4）活性炭盒法	（1）GB/T 16147 （2）GB/T 14582

5.3.9 质量保证

① 采样仪器。采样仪器应符合国家有关标准和技术要求，并通过计量检定。使用前，应按仪器说明书对仪器进行检验和标定。采样时采样仪器（包括采样管）不能被阳光直接照射。

② 采样人员。采样人员必须通过岗前培训，切实掌握采样技术，持证上岗。

③ 气密性检查。有动力采样器在采样前应对采样系统气密性进行检查，不得漏气。

④ 流量校准。采样前和采样后要用经检定合格的高一级的流量计（如一级皂膜流

量计）在采样负载条件下校准采样系统的采样流量，取两次校准的平均值作为采样流量的实际值。校准时的大气压与温度应和采样时相近。两次校准的误差不得超过 5%。

⑤ 现场空白检验。在进行现场采样时，一批应至少留有两个采样管不采样，并同其他样品管一样对待，作为采样过程中的现场空白，采样结束后和其他采样吸收管一并送交实验室。样品分析时测定现场空白值，并与校准曲线的零浓度值进行比较。若空白检验超过控制范围，则这批样品作废。

⑥ 平行样检验。每批采样中平行样数量不得低于 10%。每次平行采样，测定值之差与平均值比较的相对偏差不得超过 20%。

5.3.10　结果表示

测试结果以平均值表示，化学性、生物性和放射性指标平均值符合标准要求时，为达标。若有一项检验结果未达到标准要求时，为不合格。

监测数据的统计主要进行平均值、超标率及超标倍数三项统计计算。参加统计计算的监测数据必须是按照规范要求所获得的监测数据。不符合规范要求所得到的数据不得填报，也不参加统计计算。

任务 5.4　室内空气中甲醛的测定

5.4.1　背景知识

甲醛（HCHO）又称蚁醛，为无色液体，分子量 30.03，有刺激性气味，对人眼、鼻等有刺激作用。宜溶于水、乙醇、丙酮等有机溶剂。其 35%～40%的水溶液称福尔马林，此溶液在室温下极易挥发，加热更甚，液体相对密度为 0.815（−20℃），熔点为−92℃，沸点为−19.5℃。水溶液的含量最高可达 55%。

甲醛是一种挥发性有机物，污染源很多，是室内空气的主要污染物之一，主要来自室内人造板材、家具、涂料、胶黏剂、地毯等合成织物。其中刨花板、密度板、胶合板等人造板材及胶黏剂是空气中甲醛的主要来源，释放期长达 3～15 年。

甲醛对人体有刺激、致敏、致突变作用，对人的皮肤、眼睛、鼻子、呼吸道有刺激性。低浓度甲醛对人体影响主要表现在皮肤过敏，咳嗽、多痰、失眠、恶心、头痛等。当甲醛浓度达到 0.5 mg/m^3 时，可刺激眼睛，引起流泪；达到 0.6 mg/m^3 时，可引起咽喉不适或疼痛；浓度更高时，可引起恶心呕吐，胸闷，气喘甚至肺水肿；达到 30 mg/m^3 时，会立即致人死亡。若皮肤直接接触甲醛可引起过敏性皮炎，色斑、坏死。长期吸入甲醛可引发鼻咽癌、喉头癌等严重疾病。

5.4.2 方法选择

甲醛的测定方法有 AHMT 分光光度法、酚试剂分光光度法、乙酰丙酮分光光度法、气相色谱法、定电位电解法和气体检测管法，如表 5.4-1 所示。

表 5.4-1 室内甲醛的测定方法

序号	方法名称	原理	测定范围	主要仪器
1	公共场所空气中甲醛测定方法-酚试剂分光光度法（GB/T 18204.26）	空气中的甲醛与酚试剂反应生成嗪，嗪在酸性溶液中被高铁离子氧化形成蓝绿色化合物。根据颜色深浅，比色定量。在波长 630 nm 下，测定吸光度	0.01～0.15 mg/m^3	空气采样器、分光光度计、气泡式吸收管
2	公共场所空气中甲醛测定方法-气相色谱法（GB/T 18204.26）	空气中甲醛在酸性条件下吸附在涂有 2，4-二硝基苯肼担体上，生成稳定的甲醛腙。用二硫化碳洗脱后，经 OV-色谱柱分离，用氢火焰离子化检测器测定，以保留时间定性，峰高定量	0.02～1 mg/m^3	空气采样器、吸附管、气相色谱仪
3	居住区大气中甲醛卫生检验标准方法 AHMT 分光光度法（GB/T16129）	空气中甲醛被吸收液吸收，在碱性溶液中与 AHMT 缩合反应，经高碘酸氧化生成紫红色化合物，根据颜色深浅，比色定量。在波长 550 nm 下，测定吸光度	0.01～0.16 mg/m^3	空气采样器、分光光度计、气泡式吸收管
4	空气质量甲醛的测定 乙酰丙酮分光光度法（GB/T15516）	空气中甲醛被乙酰丙酮的铵盐溶液吸收，在沸水浴加热生成黄色化合物，在波长 412 nm 处测定，比色定量	0.025～0.5 mg/m^3	空气采样器、分光光度计、气泡式吸收管
5	定电位电解法	含甲醛的空气扩散流经传感器，进入电解槽，被电解液吸收，在恒电位工作电极上发生氧化反应，与此同时产生对应的极限扩散电流，其大小与甲醛浓度成正比	0.01～0.60 mg/m^3	甲醛快速测定仪
6	气体检测管法	甲醛与盐酸羟胺反应生成氯化氢使指示剂变色。颜色变化由黄色变为桃红色。干扰气体为其他醛类、酮类和酸性气体	0.01×10^{-6}～0.48×10^{-6}	气体检测管
		甲醛与二甲苯、发烟硫酸反应生成一种缩合物并伴随颜色变化。颜色变化由白色变为茶黄色。干扰气体为其他醛类、酮类和苯乙烯	0.1×10^{-6}～4×10^{-6}	气体检测管

酚试剂分光光度法在常温下显色，灵敏度比其他比色方法都好，是较为常用的甲醛测定方法。气相色谱法选择性好，干扰因素小，但样品处理较为烦琐。AHMT 分光光度法在室温下就能显色，抗干扰能力强，如 SO_2、NO_2 共存时不干扰测定，

灵敏度也相对比较高。乙酰丙酮分光光度比色法需加热显色，共存的酚和乙醛等对测定无干扰，重现性较好，所测浓度范围宽。定电位电解法是一种快速测定方法，可现场获得测定结果，但当发生争议时，应以现行国家标准《公共场所空气中甲醛检验方法》（GB/T 18204.26）中酚试剂分光光度法的测定结果为准。气体检测管法是一种定性的检测方法，测定迅速。

酚试剂分光光度法灵敏度高，是目前常用的甲醛分析方法，下面重点介绍酚试剂分光光度法。

【甲醛的测定方法】

5.4.3　甲醛的测定——酚试剂分光光度法

5.4.3.1　适用范围

本标准适用于公共场所空气中甲醛浓度的测定。

5.4.3.2　测定原理

空气中的甲醛与酚试剂反应生成嗪，嗪在酸性溶液中被高铁离子氧化形成蓝绿色化合物。根据颜色深浅，比色定量。发生的化学反应式如下：

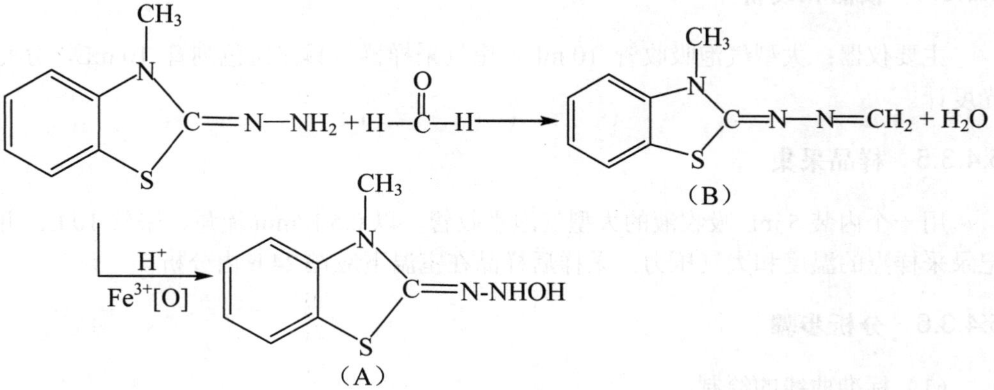

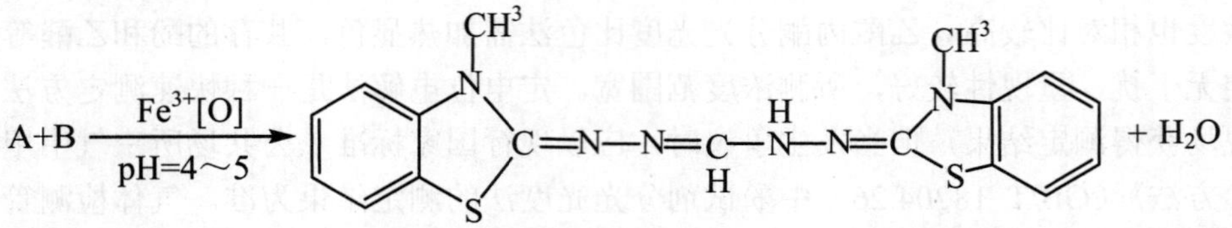

用 5 mL 样品溶液，本法测定范围为 0.1～1.5 μg；采样体积为 10 L 时，可测浓度范围 0.01～0.15 mg/m^3。

5.4.3.3 试剂和材料

本法中所用水均为重蒸馏水或去离子交换水，所用的试剂纯度一般为分析纯。

① 吸收液原液：称量 0.10 g 酚试剂［$C_6H_4SN(CH_3)C:NNH_2·HCl$，简称 MBTH］，加水溶解，置于 100 mL 容量瓶中，加水至刻度。放冰箱中保存，可稳定 3 天。

② 吸收液：量取吸收原液 5 mL，加 95 mL 水，即为吸收液。采样时，临用现配。

③ 1%硫酸铁铵溶液：称量 1.0 g 硫酸铁铵（$NH_4Fe(SO_4)_2·12H_2O$）用 0.1 mol/L 盐酸溶解，并稀释至 100 mL。

④ 0.100 0 mol/L 碘溶液：称量 40 g 碘化钾，溶于 25 mL 水中，加入 12.7 g 碘。待碘完全溶解后，用水定容至 1 000 mL。移入棕色瓶中，暗处贮存。

⑤ 甲醛标准储备液：取 2.8 mL 含量为 36%～38%甲醛溶液，放入 1 L 容量瓶中，加水稀释至刻度。此溶液 1 mL 约相当于 1 mg 甲醛，其准确浓度用碘量法标定。

⑥ 甲醛标准溶液：临用时，将甲醛标准储备液用水稀释成 1.00 mL 含 10 μg 甲醛溶液，立即再取此溶液 10.00 mL，加入 100 mL 容量瓶中，加入 5 mL 吸收原液，用水定容至 100 mL，此液 1.00 mL 含 1.00 μg 甲醛，放置 30 min 后，用于配制标准色列。此标准溶液可稳定 24 h。

5.4.3.4 仪器和设备

主要仪器：大型气泡吸收管 10 mL，空气采样器，具塞比色列管 10 mL，分光光度计。

5.4.3.5 样品采集

用一个内装 5 mL 吸收液的大型气泡吸收管，以 0.5 L/min 流量，采气 10 L。并记录采样点的温度和大气压力。采样后样品在室温下应在 24 h 内分析。

5.4.3.6 分析步骤

（1）标准曲线的绘制

取 10 mL 具塞比色管，用甲醛标准溶液按表 5.4-2 制备标准系列。

表 5.4-2 甲醛标准系列

管号	0	1	2	3	4	5	6	7	8
甲醛标准溶液/mL	0	0.10	0.20	0.40	0.60	0.80	1.00	1.50	2.00
吸收液/mL	5.00	4.90	4.80	4.60	4.40	4.20	4.00	3.50	3.00
甲醛含量/μg	0	0.10	0.20	0.40	0.60	0.80	1.00	1.50	2.00

各管中，加入 0.4 mL 1%硫酸铁铵溶液，摇匀，放置 15 min。用 1 cm 比色皿，在波长 630 nm 下，以水参比，测定各管溶液的吸光度。以甲醛含量为横坐标，吸光度为纵坐标，绘制曲线，并计算回归斜率，以斜率倒数作为样品测定的计算因子 B_g（μg/吸光度）。

（2）样品测定

采样后，将样品溶液全部转入比色管中，用少量空白吸收液洗吸收管，合并使总体积为 5 mL。按绘制标准曲线的操作步骤测定吸光度（A）；在每批样品测定的同时，用 5 mL 未采样的吸收液做试剂空白，测定试剂空白的吸光度（A_0）。

5.4.3.7 结果计算与评价

（1）结果计算

将采样体积按式（5.4-1）换算成标准状态下采样体积

$$V_0 = V_t \times \frac{T_0}{273+t} \times \frac{P}{P_0} \qquad (5.4\text{-}1)$$

式中：V_0——标准状态下的采样体积，L；

V_t——采样体积，V_t=采样流量（L/min）×采样时间（min），L；

t——采样点的气温，℃；

T_0——标准状态下的绝对温度，273 K；

P——采样点的大气压力，kPa；

P_0——标准状态下的大气压力，101.325 kPa。

空气中甲醛浓度按式（5.4-2）计算

$$C=(A-A_0)\times B_g/V_0 \qquad (5.4\text{-}2)$$

式中：C——空气中甲醛 mg/m^3；

A——样品溶液的吸光度；

A_0——空白溶液的吸光度；

B_g——计算因子，μg/吸光度，即斜率的倒数；

V_0——换算成标准状态下的采样体积，L。

（2）结果评价

测试结果以平均值表示，与相关标准进行对比，以判断室内空气质量是否合格。《室内空气质量标准》和《民用建筑工程室内环境污染控制规范》对甲醛的限值规定如表 5.4-3 所示。

表 5.4-3 相关标准的甲醛浓度限值

标准名称	类型	甲醛限值/（mg/m^3）
室内空气质量标准	—	0.10
民用建筑工程室内环境污染控制规范	Ⅰ类民用建筑	0.08
	Ⅱ类民用建筑	0.1

5.4.3.8 质量控制与保证

① 测量范围。用 5 mL 样品溶液，本法测定范围为 0.1～1.5 μg；采样体积为 10 L 时，可测浓度范围 0.01～0.15 mg/m^3。

② 灵敏度。本法灵敏度为 2.8 μg/吸光度。

③ 检出下限。本法检出限为 0.056 μg 甲醛。

④ 干扰及排除。20 μg 酚、2 μg 醛以及二氯化氮对本法无干扰。二氧化硫共存时，使测定结果偏低。因此对二氧化硫干扰不可忽视，可将气样先通过硫酸锰滤纸过滤器（见标准附录 B），予以排除。

⑤ 再现性。当甲醛含量为 0.1 μg/5 mL，0.6 μg/5 mL，1.5 μg/5 mL 时，重复测定的变异系数为 5%、5%、3%。

⑥ 回收率。当甲醛含量 0.4～1.0 μg/5 mL 时，样品加标准的回收率为 93%～101%。

5.4.3.9 注意事项

① 绘制标准曲线时与样品测定时温差不超过 2℃。

② 若样品测定超过标准曲线的上限，则需要稀释，结果计算需乘以稀释倍数。

任务 5.5 室内空气中氨的测定

5.5.1 背景知识

氨（NH_3）为无色而有强烈刺激气味的气体，易溶于水、乙醇和乙醚，氨的水溶液呈碱性。氨以游离态或以其盐的形式存在于大气中，对空气的相对密度 0.596 2（空气=1）。

氨的溶解度极高，常被吸附在皮肤黏膜和眼结膜上，从而产生刺激和炎症。氨对口、鼻黏膜及上呼吸道有很强的刺激作用，短期内吸入大量氨气后可出现流泪、咽痛、声音嘶哑、咳嗽、痰带血丝、胸闷、呼吸困难，可伴有头晕、头痛、恶心、呕吐、乏力等，严重者可发生肺水肿、呼吸窘迫综合征。轻度中毒往往表现为鼻炎、咽炎、气管炎、支气管炎。氨对上呼吸道还有腐蚀作用，可麻痹呼吸道纤毛和损害黏膜上皮组织，减弱人体对疾病的抵抗力，使病原微生物易于侵入。浓度过高时除腐蚀作用外，还可通过三叉神经末梢的反射作用而引起心脏停搏和呼吸停止。

室内氨主要来自建筑施工中使用的混凝土外加剂。制造化肥、合成尿素、合成纤维、燃料、塑料、制胶等工艺中也会在生产车间内产生氨。理发店烫发中有氨，家具涂饰时所用的添加剂和增白剂大部分都含有氨水，家具使用的加工木制板在加压成型过程中使用了大量黏合剂，这种黏合剂主要是甲醛和尿素加工聚合而成，它们在室温下易释放出气态甲醛和氨。

5.5.2 方法选择

氨的测定方法有靛酚蓝分光光度法、纳氏试剂分光光度法、次氯酸钠-水杨酸分光光度法、离子选择性电极法，如表 5.5-1 所示。

表 5.5-1 室内氨的测定方法

序号	方法名称	原理	测定范围	主要仪器
1	公共场所空气中氨测定方法-靛酚蓝分光光度法（GB/T 18204.25）	空气中氨吸收在稀硫酸中，在亚硝基铁氰化钠及次氯酸钠存在下，与水杨酸生成蓝绿色靛酚蓝染料，比色定量。在波长 697.5 nm，测定吸光度	10 mL 样品溶液中含 0.5～10 μg 氨，采气 5 L 时，样品可测浓度范围为 0.01～2 mg/m³	空气采样器、分光光度计、气泡式吸收管
2	环境空气和废气 氨的测定 纳氏试剂分光光度法（HJ533）	空气中氨吸收在稀硫酸中，与纳氏试剂作用生成黄色化合物，根据着色深浅，比色定量。在波长 425 nm 下，测定吸光度	检出限为 0.5 μg/10 mL 吸收液。当吸收液体积为 50 mL，采气 10 L 时，氨的检出限为 0.25 mg/m³，测定下限为 1.0 mg/m³，测定上限 20 mg/m³。当吸收液体积为 10 mL，采气 45 L 时，氨的检出限为 0.01 mg/m³，测定下限 0.04 mg/m³，测定上限 0.88 mg/m³	空气采样器、分光光度计、气泡式吸收管

序号	方法名称	原理	测定范围	主要仪器
3	环境空气 氨的测定 次氯酸钠-水杨酸分光光度法（HJ534）	氨被稀硫酸吸收液吸收后，生成硫酸铵。在亚硝基铁氰化钠存在下，氨离子、水杨酸和次氯酸钠反应生成蓝色化合物，根据颜色深浅，用分光光度计在 698 nm 波长处进行测定	方法检出限为 0.1 μg/10 mL 吸收液。当吸收液总体积为 10 mL，采样体积为 1～4 L 时，氨的检出限为 0.025 mg/m^3，测定下限为 0.10 mg/m^3，测定上限为 12 mg/m^3。当吸收液总体积为 10 mL，采样体积为 25 L 时，氨的检出限为 0.004 mg/m^3，测定下限为 0.016 mg/m^3	空气采样器、分光光度计、气泡式吸收管
4	空气质量 氨的测定 离子选择电极法（GB/T 14669）	氨气敏电极为一复合电极，以 pH 玻璃电极为指示电极，银-氯化银电极为参比电极。此电极放置于盛有 0.1 mol/L 氯化铵内充液的塑料套管中。当测定含氨溶液时，加入强碱，使铵盐转化为氨，由扩散作用通过透气膜（水和其他离子均不能通过透气膜），使氯化铵电质液膜层内 $NH_4^+ \longrightarrow NH_3+H^+$ 的反应向左移动，引起氢离子浓度改变，由 pH 玻璃电极测得其变化。在恒定的离子强度下，测得的电极电位与氨浓度的对数呈线性关系	检出限为 0.7 μg/10 mL，当样品溶液总体积 10 mL，采样体积为 60 L 时，测定浓度范围为 0.014～50 mg/m^3	氨敏感膜电极；pH/毫伏计；磁力搅拌机；空气采样器

【氨的测定方法】

靛酚蓝分光光度法灵敏度高，稳定性好，适用于测定含氨量较低的室内环境，但其操作时间长，在低温时显色时间要求在 40 min 以上。纳氏试剂分光光度法，其操作简单、快捷，一般运用于高浓度氨的环境测定。但由于方法中使用了有毒试剂 $HgCl_2$，引入了污染，对环境产生不良影响。次氯酸钠-水杨酸分光光度法灵敏性和选择性较好，但操作复杂，工作量大。离子选择电极法有较宽的测定范围，方法简单易操作、快速，适用于现场采样分析，实验中无有毒有害物质、无污染等特点，但准确度不如上述其他测定方法。

靛酚蓝分光光度法由于灵敏度高、操作简单，是目前较为常用的分析方法。下面重点介绍靛酚蓝分光光度法。

5.5.3　氨的测定——靛酚蓝分光光度法

5.5.3.1　适用范围

本标准适用于公共场所空气中氨浓度的测定，也适用于居住区大气和室内空气中氨浓度的测定。

5.5.3.2　测定原理

空气中氨吸收在稀硫酸中，在亚硝基铁氰化钠及次氯酸钠存在下，与水杨酸生成蓝绿色靛酚蓝染料，比色定量。发生的化学反应式如下：

$$2NH_3 + H_2SO_4 \longrightarrow 2NH_4^+ + SO_4^{2-}$$

$$NH_4^+ + HClO \rightleftharpoons NH_2Cl + H_2O + H^+$$

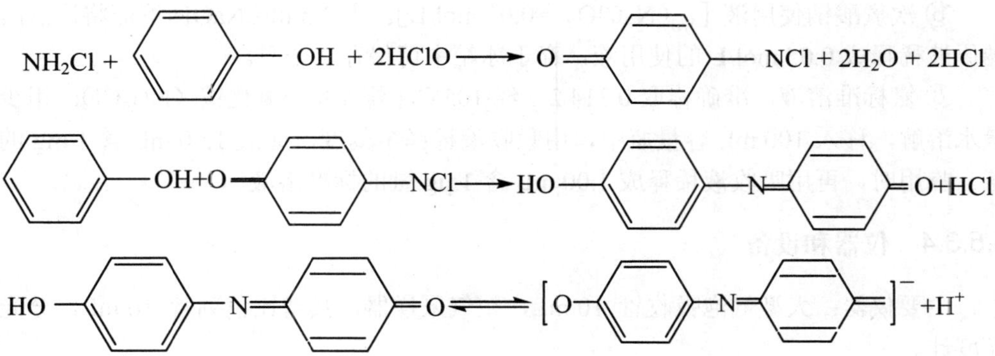

5.5.3.3　试剂和材料

① 吸收液。0.005 mol/L 硫酸溶液。量取 2.8 mL 浓硫酸加入水中，用水稀释至 1 000 mL。临用时再稀释 10 倍。

② 水杨酸溶液（50 g/L）。称取 10.0 g 水杨酸［$C_6H_4(OH)COOH$］和 10.0 g 柠檬酸钠（$Na_3C_6H_5O_7 \cdot 2H_2O$），加水约 50 mL，再加 55 mL 氢氧化钠［c（NaOH）=2 mol/L］，用水稀至 200 mL。此试剂稍有黄色，室温可稳定一个月。

③ 亚硝基铁氰化钠溶液（10 g/L）。称取 1.0 g 亚硝基铁氰化钠［$Na_2Fe(CN)_5 \cdot NO \cdot 2H_2O$］

溶于 100 mL 水中，储于冰箱中可稳定 1 个月。

④ 次氯酸钠原液。次氯酸钠试剂，有效氯不低于 5.2%。

取 1 mL 次氯酸钠原液，用碘量法标定其浓度。

标定方法：称取 2.0 g 碘化钾于 250 mL 碘量瓶中，加水 50 mL 溶解。再加 1.00 mL 次氯酸钠原液，加 0.5 mL（1+1）盐酸溶液，摇匀。暗处放置 3 min，用硫代硫酸钠标准溶液［$c(Na_2S_2O_3)$=0.100 0 mol/L］滴定至浅黄色，加入 1 mL 5 g/L 淀粉指示剂，继续滴定至蓝色刚好褪去为终点。发生的化学反应如下：

$$2I^- + ClO^- + 2H^+ = I_2 + Cl^- + H_2O$$

$$I_2 + 2Na_2S_2O_3 = 2NaI + Na_2S_4O_6$$

记录滴定所用硫代硫酸钠标准溶液的体积，平行滴定三次，消耗硫代硫酸钠标准溶液体积之差不应大于 0.04 mL，取其平均值。已知硫代硫酸钠标准溶液的浓度，则次氯酸钠原液浓度按下式计算。

$$c(NaClO) = \frac{c(Na_2S_2O_3) \times V}{1.00 \times 2} \qquad (5.5\text{-}1)$$

式中：$c(NaClO)$——次氯酸钠原液浓度，mol/L；

V——滴定时所消耗硫代硫酸钠标准溶液的体积，mL；

$c(Na_2S_2O_3)$——硫代硫酸钠标准溶液的浓度，mol/L。

⑤ 次氯酸钠使用液［c（NaClO）=0.05 mol/L］。用 2 mol/LNaOH 溶液将次氯酸钠原液稀释成 0.05 mol/L 的使用液，存于冰箱中可保存 2 个月。

⑥ 氨标准溶液。准确称取 0.314 2 g 经 105℃干燥 1 h 的氯化铵（NH_4Cl）。用少量水溶解，移入 100 mL 容量瓶中，用吸收液稀释至刻度。此液 1.00 mL 含 1 mg 的氨。临用时，再用吸收液稀释成 1.00 mL 含 1 μg 氨的标准溶液。

5.5.3.4 仪器和设备

主要仪器：大型气泡吸收管 10 mL，空气采样器，具塞比色列管 10 mL，分光光度计。

5.5.3.5 样品采集

用一个内装 10 mL 吸收液的气泡吸收管，以 0.5 L/min 流量的采样，采气 5 L，并记录采样时的温度和大气压力。采样后，样品在室温保存，于 24 h 内分析。

5.5.3.6 分析步骤

（1）标准曲线的绘制

取 10 mL 具塞比色管 7 支，按表 5.5-2 制备标准系列管。

表 5.5-2　氨标准系列

管号	0	1	2	3	4	5	6
（1 μg/mL）氨标准工作液/mL	0	0.50	1.00	3.00	5.00	7.00	10.00
吸收液/mL	10.00	9.50	9.00	7.00	5.00	3.00	0
氨含量/μg	0	0.50	1.00	3.00	5.00	7.00	10.00

向以上各管中加入 0.50 mL 水杨酸溶液，再加入 0.10 mL 亚硝基铁氰化钠溶液和 0.10 mL 次氯酸钠溶液，混匀，室温下放置 1 h。用 1 cm 比色皿，于波长 697.5 nm 处，以蒸馏水做参比，测定各管溶液的吸光度。以氨含量（μg）做横坐标，吸光度为纵坐标，绘制标准曲线，并用最小二乘法计算校准曲线的斜率、截距及回归方程式（5.5-2）。

$$Y=bX+a \tag{5.5-2}$$

式中：Y——标准溶液的吸光度；

X——氨含量，μg；

a——回归方程式的截距；

b——回归方程式斜率，吸光度/μg。

标准曲线斜率 b 应为（0.081±0.003）吸光度/μg 氨。以斜率的倒数作为样品测定时的计算因子（B_s）。

（2）样品测定

将样品溶液转入 10 mL 具塞比色管中，用少量的吸收液洗涤吸收管，合并，使总体积为 10 mL。再按制备标准曲线的操作步骤测定样品的吸光度。

在每批样品测定的同时，用 10 mL 未采样的吸收液做试剂空白测定。

如果样品溶液吸光度超过标准曲线范围，则可用试剂空白稀释样品显色后再分析。计算样品浓度时，要考虑样品溶液的稀释倍数。

5.5.3.7　结果计算与评价

（1）结果计算

将采样体积按式（5.5-3）换算成标准状态下的采样体积：

$$V_0=V_t\times\frac{T_0}{273+t}\times\frac{P}{P_0} \tag{5.5-3}$$

式中：V_0——标准状态下的采样体积，L；

V_t——采样体积，由采样流量乘以采样时间而得，L；

T_0——标准状态下的绝对温度，273 K；

P_0——标准状态下的大气压力，101.325 kPa；

P——采样时的大气压力，kPa；

t——采样时的空气温度，℃。

空气中氨浓度按式（5.5-4）计算：

$$c(\mathrm{NH_3}) = \frac{(A - A_0) \times B_\mathrm{S}}{V_0} \tag{5.5-4}$$

式中：c——空气中氨浓度，mg/m³；

A——样品溶液的吸光度；

A_0——空白溶液的吸光度；

B_S——计算因子，μg/吸光度；

V_0——标准状态下的采样体积，L。

（2）结果评价

测试结果以平均值表示，与相关标准进行对比，以判断室内空气质量是否合格。《室内空气质量标准》和《民用建筑工程室内环境污染控制规范》对氨的限值规定如表 5.5-3 所示。

表 5.5-3 相关标准的氨浓度限值

标准名称	类型	氨限值/（mg/m³）
室内空气质量标准	—	0.20
民用建筑工程室内环境污染控制规范	Ⅰ类民用建筑	0.20
	Ⅱ类民用建筑	0.20

5.5.3.8 质量控制与保证

① 测定范围。测定范围为 10 mL 样品溶液中含 0.5～10 μg 氨。按本法规定的条件采样 10 min，样品可测浓度范围为 0.01～2 mg/m³。

② 灵敏度。10 mL 吸收液中含有 1 μg 的氨，吸光度为 0.081±0.003。

③ 检测下限。检测下限为 0.5 μg/10 mL，若采样体积为 5 L 时，最低检出浓度为 0.01 mg/m³。

④ 干扰和排除。对已知的各种干扰物，本法已采取有效措施进行排除，常见的 Ca^{2+}、Mg^{2+}、Fe^{3+}、Mn^{2+}、Al^{3+}等多种阳离子已被柠檬酸络合；2 μg 以上的苯胺有干扰，H_2S 允许量为 30 μg。

⑤ 方法的精密度。当样品中氨含量为 1.0 μg/10 mL，5.0 μg/10 mL，10.0 μg/10 mL，其变异系数分别为 3.1%，2.9%，1.0%，平均相对偏差为 2.5%。

⑥ 方法的准确度。样品溶液加入 1.0 μg，3.0 μg，5.0 μg，7.0 μg 的氨时，其回

收率为 95%～109%，平均回收率为 100.0%。

5.5.3.9　注意事项

本测定方法需特别注意干扰物质，否则会出现发色偏黄、吸光度偏低以及不发色等现象。尤其配制水杨酸时需特别注意溶液的性状。蒸馏无氨水时需注意酸碱条件。次氯酸钠使用一定要定期标定，正确保存，以免失效，影响样品的检测。

任务 5.6　室内空气中苯系物的测定

5.6.1　背景知识

苯系物，为苯及衍生物的总称，是人类活动排放常见的污染物，一般意义上的苯系物主要包括苯、甲苯、乙苯、二甲苯、三甲苯、苯乙烯、苯酚、苯胺、氯苯、硝基苯等。本章主要讲解苯、甲苯、二甲苯的测定。

苯、甲苯、二甲苯都是无色、有芳香气味、易挥发、易燃、低燃点的液体。易溶于乙醇、氯仿和二硫化碳等有机溶剂。二甲苯有邻、间、对位 3 个异构体。一般间位占 45%～70%，对位占 15%～25%，邻位占 10%～15%，三种异构体的理化特性极相似。

苯、甲苯和二甲苯是以蒸气状态存在于空气中，中毒作用一般是由于吸入蒸气或皮肤吸收所致。苯是人类已知的致癌物，急性中毒主要对中枢神经系统有毒害，出现兴奋或酒醉感及头痛、头晕、恶心、步态不稳，重症者可昏迷、抽搐，严重时可因呼吸及循环衰竭而死亡。甲苯属低毒类，高浓度中毒时可发生肾、肝和脑细胞的坏死和退行性病变，慢性中毒主要是对中枢神经系统的损害，纯甲苯对血液系统基本无毒性作用。二甲苯的三种异构体的毒性略有差异，以间位最大，但均属低毒类物质，其毒性主要是对中枢神经和植物神经系统的麻醉和刺激作用，慢性中毒可能引起轻度的、暂时性的末梢血象改变。

日常生活中，苯系物主要来源于家具用油漆、胶黏剂、空气消毒剂、杀虫剂、油烟烟雾、吸烟烟雾等。

5.6.2　方法选择

苯系物的测定主要采用气相色谱法，如表 5.6-1 所示，均采用吸附法采样，气相色谱仪进行分析。常用的吸附管有活性炭管、Tenax 管，采样后吸附管前处理方式有溶剂解析和热解吸。

本章将重点介绍《环境空气　苯系物的测定　活性炭吸附/二硫化碳解吸-气相色谱法》（HJ 584）。

表 5.6-1　室内苯系物的测定方法

序号	方法名称	原理	测定范围	采样要求
1	居住区大气中苯、甲苯和二甲苯卫生检验标准方法——气相色谱法（GB 11737）	空气中苯、甲苯和二甲苯用活性炭管采集，然后经热解吸或用二硫化碳提取出来，再经聚乙二醇 6 000 色谱柱分离，用氢火焰离子化检测器检测，以保留时间定性，峰高定量	当用活性炭管采气样 10 L，热解吸时，苯的测量范围为 0.005～10 mg/m^3，甲苯为 0.01～10 mg/m^3，二甲苯为 0.02～10 mg/m^3，二硫化碳提取时，苯的测量范围为 0.025～20 mg/m^3，甲苯为 0.05～20 mg/m^3，二甲苯为 0.1～20 mg/m^3	以 0.5 L/min 的速度，抽气 10 L 空气
2	室内空气中苯的检验方法——毛细管气相色谱法（GB/T 18883 附录 B）	仅规定了苯的分析方法，空气中苯用活性炭管采集，然后用二硫化碳提取出来，用氢火焰离子化检测器的气相色谱仪分析，以保留时间定性，峰高定量	采样量为 20 L 时，用 1 mL 二硫化碳提取，进样 1 μL，测定范围为 0.05～10 mg/m^3	以 0.5 L/min 的速度，抽取 20 L 空气
3	环境空气 苯系物的测定 活性炭吸附/二硫化碳解吸-气相色谱法（HJ 584）	用活性炭采样管富集环境空气和室内空气中苯系物，二硫化碳（CS_2）解吸，使用带有氢火焰离子化检测器（FID）的气相色谱仪测定分析	当采样体积为 10 L 时，苯、甲苯、乙苯、邻二甲苯、间二甲苯、对二甲苯、异丙苯和苯乙烯的方法检出限均为 1.5×10^{-3} mg/m^3，测定下限均为 6.0×10^{-3} mg/m^3	以 0.2～0.6 L/min 的流量采气 1～2 h（废气采样时间 5～10 min）
4	环境空气 苯系物的测定 固体吸附/热脱附-气相色谱法（HJ 583）	用填充聚 2,6-二苯基对苯醚（Tenax）采样管，在常温条件下，富集环境空气或室内空气中苯系物，采样管连入热脱附仪，加热后将吸附成分导有带有氢火焰离子化检测器（FID）的气相色谱仪进行分析	毛细管柱气相色谱法：方法检出限 5.0×10^{-4} mg/m^3，测定下限 2.0×10^{-3} mg/m^3 填充柱气相色谱法：苯方法检出限 5.0×10^{-4} mg/m^3，测定下限 2.0×10^{-3} mg/m^3，其他物质方法检出限 1.0×10^{-3} mg/m^3，测定下限 4.0×10^{-3} mg/m^3	以 10～200 mL/min 的流量采集空气 10～20 min

【苯系物的测定方法】

5.6.3 苯系物测定——气相色谱法

5.6.3.1 适用范围

本标准适用于环境空气和室内空气中苯、甲苯、乙苯、邻二甲苯、间二甲苯、对二甲苯、异丙苯和苯乙烯的测定。本标准也适用于常温下低湿度废气中苯系物的测定。

当采样体积为 10 L 时，苯、甲苯、乙苯、邻二甲苯、间二甲苯、对二甲苯、异丙苯和苯乙烯的方法检出限均为 1.5×10^{-3} mg/m^3，测定下限均为 6.0×10^{-3} mg/m^3。

5.6.3.2 测定原理

用活性炭采样管富集环境空气和室内空气中苯系物，二硫化碳（CS_2）解吸，使用带有氢火焰离子化检测器（FID）的气相色谱仪测定分析。

5.6.3.3 试剂和材料

① 二硫化碳：分析纯，经色谱鉴定无干扰峰。

② 标准储备液：取适量色谱纯的苯、甲苯、乙苯、邻二甲苯、间二甲苯、对二甲苯、异丙苯和苯乙烯配制于一定体积的二硫化碳中。也可使用有证标准溶液。

5.6.3.4 仪器和设备

① 气相色谱仪：配有 FID 检测器。

② 色谱柱：填充柱或毛细管柱。

③ 采样装置：无油采样泵，能在 0～1.5 L/min 内精确保持流量。

④ 活性炭采样管：采样管内装有两段特制的活性炭，A 段 100 mg，B 段 50 mg。A 段为采样段，B 段为指示段，见图 5.6-1。

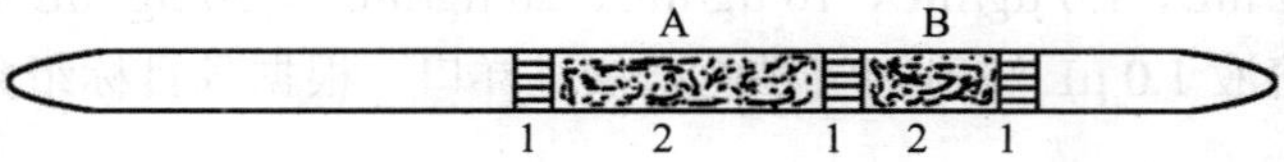

1—玻璃棉；2—活性炭；A—100 mg 活性炭；B—50 mg 活性炭

图 5.6-1　活性炭采样管

5.6.3.5 样品采集

① 采样前应对采样器进行流量校准。在采样现场，将一只采样管与空气采样装置相连，调整采样装置流量，此采样管仅作为调节流量用，不用作采样分析。

② 敲开活性炭采样管的两端，与采样器相连（A 段为气体入口），检查采样系统的气密性。以 0.2～0.6 L/min 的流量采气 1～2 h（废气采样时间 5～10 min）。若现场大气中含有较多颗粒物，可在采样管前连接过滤头。同时记录采样器流量、当前温度、气压及采样时间和地点。

③ 采样完毕前，再次记录采样流量，取下采样管，立即用聚四氟乙烯帽密封。

④ 在采集样品时同时做现场空白样品的采集，将活性炭管运输到采样现场，敲开两端后立即用聚四氟乙烯帽密封，并同已采集样品的活性炭管一同存放并带回实验室分析。每次采集样品，都应至少带一个现场空白样品。

⑤ 采集好的样品，立即用聚四氟乙烯帽将活性炭采样管的两端密封，避光密闭保存，室温下 8 h 内测定。否则放入密闭容器中，保存于−20℃冰箱中，保存期限为 1 d。

5.6.3.6 分析步骤

（1）样品的解吸

将活性炭采样管中 A 段和 B 段取出，分别放入磨口具塞试管中，每个试管中各加入 1.00 mL 二硫化碳密闭，轻轻振动，在室温下解吸 1 h 后，待测。

（2）标准曲线的绘制

① 色谱分析条件。由于色谱分析条件常因实验条件不同而有差异，所以应根据所用气相色谱仪的型号和性能，制定能分析苯系物的最佳色谱分析条件。

填充柱气相色谱法参考条件。载气流速：50 mL/min；进样口温度：150℃；检测器温度：150℃；柱温：65℃；氢气流量：40 mL/min；空气流量：400 mL/min。

毛细管气相色谱法参考条件。色谱柱柱箱温度：65℃保持 10 min，以 5℃/min 速率升温到 90℃保持 2 min；柱流量：2.6 mL/min；进样口温度：150℃；检测器温度：250℃；尾吹气流量：30 mL/min；氢气流量：40 mL/min；空气流量：400 mL/min。

② 绘制标准曲线。分别取适量的标准储备液，稀释到二硫化碳中，配制质量浓度依次为 0.5 μg/mL、1.0 μg/mL、10 μg/mL、20 μg/mL 和 50 μg/mL 的校准系列。分别取标准系列溶液 1.0 μL 注射到气相色谱仪进样口。根据各目标组分质量和响应值绘制校准曲线。

毛细管柱和填充柱参考色谱图，见图 5.6-2、图 5.6-3。

（3）样品测定

取制备好的试样 1.0 μL，注射到气相色谱仪中，分析条件与标准曲线分析时一致，目标组分经色谱柱分离后，由 FID 进行检测。以保留时间定性，峰高（峰面积）定量。同时，取一个未经采样的活性炭管按样品管同时操作，测量空白管的平均峰高（峰面积）。

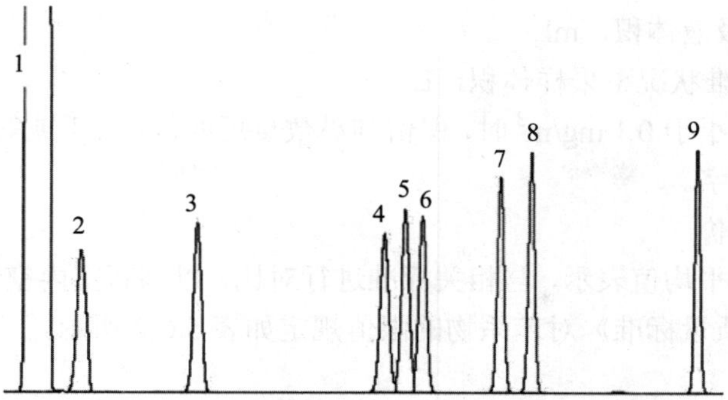

1—二硫化碳；2—苯；3—甲苯；4—乙苯；5—对二甲苯；6—间二甲苯；7—异丙苯；
8—邻二甲苯；9—苯乙烯

图 5.6-2　毛细管柱色谱

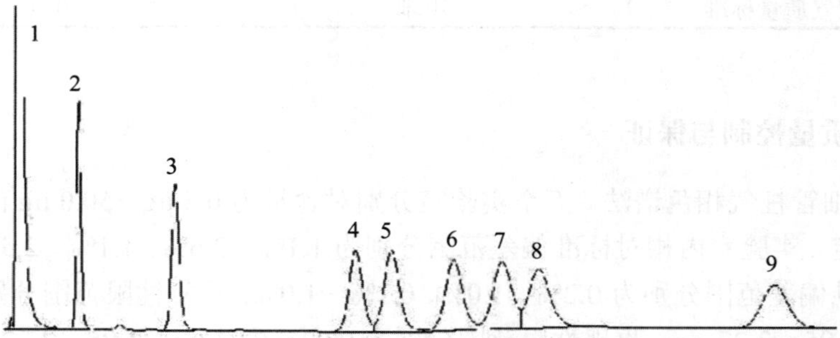

1—二硫化碳；2—苯；3—甲苯；4—乙苯；5—对二甲苯；6—间二甲苯；
7—邻二甲苯；8—异丙苯；9—苯乙烯

图 5.6-3　填充柱色谱

5.6.3.7　结果计算与评价

（1）结果计算

① 将采样体积换算成标准状态下的采样体积。

② 空气中苯、甲苯和二甲苯的浓度按式（5.6-1）计算：

$$c = \frac{(W - W_0) \times V}{V_0} \tag{5.6-1}$$

式中：c ——空气中苯、甲苯、二甲苯等苯系物的浓度，mg/m^3；

W——由校准曲线计算的样品解吸液的质量浓度，μg/mL；

W_0——由校准曲线计算的空白解吸液的质量浓度，μg/mL；

V——解吸液体积，mL；

V_0——标准状况下采样体积，L。

当测定结果小于 0.1 mg/m³ 时，保留到小数点后四位；大于或等于 0.1 mg/m³ 时，保留三位有效数字。

（2）结果评价

测试结果以平均值表示，与相关标准进行对比，以判断室内空气质量是否合格。《室内空气质量标准》对苯系物的限值规定如表 5.6-2 所示。

表 5.6-2 相关标准的苯系物浓度限值

标准名称	类型	苯系物限值/（mg/m³）
室内空气质量标准	苯	0.11
室内空气质量标准	甲苯	0.20
室内空气质量标准	二甲苯	0.20

5.6.3.8 质量控制与保证

① 毛细管柱气相色谱法。五个实验室分别对含量为 0.5 μg、50.0 μg 的统一样品进行了测定，实验室内相对标准偏差范围分别为 1.1%～2.6%、1.1%～2.5%，实验室间相对标准偏差范围分别为 0.2%～1.0%、0.1%～1.0%；重复性限范围分别为 0.01～0.03 μg、1.95～3.27 μg，再现性限范围分别为 0.02～0.04 μg、1.95～3.32 μg。

② 填充柱气相色谱法。五个实验室分别对含量为 0.5 μg、50.0 μg 的统一样品进行了测定，实验室内相对标准偏差范围分别为 1.1%～2.6%、1.1%～3.7%，实验室间相对标准偏差范围分别为 0.1%～0.7%、0.3%～1.0%；重复性限范围分别为 0.02～0.03 μg、2.10～3.06 μg，再现性限范围分别为 0.02～0.03 μg、2.12～3.06 μg。

③ 五个实验室对两种浓度的标准样品进行了测定，每种组分的加标量为 100 μg，毛细管柱气相色谱法的相对误差最终值范围为−2.6%～11.6%，加标回收率最终值范围为 92.2%～105%；填充柱气相色谱法的相对误差最终值范围为−1.2%～6.0%，加标回收率最终值范围为 92.9%～104%。

5.6.3.9 注意事项

① 当空气中水蒸气或水雾量太大，以致在炭管中凝结时，严重影响活性炭管的穿透容量及采样效率，需进行除湿处理，空气湿度应小于 90%。当空气中粉尘量较大时，也会影响活性炭管的吸附容量，需进行除尘处理。

② 采样前后的流量相对偏差应在 10%以内。

③ 活性炭采样管的吸附效率应在 80%以上，即 B 段活性炭所收集的组分应小于

A 段的 25%，否则应调整流量或采样时间，重新采样。

④ 每批样品分析时应带一个校准曲线中间浓度校核点，中间浓度校核点测定值与校准曲线相应点浓度的相对误差应不超过 20%。若超出允许范围，应重新配制中间浓度点标准溶液；若还不能满足要求，应重新绘制校准曲线。

任务 5.7　室内空气中总挥发性有机物（TVOC）的测定

5.7.1　背景知识

总挥发性有机化合物（TVOC）根据 WHO（世界卫生组织）定义，是指在常压下，沸点在 50～260℃的各种有机化合物。TVOC 主要成分有烷类、芳烃类、烯类、卤烃类、酯类、醛类、酮类及其他等。

总挥发性有机化合物是一类重要的室内空气污染物，目前，已鉴定 300 多种。除醛类以外，常见的还有苯、甲苯、二甲苯、丙酮、丁酮等。它们各自的浓度往往不高，但若干种有机物共同存在于室内时，其联合作用是不可忽视的。挥发性有机物长期低剂量释放，对人体危害大，主要是刺激眼睛和呼吸道、使皮肤过敏、引起头痛、咽痛与乏力等症状。有些 TVOC 已被列为致癌物，如氯乙烯、苯、多环芳烃等。

室内空气中挥发性有机化合物主要来源于油漆、胶黏剂、人造板材、壁纸、地毯、办公用品用油墨、复印机、家用燃料、烟叶的不完全燃烧及人体排泄物等。

5.7.2　方法选择

《室内空气质量标准》附录 C 规定了总挥发性有机物的测定方法，采用 Tenax 吸附管采样，热解吸-气相色谱法分析。2013 年、2015 年环境保护部分别颁发了环境空气中挥发性有机物的测定，分别采用吸附管采样、热解吸-气质联用仪分析和真空罐采样、气质联用仪分析。除上述气相色谱/气质联用仪分析外，还有光离子化法。光离子化法虽没有被《室内空气质量标准》和《民用建筑工程室内环境污染控制规范》列入标准分析方法，其检测结果也与标准分析方法没有可比性，但光离子化法的测定结果也可反映室内总挥发性有机化合物污染程度，又以其较低的市场价格，易于操作而得到广泛应用。

对比上述各测试方法，除光离子化总量直接检测法是在现场直接注入气体到光离子化气体分析仪外，其他均需采集一定量的气体送回实验室分析。TVOC 样品采集包括吸附浓缩法、真空罐直接采样法和采气袋法。

表 5.7-1 室内 TVOC 的测定方法

序号	方法名称	原理	测定范围	采样要求
1	室内空气中总挥发性有机物（TVOC）的检验方法（热解吸/毛细管气相色谱法）（GB/T 18883 附录 C）	选择合适的吸附剂（Tenax GC 或 Tenax TA），用吸附管采集一定体积的空气样品，空气流中的挥发性有机化合物保留在吸附管中。采样后，将吸附管加热，解吸挥发性有机化合物，待测样品随惰性载气进入毛细管气相色谱仪。用保留时间定性，峰高或峰面积定量	0.5 μg/m^3～100 mg/m^3	未限定采样流量，采集 1～10 L 气体，样品可保存 14 d
2	光离子化总量直接检测法（非仲裁用）（室内环境空气质量监测技术规范 附录 K.4）	将空气样品直接注入光离子化气体分析仪，样品采样泵直接吸入后进入离子化室，在真空紫外光子（VUV）的轰击下，将 TVOC 电离成正负离子。测量离子电流的大小，就可确定 TVOC 的含量	以苯为标准物质，苯的检出限为 5 μg/m^3，浓度测定范围为 5 μg/m^3～350 mg/m^3（进样 1 mL）	将仪器带到现场分析空气中的 TVOC
3	光离子化气相色谱法（室内环境空气质量监测技术规范附录 K.3）	将空气样品直接注入光离子化气体分析仪，样品由色谱柱分离后进入离子化室，在真空紫外光子的轰击下，将 TVOC 电离成正负离子。测量离子电流的大小，就可确定 TVOC 的含量，根据色谱柱的保留时间对 TVOC 定性	以苯为标准物质，苯的检出限为 5 μg/m^3，浓度测定范围为 5 μg/m^3～350 mg/m^3（进样 1 mL）	用采样气袋，抽取现场空气冲洗 3 次，采气 1 L，TVOC 的浓度在 μg/m^3 量级的样品保存时间不超过 24 h。也可将仪器带到现场分析
4	环境空气 挥发性有机物的测定 吸附管采样-热脱附/气相色谱-质谱法（HJ644—2013）	采用固体吸附剂（Carbopack C、Carbopack B、Carboxen 1000 混合吸附剂）富集环境空气中挥发性有机物，将吸附管置于热脱附仪中，经气相色谱分离后，用质谱进行检测。通过与待测目标物标准质谱图相比较和保留时间进行定性，外标法或内标法定量	当采样体积为 2 L 时，方法检出限为 0.3～1.0 μg/m^3，测定下限为 1.2～4.0 μg/m^3	采样流量 10～200 mL/min，采样体积 2 L。当相对湿度大于 90%时，应减少采样体积，但最少不应小于 300 mL。4℃保存，可存放 7 d
5	环境空气 挥发性有机物的测定罐采样/气相色谱-质谱法（HJ 759—2015）	用内壁硅烷化处理的不锈钢真空罐采集环境空气样品，经冷阱浓缩、热解吸后，进入气相色谱分离，用质谱检测器进行检测。通过与标准物质质谱图和保留时间比较定性，内标法定量	当取样量为 400 mL 时，全扫描模式下，本方法的检出限为 0.2～2 μg/m^3，测定下限为 0.8～8.0 μg/m^3	样品采集可采用瞬时采样和恒定流量采样。采样需加装过滤器以去除颗粒物。常温保存，20 d 内分析完成

吸附浓缩法采用的吸附管可以是不锈钢材质或玻璃材质，但目前较为常用的为不锈钢材质，如图 5.7-1 所示。充填的吸附剂有 Tenax GC、Tenax TA、Tenax GR、Carbopack C、Carbopack B、Carboxen 1000 等，可以是单一吸附剂充填，也可以是多种吸附剂混合充填。考虑到 TVOC 组分多，各物质吸附性能不一样，目前新标准中大多规定采用混合吸附剂充填。如环境空气挥发性有机物测定（HJ 644—2013）规定充填的吸附剂为 Carbopack C、Carbopack B、Carboxen 1000，长度分别为 13 mm、25 mm、13 mm。固定污染源挥发性有机物的测定（HJ 734—2014）规定了三种组合式吸附管，组合 1 吸附管，内装 Tenax GR、Carbopack B，长度分别为 30 mm、25 mm。组合 2 吸附管，内装 Carbopack B、Carboxen 1000，长度分别为 30 mm、10 mm。组合 3 吸附管，内装 Carbopack C、Carbopack B、Carboxen 1000，长度分别为 13 mm、25 mm、13 mm。

图 5.7-1　不锈钢吸附管

真空罐直接采样法采用的采集仪器为不锈钢真空罐（SUMMA 罐），如图 5.7-2 所示。采样罐内壁需进行硅烷化处理，常用容积有 3 L、6 L 等规格。采样前，需采用罐清洗装置对采样罐进行清洗，去除残留的污染物。清洗完后，将采样罐抽至真空（＜10 Pa）待用。样品采集可采用瞬时采样和恒定流量采样。

瞬时采样由于采样时间短，时间代表性差，适合于污染物浓度较为稳定的场所。在采样现场，采样罐前加装过滤器，去除空气中的颗粒物，打开采样罐，在内外压差的作用下，气体自动充填采样罐，待罐内压力与采样点大气压力一致后，关闭阀门。

恒定流量采样需在采样罐前加装流量控制器（图 5.7-3），打开采样罐阀门，以设定的流速采集气体。采样时间长，具有良好的代表性。

图 5.7-2　不锈钢真空罐（SUMMA 罐）

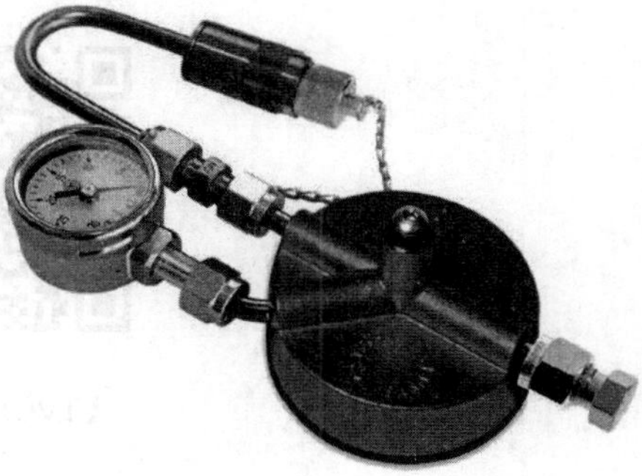

图 5.7-3　真空罐用流量控制器

采气袋法所用的采气袋为聚氟乙烯（PVF）等氟聚合物薄膜气袋，吸附性和气体渗透率低，不释放干扰物质，且挥发性有机物能在气袋中稳定保存。

图 5.7-4　气袋采气系统

吸附法采样操作简单，成本略低，是目前较为常用的 TVOC 监测分析方法，但由于 TVOC 不同组分对吸附剂的吸附性能不一样，存在部分组分吸附效率低，富集不完全。另外吸附剂的吸附容量有限，存在吸附饱和等问题。真空罐采样法操作简单、无吸附饱和等问题，但洗罐抽真空处理较为复杂，分析成本高，真空罐内壁若处理不当，将存在 TVOC 组分被吸附等问题。采气袋法对采气袋要求较高，样品存放时间短，目前在固定污染源有机废气监测标准中有规定采用采气袋法。

室内空气采集主要以吸附法采集样品，下面将重点介绍 GB/T 18883 附录 C 中关于室内空气中总挥发性有机物（TVOC）的检验方法（热解吸/毛细管气相色谱法）。

5.7.3　TVOC 测定——气相色谱法

5.7.3.1　适用范围

本法适用于室内、环境和工作场所空气，也适用于评价小型或大型测试舱室内材料的释放。

【TVOC 测定】

5.7.3.2 测定原理

选择合适的吸附剂（Tenax GC 或 Tenax TA），用吸附管采集一定体积的空气样品，空气流中的挥发性有机化合物保留在吸附管中。采样后，将吸附管加热，解吸挥发性有机化合物，待测样品随惰性载气进入毛细管气相色谱仪。用保留时间定性，峰高或峰面积定量。

本法适用于浓度范围为 0.5 $\mu g/m^3$～100 mg/m^3 的空气中 TVOC 的测定。

5.7.3.3 试剂与材料

分析过程中使用的试剂应为色谱纯；如果为分析纯，需经纯化处理，保证色谱分析无杂峰。

① VOCs：为了校正浓度，需用 VOCs 作为基准试剂，配成所需浓度的标准溶液或标准气体，然后采用液体外标法或气体外标法将其定量注入吸附管。

目前常用的有 35 种 VOC 混标（HJ 644—2013 环境空气 挥发性有机物的测定），24 种 VOC 混标（HJ 734—2014 固定污染源废气 挥发性有机物的测定），43 种 TO-14 标气（美国 EPA 方法）和 65 种 TO-15 标气（美国 EPA 方法）。根据污染物的特殊性，也可定制满足需求的 VOCs 标液或标气。

② 吸附剂：使用的吸附剂粒径为 0.18～0.25 mm（60～80 目），吸附剂在装管前应在其最高使用温度下，用惰性气流加热活化处理过夜。为了防止二次污染，吸附剂应在清洁空气中冷却至室温，储存和装管。解吸温度应低于活化温度。由制造商装好的吸附管使用前也需活化处理。

5.7.3.4 仪器与设备

① 吸附管。外径 6.3 mm、内径 5 mm、长 90 mm 或 180 mm 内壁抛光的不锈钢管，吸附管的采样入口一端有标记。吸附管可以装填一种或多种吸附剂，应使吸附层处于解吸仪的加热区。根据吸附剂的密度，吸附管中可装填 200～1 000 mg 的吸附剂，管的两端用不锈钢网或玻璃纤维堵住。如果在一支吸附管中使用多种吸附剂，吸附剂应按吸附能力增加的顺序排列，并用玻璃纤维隔开，吸附能力最弱的装填在吸附管的采样入口端。采样前，需进行老化处理。

② 空气采样器。恒流空气个体采样泵，流量范围 0.02～0.5 L/min，流量稳定。使用时用皂膜流量计校准采样系统在采样前和采样后的流量。流量误差应小于 5%。

③ 气相色谱仪。配备氢火焰离子化检测器、质谱检测器或其他合适的检测器。色谱柱：非极性（极性指数小于 10）石英毛细管柱。

④ 热解吸仪。能对吸附管进行二次热解吸，并将解吸气用惰性气体载带进入气相色谱仪。解吸温度、时间和载气流速是可调的。冷阱可将解吸样品进行浓缩。

⑤ 液体外标法制备标准系列的注射装置。常规气相色谱进样口，可以在线使用也可以独立装配，保留进样口载气连线，进样口下端可与吸附管相连。

5.7.3.5 样品采集

将吸附管与采样泵用塑料或硅橡胶管连接。个体采样时，采样管垂直安装在呼吸带；固定位置采样时，选择合适的采样位置。打开采样泵，调节流量，以保证在适当的时间内获得所需的采样体积（1～10 L）。如果总样品量超过 1 mg，采样体积应相应减少。记录采样开始和结束时的时间、采样流量、温度和大气压力。

采样后将管取下，密封管的两端或将其放入可密封的金属或玻璃管中。样品可保存 14 d。

5.7.3.6 分析步骤

（1）样品的解吸和浓缩

将吸附管安装在热解吸仪上，加热，使有机蒸气从吸附剂上解吸下来，并被载气流带入冷阱，进行预浓缩，载气流的方向与采样时的方向相反。然后再以低流速快速解吸，经传输线进入毛细管气相色谱仪。传输线的温度应足够高，以防止待测成分凝结。解吸条件见表 5.7-2。

表 5.7-2 解吸条件

解吸温度	250～325℃
解吸时间	5～15 min
解吸气流量	30～50 mL/min
冷阱的制冷温度	+20～-180℃
冷阱的加热温度	250～350℃
冷阱中的吸附剂	如果使用，一般与吸附管相同，40～100 mg
载气	氦气或高纯氮气
分流比	样品管和二级冷阱之间以及二级冷阱和分析柱之间的分流比应根据空气中的浓度来选择

（2）色谱分析条件

可选择膜厚度为 1～5 μm 的 50 m×0.22 mm 石英柱，固定相可以是二甲基硅氧烷或 7%的氰基丙烷、7%的苯基、86%的甲基硅氧烷。柱操作条件为程序升温，初始温度 50℃保持 10 min，以 5℃/min 的速率升温至 250℃。

（3）标准曲线的绘制

气体外标法：用泵准确抽取 100 μg/m^3 的标准气体 100 mL、200 mL、400 mL、1 L、2 L、4 L、10 L、通过吸附管，制备标准系列。

液体外标法：利用专用注射装置取 1～5 μL 含液体组分 100 μg/mL 和 10 μg/mL 的标准溶液注入吸附管，同时用 100 mL/min 的惰性气体通过吸附管，5 min 后取下吸附管密封，制备标准系列。

用热解吸气相色谱法分析吸附管标准系列，以扣除空白后峰面积为纵坐标，以待测物质量为横坐标，绘制标准曲线。

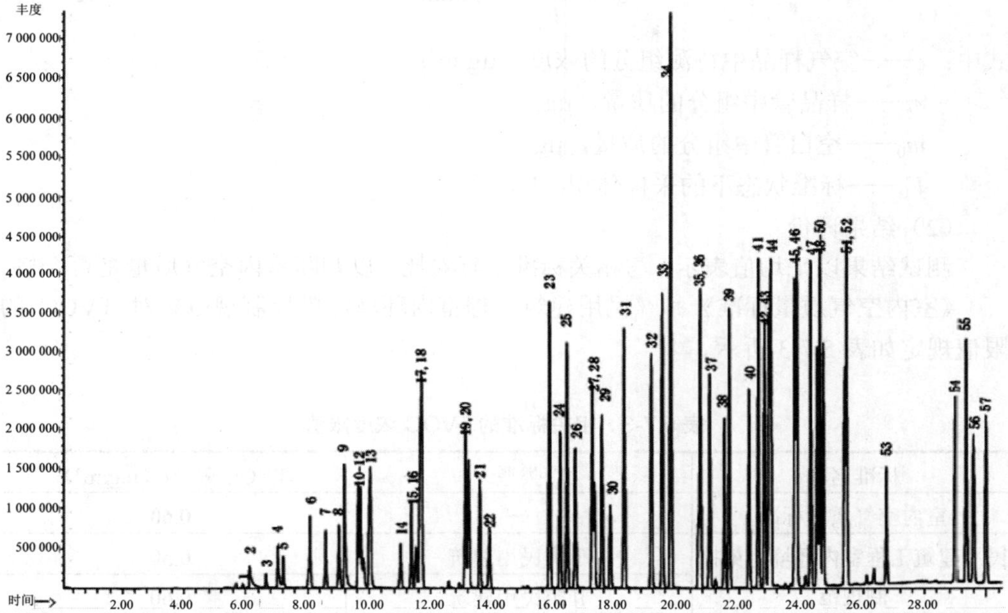

图 5.7-5 TVOC 目标物的总离子流色谱

（4）样品分析

每支样品吸附管按绘制标准曲线的操作步骤（即相同的解吸和浓缩条件及色谱分析条件）进行分析，用保留时间定性，峰面积定量。

5.7.3.7 结果计算与评价

（1）结果计算

TVOC 的计算需注意以下几点：

① 应对保留时间在正己烷和正十六烷之间所有化合物进行分析。

② 计算 TVOC，包括色谱图中从正己烷到正十六烷之间的所有化合物。

③ 根据单一的校正曲线，对尽可能多的 VOCs 定量，至少应对十个最高峰进行定量，最后与 TVOC 一起列出这些化合物的名称和浓度。

④ 计算已鉴定和定量的挥发性有机化合物的浓度 S_{id}。

⑤ 用甲苯的响应系数计算未鉴定的挥发性有机化合物的浓度 S_{un}。

⑥ S_{id} 与 S_{un} 之和为 TVOC 的浓度与 TVOC 的值。

⑦ 如果检测到的化合物超出了②中 TVOC 定义的范围，那么这些信息应该添加到 TVOC 值中。

空气样品中待测组分的浓度按下式计算

$$c = \frac{m - m_0}{V_0} \times 1000 \tag{5.7-1}$$

式中：c——空气样品中待测组分的浓度，μg/m³；

m——样品管中组分的质量，μg；

m_0——空白管中组分的质量，μg；

V_0——标准状态下的采样体积，L。

（2）结果评价

测试结果以平均值表示，与相关标准进行对比，以判断室内空气质量是否合格。《室内空气质量标准》和《民用建筑工程室内环境污染控制规范》对 TVOC 的限值规定如表 5.7-3 所示。

表 5.7-3 相关标准的 TVOC 浓度限值

标准名称	类型	TVOC 限值/（mg/m³）
室内空气质量标准	—	0.60
民用建筑工程室内环境污染控制规范	Ⅰ类民用建筑	0.50
	Ⅱ类民用建筑	0.60

5.7.3.8 质量控制与保证

① 检测下限。采样量为 10 L 时，检测下限为 0.5 μg/m³。

② 线性范围。线性范围为 10^6。

③ 精密度。根据待测物的不同，在吸附管上加入 10 μg 的标准溶液，Tenax TA 的相对标准偏差范围为 0.4%～2.8%。

④ 准确度。20℃、相对湿度为 50%的条件下，在吸附管上加入 10 mg/m³ 的正己烷，Tenax TA、Tenax GR（5 次测定的平均值）的总不确定度为 8.9%。

5.7.3.9 注意事项

① 吸附管使用前需进行活化处理。

② 未识别的色谱峰以甲苯计。

④ 采样人员不得喷香水，不得涂有香味的护肤品，不得抽烟。

任务 5.8　室内空气中氡的测定

5.8.1　背景知识

氡是由镭在环境中衰变而产生的自然界唯一的天然放射性惰性气体，无色无味，易溶于水和有机溶剂。在脂肪中的溶解度比水高 120 倍，氡在人体中的毒性与这一特性有一定的关系。氡易被活性炭、橡胶、硅胶、石蜡、黏土等吸附。氡原子衰变的产物称为氡子体。在自然界中，氡有三种放射性同位素，即 ^{219}Rn、^{220}Rn 和 ^{222}Rn。其中 ^{222}Rn 半衰期最长，为 3.825 天，另外两种同位素的半衰期都非常短，不具有实际意义。因此，通常所指的氡以 ^{222}Rn 为主。氡在衰变过程中放出 α、β、γ 粒子后衰变为各种氡子体，氡及其子体均为放射性粒子。常温下，氡及其子体在空气中能形成放射性气溶胶而污染空气，放射性气溶胶很容易被人体呼吸系统截留，并在局部区域不断积累，长期吸入高浓度氡最终可诱发肺癌。

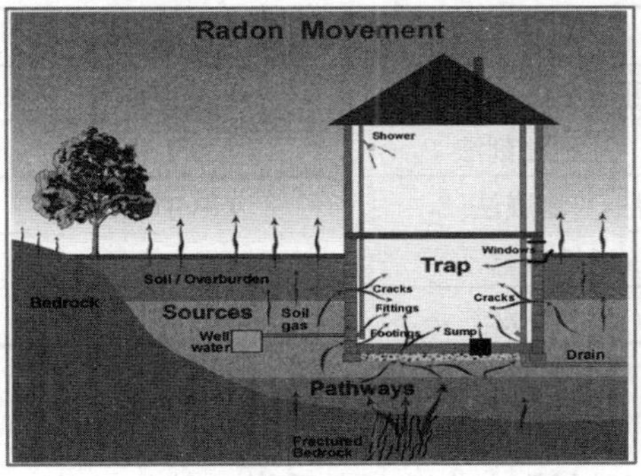

房基土壤

建筑材料

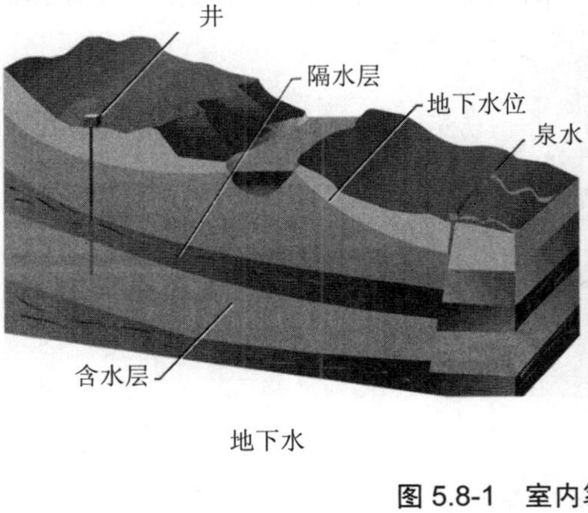

地下水

天然气

图 5.8-1　室内氡的主要来源

室内氡的来源主要有从房地基土壤中析出的氡；从建筑材料中析出的氡（它是室内氡的最主要来源，特别是含有放射性元素的天然石材，极易释放出氡）；从户外空气中进入室内的氡；从供水及取暖设备和厨房设备的天然气释放出来的氡。

5.8.2 方法选择

空气中氡浓度的测量方法从测量时间上可以分为瞬时测量、连续测量和累积测量；从采样方法上可以分为被动式和主动式两种；从测量对象上又可分为测氡、测氡子体及同时测量氡和氡子体三种。瞬时测量快速、方便、可及时获得监测数据，但代表性差；目前倾向认为被动式累积测量是室内氡的较理想的测量方法，它能反映氡浓度的平均值。累积测量法在研究中普遍采用，但因其测量周期长，不易为公众所接受，公众还是比较喜欢瞬时测量法，因为它能及时给出监测结果。《室内空气质量标准》中要求的监测方法有闪烁瓶法、径迹蚀刻法、活性炭盒法、双滤膜法、气球法等。

表 5.8-1 室内氡的测定方法

序号	标准名称	标准号
1	空气中氡浓度的闪烁瓶测量方法	GBZ/T 155
2	环境空气中氡的标准测量方法-径迹蚀刻法	GB/T 14582
3	环境空气中氡的标准测量方法-双滤膜法	GB/T 14582
4	环境空气中氡的标准测量方法-活性炭盒法	GB/T 14582
5	环境空气中氡的标准测量方法-气球法	GB/T 14582

闪烁瓶法是测量氡气比较经典的方法，该法的优点是灵敏度高、快速、现场采样仅需十几秒钟。对住户的干扰小，并可以同时进行多点采样。稍加改进，还可以进行水和天然气氡以及土壤氡发射率的测定。下面重点介绍氡浓度的闪烁瓶测量方法。

5.8.3 闪烁瓶法

5.8.3.1 适用范围

本标准适用于室内外及地下场所等空气中氡浓度的测量。

【空气中氡浓度的闪烁瓶测量方法】

5.8.3.2　测定原理

闪烁瓶法是一种瞬时被动式测氡方法。该方法的原理是将待测点的空气吸入已抽成真空态的闪烁瓶内，闪烁瓶密封避光 3 h，氡和衰变产物发射的 α 粒子入射到闪烁瓶的 ZnS(Ag)涂层，使 ZnS(Ag)发光，经光电倍增管收集并转变成电脉冲信号，经电子学测量单元放大后记录下来，储存于连续探测器的记忆装置中。在确定时间内电脉冲数与所收集空气中氡的浓度成正比，根据刻度源测得的净计数率—氡浓度刻度曲线，可由所测脉冲计数率，得到待测空气中氡浓度。

5.8.3.3　测量装置

典型的测量装置由探头、高压电源和电子学分析记录单元组成。

探头由闪烁瓶、光电倍增管和前置单元电路组成。典型的闪烁瓶如图 5.8-2 所示，由不锈钢、铜或有机玻璃等低本底材料制成，外形为圆柱形或钟形，内层涂以 ZnS(Ag)粉，上部有密封的通气阀门。光电倍增管必须选择低噪声、高放大倍数，工作电压低于 1 000V 的。探头外壳必须具有良好的光密性，材料用铜或铝制成，内表面应氧化涂黑处理，外壳尺寸应适合闪烁瓶的位置。

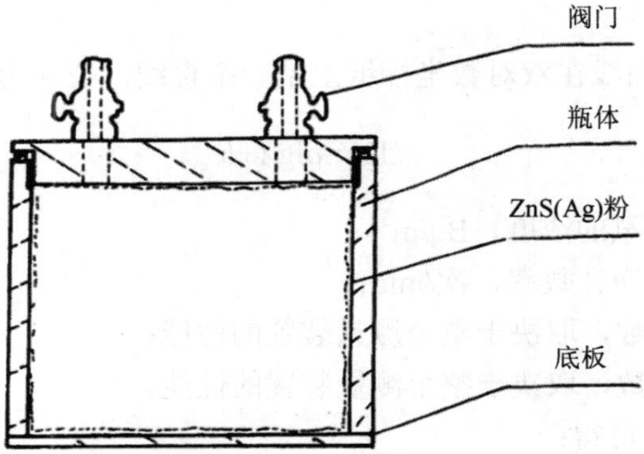

图 5.8-2　闪烁瓶简图

高压电源输出电压应在 0～3 000 V 连续可调，波纹电压不大于 0.1%，电流应不小于 100 mA。

记录和数据处理系统可用定标器和打印机，也可用多道脉冲幅度分析器和 X-Y 绘图仪。

在使用过程中需注意：

① 通气阀门应经过真空系统检验。接入系统后，在 1×10^3Pa 的真空度下，经过 12 h，真空度无明显变化。

② 底板用有机玻璃制成。其尺寸与光电倍增管的光阴极一致，接触面平坦，无明显划痕，与光电倍增管的光阴极有良好的光耦合。

③ ZnS(Ag)粉必须经去钾提纯处理，使其对本底的贡献保持在最低水平。

④ 在整个取样测量期间，闪烁瓶的漏气必须小于采样量的 5%。

⑤ 测量室外空气中氡浓度时，闪烁瓶容积应大于 0.5×10^{-3} m^3。

5.8.3.4 样品采集

在确定的测量条件下，进行本底稳定性测定和本底测量，得出本底分布图和本底值。将抽成真空的闪烁瓶带到待测点，然后打开阀门（在高温、高尘环境下，需经预处理去湿、去尘），约 10 s 后，关闭阀门，带回测量室待测。记录取样点的位置、温度和气压等。

5.8.3.5 分析步骤

将待测闪烁瓶避光保存 3 h，在确定的测量条件下进行计数测量。由要求的测量精度选用测量时间，测量后，必须及时用无氡气体清洗闪烁瓶，保持本底状态。

5.8.3.6 结果计算与评价

（1）结果计算

典型装置刻度曲线在双对数坐标纸上是一条直线，公式为：

$$\lg Y = a \lg X + b \tag{5.8-1}$$

式中：Y——空气中氡的浓度，Bq/m^3；

X——测定的净计数率，次/min；

a——刻度系数，取决于整个测量装置的性能；

b——刻度系数，取决于整个测量装置的性能。

由式（5.8-1），可得：

$$Y = e^b x^a \tag{5.8-2}$$

由净计数率，使用图表或公式可以得到相应样品空气中的氡浓度值。

（2）结果评价

测试结果以平均值表示，与相关标准进行对比，以判断室内空气质量是否合格。《室内空气质量标准》和《民用建筑工程室内环境污染控制规范》对氡的限值规定如表 5.8-2 所示。

表 5.8-2　相关标准的氡浓度限值

标准名称	类型	氡限值/（Bq/m^3）
室内空气质量标准	—	400
民用建筑工程室内环境污染控制规范	Ⅰ类民用建筑	200
	Ⅱ类民用建筑	400

5.8.3.7　质量控制与保证

① 刻度充气前，需用无氡气体按规定程序对整个系统进行清洗。清洗时间应大于 20 min。

② 按规定测量程序，测量氡浓度-净计数率刻度曲线。上述典型装置的刻度曲线在双对数坐标纸上是一条直线。

③ 绘制刻度曲线时必须先把处于真空状态的闪烁瓶与系统相连接。按规定程序打开阀门使大部分生成的氡进入闪烁瓶，接通气瓶，用无氡气体将其余氡气赶入闪烁瓶。

5.8.3.8　注意事项

采样点必须有代表性。室内、室外、地下场所，空气中氡的浓度分布是不均匀的。采样点要代表待测空间的最佳取样点。

5.8.4　径迹蚀刻法

5.8.4.1　测定原理

径迹蚀刻法是被动式累积采样，能测量采样期间内氡的累积浓度，暴露 20 d，其探测下限可达 $2.1\times10^3 Bq\cdot h/m^3$。

【环境空气中氡的标准测量方法】

其测量原理是氡及其子体发射的 α 粒子轰击探测器时，使其产生亚微观型损伤径迹。将此探测器在一定条件下进行化学或电化学蚀刻，扩大损伤径迹，以致能用显微镜或自动计数装置进行计数。单位面积上的径迹数与氡浓度和暴露时间的乘积成正比。用刻度系数可将径迹密度换算成氡浓度。

探测器是聚碳酸酯片或 CR-39，置于一定形状的采样盒内组成采样器，如图 5.8-3 所示。

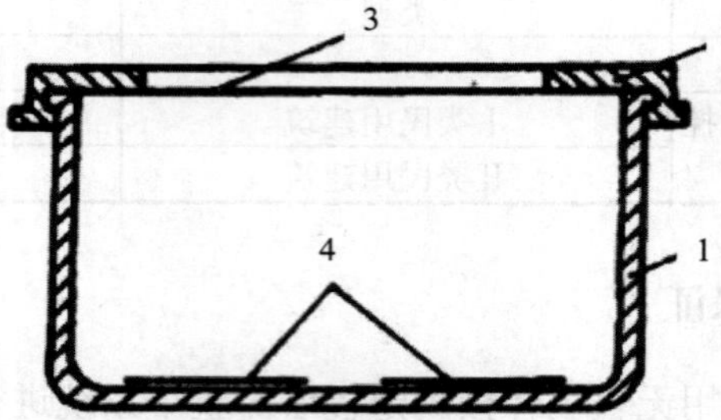

1—采样盒；2—压盖；3—滤膜；4—探测器

图 5.8-3 径迹蚀刻法采样器结构

5.8.4.2 测量装置

① 探测器，聚碳酸酯膜、CR-39（简称片子）。

② 采样盒，塑料制成，直径 60 mm，高 30 mm。

③ 蚀刻槽，塑料制成。

④ 音频高压振荡电源，频率 0～10 kHz，电压 0～1.5 kV。

⑤ 切片机。

⑥ 测厚仪，能测出微米级厚度。

⑦ 恒温器、注射器、平头镊子等。

5.8.4.3 样品采集分析

（1）样品制备

① 切片。用切片机把聚碳酸酯膜切成一定形状的片子，一般为圆形，也可为方形。

② 测厚。用测厚仪测出每张片子的厚度，偏离标称值 10%的片子应淘汰。

③ 装样。用不干胶把 3 个片子固定在采样盒的底部，盒口用滤膜覆盖。

④ 密封。把装好采样器密封起来，隔绝外部空气。

（2）采样器布放

① 在测量现场去掉密封包装。

② 将采样器布放在测量现场。

③ 室内测量。采样器可悬挂起来，也可放在其他物体上，其开口面上方 20 cm 内不得有其他物体。

（3）采样器回收

采样终止时，取下采样器再密封起来，送回实验室。布放时间不少于 30 d。

（4）蚀刻

蚀刻分为化学蚀刻和电化学蚀刻。化学蚀刻即取下探测器置于盛放化学蚀刻液的烧杯内，再将烧杯放入恒温器内，在 60℃下放置 30 min，化学蚀刻结束，用水清洗片子，晾干。电化学蚀刻即将片子固定在蚀刻槽中，每槽注满电化学蚀刻液，插上电极。将蚀刻槽置于恒温器内，加上电压，在 60℃下放置 2 h，2 h 后取下片子，用清水洗净，晾干。

要在选定的场所内平行放置 2 个采样器，平行采样，数量不低于放置总数的 10%，对平行采样器进行同样的处理、分析。由平行样得到的变异系数应小于 20%，若大于 20%时，应找出处理程序中的差错。

5.8.4.4　结果计算

将处理好的片子用显微镜测试，读出单位面积上的径迹数。按式（5.8-3）计算氡浓度。

$$C_{\mathrm{Rn}}=\frac{n_R}{T\times F_{\mathrm{R}}} \tag{5.8-3}$$

式中：C_{Rn}——氡浓度，$\mathrm{Bq/m^3}$；

n_{R}——净径迹密度，$T_c/\mathrm{cm^2}$；

T——暴露时间，h；

F_{R}——刻度系数，（$T_c/\mathrm{cm^2}$）/（$\mathrm{Bq\cdot h/m^3}$）。

5.8.5　活性炭盒法

5.8.5.1　测定原理

活性炭盒法也是被动式累积采样，能测量出采样期间内平均氡浓度，暴露 3 d，探测下限可达到 $6\mathrm{Bq/m^3}$。采样盒用塑料或金属制成，直径 6～10 cm，高 3～5 cm，内装 25～100 g 活性炭。盒的敞开面用滤膜封住，固定活性炭且允许氡进入采样器，如图 5.8-4 所示。

空气扩散进炭床内，其中的氡被活性炭吸附，同时衰变，新生的子体便沉积在活性炭内。用γ能谱仪测量活性炭盒的氡子体特征γ射线峰（或峰群）强度。根据特征峰面积可计算出氡浓度。

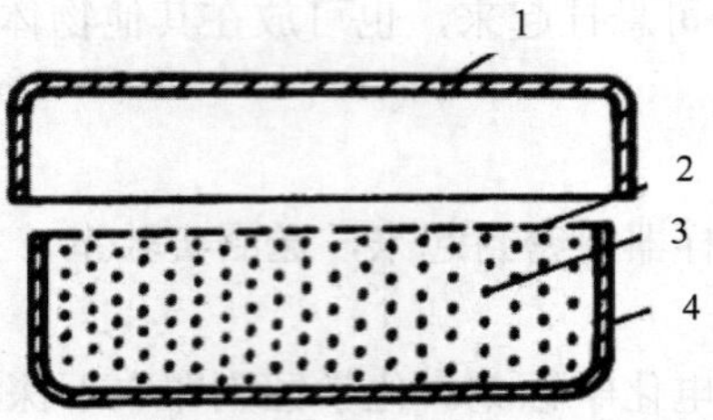

1—密封盖；2—滤膜；3—活性炭；4—装炭盒

图 5.8-4 活性炭盒结构

5.8.5.2 测量装置

主要的测量装置有采样盒、烘箱、天平、γ 能谱仪。

5.8.5.3 样品采集分析

（1）样品制备

将选定的活性炭放入烘箱内，在 120℃下烘烤 5～6 h。冷却后，称取一定量烘烤后的活性炭装入采样盒中，并盖以滤膜，再称量样品盒的总重量，把活性炭盒密封起来，隔绝外面空气。

（2）布放

将活性炭盒放置在采样点上，去掉密封包装，放置 3～7 d。活性炭盒放置在距地面 50 cm 以上的桌子或架子上，敞开面朝上，其上面 20 cm 内不得有其他物体。采样终止时将活性炭盒再封起来，迅速送回实验室。

（3）测量

采样停止 3 h 后测量。首先称活性炭重量，以计算水分吸收量。将活性炭盒在γ 能谱仪上计数，测出氡子体特征γ 射线峰（或峰群）面积。

5.8.5.4 结果计算

根据式（5.8-4）计算氡浓度：

$$C_{\mathrm{Rn}}=\frac{an_{\mathrm{r}}}{t_1^b\times \mathrm{e}^{-\lambda_{\mathrm{Rn}}t_2}} \qquad (5.8\text{-}4)$$

式中：C_{Rn}——氡浓度，$\mathrm{Bq/m^3}$；

a——采样 1 h 的响应系数，（$\mathrm{Bq/m^3}$）/（计数/min）；

n_{r}——特征峰（峰群）对应的净计数率，计数/min；

t_1——采样时间，h；

b——累积指数，为 0.49；

λ_{Rn}——氡衰变常数，7.55×10^{-3}/h；

t_2——采样时间中点至测量开始时刻之间的时间间隔，h。

5.8.6 双滤膜法

5.8.6.1 测定原理

双滤膜法是主动式采样，能测量采样瞬间的氡浓度，探测下限为 3.3Bq/m³。

采样装置如图 5.8-5 所示。抽气泵开动后含氡气体经过滤膜进入衰变筒，被滤掉子体的纯氡在通过衰变筒的过程中生成新子体，新子体的一部分为出口滤膜所收集。测量出口滤膜上的 α 放射性就可换算出氡浓度。注意入口滤膜至少要 3 层，全部滤掉氡子体。

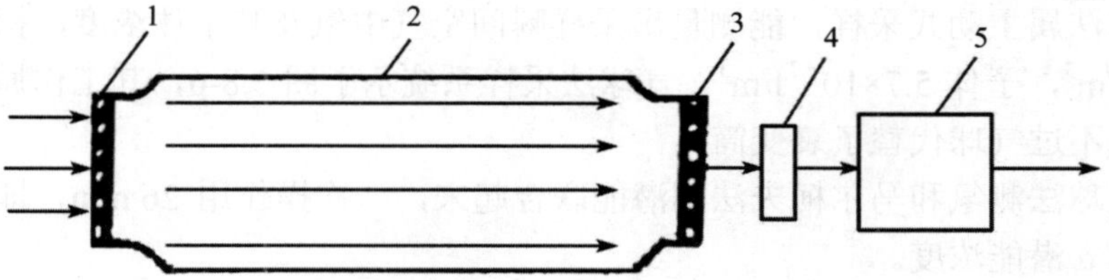

1—入口膜；2—衰变筒；3—出口膜；4—流量计；5—抽气泵

图 5.8-5 双滤膜法采样系统示意

5.8.6.2 测定装置

衰变筒、流量计、抽气泵、α 测量仪。

5.8.6.3 样品采集分析

采样前，对采样系统和计数设备分别进行详细检查，确保计量泵、流量计、计数设备正常工作，同时，采样系统应无泄漏，测量仪应稳定、可靠。检查完毕后，开动抽气泵，使含氡气体经过滤膜进入采样筒。注意进气口距地面约 1.5 m，且与出气口高度差要大于 50 cm，并在不同方向上。到达采样时间后，测量出口滤膜上 α 放射性就可算出氡浓度。

5.8.6.4 结果计算

$$C_{Rn}=K_tN_a=\frac{16.15}{VE\eta\beta ZF_f}N_a \quad (5.8\text{-}5)$$

式中：C_{Rn}——氡浓度，Bq/m³；

K_t——总刻度系数，Bq/m^3 计数；

N_a——T_1～T_2 间隔的净 α 计数，计数；

V——衰变筒容积，L；

E——计数效率，%；

η——滤膜过滤效率，%；

β——滤膜对 α 粒子的自吸收因子，%；

Z——与 t、T_1～T_2 有关的常数；

F_f——新生子体到达出口滤膜的份额，%。

5.8.7 气球法

5.8.7.1 测定原理

气球法属主动式采样，能测量出采样瞬间空气中氡及其子体浓度，探测下限：氡 $2.2Bq/m^3$，子体 $5.7\times10^{-7}J/m^3$。气球法采样系统示于图 5.8-6，其工作原理同双滤膜法，只不过气球代替了衰变筒。

把气球法测氡和马尔柯夫法测潜能联合起来，一次操作用 26 min，即可得到氡及其子体 α 潜能浓度。

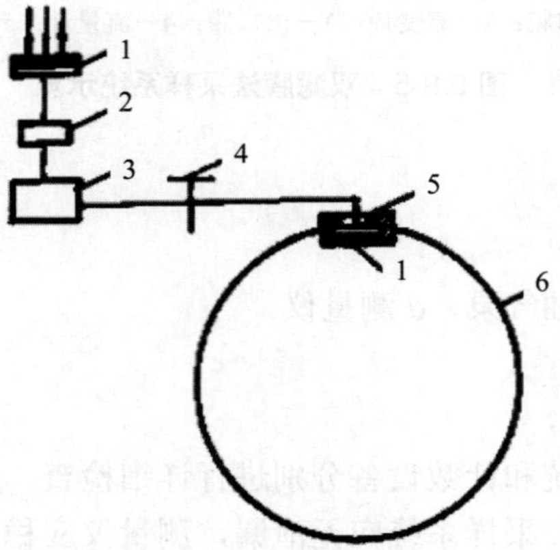

1—采样头；2—流量计；3—抽气泵；4—调节阀；5—套环；6—气球

图 5.8-6 气球法采样系统示意

5.8.7.2 测量装置

采样头，能夹持 ϕ50 mm 的滤膜；流量计；抽气泵；气球；α 测量仪；α 参考源；滤膜。

5.8.7.3　样品采集分析

采样前，对采样系统和计数设备分别进行详细检查，确保计量泵、流量计、计数设备正常工作，同时，采样系统应无泄漏，测量仪应稳定、可靠。在室内采样时，进气口距地面 1.5 m 左右。

装好入、出口滤膜，把采样设备连接起来，在 0～5 min 内以流速 40 L/min 向气球充气，取下入口采样头，置于计数器上。气球出口接到抽气泵入口，在 10～14 min 内以流速 50 L/min 排气，在 12～15 min 内测量入口滤膜上的 α 放射性，在 16～26 min 内测量出口滤膜上的 α 放射性。其时间程序示于图 5.8-7。

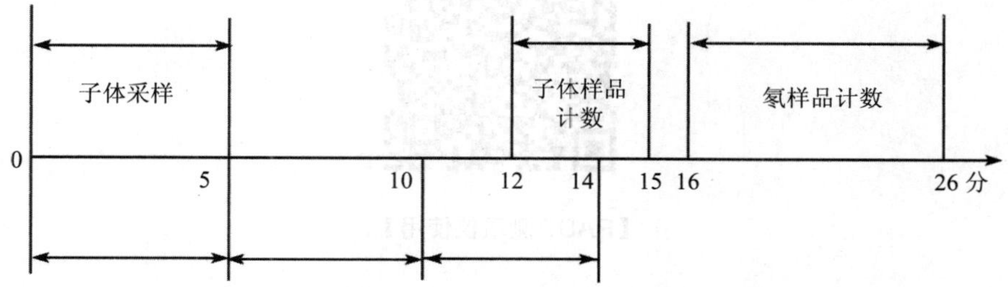

图 5.8-7　气球法测量的时间程序

注意入口滤膜至少要 3 层，全部滤掉氡子体。气球颈部应尽量短，使采样器端面处于球面上。排气过程中，气球始终要保持球形，排气结束时要及时停泵。采样头尺寸要一致，保证滤膜表面与探测器表面之间的距离为 2 mm 左右。并严格控制操作时间，每一步都不得出现差错，否则样品作废。

5.8.7.4　结果计算

采用式（5.8-6）计算氡浓度：

$$C_{\mathrm{Rn}} = K_{\mathrm{b}}(N_{\mathrm{R}} - 10R) \tag{5.8-6}$$

式中：C_{Rn}——氡浓度，$\mathrm{Bq/m^3}$；

K_{b}——气球刻度常数，Bq/（$\mathrm{m^3}$·计数）；

N_{R}——出口滤膜的总α计数，计数；

R——本底计数率，计数/min。

5.8.8　测量方法选择

为评价室内氡水平，分两步测量：第一步筛选测量，用以快速判定建筑物是否对其居住者将产生高辐照的潜在危险。第二步跟踪测量，用以估计居住者的健康危险度以及对治理措施做出评价。

5.8.8.1 筛选测量

筛选测量用于快速判定建筑物内是否含有高浓度氡气，以决定是否需要或采取哪类跟踪测量。筛选测量特点是花费少而且操作简单，不会把时间或经费浪费在那些对健康不构成危险的室内环境。

（1）采样时间

筛选测量的采样时间列于表 5.8-3。

【RAD7 测氡仪使用】

表 5.8-3　筛选测量的采样时间

仪器	采样时间
活性炭盒	2～7 d
径迹蚀刻探测器	3 个月
连续氡监测仪	至少 6 h，最好 24 h 或更长
双滤膜法测氡仪	至少 6 h，最好 24 h 或更长
闪烁瓶法测氡仪	1 min（代表性较差）

（2）点位选择

筛选测量应在氡浓度估计最高和最稳定的房间或区域内进行。选择原则：

① 测量应当在最靠近房屋底层的经常使用的房间，包括家庭住房、起居室、书房、娱乐室、卧室等。优先选择的是底层的卧室，因为多数人在卧室内度过的时间比其在其他任何房间都长。

② 测量不应选择在厨房和洗澡间。因为厨房排风扇产生的通风会影响测量结果。洗澡间的湿度很高，可能影响某些仪器的灵敏度。

③ 测量应避开采暖、通风、空调系统的通风口、火炉以及门、窗等能引起空气流通的地方，还应避开阳光直晒和高潮湿地区。

④ 测量位置应距离门、窗 1 m 以上，距离墙面 0.5 m 以上。

⑤ 测量仪应放置在离地面至少 0.5 m，并不得高于 1.5 m，并且距离其他物体 10 cm 以上的位置。

（3）封闭时间

通常关闭门窗 12 h。《民用建筑工程室内环境污染控制规范》要求关闭门窗 24 h。

（4）筛选测量结果

如果筛选测量结果在 400Bq/m^3 以上，则应进行跟踪测量。按照筛选测量结果选择相应措施，列于表 5.8-4。

表 5.8-4　筛选测量结果和推荐措施

筛选测量结果	推荐措施
小于或等于 400Bq/m^3	不需要跟踪测量，可出具监测达标的监测报告
大于 400Bq/m^3	进行跟踪测量。跟踪测量可以是短期测量或者长期测量

5.8.8.2　跟踪测量

跟踪测量的目的是要更准确地测量氡长期平均浓度，以便就其危害和需要采取的补救行动做出判定。

（1）跟踪测量时间

跟踪测量应优先选用累积式测氡仪，例如，径迹蚀刻探测器和活性炭盒，以便于估计房间的年平均氡浓度。如果筛选测量结果在 400～800 Bq/m^3，那么跟踪测量可以选择短期测量（24～90 d）或者长期测量（90 d 以上），这依据测量方法（仪器）而定。如果筛选测量结果大于 800 Bq/m^3 或者要求快速知道结果，则建议进行短期跟踪测量，这有助于房屋使用者能快速决定是否需要进行治理，并且避免由于长期测量的附加照射引起的健康危险的增加。跟踪测量周期列于表 5.8-5。

表 5.8-5　跟踪测量时间

仪器	筛选测量结果大于 800Bq/m^3（短期跟踪测量）	筛选测量结果 400～800 Bq/m^3（长期跟踪测量）
径迹蚀刻探测器	在封闭的条件下，进行历时 3 个月的测量	在建筑正常使用条件下，进行为期 12 个月的测量
活性炭盒	在封闭的条件下，进行历时 2～7 d 的测量	在建筑正常使用条件下，每 3 个月进行 4 次测量
连续氡监测仪	在封闭的条件下，进行 24 h 的测量	在建筑正常使用条件下，每 3 个月进行 4 次历时 24 h 的测量

（2）跟踪测量地点

跟踪测量应当在筛选测量相同的位置上进行。

（3）跟踪测量结果

依据跟踪测量结果，出具监测报告，并采取相应的补救措施，列于表 5.8-6。

表 5.8-6 跟踪测量结果和推荐措施

跟踪测量结果	推荐措施
小于 400Bq/m^3	出具达标的监测报告。不必采取措施
大于 400Bq/m^3（长期跟踪测量） 大于 800Bq/m^3（短期跟踪测量）	出具不达标的监测报告。采取措施，将氡水平降低到 400Bq/m^3 或更低水平
400～800 Bq/m^3（短期跟踪测量）	长期跟踪测量。建议采取措施，将氡水平降低到 400Bq/m^3 或更低水平

想一想练一练

一、选择题

1．下列场所不属于室内环境的是________。

A．办公室　B．超市　C．公交车　D．城市广场

2．下列不属于室内甲醛污染源的是________。

A．人造板　B．石材　C．胶黏剂　D．地毯

3．下列属于室内放射性污染源的是______。

A．人造板材　B．石材

C．胶黏剂　D．地毯

4．下列________项检测应依据《民用建筑工程室内环境污染控制规范》标准。

A．某住户装修完工后，在入住前对室内空气质量进行检测

B．某楼盘建成后，在售卖前进行竣工验收检测

C．对某酒店进行经常性的卫生检测

D．某工厂建成后，进行职业卫生检测

5．下列________情况不能参考《室内空气质量标准》进行检测。

A．房屋装修后，入住前对空气质量进行检测，以调查污染物浓度高低，是否适合居住

B．酒店内气味难闻，对酒店客房进行检测

C．某商场建设完成后，对其进行竣工验收检测

D．某一居民已入住的居室进行检测

6．室内空气质量标准中，放射性参数氡的标准值为________。

A．400 Bq/m^3　B．400 cfu/m^3

C．250 Bq/m^3　D．250 cfu/m^3

7．下列污染物中能采用气相色谱法分析的是________。

A．氨气　B．苯

C．细菌总数　　　　　　　　　　　　　D．氡

8．下列污染物中能采用撞击法分析的是_______。

A．氨气　　　　　　　　　　　　　　　B．苯

C．细菌总数　　　　　　　　　　　　　D．氡

9．《民用建筑工程室内环境污染控制规范》（GB 50325—2010）规定甲醛的仲裁测定方法是_______。

A．纳氏试剂分光光度法　　　　　　B．酚试剂分光光度法

C．次氯酸钠-水杨酸分光光度法　　　D．靛酚蓝分光光度法

10．下列方法不属于室内氡的检测方法的是_______。

A．活性炭盒法　　B．闪烁瓶法　　B．双滤膜法　　D．塑料袋法

二、填空题

1．室内污染的特征_________、________、________。

2．民用建筑工程分类为___________________、_______________。

3．推荐性国家标准 GB/T 18883—2002 的名称是__________________。

4．《民用建筑工程室内环境污染控制规范》限定了_______、_______、_______、_______、_______5 项污染物的浓度限值。

5．《民用建筑工程室内环境污染控制规范》中所指的室内环境污染指由_______和________所引起的室内环境污染。

6．民用建筑工程验收时，抽选有代表性的房间，抽选比例不得少于房间总数的____________，且不得少于_____间。当房间总数少于_____间时，应全数检测。

7．室内空气质量标准中规定采样点的数量根据_________和______来确定，原则上小于 50 m^2 的房间设_______个点，50～100 m^2 的房间设_______个点，100 m^2 以上至少设__________个点，呈_________或_________均匀分布。

8．室内采样点的相对高度___________；采样点应避开通风口，离墙壁距离应大于________。

9．《室内空气质量标准》规定检测前关闭门窗_____________ h，对民用建筑工程进行验收检测时，自然通风的房间，甲醛检测需关闭门窗____________ h，氡检测需关闭门窗___________ h。

10．采用筛选法采样时，采样前关闭门窗_____ h，采样时关闭门窗，至少采样_________，采用瞬时法采样时，一般采样间隔时间为__________，每个点位应至少采集________样品，每次的采样量大致相同，其监测结果的_________作为该点位的小时均值。

11．酚试剂分光光度法测定室内空气中的甲醛，方法检出限是________，当采样体积为 10 L 时，最低检出浓度为________。

12．酚试剂分光光度法测定室内空气中的甲醛，采样用的吸收液是_______，样

品收集器是______。

13．空气中的甲醛与酚试剂反应生成______，______在酸性溶液中被高铁离子氧化形成__________。根据颜色深浅，比色定量。

14．用酚试剂分光光度法测定甲醛时所用的水均为重蒸馏水或________。

15．采用酚试剂分光光度法测定甲醛，比色时的波长为________。

16．在每批甲醛样品测定的同时，用____________________做试剂空白；并以_________为横坐标，吸光度为纵坐标，绘制曲线。

17．靛酚蓝分光光度法测定室内空气中的氨，方法检出限是_______，当采样体积为 30 L 时，最低检出浓度为_______。

18．靛酚蓝分光光度法测定室内空气中的氨，采样用的吸收液是______，样品收集器是______。

19．用靛酚蓝分光光度法测定氨时，空气中氨吸收在_______中，在亚硝基铁氰化钠及次氯酸钠存在下，与_______生成蓝绿色靛酚蓝染料，在波长_______处比色定量。

20．靛酚蓝分光光度法测定室内空气中的氨时，加入_______溶液可消除常见金属离子的干扰。

21．若氨样品因产生异色而引起干扰（如硫化物存在时为绿色）时，可在样品溶液中加入_______而去除干扰。

22．苯系物采样采用_________法，采样后样品的前处理方式有________和_________。

23．《环境空气 苯系物的测定 活性炭吸附/二硫化碳解吸-气相色谱法》（HJ 584—2010）该标准中采样用吸附管为________。样品采用_______试剂洗脱，苯系物标样中溶剂应为_____。

24．《环境空气 苯系物的测定 固体吸附/热脱附-气相色谱法》（HJ 583—2010）该标准中采样用吸附管为________。样品采用________脱附，样品最终以_____态进入气相色谱。

25．当气体中含有较多颗粒物时，会______活性炭，因此需进行________处理。

26．气相色谱法以_______时间定性，以________定量。

27．室内挥发性有机物（TVOC）的分析过程中，对未鉴定的挥发性有机化合物以_____响应系数计。

28．氡的瞬时测量法包含__________、________、_______。累积测量法包括________、________。

29．氡的闪烁瓶测量法，其闪烁瓶内层涂以__________粉，使氡及其子体衰变后放射出的 α 粒子入射闪烁瓶后，使之发光。

30．室内氡水平，分两步测量，第一步为________，第二步为________。

31．活性炭盒法测量室内氡，氡被活性炭吸收附，同时衰变，新生的子体便沉积在活性炭内，用________测量活性炭盒的氡子体特征γ射线峰（或峰群）强度。

三、简答题

1．简述室内甲醛的来源及其危害。

2．酚试剂分光光度法测定甲醛时，为何加入 5 mL 吸收原液配制甲醛标准溶液？

3．靛酚蓝分光光度法测定氨，用碘量法标定次氯酸钠原液，平行滴定中消耗硫代硫酸钠的平均体积为 12.50 mL，已知硫代硫酸钠的浓度为 0.100 3 mol/L，求次氯酸钠原液的浓度？配制 10 mL、0.05 mol/L 的次氯酸钠使用液需要取次氯酸钠原液多少毫升？

4．配制次氯酸钠使用液，为何用 NaOH 溶液而不用纯水？

四、计算题

1．采用酚试剂分光光度法测甲醛，标准曲线测定结果如表 1 所示。

表 1　标准系列

管号	0	1	2	3	4	5	6	7	8
标准溶液/mL	0	0.10	0.20	0.40	0.60	0.80	1.00	1.50	2.00
吸收液/mL	5.00	4.90	4.80	4.60	4.40	4.20	4.00	3.50	3.00
甲醛含量/μg	0	0.10	0.20	0.40	0.60	0.80	1.00	1.50	2.00
溶液吸光度	0.023	0.067	0.098	0.168	0.240	0.313	0.386	0.575	0.742

用内装 5 mL 吸收液的气泡式吸收管，以 0.5 L/min 流量，采集 20 min，记录现场温度为 19℃，压力为 101.0 kPa。样品分析时因吸光度超过测定上限，取样品吸收液 2 mL，用空白吸收液定容到 5 mL，测定溶液吸光度为 0.105。样品测定同时，用 5 mL 未采样的吸收液作试剂空白，测定试剂空白吸光度为 0.019，计算室内空气中甲醛的浓度。

2．某监测点以 0.5 L/min 的流量连续 1 h 采集室内空气中的氨。用靛酚蓝分光光度法测得样品溶液和试剂空白溶液的吸光度分别为 0.736 和 0.043；绘制校准曲线时，各管的吸光度测定值见表 2；采样时的环境温度和大气压分别为 28℃和 100.8 kPa。试计算室内空气中氨的浓度。

表 2　标准曲线绘制原始记录

管号	0	1	2	3	4	5	6
吸光度	0.011	0.061	0.145	0.339	0.455	0.610	0.852
标准物质加入量/μg	0	0.50	1.00	3.00	5.00	7.00	10.00

3．采用活性炭吸附法测定室内甲苯，以 0.2 L/min，采气 1 h，现场温度为 15℃，

压力为 99.0 kPa。采集后样品用 1 mL CS_2 溶剂解析，解析液取 1 μL 注入气相色谱仪进行分析，测定峰面积为 1.5。同时，取一个未经采样的活性炭管按样品管同样操作，测定空白管的峰面积为 0.03。

以甲苯浓度（ng/μL）为横坐标，峰面积为纵坐标，绘制标准曲线，如表 3 所示。

表 3 标准系列

甲苯浓度/（ng/μL）	5	10	20	50	100
峰面积	3.157	4.929	10.282	22.876	46.959

计算室内甲苯的浓度。

4. 采用 Tenax 管采集室内 TVOC 样品，采样流速为 0.2 L/min，采样时间为 50 min，现场温度为 30℃，大气压为 100 kPa，以峰面积为纵坐标、物质的含量（ng）为横坐标，绘制标准曲线，标准曲线及样品峰面积测定结果如表 4 所示。请计算室内 TVOC 的浓度。空白管各物质的峰面积较小，忽略不计。

表 4 标准曲线

名称	样品峰面积	b（斜率）	a（截距）
丙酮	15 469 807.9	5 074.7	210 185
乙酸乙酯	19 961 848.8	10 133	287 616
甲苯	6 743 075	16 688	−15 565
乙苯	33 497 645.5	31 690	1 840 920
间/对二甲苯	5 671 638.263	4 997.3	−161 760
苯乙烯	432 289.32	20 878	89 055
邻二甲苯	12 211 179.5	10 738	96 031
其他	8 850 435.64	—	—

项目六　自动监测

导读： 空气中污染物的浓度和分布随时间、空间、气象条件及污染源排放情况等因素的变化而不断地改变，定点、定时的人工采样测定结果不能确切反映污染物质的动态变化，及时提供污染现状和预测发展趋势。为了及时获得污染物质在环境中的动态变化信息，正确评价污染状况，并为研究污染物扩散、转移和转化规律提供依据，必须采用连续自动监测技术。

针对环境空气和大气固定污染源，我国发展了环境空气质量自动监测系统和固定污染源烟气在线监测系统。通过这两大系统的持续在线监测，可以为环境管理部门及时掌握空气质量的变化规律和污染物排放状况提供有代表性、可靠、准确的环境空气质量和大气固定污染源监测数据。

学习目标

1. 了解环境空气质量自动监测系统的用途和结构。
2. 了解环境空气质量自动监测系统的建设及维护管理。
3. 了解固定污染源烟气在线监测系统的组成及安装要求。
4. 了解固定污染源烟气在线监测系统的运行管理。

项目任务

任务 6.1 环境空气质量自动监测
任务 6.2 固定污染源烟气在线监测

任务 6.1　环境空气质量自动监测

自 20 世纪 70 年代开始发达国家陆续建立起环境空气质量自动监测系统，用于采集和分析环境空气质量的状况和变化。我国自 20 世纪 80 年代开始引进国外的系统设备，至今已有百余个城市拥有这类监测系统，国内也已具备一定的自主研发的生产能力。空气质量自动监测系统的运转，对空气质量日报和预报的发布发挥了重要作用，并使我国的空气质量自动监测能力达到新的水平，自动监测已成为我国城市环境空气质量监测的主要技术手段。

环境空气质量自动监测是指在监测点位采用监测仪器对环境空气质量进行连续的样品采集、处理、分析的过程。环境空气质量自动监测系统就是在一个城市、一个区域甚至一个国家设置若干装有连续监测仪器的自动监测站，组成一个监测网。各监测站与中心站之间保持自动的信息联系并接受中心站的控制和指挥。目前，在我国获得广泛应用的主要是点式空气质量自动监测系统和长光程差分吸收光谱法自动监测系统。下面主要对点式空气质量自动监测系统进行介绍。

6.1.1 环境空气质量自动监测系统概述

6.1.1.1 系统的主要用途

环境空气质量自动监测系统的主要用途可归纳为以下几个方面：

① 掌握区域环境空气质量状况，判断它是否符合国家短期和中长期的环境质量标准。

② 掌握监测系统覆盖区域内空气污染最严重的地点持续时间及区域内人群暴露水平。

③ 分析污染物排放源对空气质量的影响，评价环境治理措施的效果，为环境管理和决策提供支持。

④ 积累长期空气质量数据，掌握背景水平及其发展趋势，为制定和修改环境标准提供科学依据。

⑤ 为进行空气污染预测预报工作和污染影响评价、空气扩散数学模型等研究工作提供大量的基础数据。

6.1.1.2 系统的构成

空气质量自动监测系统是一套区域性空气质量实时监测网络，它的组成有多种形式，实时化和自动化程度可有所不同，但基本结构是相同的，如图 6.1-1 所示。环境空气质量连续自动监测系统由监测子站（包括流动监测车）、中心计算机室、质量保证实验室、系统支持实验室组成。监测子站和中心计算机室通过有线或无线方式相互传输数据信号和状态及控制信号。整个系统是一套全自动的无人值守的监测系统，系统正常运行保证了监测数据的精密性、准确性、代表性、可比性和完整性。

（1）中心计算机室

中心计算机室是整个系统运行的中心，它一般由计算机、应用软件、输出设备和通信设备等组成，图 6.1-2 所示为中心计算机室设备配置和结构示意图。

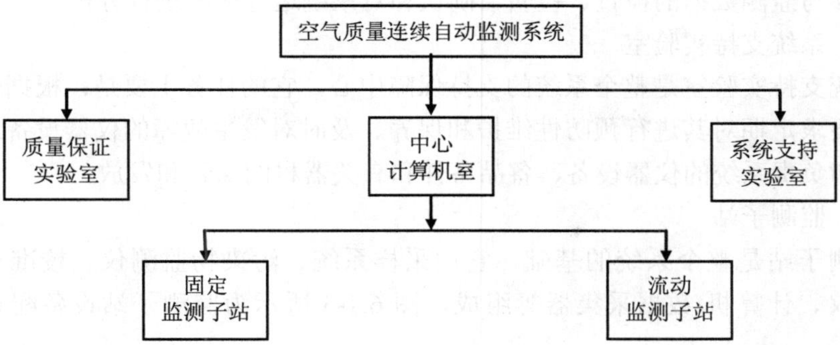

图 6.1-1　空气质量自动监测系统结构

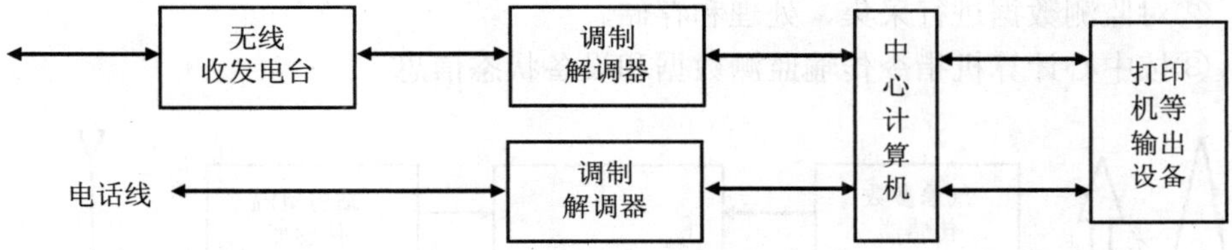

图 6.1-2　计算机机房设备配置和结构

中心计算机室的主要任务是：

①定时或随时收取各监测子站的监测数据，并对所收取的监测数据进行判别、检查、舍取和存储等。

②以报表和图表等形式输出各类监测数据报告。

③对监测子站的监测仪器进行零点和标点检查校准、多点校准和远程诊断，随时收集仪器设备的工作状态信息等。

（2）质量保证实验室

系统的质量保证实验室是系统质量保证工作的核心，建立完整的质量保证实验室的目的是保证系统的正常运行，获得准确可靠的监测数据。因此它担负着控制、监督和改进整个系统运行的重任，它的任务大致可归纳为以下几点：

①按质量保证程序，对系统使用的标准样品进行追踪标定和保管。

②按质量保证程序，对系统仪器设备进行标定、校准。

③按质量保证程序，在规定的时间内将需要计量认证的仪器设备送至权威计量部门进行检定和对自检的仪器设备组织力量进行检定。

④按质量保证程序，对检修后的仪器设备进行校准和主要技术指标的运行考核。

⑤对各监测子站日常运行状况进行检查，配合有关部门实施系统的审核工作。

⑥负责监测子站日常运行记录的检查、审核及记录的汇总归档保存。

⑦参与监测数据的检查、检验、确认和对系统运行情况进行分析。

（3）系统支持实验室

系统支持实验室是整个系统的支持保障中心，它的任务主要是：根据仪器设备的运行要求定期对其进行预防性维护和保养、及时对发生故障的仪器设备进行针对性检修和负责系统的仪器设备、备品备件和有关器材的保管和发放。

（4）监测子站

监测子站是整个系统的基础，它由采样系统、污染物监测仪、校准设备、气象监测仪、计算机/数据采集器等组成，图 6.1-3 所示为监测子站设备配置和结构示意图。

监测子站的任务主要是：

①实施对环境空气质量和气象状况进行连续自动实时监测。

②对监测数据进行采集、处理和存储。

③按中心计算机指令传输监测数据和设备状态信息。

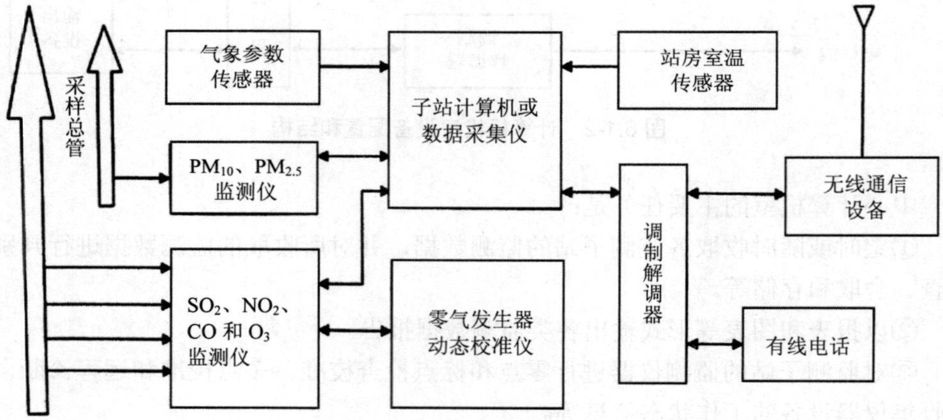

图 6.1-3　监测子站设备配置和结构示意

6.1.1.3　系统建设的基本要求

（1）子站站房

监测子站站房可以修土建房（条件允许），也可以采用轻质可拆式活动板房，其建设和内部设计应满足以下要求：

①子站站房用面积应以保证操作人员方便地操作和维修仪器为原则，一般不少于 10 m^2。

②站房为无窗或双层密封窗结构，墙体应有较好的保温性能。有条件时，门与仪器房之间可设有缓冲间，以保持站房内温湿度恒定和防止灰尘和泥土带入站

房内。

③站房内应安装温湿度控制设备，使站房室内温度在（25±5）℃，相对湿度控制在 80%以下。

④站房应有防水、防潮措施，一般站房地层应离地面（或房顶）有 25 cm 的距离。

⑤采样装置抽气风机排气口和监测仪器排气口的位置，应设置在靠近站房下部的墙壁上，排气口离站房内地面的距离应保持在 20 cm 以上。

⑥在站房顶上设置用于固定气象传感器的气象杆或气象塔时，气象杆、塔与站房顶的垂直高度应大于 2 m，并且气象杆、塔和子站房的建筑结构应能经受 10 级以上的风力（南方沿海地区应能经受 12 级以上的风力）。

⑦站房供电建议采用三相供电，分相使用，一般照明一相，仪器一相，空调一相；站房监测仪器供电线路应独立走线。

⑧子站站房供电系统应配有电源过压、过载和漏电保护装置，电源电压波动不超过 220V±10%。

⑨站房应有防雷电和防电磁波干扰的措施。站房应有良好的接地线路，接地电阻＜4Ω。

⑩在已有建筑物屋顶上建立站房时，若站房重量经正规建筑设计部门核实超过屋顶承重，在建站房前应先对建筑物屋顶进行加固。

（2）中心计算机室

①中心站计算机房的大小应能保证操作人员正常工作，使用面积一般不少于 15 m^2。

②计算机房应采用密封窗结构。有条件时，门与机房间可设有缓冲间，保持温度和湿度的恒定、防止灰尘和泥土带入机房。

③机房内应安装温湿度控制设备，使机房温度能控制在（25±5）℃，相对湿度控制在 80%以下。

④机房供电电源电压波动不能超过 220V±10%。机房供电系统应配有电源过压、过载和漏电保护装置，机房要有良好的接地线路，接地电阻＜4Ω。有条件时，配备 UPS 电源。

⑤中心站计算机室应配备专用通信线路，有条件的地方建议至少配备两条以上的程控电话线路。

（3）质量保证实验室

①质量保证实验室大小应能保证操作人员正常工作，使用面积一般不少于 25 m^2。

②实验室应设有缓冲间，保持温度和湿度的恒定、防止灰尘和泥土带入实验室。

③实验室内应安装温湿度控制设备，使实验室温度能控制在（25±5）℃，相对

湿度控制在 80%以下。

④实验室供电电源电压波动不能超过 220V±10%。实验室供电系统应配有电源过压、过载和漏电保护装置，实验室要有良好的接地线路，接地电阻＜4Ω。

⑤实验室应配置良好的通风设备和废气排出口，保持室内空气清洁。

⑥应设置标气钢瓶放置间（柜）安全放置标准传递用标气钢瓶。在没有条件设置标气钢瓶放置间（柜）时，应在固定位置放置标气钢瓶并将其固定。

⑦当使用渗透管校准设备时，应配备冷冻柜存放标准传递用渗透管。

⑧酌情设置用于清洗器皿和物品的清洗池，清洗池安装位置应远离干燥操作的工作台。

⑨质量保证用精密天平应放置在独立的天平间中。天平间应有恒温、恒湿和防震措施。

⑩实验室应配置一定数量的实验台和存储柜，实验台应有充足的采光。建议每个分析人员在实验台的工作范围不少于 1.8 m^2。

（4）系统支持实验室

一般实验室使用面积不小于 30 m^2，同时，应配备适当的电源、温湿度控制设备、通风装置及相应工作台、储存柜等。

6.1.2 环境空气质量自动监测系统

环境空气质量自动监测系统由监测子站、中心计算机室、质量保证实验室和系统支持实验室等组成。而监测子站又由子站站房和配套设施、采样系统、仪器设备、子站计算机等组成。要确保各组成部分的正常运行，使所获得数据准确可靠并具有良好的代表性，就必须明确系统建设目标，并根据所定目标进行系统设计，这包括监测子站的数量、子站布局、各组成部分的配置和相关要求等。

6.1.2.1 监测点位

（1）监测网点位数量及布设要求

监测点位数量依据环境空气质量自动监测网络覆盖区域的人口数量、区域空气污染程度、区域面积、经济建设发展等确定。点位布设方法应符合环境保护部有关环境空气点位布设相关技术规范要求，点位设置尽可能地排除测点周围环境中可能干扰监测结果的因素，各监测点位之间的建设条件尽可能一致，对照点可设置在远离监测区域的主导风向的上风向方位。

（2）监测网点位布设基本方法

根据网络范围内多年的污染状况及发展趋势，工业、能源开发和经济建设的发展、人口分布、地形和气象条件的影响等因素，以能客观反映空气污染对人群和生活环境的影响为原则，根据监测任务的目的，综合考虑监测的布点问题。另外，在布点设计中，监测点数量与监测系统资金投入有直接关系。在中小城市进行空气质量监测时，采用功能区布点法布设 3 个或 4 个测点是最为简单的方法，因为可以选用工业区、商业区、居民区等概念进行布点。但对于大多数拟监测的环境要素来讲，按功能区的划分实际上很困难。客观、合理和科学的监测网络设计方法，主要有统计学的方法、模拟技术的方法、经验和统计模型技术相结合的综合技术方法。

（3）监测子站设置

在监测点位布局已确定的前提下，监测站的具体定位是相当重要的，子站的位置在系统的总体规划中所选择的区域范围内应具有代表性，使监测结果能反映该区域内空气污染物的实际浓度。监测子站的点位、周围环境和采样口位置要求应符合《环境空气质量监测点位布设技术规范（试行）》（HJ 664—2013）的相关要求。

6.1.2.2　监测子站

在整个环境空气自动监测系统中，子站监测系统（包括流动监测车）是最重要、最核心的部分，它是获得准确监测数据的关键，主要包括空气采样系统、仪器分析系统、数据采集及通信系统、动态校准系统、气象观测系统、辅助系统。

（1）采样系统

1）空气气样采样系统

在使用多台点式监测仪器的监测子站中，除颗粒物（PM_{10} 和 $PM_{2.5}$）监测仪器单独采样外，其他多台仪器可共用一套多支路集中采样系统进行样品采集。空气气样采集系统由不锈钢空气样气采样口、多支路采样总管和抽风风机组成。在多支路集中采样系统中，抽气风机作为抽取空间气体样品的动力，使采集的气体样品由采样头进入总管，通过总管上的支路接口与各分析仪器采样管线连接，将气体样品传送到各分析仪器进行监测分析。多支路集中采样系统有两种组成形式：垂直层流式多路支管系统（图 6.1-4）和竹节式多路支管系统（图 6.1-5）。

采样系统由采样头、采样总管室外室内部分、采样支管和采样抽气风机组成，采样总管有垂直层流多路支管和竹节式多路支管两种。无论采用哪种，在设计时应考虑到诸如防雨、防粗大的颗粒物落入采样总管和防止结露水流入采样支管。采样管直径和长度应与采气流量、管内压力等综合考虑。采样管一般采用对被测物无吸附和反应、无干扰物质释放的硼硅酸盐玻璃或聚四氟乙烯材料制成。样品气体在总管的滞留时间应小于 10 s。

采样头设置在总管车顶外的采样气体入口端，可采用伞形或倒 U 型，采样口四周采用不锈钢细网丝焊牢，不但可以防止雨水和粗大的颗粒物落入总管，也避免鸟类、小动物和大型昆虫进入采样总管，同时能保证采样气流不受风向影响，稳定进入总管。

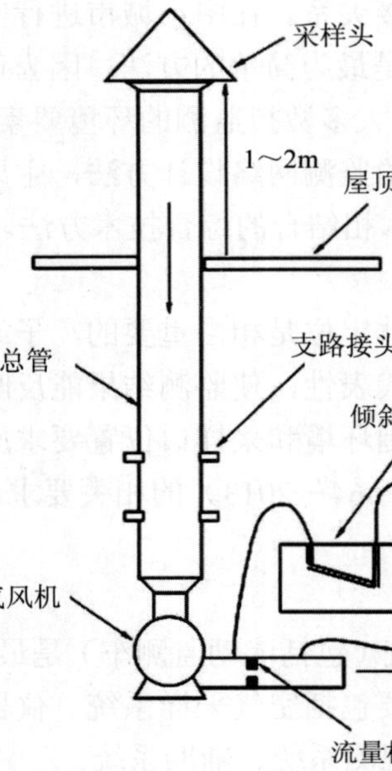

图 6.1-4 垂直层流式多路支管系统

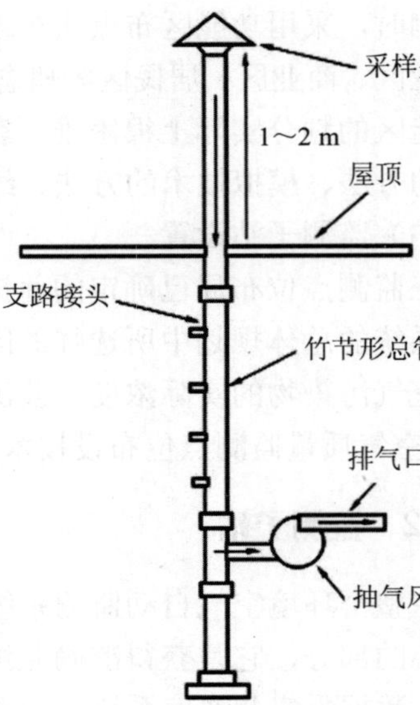

图 6.1-5 竹节式多路支管系统

采样总管内径选择在 1.5～15 cm，采样总管内的气流保持层流状态，采样气体在总管内的滞留时间小于 20 s。总管进口至抽气风机出口之间的压强小，所采集气体样品的压力接近大气压，支管接头设置在采样总管的层流区域内。在监测仪器管线与支管接头连接时，防止结露水流和管壁气流波动的影响，应将管线和支路连接端伸向总管接近中心（1/2）的位置，然后再做固定。

多支路集中采样装置的制作材料，选用不与被监测污染物发生化学反应和不释放有干扰物质的材料如不锈钢或聚四氟乙烯作为制作材料。

监测仪器与支管接头连接的管线选用的不与被监测污染物发生化学反应和不释放有干扰物质的聚四氟乙烯材料。为了防止因室内外空气温度的差异而致使采样总管内壁结露对监测物质吸附，对总管和影响较大的管线外壁加装保温套或加热器，加热温度一般控制在 30～50℃。

监测仪器与支管接头连接的管线长度不超过 3 m，同时避免空调机的出风直接吹向采样总管和与仪器连接的支管线路。

2）颗粒物样品采集系统

可吸入颗粒物样品采集系统由不锈钢采样切割头和采样管组成。颗粒物（TSP、PM_{10}、$PM_{2.5}$）采样切割头伸出屋顶采集样气，为防止颗粒物沉积于采样管管壁，采样管应保持垂直，并尽量缩短采样管长度。为防止采样管内冷凝结露，可采取加温措施，加热温度控制在 30～50℃。

（2）仪器分析系统

子站仪器分析系统由多台根据监测的实际需要而配备的监测设备组成，是获得准确污染信息的关键。仪器的分析方法、测量范围和各项技术指标必须符合国家颁布的技术标准和规范的要求，获得国际或国内权威机构的认证，具有国内外先进水平，长期运转安全可靠，故障率低。常规监测设备主要有二氧化硫（SO_2）、氮氧化物（NO_x）、一氧化碳（CO）、臭氧（O_3）等常规气态污染物分析仪，以及可吸入颗粒物（PM_{10}）、$PM_{2.5}$ 等颗粒物分析仪。另外根据自身条件可选配：非甲烷总烃、挥发性有机化合物（VOCs）分析仪、二氧化碳、浊度、OC/EC 等温室气体、光化学污染和灰霾监测项目仪器。

推荐配备的环境空气自动监测仪器种类及所采用的分析方法如表 6.1-1 所示。

表 6.1-1　监测仪器推荐选择的分析方法

序号	监测项目	点式监测仪器	开放光程监测仪器
1	NO_2	化学发光法	差分吸收光谱分析法（DOAS）
2	SO_2	紫外荧光法	差分吸收光谱分析法（DOAS）
3	O_3	紫外光度法	差分吸收光谱分析法（DOAS）
4	CO	气体滤光相关红外吸收法、非分散红外吸收法	—
5	PM_{10}	微量振荡天平法（TEOM）、β 射线法	—
6	$PM_{2.5}$	微量振荡天平法（TEOM）、β 射线法	—
7	气象参数	应配备气象五参数分析仪	
8	校准设备	应配备零气发生器、动态校准仪、标准气体等	

1）紫外荧光仪测定 SO_2

目前广泛适用于环境空气中 SO_2 测定的自动监测方法是紫外荧光法，这种方法具有选择性好，无化学试剂消耗，灵敏度高，能够连续监测的特点。该法的原理是基于紫外灯发出的紫外光（190～230 nm）通过 214 nm 的滤光片，激发 SO_2 分子使其处于激发态，在 SO_2 分子从激发态衰减返回基态时产生荧光（240～420 nm）。荧光强度由一个带着滤光片的光电倍增管测得。下式描述了这个反应：

$$SO_2 + h\upsilon \longrightarrow SO_2^* \qquad (6.1\text{-}1)$$

$$SO_2^* \longrightarrow SO_2 + h\upsilon \qquad (6.1\text{-}2)$$

$$I_{\alpha}=I_0\left(1-e^{-\alpha x(SO_2)}\right) \quad (6.1\text{-}3)$$

式中：I_{α}——被吸收的光强；

I_0——紫外灯光强；

α——SO_2吸收系数；

x——激发光光程；

（SO_2）——SO_2浓度。

当SO_2浓度相对较低，激发光的光程较短，样品气是空气，以上等式可简化为：

$$F=K(SO_2) \quad (6.1\text{-}4)$$

因此光电倍增管测得的荧光F与SO_2浓度成正比。用光电倍增管及电子测量系统测量荧光强度，并与标准样气发射的荧光强度比较，根据朗伯-比尔定律即可得知环境空气中SO_2的浓度。K由荧光室几何尺寸、荧光效率等决定。如果分析仪器的紫外光源以脉冲方式工作，则称为紫外脉冲荧光法SO_2分析仪。

2）化学发光法测定NO、NO_2、NO_x

化学发光法氮氧化物分析仪是目前应用最为广泛的NO_x分析仪，目前很多国家和地区都把该方法作为标准方法，其特点是反应速度快、结构简单、测量精度与灵敏度高、线性范围宽且稳定可靠。该法的工作原理是基于NO与O_3的化学发光反应生成激发态的NO_2分子，在返回基态时放出与NO浓度成正比的光，以下的等式描述了此反应。

$$NO+O_3 \longrightarrow NO_2^*+O_2 \quad (6.1\text{-}5)$$

$$NO_2^* \longrightarrow NO_2+h\upsilon \quad (6.1\text{-}6)$$

用红敏光电倍增管接收此光即可测得NO浓度。

对于总氮氧化物（NO_x=NO+NO_2）测定，须先用钼炉将样气中的NO_2转换成NO，再与O_3反应后进行测定，即测得NO_x浓度，两次测定值的差值NO_x－NO即为NO_2浓度。

3）气体滤波相关红外吸收仪测定CO

该法的工作原理与红外吸收光谱法相同，采用了气体相关滤光技术。它是基于被测气体红外吸收光谱的结构与其他共存气体红外吸收光谱的结构进行相关比较，比较时使用高浓度的被测气体作为红外光的滤光器，在有其他干扰气体存在的情况下，比较样品气中被测气体红外吸收光谱。

该方法灵敏度高、稳定性好、检出限低。

4）紫外光度仪测定O_3

该法的工作原理是基于臭氧分子内部电子的共振对紫外光（波长254 nm）的吸收，直接测定紫外光通过臭氧时减弱的程度就可计算出臭氧的浓度。紫外光照射于一个交替地充满样品气和充满零气的玻璃管吸收池，光通过零气吸收池时的光强为I_0，通过充满样品气吸收池的光强为I，测得到一个I/I_0的比率，由朗伯-比尔定律从光强的比率计算出臭氧浓度。

$$O_3=\frac{10^9}{\alpha\times l}\times\frac{T}{273}\times\frac{29.92}{P}\times\ln\frac{I}{I_0}\qquad(6.1\text{-}7)$$

式中：I——光通过样品池后的光强；

I_0——光通过零气池后的光强；

α——吸收系数；

l——吸收池长度；

O_3——臭氧浓度；

T——样品温度，K；

P——样品压力，inHg。

该方法线性良好，响应很快；主要干扰是颗粒物和湿气。

5）颗粒物自动监测仪

①颗粒物切割器种类。颗粒物自动监测仪的采样切割装置主要分为两种，一种是冲击式切割器；另一种是旋风式切割器。

②颗粒物自动监测方法。

a）TEOM微量振荡天平仪。该方法是在质量传感器内使用一个振荡空心锥形管，在空心锥形管振荡端上安放可更换的滤膜，振荡频率取决于锥形管特性和它的质量。当采样气流通过滤膜，其中的颗粒物沉积在滤膜上，滤膜质量变化导致振荡频率变化，通过测量振荡频率的变化计算出沉积在滤膜上颗粒物的质量，再根据采样流量、采样现场环境温度和气压计算出该时段的颗粒物标态质量浓度。颗粒物质量与振荡频率之间的关系可由式（6.1-8）表示：

$$dm=K_0\left[\left(\frac{1}{f_1^2}\right)-\left(\frac{1}{f_0^2}\right)\right]\qquad(6.1\text{-}8)$$

式中：dm——变化的质量；

K_0——弹性常数（包括质量变换因子）；

f_0——初始频率；

f_1——最终频率。

该方法对空气湿度的变化较为敏感，为降低湿度的影响，对样气和振荡天平室一般进行50℃加热，这样会损失一部分不稳定的半挥发性物质。

b）Beta 射线仪。该方法工作原理可简述为：利用 Beta 射线衰减量测试采样期间增加的颗粒物质量。环境空气由采样泵吸入采样管，经过滤膜后排出。颗粒物沉淀在采样滤膜上，当β射线通过沉积着颗粒物的滤膜时β射线能量衰减，通过对衰减量的测定计算出颗粒物的浓度。它们之间的关系由下式表示：

$$I = I_0 \exp^{(-\mu M)} \tag{6.1-9}$$

$$C = -\frac{S}{\mu V}\ln\left(\frac{I}{I_0}\right) \tag{6.1-10}$$

式中：I——通过沉积着颗粒物滤膜的β射线量；

I_0——通过滤膜的β射线量；

μ——质量吸收系数，cm^2/mg；

M——单位面积颗粒物质量，mg/cm^2；

C——质量浓度，mg/cm^3；

S——捕集面积，cm^2；

V——捕集气流体积，cm^3。

（3）数据采集及通信系统

数据管理和通信系统主要包括监测数据现场采集和存储、通信网络、数据传输。即子站数据采集系统、网络通信系统。

（4）动态校准系统

在空气自动监测系统中，动态校准系统是必不可少的。在各台分析仪监测之前，必须由校准系统配制一定浓度的气体对分析仪进行校准或检查。校准系统决定了空气质量监测数据的准确性、可靠性和真实性。

校准系统主要有两种方式，一种是采用一套完整的固定式仪器，如空气压缩机＋零气发生器＋动态校准仪组合系统，这种方式配气量较大，可配的浓度点较多，但缺点是所需设备太多，占用空间过大。第二种方式是采用便携式动态校准仪。该便携式动态校准仪体积小、重量轻，操作简单，便于携带，需要使用时送至需校准的监测子站，校准完毕后，可取下带走，不占用站房内部空间，缺点是配气量较小，可配的浓度点较少。

（5）气象观测系统

气象观测系统主要由不锈钢气象支撑杆和气象传感器构成。

（6）辅助系统

为保障监测设备正常稳定工作，监测子站内部必须提供稳定的电源和仪器设备适合的温度等条件以及防雷、防火、防盗设施，因此该辅助支持系统主要包括稳压电源、空调制冷通风系统、除湿机、UPS 不间断电源、办公和安保设施等。

稳压电源、空调、除湿机以及 UPS 等设备均为成熟产品，其中空调应该配备有停（来）电自动启动功能的空调。子站安保设施包括防雷、防火、防盗设施，以保证子站监测系统安全稳定运行。

6.1.2.3　移动监测站

在突发污染事故或特殊环境状况下，传统固定站的监测有时不能完全满足环境污染分析与评价的要求，特别是在局部环境污染的质量综合评价以及人体暴露的分析时更显不足。而移动监测系统因其具有良好的机动性和实时性，不但可以补充固定点监测数据使之更完整，还具有流动实时采样分析等优点，因此可以满足多方面的需求。

移动监测系统可以建成具有多功能，可选择模块，自由组合的监测车，也可以加强某项功能，做成环境空气质量监测车、空气污染移动监测车、道路环境空气污染监测以及应急监测车。

6.1.2.4　中心计算机室

中心站是整个系统的心脏部分，它是所有监测数据采集、存储、处理、输出和控制系统运行及科研运算的中心。整个系统的可靠性及效能的高低，中心站是关键。

（1）中心计算机室硬件配置和要求

① 中心计算机室一般应配置两台或两台以上能满足系统软件工作要求的计算机，来完成系统的运算、控制和管理。其中一台作为主机，与系统各子站联系进行数据采集和存储，对监测数据进行数据库管理，对各子站进行信息交换和监控；另一台作为辅机，当主机发生故障时代替主机运行，平时用于对监测结果的分析和处理，进行报告、报表和图形的编辑及打印输出，进行与系统有关的网络通信和数据交换。

② 配置 UPS 不间断电源、调制解调器、打印机和绘图仪，也可加配磁带机、磁盘阵列或光盘刻录机等。

③ 中心站与子站可采用有线或无线通信方式，无论采用哪种方式，传播速率都应在 2 400 bit/s 以上，误码率在 10^{-6} 以下。

（2）系统应用软件配置要求

系统应用软件应具有在线控制，数据、检查、判别、确认、记录和报警显示，报表图输出及其他诸如编辑、图形数字输入、数据库管理、各种应用软件设计和开发等功能。

6.1.2.5　质量保证实验室

质量保证实验室应配备以下设备，对各种监测仪器设备进行校准和标准传递。

（1）校准系统

校准系统包括零气发生器和多点动态气体校准仪，两者的配合使用组成一个为标准物质传递或溯源和监测仪器校准所用的标准气体发生系统。

① 零气发生器。零气供监测仪器标定零值用，并与气体标准物质按不同的稀释比混合，为监测仪器提供不同浓度值的标准气体。标准物质传递或溯源和监测仪器校准是否准确，与零气的纯净程度有关，零气发生器应能提供满足动态校准的正常运行所需气源的压力，且流量不少于 10 L/min。零气应不含待测组分和干扰物，如含待测组分和干扰物，则其浓度应低于检测限或不超过满刻度值的 0.2%。

② 多点动态气体校准器。在多点动态气体校准仪中一般包括两个质量流量控制器、渗透管装置（可选）、臭氧发生器、气相滴定装置和混合室，并设有多路标准气体入口，可分别提供多种组分的气体。

多点动态气体校准仪中的质量流量控制器的准确性是相当重要的，它直接决定着所配气体是否准确，它的误差不能超过±1.5%，校准曲线的相关系数要大于 0.999 9。渗透管恒温装置温度的准确恒温，直接影响着渗透管渗透率的稳定，它只允许在规定温度范围内波动±0.1℃，在 25～30℃温度，温度每变化 0.1℃将导致渗透率 1%的误差。臭氧发生器中的紫外灯，要求具有很高的稳定性和较长的使用寿命。气相滴定和混合室装置应有足够的容积，使反应气体在气相滴定和混合室装置内保持足够的滞留时间，以使混合气体达到完全反应。

（2）流量标准传递设备

包括皂膜流量计、湿式流量计、活塞式流量计、质量流量计、标准温度计、标准气压表和精密电阻箱。

（3）基准标准物质

备有权威标准部门提供的各种基准标准物质，如标准钢瓶气体和标准渗透管。

（4）质量保证专用仪器

包括监测仪、多点气体动态校准仪和零气发生器。

（5）气象仪器校准设备

（6）便携式校准设备

（7）数字万用表

6.1.2.6 系统支持实验室

系统支持实验室应配备通用和专用测试、调整和维修用电子仪器和工具，仪器气路检漏用的压力表和真空表，用于系统各种仪器设备的日常维护、定期检查和故障排除等工作。还应配备一定数量的备用监测分析仪器设备，用于及时排除故障和预防性维修。备用仪器的数量一般不少于监测分析仪器总数的 1/4。

6.1.3 环境空气质量自动监测系统的维护与管理

6.1.3.1 系统的日常维护

（1）监测子站的日常维护

对监测子站应定期进行巡检，每次对监测子站巡检时应做到：

①检查子站接地线路是否可靠，排风排气装置工作是否正常，标准气钢瓶不用时阀门是否关闭，钢瓶固定是否牢靠。

②注意子站房周围环境的变化情况，特别是发现对大气监测有影响的临时建筑物出现时，应立即找有关部门协调处理。

③对子站房周围的杂草和积水应及时清除，当周围树木生长达到规范规定的控制限时，对采样或监测光束有影响的树枝应及时进行剪除。

④在经常出现强风暴雨的地区，应经常检查避雷设施是否可靠，子站房屋是否有漏雨现象，气象杆和天线是否被刮坏，站房外围的其他设施是否有损坏或被水淹，如遇到以上问题应及时处理，保证系统能安全运行。

⑤在冬季比较寒冷的地区应加强站房排气口和仪器排气口的检查，防止结冰造成排气口堵塞。

⑥在夏季温度较高的季节应注意子站房室内外温差，若温差较大使采样系统出现冷凝水，应及时提高站房温度或对采样系统采取适当的加热措施。

⑦为防止尘土阻塞空调机过滤网影响冷气流通，应对子站房空调过滤网每月至少清洗 1 次。若子站房有两台空调机，应经常轮换使用，每台空调机轮换使用期限应为每次两个月。

（2）中心计算机室日常检查

对中心计算机室应每日进行检查，检查工作主要包括：

①检查中心计算机室与各子站的数据传输情况是否正常。

②对于开放光程监测仪器的系统，每天应至少检查 1 次各子站发射光源的亮度情况，若发现光源亮度明显偏低，应立即查明原因并及时排除故障。

③如系统具有远程诊断功能时，应远程检查各子站仪器的运行状况是否异常。

④检查每日监测数据存储情况，每季度对监测数据备份 1 次。

（3）质量保证实验室日常检查

质量保证实验室日常检查内容包括：

①质量保证实验室环境条件的检查。

②校准仪器设备工作状态的检查。

③标准物质有效期的检查。

④监测仪器计量检定证书、校准报告和证书、下次校准计划、下次检定计划的

整理和检查。

⑤空调、稳压电源等辅助设备的运行状态检查。

（4）系统支持实验室日常检查

系统支持实验室日常检查的内容包括：

①系统支持实验室环境条件的检查。

②监测仪器设备定期维护保养、检修记录和计划的整理和检查。

③备用监测仪器的工作状态检查。

④维修用仪器和设备工具的检查。

⑤空调、稳压电源等辅助设备的运行状态检查。

（5）仪器设备的日常维护

仪器设备的日常维护主要包括：

①对于垂直层流多路支管采样系统每年至少清洗 1 次，竹节式多路支管采样系统每半年至少清洗 1 次。每次清洗都应把采样系统拆开进行清洗，要求从采样头到管内不容许积存可见污染物，若可见污染物用干燥织物类清洁工具不能清除，可用肥皂水清洗。污染物清洗干净后，应用清水把肥皂水残留物清洗干净，然后把采样系统各部件的水分去除干净后，才能将采样系统重新组合。

②每次多路支管采样系统清洗完后，都应做检漏测试，确保多路支管采样系统工作正常。多路支管采样系统检漏测试方法为：将总管上的一个支路接头接上真空表或流体压力计，而将其他支路接头和采样口封死，然后抽真空至大约 1.25 cm 水柱，将抽气口也封死，使整个采样系统不与外界相通，15 min 内真空度不应有变化。若多路支管采样系统总管内的真空度≤0.64 cm 水柱，将有助于预防漏气。

③对从总管到监测仪器采样口之间的气路管线每年至少清洗 1 次，每次清洗应采取高压气体吹洗的方式，若可见污染物用吹洗不能清除，可用肥皂水清洗。污染物清洗干净后，应用清水把肥皂水残留物清洗干净，然后把水分去除干净后，才能重新使用气路管线。

④每周对监测仪器的采样入口与采样支路管线结合部之间安装的过滤膜至少检查 1 次，若发现过滤膜明显污染应及时更换。

⑤对监测仪器设备中的过滤装置，按仪器设备使用手册规定的更换和清洗周期定期进行更换和清洗。

⑥使用开放光程分析仪的系统，应每半年对发射/接收端的前窗玻璃窗镜至少进行 1 次清洁。清洁时不能用比较硬的织物，应用镜头纸或柔软的织物擦除镜头表面的脏物。若脏物擦除不掉，可用少许酒精进行擦洗，擦洗时注意不要损坏镜头表面的镀膜。

6.1.3.2 系统检修

（1）预防性检修

预防性检修是在规定的时间对系统正在运行的仪器设备进行预防故障发生的检修。在有备用仪器的保障条件时，应用备用仪器将监测子站中正在运行的监测分析仪器设备替换下来，送往实验室进行预防性检修。预防性检修计划应根据系统仪器设备的配置情况和设备使用手册的要求制定。

①监测子站的监测仪器设备每年至少进行 1 次预防性检修。

②按厂家提供的使用和维修手册规定的要求，根据使用寿命，更换监测仪器中的紫外灯、光电倍增管、制冷装置、转换炉、发射光源（氙灯）和抽气泵膜等关键零部件。

③对仪器电路各测试点进行测试与调整。

④对仪器进行气路检漏和流量检查；对光路、气路、电路板和各种接头及插座等进行检查和清洁处理。

⑤对仪器的输出零点和满量程进行检查和校准，并检查仪器的输出线性。

⑥在每次全面预防性检修完成后，或更换了仪器中的紫外灯、光电倍增管、制冷装置、转换炉和发射光源（氙灯）等关键零部件后，应对仪器重新进行多点校准和检查，并记录检修及标定和校准情况。

⑦对完成预防性检修的仪器，应进行连续 24 h 的仪器运行考核，在确认仪器工作正常后，仪器方可投入使用。

（2）针对性检修

针对性检修是指对出现故障的仪器设备进行针对性检查和维修。针对性检修应做到：

①应根据所使用的仪器结构特点和厂商提供的维修手册的要求，制定常见故障的判断和检修的方法及程序。

②对于在现场能够诊断明确，并且可由简单更换备件解决的问题，如电磁阀控制失灵、抽气泵泵膜破损、气路堵塞和灯源老化等问题，可在现场进行检修。

③对于其他不易诊断和检修的故障，应将发生故障的仪器送实验室进行检查和维修。并在现场用备用仪器替代发生故障的仪器。

④在每次针对性检修完成后，根据检修内容和更换部件情况，对仪器进行校准。对于普通易损件的维修（如更换泵膜、散热风扇、气路接头或接插件等）只做零跨校准。对于关键部件的维修（如对运动的机械部件、光学部件、检测部件和信号处理部件的维修），应按仪器使用手册的要求进行多点校准和检查，并记录检修及标定和校准情况。

任务 6.2 固定污染源烟气在线监测

固定污染源烟气在线监测实现了污染源监测从传统到现代、从粗放到精准、从分散封闭到集成联动、从现状监视到预测预警的全面转型，良好的固定污染源烟气在线监测系统和有效的运行管理能全面地反映污染源状况和主要污染物排放情况，为污染减排等环境管理提供技术支撑及可靠数据支持。

为建设规范有效地在线监测体系，国家和环保部先后颁布了多项法律法规、管理制度。其中《污染源自动监控管理办法》（环保总局第 28 号令），《污染源自动监控设施运行管理办法》（环发〔2008〕6 号）确立了污染源自动监控系统的地位和管理体系；《国家重点监控企业污染源自动监测数据有效性审核办法》和《国家重点监控企业污染源自动监测设备监督考核规程》（环发〔2009〕88 号）为加强国控企业污染源自动监测设备监督考核工作，确保国控企业污染源自动监测数据的有效性，提供了管理依据和技术指导。国家在污染源自动监测方面的高度重视和大量投入，为污染源自动监测工作的良好开展打下坚实的基础。

固定污染源烟气在线监测是整个污染源自动监测工作中极其重要一环，也是当前环保工作的热点、重点和难点。本节拟对固定污染源烟气在线监测系统的结构组成、工程过程、安装要求和运行管理等方面进行初步介绍，以作为后续深入认识的引导。

6.2.1 固定污染源烟气在线监测系统（CEMS）

固定污染源烟气在线监测系统，也称为烟尘烟气连续自动监测系统（Continuous Emission Monitoring System，CEMS）。该系统对固定污染源颗粒物浓度和气态污染物浓度以及污染物排放总量进行连续自动监测，并将监测数据和信息传送到环保主管部门，以实时监控排污企业污染物浓度和排放总量。

6.2.1.1 CEMS 系统的组成

CEMS 系统通常具有四大功能：① 监测污染源排放气态污染物的浓度（一般包括 SO_2、NO_x、CO 等）；② 监测颗粒物的浓度；③ 计算污染物排放总量；④ 记录、保存、传输监测数据及系统的工作状态。为实现上述功能，CEMS 一般由颗粒物监测子系统、气态污染物监测子系统、烟气排放参数测量子系统、数据采集、传输与处理子系统等组成。通过连续采样或原位监测的方式，测定烟气中气态污染物和颗粒物的浓度，同时测量烟气温度、压力、流速、含湿量、含氧量等参数；计算烟气中污染物排放浓度和排放速率；显示和打印监测结果、计算过程和系统参数，并通过数据传输系统上传至固定污染源监控系统。CEMS 的性能、技术指标、安装、调试及运营应当符合《固定污染源烟气排放连续监测系统技术规范》（HJ/T 75—2007）和《固定污染源烟气排放连续监测系统技术要求和监测方法》（HJ/T 76—2007）中的相应规定。

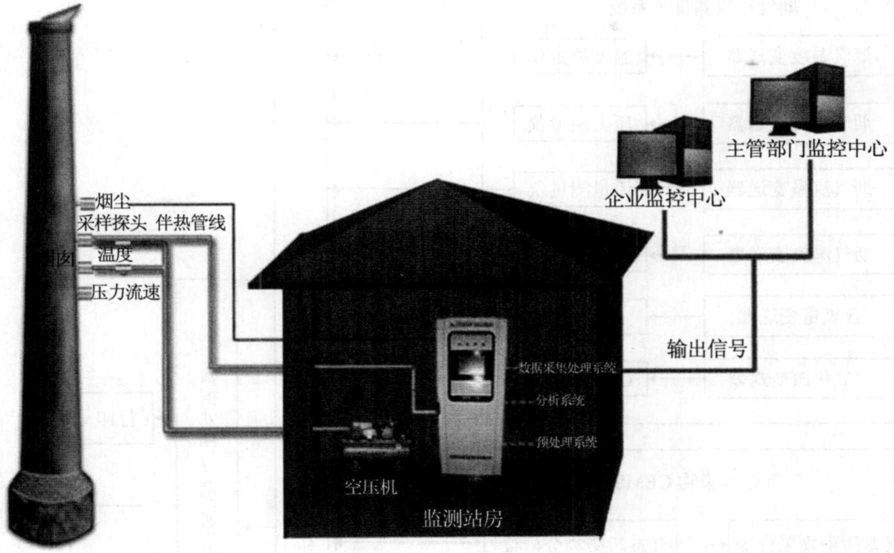

图 6.2-1　固定污染源烟气在线监测系统示意

【CEMS 系统相关标准】

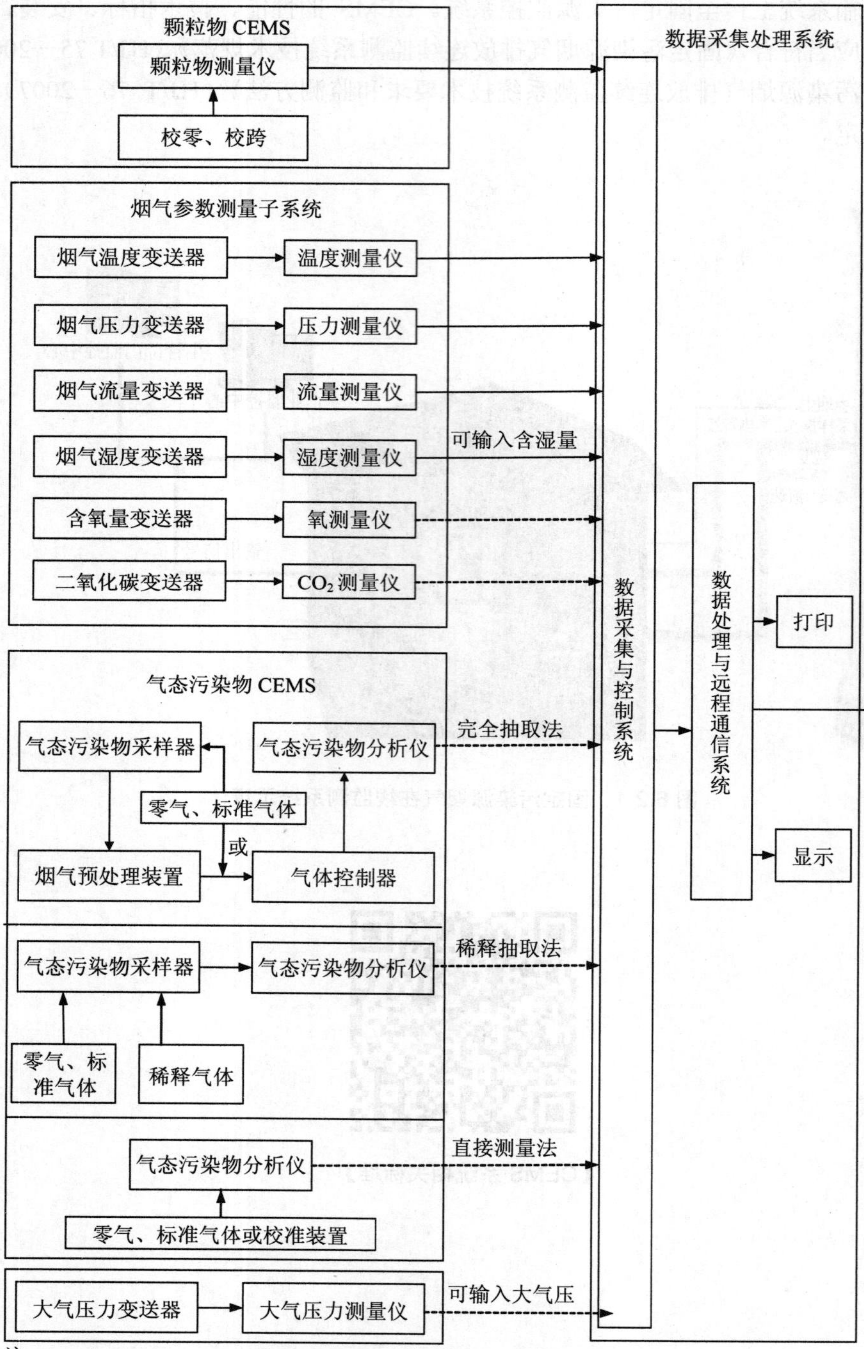

注：------------------- 表示任选一种气体参数测量仪和气态污染物 CEMS

图 6.2-2　CEMS 系统的组成

（1）气态污染物监测子系统

气态污染物监测子系统主要是对 SO_2、NO_x、CO 等气态污染物浓度进行监测分析。通常有两种形式：一种是把气体抽出来，分析污染物浓度，称为抽取采样法；另一种是直接在烟道内分析污染物浓度，称为直接测量法。采样方式不一样，监测系统也会有不一样。常用的气态污染物分析方法有红外光谱法、紫外光谱法、紫外荧光法、化学发光法、紫外差分吸收光谱法等。图 6.2-3 所示为几种常见的气态污染物监测子系统采样方式。

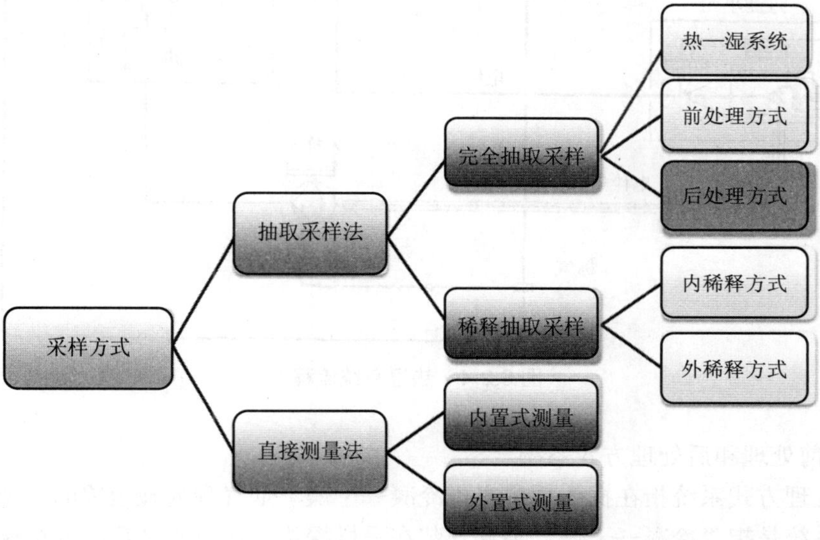

图 6.2-3　气态污染物监测子系统采样方式

① 抽取采样法。抽取采样法分为完全抽取采样和稀释抽取采样。完全抽取采样也称为直接抽取采样法，是直接抽取烟道中的样气进行分析的方法。从烟道或管道直接抽气、滤除颗粒物，将样气送入分析仪的系统，其基本组成包括采样探头、采样伴热管、过滤器、除湿系统、采样泵、气体分析仪等。依据配套的烟气处理系统的区别，该系统可分为三种类型。

a）“热—湿”系统。

采用直接高温测量方法，能够对包括水和 HCl、NH_3 在内的污染物进行多组分同时测量。测量过程中气体不降温，气体成分不变，腐蚀减少。在高温状态下进行粉尘过滤，取样和反吹操作，提高了效率。该系统必须小心维持从探头到分析仪所抽取的气样的温度高于露点。如果加热系统发生故障，湿烟气将迅速地冷却并污染整个系统，由此可能会腐蚀系统的部件、造成堵塞，甚至会引起分析仪故障和损伤，致使整个系统崩溃，不利于检修。

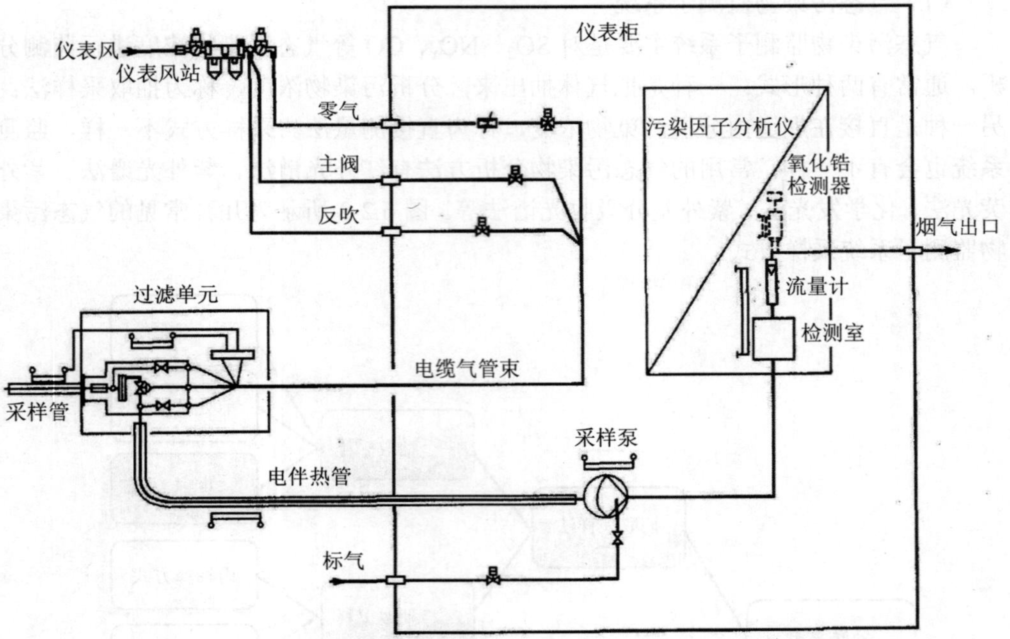

图 6.2-4 热湿系统流程

b）前处理和后处理方式系统。

前处理方式系统指在探头后装有“冷凝—干燥”烟气预处理装置的系统，后处理方式系统是指“冷凝—干燥”装置安装在采样探头、伴热管之后，分析仪前的系统。两种类型系统的主要区别在于烟气预处理装置的安装位置不同。

烟气预处理主要指在气体进入分析仪前，在不损失或尽量少损失待测组分的前提下，对样气进行除尘以及降温除湿处理，获得冷却和干燥的样气。通常的处理过程为样气经过过滤器后被输送至伴热输气管路，通过两级冷凝脱水，再经细过滤器后进入分析仪，对样气含量和浓度进行分析。采用烟气预处理装置有明显优势，样气经过降温、除湿处理之后，分析仪的选型有了更大的空间；劣势则是系统结构由于增加了该装置而显得相对复杂，维护量变大。

其中，前处理系统的样气经采样探头立刻进入样气预处理装置，经过除尘、除湿处理，输送过程中可避免水冷凝造成的有关问题，样品传输无须加热采样管，但探头部分比较复杂，不利于检修。

后处理系统的样气仅经过初步除尘后传输，输送过程为避免水蒸气冷凝，需伴热传输，其样气预处理装置安装在伴热管之后、分析仪之前，采样探头部分结构相对简单，利于检修，能灵活适应不同工况，样品传输过程结构复杂，维护量相对较大。

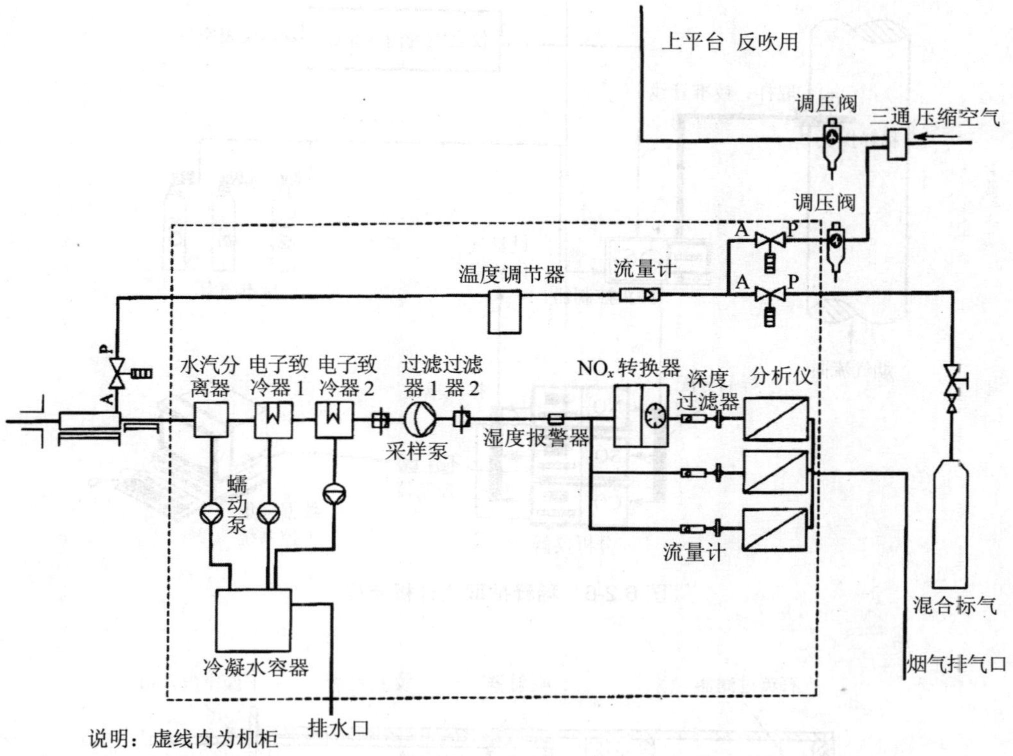

图 6.2-5 后处理方式流程

稀释抽取采样是为了避免采样过程水蒸气冷凝而采取的另一种措施。通过增加干空气的含量，使水蒸气分压降至环境温度水蒸气的饱和蒸汽压之下，从而避免水蒸气冷凝。如何确定合适的稀释比，并实现稳定稀释，是首要问题。稀释比的确定通常考虑两个标准：①实际抽取样品稀释后的预计浓度与使用的监测仪的测量范围应一致；②稀释比应保证在最低环境温度下采样管线内不发生水蒸气凝结。稀释抽取式系统如图 6.2-6 所示，在采样探头顶部，通过一个音速小孔进行采样，并用干燥的空气在探头内部进行稀释，然后将稀释后的样气送入分析仪进行分析。由于样品气进入分析仪之前未经除湿，因此稀释抽取式 CEMS 的测量结果为湿基浓度。

稀释系统有两种：一种是在烟道内稀释烟气。稀释探头完全暴露在烟气中的部分，用不加热的采样管把样品气体引入分析仪；另一种是在烟道外稀释烟气。如果在紧靠烟道外稀释，可以用不加热的采样管输送烟气到分析仪器；当在远离烟道的 CEMS 机柜前稀释时，必须用加热的采样管。

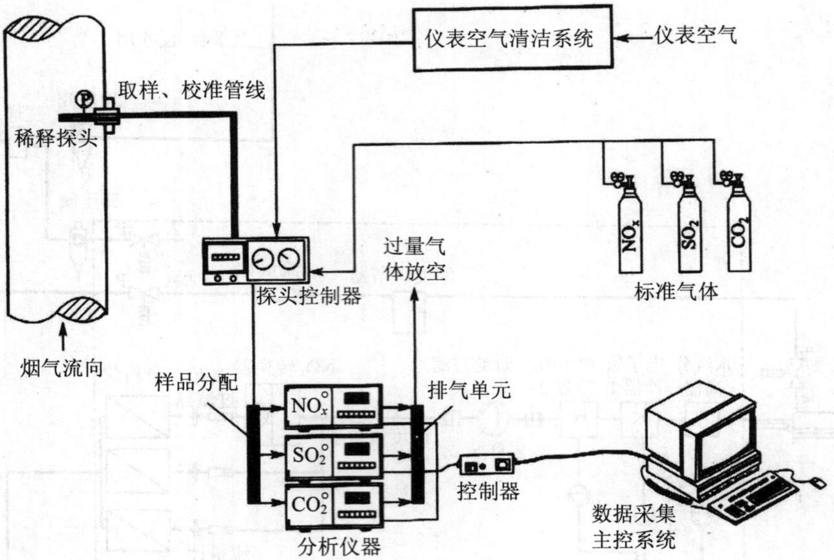

图 6.2-6 稀释抽取式分析流程

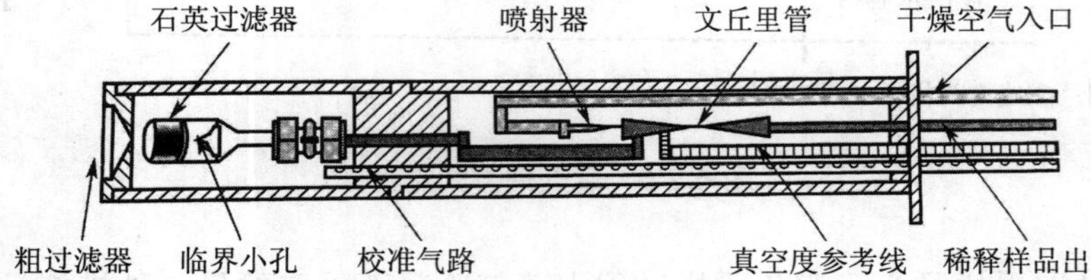

图 6.2-7 烟道内稀释探头示意

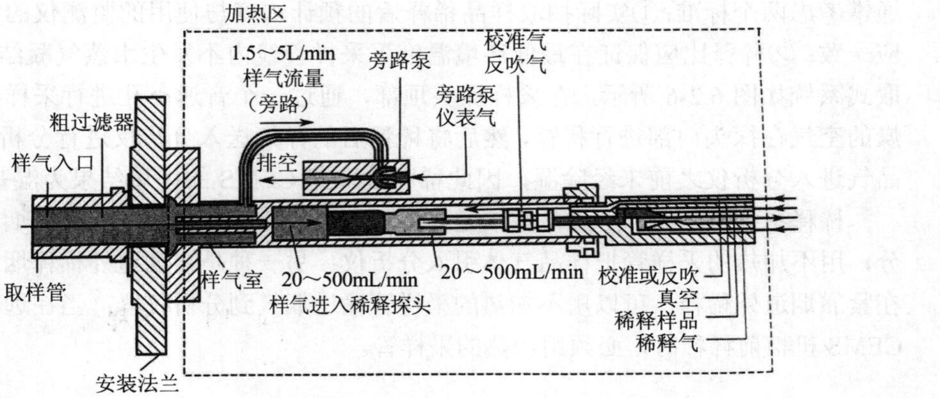

图 6.2-8 烟道外稀释探头示意

② 直接测量法。直接测量法一般有两类：一类传感器安装在探头端部，探头直接插入烟道，使用电化学或光电传感器，测量较小范围内污染物浓度（相当于点测量，如氧化锆法测量烟气含氧量）；另一类传感器和探头直接安装在烟道或管道上，传感器发射一束光穿过烟道，利用烟气的特征吸收光谱进行分析测量，可以归为线测量，常采用红外/紫外/差分光学吸收光谱/激光等技术。

根据探头的构造不同，直接测量式可分为内置式测量和外置式测量，两者的优缺点和适用场合可见表 6.2-1。

表 6.2-1　直接测量法两种类型比较

类型	优点	缺点	适用场合
内置式测量	① 单端安装，安装调试简单 ② 只需要一个平台 ③ 振动对测量影响小 ④ 可以通过改变测量路径的长度来实现对不同浓度污染物的测量	内置式探头在有水滴的场合易受到污染	火力发电、水泥厂等
外置式测量	光学镜片全部在烟道外，不易受污染	① 两端安装，需要两个平台，安装调试相对复杂 ② 受振动影响大 ③ 在污染物浓度较高，烟道直径大的场合不适用	金属冶炼、硫酸厂、垃圾焚烧等

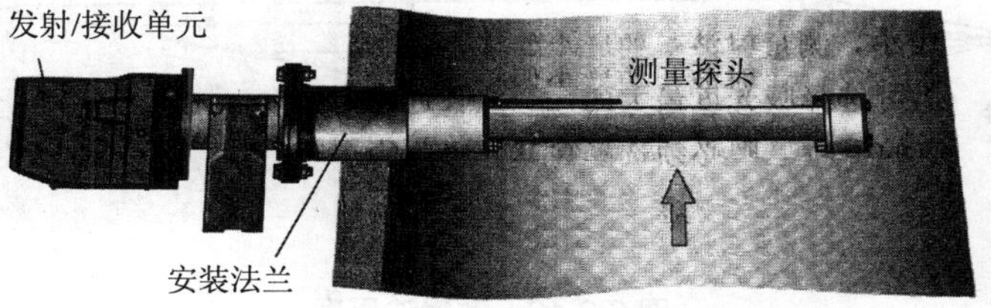

图 6.2-9　内置式结构示意

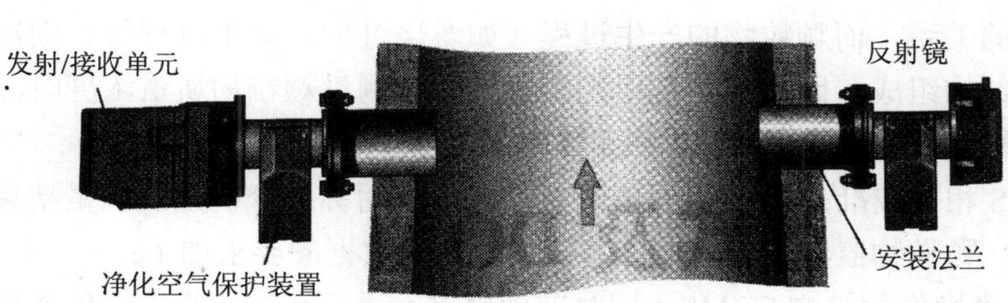

图 6.2-10　外置式结构示意

（2）颗粒物监测子系统

颗粒物监测子系统主要是对污染源排放的颗粒物进行浓度分析，一般使用光学分析方法，如对穿法（浊度法）或后散射法。对穿法是利用光穿过烟道时的损失量与颗粒物数量之间的关系进行测量；后散射法是利用光进入烟道后，所检测到的散射光强度与颗粒物数量之间的关系进行测量。

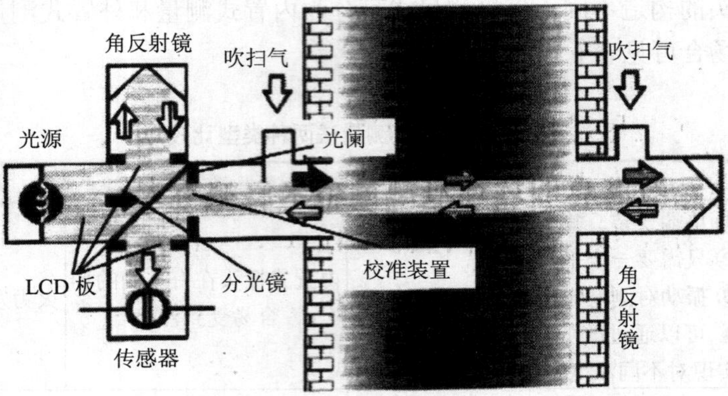

图 6.2-11　采用 LCD 调制方式的对穿法

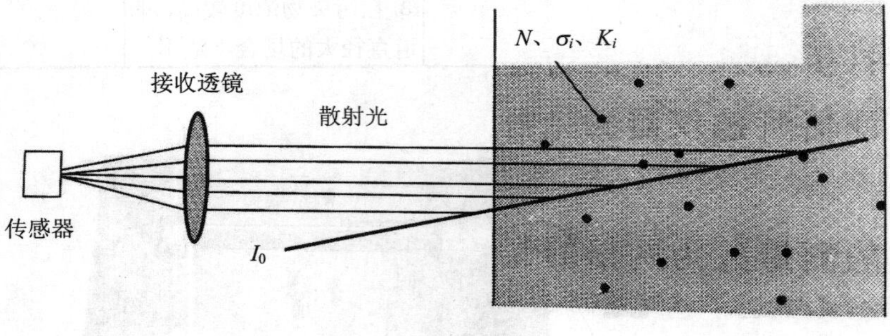

图 6.2-12　散射法原理

颗粒物的物理化学成分及结构决定了其光学性质，也决定了其数量浓度与质量浓度之间的关系，而颗粒物的产生过程（如燃烧过程、除尘过程等）则决定了其理化成分和结构组成。因此，在使用光学分析方法测量颗粒物质量浓度时，必须执行相关校准程序，与现场工况进行关联。

CEMS 相关校准是将 CEMS 的测量结果与使用标准分析方法测量结果相关联的一套程序。颗粒物监测子系统校准测试过程及对数据的要求如下：

① 正确操作颗粒物 CEMS，同时准确地进行手工标准分析方法的操作，尽可能避免现场系统误差。均衡考虑手工标准分析方法的取样时间和颗粒物 CEMS 的测定

时间，以使两者匹配。

② 至少获得 15 个手工标准分析方法数据，手工标准分析方法的测试应在颗粒物 CEMS 响应的整个范围内，这可以在污染源的正常操作条件下和通过调整控制设施的参数以产生更为广泛的排放浓度。

③ 以同一时刻颗粒物 CEMS 的输出和参比方法测试数据形成一个数据对，至少获得 15 个有效的数据对，获得三种不同分布范围的颗粒物浓度（0～50%、25%～75%、50%～100%），每个范围至少 3 对数据，以用于数据关联性分析。

（3）烟气排放参数监测子系统

烟气排放参数监测子系统主要针对与排放量计算相关的烟气排放参数进行自动监控，如烟气温度、湿度、压力、含氧量、烟气排放速率等参数进行监控，以便于标准干气体流量、污染物排放量和折算浓度的计算。

烟气流速测量方式主要有皮托管、超声波、热传感器等。烟气温度用铂电阻或热电偶温度计测量，烟气压力利用压力传感器测量；烟气含氧量是一项十分重要的参数，主要测量方法为氧化锆法、顺磁技术及电化学法测量。

（4）数据采集、传输和处理子系统

数据采集、传输和处理子系统是烟气排放连续自动监测系统的核心组成之一，其基本功能应包括记录污染源排放口的现场运行状态；采集监测数据，监控 CEMS 系统的工作状态并在监测数据后给予标记；分析处理数据；储存、传输数据等，同时应具备来电自启动、记录操作运行日志、数据显示和报表等功能。为保证数据的安全，通常具备二级门禁管理。

6.2.1.2　CEMS 系统安装要求

固定污染源烟气 CEMS 应安装在能准确可靠地连续监测固定污染源烟气排放状况的有代表性的位置上。

应优先选择在垂直管段和烟道负压区域。测定位置应避开烟道弯头和断面急剧变化的部位。对于颗粒物 CEMS，应设置在距弯头、阀门、变径管下游方向不小于 4 倍烟道直径，以及距上述部件上游方向不小于 2 倍烟道直径处；对于气态污染物 CEMS，应设置在距弯头、阀门、变径管下游方向不小于 2 倍烟道直径，以及距上述部件上游方向不小于 0.5 倍烟道直径处。对矩形烟道，其当量直径 $D=2AB/(A+B)$，式中 A、B 为边长。当安装位置不能满足上述要求时，应尽可能选择在气流稳定的断面，但安装位置前直管段的长度必须大于安装位置后直管段的长度。

在烟气 CEMS 监测断面下游应预留参比方法采样孔，采样孔数目及采样平台等按《固定污染源排气中颗粒物测定与气态污染物采样方法》（GB/T 16157）要求确定，以供参比方法测试使用。在互不影响测量的前提下，应尽可能靠近。为了便于颗粒物和流速参比方法的校验和比对监测，烟气 CEMS 不宜安装在烟道内烟气流速小于

5 m/s 的位置。

每台固定污染源排放设备应安装一套烟气 CEMS。若一个固定污染源排气先通过多个烟道后进入该固定污染源的总排气管时，应尽可能将烟气 CEMS 安装在该固定污染源的总排气管上，但要便于用参比方法校验颗粒物 CEMS 和烟气流速。不得只在其中的一个烟道上安装一套烟气 CEMS，将测定值乘以烟道数作为整个源的排放结果，但允许在每个烟道上安装相同的烟气 CEMS，测定值汇总后作为该源的排放结果。

6.2.2 CEMS 运行管理

CEMS 运行管理是保证 CEMS 系统正常运行的重要工作，是保障烟气 CEMS 系统提供有质量保证的监测数据的重要手段，主要包括维护巡检、定期校准、定期校验、比对监测等几个部分。

CEMS 运行管理总体要求：

① 操作人员需要经过培训考核合格，持证上岗。

② 每日远程查看系统运行状态和数据传输状态，如有异常，及时前往现场处理；每周都现场进行一次巡检，按照巡检内容完成，并填写巡检记录；每月进行一次维护保养，并填写维护保养记录，保养结束后要对仪器进行校准；每月质控样校验；每季度进行一次手动比对监测校准试验，根据测量结果对仪器相关参数进行修正。

③ 设备故障 24 h 内无法修复需要停机的，报当地环保部门备案；设备在一年中的运转率应达到 90%。

6.2.2.1 日常维护巡检

日常维护巡检一般有如下要求：

① 气态污染物测量系统。主要涉及采样探头、伴热管线（采样管线），易损易耗品等，需要定期清理采样探头、管线，更换易损易耗品；另需每 3 个月 1 次检查伴热管、冷凝器、采样泵和反吹系统，必要时增加频次；气态污染物分析仪同样需定期检查并进行零点和跨度漂移测试。

② 颗粒物监测系统。每个月定期清洁玻璃窗口；定期校准光路，检查反吹系统，进行零点和跨度校准。

③ 参数测量系统。每个月定期检查探头的腐蚀和堵塞情况；进行零点校准；定期检查反吹系统，更换易损易耗品。

④ 数据采集系统。定期检查参数状态，检查数据储存情况以及配套设施是否正常工作。

⑤ 填写日常巡检记录。

6.2.2.2 校准校验

（1）校准

校准指用标准装置或标准物质对 CEMS 系统进行校零/跨、线性误差和响应时间等的检测。气态污染物测量系统采用标准气体校准，颗粒物测量系统用标准零点/跨度板校准。

具有自动校准功能的颗粒物 CEMS 和气态污染物 CEMS 每 24 h 至少自动校准一次仪器零点和跨度；无自动校准功能的气态污染物 CEMS 每 15 d 至少用零气和接近烟气中污染物浓度的标准气体或校准装置校准一次仪器零点和工作点；无自动校准功能的颗粒物 CEMS 每 3 个月至少用校准装置校准一次仪器的零点和跨度。直接测量法气态污染物 CEMS 每 30 d 至少用校准装置通入零气和接近烟气中污染物浓度的标准气体校准一次仪器的零点和工作点。颗粒物监测系统至少每 30 d 进行一次清洁玻璃窗口、校准光路、定期检查反吹系统、零点和跨度校准。

如仪器设备校验不合格、更换、维修或修改参数后均需要重新校准。

（2）校验

校验指用参比方法（指国家或行业发布的标准方法）在烟道内对 CEMS（含取样系统、分析系统）检测结果进行相对准确度、相关系数、置信区间、允许区间、相对误差、绝对误差等的比对检测，至少每 6 个月进行一次。

颗粒物、流速、烟温至少获取 5 个该测试断面的平均值，气态污染物和氧量至少获取 9 个数据，并取测试平均值与同时段烟气 CEMS 的分钟平均值进行准确度计算。

6.2.2.3 比对监测

比对监测是指采用标准分析方法，与自动监测系统监测结果相比较，检测自动监测系统结果准确性及有效性的监测行为。通常包括烟气温度、流速、含氧量、污染物实测浓度、过量空气系数、流量、折算浓度、排放速率等内容。

国控污染源每季度开展 1 次比对监测，其中监测颗粒物、流速、烟温等样品数量至少 3 对（指代表整个烟道断面的平均值），抽检气态污染物样品数量至少 6 对，抽检结果应符合表 6.2-2 的要求。

比对测试前，应确保 CEMS 系统安装正确，系统正常运行，污染源运行工况正常，并记录现场工况信息。

比对测试时，标准分析方法和自动监测系统同步采样组成一个数据对。其中仪器法可选取不小于 2 倍自动监测设备响应时间期间的平均值为 1 个数据，化学法以一个样品的采样时间段监测值为 1 个数据。气态污染物参比方法采样位置与 CEMS 测定位置靠近但不干扰 CEMS 正常取样，不能从 CEMS 排气装置处直接采样监测。

表 6.2-2 比对监测技术指标要求

比对项目		考核指标
颗粒物	准确度	当参比方法测定烟气中颗粒物排放浓度： ≤50 mg/m^3 时，绝对误差不超过±15 mg/m^3； ＞50 mg/m^3～≤100 mg/m^3 时，相对误差不超过±25%； ＞100 mg/m^3～≤200 mg/m^3 时，相对误差不超过±20%； ＞200 mg/m^3 时，相对误差不超过±15%
气态污染物	准确度	当参比方法测定烟气中二氧化硫、氮氧化物排放浓度； ≤20 μmol/mol 时，绝对误差不超过±6 μmol/mol； ＞20 μmol/mol～≤250 μmol/mol 时，相对误差不超过±20%； ＞250 μmol/mol 时，相对准确度≤15%
		当参比方法测定烟气中其他气态污染物排放浓度： 相对准确度≤15%
流速	相对误差	流速＞10 m/s 时，不超过±10%； 流速≤10 m/s 时，不超过±12%
烟温	绝对误差	不超过±3℃
氧量	相对准确度	≤15%

想一想练一练

一、填空题

1．在监测子站中，应对________单独采样，但为防止________沉积于采样管管壁，采样管应________，为防止采样管内冷凝结露，可采取加温措施，加热温度一般控制在________。

2．固定污染源烟气 CEMS 由________、________、________、数据采集、传输与处理子系统等组成。

3．监测子站的监测仪器设备每年至少进行________预防性检修。

4．为使监测仪器正常工作，自动监测站点的室内应配有________设备、________设备。

5．采样总管内径选择在________，采样总管内的气流应保持________状态，采样气体在总管的滞留时间应小于________。

6．测定位置应避开烟道弯头和断面急剧变化的部位。对于颗粒物 CEMS，应设置在距弯头、阀门、变径管下游方向不小于________倍烟道直径，以及距上述部件上游方向不小于________倍烟道直径处；对于气态污染物 CEMS，应设置在距弯头、阀门、变径管下游方向不小于______倍烟道直径，以及距上述部件上游方向不小于______倍烟道直径处。

7．站房供电建议采用__________供电，分相使用，站房监测仪器供电线路应________走线。

8．站房应有防水、防潮措施，一般站房地层应离地面（或房顶）有________的距离。

9．地面站传输数据系统可采用________或________。

二、判断题

1．在大气自动监测系统中，为防止电噪声的相互干扰，宜采用二相供电，分相使用。（ ）

2．几乎所有的监测分析仪器输出的都是电压信号。（ ）

3．若监测仪器的零点和跨度漂移超过仪器的调节控制限，但小于漂移控制限，则应对仪器进行校准。（ ）

4．在固定污染源 CEMS 数据审核和处理中，颗粒物和气态污染物 CEMS 数据缺失 超过 24 h 时，缺失数据应按该参数缺失前 1 h 的有效小时均值和恢复后 1 h 的有效小时均值的算术平均值进行补遗。（ ）

5．应定期检查零气发生器的温度控制和压力是否正常，气路是否漏气。（ ）

6．化学发光法 NO_2 分析仪中把 NO_2 转换为 NO 的装置为钼炉。（ ）

7．大气自动干法监测仪信号接收通常采用光电倍增管。（ ）

三、选择题

1．通常连接大气自动监测仪器和采气管的材质为______。

A．玻璃 B．聚四氟乙烯 C．橡胶管 D．聚氯乙烯管

2．空气质量监测子站站房内相对湿度应控制在_______以下。

A．60% B．70% C．80% D．90%

3．标准状态下的干烟气是指在温度为______，压力为 101 325 Pa 条件下不含水汽的烟气。

A．0℃ B．273 K C．32 F D．50℃

4．在站房顶上设置用于固定气象传感器的气象杆或气象塔时，气象杆、塔与站房顶的垂直高度应大于______，并且气象杆、塔和子站房的建筑结构应能经受 10 级以 上的风力（南方沿海地区应能经受 12 级以上的风力）。

A．1 m B．1.5 m C．2 m D．3 m

5．温度连续测量系统主要技术指标中要求：数值偏差不大于_____。

A．±0.5℃ B．±1℃ C．±3℃ D．±5℃

6．大气自动监测仪器检漏时首先应检查______。

A．流量控制器 B．泵和仪器出口连接处

C．仪器内部样气过滤器、反应室和流量计　　D．外部管道和所有接头

7．为了便于颗粒物和流速参比方法的校验和比对监测，烟气 CEMS 不宜安装在烟道内烟气流速小于______的位置。

A．3 m/s　　B．5 m/s　　C．10 m/s　　D．15 m/s

8．调试期间，在检测 CEMS 技术指标前，未进行计划外的维修、保养或调节的前提下，要求 CEMS 的正常运行时间为不少于______。

A．24 h　　B．48 h　　C．72 h　　D．168 h

四、简答题

1．什么是环境空气质量自动监测系统？其作用是什么？

2．烟尘烟气在线监测系统由哪几部分组成？

3．简述 CEMS 运行管理的主要内容。

项目七　综合能力训练

导读：随着我国城市化和工业化的快速发展与能源消耗的迅速增加，大气污染日益严重，已成为我国面临的重大环境挑战之一。20世纪70年代，煤烟型污染排放成为我国工业城市的特点；80年代，我国许多南方城市遭到了严重的酸雨危害；近年来，汽车尾气排放的碳氢化合物、氮氧化物、一氧化碳及随后形成的光化学烟雾，以及雾霾，使许多大城市的空气质量恶化。为了改善环境空气质量，党中央、国务院对环境保护做出一系列重大决策部署，在全国范围内大力实施《大气污染防治行动计划》，在京津冀、长三角和珠三角等重点区域，建立健全区域联防联控协作机制，强化污染源防治，推进污染减排，严格环保执法监管，坚持以环境保护优化经济发展。

通过对环境空气污染物或空气环境行为进行长时间定期或连续测定，可客观反映环境空气质量状况，可以为环境管理部门实现科学决策提供重要保障。环境监测行为有赖于环境保护相关专业学生的支持和贡献，为了让学生具备相应的知识和实践技能，理论和实践能得到进一步的结合和深化，设置了综合能力训练模块，旨在培养学生的综合应用能力，以更好地服务于社会，为我国的环境保护事业添砖加瓦。

学习目标

与实际情况相结合，通过四大案例的解析让学生掌握环境空气质量监测、监测方法证实、固定污染源监督性监测、建设项目环境保护设施竣工验收监测的监测方案制订和监测报告编写的方法，培养学生的知识综合应用能力以及初步具备开展科学研究工作的能力。

项目任务

任务 7.1 环境空气质量监测

任务 7.2 监测方法证实

任务 7.3 固定污染源监督性监测

任务 7.4 建设项目环境保护设施竣工验收监测

任务 7.1 环境空气质量监测

7.1.1 案例背景

某电厂位于××县××镇××村××盆地，设 6 台循环流化床机组，总装机容量 1 470 MW，年消耗燃煤 736 万 t。厂址地貌属低山丘陵，西北面有丘陵山脉，地势北高南低，其间分布有一条 U 字形山谷；东南面地面较为开阔平整，南部煤场地段为洼地地貌，是当地唯一的重大污染来源，且为受铅污染的典型地区，现需要通过监测了解受该电厂污染影响的情况下，该地区以电厂为中心 5 km 范围内的环境空气质量状况。

请根据上述情况制订科学、合理、可行的环境空气质量监测方案，并编制相应的环境空气质量监测报告。

7.1.2 监测方案

7.1.2.1 监测目的

以某电厂为中心 5 km 范围内的地区为研究对象，对其进行环境空气质量监测，了解该地区环境空气中污染物浓度水平，判断其空气质量是否符合环境空气质量标准。

7.1.2.2 调查研究和收集资料

通过资料调研掌握研究对象的地形、气象、工程建设情况、机组运行情况、燃料情况、污染物处理设施及有关环保措施等资料，并通过实地考察、现场踏勘、人员问询等方式，了解电厂的建设和运行情况；同时对电厂所在镇区等周边环境进行勘察，确定环境敏感点位置，并了解当季主导风向及常年主导风向，以便为监测点位布设开展工作。

（1）地理位置及周边环境条件

该电厂位于××县××镇××村××盆地，设 6 台循环流化床机组，总装机容量 1 470 MW，年消耗燃煤 736 万 t。厂址地貌属低山丘陵，西北面有丘陵山脉，地势北高南低，其间分布有一条 U 字形山谷；东南面地面较为开阔平整，南部煤场地段为洼地地貌。

（2）气候、气象特征

电厂所在地为亚热带季风气候区，受季风的影响，夏季盛吹东南风和偏南风，冬季受来自高纬度地区冷空气的影响，冷空气过境时，则以北风和偏北风为主，通常出现 6～8 级偏北风。因受盆地地形影响，局部小气候较为突出，风速小，静风频率甚高。根据当地气象站 2001—2005 年的地面风资料，该地区近年来以 NW 风为主导风向，出现频率为 8.6%；SW 风为次主导风向，出现频率为 7.5%；静风频率为 31.8%。

（3）污染源排放情况

该电厂建有 6 台循环流化床机组，总装机容量 1 470 MW，其中两台 13.5 万 kW 发电机组，4 台 30 万 kW 发电机组，燃料均采用无烟煤和煤矸石。目前，各机组运行状况良好。各机组均配套建有污染物处理设施。循环流化床在燃料中掺有石灰石，可将燃烧过程中产生的二氧化硫吸附去除；随后烟气再经过复合式电袋除尘器去除颗粒物，最终由高烟囱排入大气中。污染物处理工艺流程见图 7.1-1。

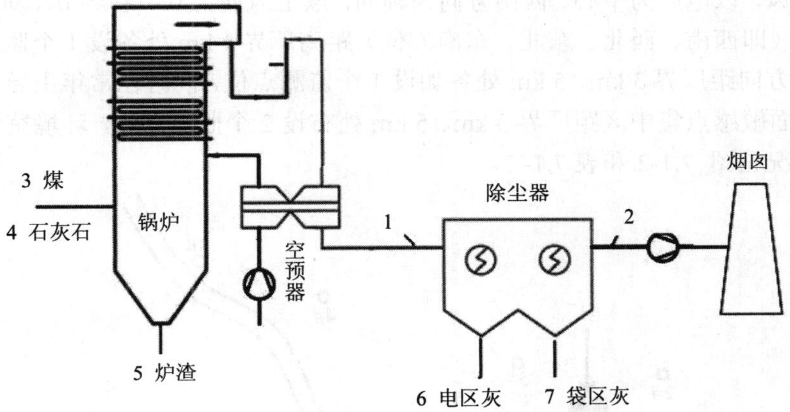

图 7.1-1　电厂污染物处理工艺流程

（4）主要环境敏感区

电厂周边人口分布情况见表 7.1-1。

表 7.1-1　电厂周边人口分布情况

序号	村庄（镇）	相对厂址方位及距离	规模
1	A 村	电厂北 300 m	约 100 人
2	B 村	电厂东南 900 m	约 80 人
3	C 村	电厂西南 1 330 m	约 100 人
4	D 村	电厂东南 3 300 m	约 1 700 人
5	E 村	电厂东 1 260 m	约 200 人
6	F 村	电厂东北 5 100 m	约 150 人
7	G 村	电厂东 200 m	约 200 人

7.1.2.3 监测项目

监测项目从《环境空气质量标准》（GB 3095—2012）中选取，且考虑到该地区为受铅污染的典型地区，确定的环境空气监测因子包括：NO_2、SO_2、TSP、$PM_{2.5}$、铅。

7.1.2.4 采样布点及采样时间频次

（1）监测点位

按《环境空气质量手工监测技术规范》（HJ/T 194—2005）、《环境影响评价技术导则 大气环境》（HJ 2.2—2008）开展环境空气质量监测，考虑到电厂大气污染物最大落地浓度距离为 1.2 km（厂界外约 1 km），当地夏季主导风向、常年次主导风向为西南风，以电厂为中心、西南方向为轴向，取上风向为 0°，在约 0°、90°、180°、270°方向（即西南、西北、东北、东南方位）距离厂界 1 km 处各设 1 个监测点，下风向东北方向距厂界 3 km、5 km 处各加设 1 个监测点位，同时在常年主导风向下风向、东南面敏感点集中区距厂界 3 km、5 km 处布设 2 个监测点位，环境空气监测点位布设情况见图 7.1-2 和表 7.1- 2。

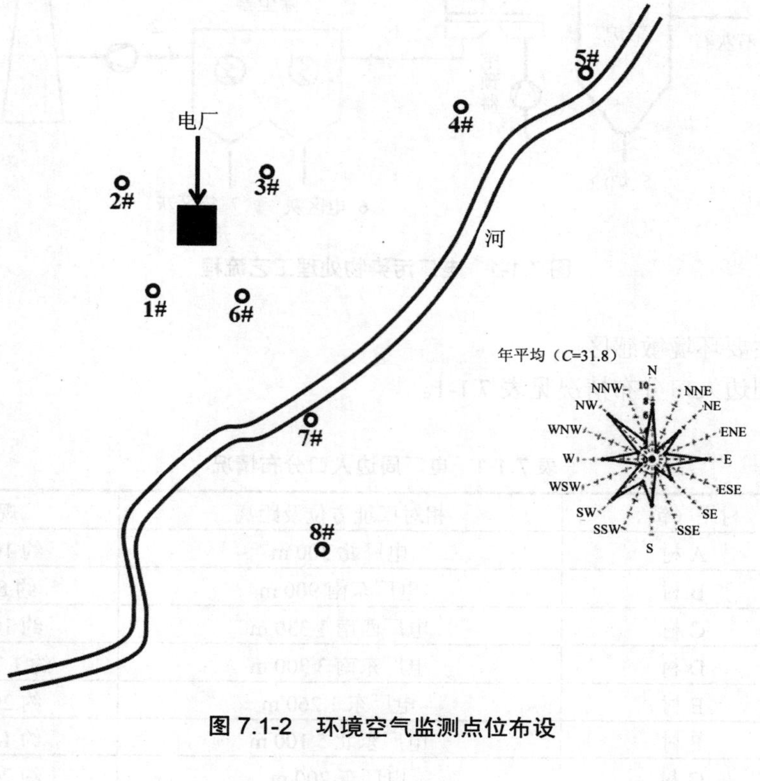

图 7.1-2 环境空气监测点位布设

表 7.1-2　大气环境监测点位

编号	点位	点位名称
1#	厂界西南 1 km	××村民居
2#	厂界西北 1 km	××村村委会
3#	厂界东北 1 km	××民居
4#	厂界东北 3 km	××村村委会
5#	厂界东北 5 km	××村村委会
6#	厂界东南 1 km	××村民居
7#	厂界东南 3 km	××大酒店
8#	厂界东南 5 km	××村民居

（2）监测时间与频次

依据《环境空气质量标准》（GB 3095—2012）中各污染物监测数据统计的有效性规定，并结合实际情况，确定采集环境空气监测 24 h 样品，连续监测 7 天。

7.1.2.5　监测分析方法

各污染物的监测分析方法如表 7.1-3 所示。

表 7.1-3　监测分析方法

序号	监测项目	分析方法	方法来源	主要仪器设备	方法检出限
1	SO_2	副玫瑰苯胺分光光度法	HJ 482—2009	大气采样器、分光光度计	0.007 mg/m^3（10 mL 吸收液，采样体积为 30 L）
2	NO_2	盐酸萘乙二胺分光光度法	HJ 479—2009	大气采样器、分光光度计	0.12 μg/10 mL
3	TSP	重量法	GB/T 15432—1995	颗粒物采样器、分析天平	0.001 mg/m^3
4	$PM_{2.5}$	重量法	HJ 618—2011	颗粒物采样器、分析天平	0.010 mg/m^3
5	铅	石墨炉原子吸收分光光度法	HJ 539—2015	颗粒物采样器、原子吸收仪	0.009 μg/m^3（采集 10 m^3 空气，样品定溶至 50 mL）

7.1.2.6 质量控制

①为保证监测数据的准确、可靠，在样品的采样、运输、储存、实验室分析和数据计算整理的全过程均按照《环境空气质量手工监测技术规范》（HJ/T 194—2005）的要求进行。

②所有监测及分析仪器均在有效检定期内，并参照有关计量检定规程定期校验和维护。环境空气采样分析系统在采样前应进行气路检查、流量校准，保证整个采样过程中分析系统的气密性和计量准确性。

③采集 10%的现场平行样分析，并设置相应的现场空白样品。

7.1.3 监测报告

7.1.3.1 监测目的

受××委派，我单位于×年×月×日对某电厂为中心 5 km 范围内的地区环境空气质量进行监测，以了解该地区环境空气中污染物浓度水平，判断其空气质量是否符合环境空气质量标准。

7.1.3.2 基本情况

某电厂位于××县××镇××村××盆地，设 6 台循环流化床机组，总装机容量 1 470 MW，年消耗燃煤 736 万 t。厂址地貌属低山丘陵，西北面有丘陵山脉，地势北高南低，其间分布有一条 U 字形山谷；东南面地面较为开阔平整，南部煤场地段为洼地地貌，是当地唯一的重大污染来源，且为受铅污染的典型地区。电厂所在地为亚热带季风气候区，受季风的影响，夏季盛吹东南风和偏南风，冬季受来自高纬度地区冷空气的影响，冷空气过境时，则以北风和偏北风为主，通常出现 6～8 级偏北风。因受盆地地形影响，局部小气候较为突出，风速小，静风频率甚高。

7.1.3.3 监测时间及频率

采集环境空气监测 24 h 样品，连续监测 7 天。

7.1.3.4 监测内容

（1）监测点位

此次环境空气监测点位布设情况见图 7.1-2 和表 7.1-2。

（2）监测分析方法

各污染物的监测分析方法和内容如表 7.1-3 所示。

7.1.3.5　评价标准

环境空气 NO_2、SO_2、TSP、$PM_{2.5}$ 评价执行《环境空气质量标准》（GB 3095—2012）二级标准要求；铅的浓度评价参照执行《环境空气质量标准》（GB 3095—2012）二级标准中铅季平均限值（1 μg/m^3）要求。

7.1.3.6　监测结果

监测结果如表 7.1-4 所示。

表 7.1-4　监测结果　　单位：μg/m^3

监测点位	SO_2（小时浓度）	SO_2（日均浓度）	NO_2（小时浓度）	NO_2（日均浓度）	TSP（日均浓度）	$PM_{2.5}$（日均浓度）	铅
1#	350.4	104.5	120.3	46.7	38.9	30.3	0.278
2#	235.7	133.7	136.2	51.2	38.6	24.3	0.042
3#	456.2	138.6	189.3	70.3	39.2	22.1	0.144
4#	378.9	127.9	190.7	64.5	37.3	23.5	0.370
5#	327.8	115.4	176.5	68.9	38.9	26.4	0.421
6#	428.6	140.2	188.4	58.9	41.5	25.7	0.368
7#	418.3	139.2	157.8	72.8	54.6	28.6	0.071
8#	384.5	130.1	143.9	63.6	53.7	27.8	0.748
达标情况	是	是	是	是	是	是	是

7.1.3.7　监测结论

监测结果表明该地区空气中的 NO_2、SO_2、TSP、$PM_{2.5}$ 和铅浓度均符合《环境空气质量标准》（GB 3095—2012）二级标准要求，其中铅的浓度评价为参照《环境空气质量标准》（GB 3095—2012）二级标准中铅季平均限值（1 μg/m^3）要求。

任务 7.2　监测方法证实

监测方法是指环境监测机构用于实施检验检测工作所依据的标准检验方法和技术规范。为确保检测数据的准确可靠，《检验检测机构资质认定评审准则》中第 4.5.14 条规定：检验检测机构应建立和保持检验检测方法控制程序。

7.2.1 监测方法的选择

环境监测机构应采用满足客户需求并适用于所进行的监测的方法（包括抽样方法）。监测方法包括标准方法、非标准方法（含自制方法）。应优先使用标准方法，确保使用标准的有效版本。

对于环境监测机构使用的标准，应定期进行清理和查新，查新方式有以下几种：

① 向标准情报部门查询；

② 订购权威机构出版的国家标准和计量技术法规目录；

③ 从期刊获取最新信息；

④ 应用互联网查询；

⑤ 参加技术交流会。

7.2.2 监测方法的控制

7.2.2.1 标准方法

环境监测机构在初次使用标准方法前，应进行证实，即证实标准方法能被正确理解和应用，实验室设施设备和消耗品的配备都符合标准的要求，并开展基础实验，证实能达到该方法性能技术要求。如果标准方法发生了变化，应重新予以证实，并提供相关证明材料。

7.2.2.2 非标准方法

环境监测机构在使用非标准方法（含自制方法）前，应进行确认，并提供相关证明材料。非标准方法的确认是为了确保方法的可靠性、准确性，以确保该方法适用于预期的用途，更多的是在方法性能技术方面。如果方法发生了变化，应重新予以确认，并提供相关证明材料。

考虑到国内的环境监测机构大多采用标准方法实施监测工作，在此重点阐述标准方法使用之前的证实程序和内容。

7.2.3 监测方法证实的一般程序

7.2.3.1 项目申请

相关技术人员负责新项目检测依据/标准及其他技术资料的收集、调研，填写《新项目申请计划表》。内容应包括项目名称、方法依据、现有资源情况分析、计划进度、项目负责人和参加人员、所需经费（如有必要）等，监测机构相关负责人签署意见，报技术负责人批准。

【新项目申请计划表模板】

7.2.3.2　工作筹备

①《新项目申请计划表》批准后，综合室通知各通知相关科室开展工作，配备相应资格的管理和技术人员，填写新项目所需购置的仪器设备、标准物质、试剂耗材等清单。

②采购、调配新扩项目所需要的仪器设备和环境条件，仪器设备应按《设备校准管理程序》进行检定/校准。

③新项目负责人组织项目成员学习相关的检测方法和技术规范，必要时对检测人员进行专门培训，保证至少有两人熟悉和掌握该检测技术和方法，安排人员编制检测细则（必要时）、原始记录表格。

7.2.3.3　开展基础实验和样品检测

待人员、仪器、方法、设施与环境和实际样品准备好后，由新项目负责人组织项目组成员按照标准方法/检测细则要求开展基础实验和样品检测，做好数据记录，试验结束后提交“新项目实验报告审批表”和“样品检测原始记录”。

【新项目实验报告审批表模板】

7.2.3.4　总结与报告

基础实验开展后，技术负责人会同相关部门对标准方法的证实过程进行总结，形成方法验证报告，并组织由技术负责人、质量负责人、分析室负责人、现场室负责人、内审员、质量监督员组成的评定小组对报告进行评定，并形成监测方法有效性、可行性的最终决议。

7.2.4 标准方法证实案例

某实验室在使用标准方法《环境空气和废气 气相和颗粒物中多环芳烃的测定 高效液相色谱法》（HJ 647—2013）之前，对该标准方法进行证实，并形成了验证报告，具体如下。

7.2.4.1 实验目的

按照《环境空气和废气 气相和颗粒物中多环芳烃的测定 高效液相色谱法》（HJ 647—2013）方法，采用 ASE（加压溶剂萃取）提取，硅胶-氧化铝层析柱净化，高效液相色谱-紫外-荧光串联检测器检测，测定环境空气和废气中的多环芳烃类。本实验室现有条件符合标准方法规定的条件，按照该方法做基础实验，以验证本实验室开展该项目的适用性。

7.2.4.2 主要试剂及设备

①乙腈。HPLC 级别。

②甲醇。HPLC 级别。

③丙酮。HPLC 级别。

④正己烷。HPLC 级别。

⑤二氯甲烷。HPLC 级别。

⑥高效液相色谱仪。岛津公司 LC-20AT 高效液相色谱仪，配备紫外检测器和荧光检测器及梯度洗脱功能。

⑦色谱柱。PAHs 专用柱，品牌：Agilent 公司 ZORBAX Eclipse PAH；色谱柱规格：250 mm× 4.6 mm×0.5 μm。

⑧ASE。加速溶剂萃取装置，品牌：DIONEX 公司，型号为 ASE 350。

⑨16 种多环芳烃类化合物标准储备液。品牌：AccuStandard，浓度为 200 μg/mL，保存溶剂为甲醇/二氯甲烷（1∶1）混合溶剂。

⑩标准使用液。

a）标准使用液Ⅰ（4 μg/mL）：取标准储备液 20 μL，乙腈定容至 1.0 mL，得到浓度为 4 μg/mL 标准使用液。

b）标准使用液Ⅱ（40 ng/mL）：取标准使用液Ⅰ10 μL，乙腈定容至 1.0 mL，得到浓度为 40 ng/mL 标准使用液。

⑪硅藻土。品牌为 DIONEX，规格为 1 kg（CAS 号：68855-54-9）。

⑫无水硫酸钠。用前先置于马弗炉中 450℃灼烧 4 h。

⑬超纯硅胶（柱层析用）。品牌：SILICYCLE 规格：70～230 目，LOT：2307102。

前处理方法：ASE 抽提（正己烷/二氯甲烷 1∶1（*V*/*V*））→取出置于通风橱处晾干（或置于真空干燥器中真空干燥，温度约 50℃）→170℃烘烤＞24 h→通风橱处晾凉→加入 3%（质量比）超纯水去活化→充分振摇（半天振摇 1 次，每次 30 min，共 3 次）→加入正己烷浸泡保存（平衡）。

⑭氧化铝：品牌。Fluka；规格：Fluka for chromatography，0.05～0.15 mm；LOT 号：BCBN3896V。

前处理方法：250℃灼烧 4 h→通风橱处晾凉→加入 3%（质量比）超纯水去活化→充分振摇（半天振摇 1 次，每次 30 min，共 3 次）→加入正己烷浸泡保存（平衡）。

⑮PUF。聚氨酯甲酸乙酯泡沫（poly-urethane vapor collection substrates），品牌：TISCH，规格：直径 2 英寸，编号：TE-1011。

预处理方法：用超纯水清洗多遍，置于洁净处晾干，用锡纸密封后储存于玻璃瓶中。每次使用前用 ASE 抽提进行进一步的净化，依次用二氯甲烷溶剂抽提 2 个循环，正己烷溶剂抽提 2 个循环，丙酮溶剂抽提 2 个循环，或使用其他溶剂净化程序，但要保证全程序空白值可以满足方法的质控要求。对于净化处理好的 PUF 尽量尽快使用，经验证 PUF 空白中的多环芳烃含量会随着放置时间的延长而显著增高。

⑯吸附树脂。Supelpak-2 液相填料，苯乙烯-二乙烯基苯聚合物品牌：SUPELCO，LOT 号：62118。

预处理方法：每次使用前依次用二氯甲烷溶剂抽提 2 个循环，正己烷溶剂抽提 2 个循环，丙酮溶剂抽提 2 个循环。或使用其他溶剂净化程序，但要保证全程序空白值可以满足方法的质控要求。对于净化处理好的树脂尽量尽快使用，经验证树脂空白中的多环芳烃含量会随着放置时间的延长而显著增高。

⑰玻璃纤维滤膜。CLASS MICROFIBRE FILTERS GF/F，品牌：Whatman，规格：直径 150 mm，25 Circles，CAT 号：1825-150。

预处理方法：用锡纸将滤膜包好，并留有开口，放入马弗炉中 450℃下加热 4 h，并注意滤膜不能有折痕。处理好的滤膜晾凉后用锡纸包好密封保存。

7.2.4.3　样品处理过程

（1）样品提取——ASE（加压溶剂萃取法）

①样品前处理（制样）。萃取池中依次装填 PUF，玻璃纤维滤膜和吸附树脂（约 20 g），萃取池用硅藻土填满敲实。①②

注：① 做实际样品时，应用硅藻土与吸附树脂拌匀分散；

② 若通过验证并达到本方法质量控制要求，也可采用其他的提取方式，如索氏抽提法提取样品。

②萃取条件。

萃取溶剂：正己烷/丙酮 5∶1（*V*/*V*）混合溶剂；

萃取温度：100℃；

压力：1 500 psi[①]；

静态萃取时间：10 min；

冲洗体积：50%的萃取池的体积；

氮气吹扫：60 s，压力 1 500 psi；

静态萃取循环次数：2。

（2）样品富集——旋转蒸发浓缩

样品过无水硫酸钠漏斗脱水后，转于 150 mL 梨形瓶中，35℃水浴旋转蒸发浓缩至少量后转溶于正己烷中，继续浓缩至约 1 mL 待净化。[②]

（3）样品净化浓缩——过硅胶氧化铝层析柱

将富集后的样品溶液（溶剂为正己烷，约 1 mL）转移至硅胶-氧化铝层析柱上［其中硅胶装 12 cm（层析柱下部），氧化铝装 6 cm（层析柱上部），在最上端加入少量无水硫酸钠］，分离纯化，用 10 mL 正己烷淋洗，弃去淋洗液，用 80 mL 3∶7（*V*/*V*）二氯甲烷/正己烷混合溶剂洗脱，接收洗脱液于 150 mL 梨形瓶中，35℃水浴旋转蒸发浓缩至少量后加入约 3 mL 乙腈，继续浓缩至少于 1 mL，转于细胞瓶中，用乙腈准确定容到 1.0 mL，待上机分析。

7.2.4.4　仪器分析

（1）色谱条件（色谱柱：PAH 专用柱）

①流动相。溶液 A：乙腈；溶剂 B：超纯水。

②梯度变化见表 7.2-1。

表 7.2-1　PAH 专用柱流动相梯度变化

时间/min	B/%（体积比）	流速/（mL/min）
0.01	35	1.2
14.00	35	1.2
21.00	0	1.2
32.50	0	1.2
32.60	35	1.2
36.00	35	1.2

注：① 1psi（磅/英寸^2）=6 894.76Pa。

② 如果样品不需净化，则将提取液浓缩至少量后加入约 3 mL 乙腈，继续浓缩至少于 1 mL，转于细胞瓶中，用乙腈准确定容到 1.0 mL，待上机分析。

③检测器。二极管阵列检测器（PDA），检测波长：228 nm；荧光检测器（RF），检测波长变化如表 7.2-2 所示。

表 7.2-2　荧光检测器波长梯度变化

时间/min	激发波长λ_{ex}/nm	发射波长λ_{em}/nm
0.01～9.50	280	324
9.50～12.00	254	350
12.00～14.50	254	390
14.50～17.00	290	460
17.00～20.00	336	376
20.00～24.50	275	385
24.50～30.70	290	420
30.70～33.00	305	500
33.00～36.00	280	324

④进样量。10 μL。

⑤柱温。30℃。

⑥荧光色谱图见图 7.2-1，紫外色谱图见图 7.2-2。

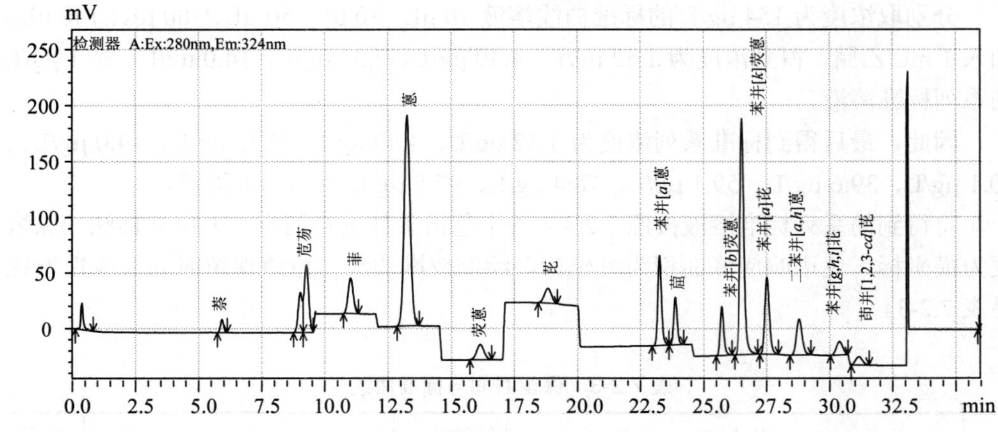

图 7.2-1　PAH 荧光色谱分离结果

注：出峰顺序参照 Agilent　PAH 专用柱附标准谱图得出，16 种多环芳烃中的苊烯在荧光检测器上无响应。

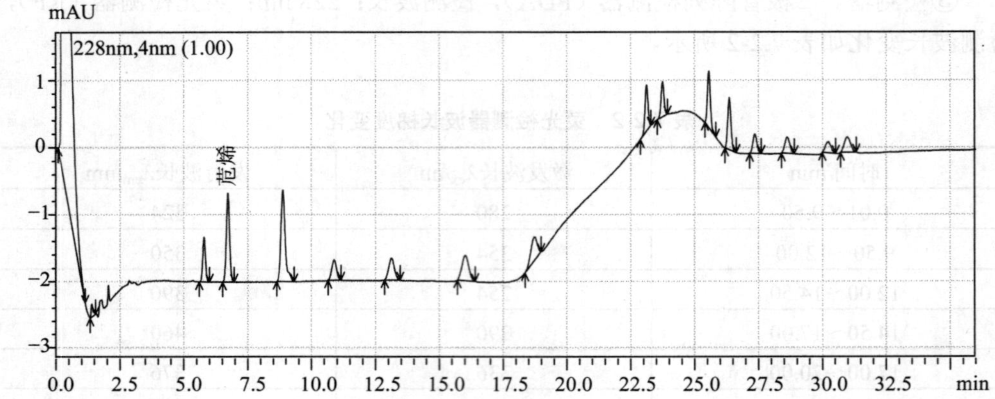

图 7.2-2 PAH 紫外色谱分离结果

注：出峰顺序参照 Agilent PAH 专用柱附标准谱图得出。

（2）标准曲线

标准系列的制备：分别取标准使用液Ⅰ（4 μg/mL）10 μL、15 μL、20 μL、25 μL、40 μL，加入 1 mL 乙腈，得到系列浓度分别为 39.6 μg/L、59.1 μg/L、78.4 μg/L、97.5 μg/L、154 μg/L 的系列标准溶液。

分别取浓度为 154 μg/L 的标准曲线溶液 10 μL、30 μL、50 μL、100 μL、150 μL，加入 1 mL 乙腈，得到浓度为 1.52 μg/L、4.49 μg/L、7.33 μg/L、14.0 μg/L、20.1 μg/L 的系列标准溶液。

因此，最后得到标准系列浓度为 1.52 μg/L、4.49 μg/L、7.33 μg/L、14.0 μg/L、20.1 μg/L、39.6 μg/L、59.1 μg/L、78.4 μg/L、97.5 μg/L 系列标准溶液。

将得到的系列标准溶液按照 7.2.4.4 条中色谱条件进行测定，采用外标法，以浓度为横坐标，色谱响应峰面积为纵坐标，绘制校准曲线。色谱保留时间及线性方程见表 7.2-3。

表 7.2-3 保留时间与标准曲线

序号	化合物		保留时间/min	标准曲线方程	相关系数 R	定量依据
	中文名	英文名				
1	萘	Napthalene	5.91	y=5 095.11x+1 752.07	0.999	荧光
2	苊烯	Acenaphthylene	6.69	y=116.423x−50.496 8	0.998	PDA：228nm
3	苊	Acenaphthene	9.00	y=20 663.3x −23 834	0.999	荧光
4	芴	Fluorene	9.23	y=35 383x+23 907.8	0.998	荧光

序号	化合物		保留时间/min	标准曲线方程	相关系数 R	定量依据
	中文名	英文名				
5	菲	Phenanthrene	10.98	y=22 085.5x+1 564.5	0.999	荧光
6	蒽	Anthracene	13.21	y=149 328x−41 239	0.999	荧光
7	荧蒽	Fluoranthene	16.09	y=12 611.4x−856.42	0.998	荧光
8	芘	Pyrene	18.76	y=12 738.2x+1 572.17	0.999	荧光
9	苯并[*a*]蒽	Benz[*a*]anthracene	23.23	y=39 520.6x−2 651.4	0.999	荧光
10	䓛	Chrysene	23.85	y=19 360x−1 239.04	0.999	荧光
11	苯并[*b*]荧蒽	Benz[*b*]fluoranthene	25.69	y=20 705.6x+1 856.72	0.999	荧光
12	苯并[*k*]荧蒽	Benz[*k*]fluoranthene	26.48	y=115 126x−30 020.4	0.999	荧光
13	苯并[*a*]芘	Benz[*a*]pyrene	27.47	y=42 490.3x−16 496.8	0.999	荧光
14	二苯并[*a,h*]蒽	Dibenz[*a,h*]anthracene	28.74	y=24 087.7x−6 780.42	0.999	荧光
15	苯并[*g,h,i*]苝	Benz[*g,h,i*]pyrene	30.33	y=10 457x+552.959	0.999	荧光
16	茚并[1,2,3-*cd*]芘	Indeno[1,2,3-*c,d*]pyrene	31.08	y=6 119.07x−6 033.34	0.998	荧光

7.2.4.5　方法检出限、精密度和准确度

（1）方法检出限

萃取池中依次装填净化处理好的干净的 PUF，玻璃纤维滤膜，和吸附树脂，加入 40 ng/mL PAHs 标准溶液 30 μL（加标量 1.20 ng），按照“第 7.2.4.3 条样品处理过程”和“第 7.2.4.4 条色谱条件”中的步骤处理。平行处理并测定 7 个样品，计算方法检出限，结果见表 7.2-4。

表 7.2-4　方法检出限测定结果　　单位：ng

序号	化合物名称	加标量	检出量	标准偏差（SD）	检出限（MDL）	定量下限（10SD）
1	萘	1.20	5.55、6.00、3.65、0.736、1.75、0.696、0.149	2.42	8	25
2	苊烯	1.20	1.96、2.65、1.27、0.990、1.26、1.43、1.11	0.586	2	6
3	苊	1.20	0.667、4.25、1.25、2.01、4.54、2.26、0.803	1.58	5	16
4	芴	1.20	0.854、1.38、0.734、0.486、0.803、0.423、1.26	0.361	2	4
5	菲	1.20	1.52、1.72、1.22、1.46、1.25、1.53、1.11	0.215	1	3

序号	化合物名称	加标量	检出量	标准偏差（SD）	检出限（MDL）	定量下限（10SD）
6	蒽	1.20	0.814、0.539、0.759、0.793、0.708、0.705、0.741	0.090 7	1	1
7	荧蒽	1.20	1.07、0.979、0.854、1.13、1.01、0.832、1.00	0.107	1	2
8	芘	1.20	0.219、1.16、0.285、0.886、0.582、1.04、0.741	0.360	2	4
9	苯并[*a*]蒽	1.20	4.79、5.59、8.15、1.16、2.75、1.38、7.04	2.74	9	28
10	䓛	1.20	1.48、1.29、2.69、0.106、0.965、1.10、1.15	0.768	3	8
11	苯并[*b*]荧蒽	1.20	0.834、1.08、0.592、0.723、1.02、0.563、0.867	0.200	1	2
12	苯并[*k*]荧蒽	1.20	0.935、0.889、0.806、0.889、0.852、0.827、0.836	0.0445	1	1
13	苯并[*a*]芘	1.20	1.22、1.16、1.10、1.23、1.14、1.14、1.18	0.045 5	1	1
14	二苯并[*a,h*]蒽	1.20	1.47、1.33、1.32、1.14、1.27、1.25、1.34	0.101	1	2
15	苯并[*g,h,i*]苝	1.20	0.656、0.747、0.627、0.660、0.845、0.746、0.618	0.082 6	1	1
16	茚并[1,2,3-*cd*]芘	1.20	1.91、1.81、1.79、1.90、1.81、1.77、1.80	0.055 7	1	1

注：① 方法检出限 MDL=SD×$t_{(n-1,\ 99\%)}$，其中查表知 $t_{(6,\ 99\%)}$=3.143。

② $m_{实际样品含量}$（ng）=（$C_{实际样品测定值}-C_{空白值}$）（ng/mL）×$V_{定容体积}$（1 mL）。

结论：该方法各化合物检出限水平满足《环境空气和废气　气相和颗粒物中多环芳烃的测定　高效液相色谱法》（HJ 647—2013）方法对于检出限的要求。

（2）方法精密度

萃取池中依次装填净化处理好的干净的 PUF、玻璃纤维滤膜和吸附树脂，加入 4 μg/mL 标准溶液 10 μL（加标量为 40 ng），按照“第 7.2.4.3 条样品处理过程”和“第 7.2.4.4 条色谱条件”中的步骤处理。平行处理并测定 7 个样品，计算方法精密度，结果见表 7.2-5。

结论：该方法各化合物精密度水平满足《环境空气和废气　气相和颗粒物中多环芳烃的测定　高效液相色谱法》（HJ 647—2013）方法对于精密度的要求。

表 7.2-5　方法精密度

单位：ng

序号	化合物名称	测定值	平均值	标准偏差（SD）	相对标准偏差（RSD，%）
1	萘	21.6、16.3、12.9、22.5、23.0、18.6、20.3	19.3	3.66	19.0
2	苊烯	29.0、23.2、25.5、25.0、24.2、27.3、23.0	25.3	2.18	8.64
3	苊	20.8、19.0、23.0、26.3、25.9、26.8、25.4	23.9	3.03	12.7
4	芴	33.7、27.6、37.0、36.6、34.5、34.5、31.5	33.6	3.21	9.56
5	菲	33.6、30.3、38.4、38.5、35.8、36.6、33.0	35.2	3.04	8.64
6	蒽	33.5、30.1、37.3、38.1、34.8、36.1、32.0	34.6	2.90	8.40
7	荧蒽	35.0、32.6、39.2、40.3、36.8、37.8、32.5	36.3	3.08	8.49
8	芘	34.0、32.5、39.0、39.6、36.5、36.5、32.7	35.8	2.87	8.00
9	苯并[*a*]蒽	32.0、30.9、39.1、37.0、35.9、36.5、27.0	34.1	4.21	12.4
10	䓛	35.5、35.1、39.4、41.0、37.2、38.6、28.8	36.5	4.01	11.0
11	苯并[*b*]荧蒽	37.1、36.6、44.8、42.4、41.0、42.3、32.8	39.5	4.19	10.6
12	苯并[*k*]荧蒽	35.2、35.4、39.9、39.7、37.1、37.7、31.2	36.6	3.01	8.21
13	苯并[*a*]芘	31.3、29.4、33.0、34.3、31.1、31.7、29.4	31.4	1.79	5.70
14	二苯并[*a,h*]蒽	35.1、35.6、39.0、39.5、36.5、36.5、30.2	36.1	3.07	8.51
15	苯并[*g,h,i*]苝	32.1、33.8、37.7、36.9、33.7、34.8、29.9	34.1	2.69	7.88
16	茚并[1,2,3-*cd*]芘	37.3、40.0、41.0、43.9、38.6、38.0、34.4	39.0	3.01	7.70

注：$m_{实际样品含量}$（ng）=（$C_{实际样品测定值}-C_{空白值}$）（ng/mL）×$V_{定容体积}$（1 mL）。

（3）方法准确度

萃取池中依次装填净化处理好的干净的 PUF，玻璃纤维滤膜，和吸附树脂，加入 4 μg/mL 标准溶液 10 μL（加标量为 40 ng），按照“第 7.2.4.3 条样品处理过程”和“第 7.2.4.4 条色谱条件”中的步骤处理。平行处理并测定 7 个样品，计算方法准确度，结果见表 7.2-6。

表 7.2-6　方法准确度

单位：ng

序号	化合物名称	空白值	加标后测定值	回收率范围/%	平均加标回收率/%
1	萘	9.16	21.6、16.3、12.9、22.5、23.0、18.6、20.3	32.3～57.4	48.3
2	苊烯	9.49	29.0、23.2、25.5、25.0、24.2、27.3、23.0	57.6～72.4	63.2
3	苊	5.26	20.8、19.0、23.0、26.3、25.9、26.8、25.4	47.6～67.0	59.7
4	芴	未检出	33.7、27.6、37.0、36.6、34.5、34.5、31.5	69.1～92.5	84.1
5	菲	1.00	33.6、30.3、38.4、38.5、35.8、36.6、33.0	75.6～96.3	87.9

序号	化合物名称	空白值	加标后测定值	回收率范围/%	平均加标回收率/%
6	蒽	0.640	33.5、30.1、37.3、38.1、34.8、36.1、32.0	75.2～95.2	86.4
7	荧蒽	0.319	35.0、32.6、39.2、40.3、36.8、37.8、32.5	81.2～101	90.7
8	芘	0.739	34.0、32.5、39.0、39.6、36.5、36.5、32.7	81.3～99.0	89.6
9	苯并[a]蒽	6.18	32.0、30.9、39.1、37.0、35.9、36.5、27.0	67.6～97.7	85.1
10	䓛	0.663	35.5、35.1、39.4、41.0、37.2、38.6、28.8	72.0～103	91.3
11	苯并[b]荧蒽	未检出	37.1、36.6、44.8、42.4、41.0、42.3、32.8	81.9～112	98.9
12	苯并[k]荧蒽	0.282	35.2、35.4、39.9、39.7、37.1、37.7、31.2	78.0～99.7	91.5
13	苯并[a]芘	未检出	31.3、29.4、33.0、34.3、31.1、31.7、29.4	73.4～85.7	78.6
14	二苯并[a,h]蒽	未检出	35.1、35.6、39.0、39.5、36.5、36.5、30.2	75.5～98.7	90.1
15	苯并[g,h,i]苝	未检出	32.1、33.8、37.7、36.9、33.7、34.8、29.9	74.8～94.4	85.3
16	茚并[1,2,3-cd]芘	未检出	37.3、40.0、41.0、43.9、38.6、38.0、34.4	86.0～110	97.6

注：① $m_{实际样品含量}$（ng）=（$C_{实际样品测定值}-C_{空白值}$）（ng/mL）×$V_{定容体积}$（1 mL）。

② 加标回收率（%）= $m_{实际样品含量}$（ng）/$m_{加标量}$（ng）×100%。

结论：该方法各化合物准确度水平满足《环境空气和废气 气相和颗粒物中多环芳烃的测定 高效液相色谱法》（HJ 647—2013）方法对于准确度的要求。

7.2.4.6 实际样品分析（包含全程序空白分析）

取两份实际环境空气样品（样品编号 PAH55141117003），得到 2 个实际样品。萃取池中依次装填样品 PUF、玻璃纤维滤膜和吸附树脂，加入硅藻土拌匀分散。另外再做 1 个实验室全程序空白样品，按照“第 7.2.4.3 条样品处理过程”和“第 7.2.4.4 条色谱条件”中的步骤处理，测定结果见表 7.2-7。

表 7.2-7 实际样品分析结果 单位：ng

序号	化合物名称＼样品名称	全程序空白	PAH55141117003-1	PAH55141117003-2
1	萘	9.16	1.75×10^4	1.82×10^4
2	苊烯	9.49	2.35×10^2	3.43×10^2
3	苊	5.26	4.19×10^2	4.50×10^2
4	芴	未检出	1.44×10^3	1.25×10^3
5	菲	1.00	5.00×10^3	1.21×10^3
6	蒽	0.640	2.14×10^2	65.3

序号	化合物名称 \ 样品名称	全程序空白	PAH55141117003-1	PAH55141117003-2
7	荧蒽	0.319	1.42×10^3	1.09×10^2
8	芘	0.739	1.00×10^3	89.9
9	苯并[*a*]蒽	6.18	1.76×10^2	52.2
10	䓛	0.663	3.81×10^2	48.1
11	苯并[*b*]荧蒽	未检出	68.4	65.4
12	苯并[*k*]荧蒽	0.282	26.3	50.3
13	苯并[*a*]芘	未检出	34.6	56.2
14	二苯并[*a,h*]蒽	未检出	5.78	36.1
15	苯并[*g,h,i*]苝	未检出	52.5	73.3
16	茚并[1,2,3-*cd*]芘	未检出	52.5	78.2

注：$m_{实际样品含量}$（ng）=（$C_{实际样品测定值}$×稀释倍数−$C_{空白值}$）（ng/mL）×$V_{定容体积}$（1 mL）。

结论：从全程序空白及实际样品测定结果可以看出，本方法满足《环境空气和废气 气相和颗粒物中多环芳烃的测定 高效液相色谱法》(HJ 647—2013)方法要求。

7.2.4.7 注意事项

①旋转蒸发浓缩时，注意压力和温度应适量，压力过低或温度过高可能会导致挥发性的多环芳烃类回收率降低。

②旋转蒸发浓缩后转移，注意用溶剂少量多次洗涤梨形瓶，一并转移，否则回收率会有损失。

③多环芳烃类化合物广泛分布于环境空气，水和土壤中，实验中所使用的材料应进行相应处理，控制好全程序空白，尽量避免引入过多的目标物。

④实际样品的 PAHs 检出量较高，可能会出现超曲线范围或仪器过载现象，可根据实际情况对样品进行稀释。

7.2.4.8 结论

在本实验室现有条件下，各项目标准曲线、方法检出限、方法精密度、方法准确度等基本符合质量控制要求，可以开展该新项目。

任务 7.3 固定污染源监督性监测

7.3.1 案例背景

广东省某燃煤电厂有四台 300MW 燃煤锅炉发电机组（1#～4#锅炉），总装机容量为 1 200 MW，于 2011 年 4 月通过环评审批建立。1#锅炉烟气经静电除尘和石灰石-石膏湿法脱硫塔处理、2#锅炉烟气经布袋除尘器和石灰石-石膏湿法脱硫塔处理，共用 1 座 210 m 高烟囱排放，排污口编号为 FQ1-×××××。3#、4#锅炉烟气经各自的静电除尘、石灰石-石膏湿法脱硫塔处理后，共用另 1 条 210 m 高烟囱排放，排污口编号为 FQ2-×××××。该公司每台机组废气进烟囱前的烟道上均设置了规范的监测平台，并安装了烟气在线监测系统。现需于 2017 年 5 月对该厂的废气污染物排放情况进行核查与监测。

请根据上述案例制定监测方案。

7.3.2 监测方案

7.3.2.1 监测目的

对燃煤电厂排放的废气进行监测，了解污染物排放浓度，核查污染源排放的有害物质是否符合排放标准的要求。

7.3.2.2 评价标准

本项目的锅炉燃烧废气执行《火电厂大气污染物排放标准》（GB 13223—2011）表 7.3-1 燃煤锅炉大气污染物排放浓度限值。

表 7.3-1 燃煤锅炉大气污染物排放浓度限值

序号	污染物项目	适用条件	限值/（mg/m^3）	污染物排放监控位置
1	烟尘	全部	30	烟囱或烟道
2	二氧化硫	现有锅炉	200	
3	氮氧化物（以 NO_2 计）	全部	100	
4	汞及其化合物	全部	0.03	
5	烟气黑度（林格曼黑度）/级	全部	1	烟囱排放口

7.3.2.3 监测项目

综合分析废气排放源、污染物种类和评价标准，选取有组织监测项目：烟尘、二氧化硫、氮氧化物。为便于污染物基准氧含量排放浓度折算，还需监测标准状态下干烟气的排放量及含氧量。

7.3.2.4 采样布点及采样时间频次

采样布点及采样时间频次如表 7.3-2 所示。

表 7.3-2 有组织排放废气监测内容

序号	监测断面	监测因子	监测频次
1	选取某一锅炉燃烧废气进烟囱前的烟道	二氧化硫、氮氧化物；含氧量；烟气流量	1 h 内等时间间隔采集 3 个样品
2		烟尘	连续采样 3 次

7.3.2.5 监测分析方法

各监测项目的监测分析方法如表 7.3-3 所示。

表 7.3-3 各监测项目的监测分析方法

类别	监测因子	监测分析方法	方法来源	仪器型号/编号	检出限
废气	烟气流量	固定污染源排气中颗粒物测定与气态污染物采样方法	GB/T 16157—1996	采样仪器：自动烟尘烟气测试仪（崂应3012H）、分析天平	—
	烟尘				2.0 mg/m^3
	二氧化硫	固定污染源排气中二氧化硫的测定 定电位电解法	HJ/T 57—2000		14 mg/m^3
	氮氧化物	固定污染源废气 氮氧化物的测定 定电位电解法	HJ 693—2014		10 mg/m^3
	氧气	测氧仪测定法	GB 5468—91		0.1%

7.3.2.6 质量控制

①监测时应在设备正常生产工况达到设计规模 75%以上时进行。

②监测人员持证上岗，所用计量仪器均经过计量部门检定或校准合格并在有效期内使用。

③采样前烟尘采样器进行气路检查和流量校核，保证监测仪器的气密性和准确性。

④分析方法的选择应能满足评价标准要求。

7.3.3 监测报告

以监测方案为依据，对该燃煤电厂进行监测。根据监测结果，编制监测报告。监测报告包括监测目的、企业基本信息、监测时间及工况、监测内容、执行标准、监测结果及监测结论。

7.3.3.1 监测目的

受××委派，我单位于×年×月×日对××电力有限公司废气污染物排放情况进行核查与抽测。

7.3.3.2 企业信息

厂名：××电力有限公司

地址：××市××区××路×号

电话：××××-×××××××××，×××××××××××

联系人：×××

主要生产设备：该公司有四台 300 MW 燃煤锅炉发电机组（1#～4#锅炉），总装机容量为 1 200 MW。

污染物处理及排放情况：1#锅炉烟气经静电除尘和石灰石-石膏湿法脱硫塔处理、2#锅炉烟气经布袋除尘器和石灰石-石膏湿法脱硫塔处理，共用 1 座 210 m 高烟囱排放，排污口编号为 FQ-××××××。3#、4#锅炉烟气经各自的静电除尘、石灰石-石膏湿法脱硫塔处理后，共用另 1 座 210 m 高烟囱排放，排污口编号为 FQ-×××××。该公司每台机组废气进烟囱前的烟道上均设置了规范的监测平台，并安装了烟气在线监测系统。

7.3.3.3 监测时间及工况

监测日期为×年×月×日，废气监测时间为 10：00—11：00，获取平均值。

监测期间，1#、3#、4#锅炉正常运行；2#锅炉无运行。监测期间生产工况见表 7.3-4。根据工况条件，选择 1#锅炉排放的废气进行监测。

表 7.3-4 抽测工况

生产设备	设计能力/MW	抽测时实际量/MW	负荷/%
1#锅炉	300	301	100.3
2#锅炉	300	0	0
3#锅炉	300	296	98.7
4#锅炉	300	296	98.7

注：抽测时锅炉工况由企业实时提供。

7.3.3.4 监测内容

监测内容见表 7.3-5。监测分析方法见表 7.3-6。

表 7.3-5　有组织排放废气监测内容

序号	监测断面	监测因子	监测频次
1	选取某一锅炉燃烧废气进烟囱前的烟道	二氧化硫、氮氧化物；含氧量；烟气流量	1 h 内等时间间隔采集 3 个样品
2		烟尘	连续采样 3 次

表 7.3-6　各监测项目的监测分析方法

类别	监测因子	监测分析方法	方法来源	仪器型号/编号	检出限
废气	烟气流量	固定污染源排气中颗粒物测定与气态污染物采样方法	GB/T 16157—1996	采样仪器：自动烟尘烟气测试仪（崂应 3012H）、分析天平	—
	烟尘				2.0 mg/m³
	二氧化硫	固定污染源排气中二氧化硫的测定 定电位电解法	HJ/T 57—2000		14 mg/m³
	氮氧化物	固定污染源废气 氮氧化物的测定 定电位电解法	HJ 693—2014		10 mg/m³
	氧气	测氧仪测定法	GB 5468—91		0.1%

7.3.3.5　评价标准

本项目的锅炉燃烧废气执行《火电厂大气污染物排放标准》（GB 13223—2011）表 1 燃煤锅炉大气污染物排放浓度限值。

7.3.3.6　监测结果

废气监测结果见表 7.3-7。

表 7.3-7　1#锅炉燃烧废气进烟囱前的烟道（◎1）抽测结果

抽测因子		监测值	GB 13223—2011 表 1 燃煤锅炉大气污染物排放浓度限值	达标情况
标况干烟气量/（m^3/h）		1162425	—	—
烟气含氧量/%		6.9	—	—
烟尘	实测排放浓度/（mg/m^3）	3.6	—	—
	折算为 6%基准氧含量排放浓度/（mg/m^3）	3.8	30	达标

抽测因子		监测值	GB 13223—2011 表1燃煤锅炉大气污染物排放浓度限值	达标情况
二氧化硫	实测排放浓度/（mg/m^3）	＜14	—	—
	折算为6%基准氧含量排放浓度/（mg/m^3）	＜15	200	达标
氮氧化物	实测排放浓度/（mg/m^3）	40	—	—
	折算为6%基准氧含量排放浓度/（mg/m^3）	43	100	达标

7.3.3.7 监测结论

1#锅炉燃烧废气进烟囱前的烟道（◎1）废气中烟尘、二氧化硫、氮氧化物排放浓度符合《火电厂大气污染物排放标准》（GB 13223—2011）表1燃煤锅炉大气污染物排放浓度限值要求。

任务7.4 建设项目环境保护设施竣工验收监测

建设项目环境保护设施竣工验收监测，一是为环境保护主管部门验收环保设施提供依据；二是为今后的环境管理提供基础数据。因此验收监测必须客观公正，获得的监测数据一定要真实、可靠，具有代表性。这样环保行政主管部门才能对建设项目做出科学合理的结论，环境管理工作才能有的放矢。

本节以广东省某造纸企业为研究对象，实施建设项目环境保护设施竣工验收监测。基于理论知识和实践工作的有机结合，通过充分开展现场调查和资料调研，熟悉竣工验收监测方案、监测报告的编制，掌握现场采样布点、分析测试方法及数据处理等竣工验收监测工作内容。

7.4.1 案例背景

某公司位于广东省A市B镇C工业园，是一家以废纸为原料的大型造纸企业。2010年，该公司制定了某公司造纸基地（以下简称"基地"）的发展规划，规划总规模达400万t/a，分期建设。A市环境保护局于2010年8月26日以A环审〔2010〕321号文对基地环境影响报告书予以批复。通过一期至九期的工程建设，基地实际生产能力已达到339万t/a。2014年该公司拟建年产20万t的涂布白板纸第十期工程（以下简称"项目"），项目环境影响报告书由D环评单位于2014年3月编制完成，A市环境保护局于2014年5月1日以A环审〔2014〕123号文予以批复。项目于 2014 年 6 月开工建设，2014 年 12 月建成，并于 2015 年 2 月取得 A 市环境保护局颁发的《排放污染物许可证》（许可证编号：××××）。

受 E 建设单位委托，F 监测单位承担项目竣工环境保护验收监测工作。2015 年 4 月，要求对项目进行现场勘察，并编制完成环境保护设施竣工验收监测方案和验收监测报告（仅针对大气污染物）。

7.4.2 验收监测方案

验收监测方案应依据《建设项目环境保护设施竣工验收监测技术要求（试行）》（环发〔2008〕38 号）和《建设项目竣工环境保护验收技术规范 造纸工业》（HJ/T 408—2007）有关规定，结合造纸行业特点、按照现场监测实际情况进行编制。下面以《某公司年产 20 万吨瓦楞纸项目竣工环境保护验收监测方案》为例进行验收监测方案的介绍。

【环发〔2008〕38 号】 【HJ/T 408—2007】

7.4.2.1 总论

（1）项目由来

项目由来应对项目立项、环境影响评价、初步设计、建设、试生产及审批过程进行简述，介绍工程开工、建成并投入试运行时间，叙述验收技术工作承担单位、现场勘察时间等内容。

某公司位于广东省 A 市 B 镇 C 工业园，是一家以废纸为原料的大型造纸企业。2010 年，该公司制定了某公司造纸基地（以下简称“基地”）的发展规划，规划总规模达 400 万 t/a，分期建设。A 市环境保护局于 2010 年 8 月 26 日以 A 环审〔2010〕321 号文对基地环境影响报告书予以批复。通过一至九期的工程建设，基地实际生产能力已达到 339 万 t/a。2014 年该公司拟建年产 20 万 t 的涂布白板纸第十期工程（以下简称“项目”），项目环境影响报告书由 D 环评单位于 2014 年 3 月编制完成，A 市环境保护局于 2014 年 5 月 1 日以 A 环审〔2014〕123 号文予以批复。项目于 2014 年 6 月开工建设，2014 年 12 月建成，并于 2015 年 2 月 1 日取得 A 市环境保护局颁发的《排放污染物许可证》（许可证编号：××××）。

受E建设单位委托，F监测单位承担项目竣工环境保护验收监测工作。2015年4月，要求对项目进行现场勘察，查阅有关文件和技术资料，查看大气污染治理及排放、环保设施的建成及措施的落实情况，编制完成大气污染源验收监测方案。

【项目竣工环保验收监测需提供资料清单】

（2）验收目的

内容包括：通过对建设项目外排污染物达标情况、污染治理效果等展开监测，为环境保护主管部门验收及验收后的日常监督管理提供技术依据。

①通过对该建设项目排放的废气进行监测，了解污染物排放浓度；

②评价该建设项目外排废气污染物是否达到国家有关标准排放要求；

③核定该建设项目大气污染物的治理效果是否符合国家有关规定；

④检查该项目环评批复意见的落实情况，全面反映环保管理状况并提出存在的问题与对策措施。

7.4.2.2 验收监测依据

内容包括：国家有效的建设项目环境保护管理法律、法规和技术规定；建设项目竣工环境保护竣工验收监测技术规范；建设项目环保技术文件，主要包括环境影响报告书、环境保护初步设计；建设项目批复文件，主要包括环境影响报告书的批复、环境保护初步设计的批复、建设项目执行标准或总量控制指标的批复；建设项目重大变更的相应批复文件；环保设施运行情况自检表；其他需要说明情况的相关文件。

①中华人民共和国国务院令，第253号，《建设项目环境保护管理条例》（1998年11月）。

②原国家环境保护总局令，第13号，《建设项目竣工环境保护验收管理办法》（2001年12月27日）。

③原国家环境保护总局，《建设项目竣工环境保护验收技术规范 造纸工业》（HJ/T 408—2007）（2007年12月21日）。

④D（环评单位），《某公司年产20万吨瓦楞纸项目环境影响报告书》（2014年3月）。

⑤A 市环境保护局，A 环审〔2014〕123 号，《关于某公司年产 20 万吨瓦楞纸项目（第十期）环境影响报告书的批复》（2014 年 5 月 1 日）。

⑥A 市环境保护局，A 环审〔2010〕321，《关于某公司造纸基地工程环境影响报告书审查意见的复函》（2010 年 8 月 26 日）。

⑦E（建设单位），E 建设单位〔2015〕10 号，《委托函》（2015 年 3 月 1 日）。

⑧F（验收监测单位），F 验收监测单位〔2015〕20 号，《建设项目竣工环境保护验收监测反馈函》（2015 年 3 月 10 日）。

7.4.2.3 建设项目工程概况

（1）建设内容概述

内容包括：描述新建工程建设性质、建设地点、占地面积、总投资及环保投资。新建工程、辅、公用工程、环境保护工程建设及变更情况，并列表说明。

十期工程（以下简称“项目”）占地 60 000 m^2，制浆造纸生产线位于 × × 片区的中偏东部，其西面为已建成投产的八期和九期工程生产线及 × × 片区公用设施，东面为在建的十一期工程，南面为蕉林，北面为 × × 河。

十期工程以废纸为主要原料，新建 1 条年产 20 万 t 瓦楞纸生产线和 4 000 m^2 成品仓库；并采取“以大代小”的淘汰措施实施供热系统改造，拆除基地原有无脱硫设施的 1#供热锅炉（65 t/h）及其配套发电机组（18 MW），新建 1 座 80 m 高的 11#燃煤锅炉（320 t/h）及其配套发电机组（60 MW），同样以热电联产方式为造纸生产供热供电；其他污染防治措施依托基地已有设施。十期工程主要建设内容包括主体工程、辅助工程、公用工程、贮运工程和环保工程，主要建设内容见表 7.4-1。

表 7.4-1 十期工程主要建设内容（例，内容略）

工程类别	工程名称	环评报告书及批发建设内容	实际建设内容	变更情况
主体工程				
辅助工程				
公用工程				
贮运工程				
环保工程				

工程总投资 56 303 万元人民币，其中环保投资额为 9 333.6 万元人民币，占 16.6%，环保投资情况详见表 7.4-2。

表 7.4-2 项目环保投资情况（例，内容略）

序号	项目	投资内容	实际投资（万元）
1	废气治理		
2	在线监测系统		
3	厂内常规监测设施		
4	环境绿化		
5	……		
合计			

（2）原料及动力消耗

内容包括：原料名称、用量，列表显示。

十期工程产品主要原料消耗及动力消耗见表 7.4-3。

表 7.4-3 产品主要原料消耗及动力消耗

序号	名 称	单耗	年需用量	来源
1	旧瓦楞纸箱（风干）	1 163 kg	232 800 t	外购
2	松香胶	5 kg	1 000 t	外购
3	硫酸铝	4 kg	800 t	外购
4	阳离子淀粉	6 kg	1 200 t	外购
5	水	10 m^3	2 000 000 m^3	本厂
6	电	500 kW·h	1.0×10^8 kW·h	本厂
7	汽	2 t	400 000 t	本厂

注：112 g/m^2 高强瓦楞纸计算。

（3）生产工艺

内容包括：描述主要工艺流程、关键的生产单位，以工艺流程及排污节点示意图表示。

项目的主要生产过程集中在制浆车间和造纸车间，车间内的生产工艺如下：

1）制浆车间

AOCC 废纸用叉车运送至废纸制浆车间，通过链板式输送机送进水力碎浆机，碎解后进高浓除砂器除去砂子、石头、铁块等杂质，再经粗筛系统把浆与渣分离后，进行低浓除砂、一级三段低浓筛选后，良浆送入浓缩机经浓缩后进螺旋压榨到热分散，再经精筛及洗涤后送贮浆塔，再进磨浆机，然后送浆池贮存，配料成浆后泵送至造纸车间。

制浆生产线主要流程如下：废纸→链板输送机→水力碎浆机→高浓除砂器→纤维分离机→粗筛→低浓除砂器→浓缩机→精筛→分级筛→热分散→磨浆机→浆池→送造纸车间。

2）造纸车间

制备好的浆料送至纸机浆池，经机外白水槽冲浆和一级二段压力筛选，进入流浆箱上网；浆料上网后，经长网成形器、二道靴压、干燥、施胶、后干燥、水平卷纸机卷取送完成工段。卷纸机下来的纸卷，经复卷机分切复卷后，送卷筒纸包装生产线，成品通过自动输送线和叉车送至成品库。

造纸车间主要生产工艺流程为：制浆车间来浆→成浆池→机外白水槽→冲浆泵压力筛（一级两段）→流浆箱→长网成型器→压榨部→前干燥→表面施胶→后干燥→卷纸机→送成品库。

7.4.2.4　废气污染及治理

内容包括：描述废气污染源的产生、治理、排放、主要污染因子等信息，附污染来源分析及治理情况一览表。

该项目废气主要产生自锅炉燃煤烟气，排放的大气污染物为：烟尘、二氧化硫和氮氧化物，厂界可能存在的恶臭指标为：硫化氢、甲硫醇和臭气浓度。新建锅炉利用循环流化床燃烧技术进行炉内脱硫，烟气经由五电场静电除尘+氧化镁湿法脱硫系统处理后经 80 m 高烟囱高空排放（图 7.4-1）。由于循环流化床锅炉采用分层燃烧技术，也降低了氮氧化物生成。

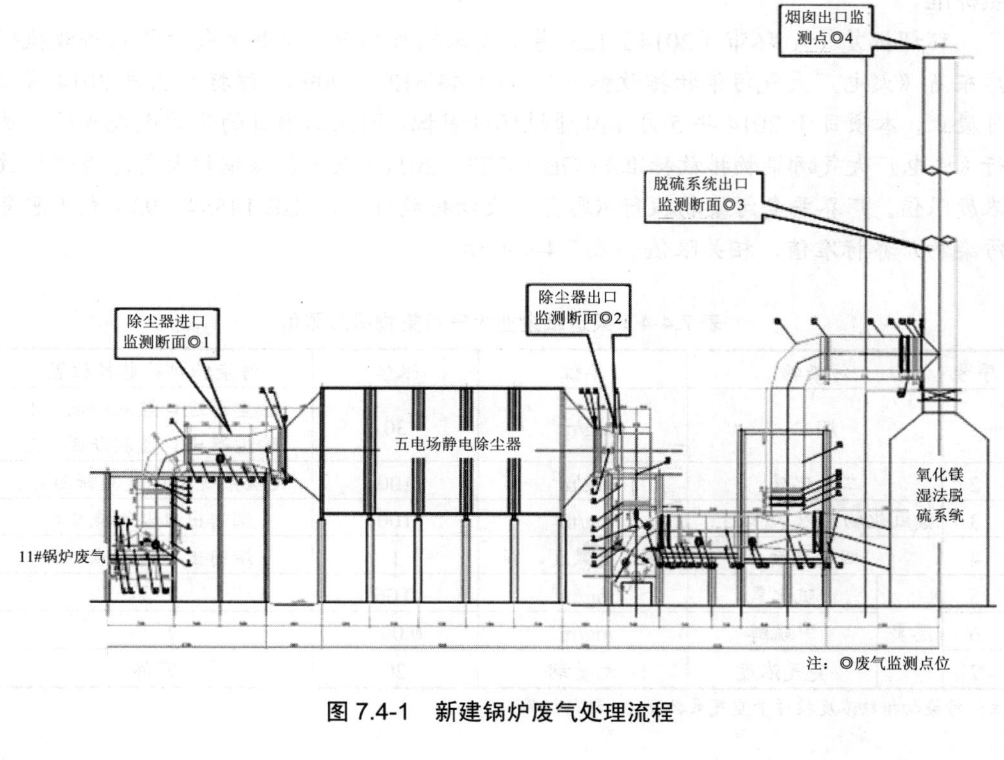

图 7.4-1　新建锅炉废气处理流程

7.4.2.5 环评结论、建议及批复要求

内容包括：摘录建设项目环境影响评价文件提出的污染防治措施；环境影响评价文件批复的要求；政府环境保护主管部门对本项目的环保要求等。

（1）环评主要结论及建议

①环评结论。摘自 D（环评单位）编制的《某公司年产 20 万吨瓦楞纸项目环境影响报告书》，结论：（略）。

②环评建议。摘自 D（环评单位）编制的《某公司年产 20 万吨瓦楞纸项目环境影响报告书》，建议：（略）。

（2）环评批复要求

A 市环境保护局以 A 环审〔2014〕123 号《关于某公司年产 20 万吨瓦楞纸项目（第十期）环境影响报告书的批复》对项目提出的审批意见，见附件（略）。

7.4.2.6 验收评价标准

内容包括：按照环境影响评价文件及其批复文件列出国家或地方排放标准、环境质量标准的名称、标准号、标准限值、工程设计文件的设计指标和总量控制指标作为验收评价标准。同时，列出相应现行的国家或地方排放标准和质量标准作为参照标准。

环评批复（A 环审〔2014〕123 号）要求项目热电站锅炉大气污染物排放执行广东省《火电厂大气污染物排放标准》（DB 44/612—2009），该标准已自 2014 年 4 月废止。本项目于 2014 年 5 月 1 日通过环评审批，因此本项目的锅炉燃烧废气应执行《火电厂大气污染物排放标准》（GB 13223—2011）表 1 燃煤锅炉大气污染物排放浓度限值。厂界恶臭污染物执行《恶臭污染物排放标准》（GB 14554—93）表 1 恶臭污染物厂界标准值，相关限值如表 7.4-4 所示。

表 7.4-4 某造纸企业大气污染物排放限值

序号	污染物		单位	限值	污染物排放监控位置
1	烟尘		mg/m^3	30	除尘器进口监测断面◎1 除尘器出口监测断面◎2
2	二氧化硫		mg/m^3	100	脱硫系统出口监测断面◎3
3	氮氧化物（以 NO_2 计）		mg/m^3	100	烟囱出口监测点◎4
4	烟气黑度		林格曼黑度，级	1	烟囱出口监测点◎4
5	恶臭	硫化氢	mg/m^3	0.06	厂界
6		甲硫醇	mg/m^3	0.007	厂界
7		臭气浓度	无量纲	20	厂界

注：污染物排放浓度按过量空气系数 α=1.4 进行折算。

【GB 13223—2011】

根据项目热电站烟气脱硫和除尘效率执行环评批复（A 环审〔2014〕123 号）规定的限值要求：脱硫效率 90%以上、除尘效率 99.8%以上。

7.4.2.7 验收监测内容

内容包括：

①废气外排口污染物的达标排放情况监测；废气无组织排放监测；对于安装在线监测系统的排放口（如有），进行在线监测数据与实测数据同步比对。

②各项污染治理设施设计指标的监测。

③环境敏感目标的环境质量监测（环评批复如有此类要求）。

④环境影响评价文件批复中需评价的项目和内容（如特殊工艺指标）及总量控制指标。

⑤建设项目竣工验收登记表中需要填写的污染控制指标；新建部分产生量、新建部分处理削减量、处理前浓度、验收期间排放浓度等。

⑥监测点位：根据现场勘察情况及相关技术规范确定各项监测内容的具体监测点位，并绘制监测点位布设图，涉及采样方式的监测点（如烟气颗粒物采样点）应给出测点示意图。

⑦验收监测因子及频次：污染因子的监测频次，按《建设项目环境保护设施竣工验收监测技术要求（试行）》（环发〔2008〕38 号）及相关标准中有关规定执行。

【建设项目环境保护设施竣工验收监测技术要求（试行）】

（1）监测期间工况

根据《固定源废气监测技术规范》（HJ/T 397—2007）要求，建设项目竣工环境保护验收监测应在工况稳定、生产负荷达到设计生产能力的75%以上（含75%）情况进行。验收监测时核查项目工况。

（2）采样布点及频率

根据《建设项目环境保护设施竣工验收监测技术要求（试行）》规定，本次监测对象为锅炉除尘器、脱硫系统和烟囱，连续监测 2 d，每天 3 次。在项目热电站燃煤锅炉静电除尘器进出口和氧化镁湿法脱硫系统出口分别设置废气监测断面，在热电站烟囱出口设置烟气黑度监测点，在厂界设置臭气指标（硫化氢、甲硫醇和臭气浓度）监测点，考核外排废气污染物的达标情况、静电除尘器除尘效率和氧化镁湿法脱硫系统脱硫效率。锅炉废气监测点位如图 7.4-1 所示（厂界点位图略），监测内容见表 7.4-5。

表 7.4-5　造纸企业大气污染物监测内容

位置		监测断面				监测因子	监测频次
		尺寸/mm	采样孔数/个	每采样孔布设采样点数/个	布点总数/个		
锅炉除尘器	进口（◎1）	3 500×3 000	4	6	24	烟尘 烟气流量	
	出口（◎2）	3 500×3 000	4	6	24	烟尘 二氧化硫 烟气流量	
脱硫系统	出口（◎3）	ϕ4 600	1	12	12	烟尘 二氧化硫 氮氧化物 氧气 烟气流量	3 次/d，连续 2 d
烟囱	出口（◎4）	—	—	—	1	烟气黑度	
厂界	工厂厂界的下风向侧	—	—	—	1	硫化氢 甲硫醇 臭气浓度	

注：除尘器进出监测断面设置不够规范，监测点做适当加密。

7.4.2.8　监测分析方法及质量保证

（1）监测分析方法

内容包括：按国家污染物排放标准和质量标准要求，采用列出的监测分析方法；

对标准中未列出监测分析方法的污染物，优先选用国家现行标准分析方法，其次为行业现行标准分析方法；对国内目前尚未建立标准分析方法的污染物，可参考使用国内（外）现行的标准分析方法。分析方法应能满足评价标准要求。

本监测方案中各监测项目的监测分析方法如表 7.4-6 所示。

表 7.4-6 采样监测分析方法

序号	监测因子	采样监测分析方法	仪器型号/编号	检出限
1	烟气流量	固定污染源排气中颗粒物测定与气态污染物采样方法（GB/T 16157—1996）	自动烟尘烟气测试仪（崂应3012H）、分析天平	
2	烟尘			0.5 mg/m^3
3	二氧化硫	固定污染源排气中二氧化硫的测定 定电位电解法（HJ/T 57—2000）		14 mg/m^3
4	氮氧化物	固定污染源废气 氮氧化物的测定 定电位电解法（HJ 693—2014）		10 mg/m^3
5	烟气黑度	林格曼烟气黑度图法（HJ/T 398—2007）	林格曼烟气黑度图	0 级
6	硫化氢	空气质量 硫化氢、甲硫醇、甲硫醚和二甲二硫的测定 气相色谱法（GB/T 14678—1993）	真空玻璃瓶、气相色谱仪-火焰光度检测器（GC-FPD）	0.2×10^{-3} ~ 1.0×10^{-3} mg/m^3
7	甲硫醇			
8	臭气浓度	空气质量 恶臭的测定 三点比较式臭袋法（GB/T 14675—93）	真空玻璃瓶、聚酯无臭袋	10（无量纲）

（2）质量保证和质量控制

内容包括：根据行业相关标准或技术规范中质量控制与保证有关章节要求进行。

①为保证监测分析结果的准确可靠性，监测质量保证和质量控制按照《固定污染源监测质量保证与质量控制技术规范（试行）》（HJ/T 373—2007）等环境监测技术规范相关章节要求进行。

②烟尘采样器在进入现场前对流量计进行校核；烟气监测分析仪在测试前后按监测因子分别用标准气体进行校核（标定），测试时保证采样流量。

③监测仪器经计量部门检定合格并在有效期内使用，监测人员持证上岗，监测数据经三级审核。

④监测因子采用的监测分析方法均通过计量认证（实验室资质认定），分析方法应能满足评价标准要求。

7.4.2.9 环境管理检查

环境管理检查应包括以下内容：

①立项到试生产各阶段建设项目环境保护法律、法规、规章制度的执行情况。

②环境保护审批手续及环境保护台账资料。

③环保组织机构及规章管理制度。

④环境保护设施建成及运行记录。

⑤环境保护措施落实情况及实施效果。

⑥环境监测计划的实施。

⑦环境污染事故应急预案的检查。

⑧排放口规范化，污染源在线监测仪的安装及测试情况检查。

⑨环境敏感保护目标的保护办法或处理办法的落实情况。

⑩环境影响评价文件批复的污染源与敏感目标合理环境保护距离的落实情况。

本监测方案环境管理检查包括以下内容：

①国家建设项目环境管理制度的执行情况（略）。

②排污口规范化设置情况（略）。

③环保档案管理情况（略）。

④环保管理规章制度的建立及其执行情况（略）。

⑤环保监测机构和监测仪器设备的配置情况（略）。

⑥事故风险环保应急预案及应急资源的配置情况（略）。

⑦绿化情况（略）。

⑧环评批复落实情况（略）。

7.4.2.10 公众意见调查

（1）公众意见调查内容

内容包括：主要针对施工、运行期出现的环境问题以及环境污染治理情况及效果，污染扰民情况征询当地居民意见、建议。

（2）公众意见调查方式

问卷填写、访谈、座谈。明确参与调查者对工程环保工作的总体满意程度。

（3）公众意见调查范围及对象

环境保护敏感区范围内各年龄、各层次人群。

为更好地了解项目对周围环境的影响，采用问卷调查的形式，对厂区附近的公众意见进行调查。调查的内容见表 7.4-7。

表 7.4-7 某造纸项目竣工环保验收公众意见调查

姓名		年龄	30 岁以下　30～40 岁　40～50 岁　50 岁以上
职业		联系方式	

居住地址	方位：　　　　距离：　　米			
项目基本情况	项目建设情况、环评批复情况、污染治理情况及排气情况介绍（内容略）。 ……			
	国家有关法律规定，项目正式生产前需履行环保验收手续。受E建设单位委托，F监测单位对项目进行环保验收监测，现对项目的环境影响进行公众意见调查。本调查表按技术要求随机派送，请收到该调查表的同志按自己的意愿如实填写（在相关序号前打“√”）。 谢谢您的支持与合作。			
调查内容	建设期间对您的影响程度	没有影响	影响较轻	影响较重
	投产期间对您的影响程度	没有影响	影响较轻	影响较重
	排放的废气对您的影响程度	没有影响	影响较轻	影响较重
	您对该公司项目的环境保护工作满意程度	满　意	较满意	不满意
您对该项目的建设其他意见和建议				

注：选择“不满意”请说明原因，否则意见不予采纳。

7.4.3　验收监测报告

验收监测报告应依据《建设项目环境保护设施竣工验收监测技术要求（试行）》（环发〔2008〕38号）和《建设项目竣工环境保护验收技术规范 造纸工业》（HJ/T 408—2007）有关规定，结合造纸行业特点、按照现场监测实际情况，汇总监测数据和检查结果，得出结论。现以《某公司年产20万吨瓦楞纸项目竣工环境保护验收监测报告》为例，对验收监测报告内容进行介绍。

【环发〔2008〕38号】　　【HJ/T 408—2007】

7.4.3.1　总论

内容要求同7.4.2.1，不做重复介绍。

（1）项目由来

内容要求同 7.4.2.1 的“（1）项目由来”，不做重复介绍。

（2）监测目的

受 E 建设单位委托，我单位（F 监测单位）承担项目竣工环境保护验收监测工作。2015 年 4 月 10 日，本单位对项目进行了现场勘察，查阅了有关文件和技术资料，查看了污染治理及排放、环保设施的建成及措施的落实情况后，编制了《某公司年产 20 万吨瓦楞纸项目竣工环境保护验收监测方案》。根据验收监测方案，本单位于 2015 年 4 月 15—16 日开展了验收监测工作及环境管理检查，根据验收监测结果编制本验收监测报告。

①通过对该建设项目排放的废气进行监测，了解污染物排放浓度；

②通过评价该建设项目外排废气污染物是否达到国家有关标准排放要求；

③核定该建设项目大气污染物的治理效果是否符合国家有关规定；

④检查该项目环评批复意见的落实情况，全面反映环保管理状况并提出存在的问题与对策措施。

7.4.3.2 验收监测依据

内容要求同 7.4.2.2，不做重复介绍。

7.4.3.3 建设项目工程概况

内容要求同 7.4.2.3，不做重复介绍。

7.4.3.4 废气污染及治理

内容要求同 7.4.2.4，不做重复介绍。

7.4.3.5 环评结论、建议及批复要求

内容要求同 7.4.2.5，不做重复介绍。

7.4.3.6 验收评价标准

内容要求同 7.4.2.6，不做重复介绍。

7.4.3.7 监测分析方法及质量保证

内容要求：按国家污染物排放标准和质量标准要求，采用列出的监测分析方法；对标准中未列出监测分析方法的污染物，优先选用国家现行标准分析方法，其次为行业现行标准分析方法；对国内目前尚未建立标准分析方法的污染物，可参考使用国内（外）现行的标准分析方法。分析方法应能满足评价标准要求。

为保证监测分析结果的准确可靠性，监测质量保证和质量控制按照《固定污染源监测质量保证与质量控制技术规范（试行）》（HJ/T 373—2007）等环境监测技术规范相关章节要求进行。

烟尘采样器在进入现场前对流量计进行校核；烟气监测分析仪在测试前后按监测因子分别用标准气体进行校核（标定），测试时保证采样流量。监测仪器经计量部门检定合格并在有效期内使用，监测人员持证上岗，监测数据经三级审核。监测因子采用的监测分析方法均通过计量认证（实验室资质认定），分析方法应能满足评价标准要求。

表 7.4-8 为烟尘采样器流量校准结果，表 7.4-9 为烟气监测分析仪监测前后校准结果，表 7.4-10 为项目环境保护验收涉及的采样监测分析方法。

仪器校准结果中，烟尘采样器和烟气采样仪流量偏差＜5%，监测期间，仪器性能符合质控要求，表明颗粒物、烟气采样误差在控制范围内。

表 7.4-8　烟尘采样器流量校准结果

仪器型号	仪器编号	标示流量/（L/min）	标定流量/（L/min）	相对偏差/%	合格与否
崂应 3012H	A08197942	15	14.7	−2.0	合格
		25	24.5	−2.0	合格
		35	34.2	−2.3	合格
崂应 3012H	A2007−191	15	14.8	−1.3	合格
		25	24.5	−2.0	合格
		35	34.2	−2.3	合格
崂应 3012H	A2007−189	15	14.7	−2.0	合格
		25	24.6	−1.6	合格
		35	34.3	−2.0	合格

表 7.4-9　烟气监测分析仪监测前/后校准结果

仪器型号	仪器编号	项目	单位	标气标示值	监测前校准值相对偏差/%	监测后校准值相对偏差/%	合格与否
KM9106	21209032	二氧化硫	mg/m^3	29.5	−1.7	−1.7	合格
		氮氧化物	mg/m^3	171	1.8	2.3	合格
		氧气	%	10.1	0	0	合格
KM9106	20208004	二氧化硫	mg/m^3	809	−1.0	−0.6	合格
		氮氧化物	mg/m^3	171	2.3	4.1	合格
		氧气	%	10.1	0	−1.0	合格

注：标气来源：佛山市某气体化工有限公司。

表 7.4-10 采样监测分析方法

序号	监测因子	采样监测分析方法	仪器型号/编号	检出限
1	烟气流量	固定污染源排气中颗粒物测定与气态污染物采样方法（GB/T 16157—1996）	自动烟尘烟气测试仪（崂应 3012H）、分析天平	
2	烟尘			0.5 mg/m³
3	二氧化硫	固定污染源排气中二氧化硫的测定 定电位电解法（HJ/T 57—2000）		14 mg/m³
4	氮氧化物	固定污染源废气 氮氧化物的测定 定电位电解法（HJ 693—2014）		10 mg/m³
5	烟气黑度	林格曼烟气黑度图法（HJ/T 398—2007）	林格曼烟气黑度图	0 级
6	硫化氢	空气质量 硫化氢、甲硫醇、甲硫醚和二甲二硫的测定 气相色谱法（GB/T 14678—1999）	真空玻璃瓶、气相色谱仪-火焰光度检测器（GC-FPD）	0.2×10^{-3}～1.0×10^{-3} mg/m³
7	甲硫醇			
8	臭气浓度	空气质量 恶臭的测定 三点比较式臭袋法（GB/T 14675—93）	真空玻璃瓶、聚酯无臭袋	10（无量纲）

各监测因子采样监测分析方法均采用已通过计量认证（实验室资质认定）的方法，分析方法能满足评价标准要求。

7.4.3.8 验收监测内容及结果分析

（1）验收监测期间工况

内容要求：给出建设项目工程或设备运行负荷的数据或参数，以文字配合表格的形式叙述现场监测期间企业生产情况、各装置实际成品产量、设计产量、负荷率等。

验收监测期间，项目制浆造纸设备工况资料见表 7.4-11、热电站和燃煤锅炉工况资料见表 7.4-12 和表 7.4-13。

表 7.4-11 制浆造纸设备工况

工程	时间	纸品	设计年产量/（万 t/a）	设计日产量/（t/d）	实际生产量/（t/d）	生产负荷/%
建设项目	2015-04-15	瓦楞纸（90 g/m²）	20	588	666	113
	2015-04-16				646	110

表 7.4-12 燃煤锅炉工况

设备	日期	设计蒸汽量/（t/h）	实际蒸汽量/（t/h）	生产负荷/%	煤耗量/（t/d）	MgO 消耗量/（t/d）	脱硫系统脱硫溶液 pH 值
11＃锅炉	2015-04-15	320	320	100	878	8.8	7.5～8.2
	2015-04-16	320	320	100	882	9.2	7.5～8.2

表 7.4-13　发电机工况

设备	日期	设计发电功率/MW	实际发电功率/MW	生产负荷/%
11 # 发电机	2015-04-15	60	60	100
	2015-04-16	60	60	100

（2）废气监测内容

验收监测内容要求同 7.4.2.7，不做重复介绍。

（3）废气监测结果分析

1）废气排放、环保设施效率监测结果

分别从以下几方面对废气和环保设施效率监测结果进行叙述：

①验收技术方案确定的验收监测项目、频次、监测断面或监测点位、监测采样、分析方法。

②采用相应的国家和地方标准限值、设施的设计值，进行分析评价。

③出现超标或不符合设计指标要求的原因分析。

④附必要的监测结果表。

2）必要的厂区周围敏感目标环境质量监测结果

主要内容包括：

①环境敏感目标可能受到影响的简要描述。

②验收技术方案确定的验收监测项目、频次、监测断面或监测点位、监测采样、分析方法（含使用仪器及检测限）。

③用相应的标准值及环评本地值，进行分析评价。

④出现超标或不符合环评要求时的原因分析等。

⑤附必要的监测结果表。

3）污染源在线监测仪器（如有）监测结果与实际监测结果比较分析

根据国家环境保护总局第 28 号文件《污染源自动监控管理办法》的要求，对在验收监测期间记录的污染源在线监测仪器所显示的污染物浓度值与同步监测结果进行比较、分析，附必要的监测结果比对表。

项目热电站 11 # 燃煤锅炉排放的烟尘、二氧化硫、氮氧化物监测结果见表 7.4-14 和表 7.4-15，硫化氢、甲硫醇和臭气浓度监测结果见表 7.4-16。监测结果表明，11 # 锅炉烟尘、二氧化硫、氮氧化物、烟气黑度排放浓度最大值分别为：27.1 mg/m^3、66 mg/m^3、65 mg/m^3、0.5 级（林格曼黑度），符合《火电厂大气污染物排放标准》（GB 13223—2011）标准限值要求；硫化氢、甲硫醇、臭气浓度排放浓度最大值分别为：0.03 mg/m^3、0.002 mg/m^3、14（无量纲），符合《恶臭污染物排放标准》（GB 14554 —93）二级限值要求。

配套除尘器除尘效率为 99.8% ~ 99.9%，配套氧化镁湿法脱硫系统的脱硫效率为 98.9% ~ 99.2%，均符合 A 环审〔2014〕123 号文要求。

表 7.4-14　11＃锅炉烟尘监测结果汇总

监测时间	监测频次	除尘器进口（◎1）		除尘器出口（◎2）		脱硫系统出口（◎3）					除尘器除尘效率/%	烟囱出口监测点◎4
		烟气流量/（m^3/h）	实测烟尘排放浓度/（mg/m^3）	烟气流量/（m^3/h）	实测烟尘排放浓度/（mg/m^3）	烟气流量/（m^3/h）	实测烟尘排放浓度/（mg/m^3）	折算至过量空气系数为 1.4 h 烟尘排放浓度/（mg/m^3）	烟尘排放量/（kg/h）	烟气含氧量/%		烟气黑度林格曼黑度/
2015-04-15	第 1 次	285 465	11 107	264 765	13.6	316 722	29.5	27.1	9.3	4.7	99.9	0.5
	第 2 次	303 327	11 045	265 101	21.0	304 146	24.9	23.3	7.1	5.0	99.8	0.5
	第 3 次	283 448	10 063	259 464	9.0	335 191	20.4	19.0	6.8	4.9	99.9	0.5
2015-04-16	第 1 次	289 337	9 960	260 628	21.4	318 880	23.3	21.8	7.0	5.0	99.8	0.5
	第 2 次	288 691	10 004	263 837	19.5	322 144	12.0	11.3	3.9	5.1	99.8	0.5
	第 3 次	291 299	10 330	259 865	20.8	297 717	24.3	22.6	6.7	4.9	99.8	0.5
执行限值		—	—	—	—	—	—	30	—	—	99.8	1.0
达标情况		—	—	—	—	—	—	达标	—	—	达标	达标

注：因除尘器出口监测断面位于变径烟道上，离除尘器和弯头太近，烟气流量测量误差较大，其烟气流量参照除尘器进口烟气流量。

表 7.4-15 11＃锅炉二氧化硫、氮氧化物监测结果汇总

监测时间	监测频次	除尘器进口（◎1）	除尘器出口（◎2）			脱硫系统出口（◎3）				烟囱出口监测点◎4				脱硫效率/%
		烟气流量/（m^3/h）	烟气流量/（m^3/h）	实测二氧化硫排放浓度/（mg/m^3）	烟气含氧量/%	烟气流量/（m^3/h）	实测二氧化硫排放浓度/（mg/m^3）	折算至过量空气系数为1.4 h二氧化硫排放浓度/（mg/m^3）	二氧化硫排放量/kg/h	实测氮氧化物排放浓度/（mg/m^3）	折算至过量空气系数为1.4 h氮氧化物排放浓度/（mg/m^3）	氮氧化物排放量/（kg/h）	烟气含氧量/%	
2015-04-15	第1次	285 465	264 765	1 881	4.5	316 722	51	48	16	69	65	21	5.0	98.9
	第2次	303 327	265 101	1 809	4.6	304 146	54	50	16	53	49	15	4.7	99.2
	第3次	283 448	259 464	1 823	4.6	335 191	60	56	20	64	60	21	4.9	98.8
2015-04-16	第1次	289 337	260 628	1 830	4.4	318 880	63	59	20	57	54	17	5.1	99.1
	第2次	288 691	263 837	1 875	4.5	322 144	71	66	23	58	54	17	4.9	99.1
	第3次	291 299	259 865	1 864	4.6	297 717	37	35	11	61	57	17	5.0	99.1
执行限值		—	—	—	—	—	—	100	—	—	100	—	—	90
达标情况		—	—	—	—	—	—	达标	—	—	达标	—	—	达标

注：因除尘器出口监测断面位于变径烟道上，离除尘器和弯头太近，烟气流量测量误差较大，其烟气流量参照除尘器进口烟气流量。

7.4-16 厂界硫化氢、甲硫醇和臭气浓度监测结果汇总

监测时间	监测频次	硫化氢/（mg/m^3）	甲硫醇/（mg/m^3）	臭气浓度/量纲一
2015-04-15	第 1 次	n.d.	0.001	11
	第 2 次	0.02	0.001	14
	第 3 次	0.01	n.d.	11
2015-04-16	第 1 次	n.d.	0.002	10
	第 2 次	0.03	n.d.	12
	第 3 次	0.01	0.002	13
执行限值		0.06	0.007	20
达标情况		达标	达标	达标

7.4.3.9 环境管理检查

内容要求同 7.4.2.9，不做重复介绍。

7.4.3.10 公众意见调查

内容要求同 7.4.2.10，不做重复介绍。

为更好地了解项目对周围环境的影响，采用问卷调查的形式，对厂区附近的公众意见进行调查。调查的内容见表 7.4-7。

本次验收监测期间，共发放问卷调查表 100 份，共收回 × 份。公众意见调查结果表明：

× %的被调查者认为项目建设期间对其没有影响或影响较轻，× %的被调查者认为影响较重；

× %的被调查者认为项目投产期间对其没有影响或影响较轻，× %的被调查者认为影响较重；

× %的被调查者认为项目排放的废气对其没有影响或影响较轻，× %的被调查者认为影响较重；

× %（× 人）的被调查者对该项目的环境保护工作表示满意，× %（× 人）的被调查者对该公司的环境保护工作表示基本满意，× %（× 人）的被调查者对该公司的环境保护工作表示不满意。

（若有对项目环保公众表示不满意的被调查者，需进一步说明其不满意的原因和对项目意见及建议。）

7.4.3.11　结论和建议

（1）结论

执行“三同时”情况评价。依据验收监测结果、环境管理检查结果、公众调查结果进行综合分析，简明扼要地给出建设项目污染物排放、污染物总量达标情况；环境敏感区环境质量状况、环境风险管理水平、环境管理水平、清洁生产水平、公众意见、改/扩建及技术改造项目“总量控制、区域削减”要求落实情况。核查并附图说明厂址周围敏感目标分布的变化情况；明确项目建设过程中工程变更情况。

（2）建议

根据现场监测、检查结果的分析和评价，结论中明确指出存在的问题，提出需要改进的设施或措施建议，可依据以下及方面的问题提出合理的整改意见和建议：

①环保设备对污染物的处理和污染物的排放未达到设计时的国家或地方标准要求。

②环保设备对污染物的处理和污染物的排放未达到现行有效的国家或地方标准要求。

③环保设备及排污设施未规范完成。

④环境保护敏感目标的环境质量未达到国家或地方标准要求或存在的扰民现象。

⑤国家规定实施总量控制得污染物排放量超过有关环境管理部门规定或核定的总量等。

一、结论

（一）工况

验收监测期间，11#锅炉燃煤消耗量为 878～882 t/d，入炉煤硫分抽测结果为 0.75%～0.94%。氧化镁湿法脱硫系统氧化镁消耗量为 8.8～9.2 t/d，脱硫溶液 pH 为 7.5～8.2。

（二）废气

11#锅炉烟尘、二氧化硫、氮氧化物、烟气黑度排放浓度均符合广东省《大气污染物排放限值》（DB 44/27—2001）第二时段限值要求。

配套除尘器除尘效率为 99.8%～99.9%，配套氧化镁湿法脱硫系统的脱硫效率为 98.9%～99.2%，均符合环评批复（A 环审〔2014〕123 号）要求。

（三）公众意见

×%（×人）的被调查者对该项目的环境保护工作表示满意，×%（×人）的被调查者对该公司的环境保护工作表示基本满意，×%（×人）的被调查者对该公司的环境保护工作表示不满意。

（若有对项目环保公众表示不满意的被调查者，需进一步说明其不满意的原因和对项目意见及建议。）

二、建议

（1）在十期工程环保验收前拆除基地原有 1#锅炉（65 t/h）及其配套发电机组（18WM）。

（2）进一步做好环保工作，采取有效措施消除公众的担忧，争取更多的公众理解和支持。

想一想练一练

1. 请以所在院校为研究对象，开展校园环境空气质量监测，试撰写监测方案和报告。

2. 某检验检测机构在使用《固定污染源废气挥发性有机物的测定 固相吸附-热脱附/气相色谱-质谱法》（HJ 734—2014）之前需进行方法证实，请试撰写方法验证报告。

3. 请以所在学校食堂为例，对食堂油烟废气进行监测，试撰写监测方案和监测报告。

4. 请以某企业或学校实训楼顶废气治理设施为例，对产生的有机废气进行监测，试撰写验收监测方案和验收监测报告。

参考文献

[1] 曾凡刚. 大气环境监测. 北京：化学工业出版社，2003.
[2] 蔡慧华，等. 大气污染监测. 广州：广东省环境保护职业技术学校教材，2009.
[3] 刘刚，等. 大气环境监测.北京：气象出版社，2012.
[4] 梁晓星，陈汉军，冯雨峰，等. 环境空气监测. 北京：化学工业出版社，2005.
[5] 苏蓉. 大气监测. 厦门：厦门大学出版社，2015.
[6] 刘晓丽，梁冰，薛强，等. 环境监测. 北京：北京大学出版社，2005.
[7] 魏复盛，腾恩江，等. 空气和废气监测分析方法（第四版增补版）. 北京：中国环境科学出版社，2007.
[8] 杨新兴，王文兴. 保护人类呼吸之气——大气. 北京：中国环境科学出版社，2001.
[9] 郝吉明，马广大. 大气污染控制工程. 2 版. 北京：高等教育出版社，1998.
[10] 魏复盛，易江，丁中元，等. 空气和废气监测分析方法指南（上册）. 北京：中国环境科学出版社，2006.
[11] 魏复盛，王瑞斌，李建军，等. 空气和废气监测分析方法指南（下册）. 北京：中国环境出版社，2014.
[12] 奚旦立，孙裕生，刘秀英，等. 环境监测（修订版）. 北京：高等教育出版社，1996.
[13] 吴鹏鸣，曹守仁，陈禹方，等. 环境空气监测质量保证手册. 北京：中国环境科学出版社，1989.
[14] 朱天乐. 室内空气污染控制. 北京：化学工业出版社，2003.
[15] 朱天乐. 微环境空气质量控制. 北京：北京航空航天大学出版社，2006.
[16] 中国环境监测总站，国家环境保护环境监测质量控制重点实验室. 环境监测方法标准使用手册（第五册监测技术规范）. 北京：中国环境出版社，2013.
[17] 中国环境监测总站，国家环境保护环境监测质量控制重点实验室. 环境监测方法标准使用手册（第二册气监测方法）. 北京：中国环境出版社，2013.
[18] 中国环境监测总站.环境空气质量监测技术.北京：中国环境出版社，2013.
[19] 中国标准出版社. 大气环境质量与污染物排放标准汇编. 北京：中国标准出版社，2014.
[20] 彭娟莹.空气环境监测.北京：化学工业出版社，2015.
[21] 梁红.环境监测. 武汉：武汉理工大学出版社，2008.
[22] 唐孝炎，张远航，邵敏.大气环境化学.北京：高等教育出版社，2006.
[23] 李爱贞，刘厚凤. 气象学与气候学基础. 北京：气象出版社，2001.

[24] 杜世勇，白志鹏，候鲁健，等. $PM_{2.5}$监测方法与应用.北京：科学出版社，2016.

[25] 翟崇治，鲍雷. 环境空气自动监测技术. 重庆：西南师范大学出版社，2013.

[26] 李党生，付翠彦. 环境监测. 北京：化学工业出版社，2017.

[27] 姚运先，等. 室内环境监测. 北京：化学工业出版社，2011.

[28] 王英健. 室内环境检测. 北京：中国劳动社会保障出版社，2010.

[29] 贾劲松. 室内环境检测技术. 北京：中国环境科学出版社，2009.

[30] 民用建筑工程室内环境污染控制规范（GB 50325—2010）（2013 版）.

[31] 公共场所空气中甲醛测定方法（GB/T 18204.26—2000）.

[32] 公共场所空气中氨测定方法（GB/T 18204.25—2000）.

[33] 居住区大气中苯、甲苯和二甲苯卫生检验标准方法—气相色谱法（GB 11737—89）.

[34] 室内空气中总挥发性有机物（TVOC）的检验方法（热解吸/毛细管气相色谱法）（GB/T 18883—2002）附录 C.

[35] 空气中氡浓度的闪烁瓶测量方法（GBZ/T 155—2002）.

[36] 环境空气中氡的标准测量方法（GB/T 14582—1993）.

[37] 公共场所卫生监测技术规范（GB/T 17220—1998）.

[38] 国家质量技术监督局. 点燃式发动机汽车排气污染物排放限值及测量方法（双怠速法及简易工况法）（GB 18285—2005）. 北京：中国标准出版社，2005.

[39] 国家质量技术监督局. 车用压燃式发动机和压燃式发动机汽车排气烟度排放限值及测量方法（GB 3847—2005）. 北京：中国标准出版社，2005.

[40] 国家质量技术监督局. 摩托车和轻便摩托车排气污染物排放限值及测量方法（双怠速法）（GB 14621—2011）. 北京：中国标准出版社，2011.

[41] 国家环境保护总局. 汽油车双怠速法排气污染物测量设备技术要求（HJ/T 289—2006）. 北京：中国标准出版社，2006.

[42] 国家环境保护总局. 汽油车简易瞬态工况法排气污染物测量设备技术要求（HJ/T 290—2006）. 北京：中国标准出版社，2006.

[43] 国家环境保护总局. 汽油车稳态工况法排气污染物测量设备技术要求（HJ/T 291—2006）. 北京：中国标准出版社，2006.

[44] 国家环境保护总局. 柴油车加载加速工况法排气烟度测量设备技术要求（HJ/T 292—2006）. 北京：中国标准出版社，2006.

[45] 国家环境保护总局. 压燃式发动机汽车自由加速法排气烟度测量设备技术要求（HJ/T 395—2007）. 北京：中国标准出版社，2007.

[46] 国家环境保护总局. 点燃式发动机汽车瞬态工况法排气污染物测量设备技术要求（HJ/T 396 —2007）. 北京：中国标准出版社，2007.

[47] 张远航，邵敏，俞开衡. 机动车排放环境影响及控制——以广州市为例. 北京：化学工业出版社，2004.

[48] 张雪莉. 机动车排气污染物检测技术. 北京：清华大学出版社，北京交通大学出版社，2010.
[49] 韩应健，戴映云，陈南峰. 机动车排气污染物检测培训教程. 2 版. 北京：中国质检出版社，中国标准出版社，2013.10.
[50] 双菊荣，王伯光，黄茹娜，等. 机动车排气检验——标准解析、设备原理、技术方法与应用. 北京：科学出版社，2017.
[51] 周咪. 广州机动车尾气中挥发性羰基化合物检测及排放清单研究. 广州：暨南大学：2012.
[52] 韩应健. 我国在用汽车排气污染物检测方法及应用进展. 环境保护科学，2007，33（5）：4-7.
[53] 丁焰，葛蕴珊，张学敏. 汽车简易工况法与新车排放认证工况法的相关性研究.环境科学研究，2009，22（9）：1027-1031.
[54] 双菊荣. 车辆加载减速法技术防弊措施分析研究. 环境科学与管理，2014，39（11）：127-131.
[55] 双菊荣，刘剑筠，姚欣灿. LugDown 法设备性能的改进与完善方法. 环境监测管理与技术，2014，6（26）：67-70.
[56] 双菊荣，刘剑筠，周咪，等. 机动车排气检验实用技术习题集. 北京：中国环境出版社，2017.
[57] 黄小伟，双菊荣，胡丹心. 简易瞬态工况法排气检测防舞弊措施探讨. 环境监测管理与技术，2015，2（27）：67-70.

